食品机械与设备

主　编　吕长鑫（渤海大学）　　　　　黄广民（海南大学）

　　　　宋洪波（福建农林大学）

副主编　袁巧霞（华中农业大学）　　　黄　亮（中南林业科技大学）

　　　　李雨露（渤海大学）　　　　　张　丽（甘肃农业大学）

　　　　郭红英（湖南农业大学）　　　肖作为（湖南中医药大学）

编　委　李次力（哈尔滨商业大学）　　唐　越（大连工业大学）

　　　　启　航（大连工业大学）　　　刘汉涛（内蒙古农业大学）

　　　　杨　萍（广东海洋大学）　　　于慧春（河南科技大学）

　　　　段　续（河南科技大学）　　　马福敏（长春大学）

　　　　黄晓杰（辽宁医学院）　　　　谭建新（邵阳学院）

　　　　何金兰（海南大学）　　　　　冯爱国（海南大学）

　　　　董晓宾（运城职业技术学院）　刘　杰（江苏食品药品职业技术学院）

中南大学出版社

www.csupress.com.cn

前　言

随着我国食品工业蓬勃发展和人们生活水平的改善，人们对食品的安全、便捷及营养提出更高要求的同时，食品工业随之得以快速发展，作为支撑食品工业发展的食品机械制造业也迎来了前所未有地发展机遇。食品机械与设备是食品工业的基础，是直接为食品工业发展提供有力保证的重要手段。随着 21 世纪我国经济的快速发展，食品加工技术装备必将走向现代化的新的发展时期。为了尽快缩小与发达国家的差距，使我国的食品机械与设备走上快速发展的道路，由渤海大学牵头，联合了 17 所院校的食品科学与工程等相关专业的部分教学一线教师编写本书。

本书是食品科学与工程和食品质量与安全及相关专业的专业课教材，本着从教学、科研和生产实践的角度出发，对食品加工过程中常用的食品机械与设备进行了较系统地介绍，作者希望通过本书的出版，能对广大读者在开拓视野、新产品开发、选型应用和投资分析等方面起到一定的指导作用。

本书针对高等院校食品科学与工程、食品质量与安全、食品机械及相关专业的学生、生产第一线的工程技术人员，他们有必要了解食品加工技术装备的基本理论、主要结构、工作原理、先进装备、设计方法和具体应用，为选择和设计新型的食品加工设备，解决工程实际问题获得必要的知识。

本书共分十五章，参加编写分工为：邵阳学院谭建新（第一章），渤海大学李雨露、渤海大学吕长鑫、运城职业技术学院董晓宾（第二章），内蒙古农业大学刘汉涛（第三章），中南林业科技大学黄亮（第四章），甘肃农业大学张丽（第五章），海南大学黄广民、何金兰、冯爱国（第六章），福建农林大学宋洪波（第七章），渤海大学吕长鑫、大连工业大学启航、大连工业大学唐越（第八章），辽宁医学院黄晓杰、江苏食品药品职业技术学院刘杰（第九章），河南科技大学段续（第十章），哈尔滨商业大学李次力（第十一章），华中农业大学袁巧霞（第十二章），长春大学马福敏（第十三章），河南科技大学肖枫（第十四章），湖南农业大学郭红英（第十五章）。全书由吕长鑫统稿。

本书内容取材于国内外专家、学者的有关专著、论文，作者的授课讲义、科研成果和工程实践，出版教材、研究生论文，国内外知名食品机械制造企业的技术资料和产品样本等。

本书在编写过程中得到渤海大学、海南大学、福建农林大学、华中农业大学领导的关怀与支持，吉林大学殷涌光教授给予热情的指导，同时得到许多专家的指导与帮助，在此一并致以衷心的感谢。

由于作者水平有限，书中不妥与错误之处在所难免，恳请广大读者提出修改意见，不胜感激。

编　者
2015 年 9 月

目 录

第一章

绪 论

> **本章学习目的与要求**
>
> 了解食品机械与设备的概念和基本分类方法；了解食品
> 机械与设备的基本特点和要求；通过对国内外食品机械与设
> 备行业发展历史的综述和对比，了解我国食品机械与设备的
> 行业现状及发展方向；明确食品机械与设备的学习目的。

食品机械与设备是指在食品生产过程中，能够直接或辅助完成食品加工生产过程中的某项操作工序，将食品原料加工成食品（或半成品）的机械与设备。

由于食品加工生产高效和大规模工业化的需要，带动和促进了食品机械与设备的发展，而食品机械与设备的发展进步又为保障食品加工质量及实现大规模工业化、现代化的食品生产提供了强有力的技术保障。在所有的食品生产项目中，无论是实现传统食品的规模化与工业化生产，还是将新工艺与新产品产业化，都离不开食品机械与设备的支持，且其投资占据相当大的比例。食品机械与设备的技术水平直接反映了食品工业化生产的规模化和自动化程度。使用优良的食品机械与设备能够提高产品质量，保障食品安全，降低劳动强度，提高生产效率，节约能源，降低食品企业的生产经营成本，提高食品企业的市场竞争力，更有益于实现经济效益最大化。因此，对于食品科学与技术相关专业的本科生来说，必须要了解和掌握食品机械与设备的技术知识，才能把食品加工技术、食品安全保障技术和食品机械基础设计技术等不同层面的知识点有机结合，从而达到能够掌握和综合运用专业知识技能的目的。

本章概述了食品机械与设备的分类与特点、食品机械与设备的历史与现状、食品机械与设备的学习目的与要求，提供了学习各类食品机械与设备相关技术知识的方法和途径。

第一节　食品机械与设备的分类与特点

食品生产的原料种类丰富，工艺各具特色，产品更是五花八门，这些特点决定了食品机械与设备品种的多样性。虽然品种繁多，但食品机械与设备也有其特点和共性，掌握其分类

方法和特点，有助于学习本课程时达到举一反三的目的。

一、食品机械与设备的分类

食品加工过程涉及对原料、中间产品及成品的加工或保藏；涉及分离、中间产品重组和产品的成型包装；涉及不同类型半成品和成品的防腐灭菌处理等方面。食品加工过程原料和产品种类繁多，加工处理对象的性质差异较大，加工产品的规格要求各异，甚至某些品种在生产中还存在着季节性和区域性的特点。凡此种种，决定了食品机械和设备的种类也必然繁多。因此，无论是食品加工应用中的设备选型，还是设备制造与新机种的开发，对种类繁多的食品加工机械与设备进行系统分类是十分必要的。

我国尚未制定食品机械分类标准，各部门根据工作方便常有不同的分类方法。目前主要按两种方式进行分类：一是根据原料、产品类型分类，二是根据设备的操作功能分类。

按原料或生产产品分类，可将食品机械分成众多的生产线设备。例如，制糖机械、豆制品加工机械、焙烤食品机械、乳制品机械、果蔬加工和保鲜机械、罐头食品机械、糖果食品机械、酿造机械、饮料机械、方便食品机械、调味品和添加剂制品机械、炊事机械等。

按机械设备的功能分类，实际上是根据设备的单元操作功能分类。一般可将食品机械设备分为筛分与清洗机械、粉碎和切割机械、混合机械、分级分选机械、成型机械、多相分离机械、搅拌及均质机械、挤压膨化机械、计量机械、包装机械、输送机械、泵、换热设备和容器等。

从研究、设计和制作的角度看，以上两种分类方法对食品机械与设备的生产发展都有一定的指导意义。以原料或产品进行分类，可以通过对各类食品加工生产涉及的各种工业机械的内部联系的研究，促进配套生产线的发展。以功能作为分类基础，有利于对各种单元操作的生产效率和机械结构进行比较研究，从而可以在技术上以局部突破带动全面发展。

从教学角度来看，以功能为基础进行分类，可以使学生能够将所学的各类机械设备知识，与食品机械基础和食品工程原理等一类的相关先行课程的知识点进行联系，有利于学生对所学内容的融会贯通。因此，本书主要以设备的单元操作功能进行分类。

二、食品机械与设备的特点

食品机械与设备的特点是食品原料、加工过程和食品成分方面的特殊性的反应。总体而言，食品加工机械与设备具有以下特点。

1. 品种多样性

一般食品机械与设备门类众多、品种较杂，并且生产批量较小，许多设备属于单机设备。

2. 机型可移动性

总的来看，食品机械与设备的外形尺寸均较小，重量较轻，可方便地进行移动改换。例如，一般食品机械与设备均不需要固定基础。

3. 防水防腐性

多数设备或设备主要工作的材料具有抗水性、抗酸、抗碱等腐蚀的性能，一般采用不锈钢制作。

4. 多功能性

食品机械与设备具有一定程度的通用性，即可用来加工不同的物料。此外，还具有调节容易、调整模具方便和一机多用的特点。

5. 卫生要求高

为了保证食品卫生安全，食品机械与设备中直接与物料接触的部分，均采用无毒、耐腐蚀材料制造，并且，为了方便清洗与消毒，与食品接触的表面均需要进行抛光处理。此外，传动系统与工作区域有严格密封措施，以防润滑油泄露进入加工的食品物料中。

6. 自动化程度参差不齐

目前，食品机械与设备单机自动化程度总体上并不很高。但也有一些自动化程度较高的设备，例如，无菌包装机、自动洗瓶机及大型杀菌设备等。

三、食品机械与设备的要求

由于食品原料和产品的多样性和复杂性，以及食品安全卫生方面的特殊要求，决定了食品机械与设备应该具备满足食品生产工艺、结构合理、能耗低、安全卫生等要求。

（一）对食品工艺的适应性和先进性要求

食品机械与设备的设计制造在必须符合其基本功能要求的同时，尽量满足食品原料或生产条件改变时的适应性要求，为使用者提供方便。

食品机械与设备常常被要求生产不同品种或不同质量的产品，一台机器或一条流水线上采用不同的原料配方、改变工艺参数或设备的工作条件，制造出多种多样的食品。例如，一条饼干生产线往往要求能生产多品种的饼干，配换各种饼干成型印模、变换烘焙时间和烘烤温度都是饼干机械的必备条件。

（二）机械结构的合理性和可靠性要求

1. 设备安装和可拆卸性要求

在满足食品生产工艺功能要求的前提下，设计力求简化机械的结构，提供设备安装和拆卸的方便性。夹紧机构合理采用蝶形螺母和单手柄操作的扣片等，各类容器的盖和门应拆卸简便，利于清洗。

2. 设备的可靠性和耐久性要求

设备的可靠性和耐久性是不可分割的概念，是指机械设备在规定的工作条件下，在规定的使用寿命内保持原定功能的程度。它与机械设备的整体结构及零件的强度、刚度、耐磨性、耐腐蚀性和抗干扰性等因素有关。在现代机械工程中，可靠性是一项不可忽视的重要指标。食品加工往往是自动化、连续化的生产线，某一个机械设备如果出现故障，可能将造成整条生产线停工，甚至所投入的原料全部报废。

3. 低能耗性要求

食品生产物料处理的数量庞大，合理的机械结构能够有效地提高机械传动效率。合理的机械设计更能够有效地降低单位产品所消耗的原材料及能量，包括原辅料、燃料、蒸汽、水、电能、润滑剂、零配件磨耗和机械设备折旧等。

（三）操作安全性要求

食品生产劳动生产率不高，人员数量多，技术水平低，在设计和制造食品机械与设备时应尽可能消除潜在的危险因素。

（四）食品安全卫生性要求

卫生要求是食品机械区别于其他机械的基本特征之一。食品机械与设备对食品安全卫生有着极为重要的影响。

世界各国对食品机械与设备均有一套食品安全卫生方面要求的标准。我国国家标准GB 16798—1997《食品机械安全卫生标准》和 GB 22747—2008《食品机械 基本概念 卫生要求标准》，就食品机械与设备的材料和结构等方面与食品生产安全操作及食品卫生安全有关的细节做出了详细的规范。

第二节 食品机械与设备的历史现状分析

一、食品机械与设备的发展历史

纵观世界工业化的进程，工业生产现代化的发展历史，实际上就是机械与设备的发展史。食品机械的发展历程与食品工业的发展过程密不可分。食品工业的发展需求推动和促进了食品机械的发展，而发展起来的食品机械又保证和促进了食品工业的发展。食品机械与食品工业的这种相互依赖关系贯穿于食品机械和食品工业的全部发展过程。正是由于不断提高对食品加工生产能力的要求才促使大型高效的食品机械的出现，正是由于提高对食品质量和卫生安全的要求才促进了高精度和技术先进的食品机械的发展，正是由于实现传统与特色食品的工业化生产的要求才促使一些新型食品机械的发展。我国食品工业及食品机械的发展历程可分为三个阶段。

第一阶段，20 世纪 50 年代以前，食品生产加工主要以手工操作为主，基本属于传统作坊生产方式，几乎没有食品机械工业，仅在沿海一些大城市有少量工业化生产方式的食品加工厂，所用的设备几乎全是外国制造。其中粮食加工厂情况略好于副食品加工厂。这时的粮食加工厂主要是以面粉的工业化生产加工为主。同样，面粉加工厂所用的设备也几乎是外国制造。在 20 世纪 50 年代以前，全国没有像样的专门生产食品机械的工厂。

第二阶段，20 世纪 50—70 年代，新建了一大批以加工粮食作物和生产罐头食品为主的食品厂，食品生产工业化直接带动了食品机械工业的发展。大部分粮食加工厂基本上实现了初步的机械化工业生产方式。但同期的其他食品加工厂尚处于以手工为主的半机械的生产方式，大部分生产工序仍沿用传统的手工操作方式。70 年代末，随着改革开放的推进，食品加工企业开始蓬勃发展，与此同时，食品机械工业也得到了快速发展，全国新建了一大批专门制造食品机械的企业，使得国产食品机械基本能满足我国食品工业发展的需求，并为实现食品的工业化生产做出了重大贡献。食品机械制造业已初步形成了一个独立的机械工业。

第三阶段，20 世纪 80 年代以后，随着外资的引入，食品工业发展迅猛。主要得益于 80 年代以后的改革开放出现了很多独资、合资等形式的外商食品加工企业。这些企业在将先进的食品生产技术引进国内的同时，也将大量先进的食品机械带入国内同时，随着人们对食品加工质量、数量和品种要求的不断提高，这就极大地促进了我国食品工业以及食品机械制造业的发展。通过消化吸收国外先进的食品机械技术，通过食品科技工作者的开拓创新，使我国的食品机械工业的发展水平得到很大提高。20 世纪 80 年代中期，我国食品工业实施了第一轮大规模的技术改造工程。经过这一轮的技术改造，食品工业全面实现了机械化和自动化。进入 20 世纪 90 年代以后，又进行了新一轮的技术改造工程。在这一轮的技术改造工程中，许多粮食加工厂和食品加工厂对设备进行了更新换代，或直接引进整套的国外先进设备，或采用国内厂家消化吸收生产出的新型机械设备。经过两轮的技术改造工程，极大地推进了我国食品机械工业的发展，食品机械工业已完全形成了一个独立的机械工业，现已形成门类齐全、品种配套的产业，已成为机械工业中的十大产业之一。

二、食品机械与设备的发展现状

目前，尽管我国食品机械技术水平有了提高，且有诸多产品能达到国际先进水平，但总体上与发达国家相比还明显处于弱势，存在创新不够健全、投入不足以及技术水平相对低下等问题。我国食品机械行业起步晚，缺乏与技术发展和市场需求相适应的科研手段和设施，技术资源十分分散，这导致我国食品机械行业技术创新能力不足；在产品开发和研究经费的投入方面，与国外食品机械行业相比明显不足；在技术水平方面，我国食品机械行业充斥着成本低、工艺水平比较落后、易于制造的食品机械产品，大量的低水平重复产品阻碍了整个行业的发展进程和创新步伐。

我国食品机械制造业的发展机遇与挑战并存，优势与劣势并存。食品机械的发展速度较快，目前已进入产品结构调整、提高开发创新能力并与国际接轨的发展时期。对比国产食品机械与发达国家食品机械之间存在的主要差距，有以下两个方面：

一是生产效率低，能耗高，稳定性和可靠性差，产品造型落后，外观粗糙，基础件和配套件寿命低，国产设备的气动元件和电器元件质量差。

二是控制技术应用较少。比如远距离遥控技术、步进电机技术、信息处理技术等。目前德国、意大利、美国和日本的食品机械水平处于领先地位，其中，美国的食品充填、成型和封口三种机械设备的技术更新很快。如美国液体灌装设备公司（EJF）生产的液体灌装机，一台设备可以实现重力灌装、压力灌装以及正压移动泵式灌装。就是说，任何黏度的液体，只要通过微机控制来改变灌装方式都可以实现高速自动化包装。

随着全球科技的发展，发达国家已经把核能技术、微电子技术、激光技术、生物技术和系统工程融入传统的机械制造技术中。新的合金材料、高分子材料、复合材料、无机非金属材料等新材料也得到了推广应用，食品机械的集成化、智能化、网络化、柔性化将成为未来发展的主流。

三、食品机械与设备的发展目标与方向

近年来，食品的安全卫生要求日益受到重视，国家加大了对食品质量和安全的监督管理力度，对食品的生产加工技术提出了新的要求。食品生产企业投入大量资金进行生产技术的创新、生产设备的技术改造和更新换代，在一定程度上提升了我国食品行业的水平和市场竞争力。高新技术在食品机械中得到广泛应用，成为提高食品机械技术含量的重点内容；技术创新力度进一步加强，成为新一轮食品机械技术跨越的重要措施和手段；技术壁垒的门槛越来越高，成为食品机械技术竞争的主要形式。通过这些新的重大变化可以看出，国际食品机械经济效益的获取方式，不再是传统意义上的品种、数量、规模和性能等物化的有形资本，取而代之的是高新技术、技术标准、技术壁垒、技术创新、安全卫生等无形资本的巨大作用。这种作用在食品机械领域的全球经济一体化进程中越来越显著，成为保护本国经济利益、提高技术竞争能力、扩大本国产品出口、限制外国产品进口的重要手段，一个开放性的、以无形资本为科技竞争重点的国际食品机械市场体系正在逐步形成。

面对食品工业快速发展的市场需求，如何赶上甚至超越发达国家的食品机械与设备，如何加大自主创新步伐，力争在短时间内开发出一批具有自主知识产权和国际先进水平的产品，已成为摆在我国食品机械与设备生产企业面前的紧迫任务。

1. 坚持技术创新发展之路

世界食品机械的发展历史表明，善于进行技术创新的国家，其食品机械发展进程就能突飞猛进，其技术水平就处于世界领先地位，反之则处于被动的落后局面。特别是在经济全球化、科技发展日新月异的今天，国与国之间食品机械的技术竞争，实际上是技术创新能力方面的较量。世界各国食品机械的技术跨越，主要是技术创新在其跨越过程中发挥了重要作用，并成为技术跨越的重要手段。当今食品机械的技术创新能力，已经成为世界食品机械竞争力的决定性因素。一个国家或一个企业在技术创新上有多大的作为，就能够在食品机械的市场竞争中赢得多大的主动。通过技术创新，可由简单技术向复杂技术转变，由单项技术向集成技术转变，由传统技术向高新技术转变，最终以实现食品机械的技术跨越作为技术创新的出发点和归宿点。

在食品机械的发展历史上，部分欧洲国家(如英、法、德、意、丹、瑞、荷等)是世界上率先进行自主技术创新的国家，他们充分利用自身的技术优势，最早开展了以实现技术跨越为特征的技术创新工作。美国最早通过购买欧洲的先进技术，开展食品机械的技术创新工作，经过几十年的努力，实现了由引进技术创新转变成自主创新的强国。到 20 世纪中后期，日本、韩国等国家积极学习美国由模仿创新走向自主创新的先进经验，也实现了食品机械的技术跨越。其中，日本已成为世界食品机械的主要出口国之一。目前发达国家在开展食品机械的技术创新活动中，大都在人力、财力和物力等方面给予很大的投入，其创新主体的投资一般为企业销售额的 2% ~3%，投资高的达到 10% 左右。与此同时，各国政府还对开展技术创新给以大量的倾斜政策和经费支持，以提高食品机械的技术创新能力，促进食品机械的技术竞争和扩大出口。当前，世界各国通过技术创新及实现技术跨越所带来的发展效应，主要是形成食品机械的高技术产品品牌和丰厚的经济利益等。从总体来看，技术创新已成为食品机械实现技术跨越的重要手段。

2. 强化高新技术在食品机械上的应用

"高新技术"是随着现代科学技术迅猛发展而出现的内涵丰富的新概念，用以表达在经济上能够取得重大效益的高端技术，也是当代食品机械科技发展的前沿以及各国技术竞争的重点，它表达了当代食品机械技术含量的高低。世界各国评价食品机械的技术含量时，往往要分析其高端技术的实用化程度。纵观世界食品机械的技术发展，其国际竞争的内容主要是技术竞争，提升高新技术的实用化程度，已对食品机械的竞争作用日渐明显。

高新技术在食品机械中的应用，对于提高其生产效率和经济效益、降低能耗和生产成本、增加得率和提高市场竞争力等方面具有重要作用。当前，在食品机械中广泛采用的高新技术主要有机电光液一体化技术、自动化控制技术、膜技术、挤压膨化技术、微波技术、辐照技术以及数字化智能化技术等，从而不断有技术含量高、更人性化的食品机械新产品投放市场。其中机电光液一体化技术、自动化控制技术、数字化智能化技术等已贯穿于食品加工各个环节的食品机械中，而其他方面的高新技术只是应用于食品加工过程的某一领域。如膜技术主要用于食品加工的分离环节、辐照技术主要用于杀菌环节、微波技术主要用于杀菌及干燥环节等。这些高新技术的应用不仅可保证加工产品的营养、安全、卫生、方便、快捷和降低生产成本，而且可提高生产效率、农产品有效成分的提取率、产品市场竞争力等。与传统的食品加工技术相比，高新技术具有更大的经济效益、社会效益和环境效益等发展优势。由于各种高新技术的不断应用，所以大大推进了各国食品工业的产业发展，由连续化生产代替了间歇式生产，由专业化生产代替了通用化生产，由大型化生产代替了中小型生产，由全程质量控制代替了最终产品的质量控制等，实现了食品加工过程的连续化生产、专业化作业、自动化调节、全程化控制和产业化经营等。这些技术跨越，主要是高新技术在食品机械的应用中发挥了重要作用，这种作用效果越来越突出。

技术水平先进体现于产品高度自动化、生产高效率化、食品资源高度综合利用化，不仅保持食品营养风味，生产出高品质的食品，而且保护环境和节约能源。

3. 保障食品安全与卫生是发展之本

从国际食品机械及其技术标准发展情况看，对食品机械的规格型号、性能指标和生产能力等目前国际上还没有统一的技术规定，而在食品机械的安全、卫生方面都有统一的标准要求。在国际食品机械标准方面，不仅具有较完善的安全标准和卫生标准，而且在食品机械产品标准方面也有较高的安全与卫生要求。因此，对安全与卫生的要求，已成为食品机械领域国际通行的基本要求。

基于全球性的食品安全形势日趋严峻，发达国家对食品机械安全生产技术的研究与应用十分重视，都是从食品机械的设计制造做起达到食品加工的安全和卫生。实现方式有两条：一是制订完善的食品机械技术规范；二是按照这些技术规范严格组织食品机械的设计、制造和应用。在这些技术规范中，最主要的是食品机械的机械安全与卫生要求，其内容涵盖了食品机械的设计与制造、设备选型与配套、设备安装与验证等环节，这也是国际上食品机械研究、开发、制造的通行要求。当前我国食品机械制造业若与发达国家实现接轨，则必须符合这些食品安全与卫生技术方面的要求。

4. 加强对食品机械的研发管理和售后服务

食品机械的发展有赖于深化改革，建立现代企业制度，加强企业科学管理；合理调整优化行业结构、产品结构和地区布局；提高企业的科技开发投入，增加企业科技人员比例，加强企业、高校、科研院所之间的合作。通过上述措施，提高产品质量，加强产品可靠性研究，提高单机和联线的可靠性研究，易损件和关键件使用寿命和外观质量研究；通过引进增强自主开发能力；促进机电一体化和高新技术的产业化、商品化；重点开发我国急需的成套设备，增强设备系统性，以高效、高质量的设备来装备食品工业。

加强食品机械的国家技术标准建设。为了国际间技术交流和贸易往来的一致性和协调性，世界各国的食品机械技术标准纷纷向国际标准或欧盟标准靠拢，这是食品机械领域规避技术壁垒的重要举措。制定产品标准应向高水平看齐，否则我国在食品机械的国际贸易中必然失利。尤其是WTO成员国，只有以国际标准作为制定本国技术标准的基础，才能发展和巩固我国食品机械行业在世界贸易和实现全球化生产和制造中的地位。

确保良好的售后服务，企业才会更有竞争力。在信息化飞速发展的今天，只靠产品单机的利润不能使食品机械制造企业实现利润的最大化，优质的售后服务帮助机械制造企业树立良好形象的同时，也为企业增加经济效益开辟了一条途径。

第三节 食品机械与设备的学习目的

"工欲善其事，必先利其器"，食品机械与设备是实现食品工业化生产的优先保障基础。本课程是食品科学与工程专业、食品质量与安全专业的主干课之一，在培养高层次食品机械与设备掌控和研究人才中扮演着重要的角色。本课程主要以食品工业生产中常用的食品机械与设备为主要内容，以单元操作机械进行分类，主要介绍其结构、性能、适用范围、工作原理、工作过程及在食品生产中的应用等内容，同时尽可能反映近年来食品加工装备行业涌现出的新成果与新产品，使同学们对国内外食品加工装备行业的发展状况和设备的发展历程有所了解。学好本课程不仅对学生在校学习起着十分重要的作用，而且对学生毕业后的工作和在学习中进一步掌握新理论、新知识、新技术，不断更新知识都将产生深远的影响。

食品机械与设备课程的教学特点是以课堂教学为主，以实践教学为辅，以课程设计作为补充。使学生对食品工厂常用机械和设备的基本结构、工作原理和特点有较为全面、系统的认识，了解各种机械设备的应用场合及注意事项，懂得如何正确选择设备和使用操作设备，并了解食品机械与设备近年的发展及新成就；通过典型机械设备的设计，使学生对一般食品机械与设备的设计能力、运算能力和绘图能力等方面受到初步训练，使学生熟悉机械设计的基本思想方法，培养学生分析问题和解决问题的能力。

在食品专业的人才培养过程中，食品机械与设备课程具有无可替代的重要性和基础性。它是对近代食品机械领域科学、技术、经济发展历史的总结，又是现代发展前沿的反映。因此，该课程的学习是对学生的知识、能力、素质培养的重要载体。

总之，学习本课程的目的是为了培养学生适应食品工业现代化生产和监管的要求，为学习食品专业知识和掌握食品现代科学技术打下必要的技术基础。

本章小结

食品机械与设备总体上可以分为通用与专用食品机械两大部分。通常食品机械按单元操作进行分类有助于理解掌握食品机械的作用原理、结构特点与作用范围。

食品机械与设备具有品种多、防腐性、一定范围的通用性、卫生要求高等特点。单机设备的自动化程度普遍不高，但也有较为成熟的高度自动化设备。

食品机械与设备应该具备满足食品生产工艺、结构合理、能耗低、安全卫生等要求。

食品机械与设备的安全卫生有两方面的要求：一是食品机械设备对加工对象的安全性；二是食品机械设备对操作人员的安全性要求。

食品机械与设备的发展应该坚持技术创新、强化高新技术的应用、保障食品安全卫生、加强研发管理和售后服务。

思考题

1. 食品机械与设备如何分类？
2. 食品机械与设备的特点有哪些？

3. 食品机械与设备的要求是什么？

4. 从食品卫生角度分析讨论食品机械与设备的结构要求。

5. 分析讨论我国食品机械与设备的发展历史和现状。

6. 叙述食品机械与设备的发展目标和方向。

7. 讨论食品机械与设备课程学习的重要性和学习方法。

第二章

输送机械与设备

本章学习目的与要求

了解各种形态物料的输送特点；掌握输送机械的主要类型及其工作原理；了解各种主要输送机械的基本结构；掌握输送机械的基本性能特点；了解输送机械的选用和使用要点。

食品加工中，存在着大量的物料输送问题，为了保证卫生要求，提高劳动生产率和减轻劳动强度，需要采用各式各样的机械来完成物料的输送任务。尤其是自动化食品生产线中，输送机械是连接各个生产工序必不可少的重要环节。食品工厂的原料、燃料、容器及各种辅助材料都是通过各种运输工具运到食品工厂所在地，然后进入厂区内的物流系统。

食品工厂中输送机械的作用：组成流水线和自动化不可缺少的重要环节，构成了生产中的中间媒介和衔接纽带；降低产品成本、保证食品卫生、减少人身和产品的事故；食品加工工序的重要组成部分，有时还在输送中对物料进行某种工艺操作。

输送机械一般根据被输送的物料不同，分为固体物料输送机、酱体物料输送机、液体物料输送设备等。输送固体物料和粉状物料时，采用各种类型的输送机及气力输送设备；输送液体及酱体状物料时，则采用各种形式的泵和液流输送装置。

第一节　固体物料输送机械与设备

一、带式输送机

(一)概述

带式输送机是一种应用广泛的连续输送机械。它不仅可用于块状、粉状物料及整件物品的水平或倾斜方向的输送，用作向其他加工机械及料仓的加料卸料设备，还可作为生产作业线中检验半成品或成品的输送装置。输送中，可以对物料进行分选、检查、清洗、包装等操作。

带式输送机的优点：结构简单，自重轻，便于制造；输送路线布置灵活，适应性广，可输送多种物料；输送速度高，输送距离长，输送能力大，能耗低；可连续输送，工作平稳，不损伤被输送物料；操作简单，安全可靠，保养检修容易，维修管理费用低。

带式输送机的缺点：输送带易磨损，且成本大(约占输送机造价的40%)；需用大量滚动轴承；中间卸料时必须加装卸料装置；普通胶带式输送机不适用于输送倾角过大的场合，输送轻质粉状物料时易形成飞扬。

普通带式输送机国内已有定型产品，如 TD 型通用固定式胶带输送机、轻型固定式胶带输送机、GH69 型高倾角花纹胶带输送机等。食品加工厂常使用轻型的帆布带或网带输送机。

带式输送机中输送带是输送机的牵引构件，同时又是承载构件。整条输送带均支承在托辊上，并绕过驱动滚筒和张紧滚筒。

根据带式输送机的工作条件、工作要求和被输送物料的性质，可将带式输送机分为不同的类型。按支承装置的形式，可将其分为平形托辊输送机、槽形托辊输送机及气垫带式输送机等。按输送带的种类，可分为胶带式、帆布带式、塑料带式、钢带式和网带式输送机等。胶带输送机在粮油工业上使用最广泛。依胶带表面形状，又可将其分为普通胶带输送机和花纹胶带输送机。按输送机机架结构形式，又可将带式输送机分为固定式和移动式两大类。

(二)带式输送机的工作原理及主要构件

1. 带式输送机的工作原理

带式输送机是食品工厂中采用最广泛的一种连续输送机械。它用一根闭合环形输送带作牵引及承载构件，将其绕过并张紧于前、后两个滚筒上，依靠输送带与驱动滚筒间的摩擦力使输送带产生连续运动，依靠输送带与物料间的摩擦力使物料随输送带一起运行，从而完成输送物料的任务。带式输送机常用于块状、颗粒状物料及整件物料水平方向或倾斜不大的方向运送，同时还可用作选择、检查、包装、清洗和预处理操作台等。

2. 带式输送机的主要构件

带式输送机是一种具有挠性牵引构件的运输机，以输送带为传动和承载构件，其上组成部件有输送带、驱动滚筒、张紧装置、托辊、机身、装料和卸料装置、辅助装置等，如图 2-1 所示。

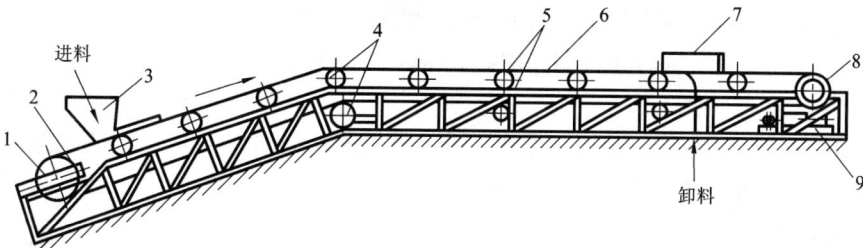

图 2-1 带式输送机

1—从动滚筒；2—张紧装置；3—料斗；4—转向滚筒；5—上、下托辊；

6—输送带；7—卸料装置；8—驱动滚轮；9—驱动装置

(1)输送带

在带式输送机中,输送带起着牵引和承载物料的作用。它应具备强度高、自重轻、挠性好、延伸率小、吸水性小、耐磨性好等特点,用于输送食品的输送带还必须满足食品卫生要求。输送带一般有以下几类:橡胶带、纤维编织带、塑料带、钢带和钢丝网带等,其中最常用的是橡胶带。

橡胶带是由若干层棉织品、麻织品或人造纤维衬布等材料制成的强力层,用橡胶加以胶合而成的,可以用于传递动力;衬布之间的橡胶层为胶合层。橡胶带按其用途不同可分为强力型、普通型和耐热型三种,国产橡胶带的各种类型及规格尺寸可查阅机械设计手册。选择橡胶带时,主要应确定下列规格尺寸:带宽、强力层层数和带长。带宽可参考同类型输送机或根据生产能力计算,并按标准规格选用;带长则应根据输送机长度进行计算后确定;而强力层层数则根据工作拉力和胶带的种类、带宽等因素决定。胶带连接的方法主要有皮线缝纫法、带扣搭接法、胶黏剂冷黏法和加热硫化法等几种形式。其中以硫化接头最为理想。其接缝强度可达基体原有强度的90%,同时接口无缝,表面平整;缝纫法和带扎法接头简单,但对于带子的损伤很大,使接头强度降低很多,只有原来的35%~40%;胶黏剂冷黏法是一种新式连接方法,操作简便易行,如黏接剂配方合理,黏接时操作得当,其接头强度亦可接近带子的自身强度。在采用硫化接头或冷黏时,一般应将带子按层数刻成阶梯形,然后进行接头操作,以保证接头处的强力层能够较好地连接,确保接缝处的强度。

常用的纤维编织带是帆布带。帆布带在焙烤食品生产中,主要用于成型前的面片和坯料的输送。帆布带抗拉强度大,柔性好,能经受多次反复折叠而不疲劳。帆布的接缝通常采用棉线和人造纤维线缝合,少数情况下用皮带扣连接。

塑料带具有减摩、耐油、耐腐蚀和适应温度范围大等优点,已被逐渐推广使用。塑料带分多层式和整芯式两种。多层芯塑料带和普通橡胶带相似;整芯式塑料带制造工艺简单,生产量高,成本低,强度高,但挠性较差。一般采用塑化接头。

钢带的机械强度大,不易伸长,不易损伤,耐高温,因而常用于焙烤设备中。食品生坯可直接放置在钢带上,节省了烤盘,简化了操作,且因钢带较薄(一般为0.6~1.5 mm),在炉内吸热量较小,节约了能源,而且便于清洗。但钢带的刚度大,与橡胶带相比,需要采用直径较大的滚筒。钢带容易跑偏,其调偏装置结构复杂,且由于其对冲击负荷很敏感,故要求所有的支撑及导向装置安装准确。钢带采用强度和挠性较好的冷轧低碳钢制成,造价较高,一般黏着性较大,灼热的物料不能用橡胶带时才考虑使用。

钢丝网带强度高,耐高温。多用于一边输送物料,一边固液分离的场合,如油炸食品设备中的物料输送,水果洗涤设备中的水平输送等。钢丝网带带有网孔,有利于保证带上产品的加工质量。一般采用销式接口。

(2)驱动装置

驱动装置一般由电动机、一个或若干个驱动滚筒、减速器、联轴器等组成。倾斜输送时,还应设有制动装置。驱动滚筒是传递动力的主要部件,通常用钢板卷制后焊接制成,为了增加滚筒和输送带之间的摩擦力,可在滚筒表面包一层木材、皮革或橡胶等材料。滚筒的宽度比带宽大100~200 mm。驱动滚筒一般做成鼓形,即中间部分直径比两侧直径稍大,使之能自动纠正胶带的跑偏。除板式带的驱动滚筒为表面有齿的滚轮外,其他的输送带的滚筒通常为直径较大、表面光滑的空心滚筒。其中驱动滚筒的布置方式如图2-2所示。

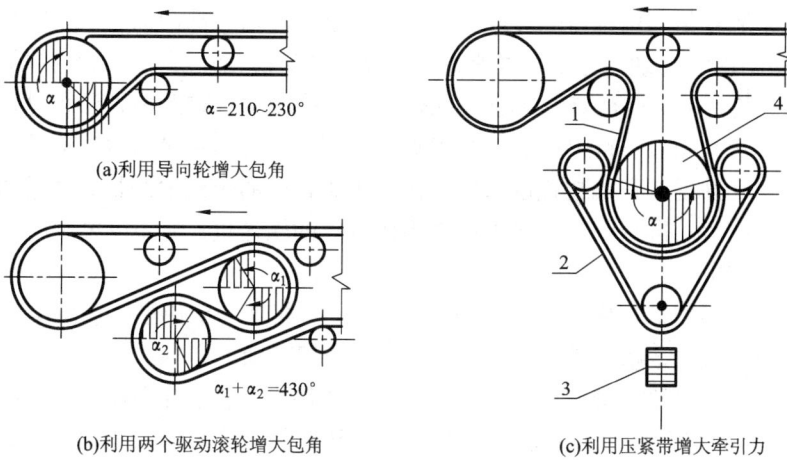

(a)利用导向轮增大包角

(b)利用两个驱动滚轮增大包角

(c)利用压紧带增大牵引力

图 2 - 2　驱动滚筒布置方案

1—传送带；2—压紧带；3—重锤；4—驱动轮

（3）张紧装置

输送带张紧的目的是使输送带紧边平坦，提高其承载能力，保持物料运行的平稳。带式输送机中的张紧装置，一方面要使在安装时张紧输送带，另一方面要求能够补偿因输送带伸长而产生的松弛现象，使输送带与驱动滚筒之间保持足够的摩擦力，避免打滑，维持输送机正常运行。

带式输送机中的张紧装置有中部张紧和尾部张紧两大类。常用的尾部张紧装置有螺旋式、重锤式和弹簧调节螺钉组合式等，如图 2 - 3 所示。

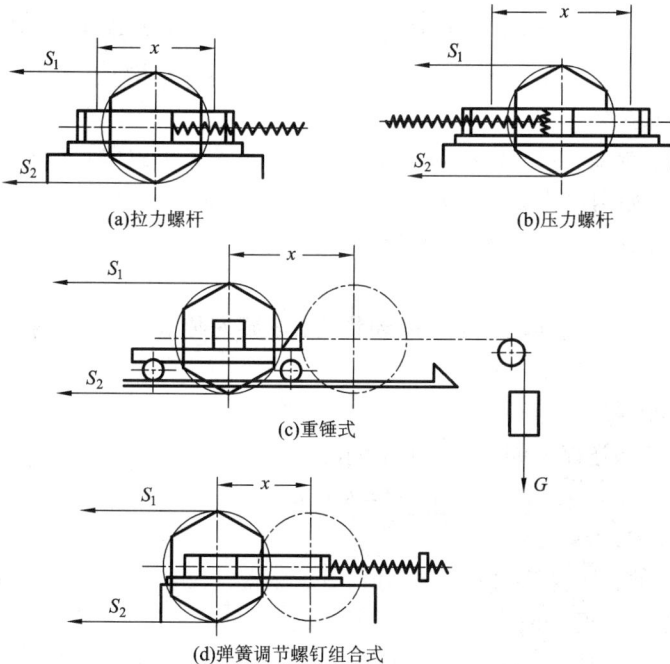

(a)拉力螺杆

(b)压力螺杆

(c)重锤式

(d)弹簧调节螺钉组合式

图 2 - 3　拉紧装置简图

螺旋式张紧装置是利用拉力螺杆或压力螺杆，定期移动尾部滚筒，张紧输送带。优点是外形尺寸小、结构紧凑，缺点是必须经常调整；重锤式张紧装置是在自由悬挂的重锤作用下，产生张紧作用，其突出优点是能保证输送带有恒定的张紧力，缺点是外形尺寸较大；弹簧式张紧装置是由弹簧和调节螺钉组成的。其优点是外形尺寸小，调节方便，有缓冲作用，但结构复杂。上述的几种尾部张紧装置仅适用于输送距离较短的带式输送机，可以通过直接移动输送机尾部的改向滚筒进行张紧。对于输送距离较长的输送机，则需设置专用张紧辊。

（4）机架和托辊

食品工业中使用的带式输送机多为轻型输送机，其机架一般用型钢（槽钢、圆钢等）与钢板焊接而成。可移式输送机在机架底部安装滚轮，便于移动。

托辊在输送机中对输送带及其上物料起承托的作用，使输送带平稳运行。托辊分上托辊（承载段托辊）和下托辊（空载段托辊）两类。上托辊又有平直和槽形托辊之分，通常平形托辊用于输送成件物品，槽形托辊用于输送散装物料。下托辊一般均采用平形托辊。对于较长的胶带输送机，为了限制胶带跑偏，其上托辊应每隔若干组，设置一个调整托辊，这种托辊两端有挡板，能做少量的横向摆动，可以防止胶带因跑偏而脱出。

定型托辊总长应比带宽大 100～200 mm，托辊间距和直径根据托辊在输送机中的作用不同而不同。上托辊的间距与输送带种类、带宽和输送量有关。输送散装物料时，若输送量大，线载荷重，则间距应小；反之，间距大些，一般取 1～2 m 或更大。此外，为了保证加料段运行平稳，应使加料段的托辊排布紧密些，间距一般不大于 250～500 mm。当运送的物料为成件物品，特别是较重时（大于 20kg），间距应小于物品在运输方向上长度的一半，以保证物品同时有两个或两个以上的托辊支撑。下托辊的间距可以较大，为 2.5～3 m，也可以取上托辊间距的 2 倍。

托辊用铸铁制造，但较常见的是用两端加了凸缘的无缝钢管制造。托辊轴承有滚珠轴承和含油轴承两种。端部设有密封装置及添加润滑剂的沟槽等结构。

（5）装载和卸载装置

装载装置亦称喂料器，它的作用是保证均匀地供给输送机以定量的物料，使物料在输送带上均匀分布，通常使用料斗进行装载。卸料装置位于末端滚筒处，小件卸料时，采用"犁式"卸料器，它的构造简单，成本低，但是输送带磨损严重。

（6）清扫器

为了清除卸料后仍粘附在输送带上的粉状物料，要安装清扫器。一般输送带的工作面用弹簧清扫器，非工作面用刮板式清扫器。

（三）生产能力计算

输送散装物料的输送能力如式（2-1）所示：

$$Q = KB^2 v\rho C \tag{2-1}$$

式中：Q——输送能力，t/s；

$\quad\;\; K$——断面系数，见表 2-1；

$\quad\;\; B$——传送带的宽度，m；

$\quad\;\; v$——输送带的速度，m/s；

$\quad\;\; \rho$——物料密度，t/m³；

$\quad\;\; C$——输送机倾斜修正系数，见表 2-2。

表 2 - 1　断面系数 K

物料在带上的动态堆积角 φ（一般为静态堆积角的 70%）		10°	20°	25°	30°	35°
K	槽形输送带	316	385	422	458	496
	平形输送带	67	135	172	209	249

表 2 - 2　输送机倾斜度修正系数 C

倾斜角度	0°~7°	8°~15°	16°~20°	21°~25°
C	1.00	0.95~0.90	0.9~0.8	0.8~0.75

因此，已知输送量求带宽，根据式(2-1)可得下式：

$$B = \sqrt{\frac{Q}{K\rho v C}} \qquad (2-2)$$

如果带式输送机作不均匀给料，应将 Q 乘以供料不均匀系数(为 1.5~3.0)。

(四)带式输送机的使用与维护

①加料要均匀。并应加在输送带的中心线附近，防止带的振动或走偏。尽量使加料的初速度方向与带的运动方向相同，减小加料高度，以减轻对带的冲击。

②输送散物料时，注意清扫输送带的正反两面，保持带与滚筒及托辊间的清洁，减少磨损。

③定期检查各运动部分的润滑，及时加注润滑剂，以减小摩擦阻力。

④向上输送物料的倾角过大时，最好选用花纹输送带，以免物料滑下。

⑤对于倾斜布置的带式输送机，给料段应尽可能设计成水平段。

⑥经常检查和调整带的张紧程度，防止带过松而使输送带产生振动或走偏。

⑦发现输送带局部损伤，应及时修理，以防损伤扩大。

二、斗式输送机

在食品连续化生产中，有时需要将粉状、粒状及块状物料沿垂直方向或接近于垂直方向进行输送，此时常采用斗式输送机。斗式输送机分为倾斜式和垂直式；从牵引构件划分有带式和链式两种。

斗式输送机的优点：结构简单，紧凑，占地面积小，工作平稳可靠，提升高度高(可达 30~50 m)，生产率范围较大(3~160 m³/h)，耗用动力少，有良好的密封性等。

斗式输送机的缺点：对过载敏感，必须连续均匀地供料，料斗容易磨损，容易引起粉尘爆炸等。

(一)斗式输送机的工作原理

斗式输送机的一般结构如图 2-4 所示。它自下而上可分为三部分：下为机座 6，包括进料斗 10、张紧机构 9 和底轮 3 等；中为机筒 7，包括牵引构件 1 和承载构件 4 等；上为机头 5，包括传动机构 8、止逆机构 12、卸料管 11 和头轮 2 等，斗式输送机的牵引构件可以是带，也可以是链。它环绕于头轮和底轮之间，并被张紧装置张紧。在带或链的全长上，每隔一定距离，安装一个料斗(承载构件)。为防止物料的抛散和灰尘的飞扬，外用机壳封闭。工作时，传动机构将动力传递给牵引构件，使料斗运动。物料由机座进入运动的料斗，再被料斗沿机筒提升。在机头处，物料由料斗中抛出，经卸料管卸至机外。

（二）主要构件

1. 料斗

料斗是斗式输送机的盛料构件，根据运送物料的性质和提升机的结构特点，料斗可分为3种不同的形式，即圆柱形底的深斗和浅斗及尖角形斗，如图2-5所示。

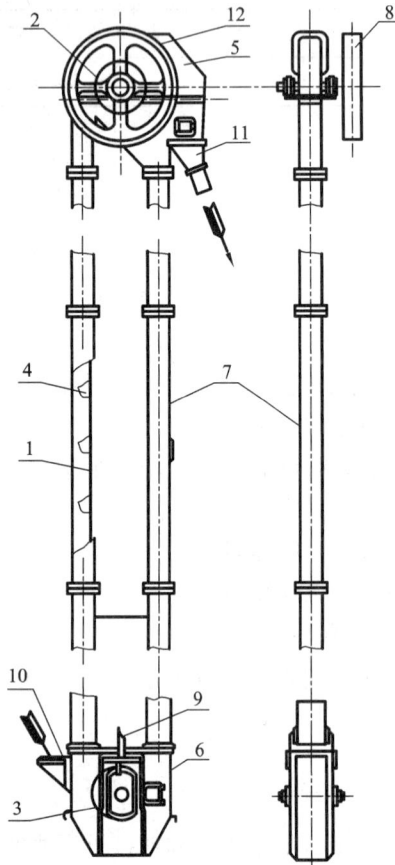

图2-4　斗式输送机的结构

1—牵引构件；2—头轮；3—底轮；4—承载构件；

5—机头；6—机座；7—机筒；8—传动机构；

9—张紧机构；10—进料斗；11—卸料管；12—止逆机构

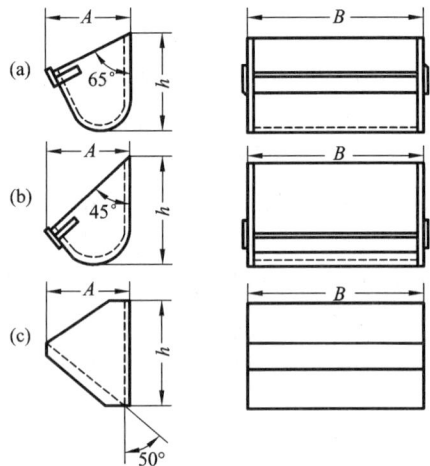

图2-5　料斗的形状

（a）深斗；（b）浅斗；（c）尖角形

图2-5中(a)所示为深斗的斗口，呈65°的倾斜，斗的深度较大。可用于干燥的、流动性好的、能很好撒落的粒状物料的输送。

图2-5中(b)所示为浅圆底斗，斗口呈45°倾斜，深度小。它适用于运送潮湿的和流动性差的粉末和粒状物料，由于倾斜度较大和斗浅，物料容易从斗中倒出。

深斗和浅斗在牵引件上的排列要有一定的间距，斗距通常取为(2.3~3.0)h(h为斗深)，料斗通常是用2~6 mm厚的不锈钢板或铝板焊接、铆接或冲压而成。食品工厂大多采用浅斗，并且为了在输送过程中将湿料中的水分进一步滤掉，漏斗也可用多孔板制作。

图2-5中(c)所示为尖角形料斗，它与上述两种斗不同之处是斗的侧壁延伸到底板外，使之成为挡边，卸料时，物料可沿一个斗的挡边和底板所形成的槽卸料。它适用于黏稠性大和沉重的块状物的运送，斗间一般没有间隔。

2. 牵引构件

斗式输送机的牵引构件有胶带和链条两种结构类型。采用胶带时料斗用螺钉和弹性垫片固接在带子上，带宽比料斗的宽度大35~40 mm，牵引动力依靠胶带与上部机头内的驱动轮间的摩擦力传递。采用链条时，依靠啮合传动传递动力，常用的链条是板片或衬套链条。胶带主要用于高速轻载提升，适合于体积和相对密度小的粉末、小颗粒等物料。链条则可用于低速重载提升。

3. 机筒

机筒是斗式输送机机壳的中间部分，为两根矩形截面的筒，多使用厚度为2~4 mm的钢板制成，在筒的纵向和端面配以角钢，以加强机筒的刚度，同时端面角钢的凸缘又可作连接机筒法兰。亦有使用圆形截面的机筒，这种机筒使用钢管制作，它的刚度好，但需配用半圆形的料斗。机筒每节长2~2.5 m，使用时根据使用长度用多节相连，连接时法兰间应加衬垫，再用螺栓紧固，以保证机筒的密封性能。低速工作的斗式输送机，牵引构件的上、下行分支可以合用一个面积较大的机筒，以简化整机结构。但高速工作的斗式输送机不可以使用上述方法，因为机筒中的粉尘容易在单体机筒的涡状气流中长期悬浮，导致粉尘爆炸。有少数斗式输送机的机筒用木板或砖块砂浆制成，以降低整机造价。

4. 机座

机座是斗式输送机机壳的下部，由机座外壳、底轮、张紧装置及进料斗组成。底轮的大小与头轮基本相同，当斗式输送机提升高度较大或生产率较高时，为了减少料斗的装料阻力，底轮的直径可适当减小到头轮直径的1/2~2/3。

(三)斗式输送机的生产能力计算

斗式输送机的生产率由两个因素决定，即牵引构件单位长度上的物料质量 q（称线载荷）和料斗的运动速度 v，生产率 Q 用下式计算：

$$Q = \frac{3600}{1000}qv = 3.6qv(\text{t/h}) \tag{2-3}$$

牵引件的线载荷由每米长度上料斗的数目和每个料斗内所盛装物料的质量来确定，即：

$$q = \frac{V}{a}\rho\psi(\text{kg/m})$$

式中：V——料斗体积，m^3；

a——料斗间距，m；

ρ——物料密度，kg/m^3；

ψ——料斗装满系数，见表2-3。

表2-3　料斗装满系数选用表

料斗线速/(m·s^{-1})	逆向进料	顺向进料	料堆取料
1.0~1.5	0.95	0.90	0.60
1.5~2.5	0.90	0.80	0.50
2.5~4.0	0.80	0.70	0.40

由于斗式输送机对过载敏感，因此，使用时实际生产率应低于设计生产率，否则进料量稍有增加，就会发生机座堵塞事故。为此，

$$Q_{设计} = KQ \qquad\qquad (2-4)$$

式中：K——进料不均匀系数，$K = 1.2 \sim 1.4$，生产率大时，取小值；反之取大值；

$\quad Q_{设计}$——设计生产率，kg/s；

$\quad Q$——实际生产率，kg/s。

（四）斗式提升机的使用与维护

①新安装的斗式提升机一般要进行不少于 2 h 的空载试车，空载试车合格后还应进行不少于 16 h 的负荷试运转。

②因斗式提升机对过载较敏感，所以加料要均匀，防止卡死。

③斗式提升机应在空载下启动，所以在停车前应将机内物料全部卸出。

④通过孔口定期观察和调整牵引件的张紧程度，以防发生振动或跑偏。

三、螺旋输送机

螺旋输送机俗称"搅龙"，是一种没有挠性牵引构件的连续输送机械。主要用于各种摩擦性小的干燥松散的粉状、粒状、小块状物料的输送，如面粉、谷物等。在输送过程中，主要用于距离不太长的水平输送，或小倾角的倾斜输送，少数情况亦用于高倾角和垂直输送。螺旋输送机被广泛应用于食品工业中。

（一）螺旋输送机的工作原理

水平螺旋输送机的工作原理是：带螺旋片的轴在封闭的料槽内旋转，由于叶片的推动作用，同时在物料自重、物料与槽内壁间的摩擦力以及物料的内摩擦力作用下，物料不与螺旋一起旋转，而以与螺旋叶片和机槽相对滑动的形式在料槽内向前移动。

垂直螺旋输送机是依靠较高转速的螺旋向上输送物料，其工作原理为：物料在垂直螺旋叶片较高转速的带动下得到很大的离心惯性力，这种力克服了叶片对物料的摩擦力将物料推向螺旋四周并压向机壳，对机壳形成较大的压力，反之，机壳对物料产生较大的摩擦力，足以克服物料因本身重力在螺旋面上所产生的下滑分力。同时，在螺旋叶片的推动下，物料克服了对机壳摩擦力作螺旋形轨迹上升而达到提升的目的。

螺旋输送机的主要优点：①结构简单、紧凑、横断面尺寸小，在其他输送设备无法安装时或操作困难的地方使用；②工作可靠，易于维修，成本低廉，仅为斗式提升机的一半；③机槽可以是全封闭的，能实现密闭输送，以减少物料对环境的污染，对输送粉尘大的物料尤为适宜；④输送时，可以多点进料，也可在多点卸料，因而工艺安排灵活；⑤物料的输送方向是可逆的。一台输送机可以同时向两个方向输送物料，即向中心输送或背离中心输送；⑥在物料输送中还可以同时进行混合、搅拌、松散、加热和冷却等工艺操作。

螺旋输送机的主要缺点：物料在输送过程中，由于与机槽、螺旋体间的摩擦以及物料间的搅拌翻动等原因，使输送功率消耗较大，同时对物料具备一定的破碎作用；特别是它对机槽和螺旋叶片有强烈的磨损作用；对超载敏感，需要均匀进料，否则容易产生堵塞现象；不宜输送含长纤维及杂质多的物料。

螺旋输送机的某些类型常被用作喂料设备、计量设备、搅拌设备、烘干设备、仁壳分离设备、卸料设备以及连续加压设备。

（二）螺旋输送机的主要构件

如图 2-6 所示，螺旋输送机由一根装有螺旋叶片的转轴和料槽组成。转轴通过轴承安装在料槽两端轴承座上，一端的轴头与驱动装置相联系，机身如较长再加中间轴承。料槽顶面和槽底分别开进料口、卸料口。

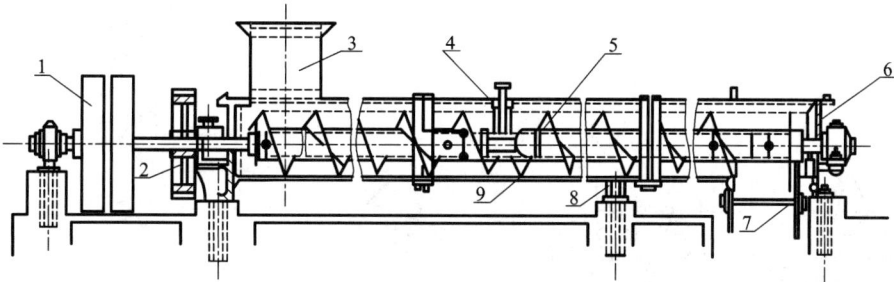

图 2-6　螺旋运输机

1—传动轮；2—轴承；3—进料口；4—中间轴承；5—螺旋；6—支座；7—卸料口；8—支座；9—料槽

1. 螺旋

螺旋可以是单线的也可以是多线的，螺旋可以右旋或左旋。螺旋叶片形状根据输送物料的不同有实体、带式、叶片、齿形四种类型，如图 2-7 所示。

当运送干燥的小颗粒或粉状物料时，宜采用实体螺旋，这是最常用的形式；输送块状或黏滞性物料时，宜采用带式螺旋；当输送韧性和可压缩性物料时，宜采用叶片式或齿形式螺旋；这两种螺旋在运送物料的同时，还可以对物料进行搅拌、揉捏及混合等工艺操作。

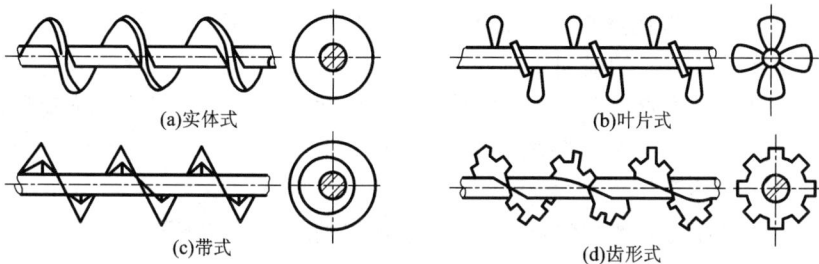

(a)实体式　　　　　　　　　　　　(b)叶片式

(c)带式　　　　　　　　　　　　(d)齿形式

图 2-7　螺旋形状

螺旋叶片大多是由厚 4~8 mm 的薄钢板冲压而成，然后互相焊接或铆接到轴上。带式螺旋是利用径向杆柱把螺旋带固定在轴上。在一根螺旋转轴上，也可以一半是右旋的，另一半是左旋的，这样可将物料同时从中间输送到两端或从两端输送到中间，根据需要进行。

螺旋的螺距有两种：实体式螺旋，其螺距一般为直径的 0.5~0.6 倍；带式螺旋，其螺距等于直径。

2. 轴

轴可以是实心的或是空心的，它一般由长 2~4 m 的各节段装配而成，通常采用钢管制成的空心轴，在强度相同情况下，重量小，互相连接方便。轴的各个节段的连接，可以利用轴节段插入空心轴的衬套内,以螺钉固定连接起来,如图2-8所示。在大型螺旋输送机上,常采用法兰连接方法,采用一段两端带法兰的短轴与螺旋轴的端用法兰连接起来,如图2-9所示。这种连接方法装卸容易,但径向尺寸较大。

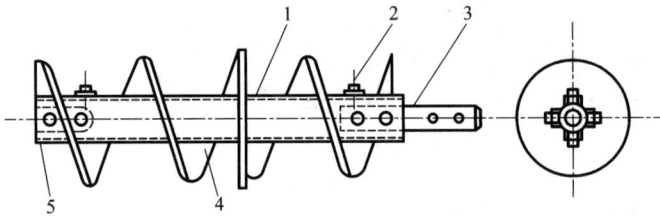

图2-8　螺旋运输机轴

1—轴;2—轴连接;3—对开式滑动轴承;4—螺旋面;5—衬套

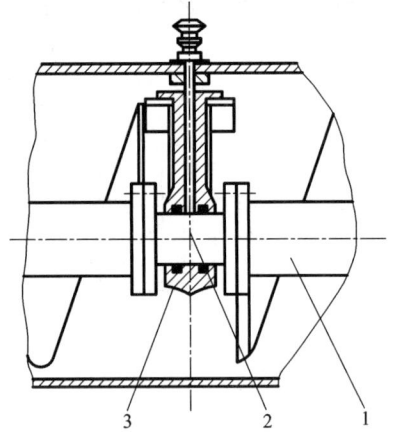

图2-9　螺旋轴的连接

1—轴;2—轴连接;3—对开式滑动轴承

3. 轴承

轴承可分为头部轴承和中间轴承。头部应装有止推轴承,以承受由于运送物料的阻力所产生的轴向力。当轴较长时,应在每一中间节段内装一吊轴承,用于支撑螺旋轴,吊轴承一般采用对开式滑动轴承,如图2-9所示。

4. 料槽

料槽是由3~8 mm厚的薄钢板制成带有垂直侧边的U形槽,为了便于连接和增加刚性,在料槽的纵向边缘及各节段的横向接口处都焊有角钢。每隔2~3 m设一个支架。槽上面有可拆卸的盖子。料槽的内直径要稍大于螺旋直径,使两者之间有一间隙。螺旋和料槽制造装配愈精确,间隙就愈小。这对减少磨损和动力消耗很重要。一般间隙为6.0~9.5 mm。

(三)螺旋输送机生产能力计算

对于螺旋输送机而言要考虑物料的性质、输送机的布置形势等因素的影响。可以通过以下公式进行计算:

$$G = 3600Av\rho = 3600\,\frac{\pi D^2}{4}\varphi C\,\frac{tn}{60}\rho = 60\,\frac{\pi D^2}{4}tn\varphi\rho C \qquad (2-5)$$

其中对于带式螺旋 $t = D$ 时,则

$$G = 15\pi D^3 n\varphi\rho C \qquad (2-6)$$

对于实体螺旋 $t = 0.8D$ 时,则

$$G = 12\pi D^3 n\varphi\rho C \qquad (2-7)$$

式中:G——螺旋输送机生产率,t/h;

A——料槽内物料的截面面积,m^2;

v——物流速度,m/s;

ρ——物料的堆积密度,t/m^3;

D——螺旋输送机的螺旋直径，m；

φ——物料的充填系数，某些物料的 φ 见表 2 – 4；

C——输送机倾斜度修正系数，见表 2 – 5；

n——螺旋转速 m/s。

表 2 – 4　物料综合特性推荐系数 φ

物料的块度	物料的摩擦性	典型物料	推荐充填系数	推荐螺旋面形式
粉状	无摩擦性 半摩擦性	面粉、苏打	0.35 ~ 0.40	实体
粉状	无摩擦性 半摩擦性	谷物、颗粒状食盐、果渣	0.25 ~ 0.35	实体
粉状	摩擦性	糖	0.25 ~ 0.30	实体
固状	黏性易结块	含水的糖、淀粉质的团	0.125 ~ 0.20	带式

表 2 – 5　输送机倾斜度修正系数 C

输送机的水平倾角	0°	5°	10°	15°	20°
C	1.0	0.9	0.8	0.7	0.65

（四）螺旋输送机的使用与维护

①安装时要特别注意各节料槽的同轴度和整个料槽的直线度。否则，会导致动力消耗增大，甚至损坏机件。

②开机前应检查各传动部件，确保其运转灵活且有足够的润滑油，然后空载运转，如无异常方可添加物料。

③加料应当均匀，否则会在中间轴承处造成物料的堵塞，使阻力急剧升高而导致完全梗塞。

④定期检查螺旋的工作情况，发现部件磨损过大时应及时修复或更换。

⑤要特别注意转动部件的密封，严防润滑油外溢污染食品和原料进入转动部件而导致磨损加剧。

⑥停机前应先停止进料，待物料排空后再停机。

⑦停机后应及时清洁机器、加油，以备下次使用。

四、振动输送机

振动输送机是一种利用振动技术，对松散态颗粒物料进行中、短距离输送的输送机械。振动输送具有产量高、能耗低、工作可靠、结构简单、外形尺寸小、便于维修的优点，目前在食品、粮食、饲料等部门获得广泛应用。振动输送机主要用来输送块状、粒状或粉状物料，与其他输送设备相比，用途广；可以制成封闭的槽体输送物料，改善工作环境；但在无其他措施的条件下，不宜输送黏性大的或过于潮湿的物料。

振动输送机按激振驱动方式可分为曲柄激振驱动式、偏心激振驱动式和电磁激振驱动式；按工作体的结构形式可分为斜槽式、管式和料斗式等。

（一）振动输送机的工作原理

振动输送机工作时，由激振器驱动主振弹簧支承的工作槽体。主振弹簧通常倾斜安装，斜置倾角为 β，称为振动角。激振力作用于工作槽体时，工作槽体在主振板弹簧的约束下做定向强迫振动。处在工作槽体上的物品，受到槽体振动的作用断续地被输送前进。

当槽体向前振动时，依靠物料与槽体间的摩擦力，槽体把运动能量传递给物料，使物料得到加速运动，此时物料的运动方向与槽体的振动运动方向相同。此后，当槽体按激振运动规律向后振动时，物料因受惯性作用，仍将继续向前运动，槽体则从物料下面往后运动。由于运动中阻力的作用，物料越过一段槽体又落回槽体上，当槽体再次向前振动时，物料又因受到加速而被输送向前，如此重复循环，实现物料的输送。

（二）振动输送机的结构及主要构件

振动输送机的结构主要包括输送槽、激振器、主振弹簧、导向杆、隔振弹簧、平衡底架、进料装置、卸料装置等部分，如图 2 - 10 所示。

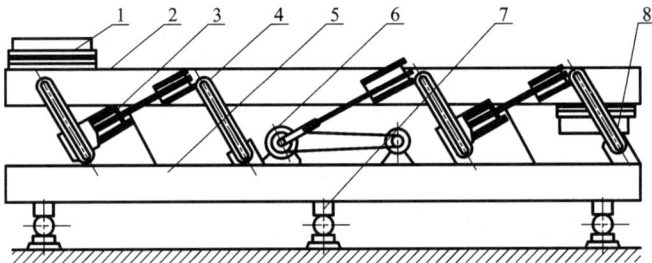

图 2 - 10　振动输送机

1—进料装置；2—输送槽；3—主振弹簧；4—导向杆；5—平衡底架；6—振荡器；7—隔振弹簧；8—卸料装置

1. 激振器

激振器是振动输送机的动力来源及产生周期性变化的激振力，使输送槽与平衡底架产生持续振动的部件，可分为机械式、电磁式、液压式及气动式等类型。其激振力的大小，直接影响着输送槽的振幅。

2. 输送槽与平衡底架

输送槽（承载体、槽体）和平衡底架（底架）是振动输送机系统中的两个主要部件。槽体输送物料，底架主要平衡槽体的惯性力，并减小传给基础的动载荷。

3. 主振弹簧与隔振弹簧

主振弹簧与隔振弹簧是振动输送机系统中的弹性元件。主振弹簧的作用是使振动输送机有适宜的近共振的工作点（频率比），使系统的动能和位能互相转化，以便更有效地利用振动能量；隔振弹簧的作用是支承槽体，使槽体沿着某一倾斜方向实现所要求的振动，并能减小传给基础或结构架的动载荷。弹性元件还包括传递激振力的连杆弹簧，也有不使用弹性元件的振动输送机。

4. 导向杆

导向杆的作用是使槽体与底架沿垂直于导向杆中心线作相对振动，并通过隔振弹簧支承着槽体的重量。导向杆通过橡胶铰链与槽体和底架连接。

5.进料装置与卸料装置

进料装置与卸料装置是控制物料流量的构件,通常与槽体采用软连接的方式。

五、气力输送设备

(一)概述

运用风机(或其他动力设备)使管道内形成一定速度的气流,将散粒物料沿一定的管路从一处输送到另一处,称为气力输送。食品工厂散粒物料种类很多,如面粉、大米、糖、麦芽等。

气力输送与其他输送方式相比,具有的优点是:物料的输送是在管道中进行的,从而减少了输送场所粉尘污染,使食品卫生和工作环境的卫生都得到改善,同时也降低了物料输送过程中的损耗;输送装置结构简单,物料的输送仅是些管道,无回程系统,管理方便,易于实现自动化操作;输送路线容易选择,布置灵活,合理地利用空间位置,可减少占地面积;输送生产率高,降低物料的装卸成本;在输送过程中可以同其他生产工艺结合起来,进行干燥、冷却、分选及混合等操作。气力输送的缺点是:动力消耗较大,噪声高;管道以及与物料接触的构件易于磨损;对输送物料有一定限制,不宜输送易于成块黏结和易破碎的物料。对于输送量较少的,且属于间歇性操作的,不宜采用该设备。

(二)气力输送装置的分类

在食品工厂中,目前广泛采用的是使散体物料呈悬浮状态的输送方式,按其工作原理可分为:吸送式、压送式、混合式和循环式。

1.吸送式气力输送装置

吸送式气力输送装置是借助压力低于0.1 MPa的空气流来输送物料的,如图2-11所示。当装在系统末端的风机4开动后,整个系统内便被抽至一定的真空度,在压力差的影响下,大气中的空气流从物料堆间透过,同时把物料携带进入吸嘴1,并沿输料管2移动到物料分离器3中;在分离器内,物料和空气分离,物料由分离器底部卸出,而空气流继续被送入空气除尘器,以消除其中的粉尘。最后,经过除尘净化的空气流通过风机4被排入大气。

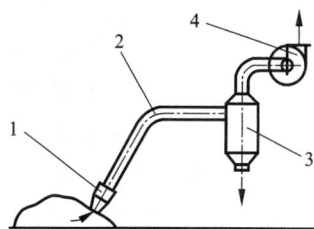

图2-11 吸送式气力输送装置

1—吸嘴;2—输料管;3—分离器;4—风机

吸送式气力输送装置按系统的工作压力情况常分为以下两种:低真空吸送式,其工作压力在-20 kPa以内;高真空吸送式,其工作压力在-50~-20 kPa范围内。

吸送式装置的最大优点是供料简单方便,能够从几堆或一堆物料中的数处同时吸取物料。但是输送物料的距离和生产率受到限制。因为该系统的空气真空度不能超过50.5~60.6 kPa,否则将急剧地降低其携带能力,以致引起管道的堵塞,而且对这种装置的密封性也要求很高。另外,为了保证风机可靠工作及减少零件磨损,进入风机的空气必须预先进行除尘。

2.压送式气力输送装置

如图2-12所示,压送式气力输送装置是在高于0.1 MPa的条件下进行工作的。装在此系统首端的鼓风机1运转时,把具有一定压力的空气压入导管,被运送物料由密闭的供料器

2 输入输料管中，空气和物料混合后沿着输料管运动，物料通过分离器 3 卸料器 4 卸出，空气经除尘器 5 净化后排入大气中。

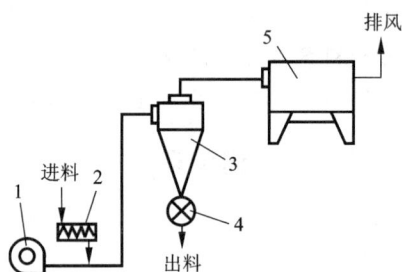

图 2-12　压送式气力输送装置

1—风机；2—供料器；3—分离器；
4—卸料器；5—除尘器

压送式气力输送装置的特点与吸送式气力输送装置相反，由于它便于装设支岔管道，故可同时把物料送到几处，而且输送距离可较长，生产率较高，还能方便地发现漏气的位置，对空气的除尘要求不很高。但是，由于供料器 2 的压力低于输料管的压力，必然造成从低压向高压处供料，故供料装置较复杂，而且难以从几处同时进料。

压送式气力输送系统的工作压力常分为以下 3 种：低压压送式，其工作压力在 50 kPa 以下；中压压送式，其工作压力在 0.1 MPa 左右；高压压送式，其工作压力在 0.1 ~ 0.7 MPa 范围内。

3.混合式气力输送装置

混合式气力输送装置由吸送式和压送式两部分组合而成，如图 2-13 所示。在吸送部分，通过吸嘴 1 将物料由料堆吸入输料管 2，并送到分离器 3 中，从这里分离出的物料又被送入压送部分的输料管 5 中继续输送。它综合了吸送式和压送式气力输送装置的优点，所以既可以从

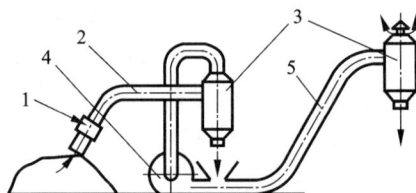

图 2-13　混合式气力输送装置

1—吸嘴；2—输料管；3—分离器；4—风机；5—输料管

几处吸取物料，又可以把物料同时输送到几处，且输送的距离较长。其主要缺点是带粉尘的空气要通过风机，使工作条件变差，同时整个装置的结构较复杂。

4.循环式气力输送装置

图 2-14 所示为密闭循环式气力输送装置。为了保证系统在负压下运行及漏风的净化因素，在风机出口处设有旁通支管，使部分空气经布袋除尘器净化后排入大气，而大部分空气则返回接料器进行再循环。循环式系统适用于输送细小、贵重的粉状物料。

（三）气力输送的主要构件

气力输送的主要构件有供料器、输料管道及管件、分离器、卸料器、除尘器和风机等。

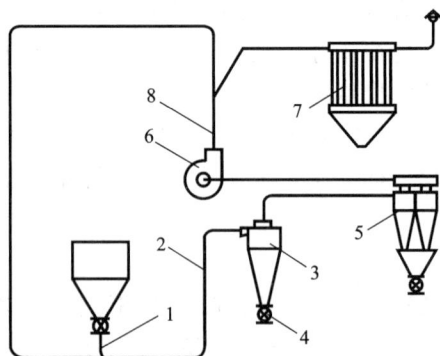

图 2-14　循环式气力输送装置

1—接料器；2—输料管；3—卸料管；4—闭风器；
5—除尘器；6—风机；7—布袋过滤器；8—回风管

1.供料器

供料器的作用是把物料供入气流输送装置的管道，造成合适的物料和空气的混合比。它是气流输送装置的"咽喉"，其性能的好坏直接影响生产率和工作的稳定性。其结构特点和工作原理取决于被输送物料的物理性质与气

流输送装置的形式。供料器可分为吸送式供料器和压送式供料器。

（1）吸送式供料器

吸送式供料器用于吸送式输送管中供料，常用吸嘴或诱导式接料器。

1）吸嘴：吸嘴适用于输送流动性好的物料，如小麦、豆类、玉米等。吸嘴的结构形式很多，可分为单筒吸嘴和双筒式吸嘴两类。单筒吸嘴结构简单，但压力损失大，补充空气无保证，因吸嘴插入料堆后，补充空气易被物料埋住堵死，有时会因混合比大造成输送管道堵塞。如图 2-15 所示。

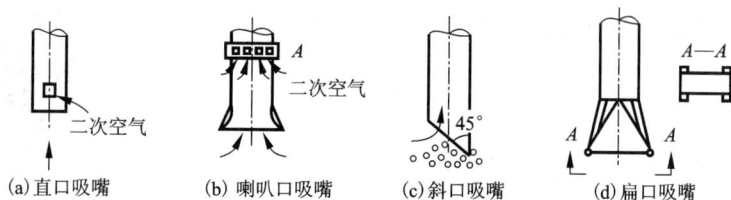

图 2-15 单筒吸嘴形式

(a) 直口吸嘴　　(b) 喇叭口吸嘴　　(c) 斜口吸嘴　　(d) 扁口吸嘴

常用的双筒式直吸嘴如图 2-16 所示，主要由与输料管连通的内筒和可以上下移动的外筒构成。物料和空气混合物在吸嘴的底部，沿内筒进入输料管，而促进料气混合的补充空气由外筒顶部经两筒环腔后，从底部的环形间隙导入内筒。通过改变环形间隙即可调节补充风量的大小，获得较高的效率。

2）诱导式接料器（图 2-17）：用于低压吸送系统。物料沿矩形截面自进料管 1 下落，经过圆弧淌板，在接料器底部进入气流的推动下直接向上输送。混合物流先通过气流速度较高的小截面通道，然后进入输料管。在自流管 1 的下端，安装插板活门 4，用于接料管堵塞时，清除堆积的物料。诱导式接料器具有料、气混合好，阻力小的特点，适宜输送粉状及颗粒状物料。

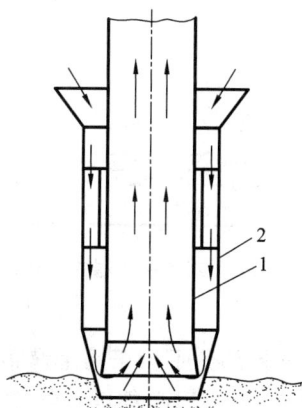

图 2-16　双筒式直吸嘴

1—内筒；2—外筒

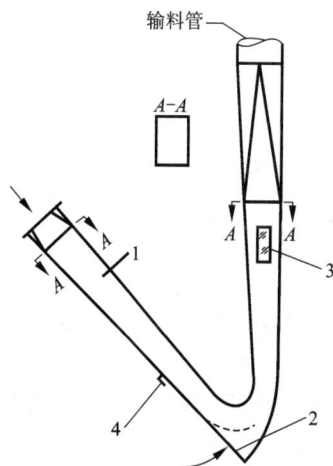

图 2-17 诱导式接料器

1—进料管；2—进风口；3—观察窗；4—插板活门

（2）压送式供料器

压送式供料器在压送式气流输送装置中，供料是在管道中的气体压力高于外界大气压的条件下进行的，因而供料器应具有良好的密封性，以避免空气泄漏。按工作原理的不同可分为叶轮式、喷射式、螺旋输送器式和重力式等。

1）叶轮式供料器（图2－18）：物料由料斗1自流落入叶轮3的上部叶片槽内，当叶片槽转到下部位置时，物料在自重作用下进入输料管中。装置中设有与大气相通的均压管2，使叶片槽在到达装料口前，将槽与大气相通，使槽内压力与大气相同，便于装料。这种供料器气密性好，不损伤物料，可定量供料，供料量可通过叶轮转速调节。

这种供料器结构紧凑，体积小，运行维修方便，能连续定量供料，有一定程度的气密性。但对加工要求较高，叶轮与壳体磨损后易漏气。这种供料器通常用于粉状和小块物料的中、低压输送。

2）喷射式供料器（图2－19）：压缩空气从输送管的一端高速喷入，供料斗的下方通道狭窄，静压低于大气压力，将供料斗内的物料吸入输送管中。因此没

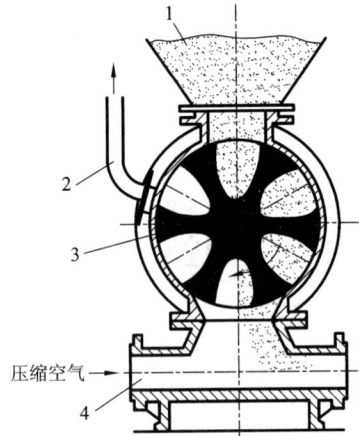

图2－18　叶轮式供料器

1—料斗；2—均压管；3—叶轮；4—输送管道

有空气上吹现象，料斗可以是敞开式的。在供料器输送管出口端有一段渐扩管，其作用是降低管内气流速度，提高静压，达到物料正常输送状态。喷射处能量损失较大，影响输送量和输送距离，适用于低压短距离输送。渐扩管的扩散角8°为宜，角度过大可能产生气流脱离现象，影响输送效果。这种供料器主要用于低压、短距离的压送式气力输送装置中。

3）螺旋输送器式供料器（图2－20）：适用于工作压力不高于0.25 MPa的粉料输送，螺旋叶片的螺距沿出料口方向逐渐变小，物料被逐渐压实，以防止漏气。这种供料器的螺旋叶片易磨损，应用耐磨材料制成。

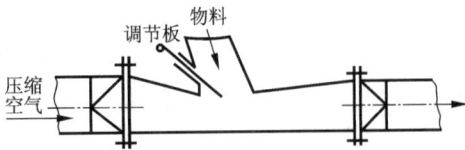

图2－19　喷射式供料器

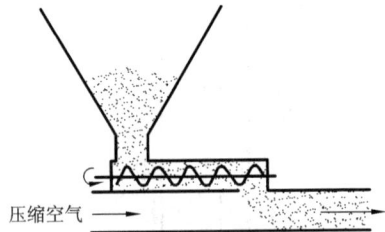

图2－20　螺旋输送器式供料器

螺旋叶片的进口端与出口端的螺距比为1.5～1.65，进料部分不少于两个螺距，压实部分应有3～4个螺距。螺旋输送器式供料器的特点是高度方向尺寸小，能够连续供料。但动力消耗较大，工作部件磨损较快。

2. 输料管

输料管是连接供料器和分离器的管道，并用来输送物料，一般采用圆管。输料管的布置形式及结构尺寸的选择对气力输送装置的生产率、能耗和可靠性等有重要影响。在设计、选

择输料管及其管件时，应力求密封质量好、运动阻力小、拆装方便和不污染物料。

气力输送的输料管直径通常为 50 ～ 200 mm，其内径取决于空气流量和气流速度。输料管的厚度根据被输送物料的物理性质和输送类型选定。

3. 分离器

将被运送物料从混合气流中分离出来。分离器的形式很多，包括重力沉降的重力式、冲击沉降的惯性分离式和摩擦沉降的离心式，其中离心式分离器最为常见。

离心式分离器又称旋风分离器(图 2 - 21)。物料和空气的混合气流由分离器上部进气口 1 沿切向进入，物料在离心力作用下，被抛向筒壁，与壁面撞击、摩擦而逐渐失去速度，在重力作用下向下作螺旋线运动，最后滑落到分离器圆锥筒下部卸料口。螺旋运动的气流沿分离器的轴心向上从分离器上部的出气口 2 排出。

进入分离器的物料受离心力 F 和重力 G 的作用，二者之比为分离性能系数 $S[S = F/G = v^2/(gr)$，其中，v 为颗粒切线速度，r 为颗粒旋转半径，g 为重力加速度]。颗粒越小，越难以与空气分离。能够分离出的颗粒质量与气流中所含有的颗粒质量的百分比称为旋风分离器的分离效率。S 越大，分离效率越高。提高旋风分离器分离效率和处理能力的措施包括提高气流速度或缩小分离器直径。旋风分离器可串联和并联使用。串联可提高分离效率，并联可提高处理能力。

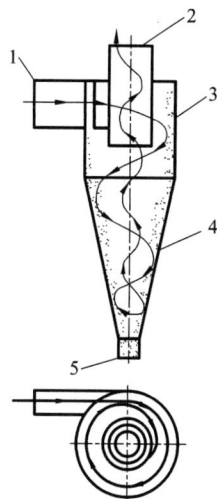

图 2 - 21　离心式分离器(又称旋风分离器)
1—进气口；2—出气口；3—筒体；
4—锥筒；5—卸料口

旋风分离器结构简单，制作方便。如设计制作得当，可获得很高的分离效率。且压力损失小，没有运动部件，经久耐用。

4. 卸料器

用于将物料从分离器中连续或间歇卸出的装置。因其应具有防止空气进入气力输送系统的功能，又称为关风器。卸料器有叶轮式、螺旋式、双阀门式等。图 2 - 22 所示为叶轮式卸料器。

5. 除尘器

用于拦截或回收排出的含尘气流中的微细粉粒。气力输送系统中常用离心式除尘器、布袋式除尘器和水浴式除尘器。其中，离心式除尘器的构造及工作原理与离心式分离器类似。水浴式除尘器是通过使含尘气流通过淋水空间或水体而将微细粉粒或纤维分离出来。袋式除尘器是一种利用有机或无机纤维过滤布，将气体中的粉尘过滤出来的净化设备。过滤布多做成布袋形，因此又称为布袋除尘器。图 2 - 23 所示脉冲吸气式布袋除尘器，具有完善的

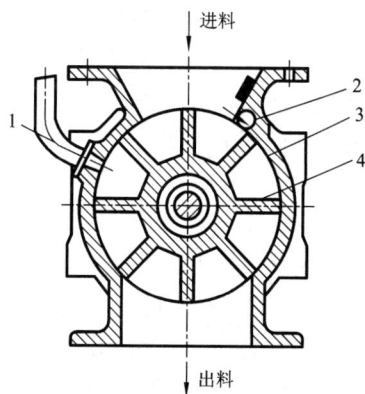

图 2 - 22 叶轮式卸料器
1—均压管；2—防卡挡板；3—壳体；4—叶轮

清理机构和反吹气流装置，因此除尘效率高达98%以上。袋式除尘器的最大优点是除尘效率高。但不适用于过滤含有油雾、凝结水及黏性的粉尘，同时它的体积较大，设备投资、维修费用较高，控制系统较复杂，一般用于除尘要求较高的场合。

6. 风机

风机是气力输送系统的动力源，是把机械能传给空气形成压力差而产生气流的机械。风机的风量和风压大小直接影响气力输送装置的工作性能，风机运行所需的动力大小关系着气力输送装置的生产成本。因此，正确地选择风机对设计气力输送装置来说是十分重要的。对风机的要求是：效率高；风量、风压满足输送物料要求且风量随风压的变化要小；有一些灰尘通过也不会发生故障；经久耐用便于维修；用于压送式气力输送装置中的风机，其排气中尽可能不含水分和油分。

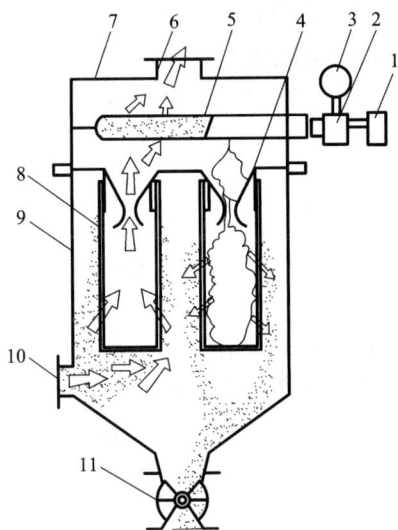

图2-23　脉冲吸气式布袋除尘器

1—控制阀；2—脉冲阀；3—气包；4—文氏管；
5—喷吹管；6—排气口；7—上箱体；8—过滤布袋；
9—下箱体；10—进气口；11—叶轮式卸料器

第二节　液体物料输送机械与设备

在食品加工中，对于流体物料的输送经常用泵（离心泵、螺杆泵、齿轮泵等）及真空吸料装置来完成。

一、离心泵

离心泵是目前使用最广泛的流体输送设备，具有结构简单、性能稳定及维护方便等优点。它既能输送低、中黏度的流体，也能输送含悬浮物的流体。

（一）离心泵的工作原理

离心泵的工作原理如图2-24所示。泵轴1上装有叶轮2，叶轮2上有若干弯曲的叶片。泵轴受外力作用，带动叶轮在泵壳3内旋转。液体由入口4沿轴向垂直进入叶轮中央，并在叶片之间通过而进入泵壳，最后从泵的液体出口5沿切线排出。

离心泵多用电动机带动。开动前泵内要先灌满所输送的液体，开动后，叶轮旋转，产生离心力。液体在离心力的作用下，从叶轮中心被抛向叶轮外周，形成很高的流速（15～20 m/s），随后在壳内减速，经过能量转换，达到较高的压力，

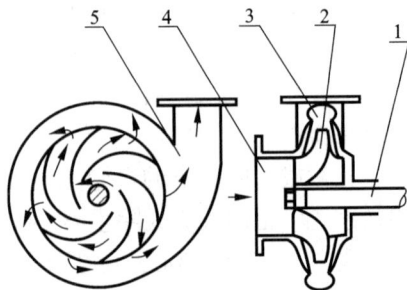

图2-24　离心泵工作原理简图

1—泵轴；2—叶轮；3—泵壳；
4—液体入口；5—液体出口

然后从排出口进入管路。叶轮内的流体被抛出后，叶轮中心处形成真空。泵的液体入口一端

与叶轮中心处相通,另一端浸没在被输送液体内,在液面压力与泵内压力的压差作用下,液体经液体入口进入泵内,填补了被排出液体的位置。只要叶轮的转动不停,离心泵便不断地吸入和排出液体。

离心泵启动时,如果泵壳与液体入口管路内没有充满液体,则泵内充满空气,由于空气的密度远小于液体的密度,而不可能产生较大的离心力,致使叶轮中心处所形成的真空不足以将液体吸入泵内。此时,虽然启动离心泵,但不能输送液体,此种现象称为气缚。为了使泵内充满液体,在液体入口管底部安装带吸滤网的底阀,底阀为止逆阀,滤网为了防止固体物质进入泵内损坏叶轮的叶片而保证泵的正常操作。离心泵的出口后面可装调节流量的阀门。

(二)离心泵的基本构成

典型离心泵的结构如图 2-25 所示。离心泵主要由泵体、泵盖、轴、叶轮、轴承、密封部件和支座等构成。由电机带动固定在轴上的叶轮旋转,使叶轮中的液体获得能量(包括压力能和动能)。为防止液体从泵壳等处泄漏,在各密封点上分别装有密封环或轴封箱。轴承及轴承悬架支持着转轴。整台泵和电机安装在一个底座上。离心泵的过流部件包括吸入室、叶轮及排出室(又称蜗壳)。对过流部件的主要要求是能达到所需要的流量和扬程、流动稳定、损失小、效率高以节省能耗。对整台泵的综合要求:结构紧凑、工作可靠、检修方便、安全耐用。

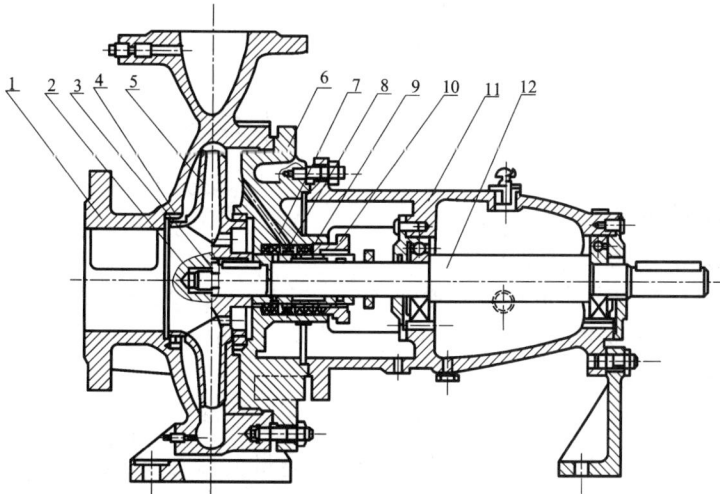

图 2-25 IS 型单级单吸离心泵
1—泵体;2—叶轮螺母;3—制动垫片;4—密封环;5—叶轮;6—泵盖;
7—轴套;8—填料环;9—填料;10—填料压盖;11—轴承悬架;12—轴

1. 叶轮

叶轮是将原动机的机械能传送给液体的部件,提高液体的静压能和动能。如图 2-26 所示,离心泵叶轮内常装有 6~12 片叶片 1。叶轮通常有 4 种类型:第一种为闭式叶轮,如图 2-26(a)所示,叶片两侧带有前盖板 2 及后盖板 3。液体从叶轮中央的入口进入后,经两盖板与叶片之间的流道流向叶轮外缘。这种叶轮效率较高,应用最广,但只适用于输送清洁液体;第二种为半闭式叶轮,如图 2-26(b)所示,吸入口侧无前盖板;第三种为开式叶轮,如图 2-26(c)所示,叶轮不装前后盖板。半闭式与开式叶轮适用于输送浆料或含有固体悬浮物的液体,因叶轮不装盖板,液体在叶片间运动时易产生倒流,故效率较低;第四种为双吸叶轮,如图 2-26(d)所示,适用于大流量泵,其抗汽蚀性能较好。

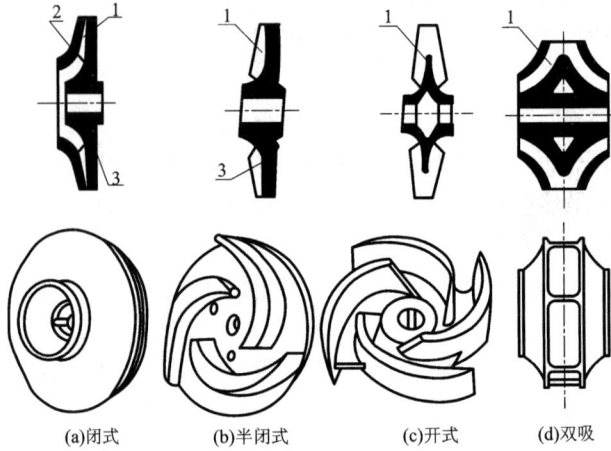

(a)闭式　　(b)半闭式　　(c)开式　　(d)双吸

图 2－26　离心泵的叶轮

1—叶片；2—前盖板；3—后盖板

2. 泵壳

离心泵的外壳多做成蜗壳形，其中有一个截面逐渐扩大的蜗牛壳形通道，如图 2－27 中 1 所示。

叶轮在泵壳内顺蜗形通道逐渐扩大的方向轮转。由于通道逐渐扩大，以高速从叶轮四周抛出的液体便逐渐降低流速，减少了能量损失，并使部分动能有效地转化为静压能。所以，泵壳不仅是一个汇集由叶轮抛出液体的部件，而且本身又是一个能量转换装置。

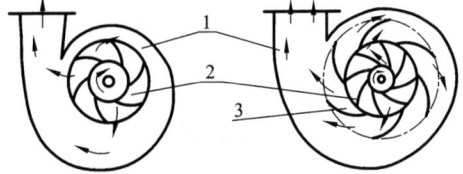

图 2－27　泵壳与导轮

1—泵壳；2—叶轮；3—导轮

有的离心泵为了减少液体进入蜗壳时的碰撞，在叶轮和泵壳之间安装一固定的导轮，如图 2－27 所示。导轮具有很多逐渐转向的孔道，使高速液体流过时能均匀而缓慢地将动能转化为静压能，使能量损失降到最低程度。

3. 轴封装置

轴封的作用是防止高压液体从泵壳内沿轴的四周漏出，或外界空气从相反方向漏入泵壳内，常用的壳轴与泵壳之间的轴封装置有填料密封和机械密封两种。离心泵所采用的填料密封装置是填料函，又称盘根箱，如图 2－28 所示。图中 1 是和泵壳连在一起的填料函盖，2 是软填料，一般为浸油或涂石墨的石棉绳，4 是填料压盖，用螺钉拧紧，使填料压紧在壳与转轴之间，以达到密封的目的。5 是内衬套，防止填料被挤入泵内。为了防止空气从填料函不严密处漏入泵内，在填料函内装有液封圈 3。通过填料函壳上的小管可以和泵的

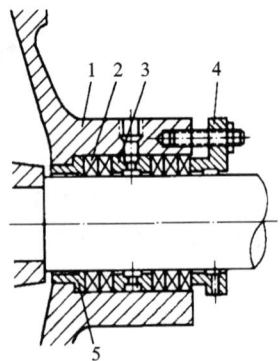

图 2－28　填料函

1—填料函盖；2—软填料；3—液封圈；
4—填料压盖；5—内衬套

排出口相通，使泵内高压液体顺小管流入液封圈内；所引入的液体不仅能防止空气漏入泵

内，还起到对轴的润滑和冷却作用。

对于输送食品等有特殊要求的泵，采用的轴封装置比填料密封更好的办法是机械密封，又称端面密封，其结构如图2-29和图2-30所示。主要密封元件是由动环、静环所组成，密封的目的是靠动环与静环端面间的紧密贴合来实现的，由图可见，动环与轴一起旋转，动环的端面紧贴静环，而静环则与静环座固定连接，两端面的紧密贴合是借助于压紧元件（弹簧），通过推环来达到的。两端面间的紧贴程度可用弹簧来调节。动环密封圈和静环密封圈等为辅助密封元件，除具有一定的密封能力外，还具有一定的弹性，可吸收对密封面有不良影响的振动作用。与填料密封相比，机械密封具有液体泄漏量小，使用寿命长，消耗功率少，结构紧凑，密封性能好等优点；缺点是机械加工复杂，加工精度高，安装的技术条件严格，成本高。

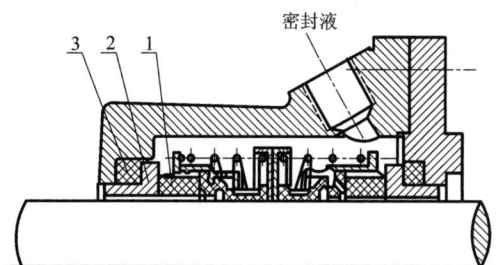

图2-29 双断面密封

1—动环；2—静环；3—静环密封圈

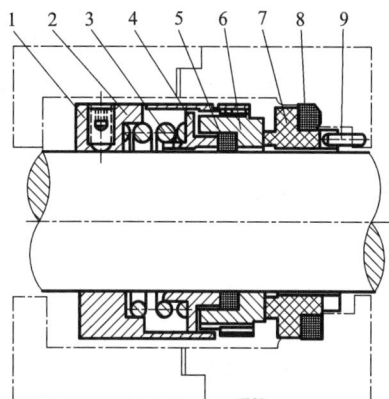

图2-30 机械密封装置

1—螺钉；2—传动带；3—弹簧；4—锥环；5—动环密封圈；
6—动环；7—静环；8—静环密封圈；9—防转销

常用的离心式饮料泵（图2-31）的轴封方式常采用不透性石墨端面密封结构（图2-32）。离心式饮料泵壳体内所有构件都是用不锈钢制作，常称为卫生泵，用于输送原浆、料液等。泵的结构和工作原理与普通的离心泵相同，叶轮采用叶片少的封闭式叶轮，泵盖及叶轮拆装方便，以满足食品厂食品卫生和经常清洗的要求。

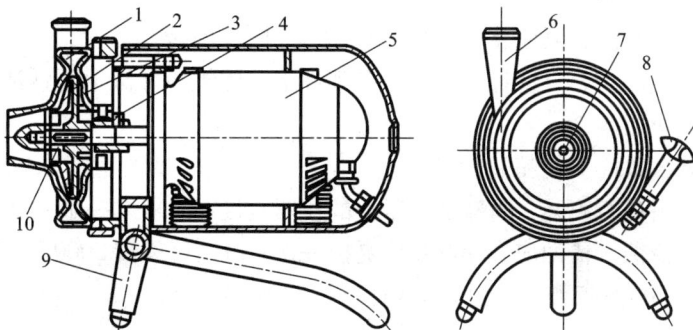

图2-31 封闭式离心饮料泵

1—活动泵壳；2—叶轮；3—固定泵壳；4—轴封装置；5—电动机；
6—出口；7—进口；8—快拆箍；9—支架；10—泵轴

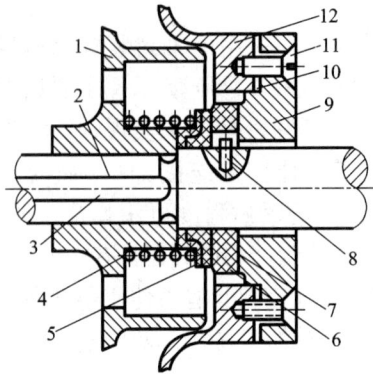

图 2-32 饮料泵端面机械密封结构

1—叶轮；2—主轴；3—键；4—弹簧；5—不锈钢挡圈；6—氯丁橡胶垫圈；
7—不透性石墨；8—柱头螺钉；9—压紧盖；10—橡胶垫圈；11—紧固螺钉；12—泵体

（三）离心泵的操作及故障排除

1. 启动及停车

①检查电机与离心泵叶轮的旋转方向是否一致。

②检查轴承润滑油量是否够，油质是否干净。

③检查泵的转动部分是否转动灵活，有无摩擦和卡死现象。

④检查各部分的螺栓是否拧紧。

⑤启动前灌泵时应注意将泵及吸入管路的空气排净。

⑥检查轴封装置密封内是否充满液体，防止泵在启动时填料密封或机械密封干磨发生烧损现象。

⑦对于一般离心泵，启动前要关闭出口阀及压力表旋塞。

⑧启动电机并打开压力表旋塞，当离心泵以正常转速运转时，压力表显示适当压力后再打开吸入管路上的真空表旋塞，并打开排出管路上调节阀到需要的开度为止。

⑨停止时要先关闭出口阀及真空旋塞，停电机后再关闭压力表旋塞。若有机械密封装置应最后停冷却及密封液系统。

⑩冬季停止使用的离心泵应将泵内的液体放尽，防止冻裂。

⑪长期停止使用的离心泵应拆卸开，将零部件上液体擦干并涂上防锈油妥善保存。

2. 运转时的维护

①注意轴承温度最高不能超过 75℃。

②检查填料密封是否滴漏，调整填料压盖的压紧程度，以液体一滴一滴的滴漏为好。

③定期更换润滑油。稀油应在 500 h 后更换一次，黄油每运转 2000 h 更换一次。

④离心泵每经 200 h 工作后应进行周期检查，更换磨损件。

3. 常见故障及排除方法

离心泵的故障通常是由于产品质量有问题，造型及安装不正确，操作不当，或者因为长期运转后零件磨损等原因引起的。具体方法见表 2-6。

表 2 – 6　常见故障及排除方法

故障现象	产品原因	排除方法
启动后不出料	①启动前泵内灌水不足 ②吸入管或仪表漏气 ③水填充管堵塞 ④吸水管浸没深度不够 ⑤电源接线不对、旋转方向相反 ⑥底阀漏水	停车重新灌泵 检查不严密点消除漏气 检查和清洗 降低吸水管,使其管口浸没深度大于 0.5 ~ 1 m 调整电源接线 修理或更换
运转过程中输水量减少	①转速降低 ②叶轮阻塞 ③密封环磨损 ④吸入空气 ⑤排出管中阻力增加	检查电压是否太低 检查和清洗叶轮 检查和清洗叶轮更换 检查吸入管路,压紧或更换填料 检查所有阀门及管路中可能堵塞之处
泵有泄漏	①各处密封圈老化、损坏 ②石墨动环、静环严重磨损	更换密封圈 更换石墨动环、静环
轴功率过大	①泵轴弯曲、轴承磨损或损坏 ②平衡盘与平衡环磨损过大使叶轮板与中段摩擦 ③叶轮前盖板与密封环泵相磨 ④填料压得过紧 ⑤泵内吸进泥沙及杂物 ⑥流量过大超出使用范围	矫直泵轴或更换 修理或更换平衡盘 调整叶轮螺母及轴承压盖或检修 调整填料压盖 拆卸清洗 适当关闭出口阀
振动大、声音不正常	①叶轮磨损或阻塞造成叶轮不平衡 ②泵轴弯曲泵内旋转部件与静止部件有严重摩擦 ③两联轴器不同心 ④泵内发生气蚀现象 ⑤地脚螺栓松动	清洗叶轮并进行平衡校正 矫直更换轴,检查摩擦原因并消除 找正同心度 降低吸液高度,消除气蚀原因 拧紧
轴承过热	①轴承损坏 ②轴承安装不正确或间隙不适当 ③轴承润滑不良(油质不好或油量不足) ④泵轴弯曲或联轴器没找正	更换 检查并进行修理 更换润滑油 矫直或更换泵轴找正联轴器

(四)泵的计算

1. 泵的流量

泵的流量是指单位时间排出的液体量,q_v 和 q_m 的关系如下:

$$q_v = \frac{q_m}{\rho} \tag{2-8}$$

式中:q_v——体积流量,m^3/h;

　　　q_m——质量流量,t/h;

　　　ρ——输送温度下液体密度,t/m^3。

2. 泵的功率和效率

泵在单位时间内对液体所做的功,称为有效功率 P_e,其数值为:

$$P_e = Hq_v\rho g \qquad\qquad (2-9)$$

式中：P_e——泵的有效功率，W；

$\quad\quad H$——泵的压头，m；

$\quad\quad q_v$——泵的流量，m^3/s；

$\quad\quad \rho$——液体的密度，kg/m^3；

$\quad\quad g$——重力加速度，m/s^2。

泵在工作时由驱动机传给泵轴的功率称为轴功率，用 P 表示。

泵的效率 η 是指泵的有效功率与轴功率之比，即

$$\eta = \frac{P_e}{P} \times 100\% \qquad\qquad (2-10)$$

实践证明，有效功率总是小于轴功率。其原因为：①容积损失：由于泵体与动件间的缝隙，泵内高压液体产生泄漏或倒流，造成的能量损失；②水力损失：液体流经泵体时，其流速大小、方向将发生改变，并伴有冲击。由此造成的能量损失；③机械损失：由泵内各构件相对运动产生的摩擦所造成的能量损失。

二、螺杆泵

螺杆泵是一种回转式容积泵，它利用一根或数根螺杆与螺腔的相互啮合使啮合空间容积发生变化来输送液体。具有效率高、自吸能力强、适用范围广等优点，对各种难以输送的介质都可用螺杆泵来输送。

螺杆泵按螺杆个数可分为单螺杆泵、双螺杆泵与多螺杆泵等。其工作原理略有不同。目前输送食品液料多用单螺杆泵。如图 2-33 所示，单螺杆泵内转子是径向断面为圆形（直径为 d）的螺杆，它是按其几何中心 O，以螺距 t 和偏心距 e 绕螺杆轴线 O_1 做螺旋运动。定子是螺距为 $2t$ 的螺旋形孔，其径向断面形状是宽度为 $2e$ 的矩形，外接两个直径也为 d 的半圆形所组成的长圆孔。定子孔的对称中心（即定子轴线）为 O_2。由于转子和定子孔的配合关系，沿轴向形成若干个封闭腔。为适应转子的偏心运动，驱动轴有一部分是中空的，它与螺杆的联接常用平行销联轴节或万向联轴节。螺杆多用不锈钢材料，定子衬套用橡胶材料。在泵运动时、转子轴线 O_1，以偏心 e 为半径，绕 O_2 作回转运动，封闭腔自吸入端形成，并以不变的容积向排出端运动，从而使封闭腔内的液体得到输送。

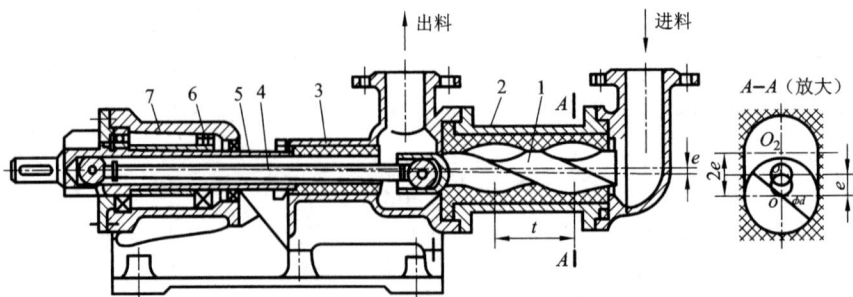

图 2-33 螺杆泵

1—螺杆；2—螺腔；3—填料函；4—平行销连杆；5—套轴；6—轴承；7—机座

单螺杆泵输送液体连续均匀，运动平稳，压力较高，自吸性能好，其结构简单，零部件少、它适于输送高黏度的食品液体，如糖蜜、果肉及巧克力糖浆等。

螺杆泵在操作时要注意：

①为保护橡胶衬套，泵不能空转，开泵前需灌满液体，否则会烧坏橡皮衬套。合理的螺杆转速为 750～1500 r/min，转速过高容易引起螺杆与橡皮套的剧烈摩擦而发热损坏橡皮套，转速过低会影响生产能力。

②无极变速手轮的调节必须在电动机启动情况下进行。

③物料流动方向：面对电动机出轴，若逆时针旋转，靠近电动机端的接口为出料口，另一端为进料口，可在真空状态下抽吸物料；若顺时针旋转，靠近电动机的接口为进料口，另一端为出料口。

④泵内滚动轴承应定期加润滑油，若发现不正常现象，应停车及时检修。

⑤橡胶螺套必须定期检查，若有损坏，必须及时更换。

⑥泵必须经常清洗。

三、齿轮泵

齿轮泵属于回转式容积泵，其分类方法较多，按齿轮的啮合方式可分为内啮合式泵与外啮合式泵。按齿轮形状可分为正齿轮、斜齿轮和人字齿轮等。齿轮泵产生的压头高，常用来输送黏度较大而不含杂质的液体，如糖浆、油类等。

（一）外啮合齿轮泵

一般在食品工厂中采用最多的是外啮合齿轮泵。

1. 工作原理

如图 2-34 所示，在互相啮合的一对齿轮中，主动齿轮由电动机带动旋转，从动齿轮与主动齿轮相啮合而转动，当两齿逐渐分开，工作空间的容积逐渐增大，形成部分真空，这时液体在大气压作用下经吸入管吸入，吸入的液体沿泵体壁被齿轮挤压推向排出腔，并进入排出管，当主动、从动轮不断旋转，泵便能不断吸入和排出液体，为防止排出管堵塞而发生事故，在泵壳上装有安全阀。排出空间压力超出允许值时，安全阀自动打开，于是高压液体又可返回吸入室。

2. 结构

如图 2-34 所示，该齿轮主要由主动齿轮 2、从动齿轮 4、泵体 5 和泵盖（图中未画出）等组成。齿轮靠两端泵盖密封，并由泵盖上轴承支撑。

这种齿轮泵结构简单、质量轻、具有自吸功能、工作可靠，应用范围较广。但效率低，振动和噪音大。且所输送液体必须具有润滑性，否则极易磨损，甚至发生咬合现象。为了避免液体流损，齿轮与泵体及齿轮侧面与泵体壁的间隙小，通常径向间隙为 0.1～0.15 mm，端面间隙 0.04～0.10 mm。

（二）内啮合齿轮泵

如图 2-35 所示，内啮合齿轮一般由一个内齿轮和一个外齿圈构成，其中内齿轮为主动齿轮，在其外侧的泵体上有吸入口和压出口。内齿轮和外齿轮之间装有月牙形隔板，将进料端与压出端隔开。这种泵多作为低压泵应用，通常内齿轮泵的流量 ≤341 m³/h，出口压力 <0.7 MPa。

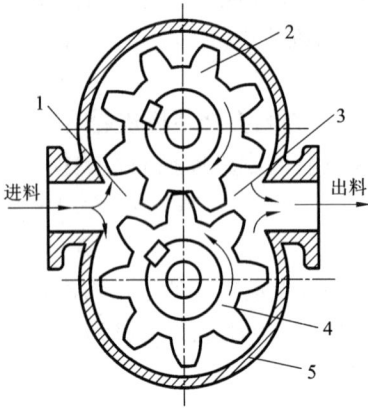

图2-34 外啮合齿轮泵示意图

1—吸入腔；2—主动齿轮；3—排出腔；
4—从动齿轮；5—泵体

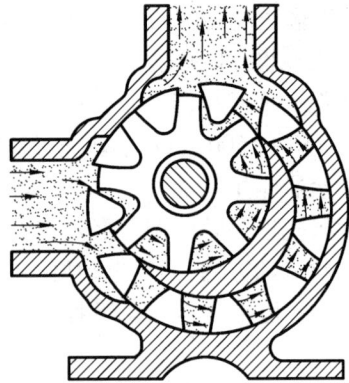

图2-35 内啮合齿轮泵示意图

四、罗茨泵

罗茨泵也称转子泵，属于容积泵，罗茨泵的工作原理见图2-36，这种泵是在两平行轴上装有一对"8"字形断面的转子，两转子以等角速度作方向相反的旋转运动。当转子按箭头方向旋转到图(a)、(b)所示的位置时，被抽入液体从进液口进到由转子与泵壳和端盖构成的空间中。当转子继续旋转到图(d)所示的位置时，则排液口端较高压力的液体就反冲到这部分空间中。由于转子继续旋转，便把被抽入液体和反冲回来的液体一起驱压到排液口处而被排走。泵轴每转一周，共完成上述四个动作过程，即排出上述抽入部分的液体。旋转的罗茨泵转子不停地旋转，形成下一个工作周期。

罗茨泵的主要结构是由泵壳体、转子、传动部分组成，详见图2-37。泵的转子与转子和泵壳之间存在一定的间隙，其间隙值和相对转动位置由转子的较高加工精度和同步转速来保证。其转子的线型种类很多，如圆弧型、渐开线型、摆线型、综合线型等。

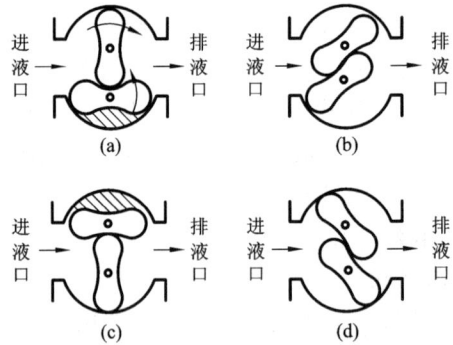

图2-36 罗茨泵工作原理

罗茨泵的转子形状简单，易于拆卸和清洗，对于液体的搅动作用小，因此适用于(尤其是含有颗粒的)黏稠料液的输送。由于转子的制造精度要求较高，罗茨泵的价格较高。

五、水环式真空泵

水环式真空泵(图2-38)是常用的真空设备，由泵壳，叶轮，进、排气管和转轴等部件组成，转轴和叶轮偏心布置在泵壳内，叶轮的外圆在一侧与壳体内壁内切。泵在启动前泵壳内充入一半水，当电机驱动叶轮旋转时，由于离心力的作用，水被甩到壳体内壁上，形成一个

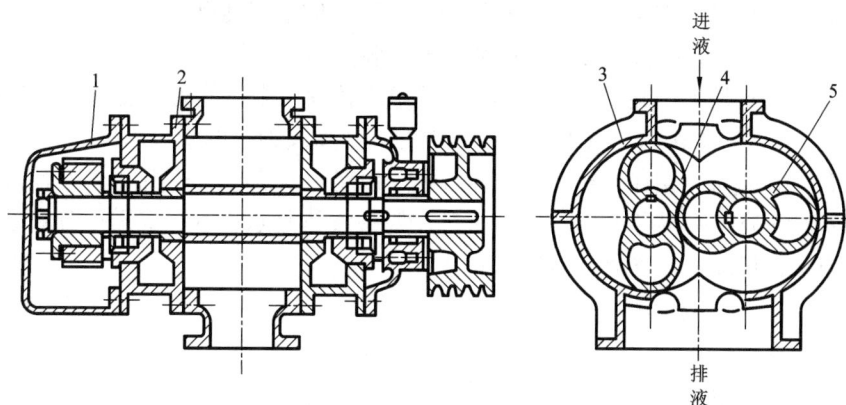

图 2 - 37　罗茨泵结构

1—齿轮箱；2—左侧箱；3—泵体；4—从动转子；5—主动转子

与壳体内壁同心的旋转的水环，水环与叶轮不同心，叶轮上部叶片间与水环内表面间形成的空隙小于叶轮下部叶片间与水环内表面间形成的空隙，当叶轮旋转的前半周，叶片间与水环内表面间形成的空隙逐渐扩大，气体经进气管被吸入壳体内；当叶轮旋转的后半周，叶片间与水环内表面间形成的空隙逐渐缩小，所吸入的气体经排气管排出。叶轮的不断旋转，从而不断地完成吸入和排出气体，使与进气管一侧连通的工作容器内达到一定的真空度。

水环式真空泵也可用于泵送液体物料。它是依靠在系统内建立起一定的真空度，而在压差作用下输送液体物料的简易流体输送装备，对于果酱、番茄酱等带有块粒的料液尤为适宜。在输送过程中，液料不通

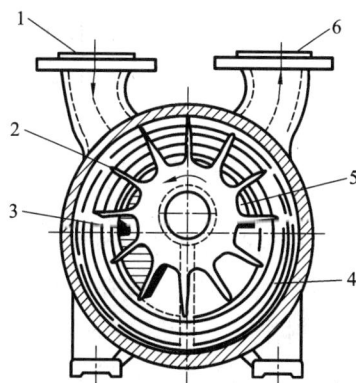

图 2 - 38　水环式真空泵

1—进气管；2—叶轮；3—吸气口；
4—水环；5—排气口；6—排气管

过结构复杂、不易清洗的部件，避免了液料通过泵体带来的腐蚀、污染、清洗等问题。但输送距离近、提升高度有限、效率较低。

六、真空吸料装置

真空吸料装置是一种简易的液体输送方法，只要食品工厂中有真空系统的都可以将液体作短距离的输送及一定高度的提升。如果原有输送装置是密闭的，就可以直接利用这些设备作真空吸料之用，不需其他设备。对于果酱、番茄酱或带有固体块粒的料液尤为适宜。但它的缺点是输送距离短或提升高度小，效率低。近些年来，有些罐头食品厂的生产中也常采用此法进行物料的垂直输送。

（一）真空吸料装置的工作原理

真空吸料装置如图 2 - 39 所示。真空泵 5 将密闭的输入罐 3 中的空气抽去，造成一定的真空度。这时由于罐 3 与相连的输出槽 1 之间产生了一定的压力差，物料由槽 1 经管道 2 送到罐 3 里。

物料从罐 3 中排出的方法有间歇式和连续式两种。间歇式能破坏罐 3 中的真空度，较少采用；一般多采用连续式排料的方式。连续式排料装置是一种特制的阀门。

连续排料阀门 6 是一个旋转叶片式阀门，要求旋转阀门出料能力与管道 2 吸进罐 3 中的流量相同。罐 3 上有一阀门 7，用来调节罐 3 中的真空度及罐内的液位高度。

真空泵 5 与分离器 8 相连，分离器 8 再与罐 3 相连。因从罐 3 抽出的空气有时还带有液体，先在分离器中分离后再进入真空泵中抽走。如果液体是水，不一定采用分离器，一般采用水环式真空泵，其最高真空度可达 85% 以上。

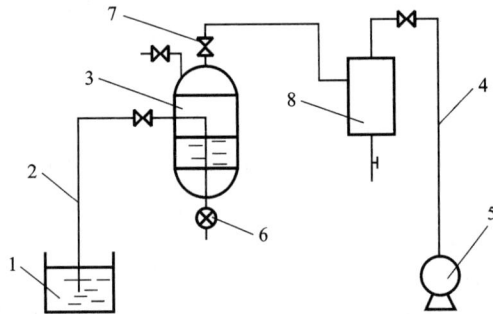

图 2 – 39　真空吸料装置

1—输出槽；2、4—管道；3—输入罐；5—真空泵；6—叶片式阀门；7—阀门；8—分离器

真空吸料装置在使用时要求：

①开始抽真空前，应在贮料槽中先注入适量的水，使淹没贮料槽的进口管或先放满料液，起水封作用，不然贮料槽与大气相通而抽不了真空。

②运转时要控制恒定的真空度，以保证贮料槽内液位稳定。

③停机时应排出掉分离器内的积液。

④对贮料槽、管道等要经常进行清洗。

利用真空吸料装置进行物料输送时，由于物料处于贮罐内抽真空，比较卫生，同时把物料组织内的部分空气排除，减少成品的含气量，防止食品的氧化变质。但是由于管路密闭，清洗困难，功率消耗较大。

(二)计算

1. 流量

$$Q = 3600 \cdot \pi d^2 / 4v \cdot \gamma \qquad (kg/h) \qquad (2-11)$$

式中：d——输送管道内径，m；

v——液体的流速，m/s；

γ——物料容量，kg/m^3。

2. 物料在管道中的最大流速 v_{max}

$$v_{max} = 4.43\mu \sqrt{\frac{p_a - p_b}{\gamma}} - H \qquad (2-12)$$

式中：p_a——大气压力，kg/m^2；

p_b——贮缸中的压力，kg/m^2；

μ——流量较正系数，$u = 0.35 \sim 0.40$；

H——物料输送的高度，m。

3. 物料输送最大高度

$$H_{max} = \frac{p_a - p_b}{\gamma}(\text{m}) \qquad (2-13)$$

式中符号含义与上面公式中相同。

本章小结

本章主要学习了各种输送机械与设备的类型及其工作原理，以及各种主要输送机械的基本结构和基本性能特点等，了解输送机械的选用和使用要点。

思考题

1. 食品工厂用于输送食品的输送带有哪些要求？

2. 离心泵主要由哪几个部分组成？

3. 确定带式输送机带速的原则有哪些？

4. 气力输送系统中的主要设备有哪些？它们在整个系统中的功能各是什么？

5. 斗式提升机的装料和卸料方式各有哪几种？正常进行必须正确选择哪几个参数？

6. 试述斗式提升机的使用与维护过程应注意什么？

7. 真空吸料装置工作过程及优缺点？

8. 气力输送设备可分为几类？各有何优缺点？

9. 简述螺旋输送机的组成及特点。

第三章

粉碎和研磨机械与设备

本章学习目的与要求

了解破碎物料尺度的一般测定和表示方法；掌握常见切割和粉碎原理；掌握切割和粉碎机械主要类型及其性能特点；掌握常见切割和粉碎机械典型作业构件的基本结构；了解提高切割质量和粉碎机械效率的途径。

第一节 食品粉碎方式与理论

一、粉碎目的与粉碎级别

固体物料在机械力的作用下，克服内部的凝聚力，分裂为尺寸更小的颗粒，这一过程称为粉碎操作。

颗粒的大小称为粒度，是表示固体粉碎程度的代表性尺寸。粉碎后的颗粒，不仅形状不一致，大小也不一致。球形颗粒的粒度以其直径表示。对于粒度不一致的非球形颗粒群体，只能用平均粒度来表示。平均粒度的计算方法因粒度及粒度分布的测定方法不同而不同。

根据粉碎的粒度大小，可以将粉碎分成以下几种级别：

粗破碎——物料被破碎到 200 ~ 100 mm；

中破碎——物料被破碎到 70 ~ 20 mm；

细破碎——物料被破碎到 10 ~ 5 mm；

粗粉碎——物料被粉碎到 5 ~ 0.7 mm；

微粉碎（细粉碎）——物料被粉碎到 100 μm 以下；

超微粉碎——物料被粉碎到 25 ~ 10 μm。

粉碎操作在食品加工中占有非常重要的地位，主要表现在以下几个方面：

①满足某些产品消费的需要。如小麦磨成面粉、稻谷碾成白米后才能食用。

②增加固体的表面积，以利于干燥、溶解、浸出等进一步加工，如蔬菜、水果等干燥前大

多切成小块。

③组分的物料经粉碎后混合,可以提高混合的均匀度,满足工艺要求,如工程化、功能性食品的生产以及配合饲料的制造,原料粉碎是不可缺少的工序。

二、粉碎方法与粉碎理论

(一)粉碎力和粉碎方式

物料粉碎时受到的机械作用力通常有挤压力、冲击力和剪切力(摩擦力或搓撕力)。根据施力种类与方式的不同,物料粉碎的基本方法包括压碎、劈裂、折断、磨削和冲击破碎等形式,如图3-1所示。

①冲击:利用物料与工作构件的极高的相对速度,使物料在瞬间受到很大的冲击力而被粉碎。此方法适合于脆性物料的粉碎。

②挤压:利用工作构件对物料的挤压作用,产生很大的压应力,使其大于物料的抗压强度极限,将物料粉碎。挤压粉碎主要适合于脆性物料。

③剪切:利用工作构件对物料的作用,使剪切力大于物料的剪切强度极限,将物料粉碎。此方法主要适合于塑性物料。

④摩擦:利用物料与工作构件表面间相对运动的挤压和摩擦,使物料产生压应力和剪应力,将物料粉碎。

粉碎是一个极其复杂的过程,绝大多数的粉碎机械同时具有两种或两种以上的粉碎方式。

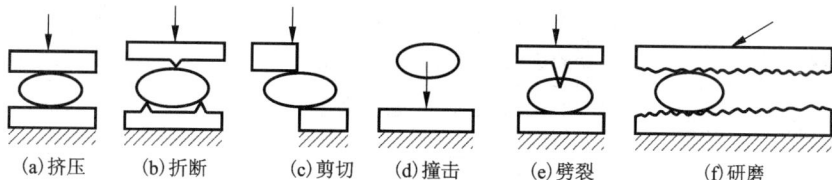

(a)挤压　(b)折断　(c)剪切　(d)撞击　(e)劈裂　(f)研磨

图3-1　粉碎的基本方法

(二)粉碎理论

粉碎作业耗能很大,从粉碎方法可以看出,粉碎中的能量消耗在表面积增大、颗粒变形、摩擦、组织结构的变化等方面。这些能耗和物料的物理机械性质,形状、粒度大小,粉碎比及所采用的粉碎方法,粉碎机械等有关。由于粉碎过程的复杂性,目前还未全面掌握其规律。

粉碎理论主要是研究粉碎时能量的消耗问题。关于粉碎理论有以下3种模型。

①表面积模型:1867年由Rittinger提出,他认为粉碎物料所消耗的能量与新生成的表面积成正比。此模型适合于各种物料的微粉碎和超微粉碎、韧性和坚硬的物料的粉碎,粉碎作用方式主要是研磨和低强度冲击粉碎。

②体积模型:1867年由Kick提出,粉碎物料所消耗的能量与物体的体积或者质量成正比,和物体的体积变形成正比。此模型反映了大多数粉碎的过渡过程。

③裂缝模型:认为物料在外力作用下,先产生变形,变形功积累到一定程度,物料中某些脆弱点或面的内应力达到极限强度,因而产生了裂缝,最后粉碎。粉碎所需的功与裂缝的多少成正比,而裂缝的多少又和颗粒大小(平均直径或边长)的平方根成反比。此模型适合于

低强度脆性物料的强力冲击粉碎。

以上 3 种模型，从不同角度分析了物料粉碎所消耗的能量。体积模型只考虑了物料破碎之前变形所消耗的能量，忽略了形成新表面的能耗。表面积模型只考虑了物料破碎后形成新表面所消耗的能量忽略了变形能耗。裂缝模型则是介于上两者之间的模型，对于中粉碎和粗粉碎有一定的适用性。

三、粉碎规则与粉碎操作

粉碎操作可分为干法、湿法及低温三种。干法粉碎时，物料的水分含量应有一定限制。水分过高的物料，须经干燥处理。湿法粉碎时，物料悬浮于载体液流中进行研磨。水是常用的载体，可降低物料强度。实践证明，湿法操作一般消耗能量比干法大，同时设备的磨损也较重。但湿法比干法易获得更细的制品，所以在食品的超微粉碎中应用广泛。低温粉碎操作指物料在常温下有热塑性或非常强韧，使粉碎困难，而冷却到低温，使材料成为脆性后再粉碎。

食品加工各行业的粉碎操作，由于原料物性、被粉碎物料的大小和粉碎比的不同，使用的粉碎机械也各有不同，见表 3 - 1。

表 3 - 1 粉碎机的选择

粉碎力	粉碎机	特 点	用 途
冲击剪切	锤式粉碎机	适用于硬或纤维质物料的中、细碎，要发生粉碎热	玉米、大豆、谷物、甘薯、甘薯瓜干、油料榨饼、砂糖、干蔬菜、香辛料、可可、干酵母
	盘击式粉碎机	适用于中硬或软质物料的中、细碎	
	胶体磨（湿法）	软质物料的超微粉碎	乳制品、奶油、巧克力、油脂制品
挤压剪切	辊磨机（光辊或齿辊）	由齿形的不同适于各种不同用途	小麦、玉米、大豆、油饼、咖啡豆、花生、水果
	盘磨	可以在粉碎的同时进行混合，制品粒度分布宽	食盐、调味料、含脂食品
	盘式粉碎机	干法、湿法都可用	谷类、豆类
剪切	滚筒压碎机	适于软质物料的中碎	马铃薯、葡萄糖、干酪
	斩肉机、切割机	软质粉碎	肉类、水果
摩擦搓撕	砻谷机、剥壳机、碾米机	选择性破碎碾削	砻谷、剥壳、碾米

第二节 粉碎机械

一、机械冲击式粉碎机

机械冲击式粉碎机利用高速旋转的工作构件对物料施以强烈的冲击、剪切作用，将物料粉碎。该类粉碎机的结构简单，操作容易，单位能耗的粉碎能力大。但由于转速高，零件的磨损问题突出，粉碎过程中的温升高。

（一）销棒（齿爪）粉碎机

1. 结构

图 3-2 为销棒（齿爪）粉碎机结构简图。主要由进料斗、动齿盘转子、定齿盘、环形筛网等组成。定齿盘上有两圈定齿，齿的断面呈扁矩形，动齿盘上有三圈齿，其横截面是圆形或扁矩形，为了提高粉碎效果，通常定齿盘和动齿盘上的齿要求交错排列。

2. 工作原理

工作时，动齿盘高速旋转，产生强大的离心力场，在粉碎腔中心形成很强的负压区，物料从定齿盘中心吸入，在离心力的作用下，物料由中心向外扩散，物料首先受到内圈转齿及定齿撞击、剪切、摩擦等作用而被初步粉碎，物料在向外圈的运动过程中，线速度逐步增高，受到越来越强烈的冲击、剪切、摩擦、碰撞等作用而被粉碎得越来越细。最后物料在外圈齿与撞击环的冲击与反冲击作用下得到进一步粉碎而达到超细化。

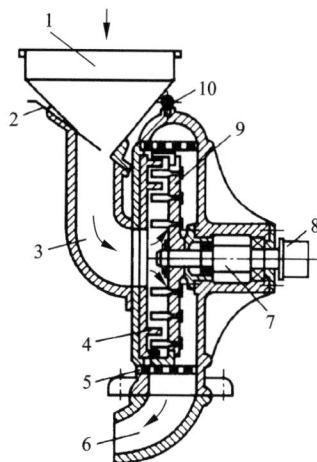

图 3-2 销棒（齿爪）粉碎机

1—进料斗；2—流量调节板；3—入料口；
4—定齿盘；5—筛网；6—出粉管；7—主轴；
8—带轮；9—动齿盘；10—起吊环

销棒（齿爪）粉碎机具有结构简单、生产能力大、能耗低、成本低等特点。适合于谷物的粉碎，但作业噪声大，物料温升较高，产品中含铁量较大。磨齿与磨盘刚性连接，过载能力低，使用时应避免金属异物进入粉碎机，以免造成设备的损坏。

（二）锤式粉碎机

锤式粉碎机在食品加工中应用十分广泛，该机具有结构简单、适用范围广、生产率高和产品粒度便于控制等特点。目前主要应用于谷物籽粒、咖啡、可可、糖、盐、红薯、果蔬、茎秆、饼粕等物料的粉碎加工。

1. 工作原理

锤片式粉碎机的主要工作部件是安装有若干锤片的转子和包围在转子周围的静止的衬板及筛板。工作时，原料从喂料斗进入粉碎室，受到高速回转锤片的打击而破裂，以较高的速度飞向齿板，与齿板撞击，如此反复打击、撞击，使物料粉碎成小碎粒。在打击、撞击的同时还受到锤片端部与筛面的摩擦、搓擦作用而进一步粉碎。此时，较细颗粒由筛片的筛孔漏出，留在筛面上的较大颗粒，再次受到粉碎，直到从筛片的筛孔漏出。

2. 锤式粉碎机的分类

按粉碎机的进料方向，可分为切向喂料式、轴向喂料式和径向喂料式三种，如图 3-3 所示。按某些部件的特性又可分为两种形式：水滴形粉碎室式和无筛粉碎机。

3. 主要结构

锤式粉碎机一般由进料机构、转子、衬板、筛板、出料机构和传动机构等部分组成，如图 3-4 所示。

（1）进料机构

进料斗内有流量控制和导向装置，进料处装有磁选器，用于清除物料中的铁质杂质。

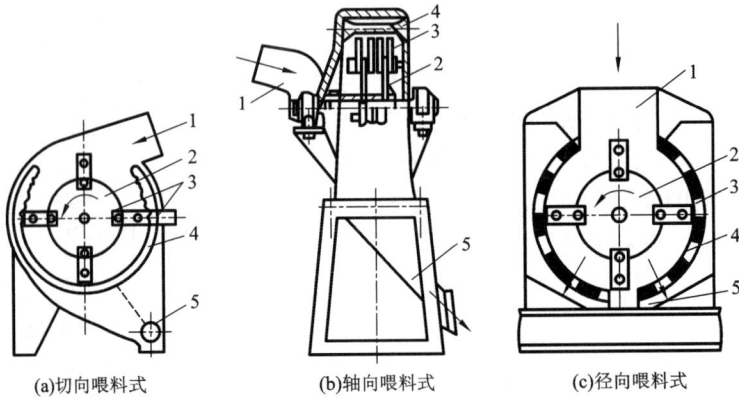

(a)切向喂料式　　　(b)轴向喂料式　　　(c)径向喂料式

图3-3　锤片粉碎机类型

1—进料斗；2—转子；3—锤片；4—筛片；5—出料口

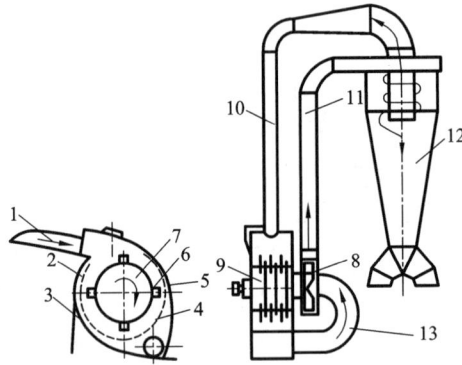

图3-4　锤片粉碎机

1—喂料斗；2—上机体；3—下机体；4—筛片；5—齿板；6—锤片；7—转子；
8—风机；9—锤架板；10—回料管；11—出料管；12—集料筒；13—吸料管

(2)粉碎室

粉碎室由转子和固定安装在机座上的衬板和筛板组成。衬板由耐磨金属制成，内表面粗糙或为齿型，筛板由钢板冲孔并经表面处理制成。转子由主轴、锤片架、锤片销、锤片和轴承组成。转子上有若干个锤片架，锤片通过锤片销安装在锤片架上。静止时，锤片下垂；转子高速旋转时，由于离心力的作用，锤片成放射状排列运动，以高速撞击、切削物料，其线速度一般为80~90 m/s。

锤片的形状有几十种，常用的有8种，如图3-5所示。其中以矩形锤片用得最多，它通用性好，形状简单，易制造。

图3-5(a)为板条状矩形锤片，通用性好，形状简单，易制造。它有两个销连孔，其中一个孔销连在销轴上，可轮换使用四个角来工作。

图3-5(b)、(c)为在工作边角涂焊、堆焊碳化钨等合金，以延长使用寿命。

图3-5(d)为工作边焊上一块特殊的耐磨合金，可延长使用寿命2~3倍，但制造成本较高。

图3-5(e)为阶梯形锤片，工作棱角多，粉碎效果好，但耐磨性差些。

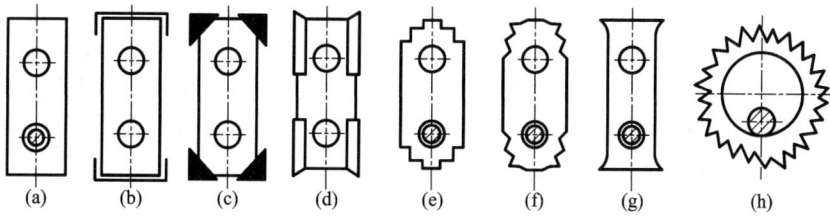

图 3 – 5　锤片的种类和形状

图 3 – 5(f)、(g)为尖角锤片,适于粉碎牧草等纤维质饲料,但耐磨性差。

图 3 – 5(h)为环形锤片,只有一个销孔,工作中自动变换工作角,因此磨损均匀,使用寿命也较长,但结构比较复杂。

锤片在转子上的排列方式将影响转子的平衡、物料在粉碎室内的分布以及锤片的磨损程度。对锤片排列的要求是:沿粉碎室工作宽度,锤片运动轨迹尽可能不重复且运动轨迹分布均匀,物料不推向一侧,有利于转子的动平衡。

锤片材料对提高锤片的使用寿命具有重大意义。目前常用的材料有 4 种:低碳钢、65 Mn 钢、特种铸铁、表面硬化处理钢等。

(3)筛片

筛片属于易损件,其结构对粉碎机的工作性能有重大影响。

锤式粉碎机上所用的筛片有冲孔筛、圆锥孔筛和鱼鳞筛等多种。因圆柱形冲孔筛结构简单、制造方便,应用最广。根据筛孔直径不同,一般分为 4 个等级:小孔 1 ~ 2 mm,中孔 3 ~ 4 mm,粗孔 5 ~ 6 mm,大孔 8 mm 以上。按配置的形式,又可将筛子分为底筛、环筛和侧筛。底筛和环筛弯成圆弧形和圆圈状,安装于转子的四周。侧筛安装于转子的侧面,侧筛的使用寿命长,适于加工坚硬的物料,但换筛不便。

(4)齿板

齿板的作用是阻碍物料环流层的运动,降低物料在粉碎室内的运动速度,增强对物料的碰撞、搓撕和摩擦作用。它对粉碎效率是有影响的,一般说来,如果粉碎物料易于破碎、含水量少、粉碎机筛片孔径小、成品物料的排出性能好时,齿板的作用不太显著;而对于纤维多、韧性大、湿度高的物料,齿板的作用就比较明显。齿板一般用铸铁制造。齿板的齿形有人字形、直齿形和高齿槽形三种。

4. 锤式粉碎机的应用

锤式粉碎机适用于中等硬度和脆性物料的中碎和细碎,一般原料粒径不能大于 10 mm,产品粒度可通过更换筛板来调节,通常不得细于 200 目(74 ~ 76 μm),否则由于成品太细易堵塞筛孔。

二、气流粉碎机

1. 气流粉碎的原理

气流粉碎的基本原理是利用一定压力的空气、蒸汽或其他气体通过喷嘴喷射产生高速的湍流和能量转换流,物料颗粒在这高能气流作用下悬浮输送,相互发生剧烈的冲击碰撞和摩擦,加上高速喷射气流对颗粒的剪切冲击作用,使得物料颗粒间得到充分的研磨而粉碎成细小粒子。

气流粉碎机具有以下特点:对于进料粒度要求不严格,成品粒度小,一般小于 5 μm;压缩空气喷出后膨胀可吸收很多热量,使得粉碎在较低的温度环境中进行,有利于热敏物料的粉碎;易实现多元联合操作,如利用热压缩空气可同时进行粉碎和干燥,同时能对配比相差很大的物料进行混合,还能够喷入所需的包囊溶液对粉料进行包囊处理;设备中接触物料的构件结构简单,卫生条件好,易实现无菌操作;其缺点是需要借助高速气流,效率低,能耗高。

2. 气流粉碎机的分类

气流粉碎机的种类较多,有立式环型喷射式气流粉碎机、叶轮式气流粉碎机、扁平式气流粉碎机、对冲式气流粉碎机、对冲式超细气流粉碎机、超声速气流粉碎机、靶式超声速 I 型气流粉碎机、流化床逆向喷射气流粉碎机等。

3. 立式环型喷射式气流粉碎机

立式环型喷射式气流粉碎机的工作原理和结构如图 3-6 所示。物品从喂料口进入环形粉碎室底部喷嘴处,压缩空气从管道下方的一系列喷嘴中喷出,高速喷射气流(射流)带着物料颗粒运动。在管道内的射流大致可分为外层、中层和内层 3 层,各层射流的运动速度不相等,这使得物料颗粒相互冲击、碰撞、摩擦以及受射流的剪切作用而被粉碎。物料自右下方进入管道,沿管道运动,自右上方排出。由于外层射流的运动路程最长,该层的颗粒群受到的碰撞和研磨作用最强。经喷嘴射入的流体,也首先作用于外层的颗粒群。中层射流的颗粒群在旋转过程中产生一定的分级作用,较粗颗粒在离心力作用下进入外层射流与新输入的物料一起重新粉碎,而细颗粒在射流的径向速度作用下向内层射流聚集并经排料口排出。

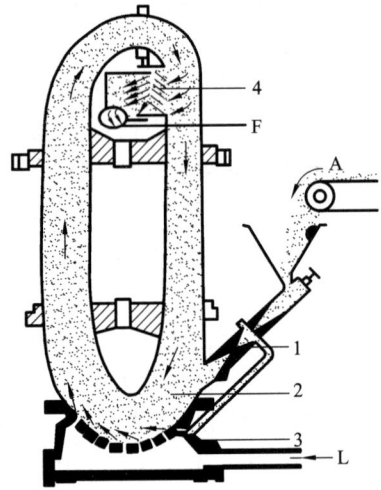

图 3-6　立式环型喷射式气流粉碎机
1—文丘里喷嘴;2—气流喷嘴;3—粉碎室;4—分级器;
L—压缩空气;F—细粉;A—粗粉

4. 叶轮式气流粉碎机

叶轮式气流粉碎机是由两级粉碎、内分级、鼓风和排渣等机构组成的一个小型机组。粉碎机的结构和工作原理如图 3-7 所示。粒度小于 10 mm 的韧料,经加料机定量连续地输入到第一粉碎室,第一段粉碎叶轮的 5 个叶片具有 30°扭转角,它有助于形成旋转风压,在粉碎室内引起气流循环,随气流旋转的物料颗粒之间发生相互冲击、碰撞、摩擦和剪切,以及受离心力的作用冲向内壁受到撞击、摩擦、剪切等作用从而被粉碎成细粉。第二段分级叶轮的 5 个叶片不具有扭转角,形成气流阻力。该叶轮具有分级作用,细粉在分级叶轮端部斜面和衬套锥面之间的间隙中也进行有效地粉碎。因为叶轮高速旋转时物料被急剧搅拌,导致颗粒间相互冲击、摩擦和剪切而被粉碎,所以发生在第一、二段叶轮之间的滞流区的粉碎是最有效的。由于上述作用,颗粒被粉碎至数十微米到数百微米,粗颗粒在离心力的作用下沿第一粉碎室内壁旋转与新加入的物料一同继续被粉碎;而细颗粒则随气流趋向中心部分,随鼓风机产生的气流带入第二粉碎室内。分级是由第二段分级叶轮所产生的离心力阻隔环内径之间所产生的气流吸力来决定,若颗粒受的离心力作用大于气流吸力,则被滞留下来继续被粉碎,若颗粒所受的离心力作用小于气流吸力,则被吸向中心随气流进入第二粉碎室。

进入第二粉碎室的细颗粒进行同样的粉碎和分级。由于第二粉碎室的粉碎叶轮和分级叶轮直径比第一粉碎室的大,因此旋转速度更高;又因第三段叶轮的叶片有40°扭转角,所以造成的风压更大,粉碎效果增强,通过该室内的风速因粉碎室直径增大而减缓,分级精度提高,细颗粒被粉碎到几微米到数十微米的超细粒子,并被气流吸出机外。

内排渣机构的结构如图3-8所示。比被粉碎物料硬度大而相对密度也大的杂质,或物料粗颗粒在离心力的作用下被甩向衬套内壁,落到粉碎室底部排渣孔,由绞龙不断地排出机外。

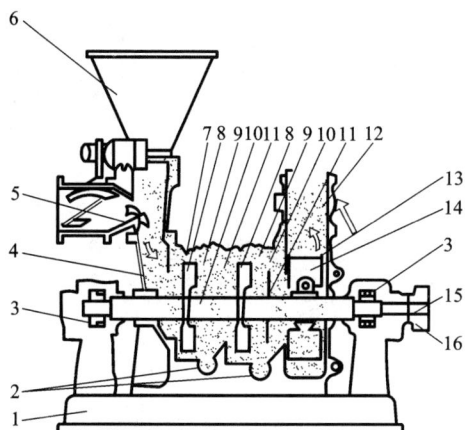

图3-7 叶轮式气流粉碎机

1—机座;2—排渣装置;3—轴承座;4—加料装置;
5—加料器;6—加料斗;7—衬套;8—叶轮;9—撞击销;
10—内分级叶轮;11—隔环;12—蝶阀;13—机架;
14—风机叶轮;15—主轴;16—带轮

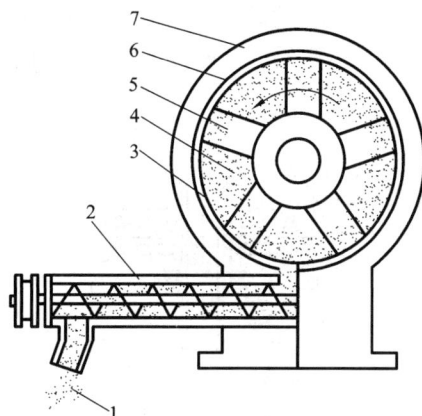

图3-8 内排渣机构

1—粗渣粒;2—螺旋排料器;3—粗粒子;4—细粉;
5—分级叶轮;6—衬套;7—壳体

5. 扁平室气流粉碎机

扁平室气流粉碎机的结构如图3-9所示。粉碎室呈扁平圆形,喷嘴均匀分布,形成周边的粉碎区和中间的分级区。物料进入粉碎室受到气流的作用,颗粒间相互产生冲击、碰撞、摩擦,同时也受气流的剪切作用,从而被超细粉碎。

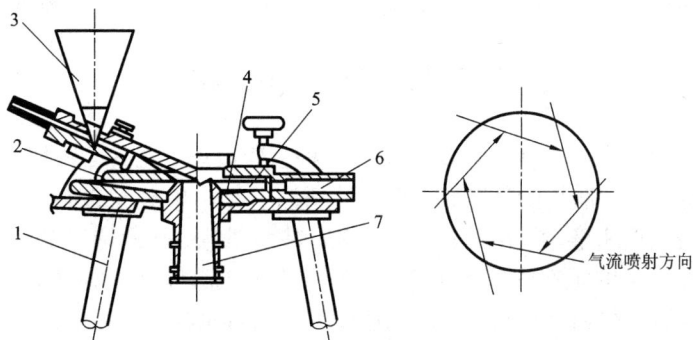

气流喷射方向

图3-9 扁平室气流粉碎机

1—支脚;2—粉碎室;3—料斗;4—喷嘴;5—喷嘴环轮;6—气体入口;7—出料管

6. 超声速气流粉碎机

超声速气流粉碎机的结构及工作原理如图 3-10 所示。粉碎室周壁上安装若干超声速喷嘴，可以喷射气固混合流。输入的物料与压缩空气或高压蒸汽混合，形成气固混合流，然后以超声速从各个喷嘴喷入粉碎室，物料颗粒之间强烈地冲击、碰撞、摩擦、剪切而被粉碎。粒度不同的颗粒，在旋转气流作用下有不同的离心速度，细颗粒由分级室分出，经旋风分离器出口管排出，较粗颗粒重新进入粉碎室与新加入的超声速气固混合流再进行粉碎。当气流与物料混合时，物料颗粒因受到气流湍动作用而部分粉碎，因而有助于整个粉碎过程。

7. 对冲式气流粉碎机

对冲式气流粉碎机的结构及工作原理如图 3-11 所示。经加料斗 2 送入的物料被喷嘴 1 喷入的气流吹入喷管，与对面喷嘴 8 喷入的气流相互冲击、碰撞、摩擦、剪切，物料得以粉碎。

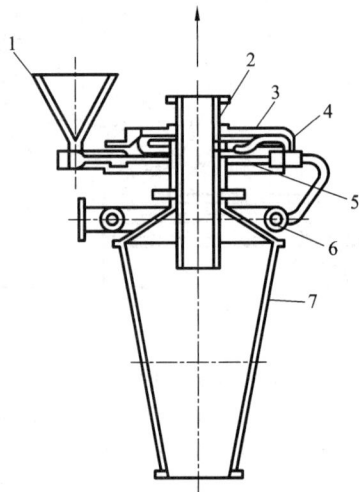

图 3-10 超声速气流粉碎机

1—加料斗；2—出口管；3—分级室；4—循环管；
5—粉碎室；6—原料喷出粉碎管；7—旋风分离器

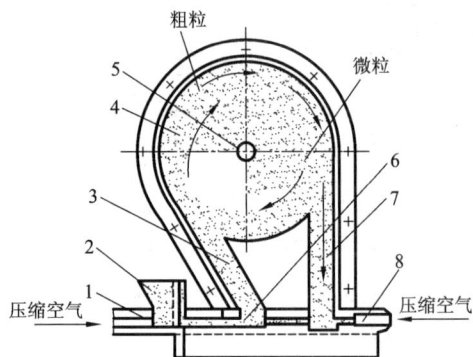

图 3-11 对冲式气流粉碎机

1、8—喷嘴；2—加料斗；3—上导管；4—分级室；
5—出料口；6—冲击室；7—下导管

8. 气流式粉碎机的应用

气流式粉碎机在精细化工行业应用较广，适用于药物和保健品的超微粉碎。它用于低熔点和热敏性物料的粉碎工序，也用于粉碎和干燥、粉碎和混合等联合操作中。

第三节 辊式磨粉机

辊式磨粉机是现代食品工业上广泛使用的一种粉碎设备，尤其面粉加工业是不可缺少的设备。啤酒麦芽的粉碎、油料的轧胚、巧克力的精磨、麦片和米片的加工等也都采用类似的机械。辊式磨粉机主要由磨辊、传动及定速机构、喂料机构、轧距调节机构、松合闸机构、辊面清理装置、吸风装置和机架等部分组成。它的主要工作部件是一对以不同转速相向旋转的圆柱形磨辊，它们的轴线相互平行，磨辊线速度较高，因而两辊所形成的研磨粉碎区很短。

一、辊式磨粉机分类

（1）按成对磨辊的数量分类

单式磨粉机仅有一对磨辊，小型辊式磨粉机常采用这种形式；复式磨粉机具有2对磨辊，属于两个独立的单元，大、中型辊式磨粉机常采用这种形式；八辊磨粉机具有4对磨辊，先两对并联，再串联，属于两个独立的单元，特大型辊式磨粉机常采用这种形式。

（2）按磨辊松合闸的自动化程度分类

①手动磨粉机。松合闸由人工操作，多用于小型的辊式磨粉机。

②半自动磨粉机。由人工手动合闸，自动松闸。

③全自动磨粉机。根据物料情况，实现自动控制松合闸，用液压系统控制松合闸的称为液压全自动磨粉机，用气动系统控制松合闸的称为气压全自动磨粉机。

（3）根据两辊轴线的相对位置分类

①水平配置磨粉机。两磨辊轴线处于同一水平面内。物料经喂料机构直接进入粉碎区，便于操作人员的观察和调整，已粉碎的物料对下磨门无喷粉现象。但操作不够安全，宽度方向尺寸较大，机架受力状况较差。

②倾斜配置磨粉机。两磨辊轴线处于同一倾斜面内，操作较安全，宽度尺寸较小，占地面积较小，机架受力状况好。但物料经喂料机构后不易直接进入粉碎区，喂料情况较差，同时已粉碎物料对下磨门有喷粉现象。

目前世界各国研制的辊式磨粉机，基本上向两个方向发展，对于大、中型磨粉机，通过采用各种新技术和新材料，其结构和性能越来越完善，自动化程度更高，如无锡布勒公司的MDDK型、FMFQ（XK2）型、MDDL型磨粉机等；小型磨粉机则向着简单、实用、可靠和价廉的方向发展。

二、辊式磨粉机结构

MY型磨粉机为磨辊倾斜排列的油压式自动磨粉机，其结构如图3-12和图3-13所示，由机身、磨辊及其附属的喂料机构、轧距调节机构、液压自动控制机构、传动机构及清理装置7个主要部分组成。

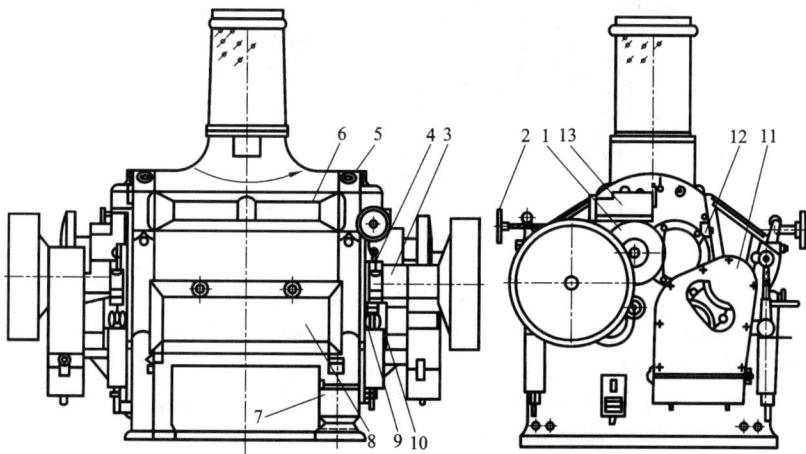

图3-12 MY型辊式磨粉机外形示意图

1—喂料辊传动轮；2—轧距总调手轮；3—快辊轴承座；4—轧距单边调节机构；5—指示灯；6—上磨门；7—机架；8—下磨门；9—慢辊轴承臂；10—慢辊轴承座；11—链轮箱；12—液压缸活塞杆端；13—自动控制装置

它有两对磨辊,每对磨辊的轴心线与水平线夹角呈45°,中间有将整个磨身一分为二的隔板。一对磨辊中,上面一根是快辊,快辊位置固定,下面一根是慢辊,慢辊轴承壳是可移动的,其外侧伸出如臂,并和轧距调节机构相联,通过轧距调节机构将慢辊放低或抬高,即可调整一对磨辊的间距。轧距调节机构可调节两磨辊整个长度间的轧距,也可调节两磨辊任何一端的轧距。

工作时,两对磨辊分别传动,可以停止其中的一对磨辊,而不影响另一对磨辊的运转。它的传动方法是先用带传动快辊,然后通过链轮传动慢辊,以保持快辊与慢辊的速比。

喂料机构包括一对喂料辊、可调节闸门等。研磨散落性差的物料时,如图3-13中左半边所示,从料筒下落的物料经喂料绞龙向辊整个长度送下,由喂料辊经闸门定量后喂入磨。研磨散落性好的物料时,如图3-13中右半边所示,物料落向喂料辊,沿辊长分布,经喂料门定量,由下喂料辊连续而均匀地喂入磨辊。

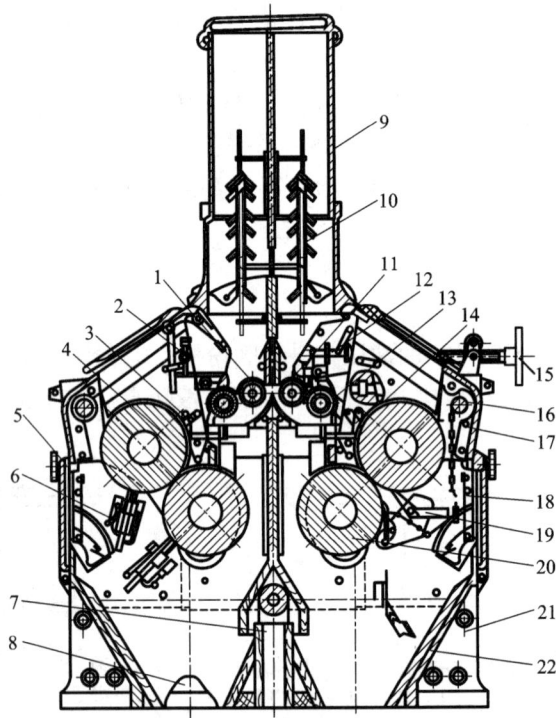

图3-13 MY型辊式磨粉机剖视图

1—喂料绞龙;2—料门限位螺钉;3—栅条护栏;4—阻料板;5—下磨门;6—弹簧毛刷;
7—吸风道;8—机架墙板;9—有机玻璃料筒;10—枝形浮子;11—喂料门;12—料门调节螺杆;
13—下喂料辊;14—挡板;15—轧距总调手轮;16—偏心轴;17—上横挡;18—活动挡板;
19—光辊清理刮刀;20—下磨辊;21—下横挡;22—排料斗

MY型磨粉机自动控制磨辊的松合闸、喂料辊的运转、喂料门的启闭等。磨辊工作时,表面会粘有粉料,磨辊为齿辊时,用刷子清理磨辊表面,光辊时则用刮刀清理。磨粉机的吸风系统使机内始终处于负压。空气由磨门的缝隙进入,穿越磨辊后由吸风道吸出机外。

三、辊式粉碎机械的应用

辊式粉碎机械是食品工业中使用最为广泛的粉碎设备,它能适应食品加工和其他工业对物料粉碎操作的不同要求。辊式磨粉机广泛用于小麦制粉工业,也用于酿酒厂的原料破碎等工序。精磨机用于巧克力的研磨。多辊式粉碎机用于啤酒厂各种麦芽的粉碎,油料的轧坯、糖粉的加工、麦片和米片的加工等也采用辊式粉碎机械。

第四节　切割机械

切割是指通过机械剪切或斩切的方法克服物料的内聚力,将物料切割成片、条、丁、块、泥(糜)等形态。切割在食品加工中的应用十分广泛。

一、刀具运动原理

1. 砍切、滑切与斜切

滑切角的概念:如图 3-14 所示,动刀片与物料间相对运动时,刃口某点在切割平面上的分速度 v 与其在加于该点法平面上投影 v_n 间的夹角 τ 称为滑切角,而 $\tan\tau$ 称为滑切系数。滑切系数越大,滑切作用越强,切割就越省力。

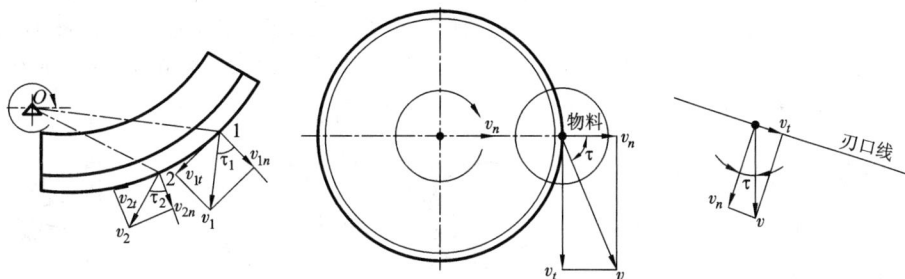

图 3-14　滑切角的概念

(1)砍切
当 $\tau=0$ 时,切割形式称为砍切。切割过程中的切割阻力及物料变形较大。
(2)斜切
当 $0<\tau<\varphi$ 时(φ 为刀片与物料间的摩擦角),因刀片的实际切割工作刃角 γ' 小于刀片结构刃角 γ,因此虽未形成滑切,仍较为省力。
(3)滑切
当 $\tau>\varphi$ 时,形成滑动切割,切割过程中物料变形较小,所得片状物料的厚度较为均匀。

2.钳住条件

钳住角(图3-15),动刀片刃口切割点处刃口线与定刀片(或另一动刀片)刃口线间的夹角 χ,与刀片的形状及其位置配置有关。

钳住角应小于某一值,否则在切割过程中将会形成推料及挤压物料,造成集中切割,阻力大,刀片磨损不均匀,而且所得物料切口质量较差。

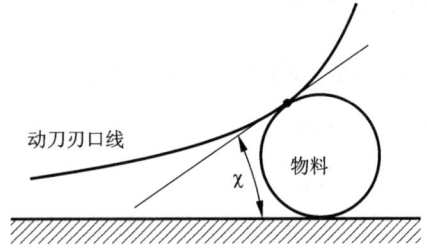

图3-15　切割作业中的钳住角

实际设计中,为改善钳住性能,所采取措施包括:动刀刃口线形状;动刀刃口结构(如齿刃);动、定刀配置。

二、切割器的基本类型

切割器是指直接完成切割作业的部件。切割器的类型及结构直接影响着切割机械的功能及整体性能。

切割器分为有支承切割和无支承切割两种形式。

(1)有支承切割器

在切割点附近有支承面,阻止物料的移动。这种切割器在结构上表现为由动刀和定刀(或另一动刀)构成切割副。为保证整齐稳定的切割断面质量,要求动刀与定刀之间在切割点处的侧向刀片间隙尽可能小且均匀一致。所需刀片切割速度较低,碎段尺寸均匀、稳定,动力消耗少,多用于切片、段、丝等要求形状及尺寸稳定一致的场合。

(2)无支承切割器

物料在被切割时,由物料自身的惯性和变形力阻止其沿切割方向移动。这种形切割器仅包含有一个(组)动刀。所需刀片运动速度高,不易获得尺寸均匀一致的碎段,动力消耗多,多用于碎块、浆、糜等形状及尺寸一致性要求不高的场合。

三、常见刀片结构形式

如图3-16所示,切割坚硬和脆性物料时,常采用带锯齿的圆盘刀[图3-16(a)],其两侧都有磨刃斜面;切割塑性和非纤维性的物料时,一般采用光滑刃口的圆盘刀[图3-16(b)];锥形切刀[图3-16(c)]的刚度好,切割面积大,常用来切割脆性物料;梳齿刀[图3-16(f)]刃口呈梳形,两个缺口间有一定的距离,切下的产品呈长条状,常将前后两个刀片的缺口交错配置,可得到方断面长条产品;波浪形

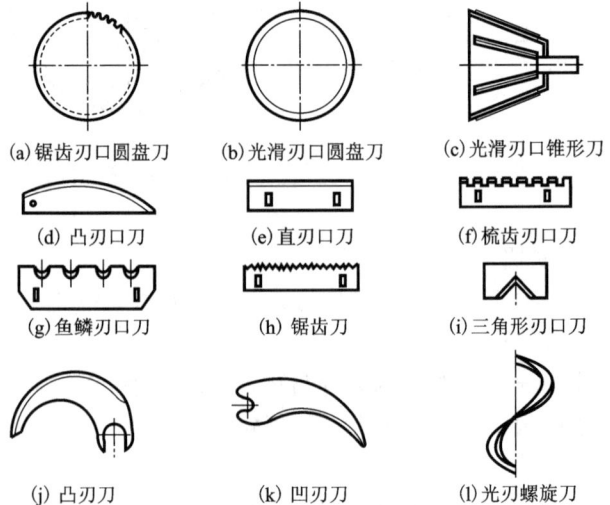

(a)锯齿刃口圆盘刀　(b)光滑刃口圆盘刀　(c)光滑刃口锥形刀

(d)凸刃口刀　(e)直刃口刀　(f)梳齿刃口刀

(g)鱼鳞刃口刀　(h)锯齿刀　(i)三角形刃口刀

(j)凸刃刀　(k)凹刃刀　(l)光刃螺旋刀

图3-16　切割器刀片结构形式

鱼鳞刀[图3-16(g)]切下的产品断面为半圆形,切割过程无撕碎现象。带状锯齿刀常用来切割塑性和韧性较强的物料,如枕形面包的切片,但产生碎屑。

四、切割机械

食品切割机械可分为肉类和果蔬类两大类切割机械。

(一)肉类切割机械

1.切肉机

切肉机主要功能是将分割后的肉切成片、条、丁状。切肉机结构如图3-17所示。采用同轴多片圆刀组成刀组,刀组有单刀组和双刀组两种。单刀组物料不易进给,要用刀算配合使用,而双刀组由于有相对运动,有自动进给的特点,不需用刀算。两组刀片相互交错排列。

工作时,肉被刀片组带入并切割,如果将切成的肉片,旋转90°再进行切割便可切成肉丝。

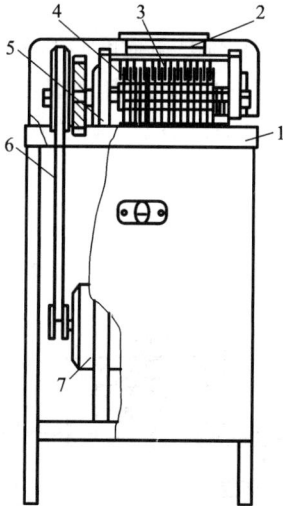

图3-17 切肉机结构

1—机架;2—进料口挡板;3—梳子;
4—刀片;5—轴承座;6—带轮

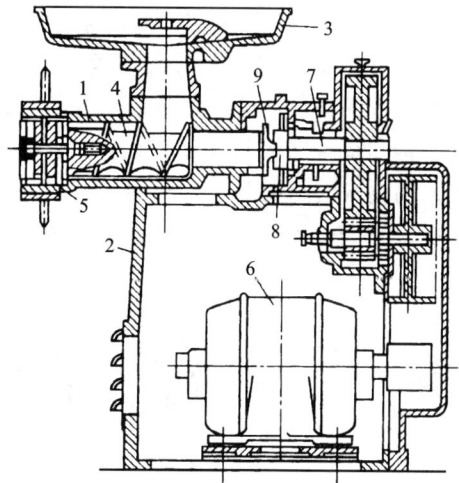

图3-18 绞肉机结构

1—机筒;2—机体;3—进料斗;4—推料螺杆;
5—切割系统;6—电动机;7—传动轴;8、9—联轴器

2.绞肉机

绞肉机的作用是将肉切碎、绞细,用于生产各种肉类食品的馅料。其结构如图3-18所示,主要由进料斗、推料螺杆、切割系统、传动系统等组成。

(1)主要部件

1)进料斗。进料斗断面一般为梯形或U形结构,为防止起拱架空现象,有些机械设置有破拱的搅拌装置。

2)推料螺杆。推料螺杆的工作载荷较大,为保证有足够的强度,螺杆均采用整体铸造。螺旋分为两段,一段是位于进料口处的输料段,螺距较大,输送速度高;另一段是挤压段,螺距比输料段的要小,目的是使该段产生较大挤压力,以克服肉料在挤压区的较大阻力。该段末端与切割系统相连。螺旋前后端均制成方头,一端与传动轴联轴器连接,另一端与切刀连接。

3)机筒。机筒一般与机架整体铸造,加工有防止肉类随螺杆同速转动的螺旋型膛线,与推料螺旋的间隙一般为 2 mm 左右，间隙过小，易使螺旋与机筒产生摩擦；间隙过大，易使物料产生回流且滞留时间增加，不利于物料的正常输送。格板与十字切刀构成了切割系统。格板就是表面开有许多个通孔的圆盘。绞肉机上的格板数量通常为 1～3，格板外圆上用切向槽与机筒内壁上的键连接。十字切刀中心为方孔，与推料螺旋连接。切刀位于格板的前面并与格板紧贴，形成剪切副。

4）孔板。孔板[图 3-19(a)]，也称为筛板，厚度一般为 10～12 mm，其上面布满一定直径的轴向圆孔，在切割过程中固定不动，起定刀作用。在大中型绞肉机一般安装有一把绞刀和两个孔板，其中一个孔板为预切孔板，另一个为细切孔板，刀片两端分别与两孔板结合部进行切割。细切孔板决定肉粒的大小，其规格可根据产品要求进行更换，孔径为 $\phi 8～10$ mm 的孔板通常作为脂肪的最终绞碎或瘦肉的粗绞碎工序用；孔径为 $\phi 3～5$ mm 的孔板用作细绞碎工序。孔板的孔型一般为简单而易于制造的轴向圆柱孔，也有的采用圆锥孔，进口端孔径较小，具有较好的通过性能。

5）绞刀。绞刀[图 3-19(b)]主体呈十字结构，有些采用刚度和强度较高的辐轮结构，随螺杆一同转动，起动刀作用，刃角较大，属于钝型刀，其刃口为光刃，用工具钢制造；为保证切割过程的钳住性能，大中型绞肉机上的绞刀呈前倾直刃口或凹型刃口。绞刀的结构形式有整体结构和组合结构两种，其中组合结构的切割刀片安装在十字刀架上，为可拆换刀片，刀片可采用更好的材料制造。切刀与孔板间依靠锁紧螺母压紧完成切割。图 3-20 所示为五件刀具(三个孔板和两把绞刀)的装配关系。

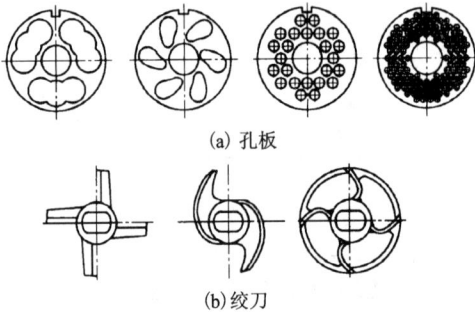

图 3-19　绞肉机绞刀及孔板常见结构形式

(a) 孔板

(b) 绞刀

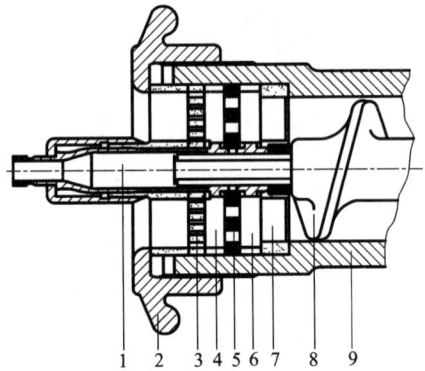

图 3-20　绞肉机刀具组装图

1—中央骨粒排出管；2—锁紧螺母；3—细切孔板；
4—分离绞刀；5—粗切孔板；6—十字绞刀；
7—预切孔板；8—喂料螺杆；9—机筒

(2)工作过程

在进行绞肉作业时，切出的较小块状肉料放入进料斗，在进料斗底部旋转的螺杆抓取肉料，并向前挤压送进到预切孔板，在通过该孔板而探出后被十字切刀切成较小的肉块，在螺杆推进的后续肉料的挤压下继续前移，在部分挤进细切孔板孔内后被十字切刀切断，而后在后续肉料的挤压下通过孔道后排出机外。

大块肉需要进行预切，以便于喂入，降低喂入及切割阻力；定期刃磨，保证锋利。整个工作过程中，应保证切碎，而非磨碎。

（3）典型的绞肉机

为提高作业质量和产品质量，新型绞肉机在以下几个方面进行了开发：①孔板孔径更小，达 $\phi1.2$ mm，以满足更细配料的要求。如丹麦富金（Wolfking）公司 E 系列乳化机，主要由多组十字切刀与孔板由粗而细串联而成，采用双切割结构，并具有强烈的挤压通过能力。②硬质成分（软骨、骨粒）分离装置（图 3 - 21），用于剔除肉中软骨、肌腱，在细切刀端面上开有斜向导槽，其角度能够满足硬质成分可产生滑动而肉块不产生滑移的要求，同时轴心部安装有中央骨粒排出管。在进行切割的同时，肉内的骨粒等硬质成分沿细切刀端面的导槽被导入中央骨粒排出管排出机外。③在切割过程中，尤其是细切时，为避免肉在绞碎过程中过度挤压而使之内部组织结构过度破坏，采用斜孔结构（周向倾斜）的孔板（图 3 - 22），可使得肉块在旋转切刀推动下进入刀孔的阻力最小，同时孔刃的刃角较小，降低了切割阻力。④内置冷却装置，即在绞肉机的进料斗和机筒外围设置制冷蒸发器，吸收绞肉过程中产生的摩擦热，保持在整个绞肉过程中的肉料始终处于较低的温度，避免因温升过高而引起的肉料变质。

图 3 - 21　可分离筋骨的绞肉机刀具结构

1—中央骨粒排出管；2—细切孔板；3—分离绞刀；
4—粗切孔板；5—十字绞刀；6—预切孔板

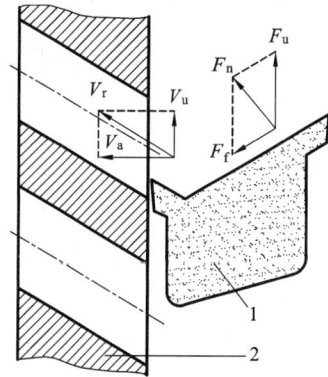

图 3 - 22　斜孔孔板及绞刀工作原理

1—绞刀；2—孔板

3. 斩拌机

斩拌机将肉块斩切成肉糜，它同时对肉料进行绞、切、混合等多种作用。广泛用于各种肉馅的制作。斩拌机有真空斩拌机和常压斩拌机。真空斩拌机的肉料温升小，故成品质量好。

图 3 - 23 为真空斩拌机的结构简图，主要由斩拌刀、转盘、上料装置、卸料装置、传动系统、真空系统等组成。

斩拌刀一般由一组刀构成，通常为六把刀，沿周向均布，用垫片沿轴向将各刀片分隔开，刀刃曲线为与其旋转中心有一偏心距的圆弧。工作时，斩拌刀高速旋转运动，斩

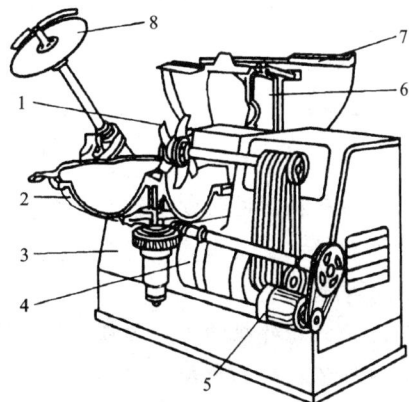

图 3 - 23　真空斩拌机结构

1—斩拌刀；2—料盘；3—机架；4—主驱动电动机；
5—料盘驱动电动机；6—防噪盖；7—机盖；8—出料盘

切肉料，同时斩肉盘低速旋转，不断地将盘中肉料送给斩拌刀斩切。如此多次循环斩切，可使盘中肉料均匀斩成肉糜。卸料时，放下出料转盘，使出料转盘置于斩肉盘槽中，转盘转动，随盘黏附起肉糜，由于出料挡板的阻挡，将转盘上的肉糜刮落至出料斗中。

（二）果蔬类切割机械

蘑菇定向切片机是专为蘑菇的切片而设计制作的。图 3 - 24 为蘑菇定向切片机的结构简图，主要由料斗、定向滑槽、挡梳、切刀、出料斗等组成。切刀一般安装有 10 片刀片，刀片的间隙通过垫片调节。定向滑槽底部呈弧形，通过偏摆装置可使弧槽轻微振动。

工作时，蘑菇的重心紧靠菇头，在蘑菇沿定向滑槽向下滑动时，由于弧槽充有水，在水流、弧槽倾角和弧槽轻微振动的作用下，使蘑菇菇头朝下并下滑。蘑菇进入切片区，以下压板辅助喂入，通过挡梳板和

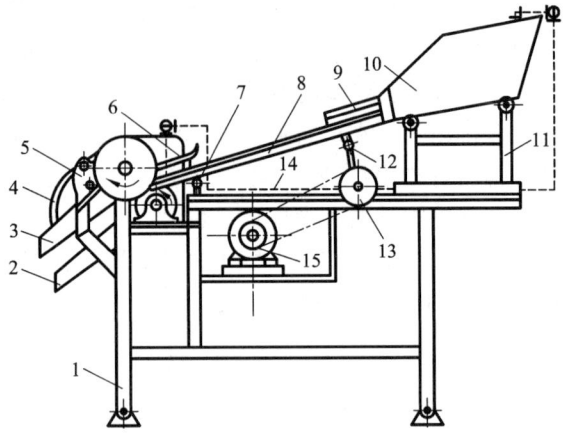

图 3 - 24　蘑菇定向切片机

1—支架；2—边片出料斗；3—正片出料斗；4—护罩；5—挡梳轴座；
6—下压板；7—绞杆；8—定向滑槽；9—上压板；10—料斗；
11—料斗架；12—绞销；13—偏摆轴；14—供水槽；15—电动机

边板把正片和边片分开，正片从正片出料斗 3 排出，边片从边片出料斗 2 排出。挡梳板的梳齿插入相邻两圆盘切刀之间，将贴附在切刀上的菇片挡落至出料斗中。挡梳片和刀轴间间隙为 2 ~ 5 mm，刀片与垫辊的间距仅 0.5 mm，以确保能完全切割。

本章小结

本章主要学习了各种粉碎与研磨机械与设备的类型、工作原理及工作过程，以及主要粉碎与研磨机械的基本结构和性能特点等，了解粉碎与研磨的配型选用和使用要点。

思考题

一、填空题

1. 粉碎理论模型有_____、_____和_____。

2. 锤式粉碎机按进料方向，可分为_____、_____和_____ 3 种。

3. 普通斩拌机主要由_____、_____、_____、_____和_____五部分构成。

二、简答题

1. 简述锤式粉碎机的工作原理。

2. 简述气流粉碎的原理。

3. 简述辊式磨粉机的工作原理。

4. 切割刀具的钳住条件有哪些？

第四章

脱皮和脱壳机械与设备

本章学习目的与要求

了解各种食品物料的脱皮、脱壳特点；掌握脱皮和脱壳机械的主要类型及其工作原理；了解各种主要脱皮和脱壳机械的基本结构；掌握脱皮和脱壳机械的基本性能特点；掌握脱皮和脱壳机械的选用和使用要点。

食品加工的很多原料都有皮和壳，如有壳的坚果、谷物，有皮的果蔬。在加工前，必须去掉不能食用和不适合加工的部分。由于这些未经加工的原料，品种多，形状籽粒复杂、物理特性、化学成分等性质各不相同，其加工性质也有很大差异，各种脱皮和脱壳机械类型较多。因篇幅限制，本章主要介绍块状果蔬原料去皮机、花生脱红衣机、砻谷机、碾米机、圆盘剥壳机、立式离心剥壳机。

第一节 块状果蔬原料去皮机

一、去皮原理

块状果蔬原料去皮一般可分为三大类：一类是手工去皮，二类是机械去皮，三类是碱液去皮。

（一）手工去皮

手工去皮是借助小刀、刨等工具（见图4-1），用手从事去皮、去核。该法去皮效果好，不影响产品，损耗亦小。手工去皮刀具最好用不锈钢制作。普通碳素钢工具易受果晶中酸的腐蚀，给加工品增加重金属含量，而且由于铁和果品中的单宁相结合，很容易造成果肉发生褐变，从而降低制品品质。去皮刀的刃部有一横金属片，用以控制去皮厚度。手工去皮损耗率较小，去得比较干净，但效率太低，相当费时，劳动强度很大，大量生产多采用机械去皮。

（二）热力去皮

热力去皮一般用高压蒸汽或开水对原料进行短时间加热，使果蔬表皮突然受热松软，与内部组织脱离，然后迅速冷却去皮。如成熟度较高的桃、番茄及枇杷等果蔬多采用此种去皮方法。蒸汽或开水去皮机的型式有多种，其主要部分是蒸汽的供应装置。去皮时一般都采用近 100℃ 的蒸汽，这样可以在短时间内使外皮松软，以便分离。具体热烫时间，可根据原料的种类和成熟情况来确定，可由皮肉的松离情况来掌握。

（三）机械去皮

1.机械切削去皮

目前广泛使用旋皮机，由机架、转动轴杆，弯月形刀等部件组成。操作时，将果实插在转动轴杆上，果实随轴转动，装置在果实旁的月形刀受弹脊（或人工）控制，刀刃紧贴果皮，当轴杆转动时，即将表皮旋去，然后由装在转动轴杆上的半圆形

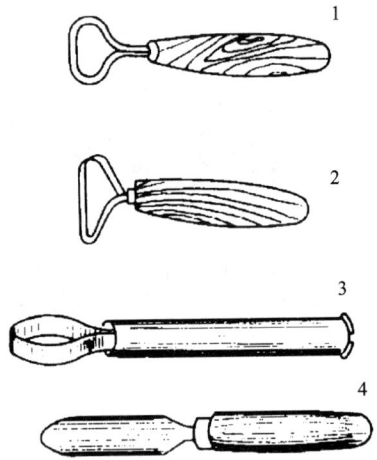

图 4-1 手工去核去皮工具
1、2、3—去核器；4—去皮器

小刀挖去果心，由顶果器将处理好的果实顶出。旋皮机适用于苹果，梨、柿等仁果的去皮，效率较高但损耗率大，一般还需要手工辅助修正，难以实现完全机械加工。

2.机械磨削去皮

利用覆有磨料的工作面磨除表面皮层。速度高，易于实现机械化生产，所得碎皮细小，易于清理，去皮后的果蔬表面较粗糙，适于质地坚硬、皮薄、外形整齐的果蔬，如胡萝卜、番茄等。

3.机械摩擦去皮

利用摩擦因数高、接触面积大的工作部件而产生摩擦作用使表皮发生撕裂破坏而去除。所得产品质量好，碎皮尺寸大，去皮死角少，但作用强度差，适用于果大、皮薄、皮下组织松散的果蔬。一般需要对果蔬进行必要的预处理来弱化皮下组织。常见的是采用橡胶板作为机械摩擦去皮构件。

（四）化学去皮

化学去皮又称碱液去皮，即将果蔬在一定温度的碱液中腐蚀处理适当的时间，取出后，立即用清水冲洗或搓擦，洗去碱液并可将外皮脱去，适用于桃、李、杏、梨、苹果等去皮和橘瓣脱囊衣。

二、去皮机

（一）苹果削皮机（图 4-2）

本机由 PLC（可编程逻辑控制器）控制，能完成削皮，去核，切瓣，护色 4 个动作，可以单动或双动。适用水果有苹果、梨、木瓜等。由于削刀能自动紧贴果子形状变化，削皮厚度可调，因而去皮带肉损耗少。开机前根据果核直径选配捅刀，根据切块瓣数选配切刀，在触摸屏上设定动作和参数，然

图 4-2 苹果削皮机

后将果子放进料斗,机械就自动送果并进行"削皮单动",或"削—捅双动",或"削—捅—切三动",同时护色槽内的液体循环喷淋被削果子,防止氧化变黑。本机是苹果干片、果脯、罐头、鲜果汁、果酱等加工必不可少的设备。处理能力:1800 个/时。

（二）离心擦皮机

擦皮机常用于胡萝卜、马铃薯等块根类原料的去皮。但去皮后,原料的表面不光滑,仅能用于切片、切丁或制酱的罐头生产中,不能用于整块蔬菜罐头的生产。擦皮机的结构如图4-3 所示。由料筒、旋转圆盘及传动系统等部分组成。内呈翻滚状态,又要保证物料被抛至桶壁,物料表面被均匀擦皮,因而旋转圆盘必须保持较高的转速,料桶内物料不能过多,一般物料填充系数为0.5~0.65。工作时,先用手柄封住出料舱口,然后启动电动机,当转速正常后,由进料口加入物料,同时通过喷水嘴向料桶内喷水。擦完皮后,先停止喷水,然后扳动手柄,打开出料舱口,靠离心力卸出物料。卸完料后,重复上述过程。在装料和卸料过程中,电动机一直在运转。

物料从加料斗6 装入机内,当物料落到旋转圆盘4 波纹状表面时,因离心力作用而被甩向两侧,并在那里与筒壁粗糙表面摩擦,从而达到去皮的目的。擦下的皮用水从排污口13 冲走。已去好皮的物料,利用本身的离心力作用,当舱口11 打开时从舱口卸出。水通过喷嘴7送入圆筒内部。在擦皮过程中舱口用把手封住。轴通过加油孔8 加注润滑油。在装料和卸料时,电动机都在运转,因此,卸料前,必须停止注水,以免舱口打开后,水从舱口溅出。

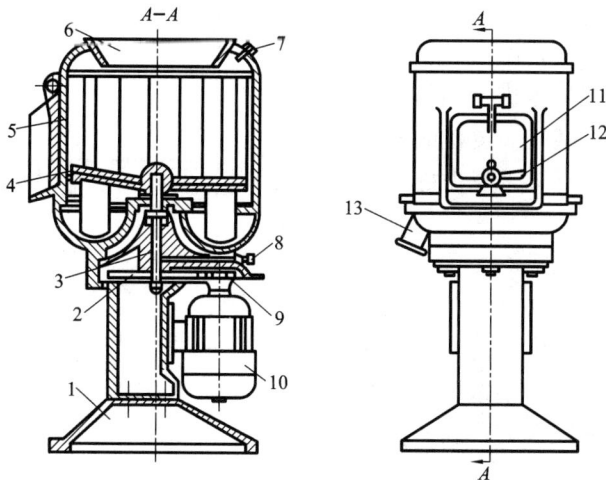

图 4-3 擦皮机

1—机座;2、9—齿轮;3—主轴;4—旋转圆盘;5—料桶;6—进料口;7—喷水嘴;

8—加油孔;10—电动机;11—出料舱门;12—舱门手柄;13—排污口

（三）碱液去皮机

碱液去皮机广泛用于桃、李、巴梨等水果的去皮。碱液去皮是将原料在一定温度的碱液中处理适当的时间,果皮即被腐蚀,取出后立即用清水冲洗或搓擦,使外皮脱落,并洗去碱液,达到去皮的目的。碱液处理后的果实不但果皮容易去除,而且果肉的损伤较少,可提高原料的利用率。缺点是碱液去皮用水量较大,去皮过程产生的废水多,尤其是产生大量含有碱液的废水。碱液去皮机常用的有喷淋去皮机和干法去皮机。

1. 喷淋去皮机

喷淋去皮机的结构如图4-4所示，主要由输送带、淋碱、淋水装置和传动系统等组成。输送带有网状带和履板带两种，用不锈钢制造。碱液去皮机总体分为进料段、热稀碱喷淋段、腐蚀段和冲洗段。该机的特点是碱液隔离效果较好，去皮效率高，结构紧凑，操作方便，但是需人工进料。

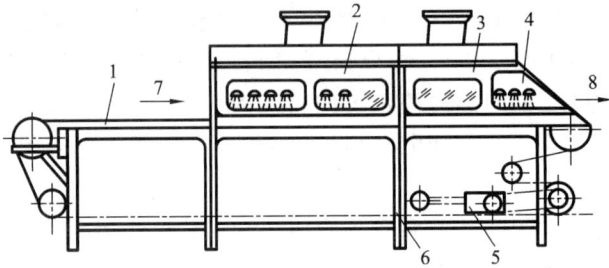

图4-4　喷淋去皮机

1—输送带；2—淋碱段；3—腐蚀段；4—冲洗段；5—传动系统；6—机架；7—进料；8—出料

碱液去皮机的碱液都要进行加热和循环使用。碱液循环系统如图4-5所示。将调整好浓度的碱液，放入碱液池内，由循环(防腐)泵送到加热器中进行加热。具有一定温度的碱液送入碱液去皮机的淋碱段，与原料接触后的碱液从碱液去皮机流回碱液池循环使用。

碱液去皮机在使用前，要根据去皮物料配置碱液，碱液的浓度可由试验确定。工作一段时间后，碱液浓度下降，要及时补充烧碱，调整浓度。工作结束后，及时清洗设备，尤其是接触碱液的部位，对传动部件定期进行润滑。

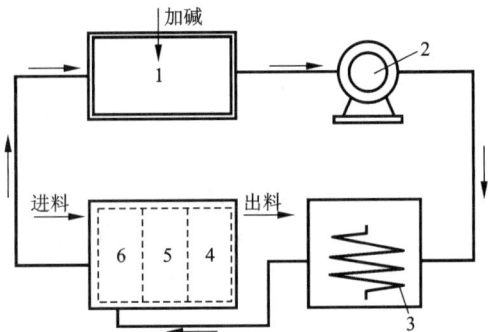

图4-5　碱液循环系统

1—碱液池；2—循环泵；3—加热器；
4—冲洗段；5—腐蚀段；6—淋碱段

2. 干法去皮机

干法去皮机适用于经碱液或其他方法处理后表皮松软的桃子、杏、巴梨、苹果、马铃薯及红薯等多种果蔬原料的去皮。同碱液去皮比较，具有结构简单、去皮效率高、节约用水及减少污染等优点。干法去皮机如图4-6所示。去皮装置用铰链和支柱安装在底座上，呈倾斜状。工作时去皮机的倾斜角以30°~45°较合适。可通过调整支柱的长度，改变去皮装置的倾斜度。去皮装置的两侧为一对侧板，在侧板上安装多根主轴。每根主轴上都装有随轴旋转的数对夹板，每对夹板之间夹着薄橡胶制成柔软而富有弹性的圆盘。每根轴上的圆盘与相邻轴上的圆盘错开排列，即一根轴上的圆盘处于另一轴上的两个圆盘之间。电动机通过三角皮带和传动皮带带动摩擦传动轮转动，使一系列主轴旋转。传动皮带与摩擦传动轮之间用压紧轮压紧。由碱液处理后表皮松软的果蔬原料，从进料口进入去皮装置。物料靠自身的重力向下移动，将圆盘压弯。在圆盘表面与物料之间形成接触面，由于物料下落的速度低于圆盘旋转速度，因而产生揩擦运动，在不损伤果肉的情况下把皮去掉。随着物料的下移，与圆盘接触位置不断变化，最后将全部表皮去掉。去皮后的果蔬原料从出料口卸出，皮则从装置中落下收集于盘中。为了增强去皮效果，在两侧板上间隔装有桥架，每一桥架上悬挂有挠性挡板，用橡胶或织物制成。这些挡板对物料有阻滞作用，强迫物料在圆盘间通过来提高去皮效果。

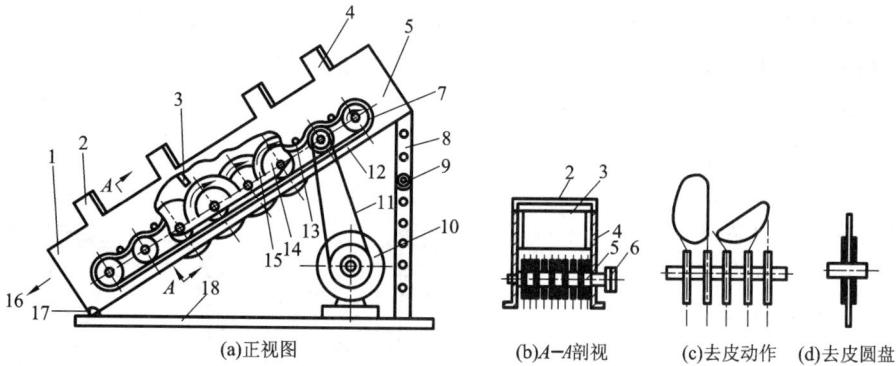

(a)正视图　　　(b)A—A剖视　　(c)去皮动作　(d)去皮圆盘

图4-6　干法去皮机

1—去皮装置；2—桥式构件；3—挠性挡板；4—进料口；5—侧板；6—轴，7 滑轮；8—支柱；9—销轴；
10—电动机；11、12—皮带；13—压轮；14—支板；15—橡胶圆盘；16—出料口；17—铰链；18—底座

3.浸碱去皮机

该机主要由壳体、碱液槽、进出料口、刮板筛筒、碱液循环装置、加热装置、脱皮转筒、传动装置等组成，其结构示意如图4-7所示。

工作时，果料进入去皮机中，落到刮板筛筒上两刮板所构成的空间并随筒旋转，浸碱、出料。浸碱腐蚀的时间由刮板筛筒的转速决定，而碱液在槽中的液位、浓度和温度由碱液循环装置及加热装置保证。该机通常需与脱皮转筒联合使用，即浸碱后的果蔬经出料口卸出进入脱皮转筒，在冷水喷淋冷却清洗的同时，随筒转动摩擦去皮。去皮效果与淋碱去皮机差不多。

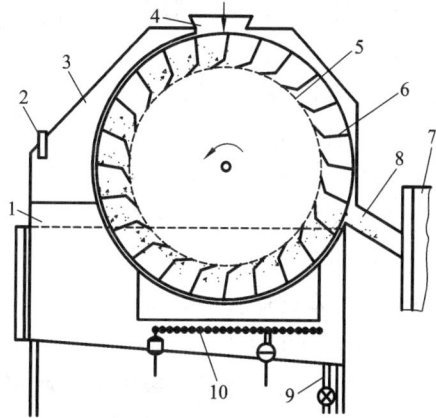

图4-7　浸碱去皮机

1—碱液槽；2—碱液进口；3—机壳；
4—进料口；5—筛筒；6—刮板；7—脱皮转筒；
8—卸载装置；9—碱液出口；10—加热装置

第二节　花生脱红衣机

花生的果实为荚果,形状有蚕茧形、串珠形和曲棍形。蚕茧形的荚果多具有种子2粒;串珠形和曲棍形。它们的荚果,一般都具有种子3粒以上。果壳的颜色很多为黄白色,也有黄褐色、褐色或黄色的,这与花生的品种及土质有关。花生果壳内的种子通称为花生米或花生仁,由种皮、子叶和胚三部分组成。种皮的颜色为淡褐色或浅红色。种皮内为两片子叶,呈乳白色或象牙色。随着食品工业的快速发展,花生的利用也愈加广泛,除了制油或简单食用外,目前较多地制作各种风味的花生仁、花生糖、花生酱、花生牛奶饮料和花生蛋白粉等。花生果经剥壳后,去掉花生仁面上的红衣,则是制作上述食品及原料过程中不可缺少的工序。下面介绍花生脱红衣机的结构和工作原理。

一、结构

组合式花生脱红衣机结构如图 4－8 所示。该机主要由进料与磁选装置、红衣与花生仁分离装置、花生仁与胚芽分离装置、红衣收集与除尘风网系统、机械传动系统及机架等组成。红衣与花生仁分离装置,由活动摩擦带、固定摩擦带、摩擦带间隙调节机构、活动摩擦带托辊装置和张紧机构等组成。活动摩擦胶带与固定摩擦胶带间形成楔形空间,两带的工作面上有许多凹形槽,以增大红衣与花生仁分离的摩擦力。两胶带均采用白色无毒橡胶

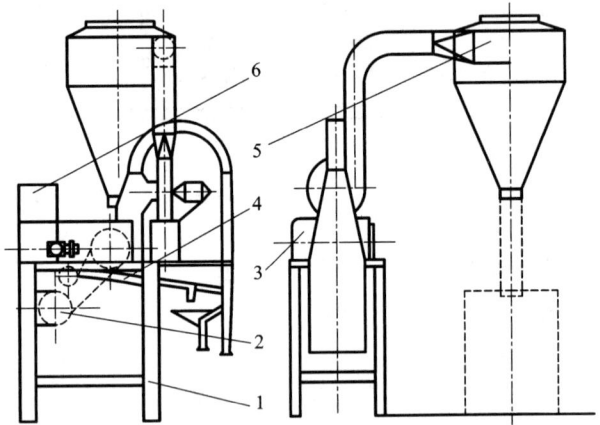

图 4－8　花生脱红衣机

1—机架;2—机械传动系统;3—红衣脱离装置;4—筛选装置;
5—红衣收集和除尘风网系统;6—喂料与磁选装置

材料。花生仁与胚芽及少量碎仁分离装置,主要由筛体、单层圆孔筛板、筛体振动曲柄连杆机构、弹性吊杆及减振机构等组成。红衣收集及除尘风网系统,主要由风机、红衣与花生仁摩擦分离装置出口侧风罩、筛面中段伞形罩、筛面出口侧风罩、筛下物出口侧风罩、旋风除尘器、胚芽及碎仁出口和料斗等组成。机械传动系统,主要由电机、减速器、链轮与链条等组成。红衣与花生仁摩擦分离装置和振动筛共用一个动力系统。

二、工作原理

花生脱红衣机工作原理如图4－9所示,经烘烤后带红衣的花生籽粒进入料斗,在下料淌板上均匀地向下流动,调节料门可调节花生的流量。经过磁选的花生粒进入固定与活动摩擦胶带的楔形区,在活动胶带的带动下,花生粒受到两胶带的搓撕作用,在挤压力和剪切力的综合作用下,红衣与花生仁分离。分离后的花生仁、部分红衣和胚芽及少量碎仁从两胶带出口经风网吸风部左支管下段落到筛面上。在下落过程中,大部分红衣和灰尘被风机吸走。由

于筛面上物料呈下行体制运动,因而,筛上物即花生仁从振动筛出口进入右支管,最后呈成品流出。筛下物即胚芽和碎仁经筛底板流入分离斗,最后经垂直管流出而得到收集。风网系统中的左、右支管汇集至风机的入口,被捕集的红衣和灰尘,再经旋风除尘器最后得到收集。风网吸风部分的左、右支管中共有三个侧吸罩和一个伞形罩,右支管中两个侧吸罩的捕吸速度可调整风门,左、右支管中的风速和风量可由两旋阀进行调节。

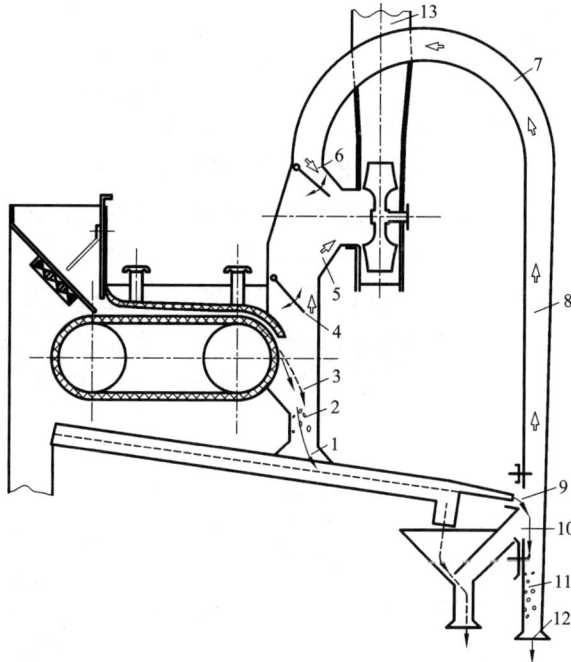

图4-9 花生脱红衣机工作原理图

1—下左支管;2—上左支管;3—左支管汇流三通;4—左支管蝶阀;5—风机进风口汇流三通;
6—右支管蝶阀;7—右支管弯管;8—右支管渐扩管;9—右支管上汇流三通;10—右支管下汇流三通;
11—右支管;12—右支管进风口;13—风机出口渐扩管

第三节　砻谷机

一、砻谷机分类

人体不能消化稻谷的颖壳,应先去除颖壳,才能碾成食用米。去除稻谷颖壳的工作过程即砻谷。糙米即去除颖壳的稻谷。砻谷机的功用就是将稻谷的颖壳剥除,以得到糙米,而不伤米粒。

根据稻谷脱壳时受力和脱壳方式的不同,脱壳通常分为挤压搓撕脱壳、端压搓撕脱壳和撞击脱壳三种:

①挤压搓撕脱壳:挤压搓撕脱壳是稻谷两侧受两个不同运动速度的工作面的挤压,搓撕而脱壳的方法。其基本原理是用两个相对运动的工作面对稻谷两侧施加的力,产生挤压、摩擦、搓撕作用,使稻谷脱去颖壳。

②端压搓撕脱壳：端压搓撕脱壳是稻谷两端受两个不等速运动的工作面的挤压、搓撕作用，使谷壳破坏而脱壳的方法。

③撞击脱壳：撞击脱壳是指高速运动的谷粒与固定工作面撞击而脱壳的方法。

砻谷机的种类很多，根据工作原理和工作构件的不同，一般可分为以下三种：

①胶辊砻谷机：胶辊砻谷机的基本工作构件是一对富有弹性的胶辊，如图4-10(a)所示。两只胶辊相向不等速旋转，给稻谷两侧施以挤压力和摩擦力，使谷壳破坏，与糙米分离。该机效率高、碎米少，脱壳率高。目前使用较普遍，胶辊由专业厂生产。

②砂盘砻谷机：砂盘砻谷机主要工作构件是上、下两个砂盘，如图4-10(b)所示。上砂盘固定，下砂盘旋转，稻谷在上下两砂盘之间受到挤压、摩擦、搓撕、撞击等力的作用而脱壳。该机作用力较强，受气温影响小，谷粒损伤较大，出碎较多，而脱壳率较低，已逐渐被胶辊式所取代。

③离心砻谷机：离心砻谷机的基本工作构件为金属齿轮甩盘和它在外围冲击衬圈，如图4-10(c)所示。利用高速旋转的甩盘(约35 m/s)将谷粒甩至冲击衬圈，借冲击摩擦力、撞击力的作用脱壳。该机对谷粒损伤大，适用于强度较高的谷粒，由于出碎多，且对水分大的稻谷脱壳困难，产量低，故目前很少使用。

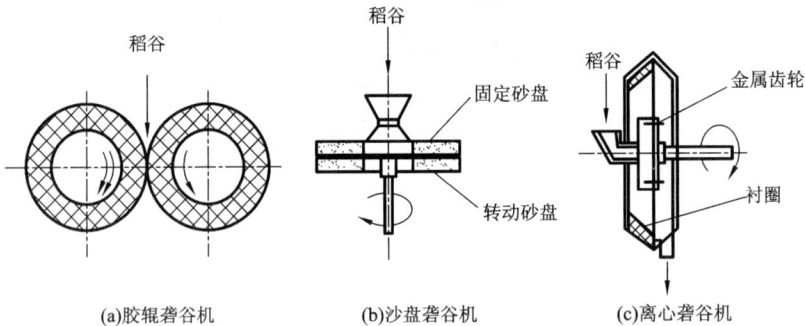

(a)胶辊砻谷机　　　　　(b)沙盘砻谷机　　　　　(c)离心砻谷机

图4-10　砻谷机的基本工作构件

二、胶辊砻谷机的结构和脱壳原理

我国使用的砻谷设备主要是胶辊砻谷机。

（一）胶辊砻谷机基本结构

胶辊砻谷机的主要工作构件是一对并列的、富有弹性的胶辊。两辊异速相向旋转。稻谷进入两辊间，受到胶辊的挤压和摩擦所产生的搓撕作用，稻壳破裂，与糙米分离。由于胶辊富有弹性，不易损伤米粒，胶砻具有出糙碎低、产量高、脱壳率高等良好工艺性能。砻谷机是在国内外使用最广泛的砻谷设备。胶辊砻谷机结构主要由喂料机构、胶辊、辊压(轧距)调节机构、传动机构、稻壳分离装置和机架等组成。

1.喂料机构

喂料机构由进料斗、流量控制机构和喂料机构组成。其作用主要是贮存一定数量的稻谷、稳定和调节流量、匀料、整流、加速和导向。常用的流量调节机构有手动闸门、齿轮齿条传动闸门和气动闸门等。手动闸门结构比较简单，直接通过控制出料口开度的大小改变流量；齿轮齿条传动闸门通过闸门与压力门相互配合来控制和调节流量(图4-11)；气动闸门则是通过汽缸的伸缩控制进料斗的闭合及流量的大小(图4-12)。喂料机构包括短淌板、长淌板和淌板角度调节机构。短淌板用于匀料,倾角较小,一般不超过35°;长淌板主要对谷粒起整流、加速、导向等作用,倾角较大,一般为64°~67°,而且可调,以便使谷粒准确喂入两胶辊间的工作区。喂料机构工作状况的好坏将直接影响砻谷机工艺效果的高低。物料进入轧区的速度要大,以减少谷粒与胶辊之间的线速差,缩短谷粒的加速时间,可以减少动力消耗和降低胶耗,还可提高进机流量。谷粒的料层厚度以单层谷粒的厚度为最佳,谷粒不重叠有利于提高脱壳率,减小糙碎和胶耗。谷粒作纵向(稻谷的长度方向)流动进入轧区,有利于提高砻谷机的脱壳率和产量。

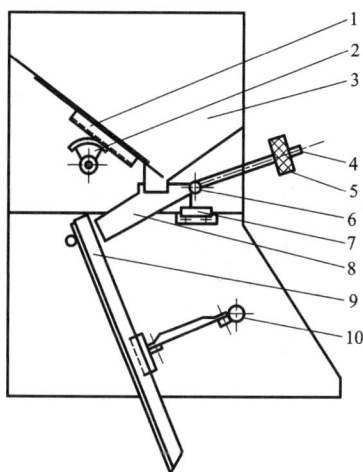

图4-11　齿轮齿条淌板喂料装置

1—齿条;2—扇形齿轮;3—进料斗;4—支杆;
5—平衡重砣;6—短淌板轴;7—微动开关;
8—短淌板;9—长淌板;10—双向螺杆

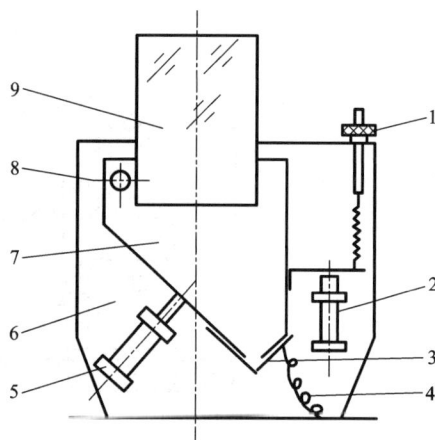

图4-12　气动进料斗及流量控制机构

1—流量调节旋钮;2—限位螺栓;3—挡板;
4—安全栅;5—汽缸;6—进料箱体;
7—旋转料斗;8—铰链轴;9—观察筒

2. 胶辊

胶辊是在铸铁辊筒上覆盖一层弹性材料而制成的。常用的弹性材料有橡胶和聚氨酯,其胶辊根据橡胶颜色的不同分为黑色胶辊、白色胶辊和棕色胶辊等。聚氨酯是一种高分子合成材料,白色半透明,既具有橡胶的高弹性,又具有塑料的高强度,其物理性能优于橡胶。辊筒的结构按铁芯形式分为三种,如图4-13。辐板式结构装拆方便,一般用于较短的胶辊。按其安装形式的不同分为套筒式(图4-14)和辐板式(图4-15)两种。前者用于辊长360 mm以上的辊筒,后者则用于辊长250 mm以下的辊筒。

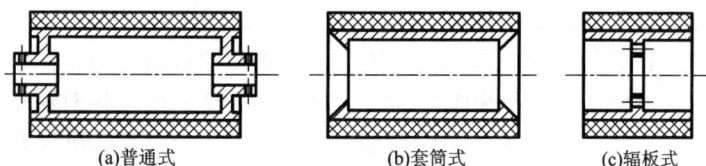

(a)普通式　　　(b)套筒式　　　(c)辐板式

图4-13　胶辊结构形式

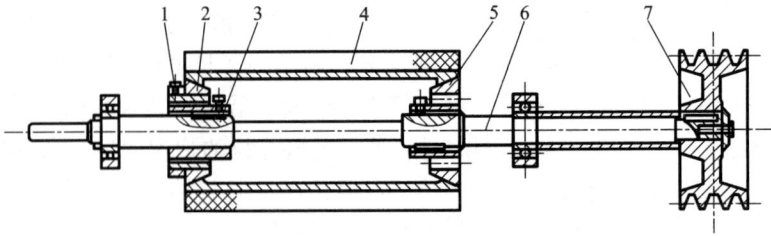

图4-14 套筒式胶辊装配图

1—锁紧螺母；2—锥形圈；3—紧定套；4—辊筒；5—锥形压盖；6—传动轴；7—皮带轮

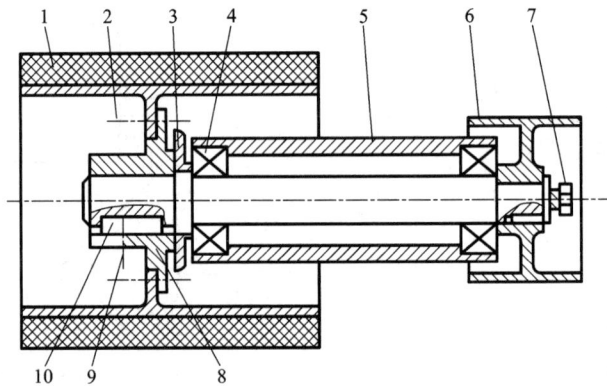

图4-15 辐板式胶辊装配图

1—辊筒；2—螺栓；3—挡板；4—轴承；5—轴承座；6—皮带轮；7—螺栓；8—固定盘；9—紧定螺钉；10—轴

一对胶辊中其中一只是固定辊，一般也是快辊，安装在固定机架上；另一只是活动辊，一般也是慢辊，安装在机架的移动轴承上。两只辊筒的排列形式有两种：倾斜排列和水平排列。不同排列方式对砻谷机的工艺效果有影响。通常，在其他条件相同的情况下，倾斜排列的工艺效果普遍比水平排列的要好，如具有较高的脱壳率和产量、较低的胶耗等。造成其工艺效果差别的原因主要由于其喂料方式的差异，倾斜排列的辊筒都是与淌板倾斜喂料方式相适应的，这种喂料方式具有物料扩散少、进入轧区的速度高等特点。

（二）胶辊砻谷机脱壳原理

1. 脱壳原理

脱壳是靠一对相向旋转而速度不同的橡胶辊筒实现的。两辊筒之间的间隙，称为轧距，它比谷粒的厚度小。当谷粒呈纵向单层（无重叠）进入轧距时，受到胶辊的挤压，由于两个胶辊的线速度不同，稻谷两侧还受到相反方向的摩擦力 F。胶辊的挤压和摩擦对谷粒形成搓撕作用，将谷粒两侧的谷壳朝相反方向撕裂，从而达到脱壳的目的。为了保证砻谷过程中所需的压力，设有轧距调节机构。一般快辊的轴线不可移动，改变慢辊相对快辊的位置，即可调整轧距。常见的辊压调节机构有手轮轧距调节机构、压砣式紧辊调节机构和气压紧辊调节机构。一般粳稻加工的辊间压力为 $4 \sim 5 \ kgf/cm^2$，难脱壳籼稻谷加工的辊间压力为 $5 \sim 6 \ kgf/cm^2$（$1 \ kgf/cm^2 = 0.098 \ MPa$）。

2. 入轧条件

谷粒与胶辊砻谷机两辊筒表面接触并开始受到挤压时，与两辊筒的接触点 A_1、A_2 称作起轧点，谷粒经脱壳后脱离两辊筒时，与两辊筒的接触点 B_1、B_2 称作终轧点，如图 4 - 16 所示。起轧点和同侧辊筒中心连线与两辊筒中心连线所构成的夹角 α_q 称作起轧角，终轧点和同侧辊筒中心连线与两辊筒中心连线所构成的

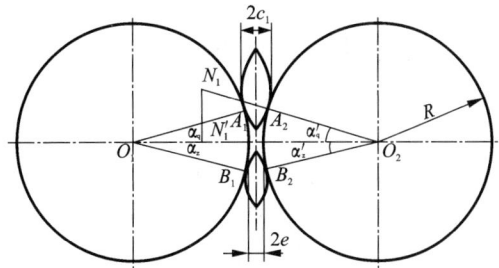

图 4 - 16 起轧角和终轧角

夹角 α_z 称作终轧角。若把稻谷看成对称的几何体，则两辊的起轧角和终轧角相等。谷粒脱壳是靠自重落入两辊轧距间的，要完成脱壳作业就必须使两辊轧距小于谷粒厚度。因此，为了保证谷粒能进入轧距，必须使起轧角小于谷粒与橡胶辊筒的摩擦角。由分析可知辊筒半径越大，起轧角越小，谷粒越容易进入轧距。

3. 稻谷脱壳作用过程

当谷粒被轧住后，由于快慢辊的两个摩擦力一个向下，一个向上，将对谷粒产生一旋转力矩。若稻谷横进，则可能转动；若稻谷直进，则偏转一定角度。谷粒愈细长，偏转角度也愈小。一旦稻谷被夹入辊间后，在快慢辊的摩擦力作用之下，稻谷速度很快加速至慢辊线速而小于快辊的线速。此时快辊对谷粒的摩擦力使谷粒继续加速，而慢辊对谷粒的摩擦显然阻止加速。在一般情况下，动摩擦角小于静摩擦角，动摩擦系数小于静摩擦系数。所以，在一定的辊压下，谷粒相对快辊滑动时的动摩擦力小于谷粒相对慢辊滑动要克服的静摩擦力。因此，谷粒在脱壳前被慢辊托起，并随慢辊一起运动，而相对快辊滑动。随着谷粒的继续前进，轧距愈来愈小，胶辊对谷粒的挤压和摩擦力不断增加。当稻壳薄弱部分的结合力小于挤压搓撕力时，稻壳将被压裂和撕破，接触快辊一边的稻壳首先开始脱壳，如图 4 - 17(a) 所示。当谷粒通过轧距中心点(两辊中心连线)时，快慢辊对谷粒的摩擦力均达最大，谷粒有一短暂加速过程，从慢辊速度加速到快辊速度，此时，谷粒对快、慢辊都要发生相对滑动，从而使谷粒两侧的稻壳同时撕裂，并与两辊一起前进，达到脱壳的最大效能，如图 4 - 17(b)。如图 4 - 17(c) 所示，当谷粒通过工作区的下段时，快辊与糙米接触，使糙米加速，并很快与快辊接近。糙米相对快辊静止而与慢辊相对滑动，使接触慢辊一侧的稻壳离开糙米，完成整个脱壳过程。

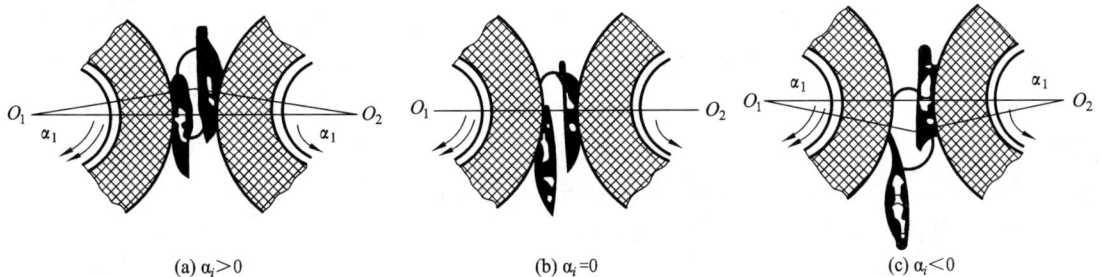

(a) $\alpha_f > 0$　　　　　　(b) $\alpha_f = 0$　　　　　　(c) $\alpha_f < 0$

图 4 - 17 稻谷脱壳过程

三、典型的胶辊砻谷机

（一）MLGT36 型压砣紧辊砻谷机

MLGT36 型压砣紧辊砻谷机的结构如图 4 - 18 所示，主要由进料机构、辊筒、辊压调节机构、自动松紧辊机构、传动机构、谷壳分离装置等部分组成。进料机构由进料斗、流量控制装置和喂料装置等组成。流量控制装置采用齿轮齿条闸板形式。喂料采用短、长淌板组合喂料装置。辊筒为套筒式辊筒，用锥形压盖和紧定套将辊筒固定在轴上，辊筒轴的装配为双支承结构形式，通过辊筒两边的轴承、轴承座固定在机架上。辊间压力调节采用压砣式调节机构，通过改变压砣的重量来改变辊间压力。自动松紧辊机构主要由微型电机、电器元件、杠杆、同步轴和链条等组成。自动松紧辊装置失灵时，可通过手动操纵杆改用人工操作。传动装置为 V 带和齿轮变速箱组合的多级变速传动机构，可根据原料的加工品质、胶辊的磨耗情况，改变两胶辊转速，以获得合理的线速差和搓撕长度。

（二）MLGQ25 型气压紧辊砻谷机

MLGQ 25 型气压紧辊砻谷机的结构如图 4 - 19 所示，主要由进料装置、辊筒、传动装置、气压松紧辊机构及稻壳分离装置等部分组成。进料机构由进料斗、料位器、流量调节闸门、气动进料闸门、长淌板等组成。进料闸门由汽缸驱动，并受料位器的控制，当进料斗来料后，延时开闸门，紧辊；进料斗断料时，自动关闸，松辊。喂料淌板对物料进行整流、加速和导向，使物料既快又薄且均匀地进入快、慢辊之间。长淌板的倾角可随辊筒的磨损，通过手轮进行调节，以保证喂料准确。辊筒为辐板式悬臂支承结构，快辊轴的位置固定，慢辊轴的位置可移动，松紧辊汽缸控制慢辊，使之与快辊靠拢或松开。气动系统由电磁阀、减压阀、单向节流阀、汽缸等组成，并受料位器及电气系统控制，实现砻谷机自动控制。

气动系统的工作过程如下：当进料斗有料时，料位器输出信号，适当延时后，控制电磁阀动作，使进料汽缸打开进料闸门。物料进入胶辊工作区，同时，松紧辊汽缸动作，驱动慢辊靠向快辊。当进料斗断料时，料位器控制电磁阀复位，进料汽缸关闭进料闸门，同时松紧辊汽缸使慢辊离开快辊，退回原位。该设备还装配了压砣紧辊装置，当气功系统失灵时，可改用压砣紧辊装置继续工作。稻壳分离装置采用吸式稻壳分离器。

（三）MLGQ25 ×2 型双座气压紧辊砻谷机

MLGQ25 ×2 双座胶辊砻谷机如图 4 - 20、图 4 - 21 所示，该机采用双机体，两对胶辊同时工作，产量大，占地面积小，进料闸门由汽缸驱动，并受料位器控制，当进料斗物料到达规定料位时，自动开闸并延时紧辊，辊间压力可以根据来料不同通过气动系统的控制单元换向调节，在工艺上，可利用该机将净谷与回砻谷分开加工，当加工回砻谷时，可降低气压，减小辊间压力以降低糙碎，从而提高脱壳率。该机传动系统采用双面同步带（或六角带）传动，取代常规齿轮箱，传动平稳且噪声小，无漏油污染且操作维修方便。

典型胶辊砻谷机主要技术参数见表 4 - 1。

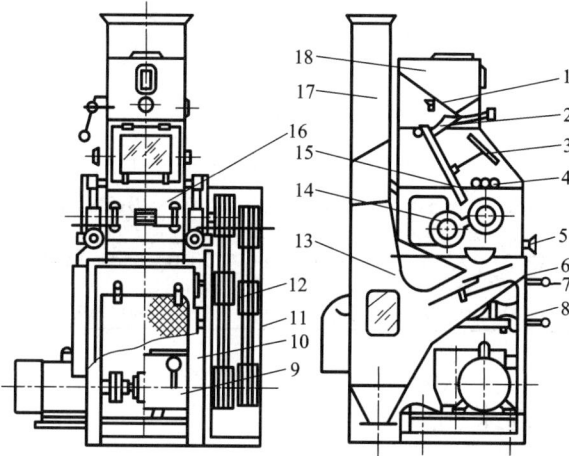

图4-18 MLGT36型压砣紧辊砻谷机结构

1—流量调节机构；2—短溜板；3—长溜板角度调节机构；

4—松紧辊同步轴；5—活动辊支承点调节手轮；

6—砻下物溜板角度调节机构；

7—手动松紧辊操纵杆；8—重砣；9—变速箱；

10—机架；11—传动罩；12—张紧轮；

13—稻壳分离装置；14—辊筒；15—长溜板；

16—检修门；17—吸风管；18—进料斗

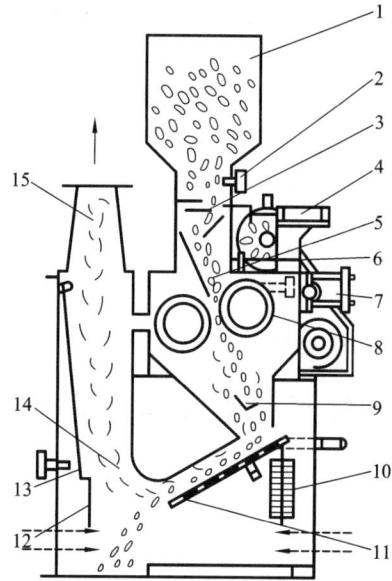

图4-19 MLGQ25型气压紧辊砻谷机结构

1—进料斗；2—料位器；3—流量调节闸板；

4—进料汽缸；5—长溜板；6—手轮；

7—松紧辊汽缸；8—辊筒；9—匀料板；

10—重砣；11—砻下物溜板；12—调风门；

13—调风板；14—风选区；15—吸风管

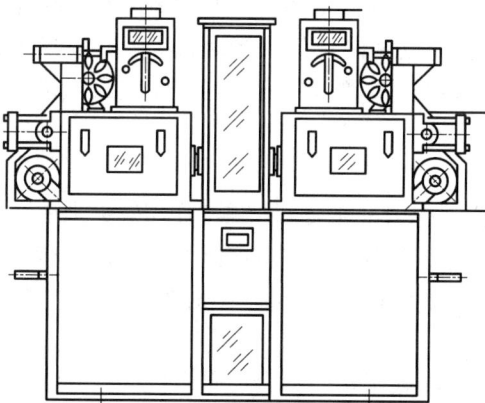

图4-20 MLGQ25×2型双座气压紧辊砻谷机

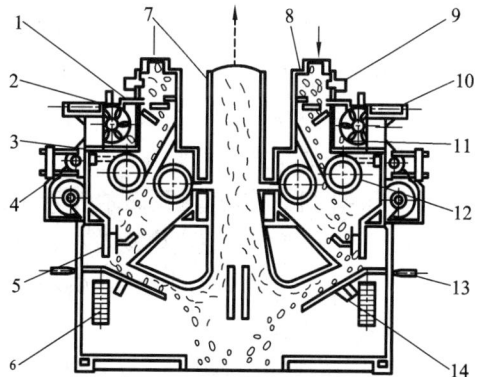

图4-21 MLGQ25×2型双座气压紧辊砻谷机内部

1—流量插板；2—短溜板；3—长溜板；4—压辊汽缸；

5—匀料板；6—重块；7—吸风道；8—进料座；

9—料位器；10—进料汽缸；11—手轮；

12—胶辊；13—把手；14—下溜板

表4-1　典型胶辊砻谷机主要技术参数

项目	胶辊规格 （直径×长） /mm	产量 （稻谷） /(t·h⁻¹)	快辊 转速/ (r·min⁻¹)	慢辊 转速/ (r·min⁻¹)	功率 /kW	风量/ (m³·h⁻¹)	外形尺寸 （长×宽×高） /mm
MLGT51	225×510	5~6	1267~ 1334	1031~ 1086	11	4800~5000	1300×1260×2100
MLGT36	225×360	3.0~3.6	1309	1065	7.5	3600~4200	1255×1125×2315
MLGT25	255×254	3.5~4.0	1200	900	5.5	3000~3600	1100×1075×2095
MLGQ25×2	255×254	8~10(短粒) 6~8(长粒)	1270	1020	5.5×2	5800~6500	2060×850×1840
MLGQ25.4	255×254	2.3~2.5	1270	1020	5.5	2500~3200	1240×800×2370

第四节　碾米机

一、碾米机分类

碾米是依靠碾米机碾白室工作部件与糙米粒之间产生的机械摩擦和碾削作用，将糙米表面的皮层部分或全部剥除，使之成为符合规定质量标准的成品大米。碾米的基本方法可分为物理方法和化学方法两种。目前世界各国普遍采用物理方法碾米（亦称常规碾米），只有极个别米厂采用化学方法碾米。

1. 按照碾米的基本原理分类

按照碾米的基本原理，碾米机分为擦离型、碾削型和混合型三类。

(1)擦离型碾米机

擦离型碾米机亦称"压力型碾米机"。碾白室内压力较大，主要利用摩擦擦离作用碾去米皮。由于机内压力大，米粒在碾白室内密度较大，在碾制相同数量大米时，其碾白室容积比其他类型的碾米机少。因此，擦离型碾米机的机型较小。擦离型碾米机均为铁辊碾米机，碾辊线速较低，一般在5 m/s左右。

(2)碾削型碾米机

碾削型碾米机亦称"速度型碾米机"。碾白室内压力较小，主要利用碾削作用碾去米皮。由于压力较小，米粒在碾白室内密度较小，相应的碾白室容积较大，与生产能力相当的擦离型碾米机比较，机型比较大。碾削型碾米机均为砂辊碾米机，碾辊线速较高，一般在15 m/s左右。

(3)混合型碾米机

同时利用擦离碾白和碾削碾白两种作用碾去米皮的碾米机叫混合型碾米机。混合型碾米机为砂辊或砂铁结合的碾辊。碾辊线速介于擦离型和碾削型碾米机之间，一般为10 m/s左右，碾白平均压力和米粒密度比碾削型米机稍大，机型适中。混合型碾米机由于兼有擦离型和碾削型碾米机的优点，工艺效果较好，并能一机出白，可以减少碾米道数。

2. 按照碾辊主轴的装置形式分类

碾米机按照碾辊主轴的装置形式，分为卧式碾米机和立式碾米机两类。

(1)卧式碾米机

主轴水平放置的碾米机均属于卧式碾米机。卧式碾米机中有单辊碾米机、双辊碾米机以及碾米擦米组合碾米机等。

（2）立式碾米机

主轴垂直的碾米机称为立式碾米机。立式碾米机主要有砂臼碾米机和近来开发研制的新型立式碾米机。砂臼碾米机主要用于杂粮加工。新型立式碾米机以其碾削轻缓均匀、增碎少、米温低、成品大米光洁、出米率较高而逐步得到广泛使用。

3.按照碾辊材料分类

碾米机按照碾辊材料不同，分为铁辊碾米机和砂辊碾米机两类。

碾辊为铁辊的碾米机称为铁辊碾米机，属擦离型碾米机。

碾辊由金刚砂制成的碾米机称为砂辊碾米机，属碾削型或混合型碾米机。

碾米机还可按碾白室喷风与否，分为喷风碾米机和不喷风碾米机。碾米时从碾辊内部向碾白室喷入气流的碾米机称喷风碾米机。用喷风碾米机进行碾米的方法，称喷风碾米。喷风碾米机具有提高出米率，降低米温，电耗低，产量高，成品大米色泽和光洁度好，精度均匀，糠粉和碎米少等优点。目前大部分碾米机均为喷风碾米机。

二、碾米机结构

碾米机的种类如前所述多种多样，但无论是哪一种碾米机，主要都由进料装置、碾白室、出料装置、传动装置以及机架等部分组成。喷风碾米机还配有喷风系统。

（一）进料装置

进料装置由料斗、流量调节机构和轴向推进机构三部分组成。

1.料斗

料斗主要起稳定进机物料流量、保持连续生产的作用。有方形料斗和圆柱形料斗两种，一般存料量为 $30 \sim 40$ kg。

2.流量调节机构

碾米机的流量调节机构主要有两种形式：一种是闸板式调节机构，利用闸板开启口的大小，调节进机流量的多少，如图4-22(a)所示；另一种是由全启闭闸板和微量调节机构组成的调节机构，如图4-22(b)所示。目前广泛采用的是后一种。这种流量调节机构的全启闭

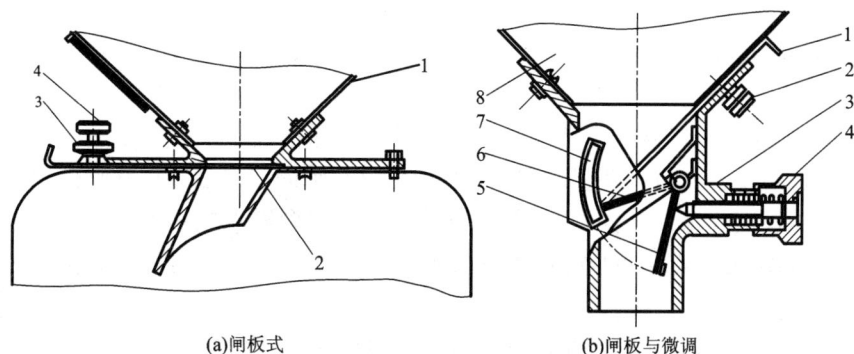

(a)闸板式　　　　　　　　(b)闸板与微调

图4-22　流量调节机构

(a)1—进料斗；2—插板；3—拼紧螺母；4—固定螺钉

(b)1—全启闭插板；2—定位螺钉螺母；3—进料管；4—调节手轮；5—微调活门；6—指针；7—标尺；8—料斗

闸板供碾米机开机供料和停机断料使用,要求能速开速关。微量调节活门主要用于调节进入碾米机的物料流量,以控制碾白室内米粒密度,调节碾白压力。要求灵活准确,操作方便。微调活门的外部装有指针和标尺,用以显示流量的大小。调节时,旋进调节螺钉,将微调活门推进,使流量减小;旋出调节螺钉,则在扭簧的作用下,微调活门紧贴调节螺钉一并退出,从而使流量增大。正常工作时,由丝杆自锁压簧顶紧旋转手轮,使流量保持稳定。这种流量调节机构稳定可靠,操作方便。

3. 轴向推进机构

碾米机进料装置中的轴向推进机构主要起将物料从进料口推入到碾白室内的作用。推进方式有两种:螺旋输送器推进和重力推进。除了立式砂臼碾米机采用重力推进方式外,其余各种碾米机(横式和立式)都采用螺旋输送器推进方式。螺旋输送器的结构如图4-23所示,表面突起部分称为螺齿。螺旋输送器根据螺齿的条数不同,可分

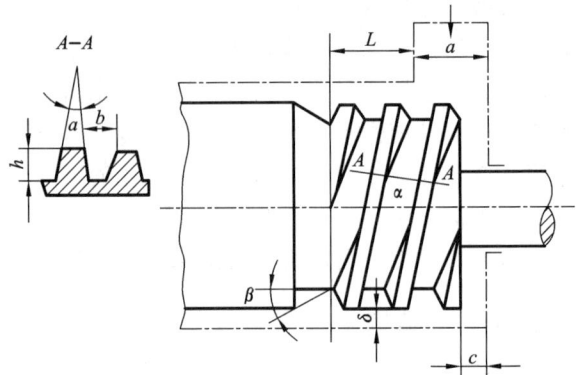

图4-23 螺旋输送器

为单头、双头、三头、四头螺旋等,在实际生产中采用双头和三头居多。螺旋输送器螺齿与轴线的夹角称为螺旋输送器的导角,一般用 α 表示。α 值对米粒的轴向压力有一定的影响。尺寸和形状不同的螺旋输送器,如果 α 值和螺旋输送器的线速、材料、螺面光滑程度以及所加工的物料等情况相同,则物料所受到的轴向压力也基本相同。

我国现有定型的和使用较多的碾米机螺旋输送器 α 值见表4-2。

表4-2 螺旋输送器的导角与头数之间的关系表

螺旋头数	1	2	3~4
α	85°45′	71°30′~77°30′	74°~76°30′

为保证螺旋输送器正常的输送量和轴向压力,要求被输送物料在其中只能前进不能后退。为此,螺旋输送器与外壳的间隙必须小于米粒的厚度(米粒三维尺寸中最小值),一般要小于2.5 mm,螺旋输送器被外壳整圆覆盖的长度必须保证在一个螺距以上。在此长度上螺齿与螺齿之间轴向投影方向没有直通空隙,使物料没有轴向后退通道,只有被轴向推至碾辊进行碾米。覆盖长度与螺旋导程 t 和头数 z 有关。我国定型碾米机和工艺效果较好的碾米机的覆盖长度 ψt 和螺旋总长 σt 的 ψ、σ 值见表4-3。

表4-3 螺旋输送器的 ψ、σ 值与头数之间的关系表

螺旋头数	1	2	3~4
ψ	2.00 以上	0.75~0.90	0.70~0.80
σ	2.00 以上	1.00~1.50	1.00

对多头螺旋来说，螺旋输送器端面与外壳端面之间应留有一定的间隙，以提高其装满系数。但间隙不能过大，以防止加工高水分或高精度大米时发生结糠现象。螺旋输送器大都采用整体铸造，为提高耐磨性能，常需经过表面热处理或采用冷硬铸铁。加工时应注意提高螺旋面的光洁度，以减小物料与螺旋面的摩擦系数，保证输送速度和输送量。

（二）碾白室

碾白室是碾米机的关键工作部件，它主要由碾辊、米筛、米刀三部分组成。米筛装在碾辊外围，米筛与碾辊间的空隙即为碾白室。碾辊转动时，糙米在碾白室内受机械力作用而得到碾白，碾下的米糠通过米筛筛孔排出碾白室。

1. 碾辊

目前国内外使用较多、效果较好的碾辊有铁辊、圆柱形砂辊和砂臼等。

（1）铁辊

铁辊用于摩擦擦离碾白，碾白压力大，降低压力后可用于刷米和抛光。铁辊表面分布有凸筋，凸筋分为直筋和斜筋两种，如图4-24（a）所示。直筋主要起碾白和搅动米粒翻滚的作用，可用于横式碾米机和立式碾米机；斜筋除碾白和搅动米粒翻滚外还有推进米粒的作用，一般多用于横式碾米机，如果用于立式上进料碾米机时，斜筋主要起阻滞物料下落的作用，如图4-24（b）所示。筋的前向面（顺着碾辊旋转方向的一面）与半径的夹角可以从零度[图4-24（a）]到后倾一个 β 角，前者碾白作用较强，后者碾白作用较缓和。筋的高度一般都小于10 mm，有的筋前后高度不等，如图4-24（c）所示，前向面高6 mm，后向面高8.5~9.0 mm。老式铁辊的筋和筒体是一起铸成的，现代铁辊的筋则是用螺钉紧固在筒体表面的槽内，一般为直筋，此种筋磨损后可以更换。铁辊喷风时，喷风口（孔或槽）紧靠筋的后向面根部，如图4-24（c）所示。铁辊是用冷模浇制，表面要求光滑圆整，不得有砂眼，表面硬度为HRC45~50。

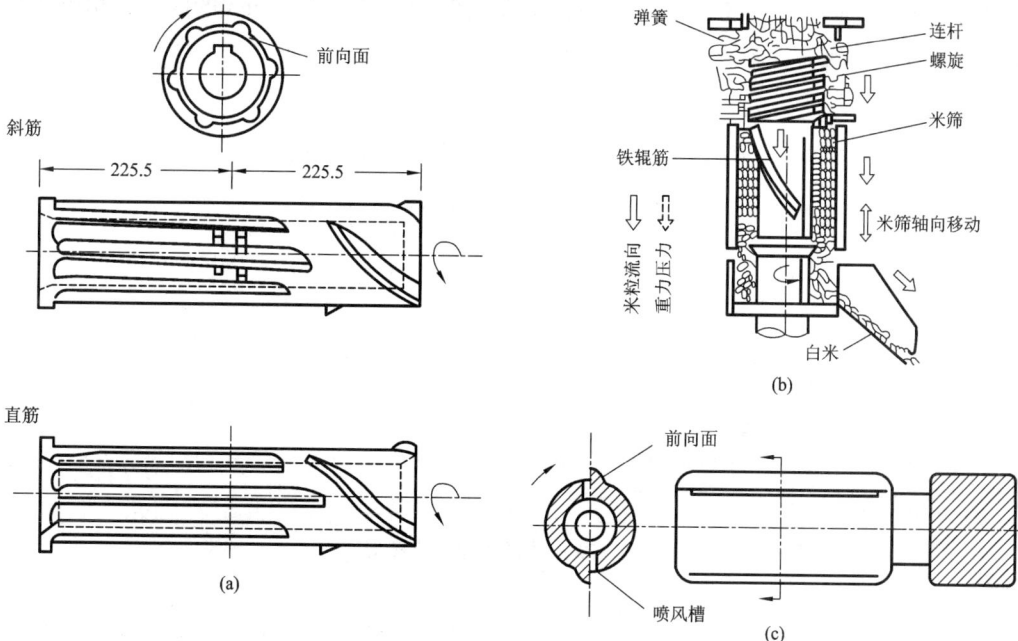

图4-24　铁辊类型

（2）砂辊

砂辊主要用于碾削碾白或是以碾削碾白为主、摩擦擦离碾白为辅的混合碾白。砂辊表面有光的，有开槽的，也有带筋的，还有由几个砂环串联组成的，如图4－25所示。砂辊表面的槽有直槽、斜槽和螺旋槽三种。直槽主要起碾白和搅动米粒翻滚的作用，斜槽和螺旋槽除了起碾白和搅动米粒翻滚的作用外，还有轴向推进米粒的作用，以连续螺旋槽的碾白效果为最好。

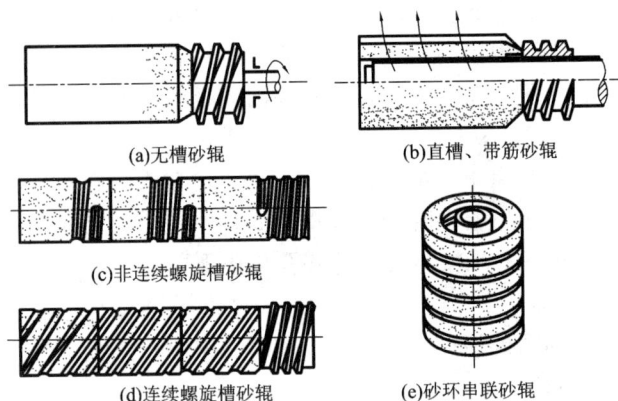

(a)无槽砂辊　　(b)直槽、带筋砂辊
(c)非连续螺旋槽砂辊
(d)连续螺旋槽砂辊　(e)砂环串联砂辊

图4－25　砂辊类型

槽的斜度 α 角（槽轴线与碾辊轴线的夹角，见图4－26），影响米粒的轴向运动速度和碾白室内米粒流体的密度。随着 α 角的增大，米粒的轴向运动速度加快，有利于提高碾米机的产量，但米粒流体密度降低，而且径向作用力也减弱，对米粒的碾白和翻滚作用相应减小。α 角一般在 $60° \sim 70°$ 之间，较小的 α 角，有利于米粒的充分碾白。砂辊表面螺旋槽的前向面（顺着碾辊旋转方向的一面）与碾辊半径之间的夹角 β（图4－26）对米粒的碾白、翻滚和轴向输送也有一定的影响。随着 β 角的增大，碾白和翻滚作用加强，但轴向推进速度减小。根据不同的辊形；β 角一般在 $0 \sim 70°$ 之间选择。槽的深度一般为 $8 \sim 12$ mm。砂辊表面的筋多为直筋，一般用于喷风砂辊，筋位于喷风口的前边，既起碾白和搅动米粒翻滚的作用，又有利于气流的喷出。砂环串拼的砂辊，在相邻砂环间有约 3 mm 的间隙，相当于喷风槽，使气流能自碾辊芯内喷入碾白室进行喷风碾米。

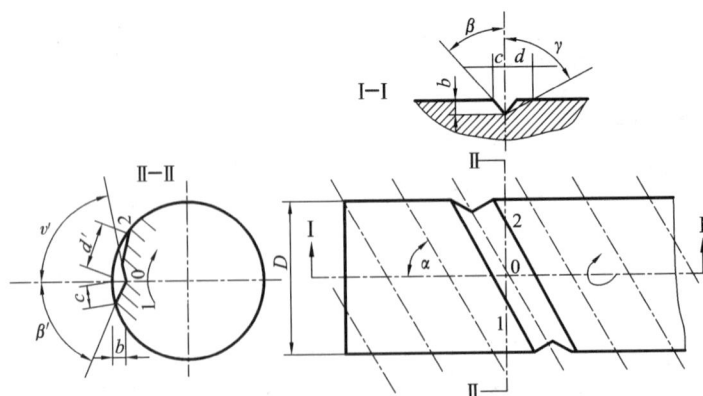

图4－26　砂辊表面螺旋槽形

制作砂辊的金刚砂一般采用黑色碳化硅，砂粒呈多角形，不能使用片状砂粒。砂辊的制作方法有浇结、烘结、烧结三种，以烧结的砂辊强度最大，最耐磨，自锐性能好。

（3）砂臼

砂臼用于碾削碾白，如图 4 - 27 所示。砂臼基本上都是竖放的中空截圆锥体，上大下小，有整体砂臼，如图 4 - 27（a）；有串拼砂臼，如图 4 - 27（b）。由于立式砂臼碾米机构件较复杂，特别是扇状弧形米筛，制造和维修都较麻烦，所以现代碾米机已不多用，代之以较大直径的立式圆柱形砂辊或砂环串拼砂辊。无论是铁辊，还是砂辊、砂臼，都是中空的，由紧固装置固定在传动轴上，随传动轴一起旋转，对米粒进行碾白。

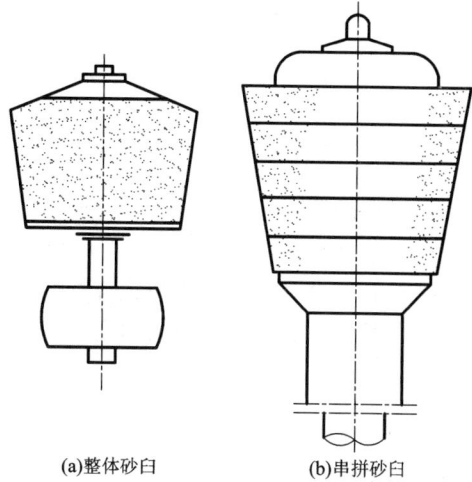

(a)整体砂臼   (b)串拼砂臼

图 4 - 27   砂臼类型

2. 米筛

米筛的作用主要有两个，一是与碾辊一起构成碾白室，二是将碾白过程中碾下的米糠及时排出碾白室。当米筛内表面冲有无数个半圆凸点时，它还有增强碾白压力的作用。米筛是用薄钢板冲制而成，有半圆弧形米筛、半六角形米筛、平板式米筛和扇状弧形米筛几种，如图 4 - 28 所示。米筛筛孔尺寸有 12 mm×0.85 mm、12 mm×0.95 mm、12 mm×1.10 mm 几种规格，一般加工籼稻时用小筛孔，加工粳稻时用大筛孔。米筛筛孔的排列方式有横排和斜排两种，斜排筛孔更有利于排糠。半圆弧形米筛、半六角形米筛和扇状弧形米筛依靠米刀（压筛条）、碾白室横梁、筛框架等构件，呈筒状固定在碾辊周围。平板式米筛依靠压筛条先固定在六角形筛框架上后，再套在碾辊外围，如图 4 - 29 所示。

图 4 - 28   米筛类型

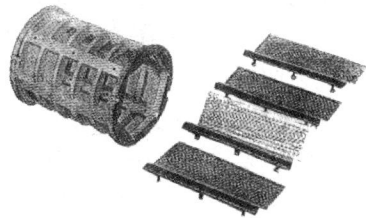

图 4 - 29   六角形筛框架

3. 米刀（压筛条）

米刀（压筛条）用扁钢或橡胶块制成（图 4 - 30），一般固定在碾白室上下横梁或筛框架上。米刀的作用除了用来固定米筛外，还起收缩碾白室周向截面积的作用，以增加碾白压力，促进米粒碾白，是碾白室内的一局部增压装置，米刀与碾辊之间的距离可以通过米刀调节机构或是改变米刀厚度进行调节，一般不小于 6 mm。米刀的数量反映碾辊旋转一周时的增压次数。

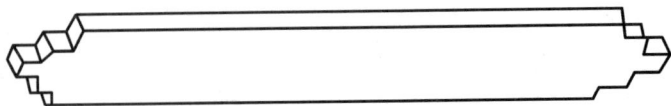

图 4 - 30　米刀外形

(三)排料装置

排料装置位于碾白室末端，一般由出料口和出口压力调节机构组成。横式碾米机的出料方式有径向出料和轴向出料两种，如图 4 - 31 所示，轴向出料时，碾辊出料端必须有一段带斜筋的拨料辊，一般为铁辊，筋的斜度为 5°~10°，筋数为 4~8 根。

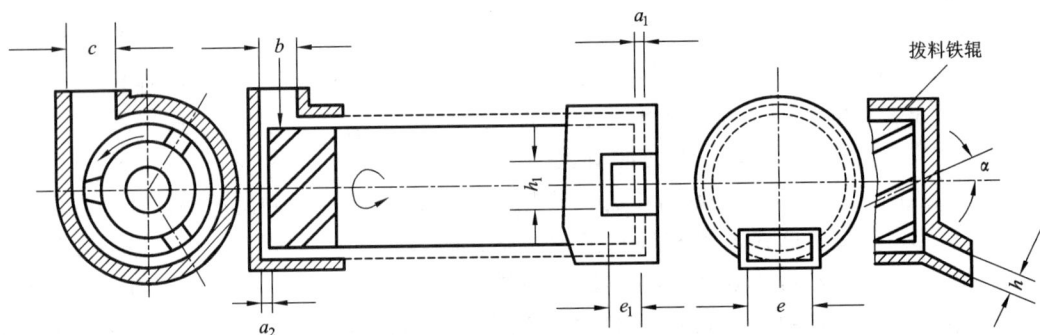

图 4 - 31　碾白室进出口

出口压力调节机构的作用主要是控制和调节出料口的压力，以改变碾白压力的大小。因此，要求出口压力调节机构必须反映灵敏、调节灵活，并能自动启闭，以便在一定的碾白压力范围内起到机内外压力自动平衡的作用。出口压力调节机构也称压力门，有压砣式压力门和弹簧式压力门两种，如图 4 - 32 所示。

压砣压力门[图 4 - 32(a)]能随出口物料流量加大或减小，自动开大或关小，调节灵活方便，结构简单。但当原粮品种和加工精度变化较大时，压力门所需改变的压力也较大，因此，在压力门上需加一串压砣。而加压砣的多少以及压砣的位置只能根据经验掌握，不能用数字显示，对碾白压力自动化控制不利。

压簧压力门[图 4 - 32(b)]的出米口与主轴同心，呈圆形，故压力门为圆形板，并紧贴出米口，由弹簧加压。通过压簧螺母调节弹簧的压力，以控制出料口的压力大小。此种压力门压力的大小也不能用数字显示。

拉簧压力门[图 4 - 32(c)]的特点是用弹簧拉力调节出料口的压力大小。根据原粮品种及成品精度，通过蜗轮蜗杆机构调节拉簧的拉力大小，从而使出料口的压力控制在适宜数值，压力大小可以在指示盘上显示。

锥盘压力门[图 4 - 32(d)]主要用于立式米机，是由压砣通过杠杆机构调节圆锥托盘与碾白室出口间隙大小，达到控制碾白压力的目的。

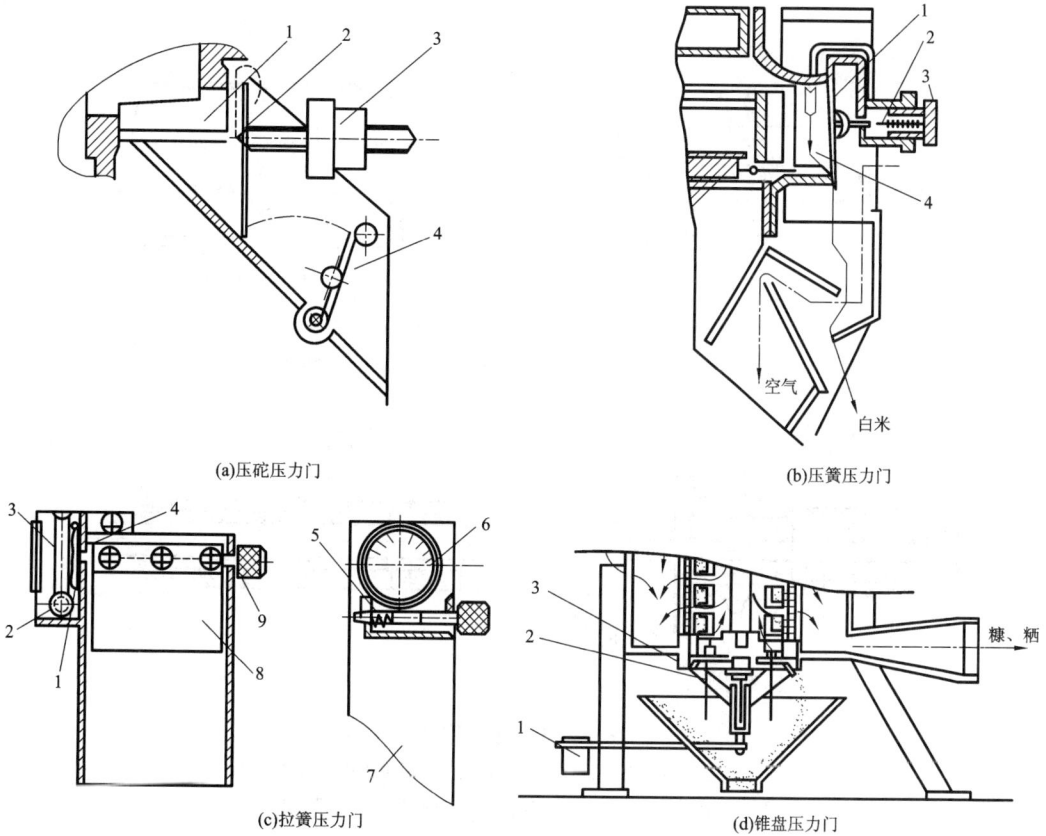

(a)压砣压力门

(b)压簧压力门

(c)拉簧压力门

(d)锥盘压力门

图 4 – 32　出口压力调节机构

(a)1—出料口；2—压力门；3—压砣；4—取样门；(b)1—压力门；2—压簧；3—压簧螺母；4—出料口；

(c)1—弹簧盘；2—蜗杆；3—蜗轮；4—拉簧；5—自锁压簧；6—指示盘；7—出料口；8—压力门；9—手轮；

(d)1—压砣；2—圆锥托盘；3—碾白室出口

(四)传动装置

碾米机的传动装置基本上都是由窄 V 形带、带轮及电机等部分组成。电机功率由窄 V 形带通过带轮传递给碾辊传动轴，从而带动碾辊转动。由于碾米机类型不同，碾辊传动轴有横放也有竖放，因此，带轮有在传动轴一侧的，也有在传动轴上、下方的。根据碾米机功率的大小，选择窄 V 形带的规格、型号和根数。

(五)喷风装置

喷风装置是喷风碾米机独有的装置，它主要由风机、进风套及喷风管道组成。风机多为中高压风机，风压一般为 2 ~ 3 kPa，风量一般为 100 ~ 150 m^3/h。进风套是连接风机和喷风管道的构件，喷风管道则由碾辊空心传动轴或碾辊与传动轴间的间隙充当。不同结构形式的喷风管道，其进风方式也不同。以空心传动轴作为喷风管道的进风方式的称为轴进风，有轴头进风[图 4 –33(a)]和轴面进风[图 4 –33(b)]两种；以碾辊与传动轴间空隙作为喷风管道的进风方式称为辊进风，有辊端进风[图 4 –33(c)]和辊面进风[图 4 –33(d)]两种。

轴进风形式中气流通过碾辊空心轴的中心孔道进入到碾白室。这种进风方式需在碾辊空心轴上钻孔，除费工费时外，由于喷风管道(空心轴)管径小，故沿程阻力损失较大，此外，

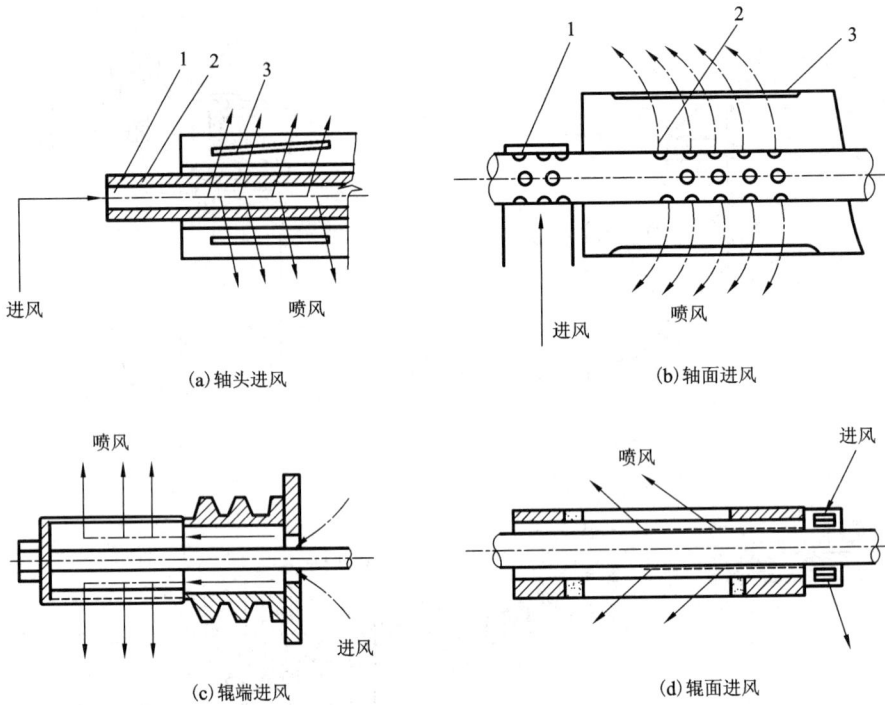

(a)轴头进风

(b)轴面进风

(c)辊端进风

(d)辊面进风

图 4 – 33 进风形式

(a)1—轴头进风孔；2—轴面喷风孔；3—碾辊表面喷风槽；
(b)1—轴面进风孔；2—轴面喷风孔；3—碾辊表面喷风槽

气流先经空心轴上的小孔，而后由碾辊表面的喷风槽喷向碾白室，因而出口损失也较大，这些都不利于降低动力消耗。因此，目前轴向进风一般采用轴端面进风方式。

辊进风形式的进风面积较大，阻力损失较小，轴本身的强度易保证，对碾米机的总体布置也比较容易处理，是目前采用较多的进风方式。

无论是轴进风还是辊进风都可分为顺向进风（气流运动方向与米粒流动方向相同）和逆向进风（气流运动方向与米粒流动方面相反）。顺向进风与逆向进风对碾米工艺效果没有明显的影响，主要是根据碾米机的总体结构，确定是顺向进风还是逆向进风。碾辊表面的喷风槽一般位于碾辊表面筋或槽的后向面一侧，如图 4 – 34 所示。这种结构形式可在喷风槽处形成负压区。空气从这一区域喷出时的压力差较大，形成气流涡流的区域广且剧烈，加剧了米粒的翻滚运动，有利于提高碾米的工艺效果。

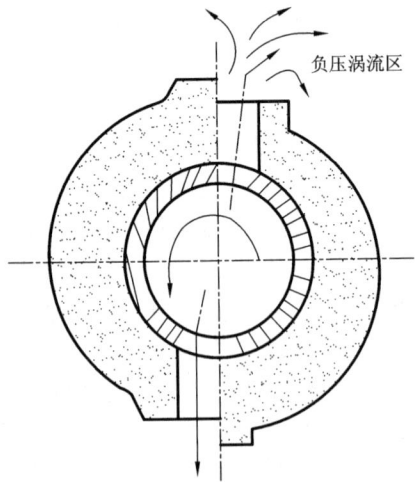

图 4 – 34 碾辊喷风槽截面

三、碾米基本原理

物理碾米具有悠久的历史，但就其基本理论的研究而言，还是一门年轻的科学。国内外专家学者虽然对碾米理论做过不少研究和论述，但由于碾米过程的机械物理作用比较复杂，至今还没能建立一套完整的碾米理论体系。而在复杂的诸多作用中，碰撞、碾白压力、翻滚和轴向输送是最基本的，因此被称之为碾米四要素。

1. 碰撞

碰撞运动是米粒在碾白室内的基本运动之一，有米粒与碾辊的碰撞、米粒与米粒的碰撞、米粒与米筛的碰撞。米粒与碾辊碰撞，获得能量，增加了运动速度，产生摩擦擦离作用和碾削作用。作用的结果使米粒变形，变形表现为米粒皮层被切开、断裂和剥离，同时米温升高，米粒所获得能量的一部分就消耗在这方面。米粒与米粒碰撞，主要产生摩擦擦离作用，使米粒变形，除去已被碾辊剥离松动的皮层，同时动能减少，运动速度减小，运动方向改变。米粒与米筛碰撞，主要也产生摩擦擦离作用，使米粒变形，继续剥除皮层，动能减少，速度减小，方向改变，从米筛弹回。在以上三类碰撞中，米粒与碾辊的碰撞起决定作用。碰撞过程中，米粒的动能和速度是衰减的，这些衰减的动能和速度不断地从碾辊得到补偿，不断地将米粒碾白，直至达到规定的精度。在整个碾白过程中，由于每个米粒所受到的碰撞次数和碰撞程度不同，因此各米粒的速度与变形情况也不同，致使各米粒最后的精度和破损程度也不同。

2. 碾白压力

碰撞运动在碾白室内建立起的压力，称为碾白压力。碰撞剧烈，压力就大；反之就小。不同的碾白形式，碾白压力的形成方式也不尽相同。

（1）摩擦擦离碾白压力

在进行摩擦擦离碾白时，碾白室内的米粒必须受到较大的压力，即碾白室内的米粒密度要大。碾白压力主要由米粒与米粒之间、米粒与碾白室构件之间的相互挤压而形成的。起碾白作用的压力，有碾白室的内压力和外压力，内压力的大小及其分布状况恰当与否，决定了碾米机的基本性能，外压力起调节与补偿内压力的作用。摩擦擦离碾白压力的变化，集中反映在米粒密度的变化上。因此，通过调节米粒的密度，可以控制与改变碾白压力的大小。

（2）碾削碾白压力

碾削碾白时，米粒在碾白室内的密度较小，呈松散状态，所以在碾削碾白过程中，碾白室内米粒与碾辊、米粒与米粒、米粒与米筛之间的多种碰撞作用比摩擦擦离碾白过程中的碰撞作用强，米粒主要是靠与碾辊的碰撞而吸收能量，并产生切割皮层和碾削皮层的作用。

3. 翻滚

米粒在碾白室内碰撞时，本身有翻转，也有滚动，此即为米粒的翻滚。除碰撞运动外，还有其他因素可使米粒翻滚。米粒在碾白室内的翻滚运动，是米粒进行均匀碾白的条件，米粒翻滚不够时，会使米粒局部碾得多（称为"过碾"），造成出米率降低，也会使米粒局部碾得不够，造成白米精度不符合规定要求。米粒翻滚过分时，米粒两端将被碾去，也会降低出米率。因此，需对米粒的翻滚程度加以控制。

4. 轴向输送

轴向输送是保证米粒碾白运动连续不断的必要条件。米粒在碾白室内的轴向输送速度，从总体来看能稳定在某一数值，但在碾白室的各个部位，轴向输送速度是不相同的，速度快的部位碾白程度小，速度慢的部位碾白程度大。影响轴向输送速度的因素有多种，它同样可以加以控制。

在研究设计碾白室时，要对以上四个因素加以综合考虑，才能得到最佳的碾白效果。

5. 喷风碾米

碾米过程中不断地向碾米机碾白室内喷入气流，让气流参与碾白即是喷风碾米。喷风碾米有助于改善碾白作用，降低米温，提高大米的外观色泽和光洁度，提高出米率等。喷风碾米的作用归纳起来主要是降温除湿、增加米粒翻滚和促进排糠。

(1) 降温降湿

糙米碾白时，由于米粒受到强烈的摩擦擦离或碰撞碾削作用，使米粒皮层切割分裂并逐渐剥离。而用于切割、分裂、剥离的能量有相当一部分转化为热量，这些热量一部分通过碾白室构件散发到空气中，另一部分热量则传给了米粒，使米粒温度升高、水分蒸发。米温适当升高不仅对去皮有利，而且可以改善米色。但米温过高，会使米粒强度下降，而产生较多的碎米。米温的高低与成品米精度、操作方法以及碾白路线长短有密切的关系。在碾米过程中向碾白室喷入适量的室温空气，及时将产生的热和水汽带出碾白室，不使米温上升，防止水汽产生集结，这样可以改善和提高碾米的工艺效果。

(2) 增加米粒翻滚

气流从碾辊的喷风孔或喷风槽喷出时具有一定的压力和速度，当气流一进入碾白室时，体积突然扩大，压力随之降低，气流的运动方向也由单一方向改为三维方向，形成涡流。涡流的强烈程度与喷风孔或喷风槽内外压力差成正比。米粒进入涡流后，便产生强烈的翻滚、碰撞运动。此外，米粒一旦与气流混合，不仅随碾辊做周向运动，而且随气流做与米粒流动方向相垂直的径向运动，进一步促使米粒翻滚，从而使米粒得到均匀碾白。

(3) 促进排糠

喷向碾白室的气流具有一定的动能，当气流沿径向穿过米粒流层时，一部分动能供给米粒，辅助米粒碾白，另一部分动能将米粒带走，穿过米筛排出碾白室。所以喷风的结果可使米糠迅速排出机外。适宜的喷风风量应当能使气流有足够的能量吹动米粒，并使其流态化，同时带走米糠，喷风槽处的风速应高于米粒的悬浮速度，以确保良好的喷风效果。

四、典型的碾米机

(一) 摩擦擦离型碾米机

1. 铁辊碾米机

最具摩擦擦离碾白特点的碾米机当数铁辊碾米机。铁辊碾米机的结构如图 4-35 所示，主要由进料装置、碾白室、传动装置和机架等部分组成。

进料装置由进料斗、流量控制机构和螺旋输送器组成，流量控制机构采用插板式流量控制机构。碾白室由米机盖、铁辊、米筛和米刀几部分组成。米机盖的左端后上方是进料口，出料口在米机盖的右端前下方。整个米机盖内壁的内径是进料端大、出料端小，中间有一段由大到小的过渡，从而使碾白室轴向截面积呈阶段性收缩。铁辊一般分为两节，表面分布有凸筋，靠进口端有 2~3 条，主要用于推进米粒，故称为推进筋；出口端有 2~6 条，主要用于碾白与翻动米粒，因此称为碾白筋。一般推进筋角度较大，为 40°左右，碾白筋角度较小，为

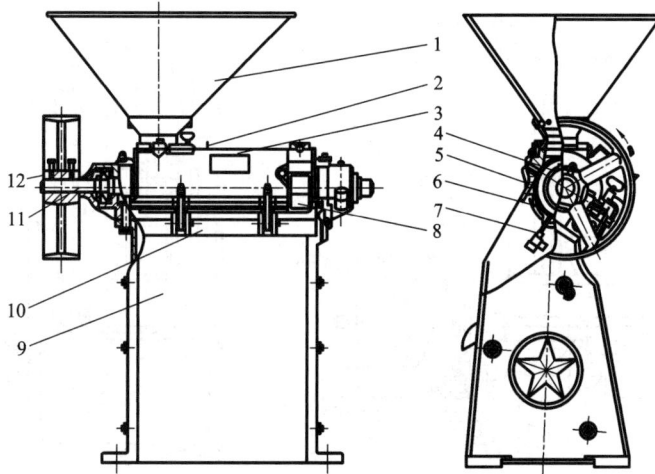

图 4 – 35　铁辊碾米机结构

1—进料斗；2—进料插板；3—米机盖；4—铁辊；5—米筛；6—筛托；
7—螺钉；8—出料口；9—机座；10—方箱；11—米机轴；12—皮带轮

5°左右。筋的高度通常为 7 ~ 8 mm。米刀是用扁钢制成，装置在米机盖与机座上的方箱之间，米刀与铁辊的距离可调节。米刀的作用是改变碾白室的周向截面积，以促进米粒的翻滚和增加周向局部碾白压力。米筛位于碾辊下方，用薄钢板冲制而成，呈半圆弧状，两边嵌在方箱两内侧面，并由筛托支承着。米筛的作用主要是排糠，对米粒也有一定的摩擦擦离作用。米筛筛孔：加工粳稻时为(1.1 ~ 1.2) mm × 12.7 mm，460 孔/张；加工籼稻时为(0.85 ~ 1.1) mm × 12.7 mm，480 孔/张。工作时，糙米由进料装置进入碾白室，在转动的碾辊的作用下，依靠摩擦擦离作用去除糙米表面的皮层，碾制成一定精度的白米，碾白后的米粒由出料口排出机外，碾下的米糠经米筛排出。

2. 铁辊喷风碾米机

虽然铁辊碾米机碾出的白米表面细腻光洁，色泽好，精度均匀，但由于碾白压力大，碾白过程中产生的碎米较多，出米率低，因此，现代碾米厂已很少采用，取而代之的是铁辊喷风碾米机。铁辊喷风碾米机由于有气流参与碾白，使碾白室内的米粒呈一种较松散的状态，碾白压力有所降低，同时，气流将碾米过程产生的湿热及时带出碾白室，米粒强度降低很小，因此，碾白过程中产生的碎米较少，是目前广泛使用的一种摩擦擦离型碾米机。

3. VBF7B/ – C/MC 型立式铁辊碾米机

VBF7B – C/MC 型立式铁辊碾米机是佐竹机械(苏州)有限公司生产的设备，其结构如图 4 – 36所示，主要由进料装置、碾白室、出料装置、喷风装置、米糠吸风装置、传动装置及机架等部分组成。进料装置设在碾白室底部，由进料斗、流量控制插板、喂料螺旋输送器等组成。出料口设在碾白室的顶部，装有压砣压力门装置，以调节碾白室内的碾白压力。该机的这种低位进料、高位出料方式，对精米加工多机组合碾白时的物料输送十分有利，既可省去中间输送设备(物料可由一台碾米机上端排出后直接流入另一台碾米机的下端进料口中)，又可避免中间输送设备对米粒的损伤。

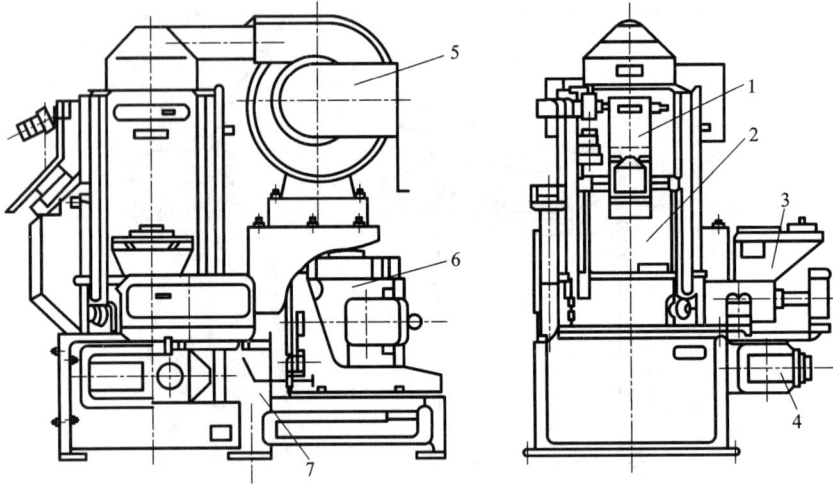

图 4 – 36 VBF7B – C/MC 型立式铁辊碾米机

1—出料装置；2—碾白室；3—进料装置；4—吸糠风管；5—喷风风机；6—电机；7—机架

(二)碾削型碾米机

碾削型碾米机主要是靠砂辊(臼)或砂辊(臼)上密集的尖锐砂粒对米粒的碾削和切割作用除去糠层。由于采用砂辊(臼)，碾白室内压力要比铁辊碾米机低，而砂辊(臼)线速度比铁辊高，因此碾出米粒表面比较毛糙，但碎米较少、出米率较高。

常用的碾削型碾米机有横式砂辊碾米机和立式砂辊(臼)碾米机两种。

1. 横式砂辊碾米机

横式砂辊碾米机主要由进料装置、碾白室、砂辊、螺旋推进器、米筛、米刀、机座等组成，如图 4 –37 所示。砂辊呈圆锥形，进口端直径较出口端小。砂辊的小头端装有螺旋推进器。砂辊表面一般有斜形、螺旋形或两者兼有的碾槽。碾槽断面呈锯齿形、V 形或半圆形。

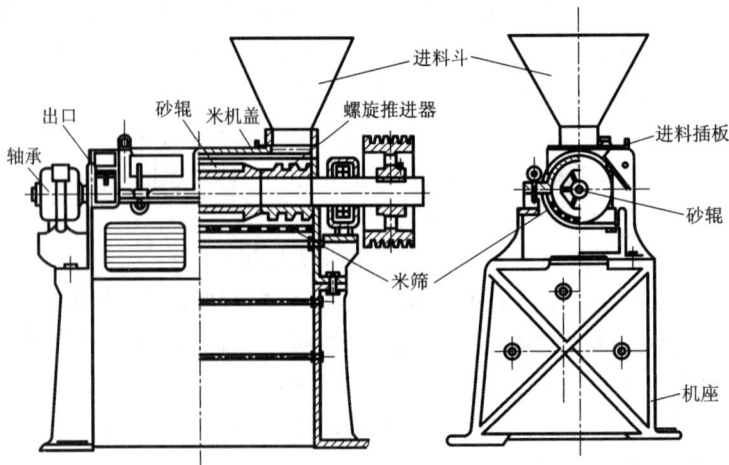

图 4 – 37 横式砂辊碾米机结构

米筛起排糠的作用,其外圆呈弧形,一端直径小,一端直径大。米筛向上顶住米刀,下部用筛托紧固。米刀分别装在机箱前后,用螺栓与机座固定。设有矩形或半圆形断面的钢制米刀,分为可调的整条长米刀和由可转动角度的几把短米刀组成的活动米刀两种。

横式砂辊碾米机的工作原理:借助砂辊的碾削作用,同时利用米粒与米粒、米粒与碾白室内工作部件之间的摩擦、擦离作用完成碾米任务(砂辊和米刀的挤压,也能起到破壳作用)。

横式砂辊碾米机工作时,米粒由进料斗进入碾白室后,由螺旋推进器推送到砂辊部分,砂辊表面的铁筋使米粒不断翻转,米粒绕砂辊成螺旋轨迹线前进。由于砂辊直径的逐渐增大,砂辊表面线速度也由进口端到出口端逐渐增加,米粒表面获得碾削次数也增加,使米粒得到均匀碾白。

2. 立式砂辊(白)碾米机

(1)立式砂白碾米机

立式砂白碾米机由进料装置、碾白室、米筛、橡胶米刀等部件组成,如图4-38所示。碾白室是碾米机的重要部分,由拨翅、砂白、米筛、排米翅、调节手轮、阻刀、出口闸板、出米嘴等组成。碾白室周围等距地安装可调的橡胶米刀,以减少米流速度,增加米粒与砂白的速度差。调节米刀可增减碾白程度。白米从碾白室底部出口流出,米糠穿过米筛筛孔排出。立式砂白碾米机的工作过程是:工作时原料由进料斗通过进料插板进入砂白的压盖部分,在砂白运转所产生的离心力作用下,被排入砂白与米筛所构成的碾白室内,在砂白高速转动下,砂白表面尖锐的砂刃对原料皮层进行不断碾削,把原料皮层剥落进行碾白。碾白的米粒在砂白下的拨翅处汇集,并从出米嘴排出。

被碾下的糠层穿过米筛筛孔,经碾米机的空心柱脚,由底座叶轮吸入排出机外。米料由出口排出机外时,也受叶轮吸风的作用,将残留的糠屑吸尽。

(2)立式砂辊碾米机

瑞士布勒公司生产的BSPB型立式砂辊碾米机为目前世界上使用较广的一种。BSPB型立式砂辊碾米机的结构如图4-39

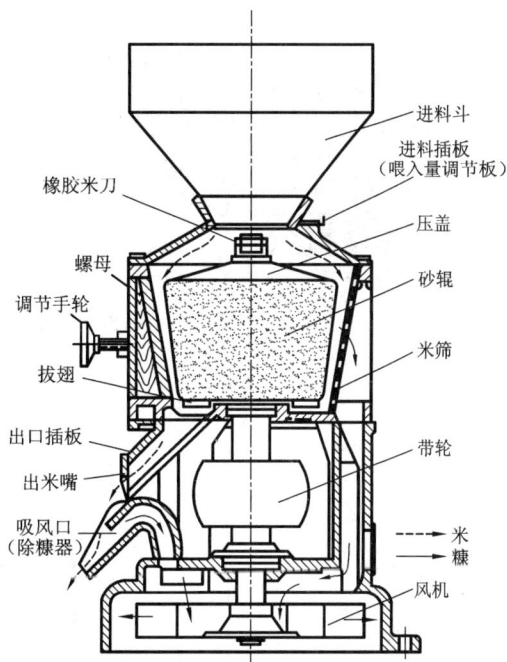

图4-38 立式砂臼碾米机结构

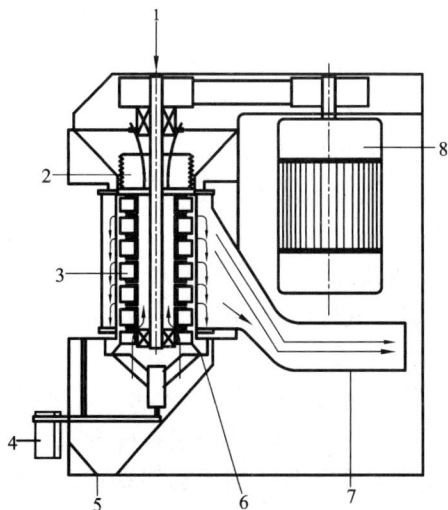

图4-39 BSPB型立式砂辊碾米机

1—进料口;2—进料螺旋器;3—砂环;4—压砣;
5—出料口;6—圆锥托盘;7—吸糠栖通道;8—电动机

所示,主要由圆柱形砂辊、米筛、橡胶米刀、排料装置、传动装置等部分组成。

如图 4-40 所示,圆柱形砂辊高 615 mm,直径 340 mm,由 6 个砂环组成,每个砂环高 100 mm,相邻砂环之间的间距为 3 mm,相当于喷风槽,如图 4-41 所示。砂辊线速一般为 12~15 m/s,以三机出白为例,头道碾米机砂辊采用 24#金刚砂,二道碾米机砂辊采用 30#金刚砂,三道碾米机砂辊采用 36#金刚砂。

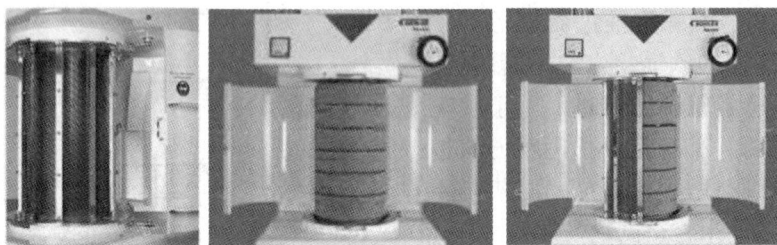

图 4-40　BSPB 型立式砂辊碾米机内部示意图

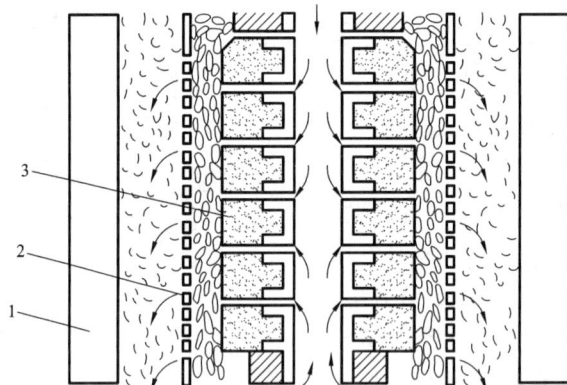

图 4-41　BSPB 型立式砂辊碾米机碾白室示意图

碾米机的碾白压力主要由压砣通过杠杆把圆锥托盘托起,改变碾白室出口大小,从而进行调节的。当糙米从进口流入后,在直径360 mm,高 150 mm 的螺旋输送器推进下,被推向碾白室。碾白室砂辊与米筛之间的间隙为 12 mm,四把橡胶米刀均匀分设在米筛圆周四个部位,由弹簧进行调节,橡胶米刀一般凸出米筛 1.5~3.0 mm,当砂辊磨损时可凸出 3~6 mm。在米糠出口外接风源的情况下,室温空气从主轴上端和下端进风口同时进入砂环中心,再从喷风槽向四周喷出,通过碾白室和米筛,带着米糠进入风管,所需风量为 25~60 m³/min。

BSPB 型立式砂辊碾米机采用立式碾削,自上而下的工作原理已被证实能够达到最高的整米率。糙米通过两个入口进入碾米机,由一个喂料螺旋输送到碾白室,在六个砂辊和米筛之间进行精心的碾磨,确保运转平稳,保持动态的平衡。通过两个易调装置控制碾白的精度:出口重陀压力门,砂辊和米刀的间隙。对于粗调,与筛网相连的立式米刀调节机构通过简易旋转手柄调节三把米刀同时得以移动,从而调整碾白室内的压力。微调是通过改变压力门上重砣的位置来控制压力。遇到紧急情况停机,物料的自重允许重新开机,免除麻烦。

BSPB 型立式砂辊碾米机装有合理的吸风系统,能高效地降低米温,从而减少增碎、爆腰和将米糠从碾白室吸入排糠系统。因此,吸风穿过物料到达米筛周围,通过吸风槽将米糠吸走。吸风罩(即机器大开门)很容易打开和拆卸,打开机器大门后整个碾白室即可看到,便于维修和换筛。米糠清理系统无须拆装任何部件,达到最好的卫生条件。

传动装置设在碾米机的顶部,电机功率 37~55 kW。底部为白米的排料斗。该机三机串联使用时,每小时产量为 3.5~8 t 糙米,在脱糠量约 10% 的情况下。头机出糠一般掌握在 4%~5%,二机出糠掌握在 3% 左右,三机出糠掌握在 2.5%~3%。每组砂辊可加工糙米 12000~15000 t。

(三)混合型碾米机

机械碾米分为擦离碾白和碾削碾白两种。擦离碾白碾白室压力大,容易产生碎米,但成品米表面光洁,色泽好;碾削碾白碾白室压力较小,碎米较少,米粒表面光洁度和色泽都较差。可以采用以碾削为主,擦离为辅的混合碾白。其圆柱形砂辊表面开有三头等距变形螺旋槽,槽深从碾白室进口端至出口端逐渐由深变浅,槽宽逐渐变窄。特点是碾白均匀,出米率高。混合型碾米机是我国使用较广的一种碾米机,它结合了摩擦擦离型碾米机和碾削型碾米机的优点,具有较好的工艺效果。

1. 螺旋槽砂辊碾米机

螺旋槽砂辊碾米机的结构如图 4-42 所示,主要由进料装置、碾白室、擦米室、传动装置、机架等部分组成。进料装置由进料斗、流量控制机构和螺旋输送器组成。流量控制机构采用全开启闸板和微量调节机构组合的机构形式,能灵活准确地控制进机物料量。螺旋输送器为 3 头螺旋,输送能力强。碾白室由砂辊、拨料铁辊、米筛、米刀、压力门等部分组成。砂辊为 2 节,由磨料黑碳化硅和陶瓷结合剂烧结而成。砂辊的进口段砂粒较粗硬,有利于开糙,出口段砂粒细而较软,有利于精碾。砂辊表面均开有 3 头等距变槽螺旋,螺旋槽从进口端至出口端逐渐由深变浅、由宽变窄,因而

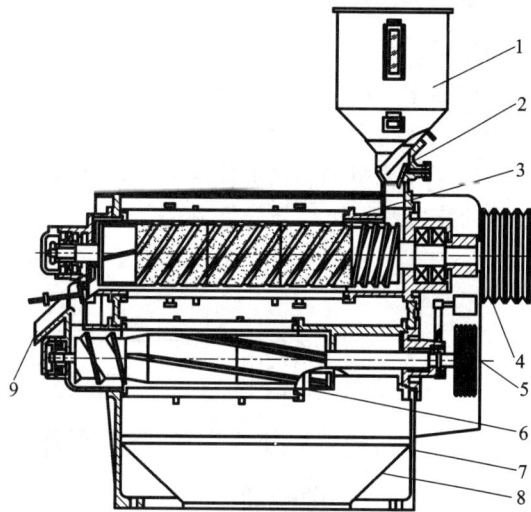

图 4-42　螺旋槽砂辊碾米机结构

1—进料斗;2—流量调节装置;3—碾白室;
4—传动带轮;5—防护罩;6—擦米室;
7—机架;8—接糠斗;9—分路器

使碾白室截面积从进口至出口逐渐减小,符合碾米过程中米粒体积逐步减小的变化规律,使碾白室的碾白压力保持均衡,有利于米粒的均匀碾白和减少碎米的产生。拨料铁辊表面装有 4 根可拆卸的凸筋,便于磨损后更换。

碾辊四周有 4~6 片半圆形米筛,靠压筛条和筛托围着砂辊定位在横梁上,构成全面排糠的筛筒形式。米筛的筛孔有 12 mm × 0.85 mm 和 12 mm × 1.0 mm 两种规格,加工籼稻时用小筛孔,加工粳稻时用大筛孔。在碾白室上,下横梁部位装有两把可以调节的米刀,如图 4-43 所示。米刀通过调节螺母进行调节,以达到改变碾白室周向截面积的目的。出口采用轴向出料方式,使排料较为通畅,不易积糠。出口压力调节装置采用压砣式压力门,通过改变压砣

的重量和位置调整机内压力、控制白米精度。
为了便于取样检验碾白效果，在出口处装有
分路器。擦米室主要由螺旋输送器、擦米铁
辊、米筛等部分组成。螺旋输送器为双头螺
旋、擦米铁辊表面有4条凸筋，凸筋与铁辊轴
线的夹角为8°，筋高为8 mm。擦米室的其他
结构如米筛、米筛托架、支座等均与碾白室相
同。工作时，糙米由进料斗经流量调节机构
进入米机，被螺旋输送器送入碾白室，在砂辊
的带动下做螺旋线运动。米粒前进过程中，
受高速旋转砂辊的碾削作用得到碾白。拨料
铁辊将米粒送至出口排出碾白室。从碾白室
排出的白米，皮层虽已基本去除，但米面较粗
糙，且表面粘附有糠粉，因而再送入擦米室进
行擦米。米粒在擦米铁辊的缓和摩擦作用下，
擦去表面粘附的糠粉，磨光米粒的表面，成为
光亮洁净的白米。筛孔排出的糠秕混合物由接糠斗排出机外。

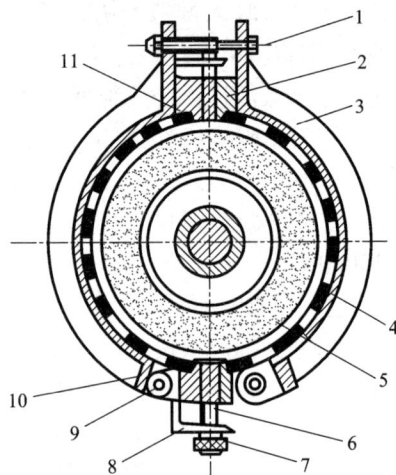

图4-43 米刀调节机构

1—螺旋；2—筛架横梁；3—米筛托架；4—米筛；
5—砂辊；6—丝杆；7—米刀调节螺母；8—支承角铁；
9—铰链接头；10—米刀；11—压筛条

2. 旋筛喷风碾米机

旋筛喷风碾米机的结构如图4-44所示，主要由进料装置、碾白室、糠秕分离室、喷风
机构、传动装置和机架等部分组成。

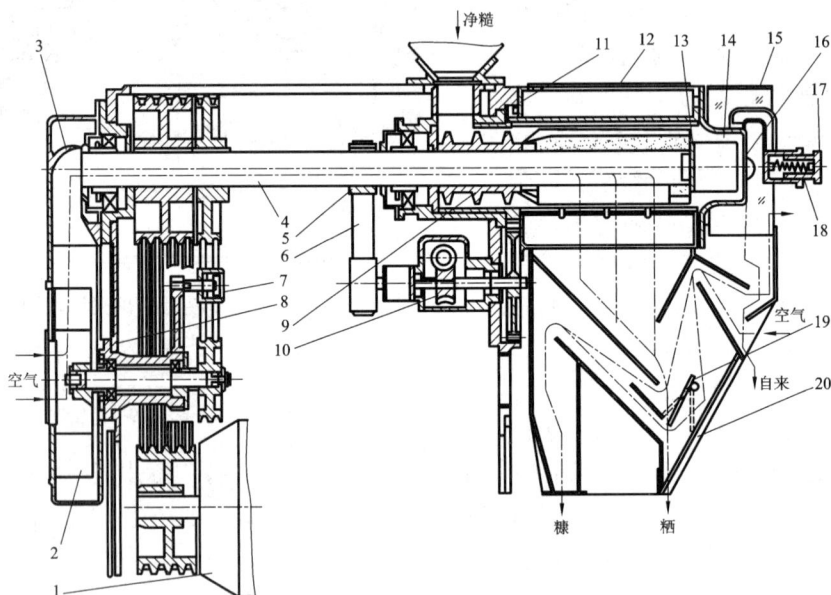

图4-44 旋筛喷风碾米机

1—电机；2—风机；3—进风套管；4—主轴；5—减速箱主动轮；6—平皮带；7—压轮；
8—机架；9—螺旋输送器；10—蜗轮；11—齿轮；12—碾白室上盖；13—拨米器；14—精碾室；
15—挡料罩；16—压力门；17—压簧螺母；18—弹簧；19—调风活门；20—可拆隔板

　　碾白室为悬臂结构形式，伸出在机架箱体之外。碾白室的结构如图4-45所示，碾辊为具有较大偏心和较高凸筋的砂辊，砂辊表面有2条宽18 mm、长200 mm的喷风槽，喷风槽位于凸筋的后向面，有利于气流的喷出。旋转六角筛筒由六角筛架、六根米刀和六块平板筛组成，筛筒以5 r/min的速度旋转，转向与砂辊转向相同。筛板上冲有斜度为20°的筛孔，孔间有凸点。筛架和米刀有三种规格，供加工不同品种、精度及砂辊磨耗后直径减小时选择使用，以达到调节碾白室间隙的目的。出米口与主轴同心，呈圆形，出口压力调节机构采用压簧压力门，通过压簧螺母可以调节压力门的压力。碾白室下部有糠秕分离室，利用风选原理将碾白室排出的糠秕混合物进行分离，并进一步吸除白米中的糠粉、降低米温。喷风装置由风机、方接圆变形弯头套管和空心轴组成。风机吹出的气流通过变形弯头套管由轴端进入空心轴，然后经轴面喷风孔喷出，再由砂辊表面的喷风槽喷入碾白室进行喷风碾米。工作时，糙米经进料斗由螺旋输送器送入碾白室，在碾白室内米粒呈流体状态边推进边碾白。喷风砂辊上的凸筋和喷风槽以及六角旋筛使米粒翻滚运动较强烈，米粒受碾机会多，碾白均匀。白米经出口排出碾白室后，再通过糠秕分离室进一步去除粘附在米粒表面的糠粉。米筛排出的糠秕混合物也进入糠秕分离室进行分离。旋筛喷风碾米机由于能很好地控制米粒在碾白室内的密度、碾白速度、碾白压力和受碾时间，故碾白作用较缓和均匀，碾白效果较好。

　　3.立式双辊碾米机

　　立式双辊碾米机的结构如图4-46所示，主要由进料装置、碾白室，出料装置、传动装置、吸风系统及机架等部分组成。

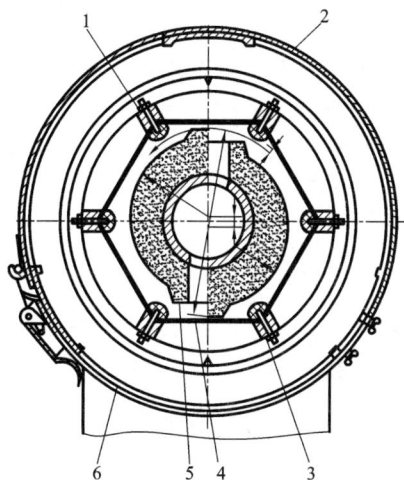

图4-45　碾白室剖视图

1—米刀；2—碾白室上盖；3—筛架；
4—米筛；5—砂辊；6—碾白室罩

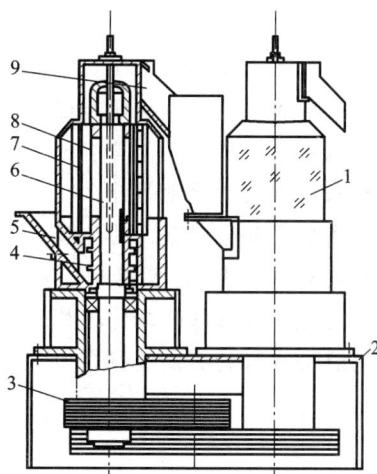

图4-46　立式双辊碾米机

1—机壳；2—机架；3—皮带轮；4—螺旋输送器；5—进料口；
6—主轴；7—米筛；8—碾白室；9—出料口

　　机架采用钢板焊接而成，机架上安装两套碾米装置，它们由一台电机通过强力窄V形带驱动；每套碾米装置包括有进料机构、碾白室、机壳及出料机构等，进料口位于碾白室的底部，装有流量控制插板。出料口设在碾白室的顶部，装有压力门装置，以调节碾白室内的碾白压力，采用这种低位进料、高位出料的方式，非常便于精米加工多机组合碾白时米流的输送，既可省去中间输送设备(物料可由一套碾米装置上端排出后直接流入另一套碾米装置的下端进料口中)，又可避免中间输送设备对米粒的损伤。碾白室由螺旋输送器、碾辊、主轴及六角形米筛等组成，主轴直立采用悬臂支承，碾辊位于上方，传动带轮位于下方。碾辊除配置砂辊外，还可根据工艺需要，配置铁辊和抛光辊，当配置抛光辊时，则为立式双辊抛光机，碾白室外围是钢板和有机玻璃板组成的机壳，从安置于机架内的一台高压风机引出两根吸风管，分别与两套碾米装置的机壳相连组成吸风系统，强烈的吸风起吸糠和降低米温的作用。工作时，物料依靠自重由进料口流入机器内，在螺旋输送器连续向上推力的作用下，被送入碾白室，受碾白作用而脱去糠层，米糠穿过米筛由高压风机吸出机外，米粒则经过上端出料压力门排出，然后进入第二套碾米装置中完成上述工作过程。如果需要组成多机串联碾白工艺，排出的物料仍可依靠自重流入另一台立式双辊碾米机中。该立式双辊碾米机具有碾白均匀、米温低、碎米少、出米率高等特点。

本章小结

本章主要学习了各种食品脱皮和脱壳机械与设备的类型及其工作原理，以及各种主要食品脱皮和脱壳机械与设备的基本结构和基本性能特点等，要求掌握食品脱皮和脱壳机械与设备的选用和使用要点。

思考题

1. 砻谷机的辊压调节原理和自动松紧辊机构的工作原理各是什么？如何实现？
2. 胶辊砻谷机的脱壳原理和过程各是什么？
3. 碾米机中的米粒流体具有什么性质？
4. 碾米过程的四要素是什么？
5. 擦离碾白和碾削碾白的原理是什么？
6. 简述离心剥壳机、圆盘剥壳机的工作过程。
7. 简述花生脱红衣的工作过程。
8. 碱液去皮机的去皮过程分为哪些阶段？

第五章

清洗和分选机械与设备

本章学习目的与要求

掌握清理、清洗的概念；掌握滚筒式清洗机和鼓泡式清洗机的工作原理；掌握根据待清理清洗的食品物料选择相应的设备；了解固体物料的分选原理和实现方法；掌握分选机械的工作原理和基本性能特点；掌握主要分选机械的典型结构；掌握分选机械的选用和使用要点。

任何食品生产、贮存、运输和经营过程，都必须重视食品卫生工作，要注意各个环节存在的或潜在的危害因素，并采取必要的预防措施，努力提高食品卫生质量，尽量避免或减少食品污染，预防食物中毒。

我国从 1990 年开始实施的绿色食品工业，即以开发绿色食品为核心，将农学、生态学、环境科学、营养学、卫生学等多学科的原理综合运用到食品生产、加工、贮运、销售以及相关的教育、科研等各个环节，从而形成一个完整的无公害、无污染优质食品的产供销及管理系统，逐步实现经济效益、社会效益、生态效益良性循环的系统工程。

《食品安全法》规定严格禁止有毒及有害的物质混入食品之中，因此在食品工业中对原料、加工设备及环境的清洗和分选是必不可少的。

第一节　概述

食品的清洗和消毒工作，使食品更安全，具有更长久的保鲜期。一般来说清洗、分选作业是食品加工的第一道工序，果蔬和粮食作物收获后，往往混入或携带有各种各样的杂质。这些杂质包括砂石、泥土和金属等无机杂质以及杂草、种子和植物的茎叶等有机杂质，此外还有果蔬外表的油污或药物残留等污物，均需要进行清洗和分选后方能变成商品上市或进一步加工成各种制成品。此外，为了保证食品容器的清洁和防止肉类罐头产生油商标等质量事故，都必须有相应的清洗设备和清洗工艺。因此，清洗、分选作业是食品加工中的一个十分重要的环节。

食品加工用的原料来源多种多样，同一种原料亦有不同的品种，而不同原料可以加工成不同的产品，相同原料也可以加工成不同的产品，这就决定了清洗和原料预处理机械设备的多样化和复杂性。

根据食品物料的品种和性质的差异以及杂质的不同特性，清理方法通常分为：清洗、筛选、磁选、色选和精选等，与这些方法相对应的清理机械有清洗机、振动筛、气流分选机、永磁滚筒、色选机、精选机等，每一种清理机械又包含着若干不同的规格。

一、清洗系统

食品加工过程中，需要对包括原料、加工设备、包装容器、加工场所和生产人员等在内的各种对象进行清洗。清洗是从源头上保证和提高食品质量安全性的重要措施。

清洗可分为湿洗与干洗。湿洗是利用水作清洗介质的清洗过程，就清洗的质量来说，以湿洗的效果最好；干洗是利用空气流、筛分、磁选等方法去除泥尘、异质物和铁质等污染物的操作过程，干洗效果有局限性，只能作为湿洗的辅助手段。

清洗过程的本质是利用清洗介质将污染物与清洗对象分离的过程。一个清洗体系包括四个要素：清洗物体、污垢、介质及清洗作用力。清洗过程即在一定的介质环境中在清洗作用力的作用下，使物体表面上的污垢脱离去除，恢复物体表面本来面貌的过程。各种清洗机械与设备一般用化学与物理原理结合的方式进行清洗。物理学原理主要利用机械力（如刷洗、用水冲等）将污染物与被清洗对象分开；而化学原理是利用水及清洗剂（如表面活性剂、酸、碱等）使污染物从被清洗物表面溶解下来。

清洗所用的机械按清洗对象分三类：原料清洗用，如洗水果机；容器清洗用，如空瓶清洗机；设备清洗用。常用的清洗液有以下几种：冷水，不损伤原料的品质；热水，温度以不损伤原料的品质为宜，有杀菌作用；蒸汽，如制糖时用离心分离机分离结晶糖，须用蒸汽清洗去掉表面的不纯物及糖蜜，而糖的水分并不增加；药剂溶液，除去原料残留农药，常用 $0.5\% \sim 1.5\%$ 的盐酸溶液。清洗包装容器常采用碱性溶液，如 NaOH 溶液能杀菌和去油脂，碱液浓度 $1.0\% \sim 1.5\%$、温度 $70 \sim 80℃$、清洗 $5 \sim 8 \text{ min}$ 可得到满意的效果。

二、分选系统

物料分选的基本思路是：利用分选对象在物理学、化学和生物学等性状的差异，选择技术可行、经济合理、具有针对性的方法进行分选。物理学性状包括水分含量、粒度、重量、表面形状、质地、颜色和磁性；化学性状包括化学成分、游离脂肪酸指数、含脂肪食物的酸败度、风味和气味；生物学性状包括发芽情况、病虫害及成熟度。在实际应用中，对同类物料进行分选的操作包括原料预处理、成品分级和残次品剔除作业等。

物料分选机械种类繁多，分类依据多种多样，最常用的分类依据是分选原理、分选目的和分选对象。分选机械按分选原理可分为尺寸、重量、形状、密度、气流、筛分及分选机械等；按照分选目的可分为异物与缺陷分离机械、尺寸分级机械、重量分级机械、品质等级分级机械等。

第二节 原料清洗机械与设备

食品原料清洗的目的是除去表面附着的尘土、泥沙、部分微生物以及可能残留的化学药品等。对食品原料的清洗，不仅要求能除去污垢和农药残留物，还应起杀菌作用，此外，在清洗过程中洗涤剂不与食品发生化学反应和破坏营养成分。

一、清洗方法

多数食品原料表面附着的杂质和污物，可以采用干洗的方法除去，但难于完全除尽，最终还得用湿法清洗去除，即利用清水或洗涤液进行浸泡和渗透，使污染物溶解和分离。

湿洗包括三个过程，即浸润，增溶、乳化、扩散，分离三个过程。最简单的湿洗方法是把原料置于清水池中浸泡一段时间，用人工翻动、擦洗或喷冲，但这种方式劳动强度大，生产效率低，只适合于小批量原料的清洗，因而，大批量的原料多采用机械方式进行清洗。原料清洗机械可分为根块类原料和易破损原料的清洗机械，例如，杨梅和草莓等浆果类原料应采用小批量淘洗的方法，防止机械损伤及在水中浸泡过久，影响色泽和品味。蔬菜原料的洗涤完善，对于减少附着于原料表面的微生物，特别是耐热性芽孢，具有重要的意义，必须认真对待。此外，凡喷洒过农药的果蔬，应先用 0.5% ~1% 的稀盐酸浸泡后，再用清水洗净。

二、湿洗方式与机械设备

由丁食品原料的性质、形状和大小等多种多样，洗涤方法和机械设备的形式也很繁多，目前常采用的洗涤方法有：

①浸泡：在静止水、流动水或其他溶液中浸泡。

②喷淋：适合大多数产品的清洗，但要注意选择好喷水压力和水雾分布形式。

③冲洗：在高速水流中靠物料间摩擦和碰撞等清洗物料。

④刷洗：通过刷辊等部件刷洗物料。

清洗作业可采用上述几种方法的一种，也可以把其中几种方法组合起来使用，有代表性的原料清洗设备有滚筒式清洗机、鼓风式清洗机、刷洗机和刷果机。

（一）滚筒式清洗机

这是一类适合于质地较硬、块状原料的清洗机，常用于甘薯、马铃薯、生姜和马蹄等的清洗。

1. 基本结构

滚筒式清洗机是借助圆形滚筒的转动，使原料在其中不断地翻转，同时用水管喷射高压水来冲洗翻动原料，以达清洗目的，污水和泥沙由滚筒的网孔经底部集水斗排出，该机适合清洗橘、柑、橙、马铃薯等块根类质地较硬的物料。

图 5-1 为滚筒式清洗机结构，此类清洗机的主体是滚筒，其转动可以使筒内的物料自身翻滚、互相摩擦，并与筒壁发生摩擦作用，从而使表面污物剥离，但这些作用只是清洗操作中的机械力辅助作用。因此，这类清洗机需要与淋水、喷水或浸泡配合，喷淋式、浸泡式清洗机也因此而取名。滚筒一般为圆形筒，但也可制成六角形筒。

图 5-2 为滚筒式清洗机结构图。传动轴 1 用轴承支承在机架上，其上固定有两个传动

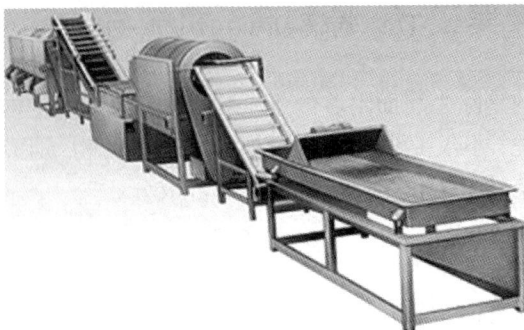

图 5 - 1　滚筒式清洗机

轮 7，在机架的另一侧装有与传动轴 1 平行的轴，其上装有两个与传动轮对应的托轮 9，托轮 9 可绕其轴自由转动。清洗滚筒 3 用薄钢板钻上许多小孔卷制而成，或用钢条排列焊成筒形，清洗滚筒 3 两端焊上两个金属圆环（即摩擦滚圈）。滚筒被传动轮 7 和托轮 9 经滚圈托起在整个机架上。工作时电机经传动系统 6 使传动轴 1 和传动轮 7 逆时针回转，由于摩擦力作用传动轮 7 驱动摩擦

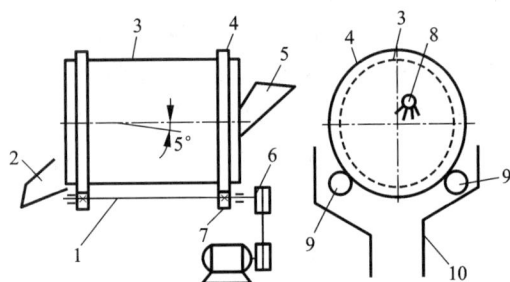

图 5 - 2　滚筒式清洗机

1—传动轴；2—出料槽；3—清洗滚筒；4—摩擦滚筒；5—进料斗；
6—传动系统；7—传动轮；8—喷水管；9—托轮；10—集水斗

滚筒 4 使整个滚筒顺时针回转。由于滚筒有一倾角，所以在其旋转时物料一边翻转一边向出料口移动，并受高压水冲刷而清洗。

　　滚筒式清洗机生产能力取决于进料量、物料质量及滚筒滚动速度。一般物料从进口到出口需 1～1.5 min，喷水压力愈大，冲洗效果愈好，一般喷水压力为 0.15～0.25 MPa，喷头喷距 50～200 mm，滚筒倾斜角 5°，滚筒转速 8 r/min，滚筒直径 1000 mm，滚筒长度约 3500 mm。

　　2.滚筒式清洗机分类

　　滚筒式清洗机按操作方式可以分为连续式和间歇式两种；按滚筒的驱动方式，可分为齿轮驱动式、中轴驱动式和托辊 - 滚圈驱动式三种。目前，采用最多的是托辊 - 滚圈驱动方式，中轴驱动还有使用，齿轮驱动已经淘汰。

　　（1）按操作方式分类

　　1）间歇式滚筒清洗机：

　　间歇操作的滚筒式清洗机两端加有挡板，周向开有带盖板的进出料口。料口向上时，可打开料口盖板向里加料；洗净后，筒体转至料口朝下，打开盖板便可卸料。为便于物料在筒内翻滚，加料不可太满，一般这种清洗机采用喷水管连续或间歇地向筒内喷水以便使污物浸润而迅速剥离和排走。间歇式清洗的特点是清洗时间可以视清洗效果加以控制，但生产效率不高。

2）连续式滚筒清洗机：

连续式滚筒清洗机的滚筒两端为开口式，原料从一端进入，另一端排出。物料在筒内做轴向运动，可以通过使筒倾斜安装，也可通过在筒体内壁设置螺线导板或抄板的方式实现。为提高清洗效果，有的滚筒式清洗机内安装了可上下、左右调节的毛刷。

连续式滚筒清洗机工作原理如图5-3所示：

①滚筒的驱动：滚筒的驱动可有两种形式：一种是在滚筒外壁两端配装滚圈，滚筒（通过滚圈）以一定倾斜角度（3°～5°）由安装在机架上的支承托轮支承，并由传动装置驱动转动，喷水管可安装在滚筒内侧上方。另一种是在滚筒内安装中轴，驱动装置带动中轴从而带动滚筒转动，这种形式的清洗机，喷水管只能装在滚筒外面。

②清洗过程：物料由进料斗进入落到滚筒内，随滚筒的转动而在滚筒内不断翻滚相互摩擦，再加上喷淋水的冲洗，使物料表面的污垢和泥砂脱落，由滚筒的筛网洞孔随喷淋水经排水斗排出。

（2）按洗涤方式分类

滚筒式清洗机根据洗涤方式可分为喷淋式和浸泡式。

1）喷淋式滚筒清洗机：

这是一种连续式清洗机，结构较简单，适用于表面污染物易被浸润冲除的物料。结构如图5-3所示，它主要由栅状滚筒、喷淋管、机架和驱动装置等构成。滚筒是清洗机的主体，可由角钢、扁钢、条钢焊接成，必要时可衬以不锈钢丝网或多孔薄钢板。

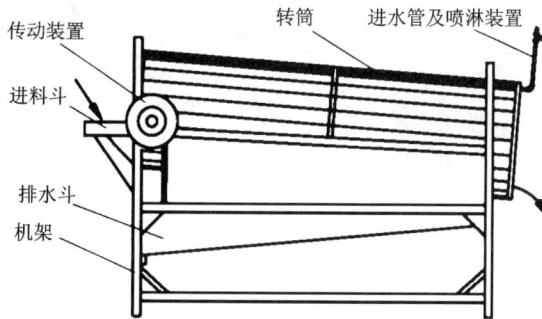

图5-3 喷淋式滚筒清洗机

2）浸泡式滚筒清洗机：

图5-4所示为一种浸泡式滚筒清洗机的剖面示意图，这是一种通过驱动中轴使滚筒旋转的清洗机。转动的滚筒的下半部浸在水槽内，电动机通过皮带传动蜗轮减速器及偏心机构，滚筒的主轴由蜗轮减速器通过齿轮驱动。水槽内安装有振动盘，通过偏心机构产生前后往复振动，使水槽内的水受到冲击搅动，加强清洗效果。滚筒的内壁固定有按螺旋线排列的抄板。

清洗过程：物料从进料斗进入清洗机后落入水槽内，由抄板将物料不断捞起再抛入水中，最后落到出料口的斜槽上。在斜槽上方安装的喷水装置将经过浸洗的物料进一步喷洗后卸出。

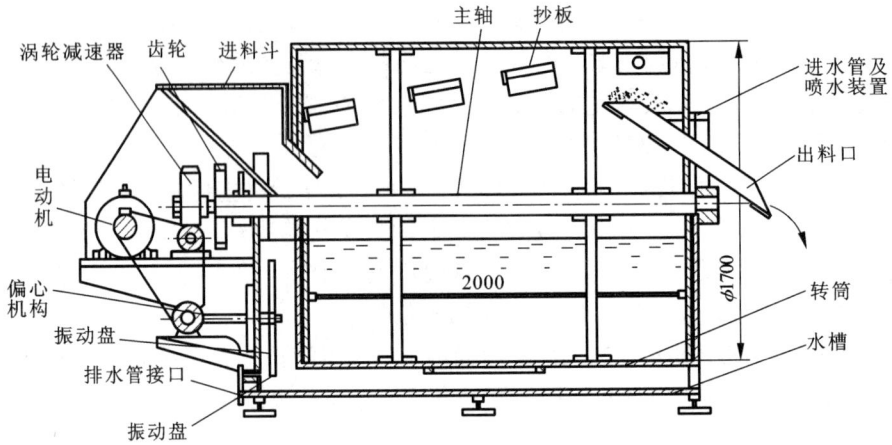

图 5 - 4　浸泡式滚筒清洗机的剖面示意图

(二)鼓风式清洗机

鼓风式清洗机如图 5 - 5 所示,也称气泡式、翻浪式和冲浪式清洗机等。

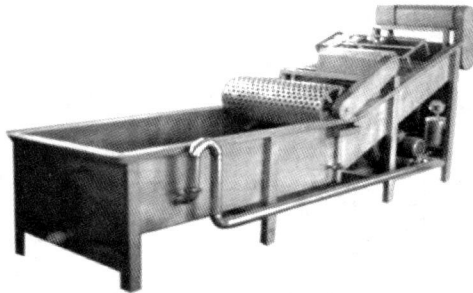

图 5 - 5　鼓风式清洗机

1. 清洗原理

用鼓风机把具有一定压头的空气送进洗槽中,使清洗原料的水产生剧烈地翻动,物料在空气对水的剧烈搅拌下进行清洗。利用空气进行搅拌,可使原料在较强烈翻动而不损伤的条件下,加速去除表面污物,保持原料的完整性和美观,因而最适合于果蔬原料的清洗。

2. 主要结构

鼓风式清洗机的结构如图 5 - 6 所示,主要由以下部件组成:清洗槽 1,输送机 11,喷水装置 2,输送空气的吹泡管 7,支架 5,鼓风机 4,电动机 22 及传动系统和拉紧装置等。

鼓风机和输送机由同一个电动机带动,电动机的轴上装有皮带轮 13 及 14,皮带轮 15 固定在转轴 16 上,皮带轮 17 及 18 互相连接装在同一个轴上,这条轴是作为两个皮带轮支撑用的。输送机的轴 19 由皮带及齿轮 21 带动,在轴上安装有两个星形轮 20,驱动输送机的链带运动,污水可从排水管 8 排出。

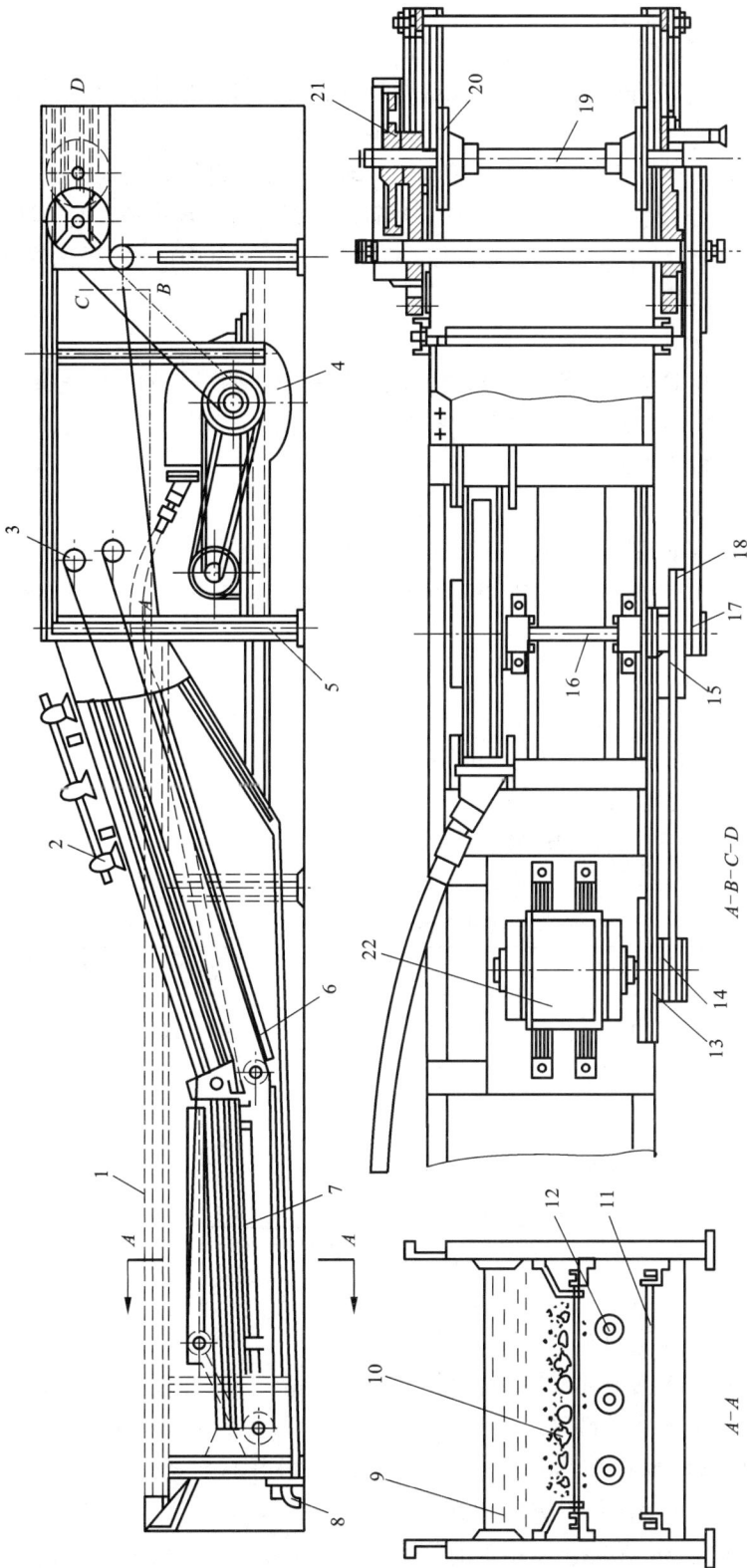

图5-6 鼓风式清洗机的结构

1—清洗槽；2—喷水装置；3—滚压轮；4—鼓风机；5—支架；5—链条；7、12—吹泡管；8—排水管；9—斜槽；10—原料；11—输送机；13、14、15、17、18—皮带轮；16—转轴；19—输送机的轴；20—星形轮；21—齿轮；22—电动机

A-B-C-D

A-A

（1）输送机

鼓风式清洗机一般采用链带式装置输送清洗的物料。输送机的类型视不同原料而异，但其两边都用链条6，而链条之间可采用滚筒承载番茄等蔬菜原料，也可采用金属丝网承载块茎类原料，输送机借助星形轮20、滚压轮3和传动装置而运转。

输送机的主动链轮由电动机经多级皮带带动，主动链轮和从动链轮之间链条运动方向通过压轮改变。输送部分分为水平、倾斜和水平三个输送段，下面的水平段，处于洗槽水面之下，原料在此首先得到鼓风浸洗；中间的倾斜段是喷水冲洗段；上面的水平段则可用于对原料进行拣选和修整原料之用。

（2）吹泡管

鼓风机吹出的空气由管道送入吹泡管12中，吹泡管安装于输送机的工作轨道之下，被浸洗的原料在输送带上沿轨道移动，移动过程中在吹泡管吹出的空气搅动下翻滚，由清洗槽溢出的水顺着两条斜槽9排入下水道。

3. 生产能力计算

鼓风式清洗机的生产能力，可用式（5-1）进行计算：

$$G = 3600Bhv\rho_1\Phi \tag{5-1}$$

式中：G——生产能力，kg/h；

B——链带宽度，m；

h——原料层高度，m；

v——链带速度（可取0.12～0.16），m/s；

ρ_1——物料的容积密度，kg/m³；

Φ——链带上装料系数（0.6～0.7）。

表5-1　部分果蔬原料容积密度

物料名称	瓠瓜	辣椒	茄子	番茄	洋葱	胡萝卜	水果
容积密度 $[\rho/(\text{kg}\cdot\text{m}^{-3})]$	450～500	220～300	330～430	580～630	490～520	560～590	330～380

（三）XGJ-2型洗果机

XGJ-2型洗果机如图5-7所示。原料从进料口1进入清洗槽内，由于装在清洗槽2上的两个水平刷辊3旋转，使洗槽中的水产生涡流，物料先在涡流中得到清洗。同时，由于两刷辊之间间隙较窄，故液流速度较高，压力降低，被清洗物料在压力差作用下通过两刷洗辊间隙时，在刷辊摩擦力作用下又得到进一步刷洗。最后物料再被顺时针旋转的出料翻斗捞起，出料过程中又经高压水喷淋得以进一步清洗。

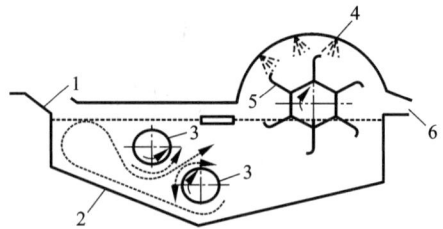

图5-7　XGJ-2型洗果机

1—进料口；2—清洗槽；3—刷理；
4—喷水装置；5—出料翻斗；6—出料斗

工作时，刷辊转速大小必须能使两刷辊前后造成一定的压力差，以迫使被清洗物料通过两刷辊刷洗后能到达出料翻斗5处，被捞起出料。

该机特点是效率高，生产能力可达 2000 kg/h，破损率小于 2%，洗净率达 99%，结构紧凑、清洗质量好、造价低和使用方便，是中小型企业较为理想的果品清洗机。

第三节　包装容器清洗机械

包装容器的清洗是一个重要步骤，它将直接影响产品的品质及感官指标。目前，采用机械方式进行清洗的包装容器主要有玻璃瓶、塑料瓶和制造罐头用的金属空罐等，包装后需要清洗的主要是实罐，针对回收瓶，除了要完全去除瓶内的污垢外，还须除去旧瓶上的商标等。

一、洗瓶的基本方法

洗瓶的基本方法：浸泡、喷射、刷洗。

（1）浸泡

将瓶子浸没于一定浓度和温度的洗涤液中，利用其化学能和热能来软化、乳化或溶解粘附于瓶上的不清洁物，并加以杀菌、浸泡后，再将瓶中污水倒去。浸瓶时注意两点：①NaOH 最高浓度为 5%，温度为 65～75℃，超过此温度时，对玻璃瓶有损害。②当用多个浸泡槽时，各浸泡槽之间温差必须在 30℃ 以下，温差过大则会破瓶。浸泡后要将瓶内污水倒去，并用清水冲净。

（2）喷射

洗涤剂或清水在一定压力（0.2～0.5 MPa）下，通过一定形状的喷嘴，对瓶内外进行喷射，清除瓶内外污物，但若洗涤流量太大，洗涤剂会发泡，要添加消泡剂。

（3）刷洗

用旋转刷子将瓶内污物刷洗掉，由于是直接接触污物洗刷，故去除效果好。刷洗易出现的问题是：①较难实现连续洗瓶；②转刷遇到油污瓶，会污染刷子；③若遇到破瓶，会切断转刷的刷毛，使毛刷失效并污染其他净瓶；④须经常更换毛刷。

另外，还有超声波洗瓶机，即在浸泡槽安装超声波振子，靠超声波的气蚀作用，来强化洗净效果。

二、洗瓶机的基本类型

洗瓶机按操作的机械化程度可分为：手工式、半机械化式和自动化式洗瓶机。

手工和半机械化式是较老式的洗瓶机，一般前面提到的三种洗瓶方法都用到，但属单机操作，且结构简单，生产能力小，其浸泡主要是一个浸泡槽，手工操作进出瓶。最简单的刷瓶机是用一台电机带动一把或两把刷子转动，手工从浸泡槽中将瓶捞出，插入转动的刷子，刷洗瓶子内部。刷过的空瓶再用清水冲净，瓶口朝下沥干，手工洗瓶可将浸泡槽和刷瓶机组合起来。自动洗瓶机形式较多，其基本特点是在一台机器中进行上述三种洗瓶方法中的一种、两种或三种，直至将瓶完全洗净。

自动洗瓶机按洗瓶方式分为浸泡刷洗式、浸泡喷射式和喷射式。

①浸泡刷洗式是将瓶浸泡后，用旋转刷将瓶刷净。一般有内、外洗均用刷洗的和仅内洗用刷洗，外洗用水喷射两种，此种方式对无油污的瓶子清洗效果好，对有油污的瓶子不适合。

②浸泡喷射式是经过几个热水或碱液的浸泡槽连续浸泡和喷射，或间隔地进行浸泡和喷

射清洗，这种形式维修容易，目前应用较多。

③喷射式没有浸泡槽，只用喷射清洗，简单而成本低，但用泵较多，动力费用高，一般兼用于变形瓶及不同规格的多种规类瓶，适用于中低能力机械。

自动洗瓶机按瓶在洗瓶机中的流向，可分成单端式和双端式。所谓单端式，就是在洗瓶机同一端进行进瓶和出瓶操作，故也称来回式。这种形式空间紧凑，输送带在机内无空行程，热能回收率高，操作人员仅一人，但因净瓶距脏瓶较近，存在净瓶再次污染的可能性。所谓双端式，就是在洗瓶机的两端给瓶和排瓶，亦可称直通式。

三、全自动洗瓶机

全自动洗瓶机的洗瓶方式有喷射式和浸泡喷射式两种。

喷射式工作时是靠高压喷头对瓶内、外进行多次喷射清洗，将瓶洗净，一般要经过预热喷射，多次碱性洗液喷射及多次回水(热水、温水、冷水)喷射，最后是净水喷射。

浸泡喷射式是靠连续多次洗液浸泡和多次喷射，或者间隔地多次浸泡和喷射来获得满意的洗净效果，一般要经过预浸泡、多次洗液浸泡、洗液喷射、热水喷射、温水喷射、冷水喷射及净水喷射。

（一）工艺结构

全自动洗瓶机按工艺结构分为六部分：

第一部分：预洗预泡。主要是去掉瓶子上的大部分松散杂物，使后面浸泡槽中洗涤液吸附的杂质尽可能减少，并使瓶子得到充分的预热，为防止瓶子破碎，洗液与瓶子温差不应超过30℃。预洗温度为30~40℃。

第二部分：洗涤液浸泡。当预洗结束后，即进入洗涤液浸泡槽，此部分主要是让瓶内外的杂质溶解、脂肪乳化，便于后段冲洗除掉。洗涤效果主要取决于瓶子在浸泡槽里停留时间和洗涤液温度，通常碱液温度控制在65~70℃，碱液浓度在1%~1.5%。

第三部分：洗涤液喷射。当输送链带将瓶子从浸泡槽送入洗涤液喷射区时，瓶子上已被溶解的污物被大于0.2 MPa压力的洗涤液冲刷而除掉，喷液温度70℃。洗涤液喷射清洗时若产生大量泡沫附着在瓶子上对清洗是不利的。形成泡沫的原因主要有：水泵密封不良造成空气进入；洗涤液喷射压力过大；脏瓶中油污残存。消除泡沫可通过加强对水泵维修和改进洗液系统的喷头等措施。

第四部分：热水喷射。其目的是除去瓶子上的洗涤液，并降低瓶温，是对瓶子第一次冷却，此段喷水温度为55℃。

第五部分：温水喷射。喷水温度为35℃，第二次降温并进一步清除附于瓶了上的残余洗涤液。

第六部分：冷水喷射。将瓶子冷却到常温，喷射用的冷水必须经氯化处理，以防重新污染已洗好的瓶子。

（二）双端式全自动洗瓶机

双端式洗瓶机亦称直通式洗瓶机，其进、出瓶分别在机器的前后两端。

1.内部结构

双端式全自动洗瓶机的内部结构如图5-8所示。它主要由箱式壳体、进出瓶机构、输瓶机构、预泡槽、洗涤液浸泡槽、喷射机构、加热器以及具有热量回收作用的集水箱及其净化机构等构成。

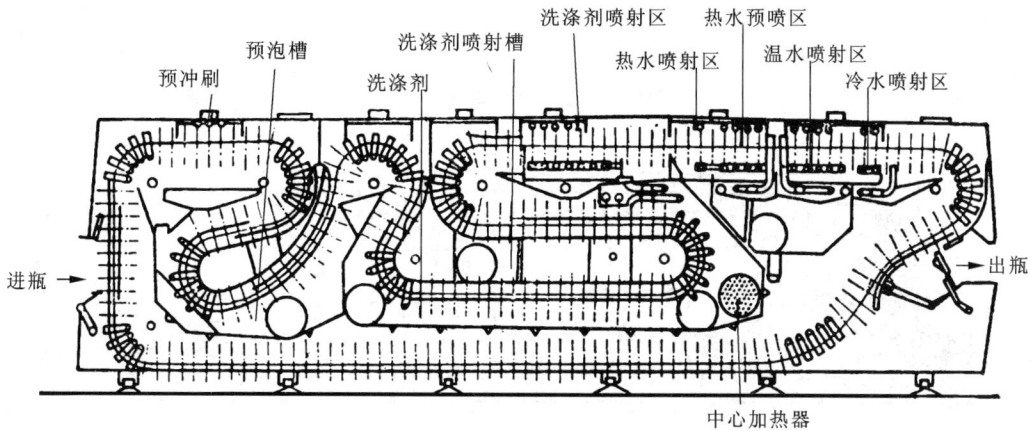

图5-8　双端式全自动洗瓶机的结构及清洗流程

内部结构：后面的几个喷洗区域采用不同的水温，主要是为了防止瓶子因温度变化过大，造成应力集中而损坏。喷洗是靠高压喷头对瓶内逐个进行多次喷射清洗实现的，可见，这种洗瓶机主要利用了刷洗、浸泡和喷射三种方式对瓶子进行清洗。由于需要浸泡，并在同一区域进行冲洗，所以瓶子需要在同一截面上反复绕行，因此，设备的高度较高。

其它结构形式：除了以上结合了刷洗方式的以外，有的双端式洗瓶机采用浸泡结合喷射的方式进行清洗，它主要经过热水、碱液的连续浸泡槽和喷射，或间隔地进行浸泡和喷射；还有的全部采用喷射方式对瓶子进行清洗。后者没有浸瓶槽，单用喷射清洗，因此结构简单而成本低，但用水较多，动力消耗高。

2.洗瓶过程

由进瓶端进入机器的瓶子，先后经过预冲洗、预浸泡、洗涤剂浸泡、洗涤剂喷射、热水预喷、温水喷射和冷水喷射等清洗作用，最后从出瓶端离开洗瓶机。

预冲洗是为了将瓶子外附着的污垢除去，以降低后面洗涤液消耗量。洗液喷洗区位于洗液浸泡槽上方，这样从瓶中沥下的洗液又回到洗液槽。

由于进瓶和出瓶分别在机器的两端进行，因此，双端式洗瓶机生产卫生条件较好，且便于生产线的流程安排。但这种类型的洗瓶机，输瓶带的利用率较低(有的只有一半)，因此设备的空间利用率也低，占地面积较大。

(三)单端式全自动洗瓶机

单端式全自动洗瓶机也称来回式洗瓶机，进、出瓶在机器同一端。

如图5-9所示，待洗瓶从进瓶处进入到达预泡槽，预泡槽中洗液的温度为30~40℃，在此处对瓶子进行初步清洗与消毒。预泡后的瓶子到达第一洗涤剂浸泡槽，此处洗涤液温度可达70~75℃，通过充分浸泡，使瓶子上的杂质溶解，脂肪乳化。当瓶子运动到改向滚筒的地方升起并倒过来时，瓶内洗液倒出，流在下面未倒转的瓶子外表，对其有淋洗作用。在洗涤剂喷射区处设有喷头，对瓶子进行大面积喷洗，喷洗后的瓶子达到第二洗涤剂浸泡槽，在此，瓶上未被去除的少量污物得到充分软化溶解。从第二洗涤剂浸泡槽出来的瓶子，依次经过第一、第二次热水喷射区、温水喷射区、冷水喷射区和新鲜水喷射区的喷射清洗。最后，洗净并得到降温的瓶子由出瓶处出瓶。

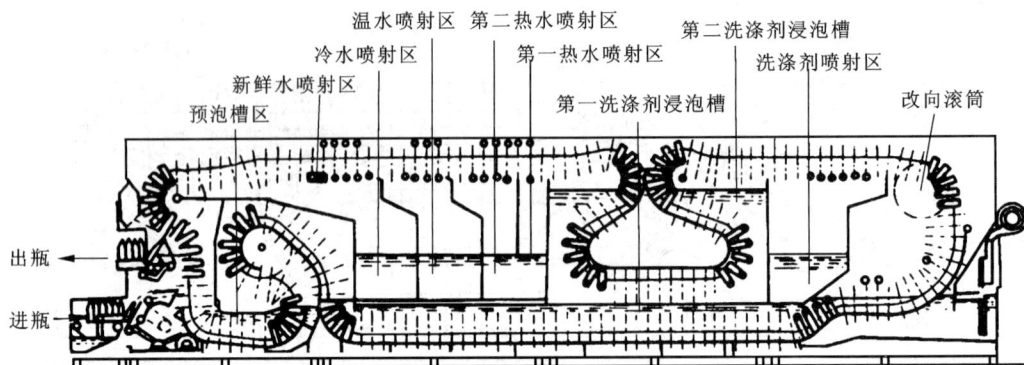

图5-9　单端式洗瓶机的结构及清洗流程

与双端式自动洗瓶机相比，单端式洗瓶机仅需一人操作，输送带在机内无空行程，所以空间利用率较高。但由于净瓶与脏瓶相距较近，从卫生角度来看，净瓶有可能被脏瓶污染，所以，现在一般不采用。单端式洗瓶机每小时处理一千个1 L的瓶子，需消耗30 kg左右的蒸汽，消耗水量为400~500 L。

第四节　CIP系统

CIP原位清洗(Cleaning In Place)是一种理想的设备及管道清洗方法，目前在食品加工企业，特别在乳制品企业中的应用越来越广泛。食品加工企业在产品生产过程中，加工设备及管道的清洗非常重要，加工设备及管道在使用后会产生一些沉积物，如不及时彻底地清洗，将直接会影响产品的质量。

CIP原位清洗设备及整个生产线在无须人工拆开或打开的前提下，在闭合的回路中进行循环清洗、消毒。

针对配料系统，清洗方法可以分为三种形式：

①手动清洗：如人工拆卸滤器、滤芯、软管等，必须拆洗才能确保清洗效果，属不稳定处理方式，重现性和有效性不能得以保证，质量风险"高"。

②半自动清洗：采用超声波技术对过滤器及其他配件进行清洗，属比较稳定处理方式，重现性和有效性基本可以保证，质量风险"中"。

③全自动清洗：利用自动化人机界面控制系统，把完善的手动清洗工艺转化为自动程序，来完成配料罐体、输送泵、滤器、管路清洗过程，并具有稳定性、有效性与重现性。

一、基本概念

原位清洗(CIP)是就地清洗或现场清洗的意思，又称在位清洗或自动清洗，是指不用拆开或移动装置，利用清洗液在封闭的清洗管线中流动冲刷及喷头喷洗作用，对输送食品的管线及与食品接触的机械表面进行清洗。

CIP往往与SIP(Sterilizing In Place，就地消毒)配合操作，有的CIP系统本身就可用作

SIP 操作。

二、CIP 原位清洗系统的特点

①稳定的 CIP 原位清洗,采用人机界面图像显示。

②自动切换各工艺参数,自动调节清洗时间、pH 和温度等参数。

③可选择手动控制或自动控制两种操作方式。

④CIP 清洗系统有单罐和多罐供用户选择,并有移动式及固定式。

CIP 清洗系统的优点:

①CIP 清洗系统的经济运行成本低,结构紧凑,占地面积小,安装、维护方便,能有效的对缸罐容器及管道等生产设备进行就地清洗,其整个清洗过程均在密闭的生产设备缸罐容器和管道中运行,从而大大减少了二次污染机会。

②体外循环系统,可有效减少能耗。

③回水系统,可有效减少 CIP 用水。

④全自动 CIP 清洗系统,能对清洗液进行自动检测、加液、排放、显示与调整,运行可靠,自动化程度高,操作简单,CIP 清洗效果好,因而更符合现在对食品加工工艺的卫生要求及生产环境要求。

三、CIP 清洗对象

一般说来,输送食品的管路、贮存或加工食品用的罐器、槽器、塔器、运输工具以及各种加工设备都可应用 CIP 方式进行清洗。CIP 特别适用于乳品、饮料、啤酒及制药等生产设备的班前、班后清洗消毒,以确保严格的卫生要求。

四、CIP 系统构成

CIP 系统根据其用途可分为:单用途、单用途 + 回收和多用途三种。

单用途 CIP 系统构成如图 5 - 10 所示。CIP 缓冲罐提供足以维持循环的清洗溶液,通过设备后回到缓冲罐,清洁完成后,清洁溶液被排放。单用途 CIP 系统可避免交叉污染风险,但需要根据待清洁对象具体需要,调节清洗液浓度/温度,其设备数量多,结构紧凑。多用途 CIP 系统如图 5 - 11 所示,排放物更少,清洁溶液随时可用,水和化学品可重复使用,更加经济。

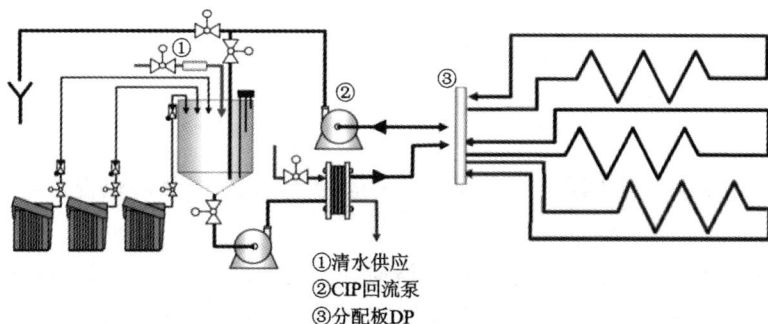

①清水供应
②CIP回流泵
③分配板DP

图 5 - 10 单用途 CIP 系统

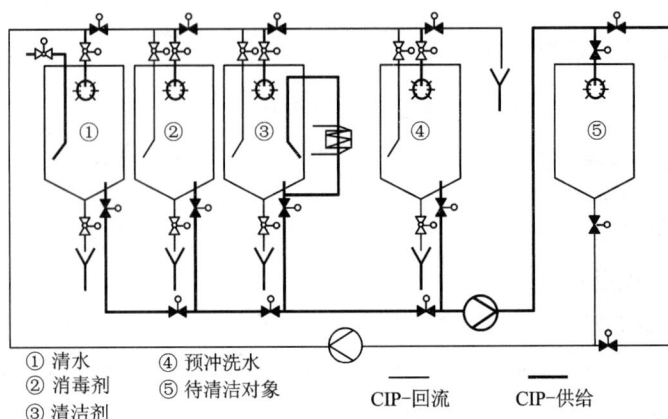

① 清水　　　④ 预冲洗水
② 消毒剂　　⑤ 待清洁对象
③ 清洁剂

CIP-回流　　CIP-供给

图 5 - 11　多用途 CIP 系统

五、主要结构

CIP 清洗系统运行时，按照预先设定的程序用输送泵把清洗液输送到被清洗的管道和设备中，再用自吸泵把清洗后的洗液吸回到清洗液储罐。在清洗过程中，清洗液的浓度被稀释，可通过清洗液补给装置添加相应的高浓度介质，调节清洗液的浓度。CIP 基本结构如下：

1. 清洗液储罐(CIP 罐)

配置冲洗水、清洗液及消毒液的罐和清洗液储罐一般采用不锈钢制作，内部圆角过渡，焊接而成，最高可达 10 m³，设计过程中符合 ASME – BPE 规范要求。

2. 清洗管路及阀门

连接 CIP 罐与待洗设备的管道。随着食品及医药行业的发展，管路系统的设计更多地关注减少清洗死角。清洗剂管路系统可选用卫生多通路阀，每个阀的开启由计算机自动控制，管路及阀门均可借助 CIP 进行独立清洗，最大限度地减少了清洗死角。清洗管路可分为输送管系统和回流系统，它们连接 CIP 清洗站和待清洗设备，组成清洗回路，管路的连接最好采用焊接。

3. 过滤器

设备清洗后，清洗液中含有污染物等杂质，应经过滤后，再回送到清洗液贮罐，过滤装置通常安装在接近清洗液贮罐的回液管路上。

4. 输送泵与自吸泵

输送泵与自吸泵一般采用离心泵，离心泵的流量、扬程及具体吨位视具体情况而定。

5. 清洗喷头

清洗喷头安装在被清洗的容器内，在清洗阶段，清洗液按工艺要求从喷头的喷孔喷出，对容器进行冲洗。喷头的形式有如下几种：厚壁标准清洗球、旋转清洗球、涡旋式清洗球和激烈喷射式清洗球，清洗模式不同的洗球见图 5 – 12。

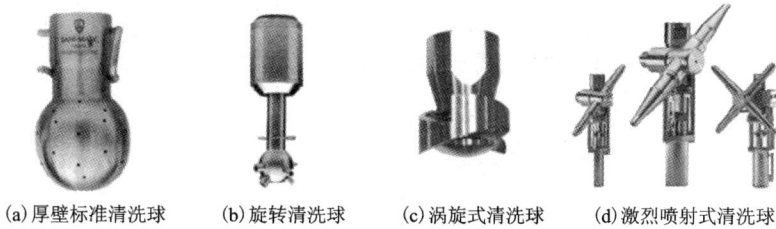

(a)厚壁标准清洗球　　(b)旋转清洗球　　(c)涡旋式清洗球　　(d)激烈喷射式清洗球

图 5 – 12　清洗模式不同的洗球

洗球喷洒范围(清洗模式,图 5 – 13):洗球可根据具体需求,实现不同的喷洒范围,调节大小和流量。

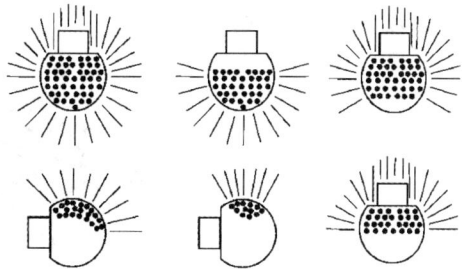

图 5 – 13　洗球喷洒范围

六、CIP 工作机制

CIP 清洗效果与 CIP 清洗能及清洗时间有关,在清洗能相同时,清洗时间越长则清洗效果越好。

(一)CIP 洗净能

CIP 洗净能有三种,即动能、热能和化学能。一般 CIP 系统均需围绕以上三种洗净能及清洗时间有机结合进行设计。

1. 动能

来自洗液的循环流动能力。流动能力能否达到要求可以用雷诺数(Re)来衡量,增大雷诺数可缩短洗净时间。一般认为罐内壁面下淌薄液的 Re 应大于 200;管道内液流的 Re 应大于 3000($Re = 30000$ 为效果最好)。

2. 热能

热能来自洗液的温度。洗液流量一定时,温度升高其黏度会下降,而其 Re 数、污物的化学反应速度以及污物中可溶物质的溶解量均会增大。

3. 化学能

化学能来自洗液的化学洗涤剂。化学能是三种清洗能中对洗净效果影响最大的一种,所以应针对污物的性质、量和水质与设备材料和清洗方法等选用合适的洗涤剂。

除上述三种能量外,时间因素也非常重要,如三种能量有一种不足,可通过增强其他能量的形式加以弥补,但要注意的是,三种能量在清洁流程中的作用都非常重要。

(二)CIP 清洗步骤

Step 1——预冲水;

Step 2——清洗:清除污垢(清洗剂浓度、温度、时间、机械力 – 流速/压力);

Step 3——冲水/检查;

Step 4——消毒(消灭微生物)。

（三）CIP 流程中的机械能来源

1. 管道中的层流（图 5 - 14）

不同液层经过管道流向中心时速度不同，各液层之间无明显交流。

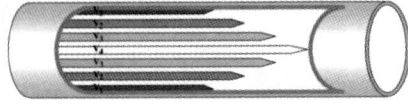

图 5 - 14　管道中的层流现象

2. 管道中的湍流（图 5 - 15）

图 5 - 15　管道中的湍流现象

流动液体中发生的充分交流。流动模式部分取决于管道性质、直径及流速，经验证明（假设管道为光滑的不锈钢管道，水溶性清洗溶液），产生湍流的最低流速为 1.5 ~ 2 m/s，学术上一般以雷诺数 Re 对其进行描述。

$$Re = \frac{液体密度（g \cdot cm^{-3}）\times 管道半径（cm）\times 流速（cm \cdot s^{-1}）}{液体黏度（N \cdot cm^{-2} \cdot s）}$$

理想情况下，光滑不锈钢管道的雷诺数 Re（改变层/湍流）应为 2300，实际应用中 Re 一般在 3000 ~ 9000 范围内。

七、清洗剂的选择

清洗剂应具有不腐蚀设备、溶解残留物、本身易清除等优点，化学清洗剂可根据污垢的性质、用量、水质、机械材质、清洗方法及成本等加以选用。例如，水、纯化水、注射用水、酸、碱和杀菌剂等，需结合产品工艺条件选择正确的清洗剂是非常重要的。简要介绍以下几种常规清洗剂及其应用范围：

①水是常规的清洗剂，水可溶解和稀释强极性的无机物、有机物。

②酸性清洗剂主要以硝酸、磷酸、柠檬酸等为主体，酸性清洗剂可除去碱性清洗剂不能除去的顽垢，如：无机酸、钙盐等。

③碱性清洗剂主要以氢氧化钠、碳酸氢钠等为主体，碱性清洗剂对有机物有良好的溶解作用，在高温下具有良好的乳化性能。

④杀菌剂主要以高温热水、双氧水、过氧乙酸等为主体，杀菌剂对微生物有杀灭效果。

八、CIP 系统工艺流程

1. 工艺流程

CIP 系统基本工艺流程包括初洗、循环加热、循环冲洗、终端清洗、灭菌、保压等，运行过程中能实时监控系统运行状态，记录并存储数据，并具有自检、互锁、报警功能，以防止清洗过程中对其他系统的污染（图 5-16）。

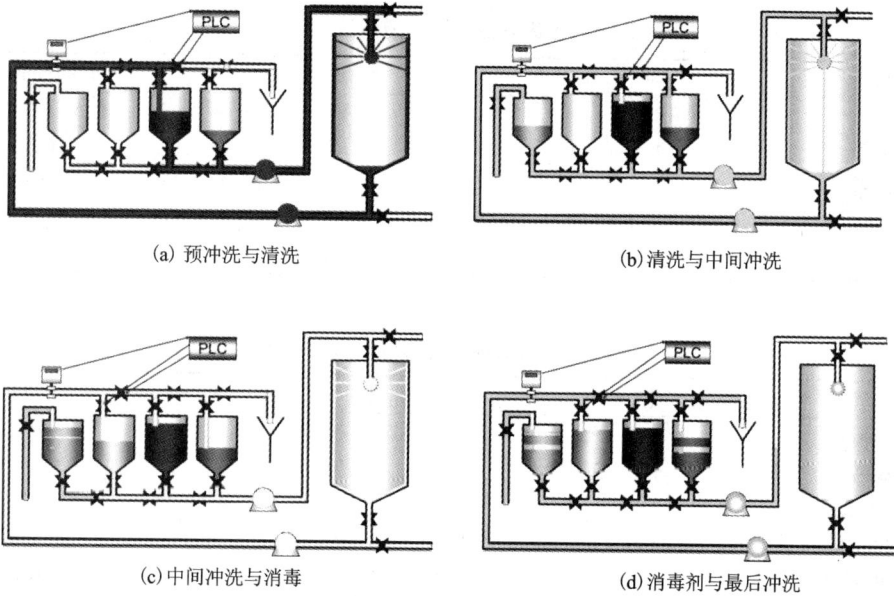

(a) 预冲洗与清洗　　　　　　　　　　　　(b) 清洗与中间冲洗

(c) 中间冲洗与消毒　　　　　　　　　　　(d) 消毒剂与最后冲洗

图 5-16　CIP 自动清洗流程

（1）三步法 CIP 流程

预冲洗→清洁剂清洗→最后冲洗

预冲洗的目的在于清除设备表面粘连不牢的残余物，通常用清水或前一个 CIP 的冲洗回收水进行清洗。清洁剂清洗的主要任务是进行清洗，将污垢从设备表面除下，使其悬浮或溶解于清洁剂溶液中，最后冲洗是通过清水冲洗的方式清除清洁剂及污垢残余物。

（2）七步法 CIP 流程

预冲洗→清洗（1）→冲洗→清洗（2）→冲洗→消毒→最后冲洗

根据污垢性质及清洁剂去污能力，可选择多个清洗流程，使用相同的清洁剂进行预清洁。

两段式清洗，即：先碱后酸，或先酸后碱，在大多数情况下，清洗流程后为消毒流程，清洗流程数量增加，中间冲洗流程数量也相应增加。

2. 清洗工艺参数

CIP 清洗区域：配料罐及管道，巴氏杀菌机及管道，UHT，无菌罐及管道，灌装机及管道。各区域的清洗工艺参数见表 5-2 ～表 5-6。

表 5－2 配料罐及管道清洗工艺参数

步骤	浓度/%	温度/℃	时间/min
预冲水	—	80	5 ~ 10
碱洗	1.5 ~ 2.0	80	10
冲水	—	80	5 ~ 10
酸洗	1.0 ~ 1.5	65	10
冲水	—	80	5 ~ 10

表 5－3 巴氏杀菌机及管道清洗工艺参数

步骤	浓度/%	温度/℃	时间/min
预冲水	—	80	5 ~ 10
碱洗	1.5 ~ 2.0	80	10
冲水	—	80	5 ~ 10
酸洗	1.0 ~ 1.5	65	10
冲水	—	80	5 ~ 10

表 5－4 无菌罐及管道清洗工艺参数

步骤	浓度/%	温度/℃	时间/min
预冲水	—	35	5 ~ 10
碱洗	1.5 ~ 2.0	75	15
冲水	—	常温	5 ~ 10
酸洗	1.0 ~ 1.5	65	15
冲水	—	常温	5 ~ 10
蒸汽消毒	—	≥125℃	30

表 5－5 UHT 的清洗工艺参数(AIC 时只做单碱洗)

步骤	浓度/%	温度/℃	时间/min
预冲水	—	35	10
碱洗	2.0 ~ 2.5	135	30
冲水	—	常温	10
酸洗	1.0 ~ 1.5	85	20
冲水	—	常温	10

表 5－6 灌装机及管道清洗工艺参数

步骤	浓度/%	温度/℃	时间/min
预冲水	—	35	5 ~ 10
碱洗	1.5 ~ 2.0	75	15
冲水	—	常温	5 ~ 10
酸洗	1.0 ~ 1.5	65	15
冲水	—	常温	5 ~ 10
蒸汽消毒	—	≥125	30

3.CIP 贮罐的准备程序

第一步：检查容器内部，保证产品残余物已经全部排走。

第二步：将所有可以拆下来的零部件拆下，并进行人工清洗（COP），这些零部件包括管道垫圈、人孔垫圈、产品进料管、容器通风帽、取样阀等。

第三步：把容器通风帽及人孔垫圈放回原处。

第四步：检查管路连接以及阀门垫圈有没有磨损和破损，一旦发现有出现裂痕的，马上用备件替换掉。

第五步：连接管路。

第六步：打开液位管阀门，关闭冷媒入口阀门，启动搅拌器。

第七步：启动 CIP 系统。操作人员必须注意，回流溶液在继续进行下一个清洗步骤之前需确定是流回 CIP 回流排污管道里。CIP 过程中，人工清洗剩余的 U 形管槽、三通及各种弯管等零配件。

第八步：CIP 结束后，检查清洗效果并确认是否无水残留。如果在随后的 10～15 min 之内不向其中注入任何产品，则把搅拌器关闭。

清洗注意点：洗球堵塞，罐内壁及下料管的清洗，吹风罩清洗，人孔、零配件转换件。

九、CIP 清洗特点

CIP 清洗是利用水的溶解、冲刷湍流、热交换、清洗剂和清洗剂的化学作用来清除罐体、设备、管线内壁上的污染物质。

①具有以下优点：可固定清洗也可移动清洗；湿润能力强，不腐蚀设备；对污染物的清洗效果好，对环境污染小；耗水量少，降低运行成本，不对人体产生安全危害；易溶于水，不易产生泡沫，与水中盐的反应尽可能的低；全密封设计，降低微生物和微粒有效含量；符合新版 GMP 要求及相关行业检验标准；系统操作简单、运行稳定，重现性好；多级密码管理，风机管理避免认为差错的发生；自动声光报警及互锁装置，确保运行安全。

②影响清洗效果的主要因素：清洗剂品种与浓度；电导率与 pH 标准；清洗温度偏差；清洗时间错误；清洗液流速不稳定；内表面污物的吸附力强；被清洗设备或管路内表面粗糙度不符合要求。

罐清洗中的机械清洗效果：在罐清洁中，清洗液从罐壁留下，形成薄膜，达到机械清洁效果，膜的厚度通常为 0.4～0.6 mm。罐清洗最重要的因素为容积流量，容积流量应在每米罐周长 30～45 L/min 之间，视污垢数量和性质而定。

第五节　分选机械与设备

许多食品的原料、半成品和成品，都呈颗粒状，如谷物、豆类、芝麻、花生、水果、大米、面粉、麸皮、淀粉、盐、糖等，其中尺寸很小的颗粒为粉状颗粒，统称粉粒状。食品加工中，必须根据加工工艺和成品质量的要求对粉粒状的原料、半成品和成品进行各种不同的分选或分级。

一、基本概念

（一）分选概念

分选是指以分级和选别为目的的分离操作。分级一般指按照品质指标将食品物料分离成不同等级的操作。品质指标可包括个体尺寸、质量、形状、密度、外表颜色以及内在品质等。

选别是将不合格个体及异杂物从食品物料中剔除的操作。个体合格与否可用各种标准判断，如物料的完好程度、颜色、质量、质地、是否含异杂物等。食品物料的异杂物通常指枝叶、包装物碎片、金属碎片等。

分级与选别操作目的不同，但操作原理相同，均包括分离对象识别和分离动作执行两个流程。生产规模小且可用直接判断的分选操作一般可由人工完成，但对于大规模生产或无法直接判断的分选操作，往往需要采用各种机械设备来完成。

（二）分选目的

食品原料多为农副产品，除带有各种异杂物外，还会存在多方面的差异。为了提高食品的商品价值、加工利用率、产品质量和生产效率，在加工或进入市场前，多数食品原料需要进行分级和选别。加工的半成品和成品会因多种原因而不合格，这些不合格的半成品或产品在进入下道工序或出厂以前应尽量从合格品中加以选别剔除。

二、基本原理

最典型的分选、分级方法表现在面粉加工过程中：原料、半成品和成品均呈粉粒状；原料小麦中存在的大麦、野麦、荞子、尘芥、铁块和其他杂物需要清理干净；小麦经研磨后要按粒度分级，并且要按粘连麸皮的多少进行分选，以便分送到不同的研磨系统加工，从而得到各种质量和成分不同的面粉和提高出粉率。这些清理、分级、分选工作需采用多种机械设备。

常见的粉粒料分选种类和方法有：

1. 按颗粒的宽度或厚度分级

普通的筛分方法，都有一个带通孔的工作面——筛面。物料流经筛面时，粒度小的颗粒穿过筛孔，成为筛过物（亦称筛下物），粒度大的颗粒从筛面排出，成为筛余物（亦称筛上物），便将一种物料分选成了粒度不同的两种物料。

当筛面上筛孔的形状不同时，分级的特性不同。经常使用的筛孔有圆形、方形和长条形。设颗粒长度为 L，宽度为 B，厚度为 H，$L > B > H$。如图 5-17 所示，长条形筛孔适用于对颗粒按厚度分级，圆形和方形筛孔适用于对颗粒按宽度分级，其原因在于长条形筛孔，当其孔宽大于颗粒厚度 H 时，颗粒可以用厚度面对筛孔和穿过筛孔，与颗粒的宽度无关；而圆形筛孔，当其孔径 d 仅仅大于颗粒厚度 H 时，颗粒不能穿过筛孔，只有当孔径 d 大于颗粒宽度 B 时，颗粒才可能穿过筛孔；同时，由于众多粉粒状颗粒均为椭球体，所以当孔径 d 大于颗粒宽度 B 时，一般均能穿过筛孔。

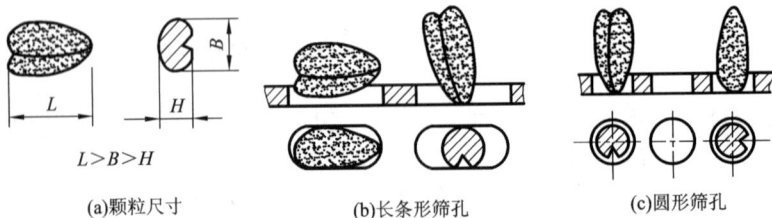

(a)颗粒尺寸　　　　(b)长条形筛孔　　　　(c)圆形筛孔

图 5-17　不同孔型的筛分特性

2. 按颗粒长度分级

如图 5-18 所示，在平板表面或圆筒内表面做出许多异形盲孔，亦称袋孔、窝眼，当平板或圆筒旋转时，颗粒均可沿长度方向(以其横截面)进入袋孔。但长颗粒的重心在袋孔承托面之外，因而从袋孔中较早跌出；而短颗粒的重心在袋孔承托面之内，因而被袋孔举高，另行倒出和收集，从而实现对断面尺寸相同而长度不同的颗粒的分级。此种方法用于选种时从谷物中选出较长的颗粒作为种子，也用于从小麦中清理野麦、大麦、野豌豆、荞子等杂质。

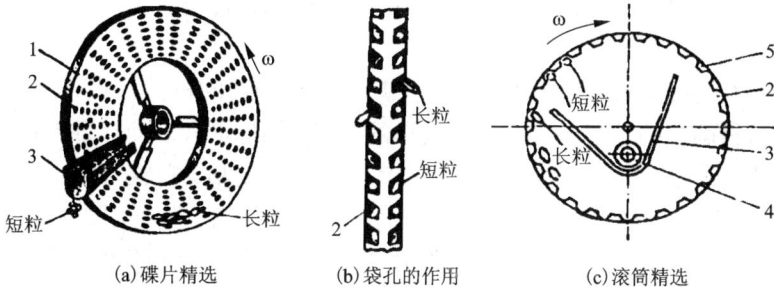

(a)碟片精选　　(b)袋孔的作用　　(c)滚筒精选

图 5 – 18　按颗粒长度分级

1—碟片；2—袋孔；3—收集槽；4—绞龙；5—滚筒

3. 气流分级

由于颗粒的密度、粒度、粒形和表面状况不同，它们在气流中的状态也不同。利用此性质可在垂直、水平、倾斜或者旋转的气流中进行分选，如图 5 – 19 所示。

4. 水流分级

与气流分级类似，但介质不同，用此原理可淘洗小麦、芝麻中的尘芥、轻杂质和分离石子；还可用在淀粉生产中，利用水溶解蛋白质而不溶解淀粉的性质，将水溶液与固形物分开，实现蛋白质与淀粉的分离。

5. 按密度不同分选

粒度相同而密度不同的颗粒，在颗粒群相对运动过程中会自动分级(此种颗粒群体的相对运动可由工作面的振动产生)，自动分级的结果是密度大的颗粒下沉，利用此原理并配合风的作用可进行分选。

6. 磁性分选

利用磁铁从物料中除去铁杂质。

7. 对不同颜色颗粒的分选

利用比色原理，分出颗粒物料中的异色粒，例如从花生仁中剔除变质变色粒，从大米中剔除颜色发黄的米粒等，如图 5 – 20 所示。

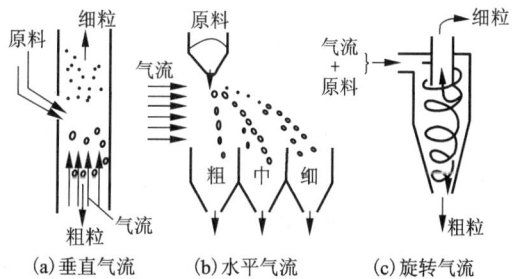

(a)垂直气流　　(b)水平气流　　(c)旋转气流

图 5 – 19　气流分级

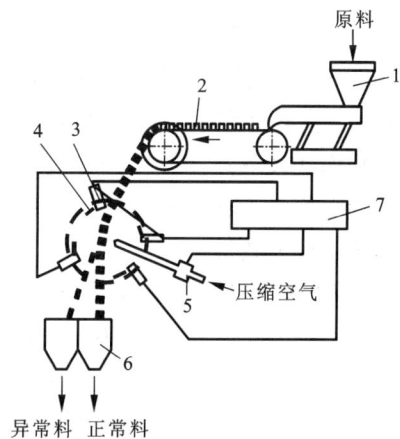

图 5 – 20　色选装置

1—供料装置；2—输送装置；3—比色传感器；
4—比色板；5—执行装置；6—分料斗；7—放大控制器

第六节　粉粒物料筛分机械与设备

筛分是将颗粒或粉体物料通过一层或数层带孔的筛面,使物料按宽度或厚度分成若干个粒级的过程。每一层筛面都可以将物料分成筛下物(也称筛过物)和筛上物(也称筛余物)两部分。

筛分机械是利用筛面对物料按宽度或厚度尺寸进行分选的机械,可用于去杂和分级,应用非常广泛。机械筛分的主要对象是尺寸较小的球形、椭球形和多面体散粒体物料。散粒体颗粒组成相对均匀,在某种运动状态下持续一定时间,密度小、颗粒大而扁和表面粗糙的物料将向上层浮动,而密度大、颗粒小而圆和表面光滑的物料则沉到下层,中间层为混合物料,这种现象称为自动分层现象。自动分层现象为筛分操作提供了有利条件,即当有一定厚度的物料要进行分选时,通过振动或运动,密度大、颗粒小的位于下层,与筛面充分接触并穿过筛面而实现分离。

一、筛分机械的基本概念

1. 筛分效率

筛分是将粉粒料通过一层或数层带孔的筛面,使物料按宽度或厚度分成若干个粒度级别的过程。每一层筛面都可以将物料分成筛过物(筛下物)和筛余物(筛上物)两部分。

事实上,筛分过程不可能十分彻底,由于种种实际的原因,筛下级别的颗粒(理论上可以穿过筛孔的颗粒)不可能全部穿过筛孔而成为筛过物,总有一部分留在筛余物中。

筛分效率是从数量上评定筛分过程是否彻底的指标。筛分效率的定义为:物料经筛选一定时间后,筛过物的重量占原料中可过筛物料重量的百分比叫筛分效率。筛分效率为:

$$\eta = \frac{G'}{G \cdot x} \tag{5-2}$$

式中:G——筛分原料总重量;

x——筛分原料中所含筛下级别物料重量的百分率;

G'——实际已穿过筛孔物料的重量。

直接利用式(5-2)来测定筛分效率十分不便,因为它必须计量一段时间内筛分原料和已筛过物料的总重量,还要考虑设备内滞留物料量的影响,在工作现场均十分困难。实际测定筛分效率按下述公式进行:

y 表示筛余物料中筛下级别的重量百分率。筛上级别物料量的平衡式:

$$G(1-x) = (G-G') \cdot (1-y)$$

得

$$G' = \frac{x-y}{1-y} \cdot G$$

将此结果代入式(5-2),得:

$$\eta = \frac{x-y}{x \cdot (1-y)} \tag{5-3}$$

式(5-3)适合于实际测定筛分效率时使用,因为它只须取样检验筛分原料和筛余物中筛下级别的百分率即可,可以随时取样和检测。

2. 筛面利用系数

筛面利用系数是指整个筛面上筛孔所占面积与筛面总面积之比。筛面利用系数也称为开孔率，筛面利用系数与筛孔的形状、尺寸、间距和筛孔排列形式有关。例如，板筛面，圆形筛孔方形排列时筛面利用系数：

$$K^0 = \frac{0.785}{(1+\delta)^2} \times 100\% \qquad (5-4)$$

圆形筛孔正三角形排列时筛面利用系数：

$$K_\Delta^0 = \frac{0.91}{(1+\delta)^2} \times 100\% \qquad (5-5)$$

式（5-4）和式（5-5）中，δ 为筛孔边缘的间距 m 与孔径 d 之比值。显然，圆形筛孔按正三角形排列比方形排列时筛面利用系数大。

3. 有效面积系数

反应筛孔在筛面上数量的一个参数是有效面积系数。所谓有效面积系数，是指筛孔的总面积对整个筛面面积的比值。这个比值愈大，分级效率就愈高，但比值过高会影响筛面的强度，一般以 50% ~60% 为宜。

二、筛面的种类和结构

筛面是筛分机械的主要工作构件。筛体多为平面结构，少数为柱面（圆柱面和棱柱面）结构，按照制造工艺不同，筛有冲孔筛、编织筛、栅筛等，常见的筛孔形状有圆形、正方形和长方形，筛面材料有金属、蚕丝和锦纶丝等。

1. 筛面结构

（1）栅筛面

栅筛面采用具有一定截面形状的棒料或条料，按一定的间距排列而成，通常用于物料的去杂粗筛。在淀粉生产中使用的曲筛也可属于此类，如图 5-21 所示，由极细的矩形截面不锈钢丝组成弧面，用湿式筛分分离淀粉和皮粕。

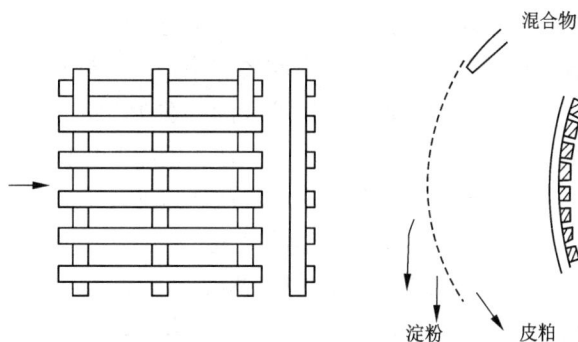

图 5-21 栅筛和曲筛

栅筛面的特点是结构简单，一般粗栅筛面很容易制造，但是像淀粉曲筛那样的栅筛制造是比较困难的。通常物料顺筛孔长度方向运动，淀粉曲筛为特例，物料与水的混合物垂直于筛孔长度方向运动。

（2）板筛面

板筛面由金属薄板冲压而成，又称冲孔筛面，由于板筛面的筛孔不可能做得很细，因此仅用于处理粒料，不宜处理粉料。板筛面最常用的筛孔形状是圆形孔和长方形孔，圆形孔用于按颗粒的宽度进行分级，长方形孔用于按颗粒的厚度进行分级。筛孔尺寸从 $\phi0.5$ mm 至 $\phi25$ mm，也可采用三角形孔或异形孔，最常用的筛板厚度为 0.5~1.5 mm。

筛面的筛分效率与孔眼的形状、间距和排列有密切关系，换句话说，影响筛分的不仅是筛面利用系数和筛分时间的长短，筛孔的排列也影响到颗粒接触和穿过筛孔的机会。板筛面的优点为孔眼固定不变，分级准确，同时坚固、刚硬、使用期限长。由于制造和使用不当，有时筛板产生波形面，会使筛面上各点流量不均匀，应该修整后再使用，否则将严重影响工作效率。常用筛孔形状及排列方式见图5－22。

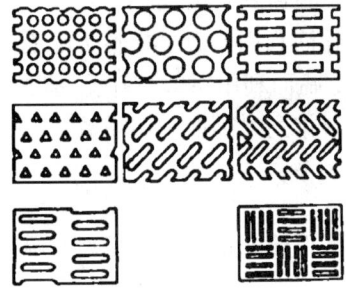

图5－22 筛孔的排列方式

由于筛孔是用冲模制出的，孔边存在7°左右的楔角或锥角，安装时应以大端向下，以减少筛孔被颗粒堵塞的情况。近年来，国外发展一种厚板筛面，筛孔的密度很大，提高了筛面利用系数，又能保证筛面的刚度和强度。这种厚板筛面的筛孔锥角可以大到40°左右，安装则是大口朝上，更增加了物料穿过筛孔的机会，但是也会出现物料进入孔口上缘而通不过筛孔下缘的情况。这种筛面的孔径精确均匀，孔眼固定，分级准确，坚固刚硬且使用期限长，适宜于筛分精度要求较高的场合，专用筛分机械多采用这种筛面，但由于冲制小孔比较困难，一般直径1 mm以下的物料不适合用冲孔筛面分级。

（3）金属丝编织筛面

由金属丝编织而成，亦称筛网。其材料为：低碳镀锌钢丝（可用于负荷不大、磨损不严重的筛分设备）；高碳钢丝和合金弹簧钢丝（抗拉强度高，延伸率小，可用于较大负荷的筛分设备）；不锈钢丝和有色金属丝（可以用于高水分物料）。

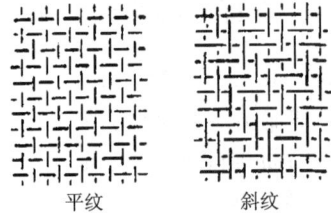

平纹 斜纹

图5－23 编织筛孔的排列

编织筛面通常为方孔或矩形孔，孔的尺寸通常用英制中表示孔密度的目表示其不同的规格，目是指每英寸长度所拥有的孔的个数。孔尺寸大的可在25 mm以上，孔径小的可到300目。一般120目以下的金属丝编织筛网可以用平纹织法，超过120目就必须用斜纹织法，如图5－23所示。编织筛面不仅用于粉粒料筛分，也常用于过滤作业。金属丝编织筛面的优点是轻便价廉，筛面利用系数大，同时由于金属丝的交叠，表面凹凸不平，有利于物料的自动分级，颗粒通过能力强。主要缺点是刚度、强度差，易于变形甚至破裂，往往会因网丝滑动导致筛孔变形，从而影响筛分的准确性，只适用于负荷不太大的场合。不锈钢丝不同规格见表5－7。

表5－7 不锈钢丝不同规格

型号规格/目	丝径/mm	组织	孔数/cm	孔宽/mm	筛面利用系数
80	0.09	平纹	31.5	0.228	51.43
100	0.08	平纹	39.4	0.174	46.98
120	0.08	斜纹	47.2	0.132	38.62
150	0.06	斜纹	59.1	0.109	41.61
200	0.05	斜纹	78.7	0.077	36.65
250	0.04	斜纹	98.4	0.062	36.54
300	0.03	斜纹	118.1	0.055	41.67

（4）绢筛面

绢筛面由绢丝织成，或称筛绢，主要用于粉料的筛分，在面粉工业的粉筛中用量最大。由于绢丝光滑柔软，所以极易移动而改变筛孔尺寸，较大孔的绢筛面都用绞织（全绞和半绞），如图 5 - 24 所示。筛绢的材料为蚕丝或锦纶丝，也可两种材料混织。

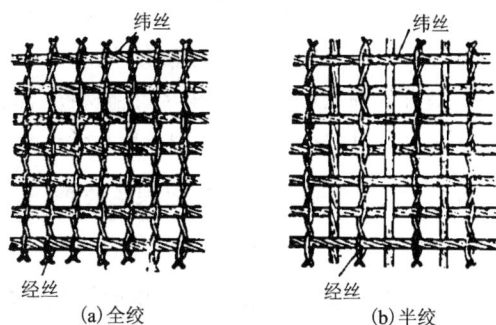

图 5 - 24　筛绢组织

2. 筛孔

筛孔形状和尺寸的选择取决于筛分物料的粒度及其截面形状，如图 5 - 25（a）所示，按照"长度≥宽度≥厚度"定义物料的三维尺寸。按谷粒厚度不同分离，长方形筛孔是根据物料厚度不同进行分离的；按谷粒宽度不同分离，圆形筛孔主要是根据物料宽度不同进行分离的；按谷粒的形状不同分离，三角形筛孔主要根据物料的形状分离。

（1）长方形筛孔按粒度厚度不同分离

筛孔只限制谷粒的厚度，而谷粒的长度和宽度不受限制，谷粒不需要竖立起来即可通过筛孔，这样筛面只需作水平振动即可。

应用长方形筛孔时，筛孔长边应与物料运动方向即筛面振动方向相同。在实际应用中，多用长方形筛孔分离厚度与谷粒厚度相差较大的杂质，或按厚度不同对谷粒进行分级。

试验证明，增加这种筛孔的长度可提高其筛分效率，但增加到一定程度后，筛分效率提高很少。筛孔长度一般为谷粒长度的 2~3 倍，另外，筛孔过长，筛面强度和刚度将被削弱。

（2）圆形筛孔按谷粒宽度分离

圆形筛孔只限制谷粒的宽度，而对长度和厚度没有限制。筛分时，谷粒必须竖立起来才能穿过筛面。但是，当谷粒的长度大于筛孔直径的两倍以上时，尽管谷粒的宽度小于筛孔的直径，谷粒也不能穿过筛面，而只能在筛面上水平运动。这是因为谷粒的重心没有在筛孔圆内，谷粒不能竖立起来。

圆孔筛是根据物料宽度不同进行分选，如图 5 - 25（b），宽度大于筛孔直径的颗粒将被截留在筛面的上方，宽度小于筛孔直径的颗粒只有以直立姿势穿过筛孔才会落到筛面的下方；长方形筛孔是按颗粒的厚度进行分选，如图 5 - 25（c）。厚度大于筛孔宽度的颗粒被截留在筛面的上方，厚度小于筛孔宽度的颗粒以直立或侧立姿势穿过筛孔落到筛面下方。为保证筛理质量，筛面只需要作水平往复振动，筛孔的长边应与振动方向一致。

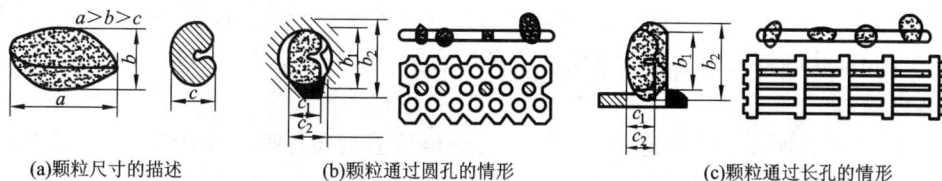

图 5 - 25　圆形孔和长方形筛孔分离原理

在生产中,多用圆形筛孔分离比谷粒宽度大和比谷粒长得多的大杂质,以及比谷粒宽度小的小杂质,或按谷粒的宽度进行分级。

一般情况,筛孔的尺寸应稍大于物料所需分级的尺寸:圆孔,为物料尺寸的1.2~1.3倍;正方形孔,为物料尺寸的1.0~1.1倍;长方形孔,为物料尺寸的1.1倍。

筛面开孔率(即筛面的有效面积系数) = $\dfrac{\text{筛孔总面积}}{\text{整个筛面面积}}$,一般为50%~60%,考虑到筛面的强度,此值不宜过大。

筛孔的排列方式:一般以正三角形排列为最好,一是在同样情况下开孔数最多;二是错开排列,则物料与筛孔的接触机会多,有利于物料过筛。

如图5-26所示,当正三角形排列时,其开孔率:设孔径 d 与孔隙 m 相等,即 $d=m$,则以虚线面积为整个筛面面积计算:

$$K_1 = \frac{\dfrac{\pi d^2}{4}}{(d+m)\dfrac{\sqrt{3}}{2}(d+m)} = \frac{\pi d^2}{2\sqrt{3}(d+m)^2} \tag{5-6}$$

如图5-27所示,当正方形排列时,其开孔率:

$$K_2 = \frac{\dfrac{\pi d^2}{4}}{(d+m)(d+m)} = \frac{\pi d^2}{4(d+m)^2} \tag{5-7}$$

由 K_1 和 K_2 比较可知,在同样的孔径和空隙时,正三角形排列比正方形排列其筛面的有效面积系数大16%。

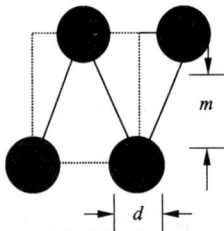

图5-26 正三角形筛孔正三角形排列

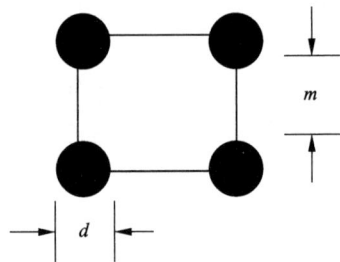

图5-27 正方形筛孔排列

三、筛面组合

生产中为了要将各种粒度的混合物通过筛分分成若干个粒级,或提高总的筛分效率,须将若干层不同筛孔的筛面组合使用通常有3种组合方法:

1. 筛余物法

如图5-28(a)所示,将前道筛面的筛余物送至后道筛面再筛,图中所示筛分产品从Ⅰ到Ⅳ的粒度依次渐粗,这种筛面组合的特点是先提细粒后提粗粒。它的优点是粗粒料的筛分路线长,筛面的检查,清理,维护方便。缺点是所有大粒物料要从每层筛面流过,不但筛面磨损,而且多数粗粒料阻碍细粒料接触筛孔,降低筛分效率。

原料   原料   原料

I   Ⅲ   ⅣⅡ   I Ⅳ   ⅢⅡ   Ⅳ   ⅢⅡI

(a)   (b)   (c)

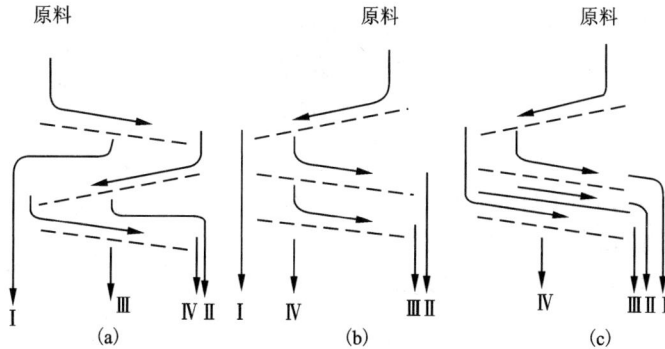

图 5 - 28　筛面的组合

2. 筛过物法

如图 5 - 28(b)所示，将前道筛面的筛过物送至下道筛面再筛。筛分产品从 I 到Ⅳ依次渐细，先提粗粒后提细粒。它的优点是使筛面的负荷减轻，有助于提高筛分效率，同时筛面配置空间较紧凑。

3. 混合法

如图 5 - 28(c)所示，这种方法综合了前两种方法的优点，因此流程可以灵活多变。

不同的筛分物料，应根据其物料的具体特点、粗细料的含量以及筛分的要求来确定筛面的组合方式。

四、筛面运动形式

为保障筛分过程的正常进行，物料与筛面应保持足够的接触时间，以便于筛孔度量颗粒，同时物料与筛面之间应形成相对运动，促使小于筛孔的物料穿过筛孔。物料在筛面上最大可能移动距离(称为筛程)越长，筛分效率越高；物料沿筛面运动速度越快，越不易穿过筛孔，筛分效率越低；物料沿垂直于筛面的运动速度越大，小颗粒越易穿过筛孔，但动力消耗也相应增大。

(一)筛面基本运动形式

常见的筛面基本运动形式如图 5 - 29 所示，有静止倾斜筛面、往复运动筛面、高速振动筛面、平面回转筛面和滚动旋转筛面等。

1. 静止倾斜筛面

如图 5 - 29(a)所示，物料在自重作用下沿筛面下滑，小于筛孔的颗粒穿过筛孔分离出去，改变筛面的倾角，改变物料下滑的速度和在筛面上运动的时间。当筛面比较粗糙时，物料在运动过程中产生自动分级，由于物料在筛面上的筛程较短，所以筛分效率不高。这是最简单而原始的筛分装置。

2. 往复运动筛面

如图 5 - 29(b)所示，筛面作往复直线运动，物料沿筛面作正反两个方向的相对滑动。筛面往复运动能促进物料的自动分级作用，且物料相对于筛面运动的总路程(筛程)较长，振动频率低而振幅较大，因此可以得到较高的筛分效率，用于流动性好而杂物细小的物料筛选，筛分效率及生产能力较高。当筛面的往复运动具有筛面的法向分量，而筛面法向运动的加速度等于或大于重力加速度时，物料将跳离筛面和跳跃前进(抛掷运动)，这种情况下，可以减少筛孔堵塞现象，对于某些筛分要求是十分有利的。例如，当筛孔尺寸比较接近筛余级别的粒度时，常常需要清除筛孔堵塞现象。

3. 高速振动筛面

如图 5 - 29(c)所示，筛面在沿垂直面内作圆形或椭圆形运动，又称立面圆运动筛。振动频率高而振幅小，物料在筛面上作微小跳动，筛孔不易堵塞，其工作效果与物料有抛掷运动的往复直线运动筛面相似。高频振动筛面可以破坏物料颗粒的自动分级，使物料得到翻搅，适宜清除粒度较小但比重也较小的颗粒或处理难筛粒含量多的物料。

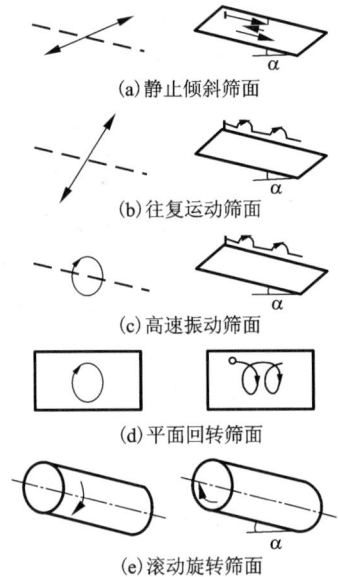

图 5 - 29　筛面运动形式和物料运动

4. 平面回转筛面

如图 5 - 29(d)所示，筛面在水平面内作圆形轨迹运动，物料在筛面上也作圆运动。筛面一般为水平或略微倾斜，物料在离心力及摩擦力的作用下沿螺旋线运动。平面回转筛面能促进物料的自动分级，物料在这种筛面上的相对运动路程最长，而且物料颗粒所受的水平方向惯性力在 360°的范围内周期地变化，因而不易堵塞筛孔，筛程长，自动分层明显，筛分效率高。筛分细粉、谷粒等流动性差、自动分层困难的物料时，需要采用较大的筛面，且通常用多层结构。这种筛面在粮食加工、食品粉状物料分级中应用极为广泛。

5. 滚动旋转筛面

如图 5 - 29(e)所示，筛面呈圆柱面或六角筒形结构，倾斜布置，绕自身轴线转动，物料在筛筒内翻滚而被筛选。因物料不便于穿过筛孔，在任何瞬时只有小部分筛面接触物料，筛分效率低，筛分生产能力低。

选择筛分机械时，首先要掌握原料颗粒的形状、粒度分布、流动性等物性，选择适宜的机型，并根据原料处理量选择机械的生产能力。摆动筛适用于难筛粒含量高的物料，在粮食加工厂常用来处理下脚物料或用作初清物料。

五、典型筛选机械

(一)振动筛

振动筛是应用最广泛的谷物类物料筛选与风选相结合的清理设备，用于清除物料中的轻杂、大杂和小杂。图 5 - 30 所示为振动筛的构造，主要由进料装置、筛体、吸风除尘装置、振动装置和机架等组成。

进料装置由进料斗和流量控制活门构成，其作用是保证供料稳定并沿筛面均匀分布，提高筛分效率。进料量可以调节，流量控制活门有喂料辊和压力门两种结构，喂料辊进料装置喂料均匀，但结构复杂，一般在筛面较宽时才采用。压力门结构简单，操作方便，筛选设备多采用重锤式压力门。

筛体是振动筛的主要工作部件，它由筛框、筛面、筛面清理装置、吊杆、隔振机构等组成，筛体内通常设 3 层筛面，第一层为接料筛面，筛孔最大，筛上物为大型杂质，筛下物均匀落到第二层筛面的进料端。第二层为大杂筛面，用以进一步清理略大于粮粒的中杂，第三层为小杂筛面，小杂穿过筛孔排出，因筛孔较小而易造成堵塞，为保证筛选效率，设置筛面清理装置。

隔振装置用来降低筛体的振动，筛体的工作频率一般在超共振频率区，在启动和停机过程中需要经过共振区。常用的隔振装置有弹簧式和橡胶缓冲器。

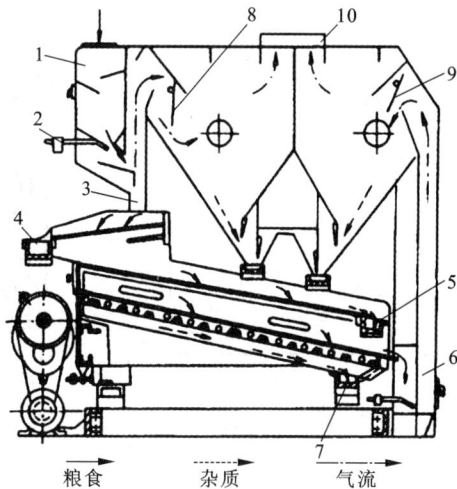

图 5 - 30　振动筛

1—进料斗；2—吊杆；3—筛体；4—大杂出料槽；5—筛格；6—自衡振动器；7—弹簧限振器；8—电动机；9—中杂出料槽；10—轻杂出料槽；11—后吸风道；12—沉降室；13—风机；14—风门；15—排风；16—前吸风道

这种振动筛的筛面作往复运动，因物料只是在筛面上滑动，适宜于流动性较好的散粒体物料的分选。

（二）谷糙平转筛

谷糙平转筛属于平面回转式筛设备，结构紧凑、物料提升次数少、筛面利用率高和操作管理较方便，是碾米加工厂必不可少的定型设备。

谷糙平转筛的工作原理如图 5 - 31 所示。利用谷糙混合物自动分级的特性，使物料和糙米在筛面上充分分层，并配备大小适当的筛孔，使底层糙米及时分出，从而达到谷糙分离的目的。谷糙平转筛由进料装置、筛体、偏心回转机构和筛面角度调节机构等部件组成。筛体的固定方式分支撑式和悬吊式两类。

如图 5 - 32 所示，依照不同孔径筛筒的排列，筛筒有并列式、串列式和同轴式三种结构。

并列式组合将筛孔规格不同的几个筛筒按筛孔大小依次顺序排列，每段筛筒的长度较大，筛理路程较长，物料颗粒有更多的机会被筛孔度量。为节省占地面积，筛筒间可作垂直方向的排列。各段筛理能力均衡，适宜于粒径分布较为均匀的物料的筛分。

串列式组合将筛筒分成多段，筛孔由小而大，各段长度较短，筛理路程短，物料不能得到充分筛理，影响作业效率。适宜于小颗粒含量较多的物料的筛分。

同轴式组合将具有不同筛孔和筒径的筛筒由内向外排列，结构紧凑，但流量最大的内筛筒直径最小，筛理能力低，而且同一粒度的颗粒因穿过上一级筛孔的位置不同而不具有同样的筛理路程，故适合于大颗粒较少物料的分选。有些机型采用棱柱面筛筒，与圆柱面筛筒相比，料层的流动状态更有利于筛理，但结构略显复杂，且工作时平稳性较差。

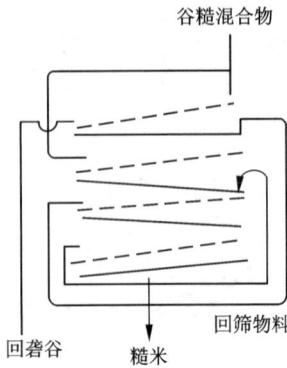

图 5-31 谷糙平转筛的工作原理

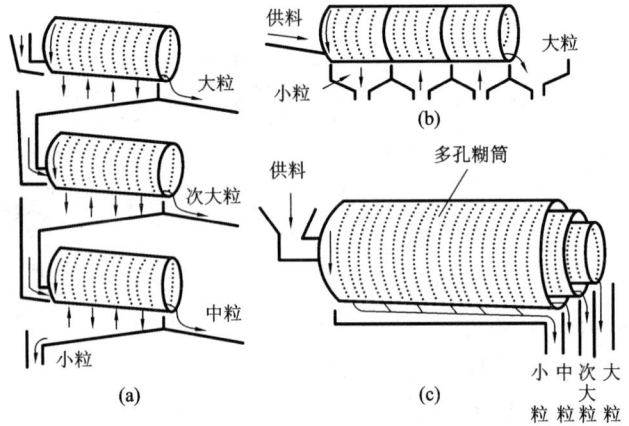

图 5-32 圆筒筛分级机示意图
(a)并列式;(b)串列式;(c)同轴式

第七节 块状物料分选机械

单体尺寸和质量较大的块状物料常需要通过逐个测定进行分选。根据测定项目,块状物料的分选分为尺寸分级、重量分级、色选和图像分选等。

大小不同的果蔬原料通过分级机分成若干等级,使罐头的内容物整齐划一,成品美观,同时也方便下道工序的加工与操作,提高劳动生产率,有利于生产的连续化和自动化。下面介绍几种常用的分级分选设备。

一、滚筒式分级机

(一)结构与工作原理

滚筒式分级机的滚筒壁上分布有孔眼,由于滚筒的转动,使原料在滚筒内滚动,并向出口移动,在此过程中原料从不同孔径的孔眼掉下,分别收集后,即实现分级。其分级效率较高,广泛用于蘑菇和青豆的分级,见图 5-33。

主要构件:滚筒,是用 1.5~2.0 mm 的钢板辊压成圆筒后焊接而成,钢板预先钻孔,孔的大小和分布按原料和工艺要求定。为了制作方便,整个滚筒分节制造,各节之间用法兰连接,法兰边即可作为摩擦滚圈,摩擦滚圈由摩擦轮和托轮支承,滚筒轴线略呈倾斜,便于物料在滚筒内向出口处运动。

滚筒的滚转驱动方式有摩擦轮式、齿圈式和中心轴式三种类型。目前一般采用电动机驱动,经减速器、链传动至摩擦轮,依靠摩擦轮与滚圈互相作用产生的摩擦力驱动滚筒转动,其性能简单可靠,运转平稳。

滚筒 2 的前端有进料斗,原料由提升机连续均匀地送进进料斗。滚筒的下部装置有出料,料斗数目与分级数目相同,但不一定与滚筒的节数相同,因为有时可以由两节滚筒组成

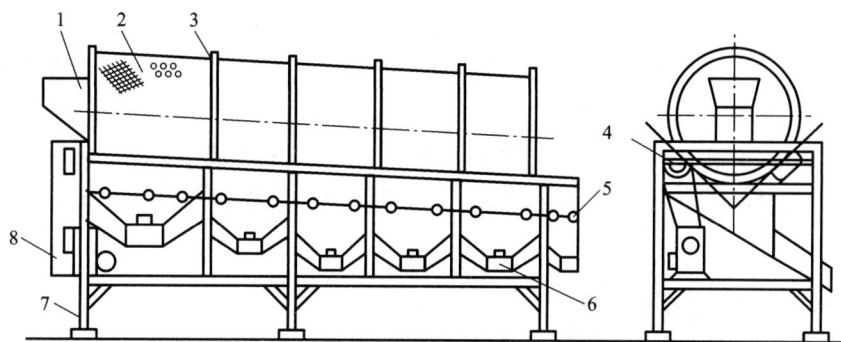

图5-33　滚筒式分级机

1—进料斗；2—滚筒；3—滚圈；4—摩擦轮；5—铰链；6—出料斗；7—机架；8—传动系统

同一个级别，这时两节滚筒共用一个料斗。

工作时，滚筒上的小孔往往被原料堵塞而影响分级效果。因此常常在滚筒外壁装置木制滚轴，用弹簧使其压紧在滚筒外壁。由于滚轴的挤压，把堵塞在小孔中的原料挤进滚筒中，这种装置称为清筛装置。

(二)滚筒式分级机工艺参数

滚筒式分级机的工艺参数一般根据原料和工艺要求来定，技术人员要根据实际情况来选择。

1. 孔眼总数的确定

滚筒上孔眼的大小和形状，是根据原料的大小和形状确定的，而其孔眼总数可用式(5-8)确定：

$$Z = \frac{10^6}{3600} \cdot \frac{Q}{\lambda m} \qquad (5-8)$$

式中，Z——滚筒上的孔眼总数，个；

　　　Q——生产能力，t/h；

　　　λ——过筛率，即在同一秒内从筛孔中掉下物料的系数，可取1.0% ~2.5%，蘑菇取小值；

　　　m——粒物料平均质量，g。

2. 滚筒孔数分配及其几何尺寸

滚筒总孔数确定之后，由于各级筛孔孔径不同而滚筒直径相同，所以这个总孔数不能平均分配在各个级中，而应按工艺要求确定分级数、每级孔眼的排数与每排孔数。若把滚筒展开成平面，则对于其中的每一级而言，滚筒的几何参数如下：

孔数 = 每排孔数 × 排数

长度 = 孔距 × 排数 = (孔径 + 孔隙) × 排数

周长 = 孔距 × 每排孔数 = (孔径 + 孔隙) × 每排孔数

直径 = 周长 / π = 孔距 × 每排孔数 / π = (孔径 + 孔隙) × 每排孔数 / π

从理论上说，每级孔数之和应等于总孔数，每级长度之和就是所设计的滚筒长度。但这样计算出的滚筒直径，各级并不相等，无法用法兰连接。为此，一般是取滚筒直径计算中的最大值作为整个滚筒直径，其他各级直径可通过适当增多孔眼数目或增加孔隙进行调整。每级长度也采用类似方法进行统一，以便于制作。

在初步确定了滚筒直径和长度后，用径长比进行校核，径长比指滚筒总体直径与长度之比值，一般为 4～6。若所得径长比不在此范围内，应重新调整各级的几何参数，最后确定一适当的滚筒直径和滚筒长度。

清筛装置：为了解决筛孔被物料堵塞而影响分级效果的问题，通常在滚筒外壁平行于其轴线安装一个木制滚轴在弹簧作用下，压紧在滚筒外壁来达到清筛目的，有时采用水冲式或装置毛刷实现清筛。

二、辊式果蔬分级机

这种设备常用于苹果、柑橘和桃子等近似球形的果蔬的分级。

三辊式分级机是按原料直径大小进行果蔬分级的设备，其主要构件由理料辊、前辊、中间辊(升降辊)、后辊、驱动轮和出料输送带等组成，如图 5－34 所示。分级作业是在一条由许多辊轴组成的输送带上完成的，相邻两辊轴间装有一根升降分级辊。辊轴形状如图 5－35 所示，周向开有梯形槽，这样，三根辊轴形成了两组分级口。辊轴一面自转，一面随输送带前进，同时，由于中间辊轴的上下位置受导轨控制而不断升起，因而分级口不断加大。进入分级口的物料受辊轴自转的影响而转动，使其可能以最小直径对准分级口，当物料最小直径小于某分级口时，即从此分级口下落。不能通过分级口的物料则随输送带向前运动，直至中间辊轴上升到分级口大于最小直径时下落。这样，在出料输送带不同位置上可以获得不同等级的物料，当原料的规格改变时，中间辊轴的升降距离可以作相应的调整，三辊式分级机工作原理见图 5－36。

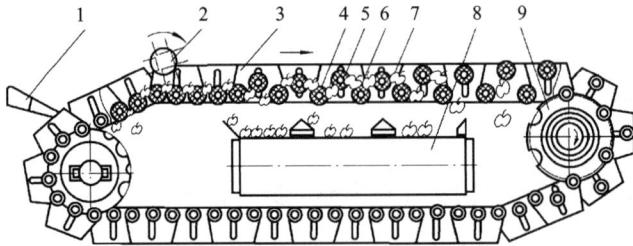

图 5－34　三辊式水果分级机

1—进料台；2—理料辊；3—驱动链；4—前辊；
5—中间辊(升降辊)；6—后辊；7—物料；8—出料输送带；9—驱动轮

三辊式果蔬分级机的特点是生产能力强，分级范围大，分级效率高，无冲击现象，物料损伤小。对于球形或近似球形体的果蔬原料如苹果、柑橘、甜瓜、桃子等，可将其在 50～100 mm 范围内分为 5 个级别。

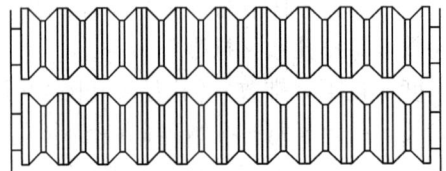

图 5－35　辊轴形状

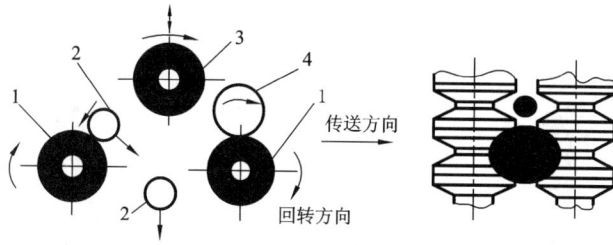

图 5-36 三辊式分级原理

1—固定分级辊；2—物料(小)；3—升降分级辊；4—物料(大)

本章小结

自动洗瓶机主要用于回收旧瓶清洗，可分为单端式和双端式两种。清洗流程由冲洗、浸泡等方法选择性组合而成，并且均采用液体温度逐渐升高和降低及能量回收利用的设计模式。从使用角度看，单端式和双端式特点各有长短。

CIP 是对食品加工设备进行现场清洗的意思。CIP 系统通常由清洗液(包括净水)贮罐、加热器、送液泵、管路、管件、阀门、过滤器、清洗头、回液泵、待清洗的设备以及程序控制系统等组成。多数加工设备采用固定式 CIP 清洗。对于特殊的设备可采用移动式进行 CIP 清洗。CIP 清洗过程可采用人工或自动方式控制，两者在系统设备投资方面有很大差异。简单和小规模生产线的清洗可采用人工控制方式；设备规模大、流程复杂和设备数量多的生产线 CIP 清洗宜采用自动控制。

食品加工过程涉及各种分离操作。主要包括原料分选、离心分离、压榨、过滤、提取、膜分离以及粉尘回收等。这些操作均可采用不同原理、分离效率和机械化自动化程度的分离设备加以实现。

食品原料的分选可用筛分、力学、光学、电磁学等原理的设备进行。其中筛分式分级和选别机械仍然是目前应用最广泛的分选机械。

思考题

1. 长方形、圆形和正方形筛孔分别是按物料的哪些特点来分选的？
2. 摆动筛筛面有哪些运动形式，各有何特点？
3. 简述振动筛上物料的运动形式？
4. 简述滚筒式分级机和鼓风式清洗机的工作原理。
5. 为什么滚筒式分级机和摆动筛中筛体的筛孔排列宜采用正三角形排列而不采用正方形排列？
6. 简述全自动洗瓶机的工艺过程。
7. 简述影响 CIP 清洗效果的各个因素及相关性。

第六章

分离机械与设备

本章学习目的与要求

掌握过滤、压榨、离心分离作业的工作原理；掌握各种分离机械的基本构成、关键结构、性能及应用特点；掌握提高过滤、压榨机、离心机械分离效率的关键措施；了解膜分离技术、萃取、蒸馏和分子蒸馏设备的基本类型、主要结构及应用特点。

第一节　概述

食品工业生产中的分离操作是指将具有不同物理、化学等属性的物质，根据其颗粒大小、相、密度、溶解性、沸点等表现出来的不同特点而将其分开的一种操作过程。一般来说，食品生产中分离过程的投资要占到整个生产过程总投资的50%～90%，用于产品分离的费用往往要占到生产总成本70%甚至更高。因此分离过程是食品加工中一个非常重要的单元操作。

一、食品生产中的物料特性、分离形式及特点

(一)食品加工中典型的两大类混合物

在食品加工中，常涉及悬浮液、乳浊液和气溶胶等混合液。混合物包括均相和非均相两大类，非均相混合物是由具有分界面的两相或三相所组成的非均相系，而均相混合物则没有明显的界面。如发酵产品、从压榨机中出来的果汁或菜汁是悬浮液；全脂牛奶、油水混合液为乳浊液；烟、尘、雾为气溶胶等。食品加工中所需要的产品往往都存在于这些悬浮液或乳浊液中，为了提取所需产品，须将原料进行处理，因而物料分离是食品加工处理的重要内容。在食品加工中需要将混合物加以分离的情况很多。如发酵工业的产品经常要经过分离或净化后才能进入下一道工序；淀粉、结晶或杂质等固形物从原料液中的分离；纯净水的制备；牛

乳中蛋白质的提纯以及在植物原料中提取天然有效成分等。上述分离过程均要运用一定的物理、化学方法，采用适当的分离机械与设备来加以操作，并需要消耗一定的物料和能量。

（二）食品工业生产中的物料分离的种类

分离具有不同物性的物质的方法各不相同，对于均相物系的分离必须造成一个两相物系且根据物系中的不同组分间某种物性的差异，使其中某个组分或某些组分从一相向另一相转移而达到分离的目的；对于非均相物系中的连续相与分散相具有不同的物性（如密度），可用机械方法将其分离。物质的分离一般采用过滤、离心、萃取、蒸馏、重结晶、吸附等方法。

食品工业生产中的分离主要包括以下几类：

①固－固系分离；②固－液系分离 ③固－气系分离 ④液－液系分离。

除此之外还有液－气系分离、气－气系分离等，由于食品中的主要物料是固体和液体，因此液－气分离、气－气分离的模式在食品工业中运用较少。此外，基于颗粒物质对半透膜通过性能不同发展起来的膜渗透工艺，以及基于超临界状态下 CO_2 等溶剂对不同物质溶解性不同进行的超临界流体萃取工艺也被视为分离的范畴，它们是高新技术在食品工业中应用的代表。

在食品工业中，固－液系分离尤其常见，其可能的目的包括：回收有价值的固相；回收有价值的液相；固相、液相都分别回收；固相、液相都分别排掉等。

（三）物料分离的方法及设备

1.扩散式分离方法

①蒸发、蒸馏、干燥等（根据物料挥发度或汽化点的不同）。

②结晶（根据凝固点的不同）。

③吸收、萃取、沥取等（根据溶解度的不同）。

④沉淀（根据化学反应生成沉淀物的选择性）。

⑤吸附（根据吸附势的差别）。

⑥离子交换（采用离子交换树脂）。

⑦等电位聚焦（根据等电位 pH 的差别）。

⑧气体扩散、热扩散、渗析、超滤、反渗透等（根据扩散速率不同）。

2.机械分离的方法

①过滤、压榨（根据截流性或流动性不同）。

②沉降（根据密度或粒度差不同）。沉降分离可分为重力沉降和离心沉降分离。后者又包括离心分离和旋流分离。

③磁分离（根据磁性不同）。

④静电分离、静电聚结（根据电特性不同）。

⑤超声波分离（根据对波的反应特性不同）。

以上分离方法中，过滤、离心分离和旋流分离被称为食品分离中三大主要机械分离方法。

3.物料分离设备类型

本章所涉及的分离机械，主要是用于固－液系和液－液系的分离，从物料的分离原理上看，可将食品分离设备分两大类：

第一类是利用机械力和分离介质来进行分离的操作，包括：①利用离心力分离的碟片式离心分离设备；②利用离心力和流体力学性质中的惯性离心力来进行物料分离的旋液分离器；③利用机械力的作用，在物料传递过程中通过过滤介质进行分离的板框过滤机、三足式离心机以及 20 世纪 60 年代后发展起来的膜分离技术。

第二类是超临界流体萃取技术，该技术是利用某些溶剂在临界值上所具有的特性来提取混合物中可溶性组分的一门新的分离技术。其他还有一些利用物理、化学或表面性质的方法使分散相与分散介质发生物性变化，如利用调节 pH、盐析等方法将蛋白质等物质从分散介质中变性，溶解度下降，再使用过滤、离心等方法进行分离，其前处理方法上存在着不同，但最后的分离方法与上述相似。因此，根据物料本身的物理化学性质进行工艺流程和工艺参数的控制，是分离操作中所必须考虑的重要问题。

各种分离方法的分离原理与使用范围见图 6－1 所示；物料分离设备类型见图 6－2 所示。

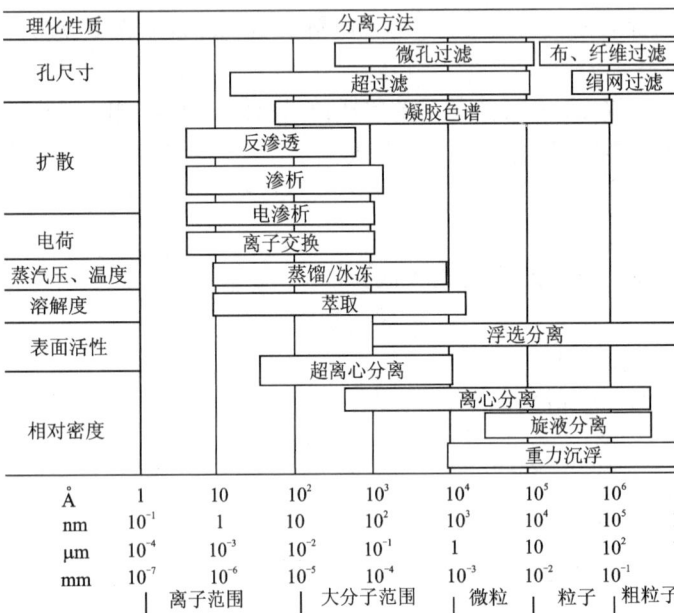

图 6－1　各种分离方法的分离原理和适用范围

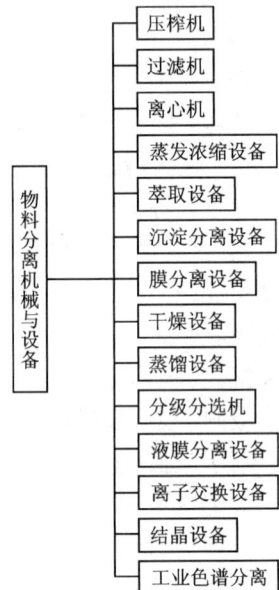

图 6－2　物料分离机械设备类型

二、食品工业产品分离的技术要求

食品生产中加工对象和中间产品大多为混合物，且食品物料大多含有多种活性物质，对外界环境相当敏感，加工过程对原料风味，营养成分产生影响，食品物料的分离技术较为复杂，分离设备要求更高，主要包括：①保持物料的天然性，即最大限度地保持食品固有的色、香、味及营养成分免受损失或破坏；②具有较高的物料分离效率；③满足食品卫生要求。

第二节　过滤机械

一、过滤分离原理及应用

(一)概述

过滤是利用混合物内相的截流性的差异,利用多孔过滤介质将悬浮液中的固体微粒截留而使液体自由通过来把固－液分离的操作。因此,它可用于连续相(或介质)为流体(液体或气体),分散相为固体的混合物的分离。食品工业在生产饮料、果汁、糖浆、酒类等产品时,常用过滤方式除去其中的固体微粒,以提高产品的澄清度,防止制品日后随保存时间延长发生沉淀。因过滤适应的粒度和浓度范围较宽,所以其应用范围很广;但过滤操作中的缺点是过滤介质易堵,连续性差,特别是对食品、生物类物料进行过滤时尤为明显,原因是食品中所涉及的混合物(悬浮液或乳浊液)与一般无机物悬浮液在过滤特性上有所不同,前者分散于液相中的固体粒子可压缩性较大,有的还具有胶体性质,对过滤分离操作造成很大的困难,这种困难的程度随着原料的性质的不同而不同,但在很大程度上决定于过滤介质的选择,原料的预处理、过滤分离设备的选择及操作是否合理等。另外,虽然过滤适应的浓度范围较宽,理论上可以处理低浓度的物料,但大量低浓度的混合物通过过滤器来处理往往是不经济的,应尽量采用其他分离方法协助进行。

(二)过滤分离的原理与过程

1.过滤分离的原理

含有悬浮固体颗粒的液体系统称悬浮液,含有液体微粒的液体系统称乳浊液,有些乳浊液还含有少量的固体颗粒。过滤操作的基本原理是利用某种多孔介质,在外力作用下使连续相流体通过介质孔道时截留分散相颗粒,从而达到将悬浮液中的固－液分离的目的。它是分离悬浮液最普通、最有效的单元操作之一,它对沉淀物要求含液量较少的液－固混合物的分离特别适用;也可用于气－固体系的分离。与沉降相比,过滤分离更迅速;与蒸发干燥等非机械分离相比,则能耗更低。

过滤过程可以在重力场、离心力场和表面压力的作用下进行。食品加工所处理的悬浮液浓度往往较高,一般为饼层过滤。过滤时,滤液的流动阻力为过滤介质阻力和滤饼阻力。滤饼阻力取决于滤饼的性质及其厚度。图6－3为过滤操作示意图,实现过滤操作的外力可以是重力或惯性离心力,但应用最多的还是多孔介质上、下游两侧的压差。

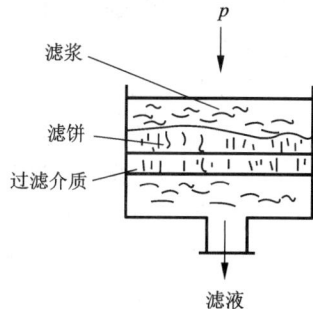

图6－3　过滤操作示意图

2.过滤分离的工作过程

过滤操作过程一般包括过滤、洗涤、干燥、卸饼4个阶段。

(1)过滤

悬浮液在推动力的作用下,克服过滤介质的阻力进行固、液分离;固体粒子被截留,逐渐形成滤饼,且不断增厚,阻力也逐渐增加,速度减慢,当速度降低到一定程度后,过滤停止。

（2）洗涤

停止过滤后，因滤饼的毛细孔中含有许多滤液，须用清水或其他的液体洗液，以得到纯净的固体产品或更多的液体。

（3）干燥

用压缩空气吹或真空吸，把滤饼毛细孔中存留的洗涤液排走，得到含湿量较低的滤饼。

（4）卸饼

把滤饼从过滤介质上卸下，并把过滤介质洗净，以备重新使用。

过滤中所形成的滤饼分为不可压缩的滤饼和可压缩滤饼。不可压缩滤饼由不变形的滤渣组成如淀粉、砂糖、硅藻土等；其流动阻力不受滤饼两侧压力差的影响，也不受固体颗粒沉积速度的影响。而可压缩滤饼则随着压差和沉积速度的增大，滤饼的结构趋于紧密，阻力也增大，如酱油、干酪、豆渣等的滤渣。但绝对不可压缩的滤饼是不存在的。实现上述操作的过程可以是间歇的，也可以是连续的。

（三）过滤分离的应用

过滤分离在食品工业中广泛应用于下面三个方面：

①用于含大量不溶性固体的悬浮液的过滤（大于 $1\% \sim 2\%$ ）。如饴糖液中去除糖渣；葡萄糖、食用油的脱色后滤去活性炭、漂白土等；这种过滤主要是以过滤介质上游所形成的固体颗粒床层的渗滤作用为主要机理，称滤饼过滤。

②用于从液体中除去少量不溶性固体的过滤。如啤酒、果汁、牛奶、色拉油的过滤。这种过滤在过滤介质上游形成微薄的滤饼，过滤中有少量颗粒嵌入过滤介质通道，称深层过滤。

③用于从大量有价值的液体中除去少量极细小（小于 $1\mu m$ ）质点的过滤，如从汽水、果汁中除去少量的微生物，称膜过滤。其中小于 $1\mu m$ 数量级称微滤，小于 $1nm$ 数量级称纳滤。

（四）过滤介质与助滤剂

1.过滤介质

过滤介质的作用是促使滤饼的形成，并作为滤饼的支撑物。工业上对过滤介质基本要求是：

①具有多孔性，滤液通过时阻力小，孔道大小应能使悬浮粒子被截留。

②具有足够的机械强度。

③具有适当的表面特性，能加快滤饼的卸除。

④应无毒、耐腐蚀和不易滋生微生物、易清洗。

常用过滤介质的种类很多，按其形状大致可以分为：

（1）粒状介质

如焦碳、细砂、沙砾、锯屑、活性炭、酸性白土、硅藻土、珍珠岩粉（大多作助滤剂）等。常用于过滤固相含量较少的悬浮液，如水的过滤和糖的脱色等。

（2）织状介质

是工业上广泛应用的一种；如不锈钢丝（能用于酸性食品的过滤）、铜丝或镍丝等金属滤布以及非金属织物（天然纤维布和合成纤维布），织状介质常用于淀粉糖浆、酱油、糖液、酒类等的过滤。

（3）多孔固体介质

如多孔陶瓷、多孔塑料薄膜、多孔玻璃等。多做成板状或管状，具有孔隙小、强度高、耐腐蚀性好等特点,常用于过滤含有少量微粒的悬浮液,如白酒、糖液、水的过滤。

工业上常用的过滤介质主要有:①刚性多孔烧结金属板;②多孔陶瓷;③金属丝编织物;④多孔塑料薄膜;⑤天然纤维滤布和合成纤维滤布;⑥松散粉粒;⑦超滤膜。

作为过滤介质,首先应具有一定的孔道并能截留一定大小的固体粒子。但由于过滤中存在着架桥现象,如图6-4所示,过滤介质孔径大小与所能截留的固体粒子的尺寸是不等同的,但两者之间有着密切的关系,在某种程度上可间接地衡量其截留固体粒子的性能,作为选择过滤介质互相比较的依据之一。不同的过滤介质所能截留的最小粒子相差很大。如纤维滤布为10 μm;

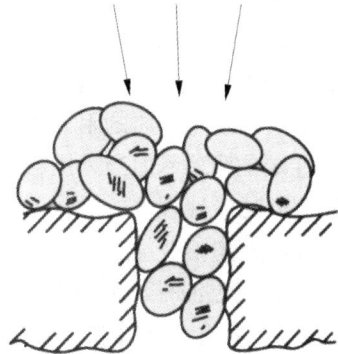

图6-4 过滤中的架桥现象

超滤膜为0.005 μm;松散粉粒为1 μm。另外过滤介质还应具有好的渗透性,使得过滤操作能顺利进行。影响过滤介质渗透性大小的因素有:①介质的结构,即单个孔径的大小及单位过滤面积上的孔的数目;②操作压力;③材料的种类;④过滤介质的制造方法等。

2. 助滤剂

助滤剂是为了提高过滤速度,在过滤前预覆在滤布上或添加于滤浆中的物质。当待过滤的固体颗粒极细,或具有很大的压缩性时,过滤介质很快被堵塞,所形成的滤饼的孔隙度很小,过滤层的渗透率大大下降,过滤操作无法进行。助滤剂的表面有吸附胶体粒子的能力,且颗粒细小坚硬不可压,能起到防止滤孔堵塞的作用。为防止胶状微粒对孔堵塞,有时用助滤剂(硅藻土、活性炭)涂于滤布上,或按一定的比例均匀混合于悬浮液中,一起进过滤机过滤,形成渗透性好、压缩性较低的滤饼,使过滤能顺利进行,过滤结束,助滤剂和滤饼一起去除。食品工业所用的助滤剂主要有硅藻土、石棉、锯屑、活性炭等。助滤剂只能用于滤液有价值而滤渣无用的场合。

生产上最常用的助滤剂是硅藻土,因其具有在酸碱条件下稳定、粒子形状很不规则、所

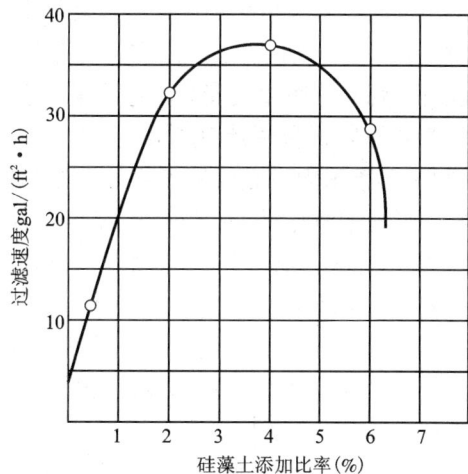

图6-5 过滤速度与硅藻土添加比率的关系

(1 gal = 4.54 L)

形成的滤饼孔隙率大、滤饼不可压缩等特点,所以在生产上既可以作为深层过滤介质、作预涂剂,同时还可以作为助滤剂,但在使用过程中硅藻土的添加率、粒度分布对过滤速度影响很大,在其他条件一定时,存在一个最适的添加率,而且中等粒度的占比例多一点为好。如图6-5所示。

(五)过滤操作中的推动力和阻力

1. 过滤操作中的推动力

过滤操作中的推动力是指滤饼和过滤介质所组成的过滤层两侧的压力差 Δp。一般有四种:①悬浮液本身的液柱压力差,一般不超过50 kPa,称为重力过滤。②在悬浮液表面加压,

一般可达 0.5 MPa,称为加压过滤。③在过滤介质下方抽真空,一般不超过 86 kPa 真空度,称为真空过滤。④惯性离心力,称为离心过滤。将在离心分离部分介绍。

2. 过滤中的阻力

过滤阻力是随着过滤操作的进行而产生的,刚开始过滤时只有介质的阻力。随着过滤的进行,不仅有过滤介质的阻力,而且产生了滤饼的阻力。滤饼阻力随过滤的进行逐渐增大,后成为主要的阻力;但当采用粒状介质过滤且悬浮液中含固体颗粒很少时,可忽略滤饼的阻力,如用砂滤棒处理水的操作。

(六)过滤机的分类

过滤机按过滤推动力可分为:重力过滤机、加压过滤机和真空过滤机;按过滤介质的性质可分为:粒状介质过滤机、滤布介质过滤机、多孔陶瓷介质过滤机及半透膜介质过滤机等;按操作方法可分为:间歇式过滤机和连续式过滤机等。

间歇式过滤机的四个操作程序在不同的时间内,在过滤机同一部位依次进行。此类过滤机结构简单,但生产能力较低,劳动强度大。常用的有重力过滤机、板框压滤机、厢式压滤机、叶滤机等。连续式过滤机的四个操作工序在同一时间内,在过滤机的不同的部位进行。其生产能力较高,劳动强度小,但结构复杂。连续过滤机多采用真空操作,常见的有转筒真空过滤机、圆盘真空过滤机等。

二、常压过滤设备

常压过滤设备是指在常压或接近常压下过滤的设备,其特点是过滤操作不需要任何其他的过滤介质,运行费用低,但操作压力差较小,速度慢,设备的日周转次数少。典型的常压过滤设备主要有平底筛板麦芽汁过滤槽和多层过滤单元式麦芽汁过滤槽。

(一)平底筛板麦芽汁过滤槽

图 6-6 所示为平底筛板麦芽汁过滤槽的结构图,此设备广泛用于啤酒生产中的麦芽汁的澄清。过滤槽整体呈一圆形平底容器(直径 10~15 m),外围为保温层,以保持器内麦芽汁温度在 75℃左右,内部设有过滤筛板、回转淋水管、耕糟器及排汁、排糟通道。过滤筛板装在距平底约 8~12 mm 处,与底面平行,厚 3.5~4.5 mm,板上开有(30~50) mm ×(0.4~0.7) mm 的条形孔,开孔率为 4%~12%,形状为喇叭形,如图 6-7 所示,用于支持过滤介质;淋水管做回转运动,用于洗槽;耕糟器悬于中央转轴顶部横梁上,耕糟器中配有耕刀,由转轴带动旋转,用于疏松滤饼和排糟,其转速、耕刀角度及与筛板间的距离可调。耕刀与筛板间距大于 5 mm,通过水力活塞带动转轴升降进行调整。耕糟器的耕刀可通过手轮调节,在过滤末期及洗涤时,耕刀垂直于回转半径方向,而排糟时平行于半径方向。

平底筛板麦芽汁过滤槽过滤面积较小,速度慢,设备的日周转次数少,但以醪液中的麦皮为过滤介质,操作中不需要添加任何其他的过滤介质,运行费用低,操作过程把过滤速度控制在 270~360 L/m² 时可得到澄清度合格的麦芽汁。

设备工作时,先用热水预热设备,同时排除筛板以下空间的空气。醪液打进过滤槽后应立即开动耕糟器进行搅拌,然后静置使自然沉降的麦糟形成疏松均匀的过滤介质层——麦糟层。静置约 0.5 h 后打开 1~2 个麦芽汁导出管旋塞,放出浑浊的麦芽汁并送回过滤槽,直至排出管流出澄清度达到要求的麦芽汁为止。而后打开所有的麦芽汁导出管旋塞,由总管旋塞控制过滤速度。平底筛板麦芽汁过滤槽的作业周期 3~6 h。为提高过滤速度,缩短过滤时

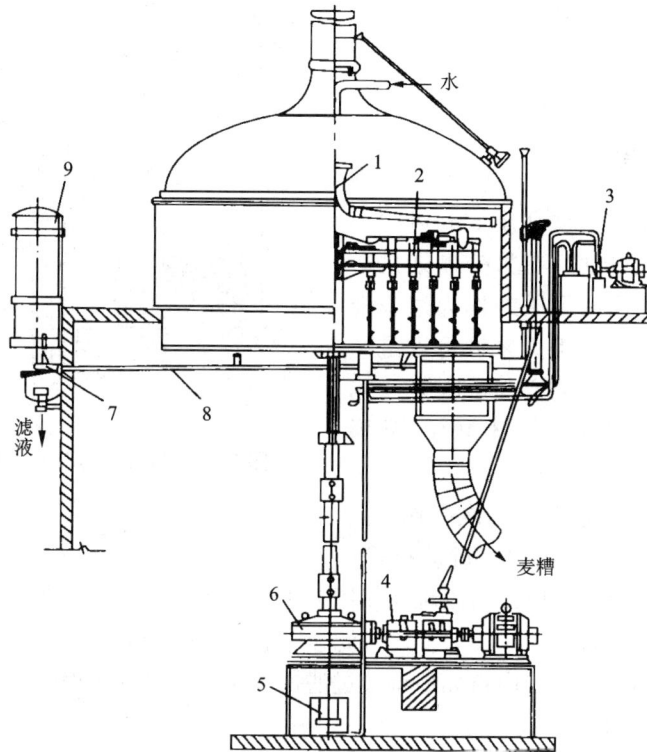

图 6-6　平底筛板麦芽汁过滤槽

1—回转式淋水管；2—耕糟器；3—高压水泵；4—变速器；5—水力活塞缸；
6—减速器；7—滤液旋塞；8—滤液管；9—压差控制器

间，使之与其他设备的生产能力相适应，可以其作为前过滤设备，在其后配置硅藻土过滤机，一般可以缩短一半时间。

（二）多层过滤单元式麦芽汁过滤槽

多层过滤单元式麦芽汁过滤槽是一种通过布置大量过滤网管来增大过滤面积，提高过滤速度的麦芽汁大型常压过滤设备。其结构如图 6-8 所示，过滤槽的器身为方形或圆形结构，底部为锥形结构。在其

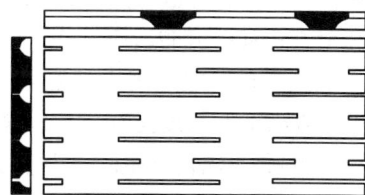

麦芽汁过滤槽筛板

图 6-7　麦芽汁过滤槽筛板

下部不同高度上布置多层呈网状而又互相沟通的过滤管，每一层过滤管构成一个独立的过滤单元，各有一根滤液导出管和离心泵与澄清麦芽汁汇集总管想通，最上一层不超过器身的1/2。过滤管的横断面为梯形，长底朝上，网管上布置有 1 mm × 12 mm 的条形孔。过滤时，将糖化醪泵满槽内，启动离心泵，将吸出的浑浊麦芽汁连续返回过滤槽。随着过滤管表面形成致密麦糟层，滤出麦芽汁很快澄清，即可将其直接送入煮沸锅。当糖化醪液面下降至接近最上一层过滤单元的麦糟层时，用热水洗糟，洗出其中的麦芽汁，洗完后的麦糟加水从槽底排出。

多层过滤单元式麦芽汁过滤槽的单位面积大；各层过滤单元的滤饼较薄，过滤阻力低，过滤速度高；过滤单元相对独立，互不干扰；设备操作周期可达 12 h。

三、加压过滤设备

加压过滤设备是在过滤介质或滤饼的一侧施加高于大气压的压力，在另一侧则是常压或略高于常压，利用两侧压差作为过滤推动力而进行过滤的装置。动力来源可以是柱塞泵、隔膜泵、螺杆泵、离心泵、压缩气体等。其操作压力一般不低于 0.3 MPa，常用0.3～0.5 MPa，最高可达 3.5 MPa。

常用的加压过滤设备多为间歇操作，主要包括板框压滤机、箱式压滤机、叶滤机等。

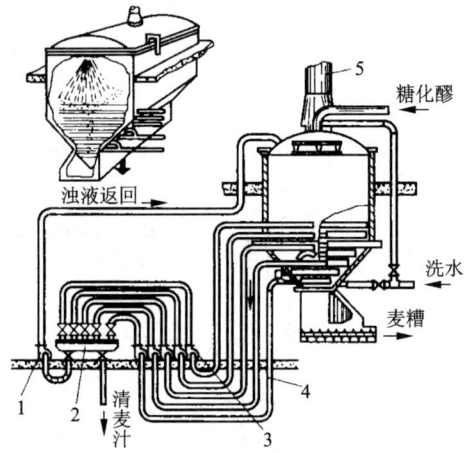

图 6-8　多层过滤单元式麦芽汁过滤槽
1—麦芽汁回流泵；2—麦芽汁汇集槽；3—麦汁泵；
4—麦汁滤出管；5—升气管

连续操作的加压过滤机因带压卸料困难在使用上受到一定的限制。

加压过滤设备因具有过滤压力较高、过滤速率较大、结构简单、操作性能可靠、滤液澄清度高并能在一定的压力范围内自如地调节过滤操作压力差等优点而使其在食品工业的过滤工序中得到广泛的应用。

(一)板框压滤机

1. 板框压滤机的工作原理

板框压滤机是间歇式过滤机中应用最广泛的一种，其工作原理是利用滤板来支承过滤介质，滤浆在加压下强制进入滤板之间的空间并形成滤饼与过滤介质完成过滤。板框压滤机结构简单、造价低、过滤面积大、无运动部件、能耗低、推动力大，管理方便，工作可靠，便于操作和检查，对物料的适应性强；但装拆劳动强度大、生产率低、滤饼洗涤慢、滤布磨损严重。板框压滤机一般适用于黏度大、颗粒度细、可压缩性大、有腐蚀性的各种复杂物料的过滤，特别适用于低浓度悬浮液、胶体悬浮液、液相黏度大或接近饱和状态的悬浮液的过滤，如饴糖、啤酒、麻油、葡萄酒、果蔬汁等。

2. 板框压滤机的结构及主要构件

图 6-9、图 6-10 所示分别为板框压滤机的结构简图和外形图。板框压滤机由多块滤板和滤框组成，板框均用支耳架在一对横梁上，用压紧装置压紧或拉开，板和框的数目由生产力决定，一般为 10～60 个，形状为正方形，边长一般不超过 1 m，厚度在 20～75 mm 之间，如图 6-11 所示。安装时板框交替排列，中间用滤布分开并借助手动、电动或油压机将其压紧。板框角上开设的小孔构成了滤浆和洗涤水的通道，而框成为容纳滤浆和滤饼的空间，板则用于支撑滤布和对清液进行导流，滤板表面有凹凸纹路便于液体的流动。滤板有洗涤板、非洗涤板和盲板三种结构，其中洗涤板设有洗水进口，而盲板则不开设任何液流通道，其作用是生产中所需板框数少于设备配置数量时，可插入盲板切断滤浆流通孔道，使设备处于部分工作状态。为了辨别，常在板框外侧铸有标记。

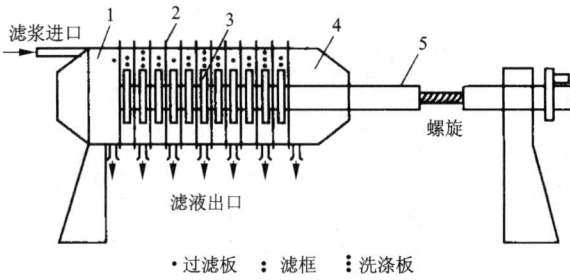

图 6 – 9　板框压滤机结构简图

1—固定端板；2—滤布；3—板框支座；
4—活动端板；5—支撑横梁

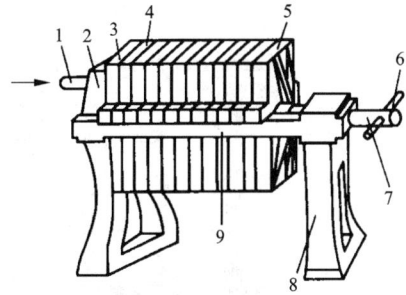

图 6 – 10　板框压滤机的外形图

1—悬浮液入口；2—左支座；3—滤板；
4—滤框；5—活动压板；6—手柄；
7—压紧螺杆；8—右支座；9—板框导轨

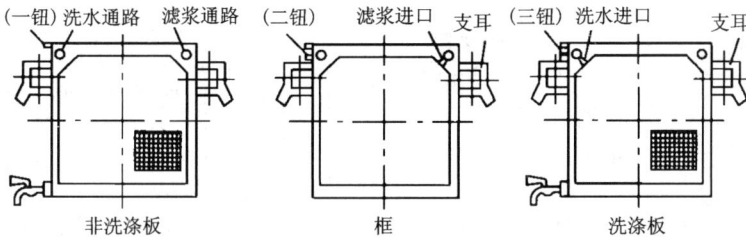

图 6 – 11　滤板和滤框示意图

3. 板框压滤机的进料方式和排液方式

压滤机的进料有底部进料和顶部进料两种方式。底部进料能快速排除滤室内的空气，对于一般的固体颗粒能形成厚薄均匀的滤饼。顶部进料可得到最多的滤液和湿含量较少的滤饼，适用于含有大量固体粒子、有堵塞底部进料口趋势的物料。大型的压滤机则采用底部和顶部同时进料的方式。

板框压滤机排液方式分明流式和暗流式两种。明流式的滤液在各滤板处直接排出，在外部设集液管道，各板排出口处常设有旋塞以便观察流出滤液的澄清度；若某滤板上的滤布破裂，滤液混浊，可关闭旋塞，待操作结束更换。而暗流式则在板和框内设集液通道，汇集后再排出，结构较简单且可以减少滤液与空气接触，一般用于滤液是易挥发的或要求清洁卫生避免污染的物料的过滤。

明流式板框压滤机内液体的流动路径、过滤及洗涤过程如图 6 – 12 所示。操作时，滤浆由滤框上方孔进入滤框，粒子被滤布截留，在框内形成滤饼，滤液穿过滤饼和滤布流向两侧的滤板，后沿滤板的沟槽向下流动，由滤板下方的通孔排出，生产量可根据工艺要求随时调整。当滤框滤饼充满后，过滤速率大大下降，此时应停止进料进行洗饼。洗涤过程需要用到洗涤板左上角的小孔；洗涤结束后清除滤饼，清洗滤布，为下一循环做准备。

新型自动板框过滤机普遍采用在角耳边上开孔的板框，滤布上无需开孔，可使滤布首尾相连，如图 6 – 13 及图 6 – 14 所示。滤布可在牵引装置的带动下循环行进，同时自动完成卸饼、洗布、重新安装等工作，需时约 10 min，一人可管理 5 ~ 10 台机器。

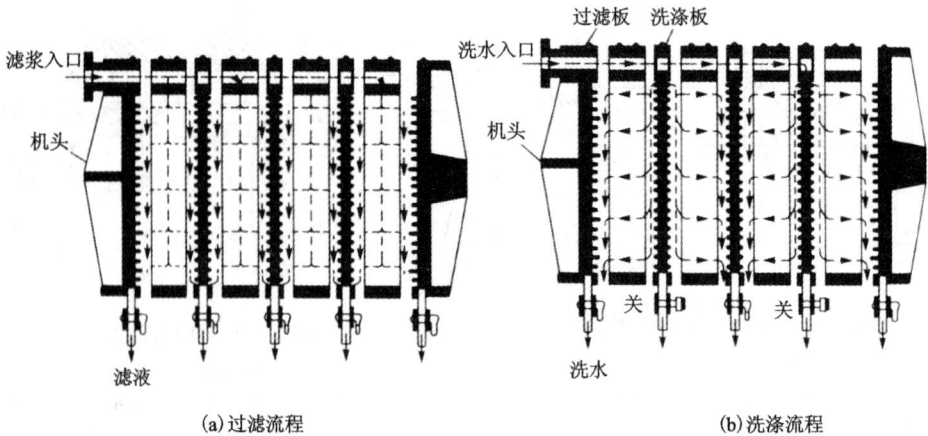

（a）过滤流程　　　　　　　　　　　　（b）洗涤流程

图 6 - 12　明流式板框压滤机内液体流动路径

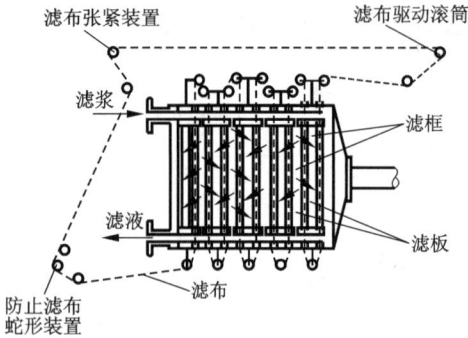　　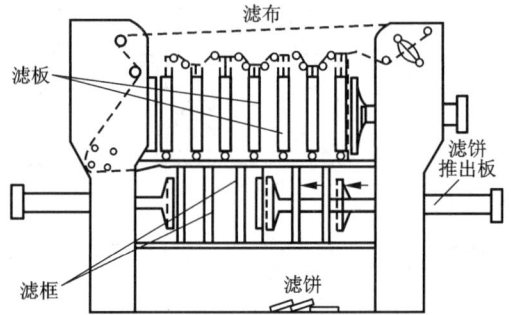

图 6 - 13　新型自动板框过滤机动作原理图　　　图 6 - 14　新型自动板框过滤机清除滤饼动作原理图

（二）叶滤机

1. 叶滤机的工作原理

叶滤机是一种间歇式加压过滤设备，主要由耐压的密闭筒形罐体及安装在罐体内的一组滤叶组成。悬浮液在压力下被送进机内，滤渣被截留在滤叶的表面，滤液透过滤叶后经管道集中排出。

加压叶滤机具有对原料的适应性广、操作费用低、过滤速度快、滤液澄清度高等优点；但构造复杂；滤饼不如压滤机干燥，可能造成滤饼不均匀的现象；使用的压差通常不超过 400 MPa。操作中一般要用硅藻土作为预涂剂和助滤剂。

加压滤叶型过滤设备是现代工业最广泛应用的设备，它除了应用于酒类工业外，还广泛应用于其他含有低浓度细小蛋白质胶体粒子（0.1 ~ 1 μm）的悬浮液的过滤（如矿泉水、果汁、各种油类等）；它可根据所需要去除的粒子的大小选择不同粒度分配的硅藻土，以达到需要的澄清度。硅藻土的用量每平方米面积约为 600 g，其中 500 g 为预涂，100 g 为助滤；其过滤速度可达 300 ~ 400 L/m²。一次可连续工作 120 ~ 150 h，操作费用为滤棉过滤的 1/2 ~ 1/3。

2. 叶滤机的主要构件

滤叶是叶滤机的重要过滤元件，由金属筛网框架或带沟槽的滤板组成，在框架或板上覆盖滤布或细金属丝网，如图6-15所示。
滤叶一般为圆形和椭圆形，在滤槽内滤叶
可以垂直或水平安装，如图6-16和
图6-17所示。垂直滤叶是双面过滤，而
水平滤叶仅上表面是过滤面，在同样条件
下，水平滤叶的过滤面积为垂直滤叶的
1/2，但水平滤叶形成的滤饼不易脱落，操
作性能比垂直滤叶好。工作时，滤叶有固
定和旋转两种状态。

图6-15 滤叶的结构

1—细金属丝网；2—粗金属丝网；3—金属管框架

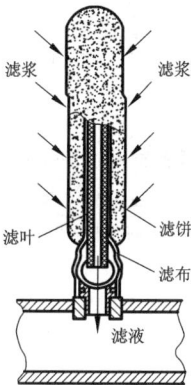

图6-16 垂直滤叶结构

1—金属网；2—滤布或细金属丝网；3—滤饼；4—空框

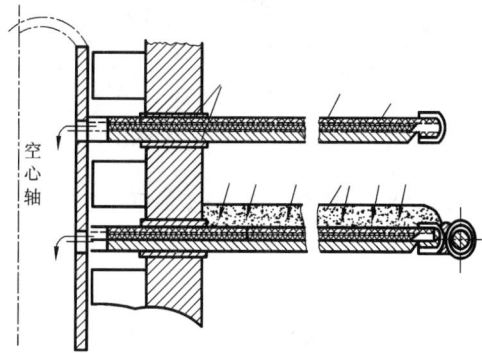

图6-17 水平滤叶结构

3.典型的叶滤机

常见的加压滤叶机主要有：垂直滤槽，垂直滤叶型；垂直滤槽，水平滤叶型；水平滤槽，
垂直滤叶型；水平滤槽，水平滤叶型等。

（1）垂直槽固定滤叶型加压叶滤机

该机具有密封加压、多滤叶、微孔精密过滤等特点。其结构如图6-18所示，在一个密
闭的机壳内，垂直安装多片滤叶，过滤时，滤浆处于滤叶外围，借助滤叶外部的压力或内部
的真空进行过滤，滤液在滤叶内汇集后排出，固体粒子则积于滤布或细金属丝网上形成滤
饼，厚度通常为5~35 mm。滤饼可利用振动、转动或喷射压力水清除，也可以打开罐体，抽
出滤叶组件，进行人工清除。

（2）水平槽垂直滤叶过滤机

图6-19为水平槽垂直滤叶型过滤机，过滤槽由上盖和槽身组成；滤浆加入管的管壁上
钻有许多孔，管内套有洗涤水管，洗涤管上装有洗涤喷嘴，驱动装置带动滤浆加入管和洗涤
水管旋转，圆形滤叶固定在槽体，滤液排出管的一端经阀门与滤叶的内部相连通，另一端经
检液管与排出总管相连，螺旋输送器用于排除滤渣。

工作时，滤浆经加入口压送到加入管和洗涤管之间，从加入管壁上的孔进入过滤槽，加
入管和洗涤管一起低速旋转，使过滤更均匀。在压力的作用下，滤浆经滤叶过滤，滤液经滤
布、排出管、检液管后进入排出总管，滤渣则被截留在滤布的外表面，形成滤饼。当滤饼增

至一定厚度时，在洗涤水管通入洗涤水，经喷嘴喷射到滤叶上，将滤饼冲洗下来并落到过滤机的底部，由螺旋输送器送到排渣口排出机外，滤布经洗涤后可重新使用。

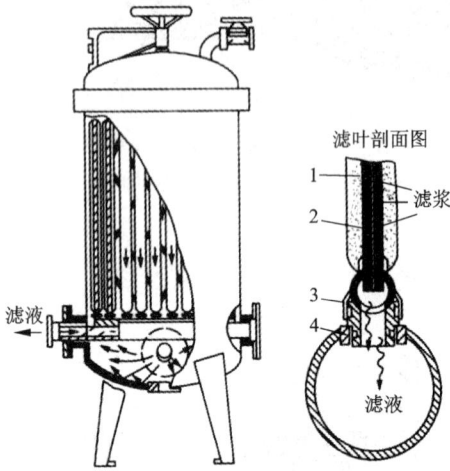

图6-18　垂直槽固定滤叶型加压叶滤机

1—滤饼；2—滤布；3—拔出装置；4—橡胶圈

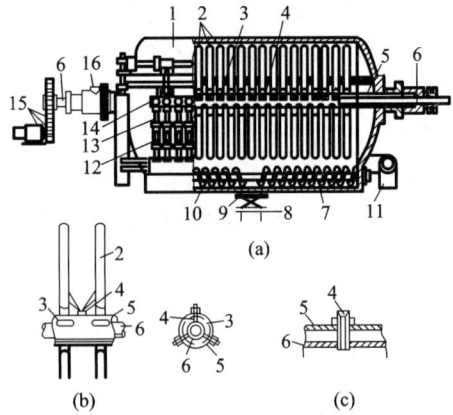

图6-19　水平槽垂直滤叶过滤机

1—上盖；2—滤叶；3—孔；4—喷嘴；5—滤浆加入管；
6—洗涤水管；7—螺旋输送器；8—排渣阀；9—排渣口；
10—过滤槽体；11—滤液排出总管；12—检液管；13—滤液排出管；
14—阀门；15—驱动装置；16—滤浆加入口

（3）垂直槽水平滤叶型过滤机

水平滤叶型过滤机由数十片固定在空心轴上的水平圆形滤叶和立式压力容器组成，如图6-20和图6-21所示。滤叶上表面为过滤筛网，下表面为无孔金属板，中空部分与空心轴内孔相同，构成滤液通道。空心轴和滤叶安装在容器内，由电机驱动旋转；过滤的推动力为压力，滤饼的卸除则依靠离心力。

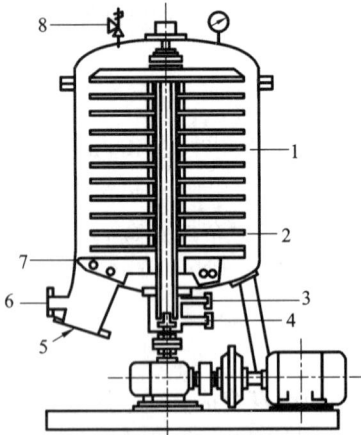

图6-20　水平滤叶型过滤机简图

1—滤叶；2—回收滤液用滤叶；
3—回收残液出口；4—滤液出口；5—排渣口；
6—原液入口；7—除渣刮板；8—安全阀

图6-21　水平滤叶型过滤机的结构图

该设备生产上主要用于啤酒的过滤中,而且操作中一般要添加助滤剂。该机用于啤酒过滤的操作过程如下:

①预涂助滤剂:在表面预涂两层硅藻土,第一层用粗颗粒预涂,用量为 $0.4 \sim 0.6 \ kg/m^2$,第二层用粗细混合颗粒预涂,用量为 $0.4 \sim 0.6 \ kg/m^2$。

②过滤:在啤酒中加入硅藻土作助滤剂进行正常的过滤。

③残液过滤:用 CO_2 增加压力,把滤饼中的残液滤出。

④滤饼卸除:利用离心力把滤饼甩离叶片,后用 CO_2 把滤饼挤出。

⑤洗涤:用清水将过滤表面洗干净,待新的操作循环开始。

(三)烛式过滤机

烛式过滤机的结构如图 6 – 22 所示,其过滤元件为成组安装在过滤罐内的刚性烛形滤杆,如图 6 – 23 所示,滤杆为采用梯形界面不锈钢丝,按螺旋线形式缠绕并焊接而成。采用反冲方式进行滤饼卸除。这种过滤机的开孔尺寸精确,过滤时可在表面直接预涂硅藻土,所得滤液清澈,可清除 $0.1 \sim 1.0 \ \mu m$ 的胶体粒子;过滤元件强度及刚度高,能够采用较高的操作压力,硅藻土更换次数少,一次预涂产量高;内外通过能力不同,在避免过滤堵塞的同时,易于滤饼的卸除及设备的清洗;过滤罐内无任何运动件,过滤元件密封性好,使用寿命长,维护方便;全部过滤元件为不锈钢结构,便于高温消毒。该设备适用于啤酒、葡萄酒、黄酒及其他低浓度微粒悬浮液的过滤。

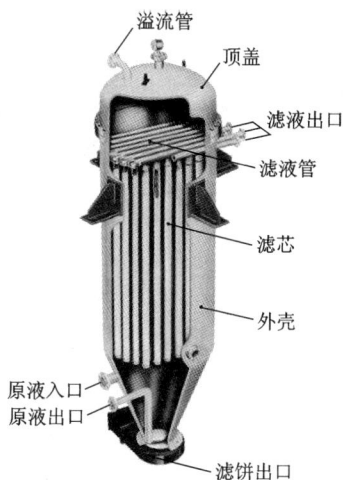

图 6 – 22　烛式过滤机外形图

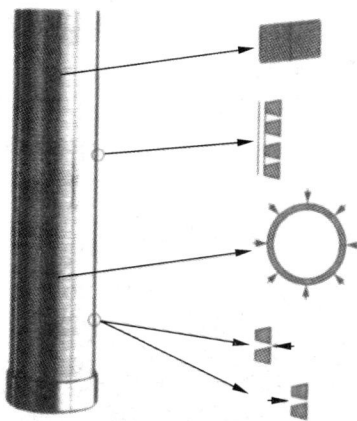

图 6 – 23　烛式过滤元件(虑杆)

(四)真空过滤机

真空过滤机是由过滤介质两侧的压差形成过滤推动力而进行固、液分离的设备,工作时常用的真空度为 $0.05 \sim 0.08 \ MPa$,有连续式和间歇式两种型式,连续式应用更广泛一些。常见的连续式有转鼓式和转盘式。

1.转鼓真空过滤机

(1)转鼓真空过滤机的结构

图6－24所示为一连续式转鼓真空过滤机。该机把过滤、洗饼、吹干、卸饼、滤布再生等各项操作，分别在转鼓的一周回转中依次完成，其主体部分为一直径0.3～4.5 m转动水平圆筒，长0.3～6 m，其截面见图6－25所示。圆筒外表面为多孔筛板，上覆盖滤布。圆筒内部被径向筋板分隔成若干个扇形隔室，每个隔室有单独孔道与空心轴内的孔道相通，空心轴的孔道则沿着轴向通往位于转鼓轴颈的转动盘，固定盘与转动盘端面紧密配合，构成分配头，分配头的固定盘被径向隔板分成若干个弧形空隙，分别与真空管，滤液管，洗液贮槽及压缩空气管路连通，如图6－26所示。转鼓旋转时，借助分配头作用，扇形格室被抽真空或加压，控制过滤、洗涤等操作。

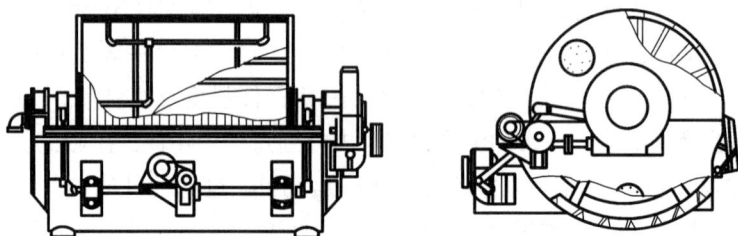

图6－24　转鼓真空过滤机

(2)转鼓真空过滤机的工作区域划分

如图6－25所示，整个转鼓表面可分为Ⅰ～Ⅵ六个区：

区域Ⅰ为过滤区。此区扇形格浸于滤浆中，浸没深度约为转鼓直径的1/3，浸格室处于真空状态。滤液经滤布进入格室再经分配头固定盘弧形槽及连接管排向滤液槽。

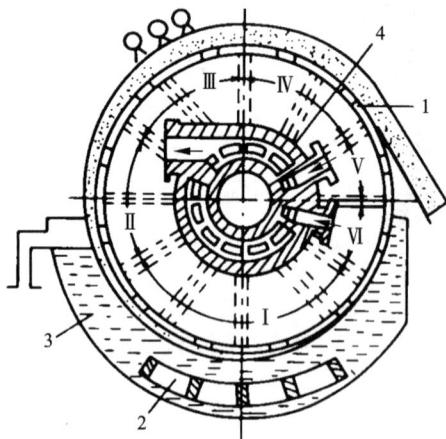

图6－25　转鼓真空过滤机操作原理图
1—转鼓；2—搅拌器；3—滤浆槽；4—分配头

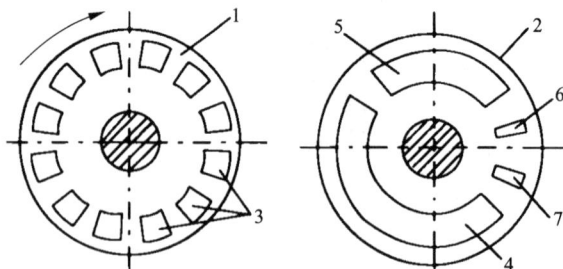

图6－26　转鼓真空过滤机分配头
1—转动盘；2—固定盘；3—转动盘上的孔；
4、5—同真空相通的孔；6、7—同压缩空气相通的孔

区域Ⅱ为滤液吸干区。此区扇形格刚离开液面，格室内仍为真空，使滤饼中残留滤液被吸尽，与过滤区滤液一并排向滤液槽。

区域Ⅲ为洗涤区。洗涤水由喷水管洒于滤饼上，扇形格内为低真空，将洗出液吸入，经过固定盘的槽通向洗液槽。

区域Ⅳ为洗后吸干区。洗涤后的滤饼在此区域内被扇形格室内真空吸干残留洗液，并与洗涤区的洗出液一并排入洗液槽。

区域Ⅴ为吹松卸料区。此区格室与压缩空气相通，将被吸干后的滤饼吹松，再被伸向过滤表面的刮刀所剥落。

区域Ⅵ为滤布再生区。此区内用压缩空气吹走残留的滤饼。

真空转鼓过滤机的系统配置图见图6-27所示。

（3）转鼓真空过滤机的特点及应用

真空转鼓过滤机的机械化程度较高；滤布损耗比其他类型过滤机要小；可根据料液性质、工艺要求，采用不同材料制造成各种类型来满足不同的过滤要求；适用于中等粒度、黏度不大的悬浮液的过滤。在操作中，可通过调节转鼓的转速来控制滤饼厚度和洗涤效

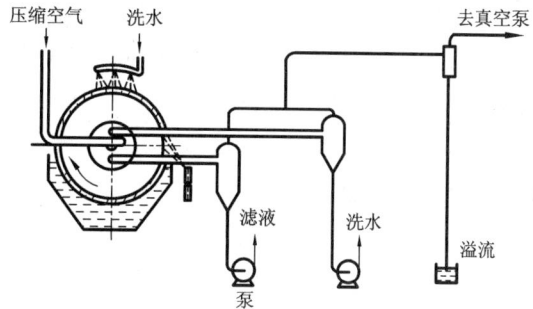

图6-27 转鼓真空过滤机系统配置图

果。但仅是利用真空作为推动力，因管路阻力损失，过滤推动力最大不超过80 kPa，因而不易抽干，造成滤饼最终含水率高达20%以上。另外，设备加工制造复杂、主设备及辅助真空设备投资费用高、消耗于真空的电能高。目前国内生产的最大过滤面积约为50 m²，一般为5~40 m²。

2. 转盘真空过滤机

图6-28所示为转盘真空过滤机结构简图。该机由一组安装在水平转轴上并随轴旋转的滤盘构成。其结构、工作原理及操作与转筒真空过滤机类似。转盘的每个扇形格各有其出口管道通向中心轴，而当若干个盘联结在一起时，一个转盘的扇形格的出口与其它同相位角转盘相应的扇形格的出

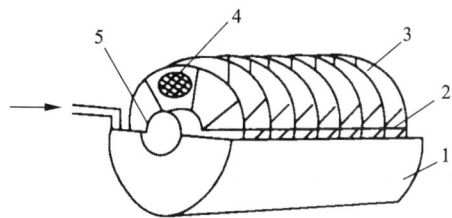

图6-28 转盘真空过滤机

1—料槽；2—刮刀；3—转盘；4—金属丝网；5—分配头

口就形成连续通道。与转筒真空过滤机相似，这些连续通道也与轴端分配头相连。每一转盘相当于一个转鼓，操作循环也受分配头的控制。每一转盘有单独的滤饼卸除装置，但卸饼较为困难。

转盘真空过滤机具有非常大的过滤面积，可以高达85 m²；单位过滤面积占地少；滤布更换方便、消耗少、能耗低。其缺点是滤饼洗涤不良，洗涤水与悬浮液易在滤槽中相混。

第三节 压榨机械与设备

一、压榨机械的原理及应用

(一)压榨机械的工作原理

压榨是依靠压缩力或物理化学法将固液两相分离的单元操作,压榨可利用平面、圆柱面和螺旋面进行,在压榨过滤中,将物料置于两个表面(平面、圆柱面或螺旋面)之间,对物料施加压力使液体释出,释出的液体再通过物料内部空隙流向自由表面。

压榨的目的与过滤相同,都是为了将固液相混合物分离。固液相混合物流动性好、易于泵送的可采用过滤分离,不易泵送的应采用压榨分离。在过滤操作中,当滤饼中液体需去除更彻底时,就需要用到压榨操作。在某些生产过程中,压榨效果与干燥相似,由于机械脱水法通常较热处理法更经济,因此压榨作业一直被广泛应用。

(二)压榨机械的应用

在食品工业中,压榨主要有三方面的应用,一是用于提取原料中的汁液,如用于甘蔗榨取糖汁、水果榨取果汁、蔬菜榨取菜汁等;二是用于从可可豆、椰子、花生、大豆、菜籽等种子或果仁中榨取油脂;三是用于物料的脱水。

二、压榨机械的压榨方法及设备类型

(一)压榨机械的压榨方法

物料的汁液提取方法主要有机械榨取法、理化取汁法和酶法取汁法,因理化取汁法和酶法取汁法对物料的适应性和取汁后的处理上都有一定的缺点,使用上受到一定的限制,所以工业上大多采用机械榨汁法。机械榨汁的操作压力来自于使得物料占用空间缩小的工作面的相对移动。压榨的加压与分离方法有三种:

①平面压榨法:利用两个平面,其中一个固定不动,另一个靠所施加的压力而移动,将物料预先成型或以滤布包裹后置于两平面之间。加压方法采用液压,操作压力可以很高,灵活性大。

②螺旋压榨法:利用一个多孔的圆筒表面和另一个螺距逐渐减小的旋转螺旋面之间逐渐缩小的空间,使物料通过该空间而得到压榨。此种设备一般由原动机提供动力,外筒表面沿长度方向有孔,允许液体能连续流出,所以设备易于实现连续化。

③轮辊压榨法:利用旋转辊子之间的空间变化进行压榨,并设有分别排出液体、固体的装置,压榨辊表面加工有沟槽,利于原料的压榨。

(二)压榨机械的类型

压榨设备按操作方式不同可分间歇式和连续式两种类型。在间歇压榨机中,其加料、卸料等操作均是间歇进行。如水压机、油压机、板式压榨机、锥形筛网离心机、液压裹包式压榨机、锥盘式榨汁机、活塞式榨汁机等都属于间歇压榨设备,这些设备由于具有结构简单、安装费用低、操作压力易于控制、能满足压榨过程中压力由小到大逐渐增加的工艺要求、出汁率高且汁液固体成分较少等优点,但这类设备由于是间歇操作,费工费时,而且处理量也不大，所以只适合于小规模生产或传统产品的生产过程。连续式压榨机的主要型式有螺旋连续压榨机、辊带式榨汁机，这类设备有较大的处理量和较高的出汁率且操作方便，适用于不同生产规模的需要，但汁液含果酱成分较多。

三、间歇式压榨机

（一）板式压榨机

图 6 - 29 所示为板式压榨机的结构示意图，由四根直立钢柱做成坚固的压榨支架，上有顶板下有底板，中间夹有 10 ~ 16 块压榨板，当液压活塞加压向上移动时压榨板间的物料受到压缩，压榨初期的压力较低，通常仅为几兆帕，当被榨取物料体积逐渐缩小时，压力很快增加，可达初期压力的 5 ~ 10 倍。压榨后的残渣形成组织紧密而又坚实的榨饼。

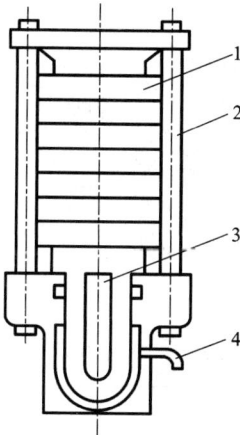

图 6 - 29　板式压榨机

1—压榨板；2—汁液通道；
3—活塞；4—汁液出口

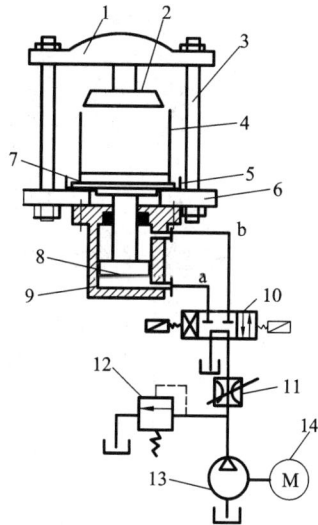

图 6 - 30　液压裹包式压榨机

1—上横梁；2—压头；3—立柱；4—压榨网桶；
5—盛汁盘；6—下横梁；7—托盘；8—活塞；
9—油缸；10—电磁换向阀；11—节流阀；
12—溢流阀；13—油泵；14—电机

（二）液压裹包式压榨机

液压裹包式压榨机是一种利用液压系统产生压力对待榨物料加压榨汁的间歇式操作设备，其结构如图 6 - 30 所示。该机由机械和液压系统两部分组成，主要部件有上下横梁 1、6，左右立柱 3，压头 2，托盘 7，压榨隔板及液压部件。待压榨的果蔬原料包裹于滤布内并由隔板逐层隔开，叠置于压榨网桶内。在液压油缸活塞 8 的作用下，通过托盘 7 携带被榨物料向上移动与压头 2 做相对移动，再通过压榨隔板对物料施加力将汁液榨出，榨出的汁液经盛汁盘收集并送入下道过滤工序。在压榨过程中，当活塞上升榨汁压力达最大值时，电磁换向阀 10 自动切换到中间位置，进入保持压力阶段，使所榨汁液有足够时间排出。到预定时间后，电磁换向阀 10 右端阀芯与主油路接通，使压力油经管道 b 进入油缸 9 上腔，同时下油腔经管道 a 返回油箱,活塞连同料桶下降卸压,活塞复位后出渣并准备下一个循环。该机也有两工位转臂双桶交替压榨式结构,两个托盘用导柱定位安放在可绕立柱回转的转盘上,两压榨桶交替布料、压榨、卸渣,可使工作间歇时间大大缩短,工作效率比单桶高。

液压裹包式压榨机的工作压力大,加压均匀,工作平稳,另外工作时加压、保压及卸压可自动完成;但生产能力较低,劳动强度大,汁液在空气中暴露面积大。

(三)液力活塞式榨汁机

液力活塞式榨汁机基本结构如图 6-31 所示,其主要部件包括静压盘、动压盘、油缸支架、压榨筒、榨筒移动油缸、导柱和尼龙过滤导液绳等。动、静压盘之间安装有数百根过滤导液绳,尼龙绳表面沿长度方向开有许多沟槽,外套过滤网套。导柱用两端螺纹将静压盘和油缸支架连成一体,油缸能使压榨筒沿导柱左右移动,动压盘由活塞驱动在压榨筒内左右移动并能相对榨筒转动,由压盘的挤压和相对转动时尼龙过滤导液绳的拧绞作用对进入榨筒的物料压榨,油缸支架由传动链带动转动时通过导柱使整个压榨机绕自身轴线回转。

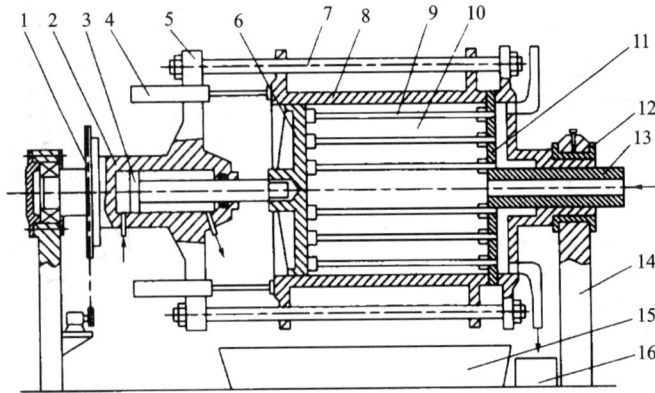

图 6-31 液力活塞榨汁机

1—传动链;2—油缸;3—活塞;4—榨筒移动油缸;5—支架;6—动压盘;7—导柱;8—压榨筒;9—尼龙滤绳;
10—压榨腔;11—静压盘;12—轴承;13—进料管;14—机架;15—集渣斗;16—汁液收集槽

当物料被送入压榨腔后,系统按程序自动控制榨汁机运行。活塞推动动压盘左右往复移动,同时相对压榨筒作往复转动,物料受挤压的同时又受到尼龙过滤导液绳的拧绞作用而被压榨。榨出的汁液经过滤网顺着尼龙过滤导液绳凹槽流入静压盘集液腔后由出汁管排出。工作过程中,传动链驱动支架通过导柱、静压盘使整个压榨机绕轴线往复转动。压榨过程在压榨—松散—翻转—压榨等反复多次的复合动作中完成的,有很好的压榨效果且出汁较高。压榨结束后,压榨筒在油缸作用下向左移动,动压盘向右移动将渣卸出,压榨过程如图 6-32所示。

目前液力活塞榨汁机已发展成为可适合多品种果蔬汁的通用型榨汁机,可用于仁果类(苹果、梨)、核果类(樱桃、桃子、杏、李)、浆果类(葡萄、草莓)、某些热带水果(菠萝、芒果)及蔬菜类(胡萝卜、芹菜、白菜)的榨汁。

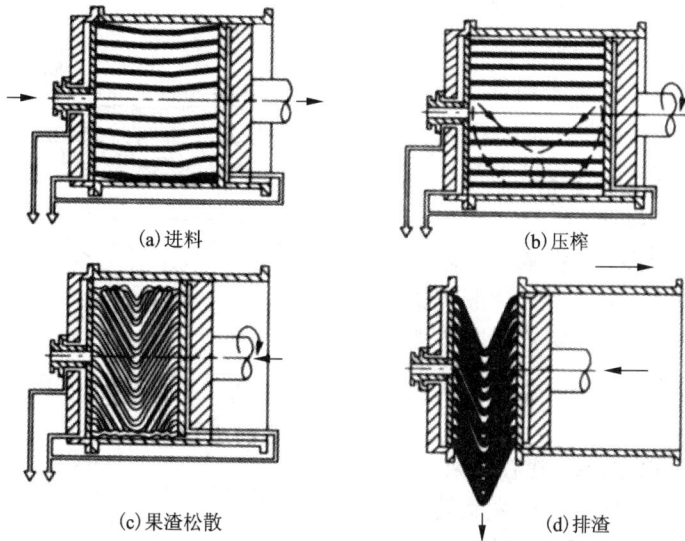

(a)进料　　　　　　　　　　(b)压榨

(c)果渣松散　　　　　　　　(d)排渣

图6-32　液力活塞榨汁机的压榨过程

（四）气囊压榨机

气囊压榨机是 20 世纪 60 年代出现的气压式压榨机并最先在葡萄榨汁及黄酒醪的过滤、压缩操作中应用。气囊压榨机又称维尔密斯压榨机，其结构如图 6-33 所示，主要部件有卧式圆筒、过滤用的滤布圆筒筛、能充压缩空气的气囊。待榨物料置于圆筒内，通入压缩空气将橡胶气囊充胀，给夹在气囊与圆筒筛之间的物料由里向外施加压力。这时整个装置旋转起来，使空气压力均匀分布在物料上，最大压力可达 0.63 MPa。用于压榨葡萄时，施压过程逐步进行，并在施压—减压—松散—再施压—再减压—松散—再施压等工序中反复进行，在大部分葡萄汁流出后，才升压到 0.63 MPa。整个压榨过程为 1 h，逐步反复增压 5~6 次或更多。

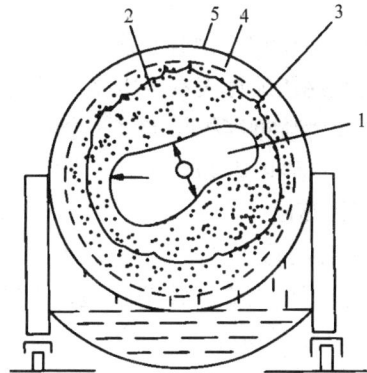

图6-33　气囊压榨机

1—气囊；2—葡萄浆料；3—葡萄渣；
4—圆筒筛；5—压榨机壳体

四、连续式榨汁机

连续式榨汁机的进料、压榨、卸渣等工序都是连续进行的。食品工业中，最有代表性的连续式榨汁机是螺旋连续压榨机，其他还有带式压榨机和辊式压榨机。辊式压榨机主要在榨糖工业中用。

（一）螺旋连续压榨机

1. 螺旋连续压榨机的基本结构及主要工作部件

螺旋连续压榨机是使用较广泛的一种连续式压榨设备。很早就用来榨油、果蔬榨汁及鱼肉磨碎物的压榨脱水。近年来随着压榨理论研究的进展以及设备本身的革新，使得该设备应用更加广泛。

该机主要由压榨螺杆、圆筒筛、离合器、压力调整机构、传动装置、汁液收集器及支架组成，如图 6-34 所示。其主要工作部件为压榨螺杆、圆筒筛和调压装置。

压榨螺杆由两端的轴承支撑在支架上，传动系统使压榨螺杆在圆筒筛内做旋转运动。压榨螺杆一般有整体式和套装式两种类型，如图 6-35、图 6-36、图 6-37 所示。为了使物料进入榨汁机后尽快受到压榨，螺杆的结构在长度方向（从进料端往出料端方向）随螺杆内径增大而螺距减小，这一结构特点使得螺旋槽容积逐渐缩小，其缩小的程度用压缩比表示。压缩比是指进料端第一个螺旋槽容积与最后一个螺旋槽容积之比，一般可达 20∶1。

为了提高出汁率，有些螺旋压榨机的压榨螺杆为两段结构：第一段为喂料螺杆，其直径不变而螺距逐渐缩短，主要用于输送物料和对物料进行初步挤压；第二段为压榨螺杆，其根圆直径沿轴向逐渐变大，螺距逐渐缩小，从而不断增加对物料的挤压程度。两段螺杆之间呈断开状态且两段螺杆转向相反，物料经第一段螺杆初步挤压后发生松散并翻身后进入第二段螺杆压榨，这样对物料施加了更大的挤压力，提高了出汁率。

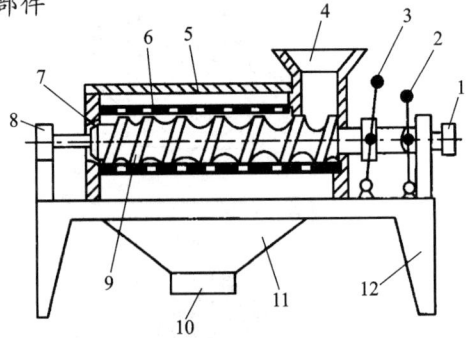

图 6-34 螺旋连续压榨机

1—传动装置；2—离合手柄；3—压力调整手柄；
4—料斗；5—机盖；6—圆筒筛；
7—环形出渣口；8—轴承盖；9—压榨螺杆；
10—出汁口；11—汁液收集斗；12—机架

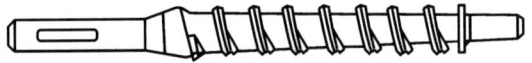

图 6-35 整体式压榨螺杆

图 6-36 套装式压榨螺杆

图 6-37 压榨螺杆结构图

圆筒筛一般由不锈钢板冲孔卷制而成，外加加强环。为了加工、安装清理、检修的方便，一般做成上、下两半，然后用螺栓接合，对较长的圆筒筛，也可分二、三段。圆筒筛孔径一般在 0.3~0.8 mm，孔径大小可根据榨汁要求而定；开孔率考虑榨汁和强度两方面的要求，筛筒应能承受 1.2 MPa 以上的压力。

压榨螺杆对物料施加一定压力有赖于出渣口螺杆的锥形部与圆筒筛之间所形成的环形间

隙,其大小可通过调压装置调节压榨螺杆轴线方向的位置来调节。使用前应根据物料的性质和工艺要求确定好间隙的大小。为了减少启动负荷,机器启动时应采用最大间隙启动,待机器运转正常后再把间隙逐步调整到工作间隙。

2.螺旋连续压榨机的工作原理

螺旋连续榨汁机的工作原理是利用旋转着的压榨螺杆在圆筒筛内的推进作用,使物料连续地向前推进,由于压榨螺杆螺距的缩短和根圆直径的逐渐增大,使圆筒筛空间空余体积迅速而有规律地缩小;同时由于出渣口处所形成的间隙使压榨机产生巨大的压榨作用,工作时先将出渣口环形间隙调到最大,机器启动正常后,逐渐调整出渣口环形间隙,以达到榨汁工艺要求的压力。

螺旋连续压榨机具有结构简单、机型小、出汁率高、对物料的适应性强、操作方便等优点,但汁液含果肉较多,不利于后期处理,要求澄清度较高时不宜选用。目前,该机广泛应用于水果和蔬菜的榨汁(葡萄、柑橘、番茄、菠萝等),还可以用于榨油、生产蛋白肉等。

(二)带式连续压榨机

带式连续压榨机又称带式压榨过滤机,德国在1963年开始研制成功,后经各国研究人员的努力,目前机型有20多种,但工作原理基本相同,都是利用两辊带间隙的不断减小时所产生的挤压力使夹在两带间的原料受压而将汁液排出。他们的主要工作部件是两条同向、同速回转运动的环状压榨带及驱动辊、张紧辊、压榨辊。压榨带通常用聚酯纤维制成,本身就是过滤介质。借助压榨辊的压力挤出位于两条压榨带之间的物料中的汁液。带式压榨机一般分三个工作区:重力渗滤或粗滤区,用于渗滤自由水分;低压榨区,在此区域压榨力逐渐提高,用于压榨固体颗粒表面和颗粒之间孔隙水分;高压榨区,除了保持低压榨区的作用外,还进一步使多孔体内部水或结合水分离。商业化的带式压榨机宽约 $60 \sim 80$ cm,处理量在 $5 \sim 15$ t/h,出汁率70%,若原料经过预热或酶处理或压榨时添加助滤剂可提高出汁率。目前应用较多的是福乐伟带式压榨机。

图 6-38 所示为福乐伟带式压榨机的工作原理图。该机主要由喂料盒1,压榨网带5、10,压榨组3、4,高压冲洗喷嘴9,导向辊11,汁液收集槽8,机架、传动部分及控制部分等组成。所有压辊均安装在机架上,在压辊驱动网带运行的同时,在液压控制系统的作用下,从径向给网带施加压力,同时伴随有剪切作用,使夹在两网带之间的待榨物料受压而将汁液榨出。

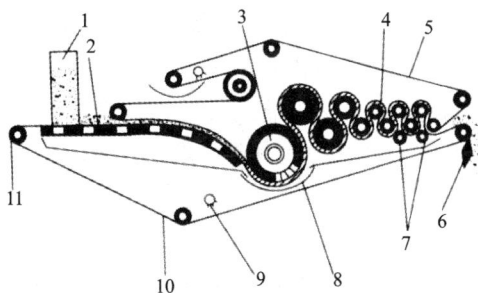

图 6-38 福乐伟带式压榨机
1—料槽;2—筛网;3、4—压辊;
5—上压榨网带;6—果渣刮板;7—增压辊;8—汁液收集槽;
9—高压冲洗喷嘴;10—下压榨网带;11—导向辊

工作时,待压榨物料从喂料盒1中连续均匀地送入下网带10和上网带5之间,被两网带夹着向前移动,在下弯的楔形区域,大量汁液被缓缓压出并形成可以压缩的滤饼。当进入压榨区后,由于网带的张力和带L形压条的压辊3的作用将汁液进一步压出,汇集于汁液收集槽8中。以后由于10个压辊4的直径的递减,使两网带间的滤饼所受的表面压力与剪切力递增,可获得更好的榨汁效果。为了进一步提高榨汁率，该设备在末端设置了两个增压辊7，以增加正向压力。榨汁后的榨渣由耐磨塑料果渣刮板6刮下从右端出渣口排出。为保证榨出汁液能顺利排出，该机专门设置了清洗系统，若滤带孔隙被堵塞时，可启动清洗系统，利用高压喷嘴9洗掉粘在带上的糖和果胶凝结物。工作结束后，也是由该系统喷射化学清洗剂和清水清洗滤带和机体。

该机的优点在于逐渐升高的表面压力及剪切力可使汁液连续榨出，出汁率高，果渣含汁率低，清洗方便。但是压榨过程中汁液与大气接触面大，对车间环境卫生要求较严。

(三)爪杯式柑橘榨汁机

爪杯式柑橘榨汁机采用整体压榨工艺，利用瞬间分离原理，将柑橘皮等残渣尽快分开，防止橘皮及子粒中所含的苦味成分进入果汁，损害柑橘汁的风味及在贮藏期间引起果汁变质和褐变，影响产品的质量。

国外常用的新型柑橘榨汁机如图6-39所示，这种榨汁机具有数个榨汁器，每个榨汁器用上下两个多指形压杯组成。上下两个多指形压杯在压榨过程中能相互啮合，可托护住柑橘的外部以防止破裂。工作时，固定在共用横杆上的上杯靠凸轮驱动，上下往复运动；下杯则固定不动。榨汁器的上杯顶部有管形刀口的上切割器，可将柑橘顶部开孔，使柑橘皮和果实内部组分分离。下杯底部有管形刀口下切割器，可将柑橘底部开孔，以使柑橘的全部果汁和其他内部组分进入下部的预过滤管。压榨时，柑橘进入压榨

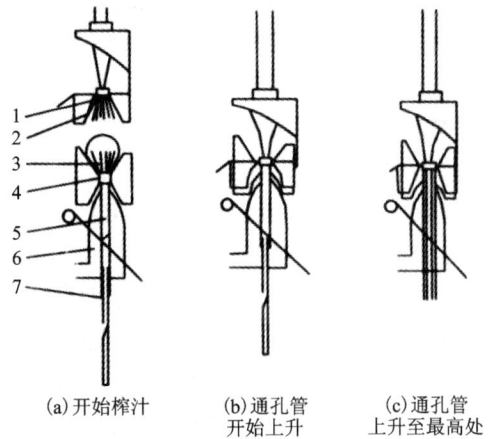

(a)开始榨汁　　(b)通孔管　　(c)通孔管
　　　　　　　　开始上升　　　上升至最高处

图6-39　爪杯式柑橘榨汁机
1—上切割器；2—上压杯；3—下压杯；4—下切割器；
5—预过滤器；6—果汁收集器；7—通孔管

机，落入下杯内，上杯下压，柑橘顶部和底部分别被切割器切出小洞，榨汁过程中，柑橘所受压力不断增加，从而将内部组分从柑橘底部小洞强行挤入下部的预过滤管内。果皮从上杯及切割器之间排出；预过滤管内部的通孔管向上移动，对预过滤管内的组分施加压力，迫使果肉中果汁通过预过滤管壁上的许多小孔进入果汁收集器；与此同时，那些大于预过滤管壁上小孔的颗粒，如子粒、橘络及残渣等自通孔管下口排出。通孔管上升至极限位置时，榨汁机完成一个榨汁周期。

改变预过滤管壁上的孔径或通孔管在预过滤管内的上升高度，均能改变果汁产量和澄清度。由于两杯指形条的相互啮合，被挤出的果皮油顺环绕榨汁杯的倾斜板上流出机外。由于果汁与果皮能够瞬间分开，果皮油很少混入果汁中，从而提供了制取高质量柑橘汁的条件。

由于这种榨汁机的榨汁器对柑橘尺寸要求较高，工业生产中一般需配置多台联合使用，分别安装适于不同规格尺寸柑橘的榨汁器，并且在榨汁之前进行尺寸分级。

第四节　离心分离机械

一、离心机分离原理与分类

（一）离心机的分离原理

利用离心力来达到悬浮液及乳浊液中固－液、液－液分离的方法通称离心分离。实现离心分离操作的机械称为离心机，它具有结构紧凑、体积小、分离效率高、生产能力大及附属设备少等特点。离心机的主要部件为安装在竖直或水平轴上的高速旋转的转鼓，料浆送入转鼓内并随之旋转，在离心惯性力的作用下实现分离。鼓壁上有的有孔，有的无孔。在有孔的鼓内壁面覆以滤布，则液体甩出而颗粒被截留在鼓内，称为离心过滤。对于鼓壁上无孔，且分离的是悬浮液，则密度较大的颗粒沉于鼓壁，而密度较小的液体集中于中央并不断引出，称为离心沉降。对于鼓壁上无孔且分离的是浊浮液，则两种液体按轻重分层，重者在外，轻者在内，各自从适当位置引出，称为离心分离。

分离因数是用来表示离心机分离性能的主要指标，等于离心加速度与重力加速度之比，也等于物料所受的离心力与重力之比值，即

$$k_c = R\omega^2/g$$

式中：k_c——分离因数；

R——转鼓半径；

ω——转鼓回转角速度；

g——重力加速度。

离心机的分离因数由几百到几万，也就是说离心产生的推动力是重力的几百倍到几万倍。分离因素大小的选择取决于不同的物料性质和分离要求。

离心机在食品工业中应用较多，如制糖工业的砂糖糖蜜分离，奶制品工业牛奶分离，制盐工业的精盐脱卤，淀粉工业的淀粉与蛋白质分离，油脂工业的食油精制，以及啤酒、果汁、饮料的澄清、味精、橘油、酵母分离，淀粉脱水，脱水蔬菜制造的预脱水过程，回收植物蛋白，糖类结晶，食品的精制等都使用离心机。

（二）离心机的分类

1. 按离心分离因数大小分类

①常速离心机 $k_c < 3000$，主要用于分离颗粒不大的悬浮液和物料的脱水。

②高速离心机 $3000 < k_c < 50000$，主要用于分离乳状和细粒悬浮液。

③超高速离心机 $k_c > 50000$，主要用于分离极不易分离的超微细粒的悬浮系统和高分子的胶体悬浮液。

2. 按操作原理分类

①过滤式离心机：此类离心机的鼓壁上有孔，它是借离心力作用实现过滤分离，其转速一般在 1 000 ~ 1 500 r/min 范围，分离因数不大，适用于易过滤的晶体悬浮液和较大颗粒悬浮液的分离和物料脱水。

②沉降式过滤机：其鼓壁上无孔，但也是借离心力作用来实现沉降分离的。在食品加工中，主要是用于回收动植物蛋白，分离可可、咖啡、茶等的滤浆，及鱼油去杂和鱼油的制取

中，它的典型设备有螺旋卸料沉降式，常用于分离不易过滤的悬浮液。

③分离式离心机：其鼓壁上也无孔，但转速极大，约 4 000 r/min 以上，分离因数 3 000 以上，主要用于乳浊液的分离和悬浮液的增浓或澄清。

3. 按操作方式分类

分为间歇式离心机、连续式离心机。

4. 按卸料方式分类

分为人工卸料离心机、重力卸料离心机、刮刀卸料离心机、活塞卸料离心机、螺旋卸料离心机、离心卸料离心机、振动卸料离心机、进动卸料离心机。

5. 按转鼓主轴位置分类

分为卧式离心机、立式离心机。

6. 按转鼓内流体和沉渣的运动方向分类

分为逆流式、并流式。

7. 按分离工艺操作条件分类

分为常用型、密闭防爆型。

二、螺旋离心机

螺旋离心机因其主轴水平布置而称为卧式螺旋离心机，根据其原理分为两种：

(一)卧式螺旋卸料过滤离心机

该机能在全速下实现进料、分离、洗涤、卸料等工序，是连续卸料的过滤式离心机。其结构如图 6－40 所示。圆锥转鼓 9 和螺旋推料器 10 分别与驱动的差速器轴端连接，两者以高速同一方向旋转，保持一个微小的转速差。悬浮液由进料管 11 输入螺旋推料器内腔，并通过内腔料口喷铺在转鼓内衬筛网板上，在离心力作用下，悬浮液中液相通过筛网孔隙、转鼓孔被收集在机壳内，从排液口排出机外，滤饼在筛网滞留。在差速器的作用下，滤饼由小直径处滑向大端，随转鼓直径增大，离心力递增，滤饼加快脱水，直到推出转鼓。

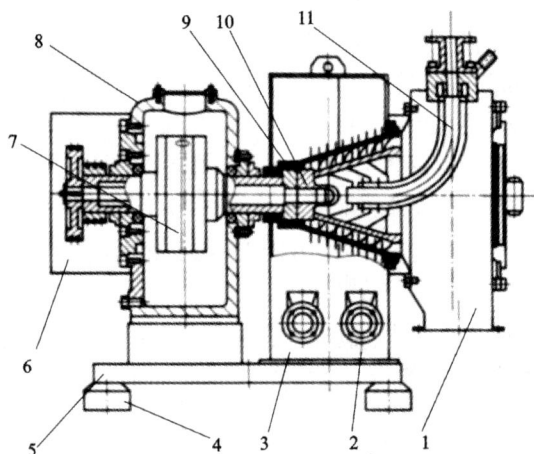

图 6－40　卧式螺旋卸料过滤离心机

1—出料斗；2—排液口；3—壳体；4—防振垫；
5—机座(底座)；6—防护罩；7—差速器；8—箱体；
9—圆锥转鼓；10—螺旋推料器；11—进料管

该机型带有过滤型锥形转鼓，利用差速器来调节螺旋推料器的转速，以控制卸料速度，并有过载保护装置，可实现无人安全操作。

该机型运转平稳，噪声低，操作和维护方便，与物料接触零件均采用耐腐蚀不锈钢制造，适用于腐蚀介质的物料处理。

(二)卧式螺旋卸料沉降离心机

该机是用离心沉降的方式分离悬浮液，以螺旋卸除物料的离心机，其结构如图 6－41

所示。

该机在离速旋转的无孔转鼓 8 内有同心安装的输料螺旋 7，二者以一定的差速同向旋转，该转速差由差速器 1 产生。悬浮液经中心的进料管 12 加入螺旋内筒，初步加速后进入转鼓，在离心力作用下，较重的固相沉积在转鼓壁上形成沉渣层，由螺旋推至转鼓锥段进一步脱水后经小端出渣口排出；而较轻的液相则形成内层液环由大端溢流口排出。

离心机在全速运转下连续进料、分离和卸料，适用于含固相（颗粒粒度 0.005 ~ 2 mm）浓度 2% ~ 40% 悬浮液的固液分离、粒度分级、液体澄清等。具有连续操作、处理能力大、单位耗电量小，结构紧凑、维修方便等优点。尤其适合过滤布再生有困难，以及浓度、粒度变化范围较大的悬浮液的分离。

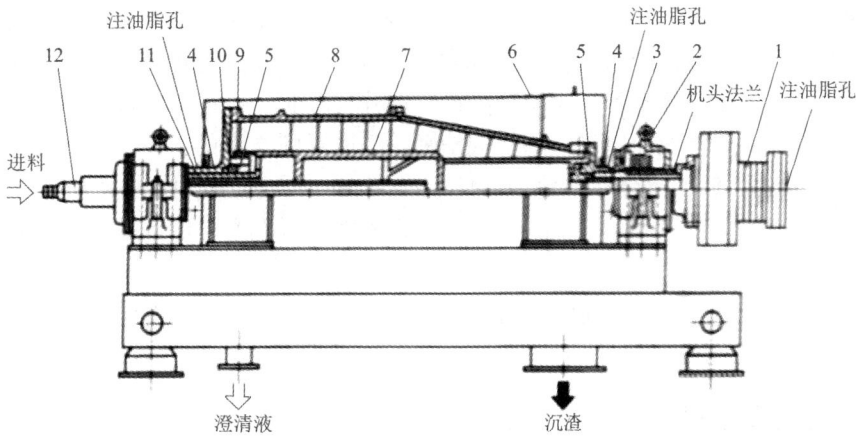

图 6 -41　卧式螺旋卸料沉降离心机

1—差速器；2—主轴承；3—油封Ⅰ；4—左右铜轴瓦；5—油封Ⅱ；6—外壳；
7—螺旋；8—转鼓；9—油封Ⅲ；10—轴承；11—油封Ⅵ；12—进料管

三、碟片式离心分离机

碟片式离心分离机是应用最为广泛的离心沉降设备。它具有一密闭的转鼓，鼓中放置有数十个至上百个锥顶角为 60° ~ 100° 的锥形碟片，碟片与碟片间的距离用贴附于碟片背面的、具有一定厚度的狭条来调节和控制，一般碟片间的距离为 0.5 ~ 2 mm。当转鼓连同碟片以 4000 ~ 8000 r/min 高速旋转时，碟片间悬浮液中的固体颗粒因有较大的质量，先沉降于碟片的内腹面，并连续向转壁方向沉降，澄清的液体则被迫反方向移动，最终在转鼓顶部进液管周围的排液口排出。

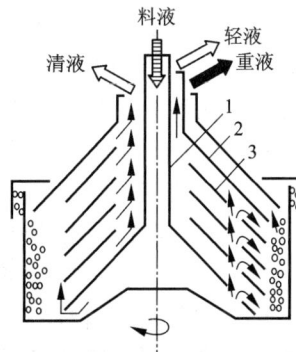

图 6 -42　液固分离和液液固分离的工作原理

左侧：液 - 固分离　右侧：液 - 液 - 固分离
1—进料管；2—重轻液分隔板；3—碟片

碟片式离心机既能分离低浓度的悬浮液（液 - 固分离），又能分离乳浊液（液 - 液分离或液 - 液 - 固分离）。两相分离和三相分离的碟片形式有所不同，对于液 - 固或液 - 液两相分离所用的碟片为无孔式,它们的工作原理见图6-42左侧。液-液-固三相分离所用的碟片在一定位置带有孔,以此作为液体进入各碟片间的通道,孔的位置是处于轻液和重液两相界面的相应位置上,见图6-42右侧。

根据排出分离固体的方法不同,碟片式离心机可以分为两大类:

1. 喷嘴型碟片式离心机

喷嘴型碟片式离心机具有结构简单、生产连续、产量大等特点。排出固体为浓缩液,为了减少损失,提高固体纯度,需要进行洗涤;喷嘴易磨损,需要经常调换;喷嘴易堵塞,能适应的最小颗粒约为0.5 μm,进料液中固体含量为6%~25%最合适。

2. 自动分批排渣型碟片式离心机

该离心机的进料和分离液的排出是连续的,而被分离的固相浓缩液则是间歇地从机内排出。离心机的转鼓由上下两部分组成,上转鼓不作上下运动,下转鼓通过液压的作用能上下运动。操作时,转鼓内液体的压力传入上部水室,通过活塞和密封环使下转鼓向上顶紧。卸渣时,从外部注入高压液体至下部水室,将阀门打开,将上部水室中的液体排出。下转鼓向下移动,被打开至一定缝隙而卸渣。卸渣完毕后,又恢复到原来的工作状态。这种离心机的分离因数为5 500~7 500,能分离的最小颗粒为0.5 μm,料液中固体含量为1%~10%,大型离心机的生产能力可达60 m³。排渣结构有开式和密闭式两种,根据需要也可不用自控而用手控操作。

这种离心机适用于从发酵液中回收菌体、抗生素及疫苗的分离,也可应用于化工、医药、食品等工业。

四、三足式离心机

三足式离心机是一种间歇式的离心机,也是最早出现的离心机,至今仍然是保有量最多、应用范围最广的离心机。三足式离心机结构如图6-43所示,主要构件有转鼓体5、主轴10、外壳11、电动机12等。离心机零件几乎全部装在底盘1上,然后通过三根吊杆4悬吊在三个立柱2上。吊杆两端与底盘1和立柱2球面连接,吊杆4外套上装有缓冲弹簧3,以保证球面始终接触,整个底盘能够自由平稳摆动,并可快速到达平衡位置。这种悬吊

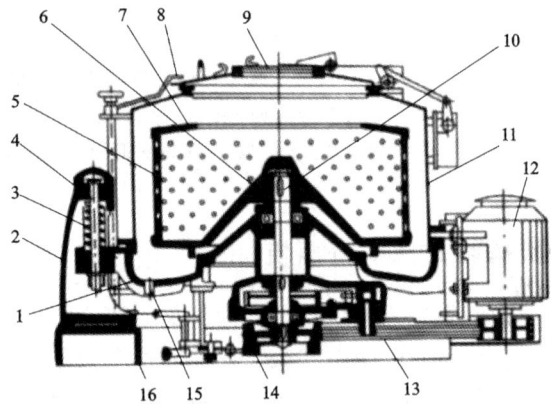

图6-43　三足式离心机

1—底盘;2—立柱;3—缓冲弹簧;4—吊杆;5—转鼓体;6—转鼓底;
7—拦液板;8—制动器把手;9—机盖;10—主轴;11—外壳;
12—电动机;13—传动皮带;14—滤液出口;15—制动轮;16—机座

体系的固有频率远低于转鼓的转动频率,从而可减少振动。尤其是块状物很难做到在转鼓内均匀分布,必然引起较大振动,这种结构较好地解决了减振问题。

转鼓主要由转鼓体5、拦液板7和转鼓底6组成,其主轴10通过一对滚动轴承支撑于底盘上。转鼓结构有过滤和沉降型。当悬浮液进行离心过滤时,在开有小孔的转鼓壁上需衬以底网和筛网。

悬液离心过滤时,滤液经由筛网、鼓壁小孔甩到外壳,流入底盘,再从滤液出口 15 排出机外。固相颗粒则被筛网截留在转鼓内,形成滤饼。这种操作周期可依生产情况随意安排,固体颗粒、晶粒不受损坏,也可进行充分洗涤,能得到较干的滤饼;但间歇操作,生产辅助时间长,生产能力低,劳动强度大。为此,进行了多种改进:如在卸料方面,出现了下卸料和机械刮刀卸料,以减轻劳动强度;在操作上,出现了液压电气程控全自动操作;在传动方面逐渐采用直流电动机或液压马达,可方便实现无级变速。此外,还有具备密闭、防爆性能的三足式离心机出现。三足式离心机总的发展趋势是卸料机械化和操作自动化。三足式离心机应用范围很广泛,如单晶糖分离、淀粉脱水、肉块去血水等。

五、上悬式离心机

上悬式离心机广泛应用于制糖工业等食品加工中,其特点是其转鼓在较长的挠性轴下端,而轴的上端则借轴承悬挂在铰接支承中(图 6 - 44)。铰接有锥形橡胶套的缓冲环,用于限制主轴的径向位移,以减弱转子不平衡时轴承承受的动载,这种支承方式使支承点远高于转子的质量中心,保证了运转时的平衡性,并能使转子自动调心,也不致使滤浆污染支承及传动装置。

上悬式离心机每一工作循环包括加料、分离、洗涤、再分离、卸料、滤网再生等工序。上悬式离心机采用下部卸料,分为重力卸料及机械卸料两种,目前多采用机械刮刀卸料。其基本结构是:转鼓 6 借其底上的轮毂固定在主轴下端,主轴上端通过轴承室而悬挂在铰接支承 2 中,电动机 1 通过弹性联轴器与主轴连接。

开孔转鼓内铺有衬网与面网。主轴下部套装着能沿轴上下滑移的套管,套管下端装着锥形封闭罩 5,封闭罩借杠杆系统可沿主轴升降。套管上还固定有布料盘。机械卸料刮刀 8 的传动装置、控制加料量的探头 4 均装在机壳顶盖上。洗涤水管或通气管穿过机壳上部而伸入转鼓内。

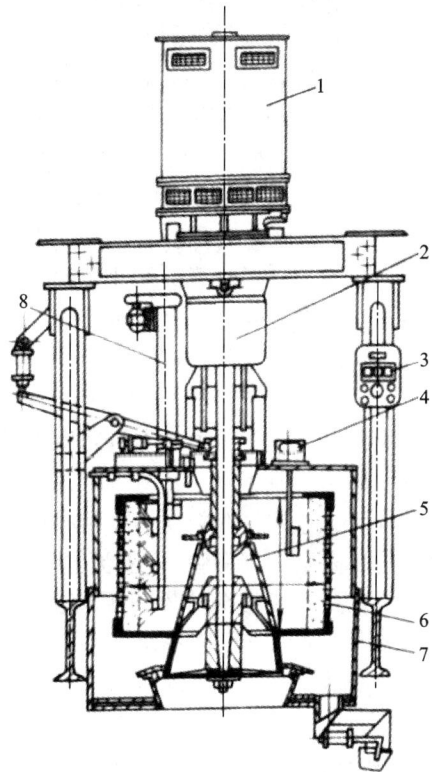

图 6 - 44　机械卸料的上悬式离心机

1—电动机;2—铰接支承;3—控制盘;4—探头;
5—锥形封闭罩;6—转鼓;7—机壳;8—卸料刮刀

上悬式离心机适用于分离粒度为 0.01 ~ 1 mm 固体颗粒的悬浮液,尤其适用于分离粒度大,颗粒不允许破碎的晶体悬浮液和粗粒悬浮液,如蔗糖、葡萄糖的脱水。其缺点是:主轴较长、易磨损、运转时引起震动。

六、卧式刮刀卸料离心机

该机是一种连续运转、间歇操作并用刮刀卸除滤渣的过滤离心机,该机每个操作周期一般包括:洗滤网、加料、分离、洗涤和刮料等五个阶段,可用人工控制液压系统进行操作或电气—液压系统进行自动或半自动控制。

卧式刮刀卸料式离心机的结构如图 6 - 45 所示，在机座 1 上装有机壳 2 和轴承 3，转鼓由带有小孔的转鼓体 5、转鼓底板 6 及拦液板 7 所组成。在机壳上装有油缸 8，通过油缸内的活塞，活塞杆带动刮刀 9 切削物料，加料量是通过时间继电器对进料阀开启时间的长短来控制的，悬浮液经加料管 10 进入与轴线平行的具有长条形缝隙的分布管而进入转鼓。分离结束后，刮刀由最低位置向上移动进行卸料，卸下的滤渣经斜槽 11 向下滑动。在斜槽上装有一振动器 12 用来除去粘附在斜槽上的滤渣。卧式刮刀卸料离心机分离因数为 250 ~ 3400，产量高，可自动操作，适于大规模生产，宜用于粒度中等或细小的悬浮液的脱水。但刮刀寿命短，震动较大，晶体被损率较大，对转鼓轴承的密封性要求较高。

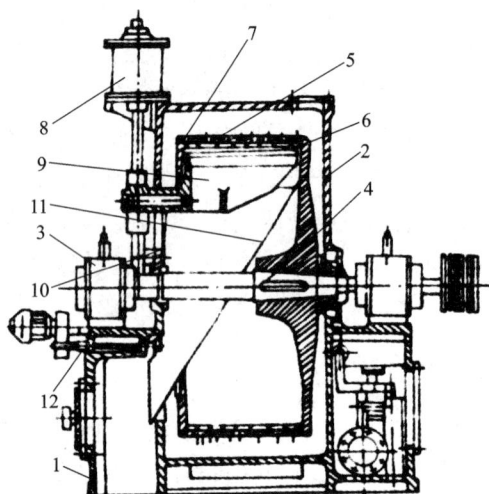

图 6 - 45　卧式刮刀卸料离心机

1—机座；2—机壳；3—轴承；4—轴；5—转鼓体；6—底板；
7—拦液板；8—油缸；9—刮刀；10—加料管；11—斜槽；12—振动器

七、旋液分离器

旋液分离器是利用离心力进行湿法分级的设备，用途很广，例如脱泥、除砂、回收溶剂、浓缩等。食品工业多用于淀粉加工中分离胚芽、纤维及蛋白质，也可用于洗涤淀粉和除砂等。其分级作业的分级粒度为 0.003 ~ 0.25 mm，浓缩或澄清的分级粒度 <15 μm。

旋液分离器由进料管 1、溢流管 2、圆管 3 和锥管 4 等部分组成（图 6 - 46）。依靠料泵沿切向将料浆送入旋液分离器，在圆管、锥管内作螺旋形旋转，在离心力的作用下，大颗粒被甩向管壁，并滑入锥管随螺旋流下降至底部出口排出，形成底流。旋液分离器中心部分的流体作高速旋转运动，形成低压区，大都分流体和未沉降的小颗粒旋回上升，由溢流管流出，形成溢流。原液的分离主要是在锥管螺旋旋流中进行的，因此锥管比圆管长。

旋液分离器的结构尺寸取决于被分离颗粒的大小，颗粒愈大，其结构尺寸也愈大。工业用旋液分离器的直径（圆柱部分）小至 10 mm 大到 1 m 以上。分离和洗涤淀粉用的旋液分离器的直径一般在 20 ~ 30 mm 之间。

为了提高小型旋液分离器的生产率，常将多个旋液分离器并联使用，有的多达数百个，图 6 - 47(a) 为旋液分离器成列并联示意图，三根总管分别将各供料管、底流管和溢流管并联在一起，装入机壳形成一台整机。旋液分离器也可按其他形式排列，如图 6 - 47(b) 所示。

旋液分离器由聚氨酯、人造橡胶、硬镍铸铁、合金钢、玻璃纤维以及配有橡胶、聚氨酯、和陶瓷等衬里的钢制或铝制筒体等材料制成。

和其他分离机相比，旋液分离器有很多优点：结构简单紧凑、无传动部分、占地面积小、使用维护方便；物料在机器内停留时间短、生产率高；能在密闭的条件下加工，产品质量高，环境卫生和劳动条件较好；便于连续作业和生产过程的自动控制。其缺点是管子内壁易磨损，尤其是锥管下半段直径逐渐减小，颗粒旋转速度增大而使内壁磨损加剧，因此需采用耐磨材料制造，使用时要经常清洗。

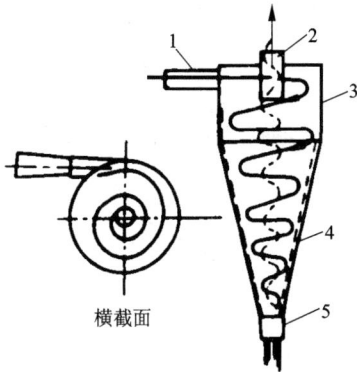

图6-46 旋液分离器

1—进料管；2—溢流管；3—圆管；4—锥管；5—底流管

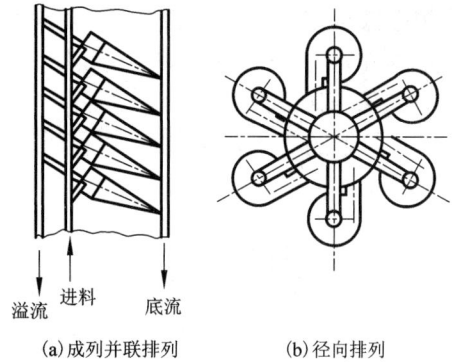

溢流　进料　底流

(a)成列并联排列　　(b)径向排列

图6-47 旋液分离器成组使用示意图

第五节 萃取机械

一、萃取原理

根据不同物质在同一溶剂中溶解度的差别，使混合物中各组分得到部分的或全部分离的分离过程，称为萃取。在混合物中被萃取的物质称为溶质，其余部分则为萃余物，而加入的第三组分称为溶剂或萃取剂（可以是某一种溶剂，也可以由某些溶剂混合而成）。萃取过程中溶质从一相转移到另一相中去，所以萃取也是传质的过程。相间物质的传递是由扩散作用引起的，扩散的速度与温度、被萃取的组分的理化性质以及在两相中的溶解度差有关。

一个完整的萃取操作过程如图6-48所示，步骤为：①原料液 F 与溶剂 S 充分混合接触，使一相扩散于另一相中，以利于两相间传质。②萃取相 E 和萃余相 R 进行澄清分离。③从两相分别回收溶剂得到产品，回收的萃取剂可循环使用。萃取相 E 除去溶剂后的产物称为萃取物 E′，萃余相 R 除去溶剂后的产物称为萃余物 R′。萃取比蒸发、蒸馏过程复杂，设备费及

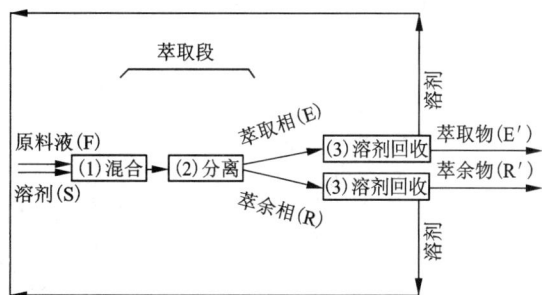

图6-48 萃取过程

操作费也较高，但在某些情况下，采用萃取方法较合理、经济。

二、萃取设备

溶剂萃取设备可以分成单级萃取设备和多级萃取设备，后者又可分为错流接触和逆流接触萃取设备。多级逆流萃取过程具有分离效率高，产品回收率高，溶剂用量少等优点，是工业生产最常用的萃取流程。多级萃取设备也有多种类型，如混合沉降器、筛板萃取塔、填料萃取塔等。

根据操作方式不同,溶剂萃取设备可分成间歇萃取设备和连续萃取设备。

根据分离物系构成的不同,溶剂萃取设备可分成液－液萃取设备和液－固萃取设备。

(一)液－液萃取设备

按照接触的方式不同,可以分为逐级式和微分式两大类。常用的液—液萃取装置如图6－49所示。

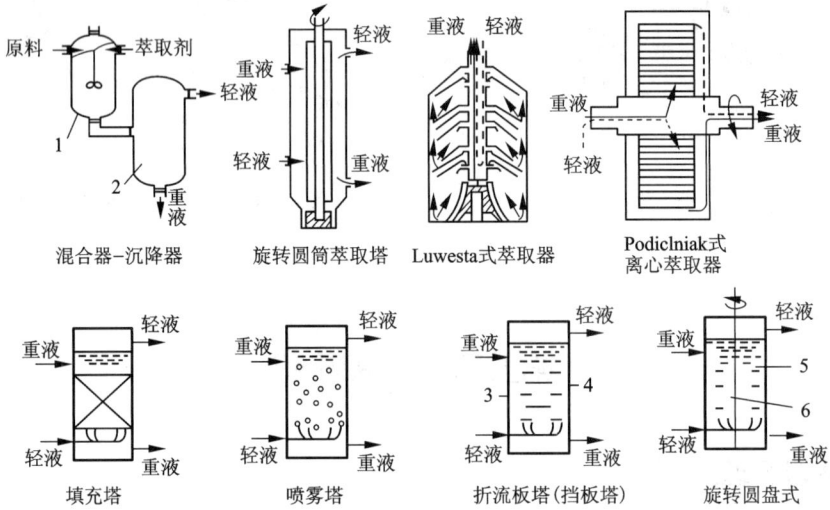

图6－49 常用的液－液萃取装置

1—混合器;2—沉降器;3—圆环;4—圆盘;5—导叶;6—转盘

微分萃取,就是在一个柱式或塔式容器中,互相溶混的两液相分别从顶部和底部进入并相向流过萃取设备,目的产物(溶质)则从一相传递到另一相,以实现产物分离的目的。其特点是液相连续相向流过设备,没有沉降分离时间,因而传质未达平衡状态。微分萃取操作只适用于两液相有较大密度差的场合。

微分萃取设备主要是一个萃取塔,图6－50所示的为常见的三种典型设备结构示意图。其中,(a)为多层填料萃取塔,(b)为多级搅拌萃取塔,(c)为转盘萃取塔。

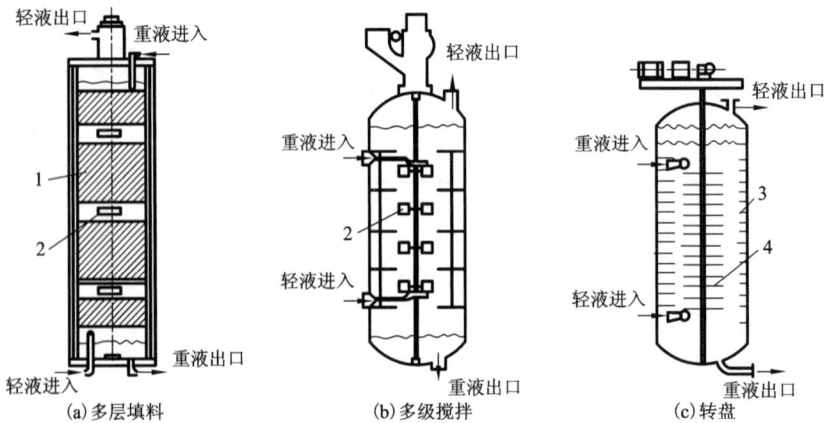

图6－50 三种常用的微分萃取塔

1—丝网;2—搅拌器;3—静环;4—转动环

对于填料萃取塔，最好选用不易被分散相润湿的填料，以使分散相更好地分散成液滴，有利于和连续相接触传质。通常来讲陶瓷材料易为水溶液润湿，塑料填料易被大部分有机液体润湿，而金属材料无论对水或者是有机溶剂均能润湿。

若以轻液为分散相由塔底进入，常用喷洒器使轻液分散。搅拌器的作用是使轻液、重液两相在每层丝网之间得到更好的均匀再分散。

转盘萃取塔比填料塔更简单，但由于转盘的搅拌增大了两相传质面积，故强化了萃取过程。转盘萃取塔的分离效率与转盘速度、直径及隔板的几何尺寸等结构参数有关。通常，塔径与转盘直径比值 $D/d = 1.5 \sim 3$，环形隔板间距 h 为塔径的 $1/8 \sim 1/2$，隔板宽度约为塔径的 $1/10 \sim 1/5$，而转盘转速为 $80 \sim 150$ r/min。

（二）固-液萃取设备

固-液萃取操作主要包括不溶性固体中所含的溶质在溶剂中溶解的过程和分离残渣与浸取液的过程。

固-液萃取设备按其操作方式可分为间歇式、多级逆流式和连续式。按固体原料的处理法，可分为固定床、移动床和分散接触式。按溶剂和固体原料接触的方式，可分为多级接触型和微分接触型。

1. 单级间歇式浸出器

图 6-51（a）是一种溶剂再循环式浸出器，由浸出部分（A）和溶剂蒸发部分（B）组成。原料在 A 处完成浸出操作后，浸出液经滤板流至 B 处。浸出液在 B 处受热后，其中溶剂蒸发，并经冷凝后重新使用。反复几次后，最后以蒸气进行喷淋直接排出溶剂，则可得残渣，浸出液经蒸发溶剂后可得到浸出物。图 6-51（b）所示是一种简单的浸出器。

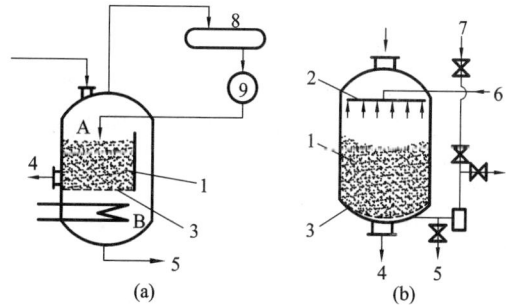

图 6-51 单级间歇式浸出设备

1—原料；2—溶剂分配器；3—滤板（底）；
4—滤渣出口；5—浸出物；6—新鲜溶剂入口；
7—洗液入口；8—冷凝器；9—溶剂槽

2. 多级逆流式浸出器

多级逆流式浸出器通常是由 6 个如图 6-52 所示的浸出罐组合而成。其浸出流程图如图 6-53 所示。在操作中各罐的状态为：1、2、3 罐：浸出操作中；4 罐：加料操作中；5 罐：排出残渣；6 罐：通蒸汽以除去溶剂。1、2、3 罐组成一组浸出系列，先将溶剂泵进 1 罐进行浸出，某浸出液则逐步进 2 及 3 罐，由 2 罐出来的浸出液浓度较高，送往蒸发塔以回收浸出物。当 1 罐的浸出操作完后，则与此浸出系列隔开，此时 4 罐则加入浸出系列而形成另外一个新的浸出系列（2、3、4 罐），其状态如下：

1 罐：通蒸汽以除去溶剂；2、3、4 罐浸出操作中；5 罐：加料操作中；6 罐：排出残渣。

如此类推操作，则可得到浸出物与残渣。为了提高效率，须选择适当的溶剂比、浸出时间和浸出罐的组合数。

3. 连续式浸出器

连续式浸出器有三种形式：①浸泡式，原料完全浸没于溶剂之中而进行的连续浸出；②渗滤式，喷淋于原料层上的溶剂在通过原料层向下流动的同时进行浸出；③浸泡和渗滤相结合的方式。

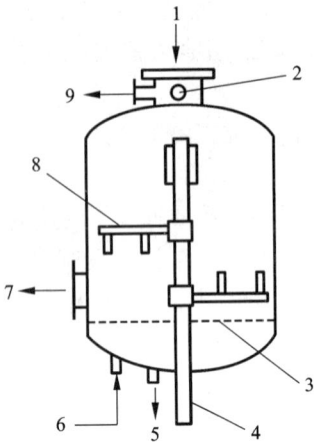

图6-52　浸出罐

1—原料进口；2—溶剂进口；3—滤板；
4—转轴；5—浸出液出口；6—蒸汽进口；
7—残渣；8—搅拌器；9—蒸汽出口

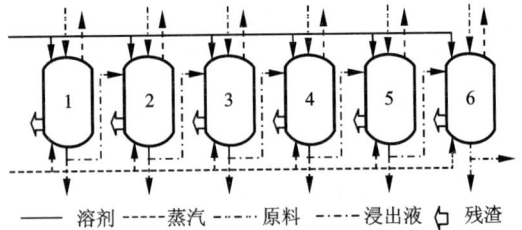

—— 溶剂　---- 蒸汽　---- 原料　-·-·- 浸出液　⇦ 残渣

图6-53　多级逆流式浸出流程图

（1）浸泡式连续浸出器

图6-54所示为两种典型的浸泡式连续浸出器。图（a）为L形管式（螺旋式）浸出器。原料进入后与溶剂的走向相反。螺旋片均带滤孔。浸出液排出前经过一特殊过滤器的过滤。图（b）为单塔重力式浸出器。它是单一的立式塔，内部由水平板分成若干个塔段。物料受桨叶的推动经过塔板上的开口自上而下流动。新鲜溶剂由塔底泵入。逐板向上流动，从塔顶排出。

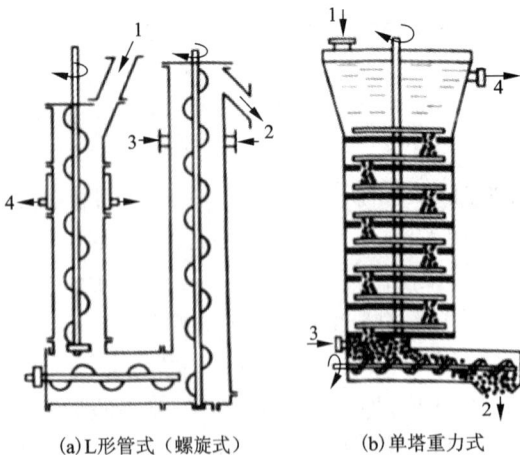

(a)L形管式（螺旋式）　(b)单塔重力式

图6-54　浸泡式连续浸出器

1—原料；2—残渣；3—溶剂；4—浸出液

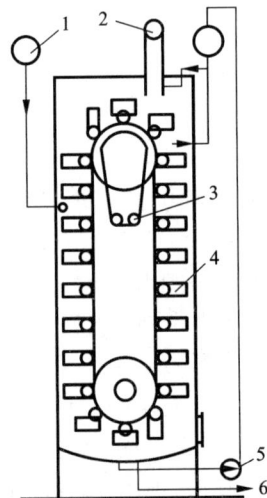

图6-55　垂直移动篮式浸出器

1—溶剂入口；2—原料进口；3—卸料螺旋；
4—料斗；5—循环泵；6—浸出物

（2）渗滤式连续浸出器

①垂直移动篮式浸出器。

它类似于斗式提升机。料斗钻有孔，让溶液穿流而过，物料首先由回收的稀溶液浸出，料斗从右侧转到左侧后，再由新鲜溶剂自上而下进行浸出。残渣由输送机送出。同时右侧渗滤而下的浓溶液从底部卸出，如图6-55所示。

②旋转隔室式连续浸出器。

其结构如图6-56所示。它是由在完全密封的圆筒形容器内的一组隔室构成。各隔室随轴缓慢旋转，其底部有可开启的筛网。当卸料后的空室转至加料管下方时，原料即散布于隔室的筛网上，随着转至下一位置即开始进行浸出。当旋转将近一周后，隔室筛网随转动而自动开启，残渣即下落至器底排出。随转动网底又自动复位，进行再次加料—浸出循环。新鲜溶剂在残渣快要排出之前由扇形隔室上方加入，散布于固体之上渗滤而下，流入器底的一个分格内，再由泵送入前一扇形隔室上方。如此依次进行，达到逆流浸出的效果。最后浓溶液从刚装好原料的扇形隔室底的器底下分格内被排出。

③水平移动篮式浸出器。

它系由无顶及无底的移动隔板带和网状履带所构成，符合大生产能力的需要。物料和溶剂的走向如图6-57所示。

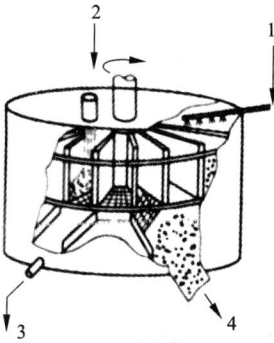

图6-56　旋转隔室式浸出器

1—纯溶剂；2—原料；3—卸渣；4—浸出液

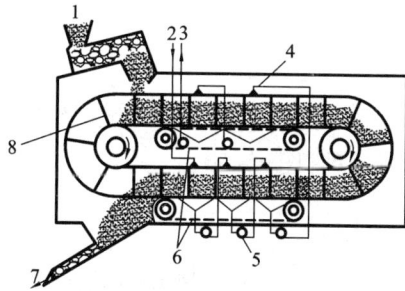

图6-57　水平移动篮式浸出器

1—原料入口；2—新溶剂入口；3—浸出液出口；
4—溶剂喷嘴；5—容积泵；6—网状履带；7—残渣出口；8—隔板

④皮带输送式连续浸出器。

其流程如图6-58所示。将原料层厚度、输送速度、溶剂量等适当调整，可适用于各种原料的浸出。其生产规模小、设备廉价。

三、超临界萃取设备

超临界流体萃取技术就是以超临界状态（压力和温度均在临界值以上）的流体为溶媒，对萃取物中的目标组分进行提取分离的过程。该技术有如下特点：萃取温度较低，制品不存在热分解问题；对温度和压力

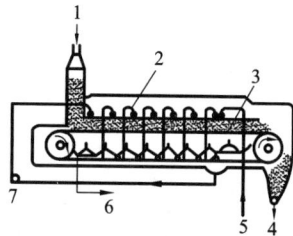

图6-58　皮带输送式连续浸出器

1—原料；2—溶剂喷嘴；3—皮带输送器；
4—残渣出口；5—新溶剂；
6—浸出液；7—浸出液循环泵

进行调节，可以实现选择性萃取；对非挥发性物质分离非常简单；制品中无溶剂残留问题；溶剂可以再生、循环使用，运行经济性较好；无环境污染问题。

超临界流体萃取技术常以CO_2作为溶媒，其优点有：CO_2的超临界状态容易实现；食品

和药品无毒性污染问题；有防止细菌活动的作用；是惰性气体，不易燃烧，化学性质稳定；价格低廉，经济性好。

（一）超临界流体萃取的基本流程

超临界流体萃取的流程往往根据萃取对象的不同而进行设计，最基本的流程如图 6－59 所示，超临界流体的循环借助压缩机或泵完成。具体操作步骤如下：

①首先将经过前处理的原料放入萃取釜；

②CO_2经过压缩机的升压，在设定的超临界状态被送入萃取釜；

③在萃取釜内可溶性成分被溶解进入流动相，通过改变压力和温度，在分离釜中 CO_2 将可溶性成分分离；

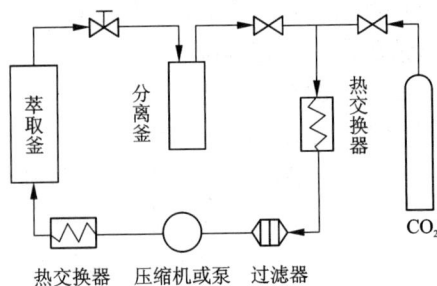

图 6－59　超临界 CO_2 萃取的基本流程

④分离可溶性成分的 CO_2 再经过压缩机或泵和热交换器，实现循环使用。若使用压缩机则分离出来的 CO_2 不需使其发生相变，直接以气体的形式进行循环；若使用泵，则需对 CO_2 冷凝液化，使其以液体的形式进行循环。

（二）超临界 CO_2 萃取系统分类

1. 按分离的方法分类

超临界流体萃取的主要设备为萃取器和分离器，根据萃取物与超临界流体的分离法，可将其分为以下几种（图 6－60）：

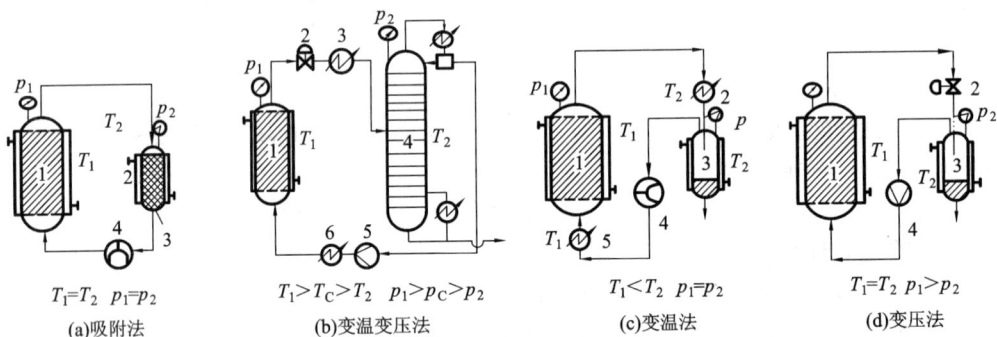

图 6－60　临界流体萃取的典型的工艺流程

(a)1—萃取器；2—分离器；3—吸收剂；4—泵

(b)1—萃取器；2—减压阀；3—冷却器；4—分离器；5—压缩机；6—加热器

(c)1—萃取器；2—加热器；3—分离器；4—泵；5—冷却器

(d)变压法 1—萃取器；2—减压阀；3—分离器；4—压缩机

（1）变压法

指采用压力变化方式进行分离的方法。萃取器与分离器在等温条件下，将萃取相减压分离出溶质。超临界气体采用压缩机加压，再重新返回萃取器。

（2）变温法

指采用变化温度的方式进行分离的方法。在等压的条件下，将萃取相加热升温分离气体与溶质。气体经压缩冷却后重新返回至萃取器。

（3）变温变压法

指通过温度和压力同时变化的方式进行分离的方法。分离器的温度和压力都与萃取器不同。

（4）吸附法

指采用吸附剂进行分离的方法。在分离器中放入吸附剂，在等压、等温的条件下，将萃取相中的溶质吸附，气体经压缩返回至萃取器。

（5）水洗法

指采用水洗涤吸收进行分离的方法。在分离器内，在等压、等温的条件下，通过水逆向洗涤携带溶质的 CO_2，以便吸收溶质。

2. 按萃取器的形状分类

超临界流体萃取系统按照萃取器的形状分为如下两种：

（1）容器型

指萃取器的高径比较小的设备，容器型设备适宜于固体物料的萃取。

（2）柱型

指萃取器的高径比较大的设备，柱型设备对于液体和固体物料的处理均可。为了降低大型设备的加工难度和成本。应尽可能地选用柱型设备。

3. 按操作的方式分类

按操作的方式不同可分为批式和连续并流或逆流萃取流程。对于固体原料，一般用多个萃取釜连续流程，不过就每只萃取釜而言均为批式操作；对于液体物料，多用连续逆流萃取流程更为方便和经济。

（三）超临界萃取在食品工业中的应用

近20年来超临界萃取技术迅速发展，并被用于食品、医药、香料工业及化学工业中，分离热敏性、高沸点物质。具体应用如下：

①动植物油（鱼油等及大豆、向日葵、可可、咖啡、棕榈等的种子油）的萃取；

②从茶、咖啡中脱除咖啡因；

③啤酒花和尼古丁的萃取；

④从植物中萃取香精油等风味物质；

⑤从动植物中萃取脂肪酸；

⑥从奶油和鸡蛋中去除胆固醇；

⑦从天然产物中萃取功能性有效成分；

⑧植物色素的萃取及各种物质的脱色、脱臭等。

超临界流体萃取是一种具有潜力的新兴分离技术，它能满足许多特殊品质食品的加工要求，尤其适用于生产高价值的食品添加剂等产品。近年来因高压技术的发展逐步降低技术投资费用，若将超临界萃取技术与它结合起来使用，会产生更高的经济效益。因此这项技术在食品工业中的应用前景十分乐观。

第六节　膜分离机械

一、膜分离的概念与系统组成

用天然或人工合成的高分子薄膜或其他类似的功能材料，以外界能量或化学位差为推动力，对双组分或多组分溶质和溶剂进行分离、分级、提纯和富集的方法称为膜分离法。膜分离技术是高效节能的单元操作，它已作为新兴高效的分离、浓缩、提纯及净化技术，在化工、电子、食品、医药、气体分离和生物工程等行业产生极大的经济效益和社会效益。

1. 膜的分类

①按膜的来源分：天然膜和合成膜；

②按成膜材料分：树脂膜、陶瓷膜及金属膜；

③按化学组成分：纤维酯类膜、非纤维素酯类膜；

④按膜的结构分：对称膜、不对称各向异性膜、均相致密膜、超薄复合膜、荷电膜等；

⑤按膜形状分：平板膜、管式膜、中空纤维膜等。其中醋酸纤维素膜和聚酰胺膜应用广泛。陶瓷膜和金属膜因性能和强度独特，多用于果蔬汁加工中做主导部件。

⑥按膜的制备方法分：溶液浇铸膜、熔融抽丝膜、拉伸膜、动力形成膜、等离子体聚合膜等。

⑦按用途分：海水膜、苦咸水膜、废水处理膜、医药食品用膜、化工行业用膜、电子工业制取超纯水和高压锅炉软化水用膜等。膜分离方法见表 6-1。

表 6-1　主要膜分离方法

膜分离方法	相态	推动力	透过物
渗透	液/液	浓度差	溶剂
反渗透	液/液	压力差	溶剂
超滤	液/液	压力差	溶剂
透析	液/液	浓度差	溶质
电渗析	液/液	电场	溶质/离子
液膜技术	液/液	浓度差/化学反应	溶质/离子
气体渗透	气/气	压力差	气体分子
渗透蒸发	液/气	浓度差	液体组分

2. 膜分离的技术特性

①透水速率或透过速度：单位时间内通过单位面积膜的液体体积或质量 $m^3/(m^2 \cdot h)$ 或 $kg/(m^2 \cdot h)$。

②可透度：单位时间、单位膜面积与单位推动力作用下通过膜组分数量与膜厚度的乘积。

③选择性：各种组分可透过度的比值。

④截留率:某组分在截留液中浓度与原液中浓度比值。

⑤划分相对分子质量:截留率为100%组分的最低相对分子质量。

3. 膜分离技术的特点

①膜分离技术多是常温下操作,不需要加热,被分离的物质能保持原有的性质,特别是热敏性物质,如食品中的香味和风味成分不易散失,能保持食品某些功效;

②膜分离过程不发生相变,与有相变的分离法和其它分离法相比,能耗低。

③膜分离技术适用范围广,从无机物到有机物,从病毒、细菌到微粒,还适用于溶液中大分子与无机盐,一些共沸物或近沸点物系的特殊溶液体系的分离。

④膜分离用压力作为推动力,分离装置简单,工艺适应性强,处理规模可大可小,操作维护方便,易于实现自动化控制。

二、膜组件

膜分离装置主要包括膜组件与泵。对膜组件的要求:装填密度高、膜表面的溶液分布均匀、流速快、膜的清洗更换方便、造价低、截留率高和渗透速率大。工业上常用的膜组件有平板式、管式、螺旋卷式、中空纤维式、毛细管式和槽条式等。各种膜组件的优缺点见表6-2。

表6-2　六种膜组件的优缺点比较

类型	优点	缺点
平板式	结构紧凑牢固,能承受高压,性能稳定,工艺成熟,换膜方便	液流状态较差,容易造成浓差极化,设备费用较大
管式	料液流速可调范围大,浓差极化较易控制,流道畅通,压力损失小,易安装,易清洗,易拆换,工艺成熟,可适用于处理含悬浮固体,高黏度的体系	单位面积膜面积小,设备体积大,装置成本高
螺旋卷式	结构紧凑,单位体积膜面积大,组件产水量大,工艺较成熟,设备费用低	浓差极化不易控制,易堵塞,不易清洗,换膜困难
中空纤维式	单位体积膜面积最大,不需外加支撑材料,设备结构紧凑,设备费用低	膜容易堵塞,不易清洗,原料液预处理要求高,换膜费用高
毛细管式	毛细管一般可由纺丝法制得,无支撑,价格低廉,组装方便,料液流动状态易控制,单位体积膜面积较大	操作压力受到一定限制,系统对操作条件的变化比较敏感,当毛细管内径太小时易堵塞,料液必须经适当处理
槽条式	单位体积膜面积较大,设备费用低,易装配,易换膜,放大容易	运行经验较少

（一)平板式膜组件

平板式膜组件的特点是:制造、组装简单,更换、清洗、维护方便,同一设备可按要求改变膜面积,增减膜层数。原液流道截面积大,不易堵塞,压力损失小,原液流速达 1~5 m/s。原液流道可设计为波纹形,使液体成湍流。反渗透膜组件耐高压,膜组件强度高,平板式超滤器装置大,加工精度高,液流流程短,截面积大,单程回收率低,循环次数多,泵容量大,能耗大,可通过多段操作增大回收率。图6-61为DDS公司的平板式反渗透流程与装置和超滤组件示意图。

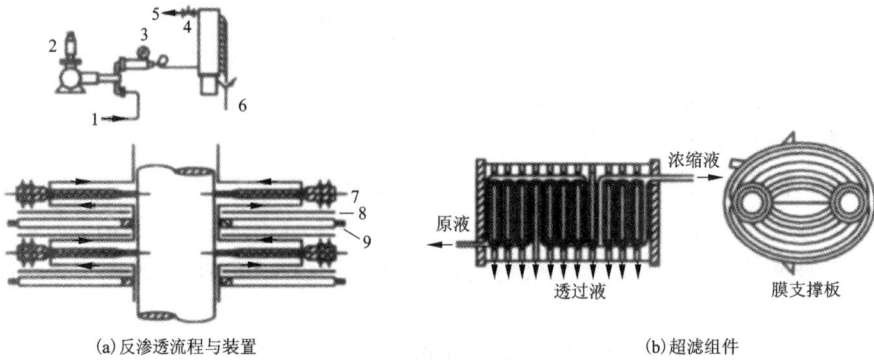

(a)反渗透流程与装置　　　　　(b)超滤组件

图6-61　DDS公司的平板式反渗透流程与装置和超滤组件示意图

1—进料口；2—泵；3—压力计；4—安全阀；5—浓缩液出口；6—透过液出口；7—膜隔板；8—膜；9—膜支撑板

DDS平板式膜组件的椭圆形支撑板两侧装有GR聚砜膜，膜与支撑板上有料液进口与出口，透过液由支撑板边缘引出管引出，整个设备由多组组件叠置而成。支撑板进、出口用抛物线形导流槽连接，减少膜浓差极化工作温度可达80℃，pH≈1~13，在乳制品工业中应用广泛。

(二)螺旋卷式膜组件

螺旋卷式膜组件由美国Gulf General Atomic公司1964年首先开发，我国于1982年由国家海洋局第二研究所研制成功，螺旋卷式组件构造如图6-62。

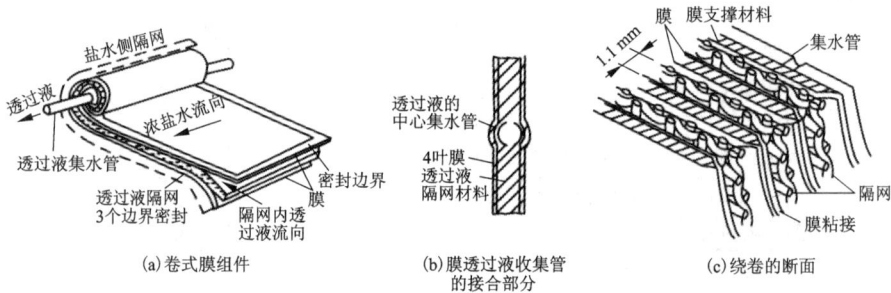

(a)卷式膜组件　　　　　(b)膜透过液收集管　　　　　(c)绕卷的断面
　　　　　　　　　　　　　的接合部分

图6-62　螺旋卷式膜组件构造

螺旋膜组件采用平面膜，粘成密封长袋形，隔网装在膜袋外面，膜袋口与中心集水管密封，膜袋数称为叶数，叶数越多，密封要求越高，隔网为聚丙烯格网，厚0.1~1.1 mm，为原液提供流道，使料液形成湍流。膜支撑材料是聚丙烯树脂或三聚氰胺树脂，厚0.3 mm，整个组件装入圆筒形耐压容器内，如图6-63所示。多个卷式膜组件装于一个壳体内，再与中心管连通，组成螺旋卷式反渗透器。用于反渗透时，压力高，压力损失影响小，可多装组件。用于超滤时，连接的膜组件一般不超过3个。壳体为不锈钢或玻璃管。卷式膜组件流速为5~10 cm/s，单组件的压头损失小，仅7~10.5 kPa。

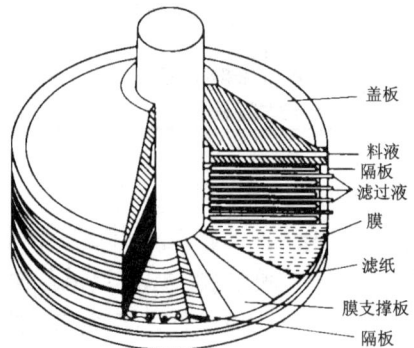

图6-63　DDS公司平板式膜组件

螺旋卷式反渗透器主要参数有外形尺寸、有效膜面积、处理量、分离率、操作压强或最高操作压强,最高使用温度和进料液水质要求等。组件尺寸达 0.3 m、0.9 m,有效面积 51 m²,组件用 20 件叶卷绕而成。膜材料是醋酸纤维素酯类,每个膜组件的处理量为 34 m³/d,分离率在 96% 以上,如图 6-64 所示。

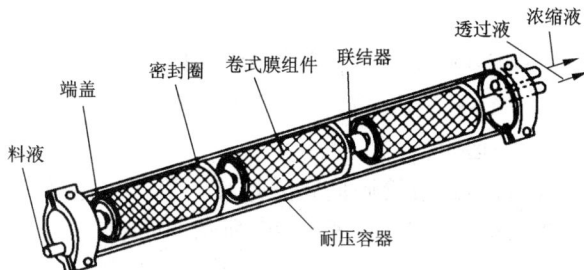

图 6-64 螺旋卷式反渗透器

(三)毛细管膜组件

毛细管膜组件由多根直径 0.5 ~ 1.5 mm 毛细管组成,如图 6-65 所示。进料液从每根毛细管中心通过,透过液从毛细管壁渗出。毛细管由纺丝法制得,无支撑部件。这种膜组件的纤维平行排列,两端均与一块端板粘合。与管式膜组件相比,毛细管膜组件拥有高填充密度,多数情况下呈层流状态,物质交换性能差。这种膜组件因长度与内径的比值很大,局部溶剂及溶质的流动速率差别也很大。

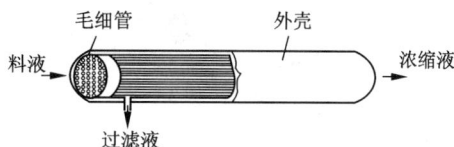

图 6-65 毛细管膜组件

(四)中空纤维膜组件

中空纤维膜组件与毛细管膜组件类似。常见的中空纤维管外径为 50 ~ 100 μm,内径为 15 ~ 45 μm。几万根纤维集束的开口端用环氧树脂粘接,装填于管状壳体内形成中空纤维膜组件,如图 6-66 所示。进料液流动方式:有轴流式、放射流式、纤维筒式三种。

中空纤维膜组件主要由壳体、高压室、渗透室、环氧树脂管板和中空纤维膜等组成。

设备组装关键是中空纤维装填方式及开口端粘接方法,装填方式决定膜面积与装填密度,粘接方法则保证高压室与渗透室间的耐高压密封。

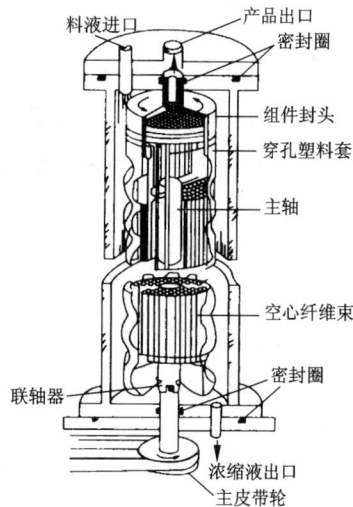

图 6-66 英国 Aere Harwell 公司反渗透中空纤维膜组件

中空纤维膜组件主要特点:

①小型化,不用支撑体,膜组件内能装几十万至几百万根中空纤维,膜装填密度 $1.6 \times 10^4 ~ 3 \times 10^4 \text{m}^2/\text{m}^3$。

②透过水侧压强损失大,通过膜的水是由极细的中空纤维膜组件的中心部位引出,压强损失达数个大气压。

③膜面污染去除较困难,只能用化学清洗而不能用机械清洗,进料液须严格预处理。

④一旦损坏无法修复。

(五)管式膜组件

管式膜组件外形类似于管式热交换器,管式膜牢固地粘附在 12～14 mm 支撑管内壁或外壁,由多段滤管组成,外管为多孔金属管或玻璃纤维增强塑料管,中间层为多层合成纤维布滤层,内层为管状超滤或反渗透膜。

原料液经压力作用,由管内透过管膜向管外迁移。管式膜组件有:单管式和管束式;按作用方式有内压型管式和外压型管式,如图 6-67 所示。

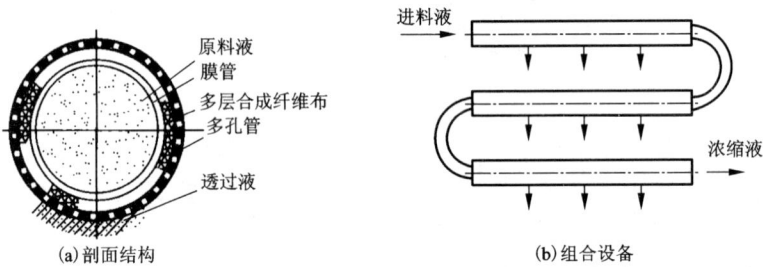

图 6-67　管式膜组件示意图

内压单管式膜组件的膜管内裹以尼龙布、滤纸等支撑材料,并镶入开有直径 1.6 mm 小孔的耐压管内,膜末端呈喇叭状,用橡胶热圈密封,故称套管式。料液由一端流入,透过液透过膜后,在支撑体中汇集再从耐压管上的小孔流出,如图 6-68 所示。

内压管束式膜组件是在多孔性耐压管内壁上直接喷注成膜,将许多耐压膜装配成管束,再将管束装在大的收集管内而成。进料液由装配端的进口流入,经耐压管内壁上的膜管于另一端流出,透过液透过膜后由收集管汇集,如图 6-69 所示。

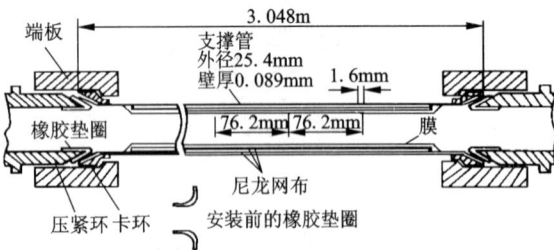

图 6-68　内压单管式膜组件

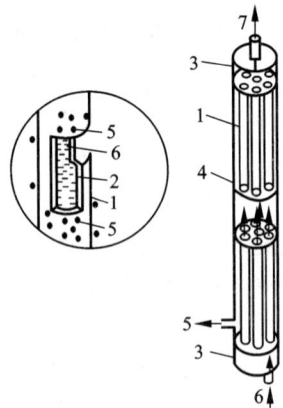

图 6-69　内压管束式膜组件

1—玻璃纤维管;2—反渗透膜;
3—末端配水管;4—PVC 淡化水收集外套;
5—淡化水;6—供给水;7—浓缩水

管式膜组件的特征是管子粗、进料液流道大、不易堵塞、膜面可用化学法和泡沫海绵球类清洗。若某根管子损坏，可将其抽掉不影响系统其他部位，直至生产能力严重下降时才更换。其缺点是膜装填密度低，为 33~330 m^2/m^3。

（六）槽条式膜组件

槽条式膜组件是由聚丙烯或其他塑料挤压而成，槽条直径约 3 mm，上有 3~4 条槽沟。槽条表面编织有涤纶长丝或其他材料，涂刮浇铸液形成膜层。将槽条一端密封后，再把几十根至几百根槽条组装成束装入耐压管中，形成一个槽条式膜组件，如图 6-70 所示。

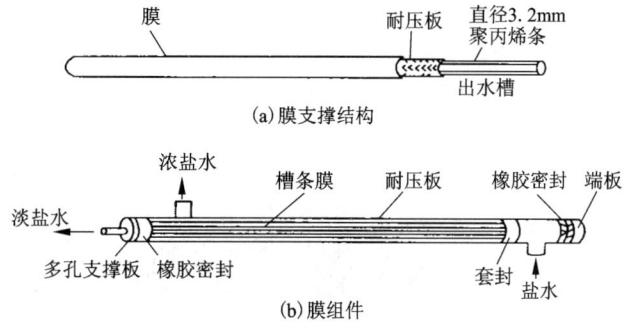

图 6-70 槽条式膜组件

三、膜分离设备

膜分离技术包括渗透、反渗透、超滤、微滤、纳滤、透析、电渗析、气体分离、液膜技术、气体渗透和渗透蒸发、无机膜、膜反应及控制释放等。下面以电渗析器为例，简介膜分离设备。

（一）电渗析原理

电渗析是指溶液中的荷电离子在直流电场作用下选择性地定向迁移，透过离子交换膜而被除去的一种膜分离技术。电渗析技术可用于脱盐和纯化，如海水淡化，牛奶、乳清、氨基酸、糖类、酱油脱盐、高纯水制备、蛋白质精制、柠檬酸纯化，海藻提碘等。

图 6-71 为电渗析原理图，电渗析器两端分别为直流电的正、负电极之间交替地平行放置阳离子和阴离子交换膜，依次构成浓缩室和淡化室。当两膜所形成的隔室中充入含离子的水溶液（如 NaCl 溶

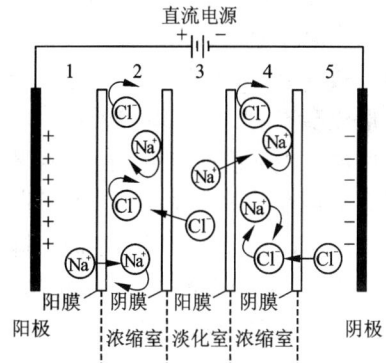

图 6-71 电渗析过程

液）。接通电源后，由于膜的选择透过性，溶液中带正电荷的阳离子(Na^+)向阴极方向迁移，穿过带负电荷的阳离子交换膜，而被带正电荷的阴离子交换膜所挡住，这种与膜所带电荷相反的离子透过膜的现象称为反离子迁移。溶液中带负电荷的阴离子(Cl^-)向阳极迁移，穿过带正电荷的阴离子交换膜，而被带负电荷的阳离子交换膜所阻挡。其结果是使2、4浓缩室中水的离子浓度增加，第3淡化室的浓度下降。

电渗析脱除溶液中离子的基本条件：一是有直流电场的作用，使溶液中正、负离子分别向阴极和阳极作定向迁移；二是离子交换膜的透过性，使溶液中的荷电离子在膜上实现反离子迁移。

（二）电渗析设备

电渗析设备由电渗析器和辅助设备组成。电渗析器有板框式和螺旋卷式两种。板框型电

渗析器是由离子交换膜、隔板、电极和夹紧装置等组成。类似于板式热交换器，如图 6-72 所示。阳、阴离子交换膜固定于两电极之间，使被处理的液流隔开，电渗析器两端为端框，每框固定有电极和用以引入或排出浓液、淡液、电极冲洗液的孔道，端框较厚和紧固，便于加压夹紧。电极内表面陷状，与交换膜贴紧形成电极冲洗室。隔板的边缘有垫片，当交换膜与隔板夹紧时即形成溶液隔室。通常将隔板、交换膜、垫片及端框上的孔对准装配，形成不同溶液供料孔道，每一隔板都设有溶液沟道用以连接供液孔道与液室。

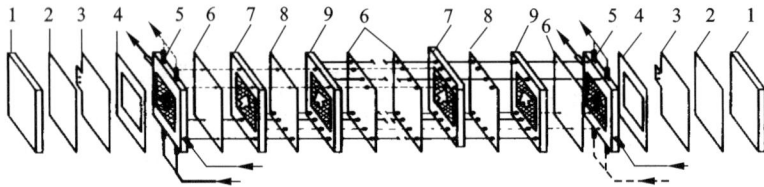

图 6-72　板框式电渗析器的结构

1—压紧板；2—垫板；3—电极；4—垫圈；5—导水板；6—阳膜；7—淡水隔板室；8—阴膜；9—浓水隔板室；
——极水　——浓水　-----淡水

离子交换膜是一种具有离子交换性能的高分子薄膜，对阳、阴离子具有透过性。电渗析停止运行时，必须注满溶液以防离子交换膜变质变形。隔板是电渗析器的支撑骨架与水流通道形成的构件，是聚氯乙烯或聚丙烯塑料板；水在隔板中间的流槽中流动时形成湍流，以提高电渗效率；隔板排列总块数取决于设计液量，设计液量越大排列总数越多。两电极间的电压降与隔板总数成正比，输出电压一定时，排列的隔板总数不能无限增多。隔板内流槽的流程总长度对电渗析产品质量影响极大，

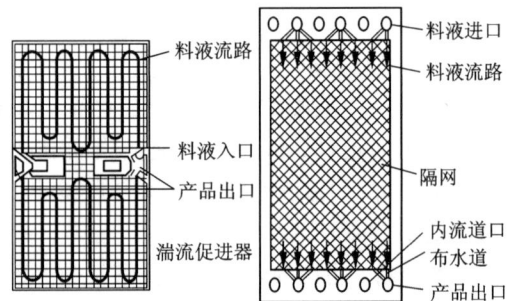

图 6-73　回流式隔板(左)与直流式隔板(右)

流程越长，产品质量越好。隔板按流水形式可分为回流式隔板与直流式隔板两种，如图 6-73所示。回流式隔板，液体流速大，湍流程度好，脱盐效率高，但流体阻力大；直流式隔板，液体流速较小，阻力小。

根据隔板在膜堆中部位，可分浓室隔板与淡室隔板，浓水室与浓水管相通，淡水室与淡水管相通，并控制浓、淡水流方向，两室水流方向可用并流、逆流或错流等形式，如图 6-74 所示。

当浓淡两室水流方向为并流时，膜两侧压力平衡，膜不易变形。但随着脱盐的进行，浓淡两室浓度差增大，对防止浓差极化不利。当水流方向为逆流时，膜两侧压力

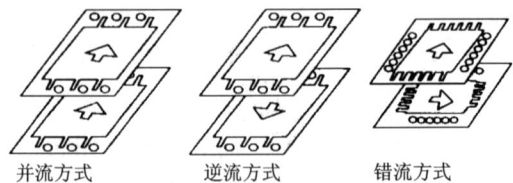

图 6-74　水孔在隔板上的位置与水流方向

不平衡，易产生膜变形，水流分布不均匀，可防止浓差扩散，利于脱盐。错流在避免浓、淡水

内部渗漏方面较前两者有利。

电极是电渗析器的重要组成部分,其质量的好坏直接影响电渗析效果。电极材料宜选用导电性能好,机械强度高,不易破裂,对所处理的溶液具有很好的化学稳定性。如:

①经石蜡浸渍或糠醛树脂中浸泡过的石墨、铅和铅银合金(Ag1% ~2%)作阴极或阳极。

②不锈钢只能用作阴极。

③钛、钽、铌、铂和氯化银等。

电极夹紧装置由型钢、铁夹板、螺杆和螺母等组成。整个电渗析器组装后须密封不漏水。

辅助设备:直流电源、水泵、流量计、压力表、电流表、电压表、电导仪、pH 计及其他分析仪器等。

四、膜分离工艺

膜分离工艺包括前处理工艺、分离工艺和后处理工艺。

(一)前处理工艺

料液的预处理包括调整温度、调整 pH、去除微生物、去除悬浮固体和胶体、去除可溶性有机物和无机物等。

(二)分离工艺

1. 超滤和反渗透工艺

实际生产中,常根据溶液分离的要求,废液的处理排放标准、浓缩液有无回收价值等综合考虑膜组件的配置。基本的流程有一级流程和多级流程两类:一级流程指进料液经一次加压反渗透或超滤分离的流程;多级流程指进料液经多次加压反渗透或超滤分离的流程。在同一级中,排列方式相同的组件组成一段。

(1)一级流程

①一级一段连续式:如图 6 - 75 所示,料液一次经过膜组件,透过液和浓缩液分别被连续引出系统。此流程操作简易,能耗最少,但水回收率不高或浓缩溶液浓度不高。

②一级一段循环式:如图 6 - 76 所示,原液流过组件后,将部分浓缩液返回料槽中,与原液混合后再次通过膜组件进行分离。这样虽提高了水的回收率,但因浓缩液浓度比原液高,所以透过的水质有所下降。

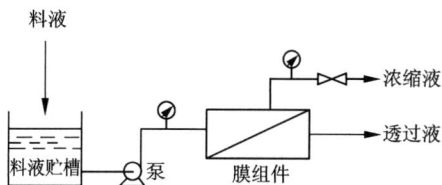

图 6 - 75　一级一段连续式　　　　图 6 - 76　一级一段循环式

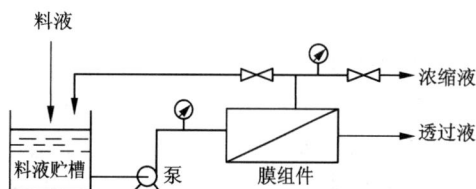

③一级多段连续式:如图 6 - 77 所示,把前一段的浓缩液作为后一段的进料液,各段的透过水连续排出。这种方式水的回收率高,浓缩液的量减少,且浓缩液的浓度提高。

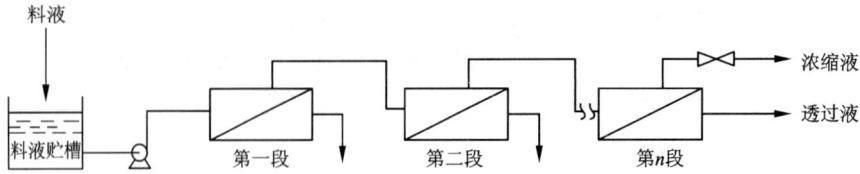

图 6-77　一级多段连续式

（2）多级流程

①多级连续式：如图 6-78 所示，把上一级透过水作为下一级进料液，使出水水质大幅度提高，但水回收较低。

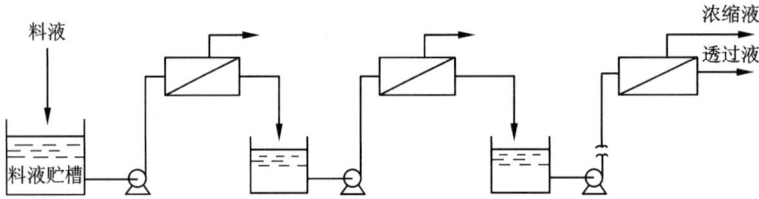

图 6-78　多级连续式

②多级多段循环式：如图 6-79 所示，将上一级透过液作为下一级进料液，直到最后一级透过液引出系统。而浓缩液从后级向前级返回与前一级料液混合后进行分离。

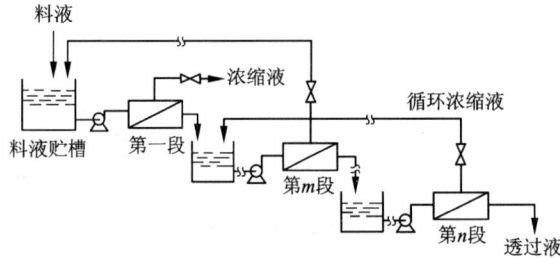

图 6-79　多级多段循环式

2. 电渗析工艺

（1）电渗析操作流程的几个基本概念

①膜对与膜堆：由一张阳膜和一个浓（淡）水室隔板与一张阴膜和一个淡（浓）水室隔板组成的一个淡水室与一个浓水室（电渗析器最基本单元），称为一膜对。一系列这样的单元组装在一起称为膜堆。

②级：一对电极之间的膜堆为一级，一台电渗析器内电极对数称级数。

③段：一台电渗析器中浓、淡水隔板水流方向一致的膜堆称为一段，水流方向每改变一次则段数就增加 1。

④台：用夹紧装置将膜堆、电极等锁紧组成一个完整的电渗析器称为一台。

⑤系列:把多台电渗析器串联为一整体称为系列。

⑥串联:段与段串联、级与级串联、台与台串联三种类型,以提高效率。

(2)电渗析器的组装方式

电渗析器的组装方式有并联组装、串联组装和混合组装,如图6－80所示。

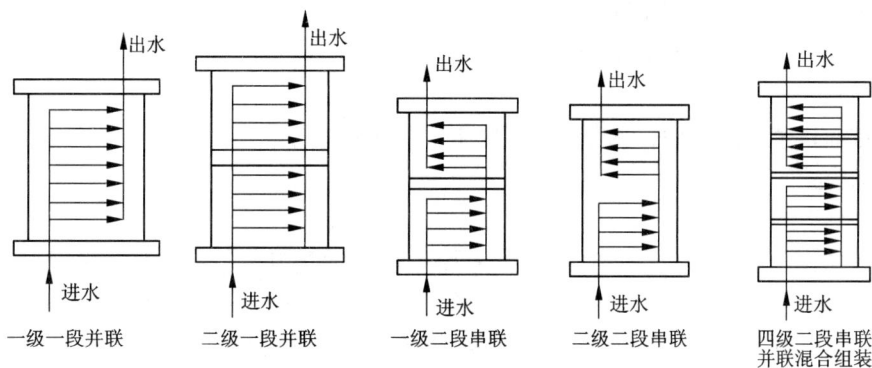

图6－80　电渗析器多种组装方式

1)并联组装:

①一级一段并联:一台电渗析器内浓、淡室的水流方向不变,产水量大,但水质不变。

②二级一段并联:与一级一段不同的是加了一个共电极,总运行电压可降低,可提高一台电渗析器装膜对数。

2)串联组装:

①一级二段串联:一台电渗析器使用一对电极,但浓、淡室水流方向改变一次,效率高,但生产量较小。

②二级二段串联:与一级二段相比,多一个共电极,电渗析器运行电压为单段膜堆电压,可在较低电压下操作,适当提高每级极限电流。

3)并联/串联混合组装:

四级二段并联串联混合组装:第一级与第二级并联,第三级与第四级并联,并联后两大膜堆再进行串联,其特点是运行电压低,为单级膜堆电压,产水量为两段膜堆之和。

(三)后处理工艺

1.透过水与浓缩液的后处理

膜对各种溶解离子分离效率不同,可去除几乎100%的高价离子,而一般离子仅去除80%～90%。水的淡化过程常在酸性条件下进行,透过水呈弱酸性,并含有CO_2,因此透过水须除去CO_2气体,或加碱调节pH。

2.膜污染后的处理

①物理清洗:用水冲洗膜表面。用低压高流速水冲洗膜表面30 min,可使膜的透水性得到一定程度的恢复;用水和空气混合流体在低压下冲洗膜表面15 min,对清洗初污染的膜有效;用海绵球清洗内压管膜,可去除软质垢和有机胶体。

②化学清洗:常用的清洗剂有柠檬酸溶液、柠檬酸铵溶液、加酶洗涤剂、过硼酸钠溶液、浓盐酸、水溶性乳化液、H_2O_2溶液等。

第七节 蒸馏设备

一、蒸馏原理

根据液体成分的挥发度不同,将液体加热至沸腾不断汽化,产生的蒸汽经冷凝后作为顶部产物的一种分离、提纯操作称为蒸馏。

(一)简单蒸馏

简单蒸馏指蒸馏过程中,馏出液按不同组成分罐收集。它适用于沸点相差较大而分离要求不高的场合,如图6-81所示。

(二)平衡蒸馏

平衡蒸馏指蒸馏过程中,原料连续进入加热器中加热升温,蒸汽与残液处于恒压与恒温,气液两相处于平衡状态,经节流阀骤然降压,致使部分料液迅速汽化,气液两相在分离器中分离,获得易挥发组分浓度较高的顶部产品与浓度较低的底部产品。与简单蒸馏比较,平衡蒸馏为稳定连续过程,生产能力大,但产品纯度低。平衡蒸馏常用于粗分离的物料,如图6-82所示。

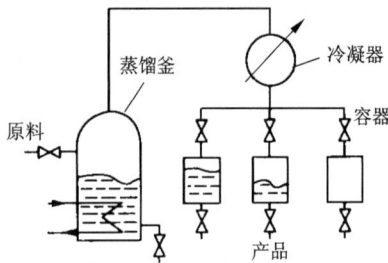

图6-81 简单蒸馏

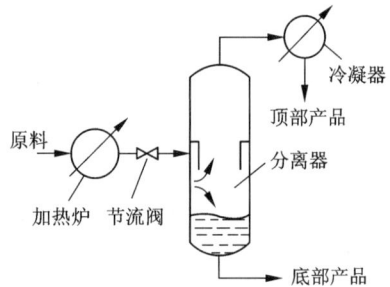

图6-82 平衡蒸馏

二、白酒蒸馏设备

(一)白酒蒸馏原理

白酒的蒸馏是从发酵醪或发酵醅(发酵糟)中分离出含有的酒精或酒精及香味成分的过程。提取酒精的蒸馏工艺,在液态发酵法白酒或酒精蒸馏方面多分两步工序进行:初馏(简单蒸馏)和精馏;白酒蒸馏的主要设备是甑桶,利用甑桶进行蒸馏,把酒醅所含有的各种发酵作用的生成物进行浓缩,将酒糟(醅)中的酒精经分离浓缩抽提出来。发酵酒醅的酒精含量4%~8%,经甑桶蒸馏后,蒸馏酒的酒精含量可高于60%,其他香味成分也被提取出来。不同的发酵产物,具有不同的挥发系数K。在蒸馏过程中,就是利用这种挥发系数,将其按酒头、酒身、酒尾的先后次序,分别蒸馏出来。

(二)白酒蒸馏设备

白酒蒸馏设备可分为连续蒸馏与间歇蒸馏两种。高档的曲酒多采用间歇蒸馏。连续蒸馏虽然效率高,但质量无法保证,其原因是辅料用量加大,同时还不能掐头去尾,影响酒的风味。各类蒸馏设备概述如下。

1.连续蒸馏机

机身为圆柱形,顶部有一贮料斗,以便发酵终了的酒醅由提升机送入机内。再经分料盘平料,把酒醅分布形成一个均匀的填料层。蒸汽从机身下部四周进入,加热蒸馏。蒸馏设备的底部有锥形和平底两种,蒸馏完毕,糟醅由绞龙从底部排出。设备的主要优点是料醅可连续从顶部输入,糟醅可从下部连续排出,成品酒从冷却器不断流出,效率高,劳动强度低。缺点是酒质好坏不分,低沸点和高沸点组分混在一起,影响酒的品质。

2.间歇蒸馏设备

白酒间歇蒸馏装置如图 6 - 83 所示。它主要由甑桶、冷却器、白酒收集装置等组成。甑桶是加热酒醅的装置,呈圆柱形。包括甑桶身、底锅、甑盖和过气管四大部分。甑桶过去是木制的,现在多数已改为钢筋混凝土结构,其容量也较过去大得多。过去采用明火加热,现在多采用水蒸汽加热。加料方式多是人工用簸箕或木锨将酒醅撒入甑桶内。蒸馏完毕,由人工用木锨将糟挖出。冷却装置多为用铝或不锈钢制成的列管柱水冷式冷凝器。

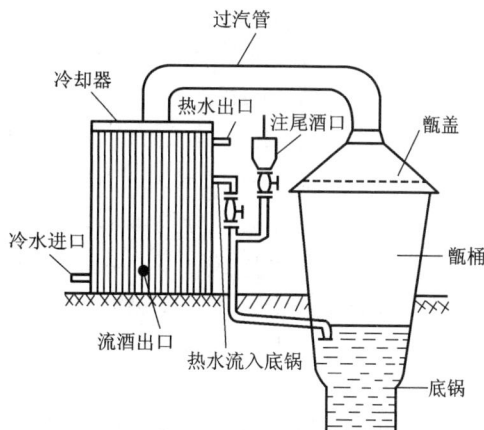

图 6 - 83　白酒间歇蒸馏装置

三、酒精蒸馏设备

醪液蒸馏和酒精精馏的主要设备是蒸馏塔。它可把酒精从醪液中蒸馏出来,又可把酒精蒸馏提浓到较高的浓度,并分离出部分杂质。酒精发酵的成熟醪液含有固形物、酒精和水,还含有醛、醇、酮、酯等微量物质(杂质)。蒸馏过程中,醪液经水蒸汽加热,酒精和低沸点物质挥发的同时,高沸点物质也汽化上升,造成酒精混杂。酒精和杂质的挥发系数不同,在塔里分布和聚积的区域不同,利用杂质分布规律可在蒸馏操作中分离出部分杂质。常见的流程有单塔式、双塔式、三塔式和多塔式。

(一)单塔式酒精连续蒸馏流程

单塔式酒精连续蒸馏流程只有一个蒸馏塔。塔的下段为提馏段,将醪液中绝大部分酒精蒸馏出来;塔的上段为精馏段,主要是把酒精蒸馏提浓到成品要求的浓度,如图 6 - 84 所示。

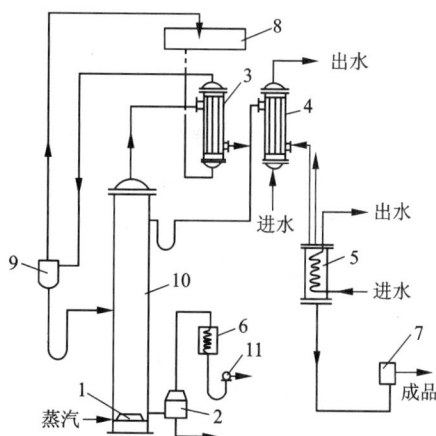

图 6 - 84　单塔式酒精连续精馏流程图

1—蒸汽加热器;2—调节器;3—分凝器;
4—冷凝器;5—酒精冷却器;6—酒糟蒸汽冷却器;
7—酒精检验器;8—成熟发酵醅高位槽;9—气液分离器;
10—塔;11—废液检验器

成熟醪液经塔顶上升的酒精蒸汽在预热器内预热，由塔中部提馏段上部进塔。进料层产生的酒精蒸汽经精馏段逐层蒸馏提浓，由塔顶升至预热器，冷凝成液体回流入塔内，未冷凝的气体通过分凝器再部分冷凝后回流入塔内。尚未冷凝的气体则经冷凝冷却器冷却至一定温度，作为工业酒精排出。不冷凝的杂质气体从排醛器排出。从塔顶以下 3～4 层塔板上引出酒精液体，经冷却器冷却得成品酒精。单塔式蒸馏装置在酒精工业中基本已被淘汰，但在白酒制造中仍采用。

（二）双塔式酒精连续精馏流程

双塔式酒精连续精馏流程由粗馏塔和精馏塔组成。粗馏塔从成熟的醪液中蒸馏出稀酒精；精馏塔把稀酒精蒸馏提浓到成品的浓度，并分离出部分杂质，使成品酒精能符合相关的质量标准。从粗馏塔来的稀酒精进入精馏塔有两种方式：一种是粗馏塔顶部的酒精蒸气直接进入精馏塔；另一种是粗馏塔顶部的酒精蒸气冷凝后再流入精馏塔。气相过塔可节约蒸汽消耗，但两塔直接联通，存在压力波动问题。液相过塔酒精蒸气经冷凝可分离出部分初级杂质，但消耗蒸汽和冷却水较多。双塔式酒精连续精馏流程如图 6 - 85。成熟醪液被泵送至醪液箱，流经预热器预热至 70℃，由粗馏塔顶层进塔。塔釜用蒸汽加热，酒精蒸气逐层上升。由粗馏塔顶进入精馏塔的酒精蒸气，经精馏段精馏提浓，上升至塔顶，进入预热器，被成熟醪冷凝为液体，回流至塔内。末冷凝气体大部分在分凝器冷凝，在塔内回流。少量末冷凝酒精蒸气含杂质较多，冷凝后作为工业酒精。常温下不能冷凝的杂质气体从排醛器排出。从塔顶以下 3～4 层塔板上引出脱除部分杂质的成品酒精，经冷凝器冷却入库。粗馏塔塔釜连接浮鼓式排糟器控制排糟。精馏塔塔釜连接 U 形管排液器，控

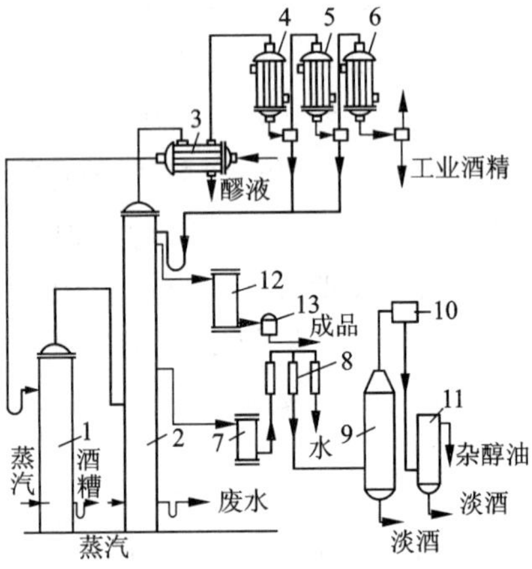

图 6 - 85　双塔式酒精连续蒸馏流程图

1—粗馏塔；2—精馏塔；3—预热器；
4、5、6—冷凝器；7—冷却器；8—乳化器；
9—分离器；10—杂醇油储存器；
11—盐析罐；12—成品冷却器；13—检酒器

制排除废液。此流程设备简单，操作稳定，成品酒精质量能达到部颁医药酒精标准。设备热效应高。投资和生产费用低，应用广泛。

（三）三塔式酒精连续精馏流程

三塔式酒精连续精馏流程由三个塔组成。即在双塔式的粗馏塔和精馏塔间装置脱醛塔。用于脱除部分初级杂质和部分中级杂质。粗馏塔顶上升的酒精蒸气由脱醛塔中部进塔，逐层上升。脱醛塔顶上升的酒精蒸气经分凝器后，绝大部分酒精冷凝液回流入塔内，少量酒精蒸气和杂质冷凝后作为工业酒精排出。未冷凝的杂质气体从排醛器排出。脱醛塔顶回流的酒精截留杂醇油一起往下流，并且浓度变稀。在稀酒精中初级杂质挥发度高。因此，塔底的稀酒精可脱除较多初级杂质。脱除部分杂质的稀酒精液从脱醛塔塔底流到精馏塔，再经精馏塔蒸馏提浓并抽提杂醇油和排除杂质。因此，成品酒精质量较高，能达到精馏标准。三塔式酒精连续精馏流程如图 6 - 86 所示。

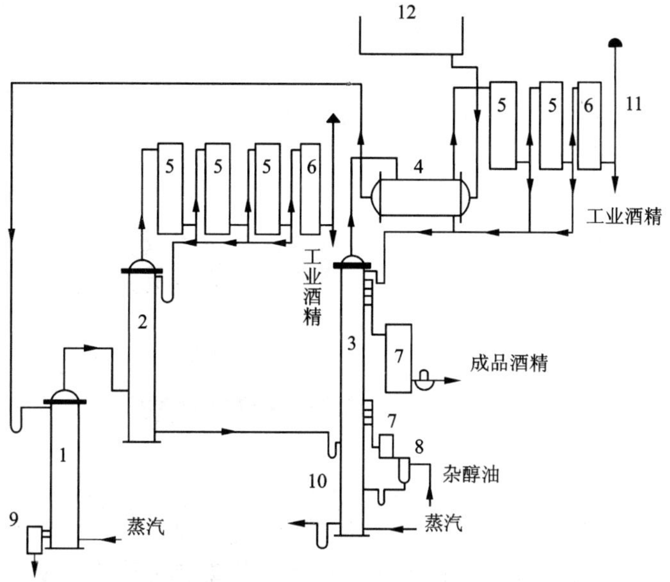

图 6 – 86　三塔式酒精连续精馏流程图

1—粗馏塔；2—脱醛塔；3—精馏塔；4—预热器；5—分凝器；6—冷凝器；7—冷却器；8—杂醇油分离器；
9—酒糟排除控制器；10—U 形废液排除控制器；11—排醛器；12—醪液箱

本章小结

　　本章主要学习各种过滤机械、压榨机械、离心分离机械、萃取机械、膜分离机械和分子
蒸馏设备等的基本结构、工作原理、性能特点。要求掌握各类分离机械的选用和使用要点。

思考题

　　1.简述过滤设备的原理、特点及工作过程。

　　2.举例说明几种常用过滤设备在食品工业中的应用。

　　3.简述螺旋连续压榨机、带式压榨机、液力活塞榨汁机的结构特点、工作原理和适用
范围。

　　4.分析比较各种压榨机提高榨汁效率及汁液质量的措施。

　　5.按操作原理的不同，离心机可分为哪几类？其结构和工作原理有何不同？

　　6.什么是膜分离技术？膜的污染和劣化有什么本质区别？如何防治？

　　7.什么是电渗析技术？其工作原理是什么？简述电渗析技术在海水淡化中的应用。

　　8.固相物料超临界流体萃取过程有哪些工艺流程？各有什么特点？对设备有什么要求？

　　9.分子蒸馏的分离原理是什么？其技术有何特点？

　　10.分子蒸馏设备可分为哪些类型？各有什么特点？

第七章

混合和均质机械与设备

本章学习目的与要求

了解各种形态物料混合或均质的特点；学习和掌握搅拌、混合、均质理论；掌握搅拌、混合、均质设备的主要类型及其工作原理；了解各种搅拌、混合、均质设备的基本结构，掌握其基本性能特点以及选用和使用要点。

混合和均质机械属于食品加工中的通用设备。混合和均质过程是在外力作用下将两种或两种以上不同组分重新配置而呈现均匀分布状态的操作，通常用于固体与固体、液体与液体、液体与固体、液体与气体、液体—气体—固体的混合加工。一般地，以液体为主的物料均匀分布过程称为搅拌，以干物料为主的固体物料的均匀分布过程称为混合，以液体和固体为主、通过对固体粒子的尺寸减小并实现固—液两相均匀分布的过程称之为均质。

第一节　搅拌与混合机械与设备

搅拌是指借助于流动中的两种或两种以上物料在彼此之间相互散布的一种操作，其作用可以实现物料的均匀混合、促进溶解、气体吸收和强化热交换等物理及化学变化。搅拌对象主要是流体，按物相分类有气体、液体、半固体及散粒状固体；按流体力学性质分类有牛顿型和非牛顿型流体。在食品工业中，许多物料呈流体状态，稀薄的如牛奶、果汁、盐水等，乳稠的如糖浆、蜂蜜、果酱、蛋黄酱等，有的具有牛顿流体性质，有的具有非牛顿流体性质。

混合是指使两种或两种以上不同的物料通过搅拌或其他手段从不均匀状态达到相对均匀状态的过程。混合是食品加工工艺过程中不可缺少的单元操作之一。例如饮料、乳制品、糖果、糕饼原料、调味料、各种面粉的配制等。混合后的物料可以是食品中的最终产品，也可以作为实现某种工艺操作的需要组合在工艺过程中，例如可以用来促进溶解、吸附、浸出、结晶、乳化、生物化学反应、防止悬浮物沉淀以及均匀加热和冷却等。被混合的物料常常是多相的，主要有以下几种情况：①液－液相：存在互溶或乳化等现象；②固－固相：纯粹是粉粒体的物理现象；③固－液相：当液相多固相少时，可以形成溶液或悬浮液；当液相少固相多时，混合的结果仍然是粉粒状或团粒状；当液相和固相比例在某一特定的范围内，可能形成稠状物料或无定型团块（如面团），这时混合的特定名称可称为"捏和"或"调和"，它是一种特殊的相变状态。④固－液－气相：这是食品生产中特有的混合现象，部分食品生产中要将空气或惰性气体混入物料以增加物料的体积、减少容重并改善物料的质构流变特性和口感，如蛋液搅拌、制造充气糖果和冰淇淋等。

一、搅拌混合机理

搅拌混合的作用机理可分为对流混合、扩散混合和剪切混合。由于工作部件表面对物料的相对运动，物料从一处向另一处作相对流动，位置发生转移，产生整体的流动称为对流混合。对于互溶性组分，如固体与液体、液体与气体、液体与液体组分等，在混合过程中，以分子扩散形式向四周做无规律运动，从而增加了两个组分间的接触面积和缩短了扩散平均自由程，达到均匀分布状态；对于互不相溶性组分的粉粒子，在混合过程中以单个粒子为单元向四周移动，类似气体和液体分子的扩散，使各组分的粒子先在局部范围内扩散，逐渐达到均匀分布，称为扩散混合。由于工作部件对物料粒子的剪切作用、物料群体中的粒子相互间形成剪切面的滑移和冲撞作用引起局部混合，称为剪切混合。

事实上，物料的搅拌混合往往同时存在着上述三种混合方式，单一的混合方式是少见的，但是常以其中的一种混合方式为主。分散粒度大的混合过程多为对流混合，分散粒度小的混合过程多为扩散混合，高黏度组分的混合过程以剪切混合为主。

二、搅拌机结构

（一）搅拌机

搅拌过程是一个复杂的过程，它涉及流体力学、传热、传质及化学反应等多种原理。从本质上讲，搅拌过程是在流场中进行单一的动量传递，或者是包括动量、热量、质量的传递及化学反应的综合过程。

在食品工业中用到的搅拌设备种类很多，虽然各类搅拌机的结构与组成不完全相同，但其基本结构是一致的。搅拌机的典型结构如图 7-1 所示，主要由搅拌罐、搅拌器、电动机、传动装置等组成。

搅拌罐 2 大多数为圆桶形，其顶部结构可设计成开放式或密闭式；底部大多数为碟形或半球形，平底的很少见到，因为平底结构容易造成搅拌时液流死角，影响搅拌效果。料液从进料管 5 流入搅拌罐中，搅拌完毕后经出料管 10 排出。电动机 7 为搅拌器 4 提供动力，处理低黏度物料时，搅拌器转速高，一般采用与电动机直联方式；处理中等黏度物料时，搅拌器转速较低，电动机需经传动装置 6 减速后为搅拌器提供适当的转速。通常，典

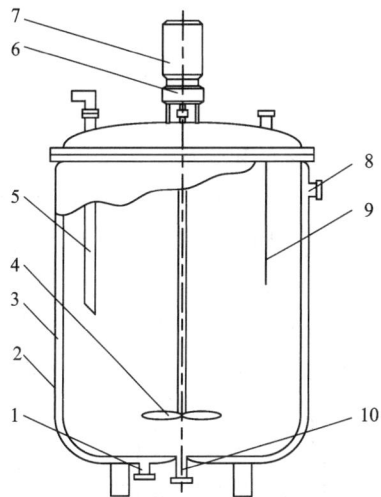

图 7-1　搅拌机结构

1—冷凝水出口；2—搅拌罐；3—夹套；4—搅拌器；5—进料管；6—传动装置；7—电动机；8—蒸汽进口；9—温度计；10—出料管

型搅拌机的罐体采用夹套3结构，蒸汽（或冷热水）从蒸汽进口8进入夹套内，维持罐体中的料液温度基本不变；产生的冷凝水（或冷热水）从冷凝水出口1排出。温度计9显示料液的温度。有些搅拌机还有视窗、人孔、传感器（液位计、压力表、真空表、pH计等）插套以及挡板等附件。

（二）搅拌器

搅拌器是搅拌机的重要工作部件，其作用是提供搅拌过程所需的能量和适宜的流动形式，桨叶的结构将直接影响搅拌效果和动力消耗。由于不同搅拌过程的目的各不相同，对桨叶的结构也有着不同的要求。

按照处理料液黏度的适应性，搅拌器通常可分为低黏度用和高黏度用两大类；按照桨叶的结构特征分类，常用的搅拌器主要有桨叶式、涡轮式和旋桨式三大类。小面积叶片、高转速运转的搅拌器，如桨叶式、涡轮式、旋桨式等，多用于低黏度料液的搅拌混合；大面积叶片、低转速运转的搅拌器，如框式、垂直螺旋式等，多用于高黏度料液的搅拌混合。典型的搅拌器型式如图7-2所示。

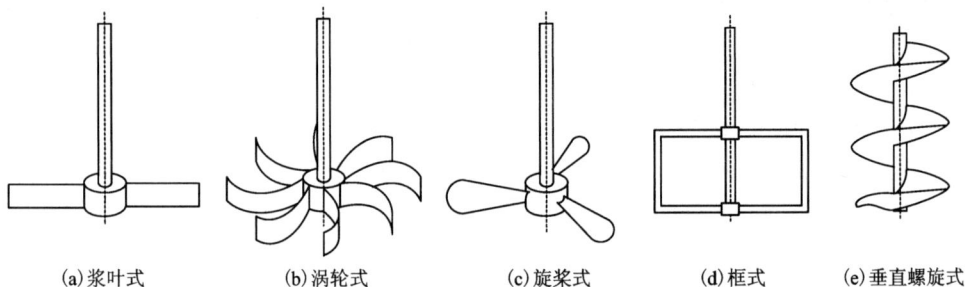

(a)桨叶式　　(b)涡轮式　　(c)旋桨式　　(d)框式　　(e)垂直螺旋式

图7-2　典型搅拌器形式

1. 桨叶式搅拌器

常用的桨叶形状如图7-3所示。平板型适用于阻力小的低黏度液体。多段型适用于油脂的脱酸、脱色和脱臭。锚型用于促进热交换和搅动容器内的沉淀物。栅格型主要用于高黏度液体的搅拌。对向型具有集中的剪切力，可提高容器侧壁和半球形容器底部物料的搅拌效果。马蹄型适用于调味汁、果酱和冰淇淋等加工过程中的搅拌。桨叶式搅拌器的转速一般为20~150 r/min，叶片的圆周速度约为3 m/s。叶轮直径为容器直径的1/2~3/4，宽度一般为其长度的1/10~1/6。桨叶式搅拌器的转速较慢，液流的径向速度较大，轴向速度较低。为了加强轴向混合并减少环流，产生涡流，通常在容器侧壁加设挡板。

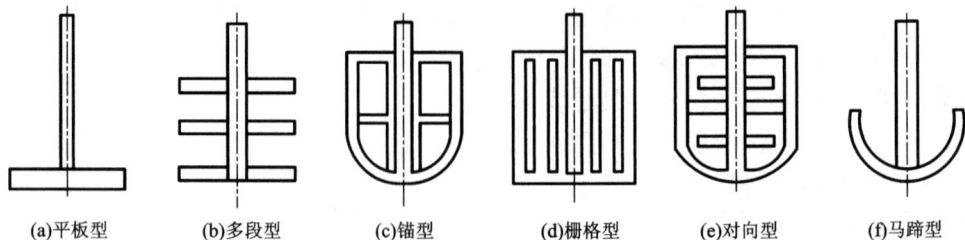

(a)平板型　　(b)多段型　　(c)锚型　　(d)栅格型　　(e)对向型　　(f)马蹄型

图7-3　桨叶的类型

桨叶式搅拌器的主要特点是结构简单、容易制造、适用性广，但混合效果较差、局部剪切作用弱、不易发生乳化作用。

2. 涡轮式搅拌器

涡轮式搅拌器属高速回转径向流动式搅拌器。液体经涡轮叶片沿驱动轴吸入，液体以高速向涡轮四周抛出。涡轮叶片为 4 ~ 6 片，外径为容器直径的 0.3 ~ 0.5 倍，转速为 400 ~ 2000 r/min，圆周速度小于 8 m/s。叶片有平直、弯曲、垂直和倾斜等形状，可以制成开式、半封闭式或外周套扩散环式等形式。图 7 – 4 为常用涡轮式搅拌器叶片的形式，其搅拌效果较好。

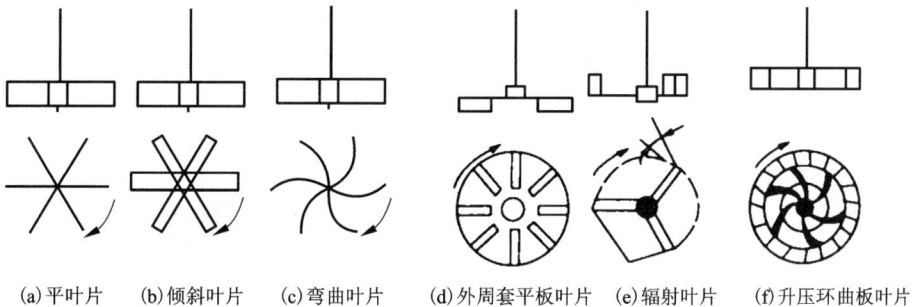

| (a) 平叶片 | (b) 倾斜叶片 | (c) 弯曲叶片 | (d) 外周套平板叶片 | (e) 辐射叶片 | (f) 升压环曲板叶片 |

图 7 – 4　涡轮式搅拌器叶片形式

涡轮式搅拌器的主要特点是搅拌效率较高，有较高的局部剪切效应，排出性能好，适用于中低黏度的乳浊披、悬浮液和固体溶液等制备。

3. 旋桨式搅拌器

旋桨式搅拌器叶轮为螺旋桨结构，叶片呈扭曲状；每个旋桨由 2 ~ 3 片桨叶组成。旋桨叶片直径为容器直径的 1/3 ~ 1/4，小型旋桨的转速为 1000 r/min 以上，大型旋桨的转速为 400 ~ 800 r/min。

旋桨式搅拌器的结构见图 7 – 5，当旋桨以一定方向回转时，由于桨叶的高速转动造成轴向和切向速度的液体流动，致使液体做螺旋形旋转运动，并受到强烈的切割和剪切作用，同时桨叶也会使气泡卷入液体内。为此，轴多偏离搅拌罐中心线水平安装或斜置一定角度。

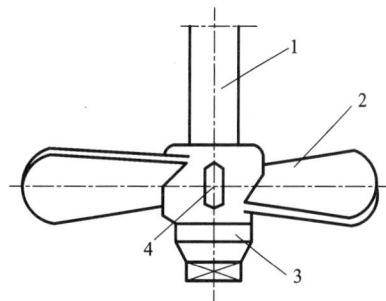

图 7 – 5　旋桨式搅拌器结构
1—轴；2—桨叶；3—螺母；4—键

旋桨式搅拌器的主要特点是生产能力较高，结构简单，维护方便。但时常会卷入空气形成气泡和离心涡漩。适用于低黏度和中等黏度液体的搅拌，对制备悬浮液和乳浊液等较为理想。

三、搅拌过程

搅拌过程中液体的流动状态与搅拌器的结构及其它附件有着密切的关系。以下就几种典型的搅拌器桨叶形状及其产生的流动状态作分析和比较。

（一）涡轮式搅拌器产生的流型

图 7 - 6 所示为涡轮式搅拌器产生的液体流动状态图。当涡轮式搅拌器低速运转时，液体的径向流动速度较小，液体的流动主要表现为环向流动；当转速增大时，液体的径向流动就逐渐增大，转速愈高，则涡轮式搅拌器使排出液体的径向流动愈强烈、产生的局部剪切效应亦越强。

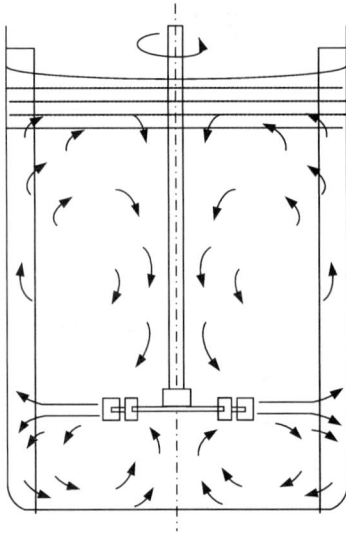

图 7 - 6　涡轮式搅拌器产生的流型图

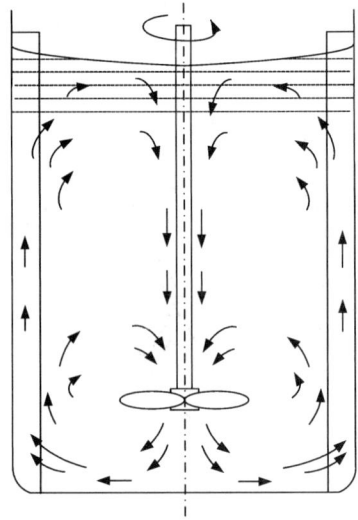

图 7 - 7　旋桨式搅拌器产生的流型图

（二）旋桨式搅拌器产生的流型

图 7 - 7 所示为旋桨式搅拌器所产生的液体流动状态图。当桨叶旋转时，产生的液体流动状态不但有水平环流、径向流，而且也有轴向流动，其中以轴向流量最大，液体的流型主要表现为轴向流动。

（三）挡板的作用

实际上，所有类型的搅拌器均会造成液流具有三个分速度，即轴向速度、径向速度和切向速度，其中轴向速度和径向速度对液体的搅拌混合起着主要作用。在搅拌过程中，由于液体切向速度的存在，因此当低黏度液体在无挡板情况下被搅拌时，若搅拌器转速较大，会使搅拌容器中液面中央区域出现下陷现象，四周隆起的液流形成漏斗状的旋涡，见图 7 - 8(a)。

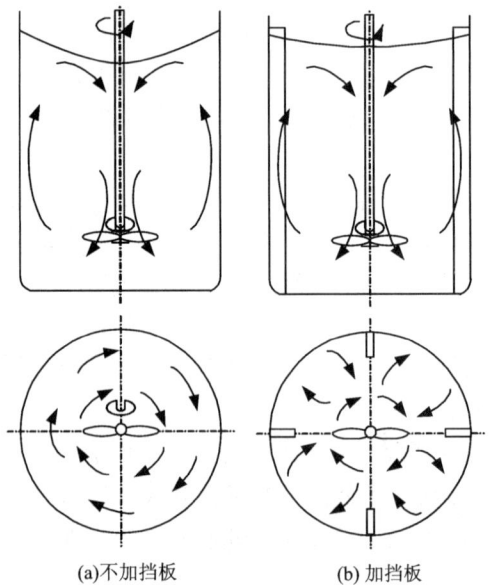

(a)不加挡板　　(b)加挡板

图 7 - 8　液面下陷示意图

这种液面下陷现象使搅拌效果明显下降，甚至导致搅拌器桨叶因液面下陷而露出液面。

为防止旋涡的发生，通常是采用加装挡板的方法以获得良好的流型。加入挡板后使流场中液流的速度分布有了较大的调整，在液流某点三个方向（径向、切向、轴向）的速度分布起了变化，其中轴向速度明显地增大。对于径流型搅拌器在挡板的配合下也可获得较强的轴向流动，使它成为容器内的主流，从而获得有利于搅拌操作的良好流型，见图 7－8（b）。图 7－6 和图 7－7 所示的搅拌设备都安装了挡板，其流型较理想，搅拌效果好。

四、混合机

混合机是作用于粉粒状物料混合的专门设备。在食品加工工业中，混合机应用于谷物混合、粉料混合、面粉中加辅料与添加剂、干制食品中加添加剂、调味粉及速溶饮品的制造等操作。

在混合机内，大部分混合操作都并存对流、扩散和剪切三种混合方式，但由于机型结构和被处理物料的物性不同，其中某一种混合方式起主导作用。

影响混合效果的主要因素是物料物性和混合方式。按混合容器的运动方式不同，可分为固定容器式和旋转容器式。按混合操作形式，分为间歇操作式和连续操作式。固定容器式混合机有间歇与连续两种操作形式，依生产工艺而定；而旋转容器型混合机通常为间歇式，即装卸物料时需停机。间歇式混合机易控制混合质量，可适应粉料配比经常改变的情况，因此应用较多。

（一）旋转容器型混合机

旋转容器型混合机主要有旋转筒式混合机、双锥混合机和双联混合机。此类型混合机主要通过容器的不断旋转，使容器内物料上下翻滚和侧向运动，不断进行扩散运动，达到混合均匀的目的。可见，该类混合机的作用机理以扩散混合为主，适于分散尺度小的物料混合。

1.旋转筒式混合机

旋转筒式混合机的容器为圆筒形，有水平安装和倾斜安装两种形式，见图 7－9。工作时，容器低速转动，物料沿筒内壁上升，到一定高度落下进行混合。混合机理主要是径向重力扩散混合。轴向混合作用很小。

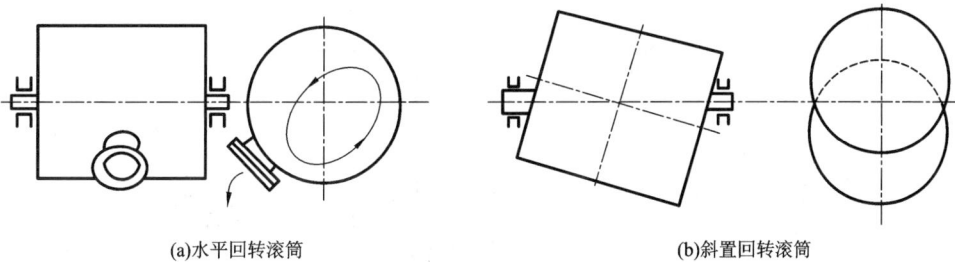

(a)水平回转滚筒　　　　　　　　　　　　　　　(b)斜置回转滚筒

图 7－9　旋转筒式混合机

当容器转速过大时，固体颗粒在离心力作用下会紧贴圆筒内壁不能落下，因此存在临界转速。为了获得好的混合效果，容器的转速要远离临界转速 N_{cr}，一般不大于 0.8 倍的临界转速。N_{cr} 的值由下式（7－1）计算。

$$N_{cr} = \frac{1}{2\pi} \sqrt{\frac{g}{R_{max}}} \qquad (7-1)$$

式中：g——重力加速度（m/s²）；

R_{max}——最大回转半径（m）。

由于水平安装方式，物料的混合效果不好，因此目前此类混合机的旋转筒多采用倾斜安装方式。倾斜安装的旋转筒内物料除有径向扩散运动外，还有轴向扩散运动，故增强了混合效果。

旋转筒式混合机主要适于粒径小于150 μm 的粉料的混合，不适于组分间粒度和密度比大于1.5 倍的物料混合。适宜的装料系数为0.3~0.5，转速为40~100 r/min。食品工业中多用于调味品、啤酒麦芽的混合。

2. 双锥形混合机

双锥形混合机也称为对锥混合机，见图7-10。其容器由二个圆锥和一个圆筒焊接而成，驱动轴在锥底部分，一个圆锥的顶部为进料口，相对应的为出料口。工作时，随着容器翻滚，物料主要作径向的回转下落运动，由于流动断面的不断变化，可以产生良

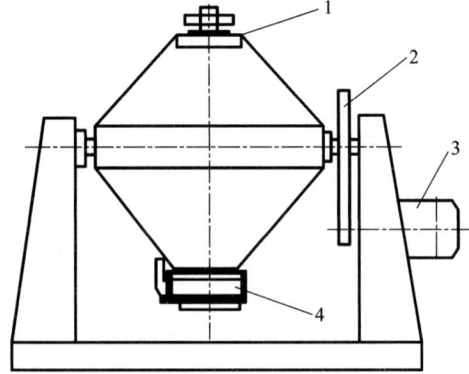

图7-10 双锥形混合机

1—进料口；2—齿轮；3—电动机；4—出料口

好的横流运动，因此双锥形混合机克服了水平旋转筒式混合机中物料沿水平方向运动的困难，混合速度较快，效果较好，且功耗较低。圆锥形壳体的锥角根据物料的休止角确定，多为60°或90°；在容器内增设搅拌叶片和挡板，混合效果会更好，尤其对混合物性差异大的物料效果更明显。主要适宜粉体及颗粒料，以及对混合要求较高的物料混合。装料系数可达0.6，适宜转速为5~20 r/min。

3. V 形混合机

V 形混合机也称为双联混合机，其由两个倾斜圆筒构成 V 形，两个倾斜圆筒的夹角一般在60°~90°之间，旋转轴水平安置，见图7-11。由于容器相对于转轴不对称，随容器旋转，物料在容器内连续反复进行聚合与分散，同时颗粒间产生滑移、剪切，故混合效果优于双锥混合机。考虑到结构的非对称性，为避免产生较大的离心惯性力，双联混合机的装料系数较小，一般为0.1~0.3；转速较低，通常为6~25 r/min。对流动性差的物料，应取较

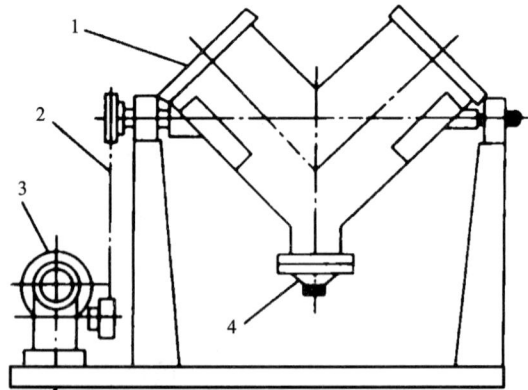

图7-11 V 形混合机

1—进料口；2—传动链；3—减速器；4—出料口

小夹角。V 形混合机常用来混合多种物料以构成混合物，若在筒内安装搅拌叶轮，可用来混合凝聚性高的食品。

（二）固定容器型混合机

固定容器型混合机常用的有螺带式混合机、螺旋式混合机、桨叶式混合机、圆锥行星式混合机等。该类型混合机通过搅拌器旋转驱动物料，物料在容器内有确定的流动方向。因此固定容器型混合机的混合机理以对流混合为主，适宜物料物理性质差别及配比差别较大的物料混合。

1. 螺带式混合机

螺带式混合机的搅拌部件为水平安装，因此螺带式混合机通常也称为卧式混合机，其示意图如图 7 - 12(a)所示，主要由机架、机体(容器)、搅拌器、电动机、传动装置组成。

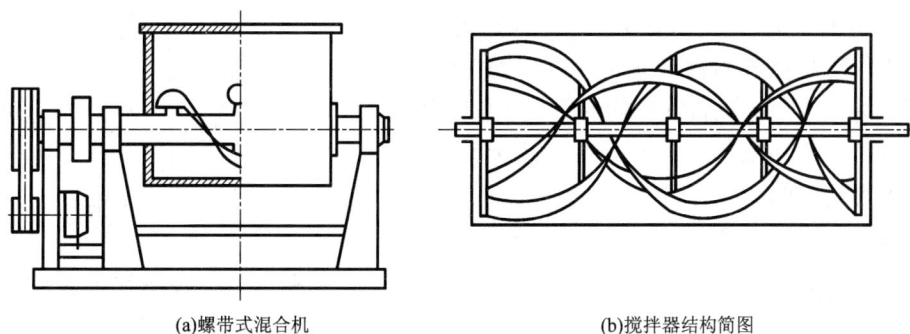

(a)螺带式混合机   (b)搅拌器结构简图

图 7 - 12　螺带式混合机

如图 7 - 12(b)所示的搅拌器结构，转轴上安装宽、窄两种螺带，有的还安装有叶片。宽螺带起输送物料作用，窄螺带主要起剪切物料作用，因此搅拌混合能力较强，适宜黏性或有凝聚性物料的混合。外层的宽螺带与容器底之间的间隙一般为 2~5 mm，作为预混合机时间隙一般小于 2 mm，以尽量减少腔内物料的残留量。搅拌器转速一般为 30~50 r/min。

2. 立式螺旋式混合机

如图 7 - 13 所示，立式螺旋式混合机主要由料斗、料筒、出料口、电动机、减速机构、垂直螺旋输送器、甩料板、内套筒等组成。料筒 5 的主体为圆柱形，下部为倒锥形；内置一垂直螺旋输送器 7，由电动机 2 经减速机构 3 驱动，转速为 200~300 r/min。工作时，各种物料组分经计量后，加入料斗 1 中，由垂直螺旋输送器向上提升到内套筒 6 的出口时，被甩料板 4 向四周抛撒，物料下落到锥形筒内壁表面和内套筒之间的间隙处，又被垂直螺旋向上提升，如此循环，直到混合均匀为止，然后打开卸料门从出料口 8 排料。混合时间一般为 10~15 min。物料在机体内快速循环，因此混合效率较高；但物料被螺旋输送器提升过程中，由于螺旋与物料、物料颗粒之间、物料和内套筒表面之间的摩擦、剪切力较大，易导致物料破碎。因此适用于流动性和分散性好的物料混合，不适合耐磨性差、凝聚性较强物料的混合。

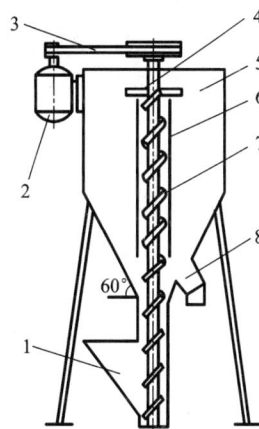

图 7 - 13　立式螺旋式混合机

1—料斗；2—电动机；3—减速机构；
4—甩料板；5—料筒；6—内套筒；
7—垂直螺旋输送器；8—出料口

3. 圆锥行星式混合机

如图 7-14 所示，圆锥行星式混合机由圆锥形筒体、摇臂、螺旋、减速机构、电动机、进料口和出料口等组成。工作时，从进料口 2 将配制好的一批物料加入机内，启动电动机 4，通过减速机构 3 驱动摇臂5，摇臂带动螺旋 6 以 2～6 r/min 速度绕混合机中心轴线旋转；与此同时，螺旋以 60～100 r/min 的速度自转。螺旋公转使物料沿锥面作圆周运动，螺旋自转使物料沿螺旋面上升；受公转和自转复合运动的影响，同时部分物料在容器内产生对流、剪切、扩散，以对流混合为主。当一批料混合均匀后，打开出料口7 卸料。小容量混合机的混合时间为 2～4 min，大容量混合机的混合时间为 8～10 min。食品工业中，常用此混合机混合乳粉、面粉、砂糖和咖哩粉等。

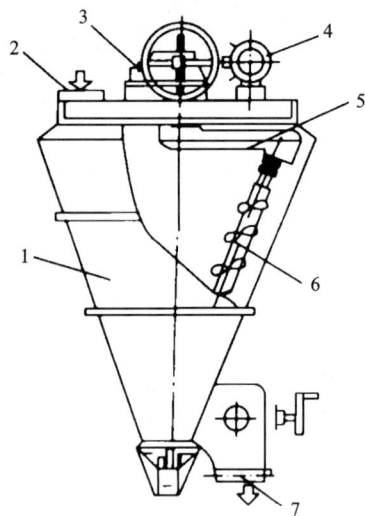

图 7-14　圆锥行星式混合机

1—锥形筒；2—进料口；3—减速机构；
4—电动机；5—摇臂；6—螺旋；7—出料口

五、捏和机

对于黏度大的浆体和塑性固体类的食品物料需要用捏和机来完成物料的混合。捏和机是利用捏和桨叶产生的压力、剪切力以及折叠力等综合作用达到物料均匀混合的目的。混合过程中，对流混合、扩散混合和剪切混合并存，其中以剪切作用为主。多用于面食、糖果、香肠、人造奶油及混合干酪等的加工制作。

捏和机的工作负荷较大，消耗的功率大，要求捏和桨叶的强度和刚度也需相应增大。混合所需时间长。捏和机可分为间歇式和连续式两大类。

（一）间歇式捏和机

1. 双臂捏和机

双臂捏和机工作原理示意如图 7-15，两根轴平行安装在储料槽内，以等速向内转动。由于捏和桨叶的作用，物料作向前或向后的运动。储料槽的主体为矩形，底部呈"W 形"。捏和桨叶与槽底之间的间隙很小，整个容器装在另一固定的转轴上，可使整机倾斜，以便排出物料。捏和桨叶转速一般为15～60 r/min。

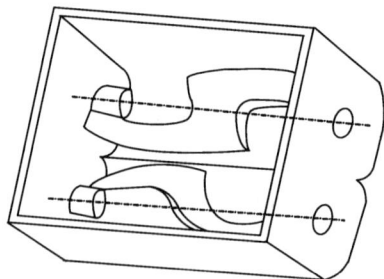

图 7-15　双臂捏和机工作原理图

双臂捏和机中，两捏和桨叶的轨迹圆可以设计成相切或略有重叠，前者称为切线型，后者称重叠型。其中，以切线型的使用最广。

如图 7-16(a)所示，切线型安装的两捏和桨叶运动互不干扰，转向与转速可单独设置，转速比常见的有 1.5:1、2:1 和 3:1 三种。这种安装形式具有三个捏和区域：两捏和桨叶分别与机槽壁之间的区域及捏和桨叶间区域相切，在相切处获得强烈的剪切作用，具有良好的捏和性能，尤其适宜于初始状态为片状、条状或块状物料的捏和。

如图 7-16(b)所示，重叠型安装的两捏和桨叶转速比要保证是整数，例如 1:2 或 1:1。剪切及挤压作用仅发生在捏和桨叶与机槽壁之间的缝隙处，因此捏和桨叶外缘与机槽壁的间

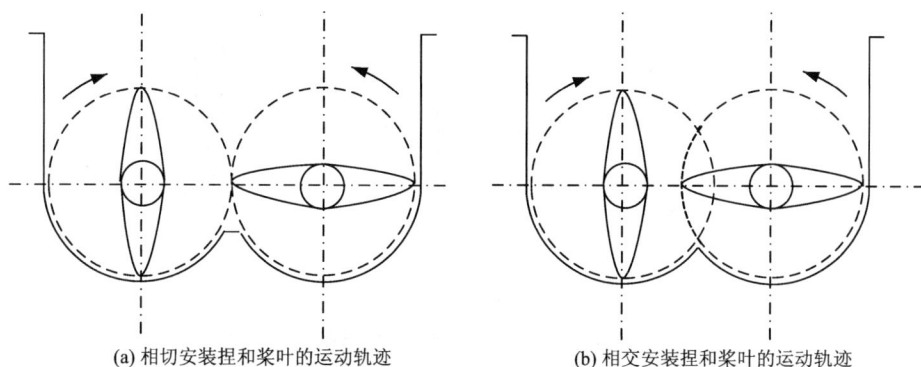

(a) 相切安装捏和桨叶的运动轨迹　　　　　(b) 相交安装捏和桨叶的运动轨迹

图 7 - 16　捏和桨叶的运动轨迹

隙很小，一般为 1 mm 左右。如此小的间隙使得其具有良好的自清理性能，适用于粉状、糊状或黏稠液态物料的混合或捏和。

捏和桨叶的结构如图 7 - 17 所示，最常用的是 Ω 形，鱼尾形主要用于高黏度物料，Z 形适于色素和颜料在食品中的均匀分散。

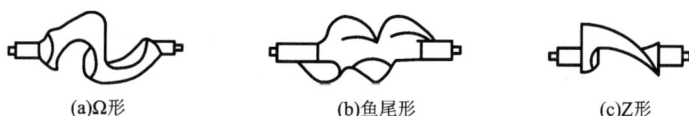

(a)Ω形　　　　　　　　(b)鱼尾形　　　　　　　　(c)Z形

图 7 - 17　捏和桨叶的主要类型

2. 行星式捏和机

行星式捏和机可分为固定容器和旋转容器两种。如图 7 - 18(a) 所示，固定容器式的搅拌桨叶 2 除了自转外，还在转臂 3 的带动下绕容器轴线公转。

如图 7 - 18(b) 所示，旋转容器式的搅拌桨叶 2 偏心安装，容器和桨叶都作定轴转动。由于行星式旋转运动，使桨叶的工作范围遍及整个容器，故物料的混合均匀性较好。

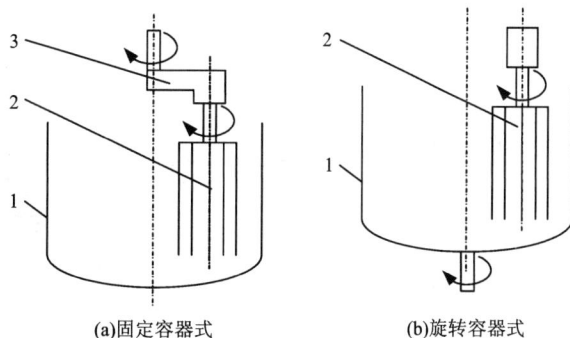

(a)固定容器式　　　　　(b)旋转容器式

图 7 - 18　行星式捏和机结构原理图
1—料筒；2—搅拌桨叶；3—转臂

桨叶的结构有多种形式。常用的有钩形、笔尖形、拍形和锚形等，如图 7 - 19 所示。S 钩形桨叶、钩形桨叶工作阻力小，多用于高黏度物料的混合。笔尖形桨叶是由不锈钢丝组成的笼形结构，适用于阻力小的低黏度物料搅拌，如稀蛋白液、蛋液等。拍形桨叶适用于发泡和低黏度物料，如糖浆、蛋白浆等；锚形适于中等黏度物料，如糊状的食品物料。

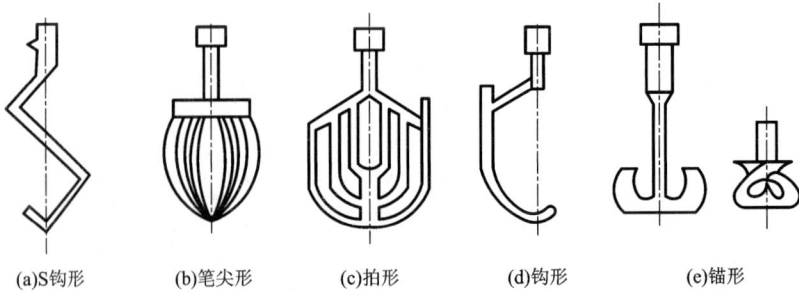

(a)S钩形　　(b)笔尖形　　(c)拍形　　(d)钩形　　(e)锚形

图7-19　搅拌桨叶的形状

(二)连续式捏和机

对于生产能力要求较高或捏和易于实现的场合,可采用连续式捏和机,边捏和边连续排料。连续式捏和机常用的有螺旋式和蜗杆式两种。

1. 螺旋式连续捏和机

螺旋式连续捏和机结构简图如图7-20所示。在螺旋绞龙作用下,物料边捏和边向前移动,从出料口排出。螺旋槽深度由进入端至出口逐渐变浅,物料的压力逐渐增大。

2. 蜗杆式连续捏和机

如图7-21所示,蜗杆式连续捏和机的工作部件主要由筒状的壳体1和蜗杆3组成。蜗杆的螺旋上开有缺口,形成一条纵向的通道;一般蜗杆上开设三条这样的通道。壳体上有均匀分布的齿2与蜗杆啮合。当齿与蜗杆的纵向通道相对时,蜗杆在轴向力作用下作前后往复运动。工作时,蜗杆在回转的同时兼作往复运动。物料一方面在蜗杆的搅动下进行混合,另一方面还在蜗杆的螺旋与壳体的齿之间受到挤压剪切作用,捏和效果较好。

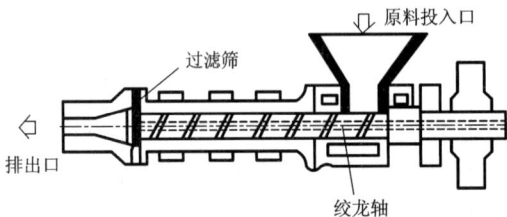

图7-20　螺旋式连续捏和机

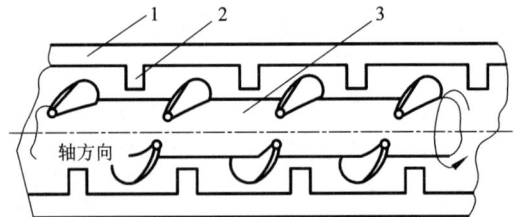

图7-21　蜗杆式连续捏和机
1—壳体;2—齿;3—蜗杆

第二节　均质机

均质是指借助于流动中产生的剪切力将物料细化、液滴碎化的操作,其作用是将食品原料的浆、汁、液进行细化、混合、均质处理。

均质具有粉碎和混合双重功能,主要目的是将两种不互溶的液体进行密切混合,使一种液体或固体颗粒粉碎成为小液滴或极细微粒分散在另一种液体之中,获得粒子很小且均匀一致的混合液料,可作为最终产品加工手段,也可作为中间处理手段。

静置时液体中的固体颗粒或液滴下沉或上浮的速度可由斯托克斯公式表达，如式(7 - 2)。

$$v = \frac{gd^2(\rho_1 - \rho_2)}{18\mu}$$ (7 - 2)

式中：v——颗粒(液滴)的下沉或上浮速度，m/s；

ρ_1——颗粒(液滴)密度，kg/m^3；

ρ_2——液体密度，kg/m^3；

d——颗粒(液滴)直径，m；

g——重力加速度，m/s^2；

μ——液体黏度，Pa·s。

由斯托克斯公式可以看出，颗粒或液滴下沉或上浮取决于颗粒(或液滴)密度 ρ_1 与液体密度 ρ_2 的差，当 $\rho_1 > \rho_2$，颗粒下沉；$\rho_1 < \rho_2$，液滴上浮。对于某种确定的混合液，其黏度 μ、颗粒(液滴)密度 ρ_1、液体密度 ρ_2 可以认为是固定不变的量；下沉或上浮速度 v 的值主要随颗粒(液滴)直径 d 的变化而变化。要想使混合液成为稳定的悬浮液，就必须尽量减小 d 值。当颗粒直径小到液体介质的分子直径时，微粒与分子间将产生分子耦合力，使分离很难发生。

在食品工业中，均质广泛用于乳品、果蔬汁、豆浆等的处理，提高食品细腻度，防止液态食品的分层。例如，牛奶中含3%～5%以球滴状呈现的脂肪，其液滴直径范围在 1～18 μm 之间，如不经过均质处理，静置后由于乳状液的不稳定性会发生脂肪上浮而分层的现象。经过均质处理后，牛奶中的脂肪球破裂成直径小于 2 μm 的微滴，不仅提高了乳状液的稳定性，而且改善牛奶的感官质量。又如在果汁生产中，通过均质处理能使料液中残存的果渣小微粒破碎，制成液相均匀的混合物，防止产品出现沉淀现象。在冰淇淋生产中，则能使料液中的牛乳降低表面张力、增加黏度，获得均匀的胶黏混合物，提高产品质量。

一、均质理论

均质的原理有冲击、剪切、空穴等学说，如图 7 - 22 所示。

①冲击：液滴或胶体颗粒随液流高速撞向固定构件表面时，因拉应力发生碎裂，细小的液滴或颗粒因自身速度而向外围连续相中分散。

②剪切：因液流涡动或机械剪切作用使得液体和胶体颗粒内部形成巨大的速度梯度，沿剪切面滑移产生破坏，继而在液流涡动的作用下完成分散。

③空穴：液滴外部压力瞬间急剧增大或减小，导致液滴内外压力的快速失衡，使液滴的液膜受到剧变的压应力或拉应力而破碎并分散。

实际的均质过程是三种效应的协同作用，不同类型均质机的作用效应有所侧重。

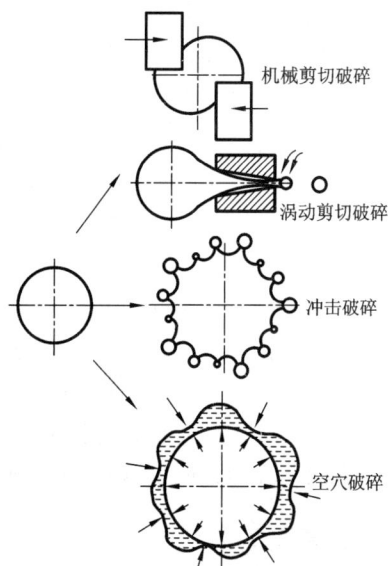

图 7 - 22　均质原理示意图

二、胶体磨

胶体磨是以剪切作用为主使食品物料均质的设备之一，其具有粉碎、分散、混合、乳化和均质功能，适用于流体、半流体的物料加工。因常用于湿法粉碎操作，故也可列入微粒化加工机械。在食品加工中，可以用它制作果汁、果酱、豆奶、花生蛋白、巧克力、调味酱等产品。胶体磨按其主体结构分为立式和卧式胶体磨两种，其中以立式胶体磨最为典型和常见。

立式胶体磨其结构如图 7 - 23 所示，主要由进料斗、静磨盘、动磨盘、调整机构、密封装置、冷却系统、排料口、电动机和机座等组成。

动磨盘 5 和静磨盘 7 构成一对均质组件，是胶体磨的关键工作件。动磨盘整体呈锥柱形，其外面有倾斜的纵向齿槽，自上而下分为由粗到细的若干个环带，在其下端设计有排料叶轮。静磨盘内表面形状与动磨盘相对应，与磨体 4 固定为一体。通过调节手柄 16 可调整动、静磨盘间之间的工作间隙。为了便于加工，动、静磨盘按齿槽规格分成若干个零件加工后再组装成一整体，因齿槽不同而形成不同粗细的粉碎区。当物料在动、静磨盘之间的间隙中通过时，由于动磨盘高速旋转，附在旋转面上的物料速度最大，附于静磨盘表面上的物料速度最小，因此物料在旋转面和固定面之间产生很大的速度梯度，在强烈的剪切力、摩擦力、挤压力、冲击力和湍流扰动作用下，实现破碎、分散、混合和乳化均质。经动、静磨盘均质后的物料在与主轴固定一起旋转的叶轮作用下，从出料口排出。

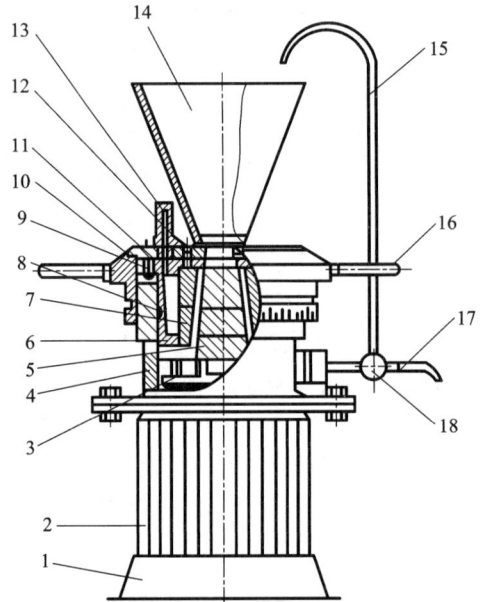

图 7 - 23　立式胶体磨

1—机座；2—电动机；3—叶轮；4—磨体；
5—动磨盘；6—静磨盘套；7—静磨盘；8—密封圈；
9—限位螺钉；10—调节盖；11—盖板；12—联接螺钉；
13—进出冷水管；14—进料斗；15—循环管；
16—调节手柄；17—出料管；18—三通阀

工作时，动、静磨盘之间的间隙为 0.5 ~ 1.5 mm，动磨盘的转速为 3000 ~ 15000 r/min。磨后的物料细度一般为 5 ~ 20 μm，最细可达 1 μm。

胶体磨结构比较简单，使用方便，易于清洗。立式胶体磨适合于较高黏度物料的均质，卧式胶体磨适用于均质低黏度的物料。

由于动、静磨盘之间的间隙很小，使用时不得在处于工作间隙状态下空载启动，以免损坏磨盘表面。在启动时应保持较大的间隙，在加入料液后再将其逐渐调整至工作间隙。

三、高压均质机

高压均质机是重要的液态物料均质设备。高压均质机是在将料液内部压力提高到一定程度后，使料液在极高的压差作用下高速瞬间通过狭窄的缝隙，通过此过程中形成的冲击、剪切与空穴作用完成均质。广泛使用的高压均质机由高压泵实现对料液的升压，由均质阀完成对料液的乳化、均质。生产用高压均质机的高压泵为三柱塞高压泵，瞬时排液量大且较为均匀；实验室用高压均质机的高压泵多为单柱塞高压泵。

食品行业常用的高压均质机的柱塞泵对料液施加的压力可达 20～60 MPa，广泛用于牛奶、饮料、奶油等的加工；超高压均质机的柱塞泵可达 200 MPa 以上，适用于生物细胞破壁、食品纳米材料、香精香料等的加工。

生产用高压均质机的主要构成如图 7-24 所示，泵体为长方体结构，其中开有三个活塞孔，配有三套活塞及阀门。柱塞在泵腔内往复运动，使物料吸入加压后流向均质阀。柱塞的往复运动由曲柄滑块机构驱动。

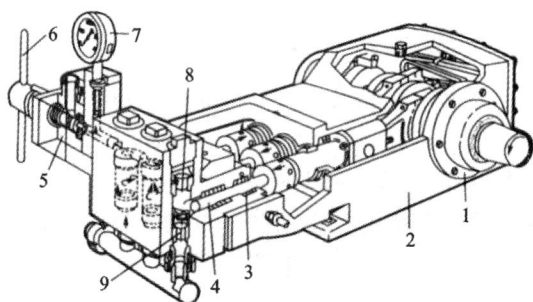

图 7-24　高压均质机泵体组合图

1—连杆；2—机架；3—活塞环封；4—活塞；5—均质阀；
6—调压杆；7—压力表；8—上阀门；9—下阀门

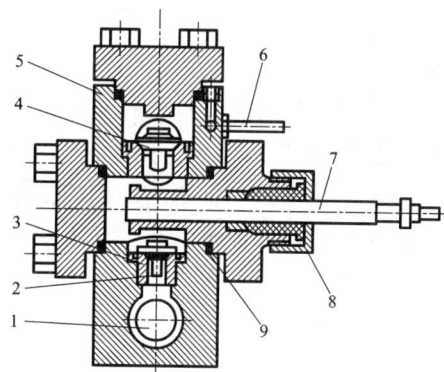

图 7-25　高压泵结构简图

1—进料腔；2—吸入活门；3—活门座；4—排出活门；
5—泵体；6—冷却水管；7—柱塞；8—填料；9—垫片

(一)高压泵

1. 工作原理

如图 7-25 所示，高压泵的工作零件主要由泵体 5、进料腔 1、吸入活门 2、排出活门 4、柱塞 7 等组成。为防止液体泄漏及渗入空气，采用填料密封装置，材料可用皮革、石棉及聚四氟乙烯等。工作时，当柱塞向右运动时，腔容积增大，压力降低，液体顶开吸入活门进入泵腔，完成吸料过程；当柱塞向左运动时，腔容积逐渐减小，压力增加，关闭吸入活门，打开排出活门，将腔内液体排出，完成排料过程。

2. 流量特性

柱塞来回一次中，吸入和排出液体各一次，因此往复泵也称为单动泵。由于单动泵吸液时就不能排液，因此排液不连续。由于柱塞由连杆和曲轴带动，柱塞在左右两点之间的往复运动不是等速度，其流量的曲线如图 7-26 所示。

在曲柄的带动下柱塞运动的速度是按正弦曲线变化。从图 7-26 可以看出，柱塞

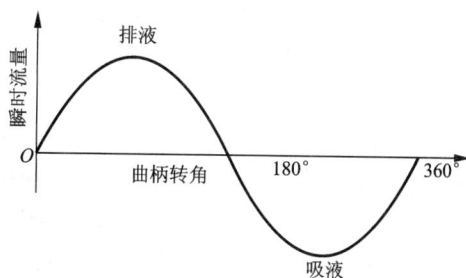

图 7-26　单柱塞泵吸液、排液流量图

在极左端（0°）和极右端时（180°）其速度为
零，此时的排液量和吸液量均为0；当曲柄
转角为90°及270°时，柱塞的速度为最大，
相应的排液量和吸液量均达到最大。由此
可见，单动泵工作时，流量起伏大，不
均匀。

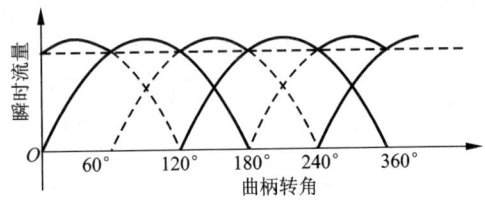

图7-27　三柱塞泵排液流量图

　　为了改善单动泵流量的不均匀性，生
产中多采用三柱塞泵。三柱塞泵的三个柱分别由三个曲柄驱动，该三个曲柄转动相位差均为
120°，实现了吸液和排液的连续性，提高了排液流量的均匀性。三柱塞泵排液流量如图7-
27所示。

3.流量调节

　　柱塞泵启动前必须将排出阀开启，否则会导致泵内压力急剧上升，若继续运转，将使泵
体或传动机构损坏。

　　柱塞泵的流量只与柱塞的面积、行程和往复次数有关（而这些是不可变的），因此柱塞泵
在任何排出压力时其流量基本上是不变的。流量与排出压力的关系曲线基本是线性关系，流
量越大，排出压力也越大，因而柱塞泵不能用改变排出压力的办法来调节流量。一般采用安
装回流支路的调节法。

（二）均质阀

　　高压均质机上配置的均质阀有单级均质阀和二级均质阀2种，由于二级均质阀具有更好
的均质效果，因此均质机多采用二级均质阀。

　　如图7-28所示的二级均质
阀，第一级均质
阀的压力显著大于第二级均质阀的压力，以牛奶
均质为例，第一级的压力控制在20~25 MPa，第
二级控制在3.5 MPa左右。料液通过第一级均
质阀时，高压、高速流动的料液冲击柱塞的前端
面，并通过狭窄的缝隙流向第二级均质阀，此过
程中料液主要受到冲击效应和剪切效应而破碎、
乳化、均质。由于第二级均质阀的压力明显小于
第一级均质阀，因此料液的压力和流速均有所降
低，受到的冲击力和剪切力也减小。第二级均质
阀的主要功能是给第一级高压一个合适的背压，
以集中第一级能量，使空穴效应发生在缝隙的最
佳区域；同时第一级均质后，由于范德华引力的

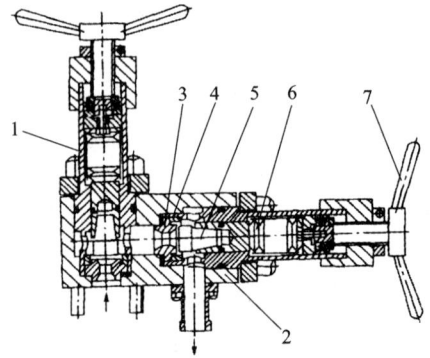

图7-28　二级均质阀结构图

1—第一级均质阀；2—第二级均质阀；3—阀座；
4—冲击环；5—阀杆；6—加压弹簧；7—调节手柄

作用，微粒可能会发生聚合，第二级均质阀再次给予破碎，料液得到进一步的乳化和匀浆。

　　空穴效应发生区域取决于背压大小，阀的结构及液料的黏度大小。背压太小，空穴效应
发生区域移向缝隙出口处，可能造成空穴失控，阀座的外缘容易崩塌损坏；背压增高，空穴
效应发生区域会移向缝隙进口处；背压过高，还会引起空穴效应较少，影响均质效果，且阀
座孔内壁容易崩塌损坏。最佳背压要通过实验得到，实践中牛奶均质时最佳背压不能大于均
质压力的20%。实际上由于牛奶生产管路相当复杂，已形成相当的背压，这样第二级均质阀

就无法提供所需的较低背压,甚至无法调低背压,所以有些均质机只有一级均质阀,它利用水力特性,形成一定背压。

由此可见,当设备和处理的料液一定时,通过合理调节第一级均质阀和第二级均质阀的压力,方能获得最佳的均质效果、减少均质阀的磨损。

四、超声波均质机

人类听觉能够感觉得到的声波频率范围为 20 Hz ~ 20 kHz,大于 20 kHz 为超声波。超声波方向性好,穿透能力强,易于获得较集中的声能,在水中传播距离远。利用超声波可对料液起均质作用。

超声波同普通声波一样属于纵波,当遇到料液时使其中的每一局部区域处于迅速的压缩与膨胀交替作用之下。在膨胀的半个周期内,料液受到张力,料液中的气泡迅速膨胀;在压缩的半个周期内,气泡被压缩。当压力的变化很大而气泡又很小时,达到外压大于气泡内压,被压缩的气泡急速崩溃;在此瞬间,料液中出现"空穴"现象。随着压力振幅的变化和瞬间外压不平衡的消失,"空穴"也随着消失。在这时间极短的过程中,液体的周围引起急剧的压力和温度突变,因而获得相当大的能量,使液体受到强力的搅拌作用,达到均质的目的。"空穴"作用也可发生在没有气体的料液中,但料液中存在着溶解氧或气泡,同样能够促使"空穴"现象的发生。超声波均质的频率一般在 18 ~ 35 kHz 之间。

通常,超声波的发生有 3 种方法,即磁控振荡器、压电晶体振荡器和机械振荡,前两种方法不适合液体均质操作,比较适合的是机械振荡方法。簧片共振、腔式共振荡超声波发生器是目前较常用的机械振荡式超声波发生器。

（一）簧片共振式超声波发生器

簧片共振式超声波发生器结构见图 7 - 29,主要由本体 6、喷嘴 5、簧片(也称为共振劈)3、支杆 2、节点 4、助声筒(也称为共鸣钟)1 等组成。喷嘴头部有一矩形窄缝 7,正对着边缘呈刀口状的簧片,簧片由节点夹住,固定于支杆之间,封闭在助声筒中。助声筒是具有液流输出孔的圆柱形套筒,簧片置于套筒中轴线上。当簧片共振产生超声波时,助声筒的作用是使声能集中,增加簧片产生超声波的振幅,提高超声混合的效果。

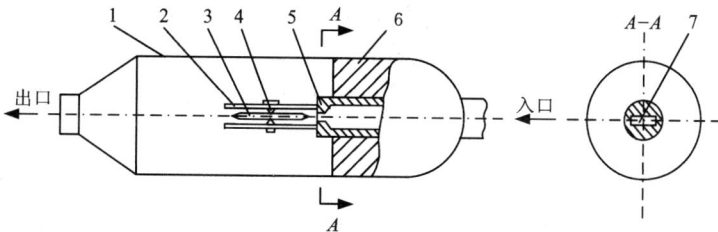

图 7 - 29　簧片共振式超声波发生器

1—助声筒；2—支杆；3—簧片；4—点；5—喷嘴；6—本体；7—矩形窄缝

料液被泵增压后经喷嘴以高速射流喷出,射流冲击簧片前缘使簧片振动,簧片以其固有频率振动,振动产生的超声波传给液料,使簧片周围的液料内部产生"空穴"作用,从而达到均质的目的。能使均质后的乳化粒径达到 1 ~ 2 μm。

簧片是均质的关键零件,其固有频率F即是超声波发生的频率,可按式(7-3)求得。

$$F = \frac{0.162h}{l^2} \sqrt{\frac{E}{\rho}} \qquad (7-3)$$

式中:F——簧片固有频率,Hz;

   h——簧片平均厚度,m;

   l——簧片作用长度,m;

   E——簧片材料的弹性模量,N/m^2;

   ρ——簧片材料的密度,kg/m^3。

簧片零件的厚度 h、弹性模量 E 和密度 ρ 均为常数。由式7-3可以看出,簧片的固有频率 F 与簧片长度 l 的平方成反比,说明改变簧片作用长度则可显著改变固有频率。在实际应用时,可通过左右调节节点在簧片上的位置来改变喷嘴一侧的簧片的实际作用长度。

喷嘴口的射流速度、喷嘴口到簧片前缘刃口的距离参数都和簧片的振幅有关,即与产生的超声波振幅有关,该两个参数均与超声波振幅成正比。因此,通过改变喷嘴头射流速度、或调节喷嘴头到簧片前缘刃口的距离,则可改变超声波的振幅。

(二)腔式共振超声波发生器

腔式共振超声波发生器结构见图7-30,主要由同心环形喷嘴1、深度可调的共振腔2、套室5及其支承筋4、腔深调节器3等组成。进口在同心环形喷嘴的侧面,出口在外套室的另一端。这种发生器又称为同心喷注式超声波发生器。进口管轴线虽与喷嘴轴线垂直,但空间上不相交,而是对准喷嘴横截面环形孔圆周上的切线;在喷嘴后部的环形孔呈圆柱形,直径递减,至喷嘴口部环形孔直径最小。因此,

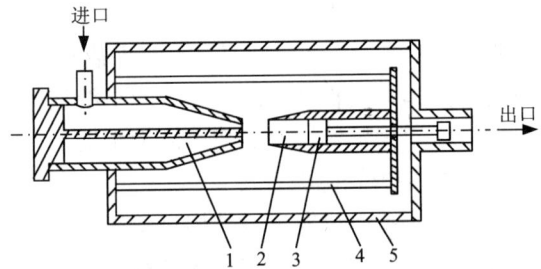

图7-30 腔式共振超声波发生器
1—同心环形喷嘴;2—共振腔;3—腔深调节器;
4—支撑筋;5—套室

当待均质的料液从进口以一定压力输入后,料液切向被引入环形喷嘴中,迅速地转动而产生涡旋;当转动的料液从较大直径的环形孔流到最小直径的环形孔时,料液的转动速度增加至最大;料液从喷嘴口部最小直径的环形孔喷出时会产生高速射流并发声。当射流本身的振动频率与共振腔的频率一致时,即可发生共振,产生较强的超声波,使料液乳化、均质,粒径一般小于2 μm。

腔式共振超声波发生器与簧片共振式超声波发生器相比有如下特点:前者是由共振腔里流体柱共振发出超声波,后者是靠簧片振动发出超声波,但两者均靠高速射流提供激振力。前者在中小压力时,可使共振腔流体柱以18~35 kHz超声频率声振,最高可达6 W/cm^{2}的声强;后者流体压力在1.5~2.5 MPa时,可使簧片以30 kHz左右超声频率振动,产生的声强一般小于2 W/cm^2。前者的结构要比后者复杂一些,但可获得更大的声能。

五、均质机的选型与使用

①胶体磨、高压均质机、超声波均质机均是食品加工中重要的乳化、均质设备,所处理

的料液中的各组分均应均匀分散。若是未均匀分散的物料，应先采用混合机或搅拌机进行充分混合后方可进行乳化、均质操作。

②胶体磨主要依靠定磨盘和动磨盘产生的剪切力使料液分散、乳化、均质，因此适用对象为流体或半流体物料，特别适用于固体颗粒含量较大的浆液的处理，如果蔬浆料、蛋白浆料、淀粉浆料等。在强大的剪切作用下，使料液充分混合、分散的同时，减小固体颗粒尺寸，提高料液细腻性和稳定性。但经胶体磨处理后固体颗粒粒度仍较大，若用于加工饮料产品易出现沉降，因此还需进行高压均质处理。

③高压均质机依靠冲击、剪切、空穴效应的共同作用实现对料液的乳化、均质。由于高压均质处理时料液的流速很高、且均质阀的工作间隙很小，若料液中固体颗粒含量较大或粒度较大，均会导致高压均质机不能正常工作。因此，高压均质机适用于稀薄流体、固体颗粒很小的料液均质。对于液－液共存（如牛奶）的料液，经过滤除杂质后可直接进行高压均质；对于固－液共存的料液，如果汁、蔬菜汁等，一发般需经胶体磨细化处理后，方可进行高压均质。

④超声波均质机均主要依靠空穴作用乳化均质，而剪切、冲击作用不突出，因此仅适用于液－液共存的乳化均质。例如处理牛奶时，可使牛奶中的乳脂肪球破碎并分散，形成稳定的分散系。

本章小结

本章主要学习了各种混合和均质机械与设备的类型及其工作原理，以及各种主要混合及均质机械的基本结构和基本性能特点等，要求掌握混合及均质机械的选用和使用要点。

思考题

1. 简述搅拌混合的机理。
2. 搅拌器的主要类型有哪些？如何选择搅拌器的形式？
3. 涡轮式搅拌器、旋桨式搅拌器搅拌过程中料液是如何运动的？搅拌容器中设置档板的目的是什么？
4. 混合机的主要类型有哪些？说明其工作原理及特点。
5. 旋转筒式混合机的容器转速确定的依据是什么？
6. 捏和机的主要类型有哪些？说明其作用原理及特点。
7. 双臂捏和机的两捏和转子安装方式有哪两种形式？主要适用于哪些物料的捏和？
8. 说明胶体磨的工作原理及特点。
9. 说明高压均质机的工作原理及特点。
10. 超声波发生器主要有哪两种型式？其工作原理及特点有何异同？
11. 如何合理选择和使用均质机？

第八章

杀菌机械与设备

本章学习目的与要求

掌握加热杀菌设备的基本类型、基本构成和应用特点；
了解换热器的基本结构和优缺点；掌握不同杀菌设备的使用
范围；掌握食品杀菌设备的操作及要点。

加热杀菌在食品工业中占有极为重要的地位，广泛应用于果汁、啤酒、葡萄酒、乳品、肉制品、调料、果蔬罐头等食品的生产中，而药物杀菌、辐射杀菌，因其本身的局限性、法律的限制和观念上不易被接受，到目前为止，应用范围和程度都极其有限，超高压杀菌仍处于研究开发阶段，尚未投入实质性商业应用。

第一节 概述

一、杀菌目的与作用

杀菌是食品加工的主要环节之一，杀菌的主要目的是杀死食品中的致病菌、腐败菌等有害微生物；钝化酶活性而防止在特定环境中食品发生腐败变质，使食品在密闭容器内等特定条件下有一定的保存期；尽可能多地保护食品的营养成分和风味。

二、杀菌种类与方式

杀菌包括物理杀菌和化学杀菌两大类。物理杀菌主要包括加热杀菌法和非热杀菌法；热杀菌法包括湿热杀菌法、干热杀菌法、微波加热杀菌和远红外线加热杀菌，其中湿热杀菌法包括低温长时间杀菌法（LTLT）、高温短时杀菌法（HTST）和超高温瞬时杀菌法（UHT）；非热杀菌法包括辐射杀菌法、冷冻杀菌和超高压杀菌技术，其中辐射杀菌法又分为紫外线辐射和电离辐射。化学杀菌法是使用过氧化氢、环氧乙烷、次氯酸钠等杀菌剂。由于化学杀菌存在化学残留物等影响，目前食品杀菌方法趋向于物理杀菌法。

三、杀菌方法与特点

低温长时间杀菌(LTLT)法：杀菌温度在 60 ~ 65℃、杀菌时间在 30 分钟左右的杀菌方法。特点：工作不连续，效果差，生产效率低。

高温短时间杀菌(HTST)法：杀菌温度在 80 ~ 85℃、杀菌时间在 10 ~ 15 秒，或杀菌温度在 75 ~ 78℃、杀菌时间在 15 ~ 40 秒的杀菌方法。特点：对食品质量影响小，保持产品的营养价值，几乎可保持食品原有的色、香、味。

超高温瞬时杀菌(UHT)法：杀菌温度在 100℃以上，通常在 120 ~ 145℃之间，时间 2 ~ 8 秒而达到商业无菌要求的杀菌方法。特点：对食品质量影响不大，几乎可保持食品原有的色、香、味，这对牛乳、果蔬汁等热敏性食品尤为重要。

四、杀菌设备分类

杀菌设备按照杀菌温度分为常压杀菌设备和加压杀菌设备；按操作方式分为间歇式杀菌设备和连续式杀菌设备；按所用热源不同分为蒸汽、热水、微波、远红外线、欧姆加热和火焰等杀菌设备；按所用设备结构分为板式、管式和釜式等杀菌设备。

第二节　板式杀菌设备

板式杀菌设备的关键部件是板式热交换器，它是由许多冲压成型的金属薄板组合而成，广泛用于乳品、饮料以及啤酒等食品的高温短时(HTST)和超高温瞬时(UHT)杀菌。

一、板式换热器

(一)板式换热器的组成与工作原理

板式换热器在乳品工业中，主要用作牛乳高温短时间或超高温杀菌，也可用作其他食品原料的加热杀菌和冷却及真空浓缩时的加热装置等。它是由许多不锈钢传热片重叠压紧而成的热交换器，主要部件有片式热交换器、温度调节系统、温度保持器、自动记录仪、奶泵和热水泵等，热交换器主体部分是由许多具有花纹的传热片依次重叠在框架上压紧而成。其工作原理与板框式压滤机很相似，工作时，待加热的料液由泵强制送入换热器后，在传热片壁上形成薄膜，与加热介质在相对两片间作间隔流动，通过传热片进行热交换。板式杀菌成套设备如图 8 - 1 所示。

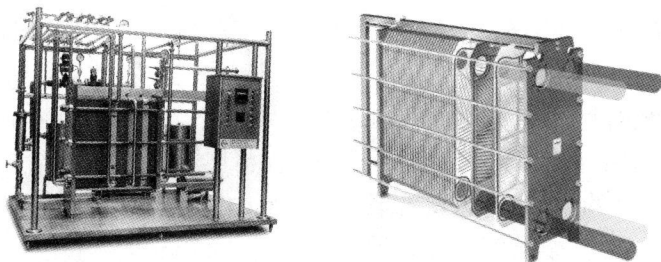

图 8 - 1　板式杀菌成套设备

(二)板式换热器主要零部件结构

1. 板式换热器传热片结构

如图 8 - 2 所示，板式换热器主体部分是由许多带有花纹的金属传热片依次重叠在框架上压紧而成。加热或冷却介质与料液在相邻两片间流动，通过传热片进行热交换，传热片面积大，流动液层又薄，故传热效果好。传热片的数量根据物料传热系数、流量、初始温度和最终温度以及加热或冷却介质等情况而定。

传热片是用 1 ~ 1.2 mm 厚的不锈钢板由水压机冲压成型，全悬挂于导杆上，前端有固定板，旋紧在后支架 7 上，压紧螺杆 8 可使压紧板与各传热片叠合在一起，片与片之间在片的周围用板框橡胶垫圈保证密封，并使两片间有一定空隙，调节垫圈的厚度即可改变两片间流体通道的大小。在每片的四角上各开有孔口，借橡胶垫圈 3 的密封作用，四个孔中只有两个孔口可与传热片一侧的流道相通，另两个孔口则与传热片另一侧的流道相通。冷热两流体就在薄片的两边交替流动进行热交换。拆卸时，只需转动压紧螺杆 8，使压紧板 6 及传热片沿着导杆滑动松开，清洗和拆装均很方便。

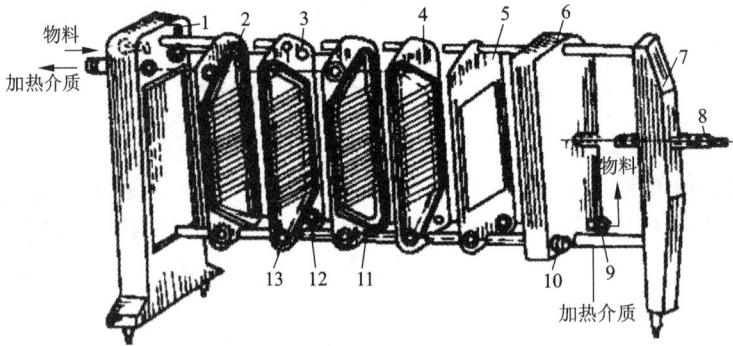

图 8 - 2　板式换热器结构原理图

1—前支架；2—上角孔；3—橡胶垫圈；4—分界板；5—导杆；6—压紧板；7—后支架；
8—压紧螺杆；9、10—连接管；11—板框橡胶垫圈；12—下角孔；13—传热片

根据流体流过金属片表面方式的不同，传热片可分为单侧直流片和对角斜流片。

(1)单侧直流片

同一种液体的进出口孔，在设备的同一侧轴线上，将相邻两片水平放在一起，可见液体呈直线方向流动，如图 8 - 3 所示，左片上，第一种液体从左上角孔流入片间，从金属片左下角孔流出，两个右角孔垫圈隔离，在右角孔上第二种液体则流到传热片的另一侧。这种结构的特点是：左、右两片结构一样，只需用同一个冲压模，周边垫圈放置位相同。组合时，只需把左片旋转 180° 即成右片，然后依次相同地悬吊在导杆上。同一种流体的进出口布置设备的同一侧，使得产品管路(牛奶、果汁水)有可能与一般流体管路(热水、冷水或盐水)分开，避免产品管路与其它生产线相混淆，方便管理，而且既卫生又美观。

(2)对角斜流片

同一种液体进出口两角孔在对角线的两端点位置上，如图 8 - 4 所示，它们左右片的结构不一样，垫圈也不一样。大垫圈围绕着传热片对角线上的两上角孔。这种流动方式从流体流

速的均匀性、传热效果与流体阻力方面看，与单侧直流出比较无显著差别，但需有两种冲横压制，备用的金属线相对的也较多，因此较少使用。

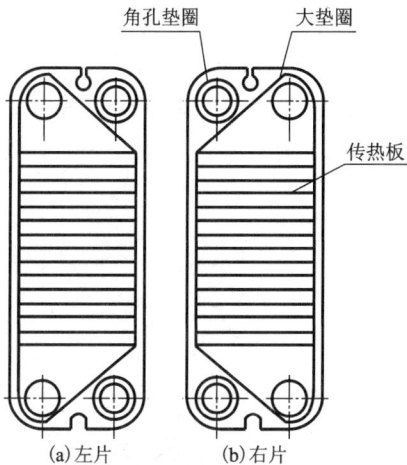

图 8-3　单侧直流片与垫圈布置

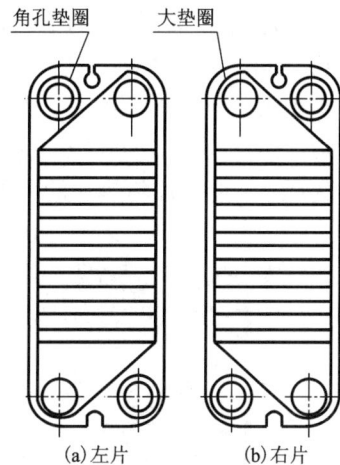

图 8-4　对角斜流片与垫圈布置

2. 液流流动形成及密封垫圈布置

传热片结构与密封垫圈的布置方式决定了待加热料液的流动形式，如图 8-5 所示。密封垫圈一般采用四氟乙烯材料，可达300℃左右高温作业，由于密封周边长，可能产生泄漏现

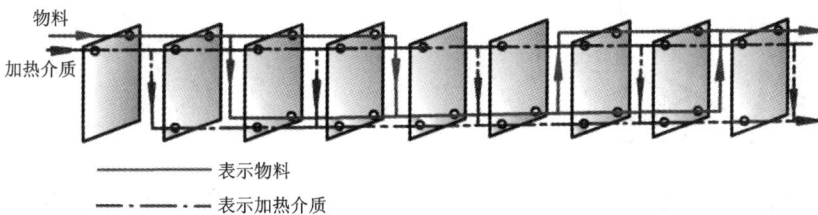

────── 表示物料
──·──·── 表示加热介质

图 8-5　板式热交换器流程示意

象，在传热片两侧的泄漏易发现，在角孔处的漏泄液时就较难发现，同时由于传热片两侧之间存在着压力差，还可能产生两种流体相混淆现象。因此，对于密封垫圈用哪一种结构形式应引起注意。

角孔部位密封垫圈的结构分为两种形式：一种是角孔垫圈与周边大垫圈整体制成的；如图 8-6 中(a)的角孔垫圈是与周边大垫圈整体制成的，若垫圈失效引起液体泄漏，适成两种液体渗漏，在外部不易察觉，此种结构不正确。另一种是角孔垫圈与周边大垫圈制成分体的，如图 8-6 中(b)所示，若密封垫圈失效时，液体首先流淌在设备外部，容易检查，而且

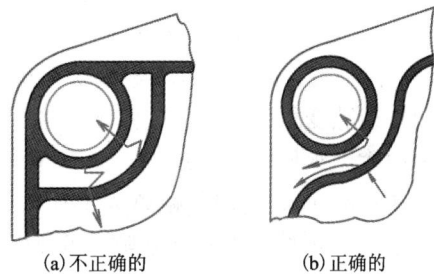

(a)不正确的　　(b)正确的

图 8-6　角孔密封结构

两种流体不致相混。密封垫圈不仅仅起到了密封的作用，密封的厚度大小也能调整两传热片间的间隙；密封垫圈的结构和布置方式不同也能改变两传热片间流体通道的大小和流体流向。

为了提高传热片与流体间的给热系数，将不锈钢传热片表面冲压成与流体流动方向呈垂直的波纹状，如图 8 - 7 所示；这样当流体通过传热片时，液流的流向和速度经过多次变化，并使它逐步扩大到整个液流中去，从而破坏了紧靠金属表面的滞流层，如图 8 - 8 所示；同时为了保证两传热片间所需的间隙，在传热片的表面纵向装置了有规律的间隔小突缘，既可防止传热片变形，又能增加传热片的刚度和强度。

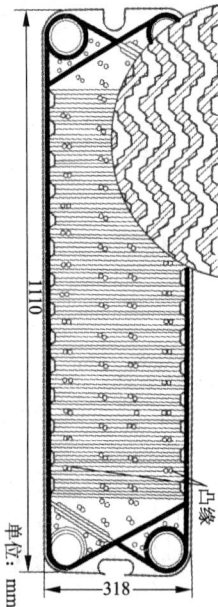

图 8 - 7　波纹板结构

图 8 - 8　流体在波纹板间的流动情况

3. 传热片加工与装配要求

因传热片厚度为 1 ~ 1.2 mm，片与片之间流道也只有 3 ~ 6 mm，这就决定液层的厚度。若安装时不注意，在垂直方向产生相对位移，可能造成两片接触而使缝隙变得很窄，则流体无法通过，或通过时阻力很大。如图 8 - 9 所示，当 $\alpha = 60°$ 时，片间距离为 3 mm，而倾斜部分距离为 1.5 mm；若垂直方向移动 1 mm 时，其一端缝隙减小为 0.65 mm，而另一端则增大至 2.15 mm，因而引起流速变化，增加流动阻力，因此要求安装时，平片在导杆上垂直位置误差 < ± (0.2 ~ 0.25) mm。传热片加工时也有一定要求，如传热片基面的不平直度沿任意方向测量不得大于 0.005 mm。

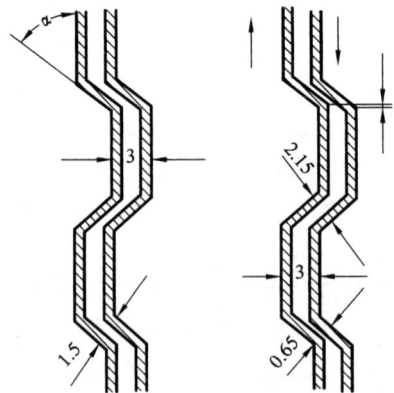

图 8 - 9　传热片装配示意图

（三）板式换热器的特点

1. 传热效率高

由于传热片间的空隙小，换热流体在其中通过时，可获得较高的流速，且传热板上压有一定形状的凸凹沟纹，液体通过时形成急剧的湍流现象，因而获得较高的传热系数。一般 K 值可达 $3500 \sim 4000\ W/(m^2 \cdot K)$，而其他换热设备一般在 $2300\ W/(m^2 \cdot K)$ 左右。

2. 结构紧凑，设备占地面积小

与其他换热装置比较，在相同的占地面积，它可以有大几倍的传热面积或充填系数。

3. 适宜于热敏性物料杀菌

由于换热液体可以调整在薄层通过，实现高温或超高温瞬时杀菌，使物料受热时间短，不至于有过热现象的产生，因而对热敏性物料如牛奶、果汁等食品的杀菌尤为理想。

4. 适应性强

只要改变传热板的个数或改变板间的排列和组合，则可满足多种不同工艺的要求，并容易实现自动控制，故在乳品、饮料工业中广泛使用。

5. 操作安全，容易清洗

因其在完全密闭的条件下操作，能防止污染。同时，结构上的特点保证了两种流体不会相混。发生泄漏也只会外泄，易于发现。板式换热器直观性强，装拆简单，便于清洗。

6. 节约热能

加热和冷却可组合在一套换热器中，新式的结构多采用此方法。这样，只要把受热后的物料作为热源则可对刚进入的液体进行预热。这样，　方面受热后的物料可以冷却，另一方面进入的物料被加热，一举两得，节约热能。

以上是板式换热器的优点。其缺点主要体现为：密封垫圈容易从波纹片上脱落，在温度到 60℃以上时，这种现象体现更为明显；垫圈易变形和老化，需经常更换；承压不高，工作温度受到限制。

二、板式杀菌设备的工艺流程

（一）高温短时（HTST）板式杀菌装置

图 8 – 10 为 HTST 平板杀菌机立体示意图，图 8 – 11 为 HTST 板式杀菌装置的流程图。HTST 板式杀菌装置的结构由下面几部分组成：

①热交换部：用作液料与液体之间的热交换，图 8 – 11 中 R 段。

②加热部：用热水或蒸汽加热杀菌。图 8 – 11 中 H_1 为预热段，H_2 为杀菌段。

③冷却部：用水或冷水冷却成品，图 8 – 11 中 C 段。

④保持槽：保持槽的形式有多种，槽内有特殊装置。液料可以滞留在槽内一定的时间。最近有使用槽内真空来提高脱腥、脱气效果的方式。

⑤分流阀：设在加热杀菌后物料的出口部。液料达到杀菌温度后，经分流阀从成品流路流出，未达到杀菌温度的液料，则被分流阀切向（由切换器控制）回流流路至平衡槽。

HTST 板式杀菌装置适用于各种食品、乳品和饮料的杀菌。以牛奶为例介绍高温短时（HTST）板式杀菌装置的工艺流程。

①5℃的原料奶从贮奶罐注入平衡槽。

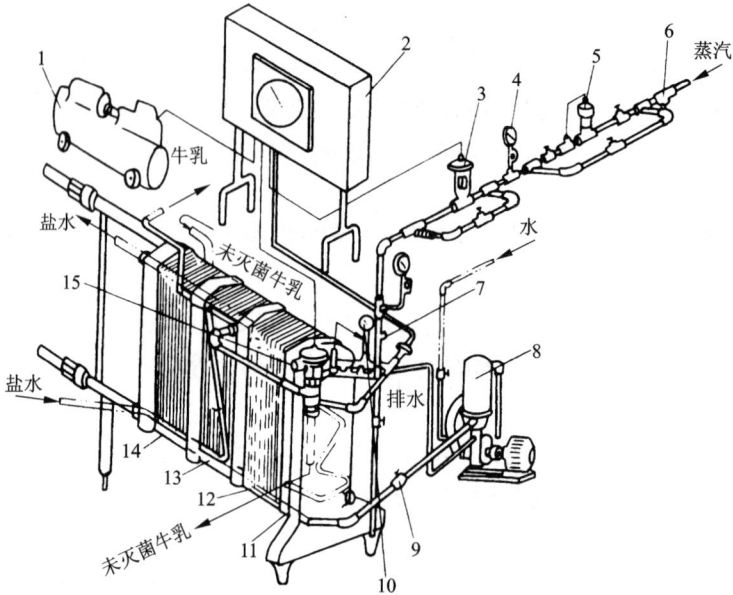

图 8 – 10　高温短时平板杀菌机

1—空气压缩机；2—针器类及操作台；3—调量阀；4—压力计；5—减压阀；6—粗滤器；7—送水喷雾；8—真空泵；
9—真空调整；10—温度计；11—15 s 维持头；12—加热器；13—热交换器；14—冷却器；15—分流阀

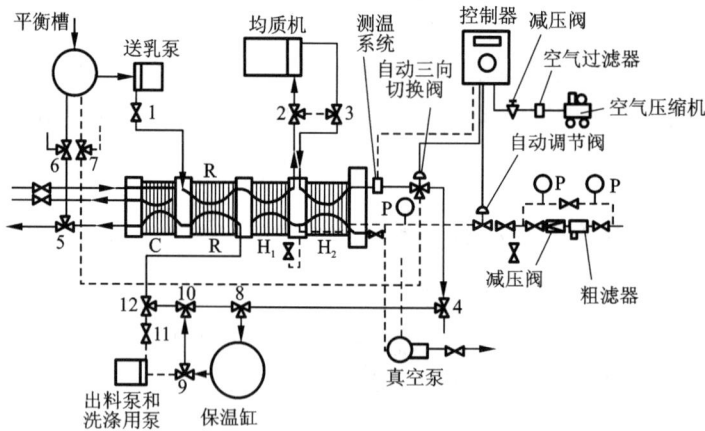

图 8 – 11　高温短时板式杀菌装置系统图

②由泵 1 将牛奶送到加热回收段 R，使 5℃的牛奶与刚受热杀菌后的牛奶进行热交换到 60℃左右。杀菌后的牛奶被冷却。得到预热后的牛奶，通过过滤器、预热器 H_1，加热到 65℃ 左右，通过均质机后，进入加热杀菌段 H_2，被蒸汽或热水加热到杀菌温度。

③杀菌后的牛奶通过温度保持槽。在 85℃的环境中保持 15～16 s，然后流到分流阀（切换阀）。若牛奶已达到杀菌温度，分流阀则将其送到回收段。若未达到杀菌温度，分流阀则将其送回平衡槽。

④杀菌后的牛奶经热回收后，温度约为 20～25℃，再进入冷水冷却段 C，使其温度降到 10℃左右，成为产品流出。在此阶段中，也可以用 5℃的原料牛奶代替盐水或冰水与 20～25℃的产品牛奶进行传热冷却，则更有利于热回收。

（二）超高温瞬时（UHT）板式杀菌装置

图 8–12 所示的是英国的 APV 超高温瞬时板式杀菌装置。其组成与 HTST 装置相似，区别之处为杀菌温度不同，即 130～150℃加热 0.4～4 s，能杀灭耐热性芽孢、细菌。其流程如下：

①由就地清洗系统（CIP）自动清洗全机。

②原料牛奶自贮奶罐注入浮动平衡槽 1。

③通过牛乳泵 2 将原料奶送至热交换器 3，与杀菌后的产品进行热交换，使其温度加热到 85℃左右，进入温度保持槽 4 内，稳定约 5 min，使牛奶对热产生稳定作用以及除腥。

④由牛乳泵 5 将牛奶送往均质机 6 进行均质。其后进入中间加热部 7、加热灭菌部 8 进行杀菌。杀菌加热蒸汽压第一段为 0.02～0.03 MPa，加热到 85℃，第二段蒸汽压为 0.25～0.45 MPa，牛奶瞬时可达 135～150℃，保持 2 s 后，被送至分流阀 14。

⑤由仪表自动控制的分流阀，将已达到杀菌温度的产品送到速冷部 11，将未达到杀菌温度的牛奶送至水冷却器 15，将其降温后回流到平衡槽 1 中。

⑥产品奶在第一冷却段再注入热交换段 3，在冷水或冰水冷却段中冷却，使温度降至 4℃流出灌装。

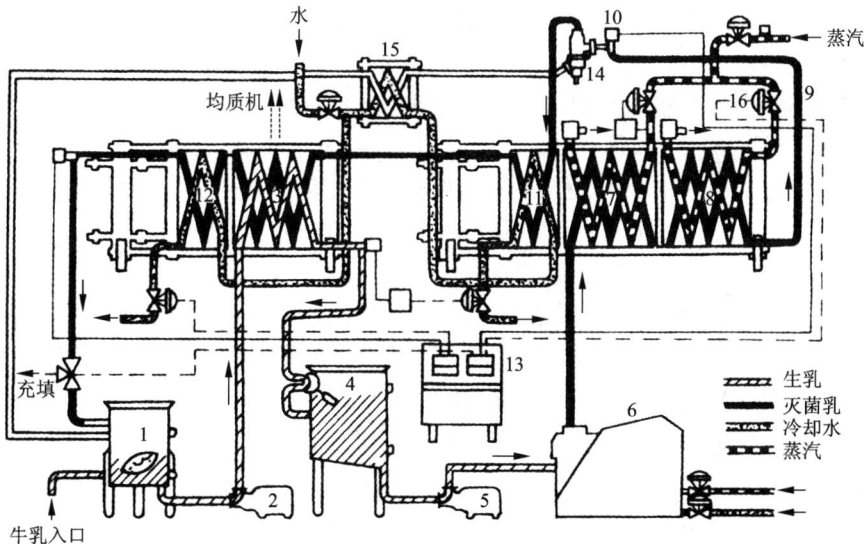

图 8–12 APV 超高温瞬时板式杀菌装置系统

1—浮动平衡槽；2、5—牛乳泵；3—热交换器；4—温度保持槽；6—均质机；
7—中间加热部；8—加热灭菌部；9—贮液管；10—温度计；11—速冷部；12—最终冷却部；
13—控制盘；14—分流阀；15—水冷却部；16—灭菌温度调节阀

第三节 超高温瞬时灭菌设备

超高温瞬时灭菌(UHT)是将食品在瞬间加热到高温而达到灭菌目的。此法将通常杀菌温度从120℃提高到135~145℃,仅需3~5 s就可将微生物孢子完全杀灭。随着杀菌温度的升高,微生物孢子致死速度远比食品质量受热发生化学变化而劣变的速度快,因而,瞬间高温可完全灭菌,但对食品质量影响不大,几乎可保持食品原有的色、香、味,这对牛乳、果蔬汁等热敏性食品尤为重要。

超高温瞬时灭菌设备主要由预热器、杀菌器、冷却器、均质机和原地清洗设备(CIP)组成。流体食品由泵和均质机连续输送进行预热、杀菌、冷却加工并送到无菌包装机包装,工艺程序和参数全自动控制。CIP设备则在设备开机前和关机后对全套设备包括管路、泵和包装机进行程序控制清洗,保证设备无菌运转。

UHT有直接加热灭菌法和间接加热灭菌法两种。直接加热法是用蒸汽或电阻管直接加热物料,传热效率高,但不易控制;间接加热法是加热介质通过热交换器进行加热。无论何种方式的UHT设备均必须保证物料瞬时超高温灭菌和加热后迅速冷却,以保证食品质量。

一、直接加热超高温瞬时灭菌设备

(一)蒸汽加热式

有两种形式的蒸汽加热器——喷射式加热器和注入式加热器。喷射式加热器是把蒸汽喷射到物料中;注入式加热器则是把物料注入蒸汽气流中。

1. 喷射式超高温灭菌

喷射式超高温灭菌有多种类型,其基本原理是将蒸汽喷射到物料中,使物料迅速加热到140℃左右,随后通过真空罐瞬间冷却到80℃,图8-13是其工艺流程图。

物料由泵1从平衡槽中抽出,经第一预热器2进入第二预热器3,物料温度升高至75~80℃,然后在压力下由泵4抽出,经调节气动阀5送到直接蒸汽喷射灭菌器6,在该处向物料内喷入压力为1 MPa的蒸汽,瞬间加热到150℃,并在保温管中保持这一温度约达2.4 s,然后闪蒸进入真空罐(或膨胀罐)9中,在低压下物料水分急速蒸发而消耗热量,物料温度被急速冷却到77℃左右。利用喷射冷凝器18冷凝蒸汽和由真空泵21抽出不凝气体,使真空罐保持一定真空度。喷入物料中的蒸汽应在真空罐中汽化时全部除去,同时带走可能存在物料中的一些臭味。排出的蒸汽一部分送入热交换器2用于预热进入的冷物料。

2. 注入式超高温灭菌

注入式超高温灭菌也有多种类型,其原理是把物料注入到过热蒸汽加热器中,由蒸汽瞬间加热到灭菌温度而完成灭菌过程,与蒸汽喷射式相似,图8-14是其工艺流程图。

物料用泵1从平衡槽输送到第一预热器2(管式热交换器)与来自闪蒸罐5的热水蒸气热交换,然后经第二预热器3(管式热交换器)进一步被蒸汽加热器4排出的废蒸汽加热到75℃。最后物料注入蒸汽加热器4,加热器内充满温度约为140℃的过热蒸汽,且利用调节器T_1保持这一温度恒定。预热物料从喷头喷出细小微粒溅落到容器底部时,瞬间加热到灭菌温度,水蒸气、空气及其他挥发性气体一起从顶部排出,进入第二预热器3,预热由第一预热器2来的物料。加热器4底部的热物料在压力作用下强制喷入闪蒸罐5,因突然减压而急剧

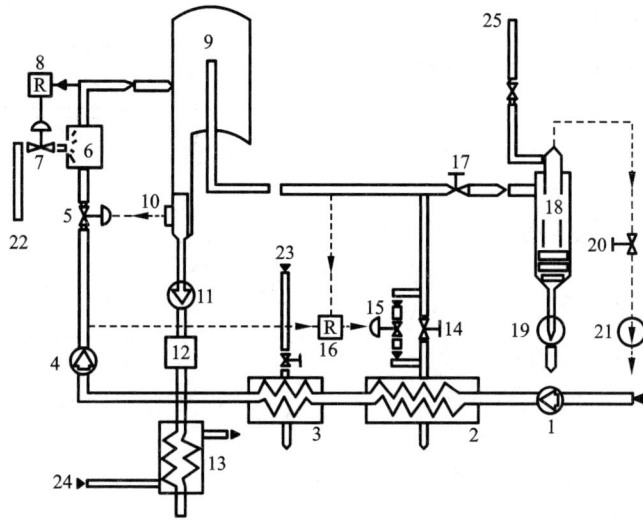

图 8 - 13 直接蒸汽喷射灭菌装置工艺流程图

1—输送泵；2—第一预热器；3—第二预热器；4—泵；5—流量气动阀；6—直接蒸汽喷射灭菌器；
7—蒸汽气动阀；8—杀菌温度调节器；9—真空罐；10—装有液面传感器的缓冲器；11—无菌泵；
12—均质机；13—冷却器；14、17—蒸汽阀；15—蒸汽气动阀；16—相对密度调节器；18—喷射冷凝器；
19—冷凝液泵；20—真空调节阀；21—真空泵；22—高压蒸汽；23—低压蒸汽；24、25—冷却水

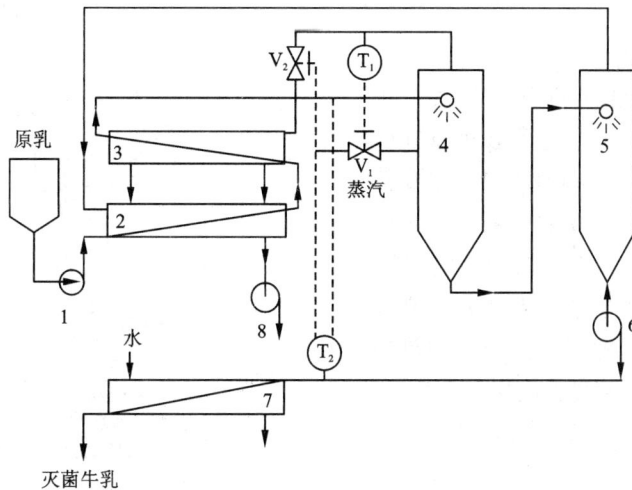

图 8 - 14 注入式超高温灭菌装置流程图

1—高压泵；2—第一预热器(水汽)；3—第二预热器(蒸汽)；4—加热器；5—闪蒸罐；
6—无菌泵；7—无菌热交换器(冷却器)；8—真空泵 T_1 和 T_2 为调节器

膨胀，使温度很快降至75℃左右并蒸发水分，恢复至物料原有的水分。与此同时，大量水蒸气从闪蒸罐顶部排出，在第一预热器 2 处冷凝，从而在闪蒸罐内造成部分真空。用真空泵 8 将加热器和闪蒸罐的不凝性气体抽出，还会进一步降低两容器内的压力。聚集在闪蒸罐底部的无菌物料用无菌泵 6 抽出，进入无菌热交换器 7 中用冰水冷却至4℃，再送到无菌包装机包装。

(二)电阻加热式超高温灭菌设备

如图 8-15 所示，该系统特点是物料加热部分采用电阻加热，冷却部分采用常规热交换器。根据物料特性选择相应的片式、管式或刮板式热交换器，两者结合，需最大限度地体现电阻加热优点，并对物料中的颗粒块形结构损伤程度最小。投产前须对系统中无菌集液罐 5、无菌产品贮罐 6 及连接管阀等进行高温蒸汽消毒灭菌；电阻加热管 2、保温管 3 和冷却热交换器 4 的预消毒杀菌采用一定浓度的硫酸钠溶液(溶液浓度使导电率与加工物料接近)。灭菌液由泵 1 通过加热器 2、保温管 3、冷却热交换器 4 及冷却热交换器 7 回流到进料泵，循环加热并消毒器具。灭菌液的温度由加热器的电流进行调节控制，并由背压阀控制系统背压。消毒灭菌后，灭菌液由热交换器冷却后排放或另行收集。

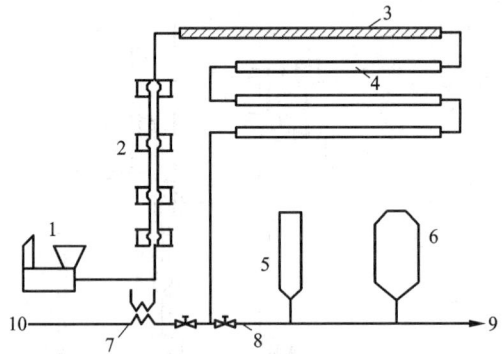

图 8-15 电阻加热器超高温灭菌流程图

1—进料泵；2—电阻加热器；3—保温管；4—冷却热交换器；
5—无菌集液罐；6—无菌产品贮罐；7—杀菌消毒液冷却交换器；
8—通入无菌包装机管道；9—接无菌包装机；10—杀菌液回流

二、间接式超高温灭菌设备

(一)环形套管式超高温灭菌设备

该设备加热器是由两根不锈钢管组成的双套盘管，利用内外管间环形间隙进行热交换。图 8-16 为 RSCG01-4C 型设备的工艺流程图。物料通过供料泵 1 进入环形套管 2 的外层通道，与内层通道的已灭菌高温物料热交换而预热，然后进入单旋盘管加热器 3 由高温桶内蒸汽间接加热到 135℃，继而在桶外单旋盘管内保温 3~6 s，进入双套环形盘管内层通道被进料冷却到出料温度小于 65℃。如工艺需要提高或再降低出料温度，可通过截止阀 11 接通热源(蒸汽)或冷源(冰盐水等)进入附加的加长型双套环形盘管下端的外层通道，使内层物料进一步升温或降温。背压阀 4 是可调的，可使物料维持在一定压力之下，使其沸点提高防止汽化；此外也可调节物料流量。

(二)刮板式超高温灭菌设备

该设备适于番茄酱等黏性物料或热敏

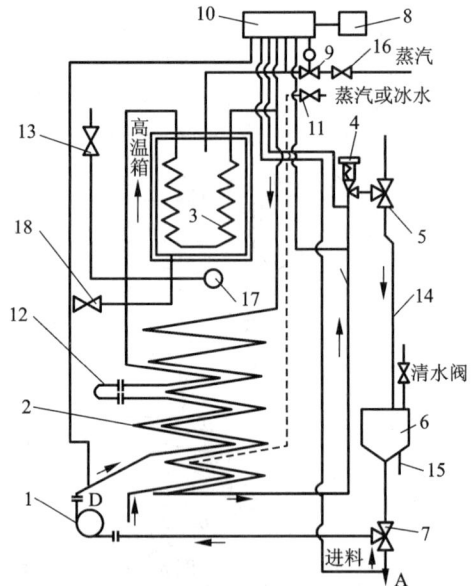

图 8-16 RSCG01-4C 型环形套管式超高温灭菌设备的工艺流程图

1—供料泵；2—双套盘管；3—加热器；4—背压阀；
5、7—气控阀；6—电动蒸汽调节阀；8—微型打字机；
9—电动调节阀；10—电脑控制器；11、18—截止阀；
12—U 形管；13—冷水阀；14—弯管；15—溢流阀；
16—蒸汽阀；17—疏水阀

性物料的超高温灭菌和快速冷却。如图 8－17 所示，在轴圆周方向上布置两排聚四氟乙烯材料活动刮板 5，每排 3～5 块。刮板与筒壁传热面紧密接触，连续刮掉与传热面接触物料而形成强烈的传热面，能保持连续性地加热下一批次的料液，另外由于物料在筒内轴向和径向混流而产生强烈的传热效果。工作时加热介质（蒸汽）或冷却介质（水）在夹套内流动，物料由定量泵压送并通过物料筒与搅拌轴之间的环形通道，通过筒壁进行热交换。物料的流动通道约占物料筒面积 20%～40%。通过调节轴的转速、物料流量和冷热介质压力来达到稳定的热交换。

（三）列管式超高温灭菌设备

如图 8－18 所示，物料泵 8 将物料从暂存缸 6 打入灭菌器列管 1 中，在夹套蒸汽的加热下达到灭菌温度，消毒物料从排出管排出。三通 4 中设有直径 7～8 mm 的喷嘴，水流经喷嘴时流速增大，形成真空，开启止逆阀 5，将列管加热蒸汽夹套和暂存缸 6 夹套中的冷凝水和不凝气体一并抽出，使设备传热系数提高。图 8－19、图 8－20 为两种列管式结构。

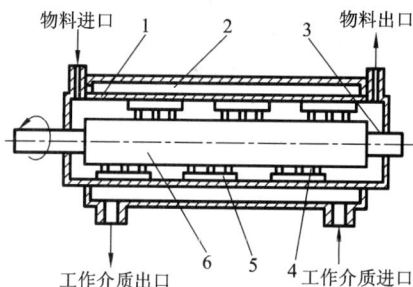

图 8－17　刮板式热交换器结构图

1—物料筒；2—夹套；3—轴封；
4—刮板销栓；5—刮板；6—搅拌轴

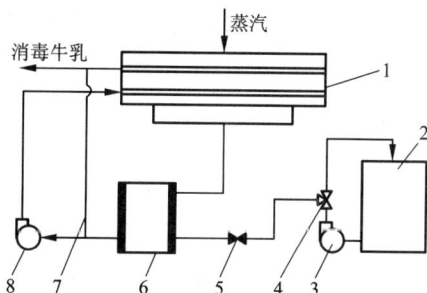

图 8－18　列管式灭菌机示意图

1—列管；2—水箱；3—循环水泵；4—三通；
5—止逆阀；6—暂存缸；7—回流管；8—物料泵

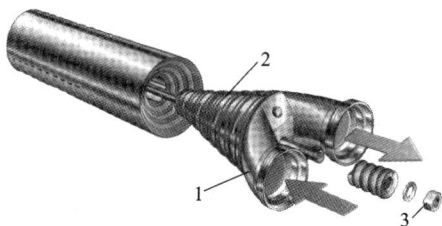

图 8－19　列管式杀菌机套管式结构

1—管头；2—O 形密封环；3—锁紧螺帽

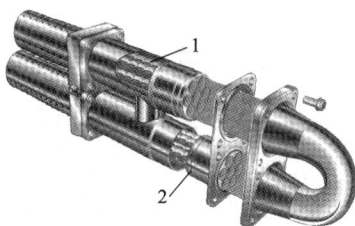

图 8－20　列管式杀菌机复式管结构

1—产品管；2—双 O 形密封环

第四节　立式与卧式杀菌锅

一、立式杀菌锅

立式杀菌锅属加压间歇式杀菌设备，不盖锅盖也可用于常压间歇杀菌。目前，立式杀菌锅是国内中小型罐头厂普遍采用的杀菌设备之一，如图 8－21 所示。

（一）锅体

锅体是用钢板压制成圆筒后焊接而成，底部封头多为球形。内壁装有垂直导轨，使杀菌篮与内壁保持一定距离，以利于水的循环。锅口周边铰接有与锅盖槽孔相对应的蝶形螺栓，作为夹紧锅盖和锅体的构件。锅口的边缘凹槽内嵌有密封填料，保证杀菌时密封良好。为减少热损失，最好在锅体外包上一定厚度的石棉保温层。

锅内径约 1 m，深度视装篮数量而定，但需使锅内热量分布均匀。最上面一个吊篮与锅盖距离约 250 mm，冷却水管应装在放入实罐后离罐盖约 100 mm 处的位置，溢流水管要高于冷却水管约 50 mm，杀菌时锅体上方要留有一定的顶隙。

锅体一般安装在地坑中，下置约 800 mm，上安装温度计，底部有吊篮支架。

（二）锅盖

锅盖为椭圆形封头，铰接于锅体后部边

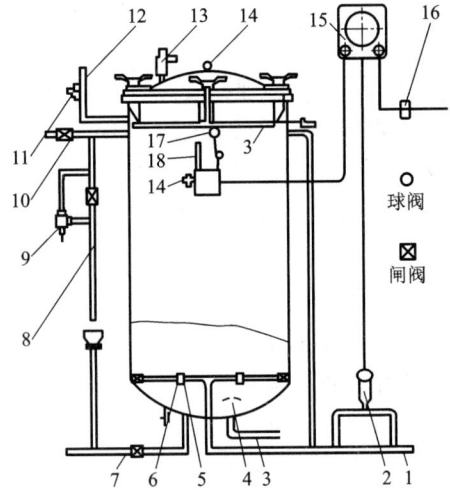

图 8 - 21　立式杀菌锅

1—蒸汽管；2—薄膜阀；3—进水管；4—进水缓冲板；
5—蒸汽喷管；6—杀菌篮支架；7—排水管；
8—溢水管；9—保险阀；10—排气管；
11—减压阀；12—压缩空气管；13—安全阀；
14—卸气阀；15—调节阀；16—空气过滤器；
17—压力表；18—温度计

缘，圆周边缘均匀地分布着槽孔，数量与锅体上的蝶形螺栓对应，以紧闭锅盖和锅体。拧开蝶形螺栓，锅盖可借助平衡锤开启。

立式杀菌锅另需配备起吊工具或设备、杀菌吊篮、仪器仪表、空气压缩机等附属设备。空气压缩机是在反压杀菌和反压冷却时，从压缩空气管通入压缩空气用的，目的是为了在杀菌、冷却时，平衡罐头内外的压力，避免跳盖、变形等事故发生。

二、卧式杀菌锅

卧式杀菌锅属于间歇加压杀菌设备，在中小型罐头厂中应用较广泛，如图 8 - 22 所示。

（一）锅体

锅体为钢板制成的卧式圆柱形筒体，一端为椭圆封头，另一端铰接一锅盖。杀菌锅内下部装有小车进出轨道，此轨道与车间地面同高，方便小车推进卸出。蒸汽管装在轨道之间，较轨道低。锅体一般置于地坑内，以利于水的排放。

（二）锅门

锅门为椭圆形封头，铰接于锅体上，向一侧转动开闭。门外径较锅体口稍大，锅体口端面有一圆圈凹槽，槽内嵌有弹性而耐高温的橡皮圈，门和锅体的铰接采用自锁楔形块锁紧装置，即在转环及门盖边缘有若干组楔形块，转环上配有几组活动滚轮，使转环可沿锅体转动自如。门关闭后，转动转环，楔合块就能互相咬紧而压紧橡胶圈，实现锁紧和密封。转环反向转动时，楔合块分开，门即开启。

卧式杀菌锅亦需配备进出锅设备、吊篮、仪器仪表、空气压缩机等附属设备。

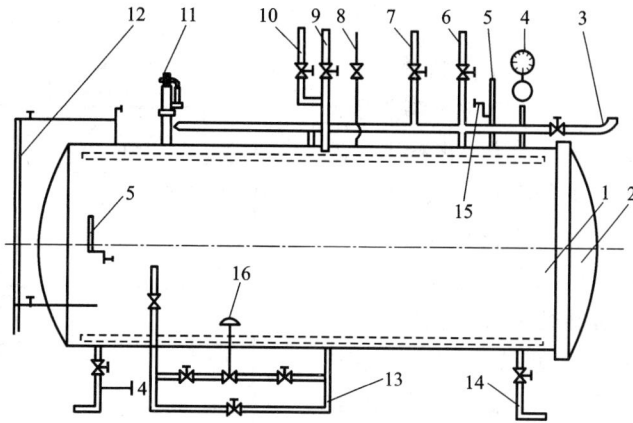

图 8-22 卧式杀菌锅

1—锅体蒸汽管；2—锅门；3—溢水管；4—压力表；5—温度计；6—回水管；7—排气管；8—压缩空气管；
9—冷水管；10—热水管；11—安全阀；12—水位表；13—蒸汽管；14—排水管；15—卸气阀；16—薄膜阀

第五节　回转式杀菌机械

该设备能使罐头在杀菌过程中处于回转状态，全过程由程序控制系统控制，主要参数如压力、湿度和回转速度等均可自动调节与记录，属间歇式杀菌设备。

一、结构

如图 8-23 所示，上锅是贮水锅 2，用于制备下锅使用的过热水，为圆筒形密闭容器，装有液位控制器。下锅是杀菌锅 1，锅内有一回转体，设有压紧装置使杀菌篮 6 和转体之间不能相对运动。锅后端设置传动系统，由电机、锥轮无级变速器和背齿轮等组成。通过大齿轮轴驱动固定在轴上的转体回转，而转体带着杀菌篮 6 回转，其转速可在 5~45 r/min 内无级变速，同时可朝一个方向回转或正反交替回转。交替回转时，回转、停止和反转动作可由时间继电器设定，一般是在回转 6 min，停止 1 min 的条件下设定交替工作状态，必要时再设定反转动作。

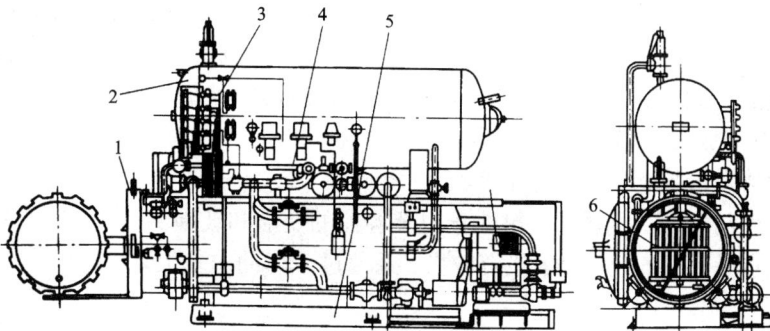

图 8-23 回转式杀菌设备

1—杀菌锅；2—贮水锅；3—控制管路；4—水汽管路；5—底盘；6—杀菌篮

自动装篮机把罐头装入篮内，每层罐头之间用带孔的软性垫板隔开。用小车将杀菌篮6送入锅内带有滚轮的轨道上。锅内装满杀菌篮时，用压紧机构将罐头压紧固定，再挂上保险杆，以防杀菌完毕启锅时杀菌篮自动溜出。

杀菌锅与贮水锅之间用连接阀 V_3 管道连通，如图 8 – 24 所示，蒸汽管、进水管、排水管和空压管等分别连接在两锅的适当位置，在这些管道上按不同使用目的安装了不同规格的气动、手动或电动阀门。循环泵使杀菌锅中的水强烈循环，以提高杀菌效率并使杀菌锅里的水温度均匀一致。冷却水节流泵的作用是向贮水锅注入冷水和向杀菌锅注入冷却水。

回转式杀菌锅可自动控制，目前的自控系统大致分为两种形式：第一种是将各项控制参数表示在塑料冲孔卡上，操作时只要将冲孔卡

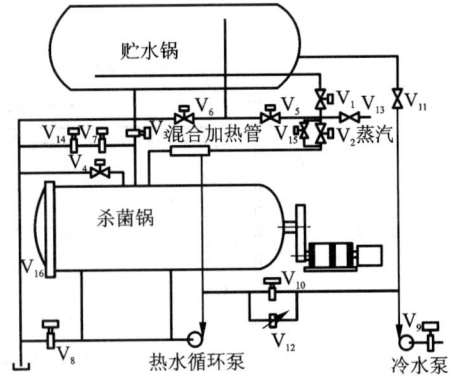

图 8 – 24　回转式杀菌设备工艺流程图

V_1—贮水锅加热阀；V_2—杀菌锅加热阀；V_3—连接阀；V_4—溢出阀；V_5—增压阀；V_6—减压阀；V_7—降压阀；V_8—排水阀；V_9—冷水阀；V_{10}—置换阀；V_{11}—上水阀；V_{12}—节流阀；V_{13}—蒸汽总阀；V_{14}—截止阀；V_{15}—小加热阀；V_{16}—安全旋塞

插入控制装置内，即可进行整个杀菌过程的自动程序操作；第二种是由操作者将参数在控制箱中设定后，按控制箱中的启动电钮，整个杀菌过程也就按自动程序操作。

二、工作过程

回转式杀菌锅的杀菌周期通常分为八个操作程序，分别是：制备过热水；向杀菌锅送水；加热升温；杀菌；热水回收；冷却；排水和启锅，每个程序均由指示器显示。有些回转式杀菌锅的阀门、泵、压缩机等在每个程序中的工作状态，以及贮水锅和杀菌锅的液位等参数还可以从控制流程盘上清楚地显示出来。

三、杀菌特点

①杀菌均匀：由于回转杀菌篮的搅拌作用，加上热水由泵强制循环，使锅内热水形成强烈的涡流，水温均匀一致，达到产品杀菌均匀的效果。

②杀菌时间短：杀菌篮回转，传热效率提高，对内容物为流体或半流体的罐头更显著。

③有利于产品质量的提高：由于罐头回转，可防止肉类罐头油脂和胶冻的析出，对高黏度、半流体和热敏性的食品，不会产生因罐壁部分过热形成黏结等现象，可以改善产品的色、香、味，减少营养成分的损失。

④由于过热水重复利用，节省了蒸汽。

⑤杀菌与冷却压力自动调节，可防止包装容器的变形和破损。

其主要缺点是：设备较复杂；投资较大；杀菌过程热冲击较大。

第六节　水封式连续高压杀菌设备

近年来，罐头生产线正向高速度处理产品方向发展，最快杀菌速度达 1000 罐/min 以上；另一个特点是以高温短时杀菌为主。同时，以转动杀菌代替静止杀菌已成为必然的趋向。水封式的特点是设计了一种叫鼓形阀或称为水封阀的装置，它可使罐头不断进出杀菌室中，而又能保证杀菌室的密封，保持杀菌室内的压力与水位的稳定，如图 8 - 25 所示。该设备在杀菌过程中罐头是滚动的，因而热效率较高，杀菌时间可更短些。

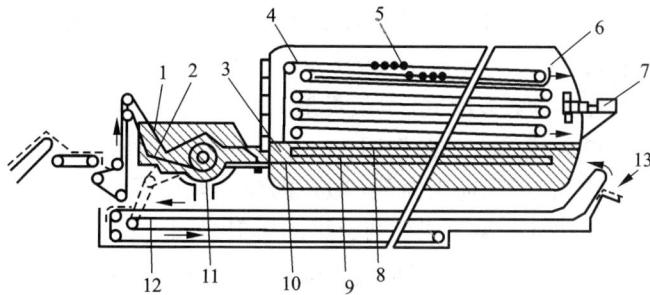

图 8 - 25　水封式连续杀菌设备

1　水封；2—输送链；3—杀菌锅内液面；4—加热杀菌室；5—罐头；6—导轨板；7—风扇；8—隔板；9—冷却室；10—转移孔；11—鼓形阀（水封阀）；12—空气或冷却水区；13—出罐处

罐头从自动供罐装置进入输送链上，然后进入鼓形阀 11，鼓形阀浸没水中，因此称为水封式，鼓形阀见图 8 - 26。

鼓形阀又称水封阀，从这里进入杀菌室中的罐头，由环式输送链的传送器带动，在杀菌室内折返数次进行杀菌，因此设计了一条平板链（或导轨），罐头就搁在其上，平板链运动方向与传送器相反，由于传送器与平板链之间的相对运动，所产生的摩擦力使罐头回转，回转的速度因产品不同而不同，一般为 10 ~ 30 r/min。若不需回转时，则可去掉传送器下面的导轨，或使平板链运动方向与传送器一致和线速相同即可。通过改变罐头的转数可调节罐头的加热量，因此，在调换品种时，杀菌时间可以不变，改变罐头回转数即可。

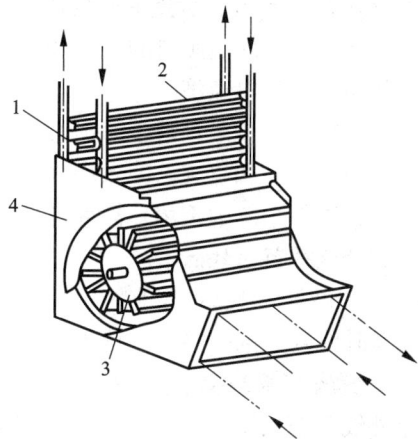

图 8 - 26　鼓形阀

1—输送链；2—运送器；3—水封阀密封部；4—外壳

罐头从杀菌室杀菌后进入加压冷却槽，杀菌室与加压冷却室之间用钢板隔开，并包上绝缘性能好的绝缘材料。从外表看好像为一个整体的锅，而实际上锅分两层，上层为杀菌室，下层为加压冷却室。冷却室要经常补充冷水，并且使其强制循环。加压冷却后的罐头从鼓形阀中出来在传送器上进行常压冷却,罐头在这里仍然保持自身的滚转,以达到快速冷却的目的。当冷却至温度40℃左右时,罐头从自动排罐装置中排出,从而完成整个杀菌冷却过程。

第七节　非热杀菌技术与设备

一、紫外线杀菌技术与设备

红外线、可见光、紫外线、X射线和γ射线都是电磁波,波长最短的是不可见的紫外线,波长范围在100~400 nm之间。紫外线波长不同,作用也不同。315~400 nm的紫外线,有附着色素及光化学作用,称为化学线。波长在280~315 nm的紫外线有促进维生素生成的作用,称为健康线(特别有促进维生素D生成的作用)。波长在100~230 nm的紫外线能使空气中的氧气氧化成臭氧,称为臭氧发生线(臭氧具杀菌力,可用于果蔬清洗时的消毒)。而波长在200~280 nm之间的紫外线具有杀菌作用,称为杀菌线。紫外线的照度一般以每平方厘米的微瓦数($\mu W/cm^2$)表示,再乘以照射时间(min)即为照射剂量($\mu W \cdot cm^{-2} \cdot min$)。普通紫外灯照射灭菌时间长,尤其对霉菌达到灭菌效果的照射时间更长。瑞士Brown Boveri公司生产的UV-C型强力紫外线杀菌灯,其发射波长区主要集中在245 nm处,具有较强的杀菌能力,其杀菌强度是普通紫外灯的40倍,已为许多无菌包装设备所采用。

(一)紫外线杀菌的特点

1. 与加热杀菌和药剂杀菌相比紫外线杀菌的优点

①紫外线对所有细菌都有明显的杀菌效果;

②紫外线杀菌几乎不会使被照射物发生什么有害的变化;

③不会使被紫外线照射的微生物产生耐性;

④使用方法简单经济;

⑤紫外线杀菌效果只限于照射过程中,无有害残存;

⑥紫外线对水和空气杀菌效率高;

⑦可在密闭系统中杀菌,若室内有人时也可采取简单预防措施进行杀菌。

2. 紫外线杀菌的缺点

①除水和空气外,对其他物质的杀菌只限于表面;

②紫外线对人的眼睛和皮肤有害,因此要注意预防。

(二)紫外线杀菌技术的应用

紫外线杀菌只局限于照射到的表面部分,而光照不到的地方(影子部分)则不能得到杀菌,因此其用途自然有限。紫外线杀菌在食品工业中的利用,大致分为食品本身、包装材料、制造环境和充填等装置的杀菌。

1. 食品杀菌

(1)食品表面杀菌

食品表面越光滑,紫外线杀菌效果越好,如果从表面到内部污染得越深,杀菌越困难。食品表面杀菌以强力紫外线杀菌灯的开发为契机正在快速的实用化。

由于紫外线对霉菌的杀菌效果较差,所以不适于受大量霉菌污染的食品。再者,如果长时间照射,会使食品产生异味或变色。特别是含油脂食品,要特别注意油脂氧化问题。

（2）水和液态食品的紫外线深层杀菌

紫外线早就被应用于对饮用水等多种用途水的杀菌。近年来,随着强力紫外线灯的开发,水的杀菌装置也已高效化,在工业上的利用也扩大了。水的紫外线杀菌与氯气、过氧化氢等药剂的杀菌处理不同,紫外线杀菌处理后,水质不会发生变化。应用到食品上时,不会损害食品的色、香、味和光泽,因此可以大量进行处理。紫外线杀菌也可用于在清凉饮料用水和啤酒的原料水的杀菌,还可用于精制糖工厂对高浓度糖液的杀菌。

2.食品包装材料杀菌

对包装材料杀菌时,杀菌效果依微生物种类不同而异。因包装材料在切断、复合、制袋等环节中易被空中浮游菌、落下菌附着,且机械或装置上附着菌的转移和生产作业者的接触容易导致二次污染。其中污染频率最高的是芽孢杆菌属、葡萄球菌属、微球菌属。从对紫外线的耐性来看,霉菌类较强,如果要杀死99.9%的黑曲霉孢子,需要22.0 MW·s^{-1}·cm^{-2}的照射剂量。

对包装材料杀菌时,必须防止紫外线从装置中泄漏。另外,当包装机等装置出现故障时,即使是修理装置,也要采取保护措施,防止紫外线对人体的伤害。

3.紫外线与化学杀菌剂并用的杀菌方法

（1）紫外线与过氧化氢结合使用

紫外线与H_2O_2结合使用将产生惊人的杀菌效果。H_2O_2加紫外线与紫外线或H_2O_2单独杀菌效果比较发现:低浓度H_2O_2液体(小于1%)加上高强度的紫外线,只须在常温下就会产生立即生效的强杀菌效力,比两者单独使用(即使在高温下用高浓度的H_2O_2液)也要强百倍。紫外线和即使浓度低到0.1%的H_2O_2液结合使用,也有相当大的杀菌效果。在此浓度下使用,1 L容量的纸盒包装材料仅用0.1 mL H_2O_2,现已为Liqui Pak等公司广泛使用。

（2）紫外线与乙醇或柠檬酸等并用

70%乙醇、柠檬酸单独使用时无杀菌效果,但与紫外线并用后均可在3~5 s内达到杀菌要求,其中最引人注目的是紫外线与柠檬酸并用的杀菌效果,当枯草杆菌孢子污染程度达10^{6}个/cm^{2}时,可在3 s内达到无菌状态。日本的大日本印刷株式会社FFS塑料杯无菌包装系统采用此法对成型杯材和盖材进行杀菌处理。

（三）紫外线杀菌设备

1.普通的紫外线杀菌装置

最常用的为紫外灯,其种类较多,随用途不同,放射出的波长亦不同。杀菌用的低压汞气灯,分热阴极和冷阴极两种。热阴极紫外线波长95%为253.7 nm,防疫杀菌中使用最多;冷阴极灯虽亦可产生253.7 nm波长,但其辐射强度较小,常用于直接接触和近距离照射杀菌。紫外灯的杀菌力还取决于紫外线的输出量,大多灯管设计在25~40℃条件下工作,如低于此温度时紫外线的输出量下降,若灯管温度由27℃降至4℃时,输出量可降低约65%~80%。软饮料用水的处理曾多用此种杀菌方法。常用的装置有:

（1）直流式紫外线水液消毒器

图8-27为直流式紫外线水液消毒器的结构示意图,使用30 W紫外线灯管1支可处理水2000 L/h,微生物致死指数可达10^4。

（2）套管式紫外线水液消毒器

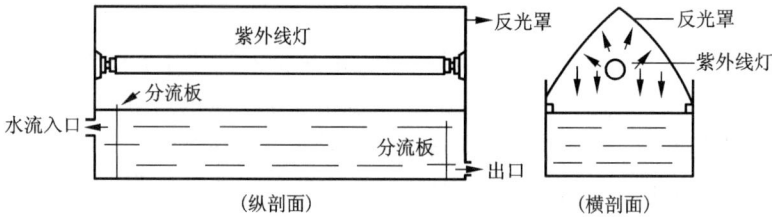

图 8 - 27 直流式紫外线水液消毒器

图 8 - 28 为套管式紫外线水液消毒器的结构示意图，这种装置可使水沿外管壁形成薄层流到底部，照射充分，每小时可产生 150 L 无菌水。对污染物体表面消毒时，在灯管上部要装反光罩，使紫外线直接照射到污染表面。灯管与污染表面距离不要超过 1 m，时间为 30 min 左右，有效区域为灯管周围 1.5 ~ 2.0 m 处。

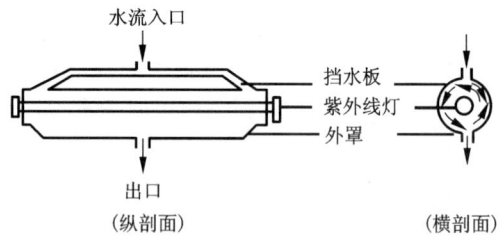

图 8 - 28 套管式紫外线水液消毒器

2. 高能紫外线杀菌装置

(1)高能紫外线灯

传统杀菌灯与高能杀菌灯的比较见表 8 - 1。

表 8 - 1 高能杀菌灯与传统杀菌灯的比较

比较项目	高能杀菌灯	传统杀菌灯
玻璃种类	(没有臭氧发生的)石英玻璃	能透过紫外线的玻璃
功率	200 ~ 1 000 W	2 ~ 40 W
负荷(单位长度灯功率输入)	5 W/cm	约 0.4 kW/cm
构成材料	水银，稀气体	水银，稀气体
电流	0 ~ 10 A	0 ~ 1 000 mA
电极结构	使用钨丝，但在灯上加了耐电流的氧化极	在钨丝上涂布电子放射物质(和荧光灯相同)
灯管壁温度控制	有(使用冷却水)	没有

(2)高能表面杀菌装置

日本岩崎电器股份公司生产的高能表面杀菌装置，如图 8 - 29 所示。该装置的特点是采用了冷却水循环方式，由照射部、电源部、水温控制部构成。灯是夹套管水冷结构，温度控制在(43 ± 1)℃的冷却水流经发光管的外壁。因此即使周围温度发生变化，发光管内的水银蒸气压也能维持在一定水平，杀菌辐射线的输出功率变化很小。

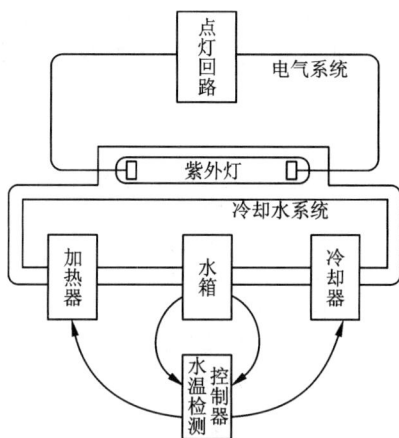

图 8 - 29　高能表面杀菌装置

二、食品辐照杀菌技术与设备

食品辐照(Food irradiation)是利用射线照射食品(包括原材料),延迟新鲜食物某些生理过程(发芽和成熟)的发展,或对食品进行杀虫、消毒、杀菌、防霉等处理,达到延长保藏时间,稳定、提高食品质量的操作过程。食品辐照杀菌是非热杀菌,并可达到商业无菌的要求。近年来,世界各国食品辐照研究和发展的总趋势是向实用化和商业化发展。

(一)食品辐照杀菌的作用特点

1. 优点

①杀死微生物效果显著,剂量可根据需要进行调节;

②和其他灭菌储存方法相比节省能源,仅为冷藏的 6%;

③一定剂量(小于 5kGy)的照射不会使食品发生感官上的明显变化;

④即使高剂量(大于 10kGy)照射,食品中总的化学变化也很微小;

⑤没有非食品物质残留;

⑥食品温度升高很小,可保持原有特性。在冷冻状态下也能进行辐射;

⑦射线穿透能力强、均匀、瞬间即逝,且对辐照过程可以进行准确控制;

⑧食品进行辐照处理时,对包装无严格要求;

⑨可改进某些食品的质量,如经辐照的牛肉更加嫩滑,大豆更易消化等。

2. 缺点

①经过杀菌剂量的照射,一般情况下酶不能被完全钝化;

②经辐照处理后,食品所发生的化学变化从量上来讲虽然是微乎其微的,但可能会发生不愉快的感官性质变化,这些变化是因游离基的作用而产生的;

③辐照杀菌方法不适用于所有的食品,要有选择性地应用;

④能够致死微生物的剂量对人体来说是相当高的,所以须非常谨慎。

(二)食品辐照杀菌技术原理

物质受照射所发生的变化过程:①吸收辐射能;②发生辐射性化学变化;③发生生物化学性变化;④细胞或个体死亡或出现遗传性变异等生物效应,剂量小时,辐射损伤得到恢复。表8-2是γ射线辐射杀死各种微生物所用的最低剂量。

表8-2　γ射线辐射杀死各种微生物所用的最低剂量

微生物	培养基	微生物细胞数量/个	剂量/kGy
肉毒梭状芽孢杆菌 A 型	罐头肉	10^{12}	45.0
肉毒梭状芽孢杆菌 E 型(产毒菌株)	肉汁、碎瘦牛肉	10^6	15.0
肉毒梭状芽孢杆菌 E 型(无毒菌株)	肉汁、碎瘦牛肉	10^6	18.0
葡萄球菌(噬菌体型)	肉汁、碎瘦牛肉	10^6	3.5
沙门氏菌	肉汁	10^6	3.2 ~ 3.5
需氧细菌	肉汁	10^6	1.6
大肠杆菌	肉汁、碎牛肉	10^6	1.8
大肠杆菌(适应菌株)	肉汁、碎牛肉	10^6	3.5 ~ 712.0
结核杆菌	肉汁	10^6	1.4
粪链球菌	肉汁、碎牛肉	10^6	3.8

(三)食品辐照杀菌工艺与设备

1.杀菌工艺

(1)工艺流程

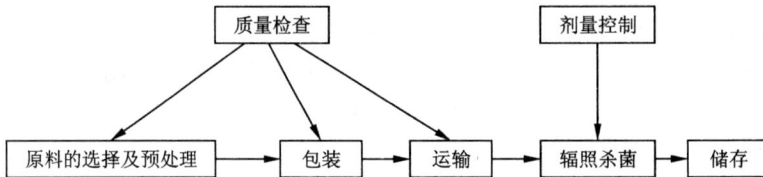

(2)辐照杀菌类型

①辐照阿氏杀菌:辐射剂量可以使食品中的微生物数量减少到零或有限个数,也称商业杀菌或辐照完全杀菌。处理后,食品可在任何条件下贮藏,但要防止再污染。辐照阿氏杀菌在食品中的应用,可能只限于在肉类制品中应用,剂量范围为 10 ~ 50 kGy。

②辐照巴氏杀菌:也叫辐照针对性杀菌,只杀灭无芽孢病原细菌。适用于高水分活性生或熟的易腐食品及一些干制品,如蛋粉、调味品等,剂量范围为 5 ~ 10 kGy。

③辐照耐贮杀菌:能提高食品的贮藏性,降低腐败菌的原发菌数,并延长新鲜食品的后熟期及保藏期,所用剂量在 5 kGy 以下。

2.辐照剂量的决定因素

辐射杀灭微生物一般以杀灭90%微生物所需的剂量(Gy)来表示,即残存微生物数下降到原菌数10%时所需要的剂量,并用D_{10}值来表示:当知道D_{10}值时,就可以按式(8-1)来确定辐照灭菌的剂量(D值):

$$\log \frac{N}{N_0} = -\frac{D}{D_{10}} \qquad (8-1)$$

式中:N_0——最初细菌数量;

N——使用D剂量后残留细菌数;

D——辐照的剂量,Gy;

D_{10}——细菌残存数减少到原数10%时的剂量,Gy。

表8-3 一些食品细菌的D_{10}

菌　种	基　质	D_{10}/kGy
嗜水气单孢菌	牛肉	0.14~0.19
大肠杆菌 O157:H7	牛肉	0.18
单核细胞杆菌	牛肉	0.24
沙门氏菌	鸡肉	0.38~0.77
金色链霉菌	鸡肉	2
小肠结肠炎菌	牛肉	0.11
肉毒梭状芽孢杆菌孢子	鸡肉	3.56

从表8-3中可见,沙门氏菌是非芽孢致病菌中最耐辐照的致病菌,平均D_{10}值0.6 kGy,对禽肉辐照1.5~3.0 kGy可杀灭99.9%到99.999%。除了肉毒芽孢杆菌外,在此剂量下,其它致病菌都可以得到控制。

3.辐照杀菌装置

(1)γ射线辐照器

如图8-30所示,该类装置是以放射性同位素^{60}Co或^{137}Cs作辐射源。因^{60}Co有许多优点,因此目前多采用其作为辐射源。由于γ射线穿透性强,所以这种装置几乎适用于所有的食品辐射处理。但对只要求作表面处理的食品,这种装置效率不高,有时还可能影响食品的品质。

(2)电子加速器辐照器

如图8-31所示,该类装置以电子加速器作为辐射源,用电磁场使电子获得较高能量,将电能转变成射线(高能电子射线,X射线)的装置。主要有静电加速器、高频高压加速器、绝缘磁芯变压器、微波电子直线加速器、高压倍加器、脉冲电子加速器等。作为食品辐照杀菌时,为保证安全性,加速器的能量多数是用5 Mev,个别用10 Mev。如果将电子射线转换为X射线使用时,X射线的能量也要控制在不超过5 Mev。

因电子束穿透力不强,只能作食品表面辐射杀菌处理,因此,适用范围没有γ射线辐照器广泛。如果将电子射线转换成X射线,往往转换效率不高。

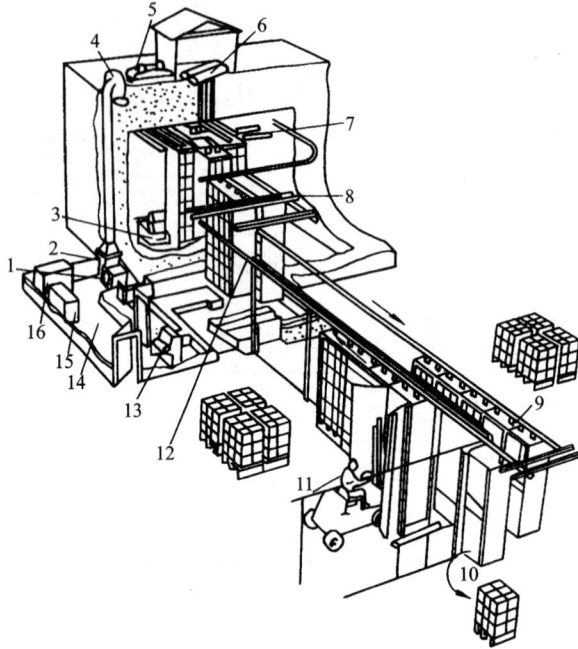

图 8 – 30   JS – 9000 γ 射线源辐照器

1—贮源水池；2—排气风机；3—屋顶塞；4—源升降机；5—过照射区传送容器；6—产品循环区；
7—辐照后的传送容器；8—卸货点；9—上货点；10—辐照前的传送容器；11—控制台；12—机房；13—空压机；
14—冷却器；15—去离子器；16—空气过滤器

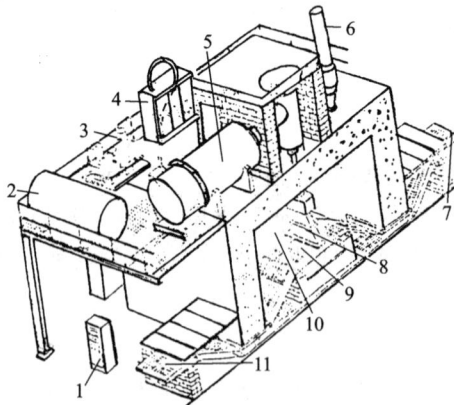

图 8 – 31   电子加速器辐照器

1—控制台；2—储气罐；3—调气室；4—振荡器；5—高频高压发生器；6—废气排放管；
7—上货点；8—扫描口；9—传送带；10—辐照室；11—卸货点

三、高电压脉冲电场杀菌技术与设备

高电压脉冲电场(High-Intensity Pulsed Electric Fields，PEF 或 HIPEF)非热杀菌技术是把

液态食品作为电介质置于杀菌容器内,与容器绝缘的两个电极通以高压电,产生电脉冲进行间歇式杀菌,或者使液态食品流经脉冲电场进行连续杀菌的加工方法。PEF 技术用于液态食品杀菌是目前杀菌工艺中最为活跃的技术之一,其处理对象是液态或半固态食品,包括酒类、果蔬泥汁、饮料、蛋液、牛乳、豆乳、酱油、醋、果酱、蛋黄酱、沙拉酱等。

(一)高电压脉冲电场非热杀菌的特点

1. 能耗低

杀菌时间短,一般为(μs ~ ms)级,能耗很低,杀死 99% 的细菌,每毫升所需能量为数十到数百焦耳。每吨液态食品灭菌耗电约为 $(0.5 \sim 2.0) kW/h$,是高温杀菌能耗的千分之一或百分之一,远远低于超声、微波及其他杀菌方法。

2. 对食品的营养、物性影响小

杀菌时的温升一般小于 5℃,可有效保存食品的营养成分和天然特征。

3. 杀菌效果明显

细菌的存活率可下降 9 个对数周期[$\log(N/N_0) = -9$,其中,N,N_0 为处理后及处理前的活菌数目]或更多。若条件掌握适当,杀菌率可达到商业无菌的要求。

(二)高压脉冲电场的基本原理

液态食品原料通常被看作电导体,它们具有很高的离子浓度可以使电荷移动。为在某食品中产生高强度脉冲电场,就必须在非常短的时间内通过一个大电流,并且由于脉冲之间的时间间隔比脉冲宽度长得多,满足电容的慢速充电和快速放电的特点。常用的脉冲波形主要有指数衰减波形和矩形波形,其产生的电路如图 8 - 32、图 8 - 33 所示。图 8 - 34 是电场杀菌时细胞的感生电势原理图。

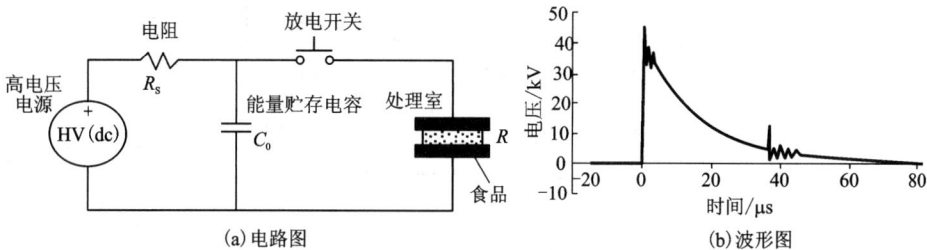

图 8 - 32　指数衰减波形与产生电路

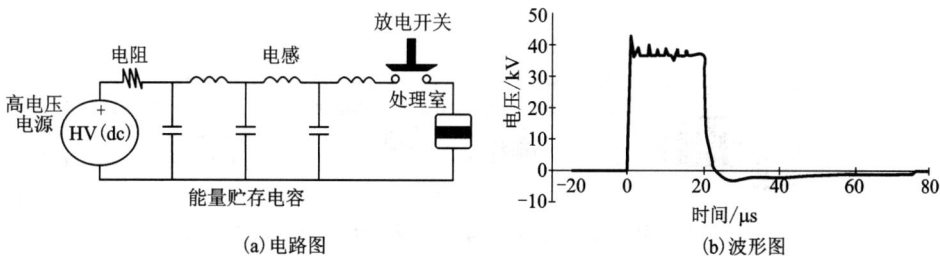

图 8 - 33　矩形波形与产生电路

(三)高电压脉冲电场的处理系统

PEF 处理系统的实验装置由 6 个主要部分组成：①高电压电源；②能量贮存电容；③处理室；④输送食品使其通过处理室的泵；⑤冷却装置，电压、电流、温度测量装置；⑥用于控制操作的电脑(图 8-35 和图 8-36)。用来作为电容充电的高电压电源是由一个普通直流电(DC)电源。另一种产生高电压的方法是用一个电容器充电电源，即用高频率的交流电输入然后供应一个重复速度高于直流电源的指令充电。

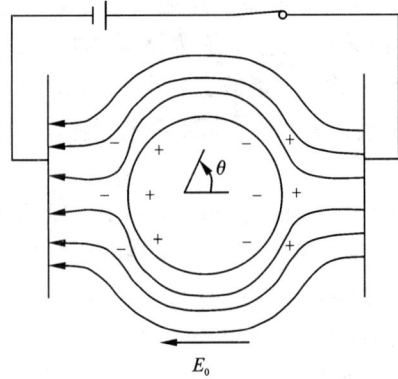

图 8-34　在外加电场作用下产生跨膜电势的感应

贮存在电容中的能量几乎以一个非常高的能量水平被瞬间(百万分之一秒内)释放。需要使用能够在高能量和高重复速度下具有可靠操作性的高电压开关才能实现放电。开关的种类可以从气火花隙、真空火花隙、固态电闸、闸流管和高真空管中选择。

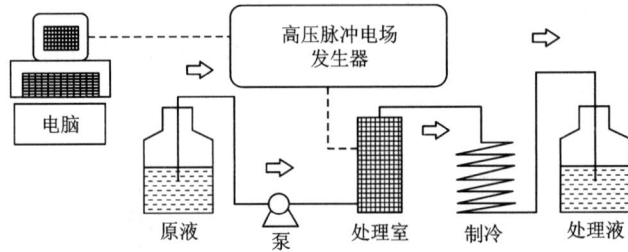

图 8-35　PEF 处理系统实验装置流程图
⇨原料或产品流动方向，———管路，-------电线

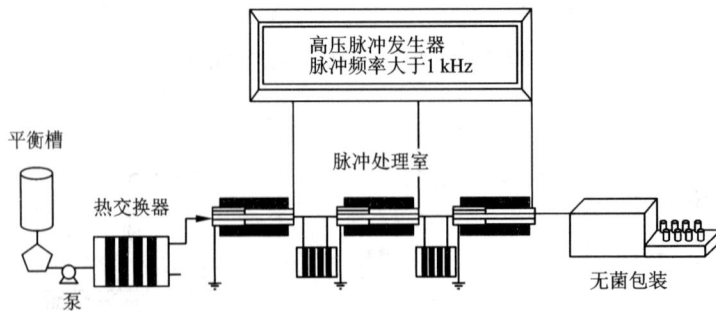

图 8-36　PEF 系统多个处理室处理食品实验装置流程图

(四)高电压脉冲电场杀菌设备

1.液体高电压脉冲电场杀菌处理装置

图 8 - 37 所示的是流动式液体高电压脉冲电场杀菌处理装置结构(殷涌光等人的美国专利),图(a)和图(b)为同一原理不同连接方式。图 8 - 38 为美国同轴式高电压脉冲电场杀菌处理装置。

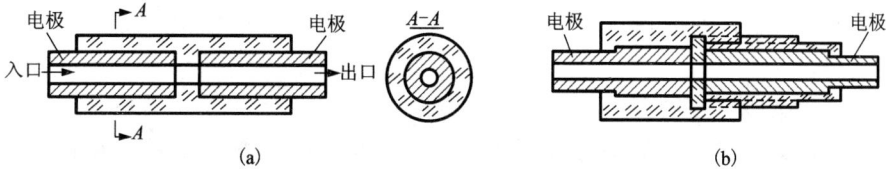

图 8 - 37 液体高压脉冲电场冷杀菌处理装置

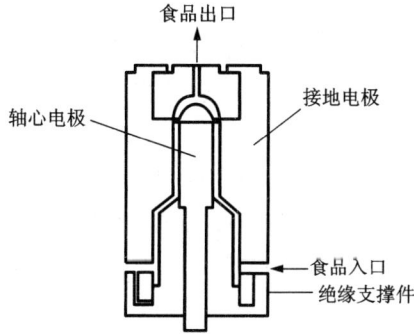

图 8 - 38 同轴式液体高压脉冲电场处理装置

2.流通式高压脉冲电场杀菌设备

如图 8 - 39 所示,它为不锈钢同轴心三重圆筒形状,中间和里面两圆筒之间的夹层部分为杀菌容器。外面和中间两圆筒之间可在需要时加冷却液,也控制内夹层杀菌容器内的温度。里面圆筒接脉冲电源正极,中间和外面圆筒接地。

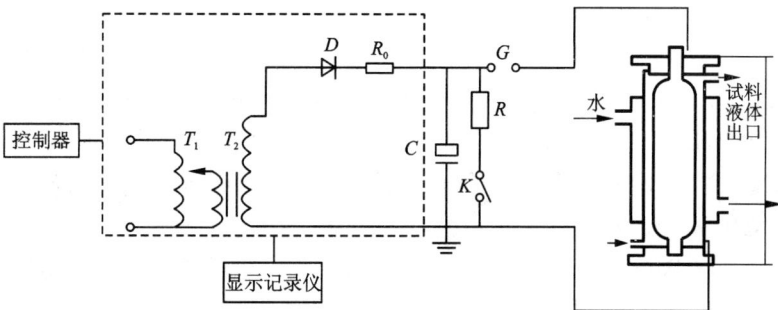

图 8 - 39 流通式高压脉冲电场杀菌设备

3.脉冲放电冲击波杀菌设备

如图 8 - 40 所示，杀菌槽本体为直径 400 mm 的球体。在 40mm 间隔的放电器 G 上施加来自脉冲电源 PS 的高压脉冲。试料由 V_1 阀门注入，由 V_2 阀门排出。

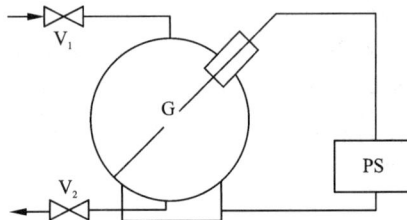

图 8 - 40　脉冲放电冲击波杀菌设备

四、脉冲强光杀菌原理与设备

(一)脉冲强光技术及特点

①脉冲强光是一种高强度、宽光谱的白色闪光，是利用广谱"白"光的密集、短周期脉冲进行处理产生的。主要用于包装材料表面、包装和加工设备、食品、医疗器械以及其他物质表面杀菌或用来减少微生物数目，可显著延长产品货架期，是一种有效、经济和安全的杀菌新技术。

②脉冲强光处理产生的热量很少，在光化学和光热力学机制共同作用下，钝化微生物。脉冲强光对食品中的营养成分几乎没有影响，脉冲强光必需的能量，与热力和其他非热加工方法所需能量比较也是较少的。

③利用短周期脉冲强光技术对包装材料和透明膜包装的食品灭菌，是一种极具有吸引力的处理方法。包装材料灭菌处理的常用方法使用过氧化氢杀菌。这种方法会在包装材料或食品内留下不受人们欢迎的过氧化氢残留物。脉冲强光的使用，可以减少甚至不再需要化学灭菌剂和保鲜剂。

④脉冲强光处理是利用广谱白光的短周期闪光，钝化包括细菌和真菌孢子在内的广泛的微生物。脉冲周期为 1 μs～0.1 s。典型的闪光闪动频率为每秒 1～20 次。大部分应用中，一秒钟内几次闪光，就能提供高效的微生物钝化效果。这种处理过程非常迅速，脉冲强光处理法成本费用很低，估计每处理 1 平方英尺的食品，耗费仅 0.1 美分，因此，可适于大批量生产。

(二)脉冲强光非热杀菌原理

1.脉冲强光的产生

Pure Bright 使用的是脉冲能量处理技术。把电能存储到一个高能量密度的存储器中，以短周期、高强度脉冲释放出来，就可以得到高峰值能量级。电能的高峰值电脉冲或闪光，可以通过冲击充气闪光灯，间隙火花放电装置或其它脉冲式光源产生。当电流脉冲冲击充气式闪光灯时，闪光灯发出广谱光。电流电离气体，产生的广谱白光脉冲波长范围是紫外区的 200 nm 到近红外区的 1 mm。其中，紫外光占 25%，可见光 45%，红外光占 30%。闪光灯一般会使用氙气或氪气等惰性气体，惰性气体在转化电能为光能时，效率最高。

2.脉冲光处理系统组成

产生脉冲强光的 Pure Bright 系统包含 2 个主要部分：电设备单元和灯具单元。电设备单元用于产生高压、高流脉冲，给灯具冲入能量。其工作时，先把工频电压的 AC 电流转化为高压 DC 电流。高压 DC 电流充入一个电容器，当电流达到预设程度后，就会通过一个高压开关把光能输送给灯，如图 8 - 41 所示。灯亮的顺序是由一个内部控制器控制，或者由包装加工机械控制器控制。灯具单元由一个或多个惰性气体灯组合起来，照射要处理的区域。灯具单元和电设备单元用一根电缆连接。一种高压脉冲电流"点亮"灯组。穿过灯内气体的高压电流，释放出脉冲强光。特定处理或包装，选择不同的闪光频率。可以使用多个灯，它们同时或依次闪光。闪光灯释放脉冲的频率，可通过目标遥感区域的产品数量控制。

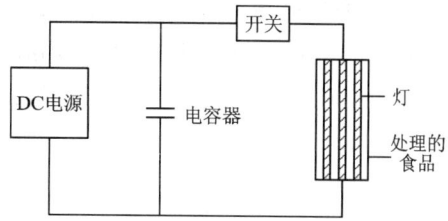

图8-41 高密度脉冲光处理食品系统

（三）脉冲强光非热杀菌装置

图8-42所示的是一个无菌包装设备，此设备包括用一系列辊轮支撑的包装材料，且包装材料从增吸收剂溶液中通过。包装材料包含一个或多个内层膜，其外封层浸入增吸收剂中。

被处理物质表面不透明或光吸收系数很小时，人们就得使用增吸收剂。增吸收剂使用方法包括：把含试剂粉喷涂到材料表面，或把试剂溶解成液态再蒸发试剂到包装材料表面。一种恰当的增吸收剂会在期望光谱波长处，显示出很大的光吸收系数。虽然处理过程中，增吸收剂可以被完全清理掉，但是食品和医疗器械在加工时，要求使用可食用增吸收剂。使用增吸收剂，也可增加脉冲强光周期。辊轮会除去包装材料表面多余的吸收剂。最后，封口装置把这层包装薄膜封成径向封口的管状包装。

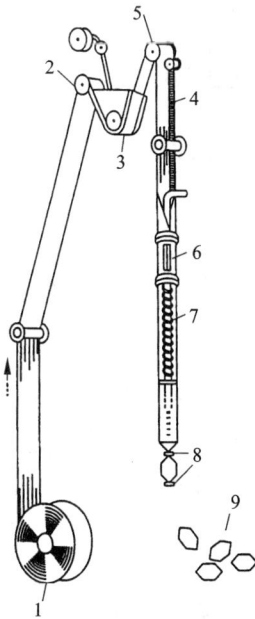

图8-42 使用脉冲强光处理
包装材料的无菌包装设备

1—无菌包装材料；2—辊轮；3—增吸收剂槽；
4—包装材料边缝整形板；5—辊轮；6—纵封装置；
7—闪光灯组；8—横封装置；9—无菌产品

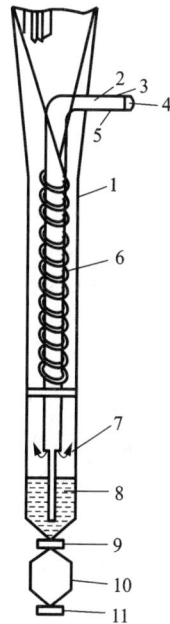

图8-43 产品填充装置和闪光灯装置

1—卷材筒；2—外支撑管；3—闪光灯电缆；
4—食品物料管；5—无菌空气入口；6—闪光灯；
7—无菌空气；8—杀菌的食品；
9—封口装置；10—无菌包装产品

图 8-43 为产品填充装置和闪光灯装置。闪光灯装置包括一个外部支撑管和闪光灯组合。闪光灯组沿管状支撑分布，确保在用脉冲处理时，封上的管状包装材料内表面全都能处于高强度、短周期脉冲强光之下。为使包装材料里面全部处于脉冲强光下，闪光灯可以按几种方式排列到管状支撑上。处理过程中，向径向封口的管状包装中填入经过商业杀菌的食品。然后，管状包装被分成小包装的长度，用合理次数的脉冲强光对小包装接近食品之处杀菌。灭菌空气用来冷却闪光灯，带走脉冲在管中产生的光化学物质，减少对处理区域的污染。

无菌包装装置对成型容器也是适用的，如图8-44所示。在容器上喷涂适当的增吸收剂，然后置于脉冲强光下，如图8-45所示。杀菌过程中，容器要穿过几个工作区。把加工好的，经过商业灭菌处理的食品放入已杀菌的容器内，之后，在容器顶端加上灭菌的盖子。整个无菌包装机内有一层已灭菌的空气，防止包装单元受污染。

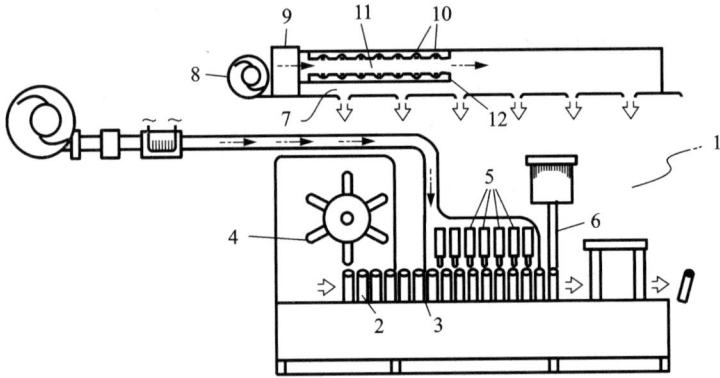

图 8-44 脉冲光杀菌的预成型容器的无菌包装设备示意图

1—无菌包装设备；2—预成型的产品容器；3—杀菌区域；4—增吸收剂喷涂装置；

5—脉冲光处理装置；6—产品填充装置；7—空气过滤装置；8—风机；

9—过滤器；10—闪光灯；11—脉冲光处理区域；12—反射室

图 8-46 描述的是一种可以用泵输送的食品(如水、果汁)的灭菌装置。装置包含一个具有反射特性的圆柱状封闭套，它被称作处理室。食品从这个环绕一个脉冲强光源的处理室内通过。流体泵根据脉冲重复率，控制食品通过处理室的流速，使得食品能处于选定的脉冲量下。处理室可以设计成带有一个反射器组合成的内壁或外壁，把照射光反射回来，再次通过食品。水、空气等流体相对容易透光，光流强度衰减极小甚至无衰减。但是，具有很强吸收能力的流体，会大大减缩光流强度。因此，必须使整个处理区的光强密度，至少保持加工所需最小光强密度，而且需要混合物料，确保所有流体都能处于恰当的光强密度下。

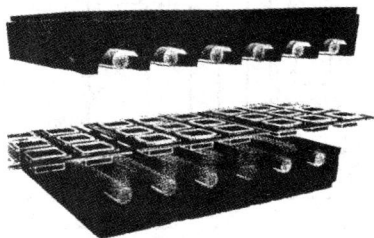

图 8-45 脉冲强光可以穿过多种类型的干净包装材料

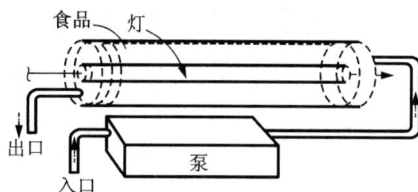

图 8-46 可用泵输送的产品的杀菌装置

五、超高静压杀菌技术与设备

超高静压(Ultra High Pressure, UHP, 又称为高静压/HHP)杀菌技术是近年来的新型杀菌技术。UHP 技术的早期应用是非食品领域,用于生产陶瓷、钢铁和超合金,以制作高速硬质合金刀具。UHP 在这些方面的应用主要涉及以惰性气体为压媒和流体静挤压两种。

(一)UHP 杀菌技术的特点

①不经加热处理,使 UHP 处理食品能保持原有的营养价值、色泽和天然风味,不产生异臭或毒性因子,主要是施加几千个大气压时,不会发生共价键的切断或生成的缘故。这是 UHP 处理的优点,但也有负面影响,即 UHP 对共价键影响很小,不会像加热处理法那样能产生香气及美拉德反应的褐色。

②压力能瞬时一致地向食品中心传递,被处理的食品所受压力的变化是同时发生的,均匀的。同时由于耗时少、循环周期短,且维持压力几乎不需要能量或只需很少能量。

③蛋白质和淀粉类物质在 UHP 处理时,其物性方面的变化与加热处理后的状态有很大的不同。

(二)UHP 杀菌设备

1. UHP 杀菌装置的分类

(1)按加压方式分类

按加压方式分为直接加压式和间接加压式两类。图 8-47 为两种加压方式的装置构成示意图。图(a)为直接加压方式,UHP 容器与加压装置分离,用增压机产生 UHP 液体,然后通过 UHP 配管将 UHP 液体运至 UHP 容器,使物料受到 UHP 处理。图(b)为间接加压方式,UHP 容器与加压液压缸呈上下配置,在加压液压缸向上的冲程运动中,活塞将容器内的压力介质压缩产生 UHP,使物料受到 UHP 处理。两种加压方式的特点比较见表 8-4。

(2)按 UHP 容器的放置分类

按 UHP 容器的放置位置分为立式和卧式两种。图 8-48 所示为立式 UHP 处理设备,占地面积小,物料的装卸需专门装置。图 8-49 所示为卧式 UHP 处理设备,物料的进出较为方便,但占地面积较大。

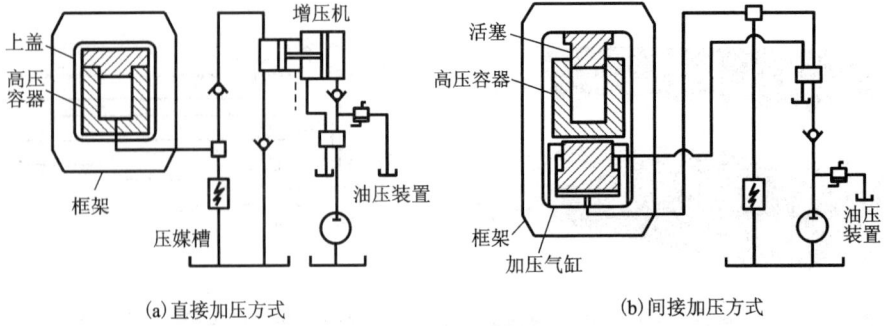

(a)直接加压方式   (b)间接加压方式

图 8 – 47   直接加压方式和间接加压方式

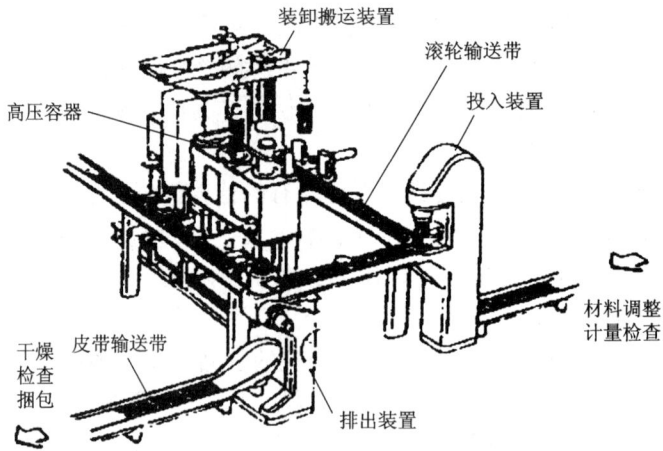

图 8 – 48   立式 UHP 处理设备

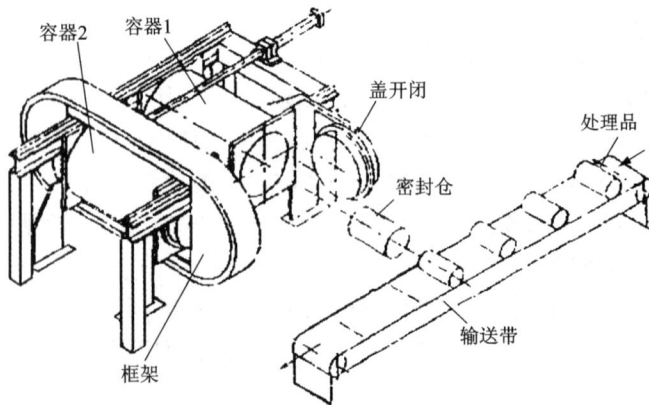

图 8 – 49   卧式 UHP 处理设备

表8-4 两种加压方式的特点比较

加压特点	直接加压方式	间接加压方式
适用范围	大容量(生产型)	UHP 小容器(研究开发用)
构造	框架内仅有一个压力容器,主体结构紧凑	加压液压缸和 UHP 容器均在框架内,主体结构庞大
UHP 配置	需要 UHP 配管	不需 UHP 配管
容器容积	始终为定值	随着压力的升高容积减小
容器内温度变化	减压时温度变化大	升压或减压时温度变化不大
压力的保持	当压力介质的泄漏量小于压缩机的循环量时可保持压力	若压力介质有泄漏,将活塞推到液压缸顶端时才能加压并保持压力
密封的耐久性	因密封部分固定,故几乎无密封的损耗	密封部位滑动,故有密封件的损耗
维护	经常需保养维护	保养性能好

2. UHP 杀菌装置的组成

主要由 UHP 杀菌处理容器、加压装置及其辅助装置构成,如图 8-50 所示。

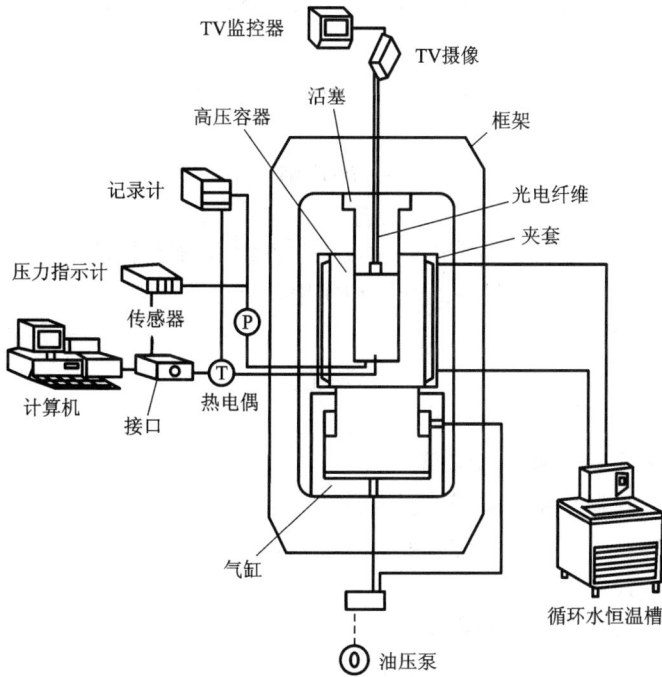

图8-50 UHP 处理装置

(1)UHP 杀菌处理容器

食品的 UHP 杀菌处理要求数百兆帕的压力,因此采用特殊技术制造压力容器是关键。通常压力容器为圆筒形,材料为高强度不锈钢。为了达到必需的耐压强度,容器的器壁需很厚,这使得设备相当笨重。改进型的 UHP 容器(如图 8-51 所示),在容器外部加装了线圈强化结构,与单层容器相比,线圈强化结构不但实现安全可靠的目的,而且也实现了装置的轻量化。

（2）加压装置——UHP 泵

不论是直接加压方式还是间接加压方式,均需采用油压装置产生所需 UHP,前者还需 UHP 配管,后者则还需加压液压缸。

（3）辅助装置

UHP 处理装置系统中还有许多其他辅助装置,主要包括以下几个部分。

①恒温装置:为了提高 UHP 杀菌的作用,可以采用温度与压力共同作用的方式。为了保持一定温度,在 UHP 处理容器外带有一个

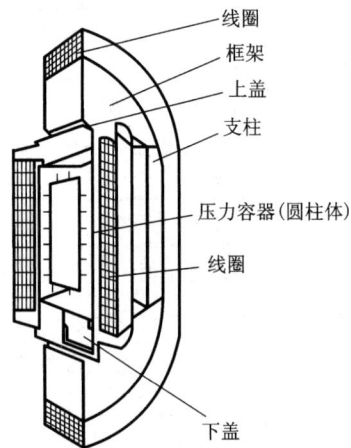

图 8－51　线圈强化 UHP 处理容器的结构

夹套结构,并通以一定温度的循环水。另外,压力介质也需保持一定温度。因为 UHP 处理时,压力介质的温度也会因升压或减压而变化,控制温度对食品品质的保持是必要的。

②测量仪器:包括热电偶测温计,压力传感器及记录仪、压力和温度等数据可输入计算机进行自动控制。还可设置电视摄像系统,以便直接观察加工过程中食品物料的组织状态及颜色变化情况。

③物料的输入输出装置:由输送带、机械手、提升机等构成。

本章小结

本章学习了食品生产过程中所需的杀菌设备,各设备的适用范围、工艺流程以及杀菌设备的性能特点等,要求掌握杀菌设备的选用和使用要点。

思考题

1. 简述板式热交换器杀菌工艺流程。
2. 简述板式热交换器中密封垫圈布置与液流流动的关系。
3. 简述全水式回转杀菌机的操作过程。
4. 说明非热杀菌设备的种类。
5. 简述电离辐射杀菌装置的种类与使用范围。

第九章

浓缩机械与设备

本章学习目的与要求

了解真空浓缩设备的分类；掌握真空浓缩设备的操作流程、单效真空浓缩设备工作原理及主要工作部件，了解真空浓缩设备相关附属装置。

第一节　浓缩的基本原理及设备分类

一、食品浓缩原理与特点

浓缩是将料液中的水分去除，提高其浓度的一种干燥方法，它广泛应用于食品、化工、医药及其他工业部门。用来蒸发除去物料中水分的设备为浓缩设备，在食品加工中，一些液态原料或半成品，如果蔬汁液及牛奶等，一般含有大量的水分(75% ~ 90%)，而有营养价值的成分如果糖、蛋白质、有机酸、维生素、盐类、果胶等只占 5% ~ 10%，在生产中为了便于储藏运输或作为其他工序的预处理，往往要进行浓缩处理。浓缩过程中既要提高其浓度，又要使食品的色、香、味尽可能地保存下来，所以，浓缩是一个比较复杂的过程。对其工艺流程的设计、设备的选型、制造和具体单元操作等均有较高的要求。

蒸发浓缩是食品工厂中使用最广泛的浓缩方法。采用浓缩设备把物料加热，使物料的易挥发部分水分在其沸点温度时不断地由液态变为气态，并将气化时所产生的二次蒸汽不断排除，从而使制品的浓度不断提高，直至达到浓度要求。其他浓缩方法如冷冻浓缩、离心浓缩、超滤浓缩等也逐步在食品工厂中使用。

真空浓缩设备是食品工厂生产过程中的主要设备之一。它利用真空蒸发或机械分离等方法来达到物料浓缩。目前，为了提高浓缩产品的质量，广泛采用真空浓缩，一般在 18 ~ 8 kPa 低压状态下，以蒸汽间接加热方式，对料液加热，使其在低温下沸腾蒸发，这样物料温度低，且加热所用蒸汽与沸腾料液的温差增大，在相同传热条件下，比常压蒸发时的蒸发速率高，可减少料液营养的损失，并可利用低压蒸汽做蒸发热源。

在预热蒸汽压力相同情况下，真空蒸发时，其溶液沸点低，传热温差增大可相应的减小蒸发器的传热面积；可以蒸发不耐高温的溶液，特别适用于食品生产中的热敏性料液的蒸发；可以利用低压蒸汽或废蒸汽作加热介质；操作温度低，热损失较少；对料液起加热杀菌作用，有利于食品保藏。

真空浓缩也存在一些不足之处，由于真空浓缩需要有抽真空系统，从而增加了附属机械设备及动力；由于蒸发潜热随沸点降低而增大，所以产生热量消耗大等缺点。

二、蒸发浓缩设备的选择

蒸发器有很多种类和形式，必须根据物料的如下几种特性，按不同的需要进行选择。

1. 热敏性

对热过程很敏感，受热后会引起产物发生化学变化或物理变化而影响产品质量的性质称为热敏性。如发酵工业中的酶是大分子的蛋白质，加热到一定温度、一定时间即会变性而丧失其活力，因此酶液只能在低温短时间受热的情况下进行浓缩，才能保存活性。又如番茄酱和其他果酱在温度过高时，会改变色泽和风味，使产品质量降低。这些热敏性物料的变化与温度及时间均有关系，若温度较低，变化很缓慢；温度虽然很高，但受热时间很短，变化也很小。因此，食品工业中常用低温蒸发，或在较高温度下的瞬时受热蒸发来解决热敏性物料蒸发过程的特殊要求。一般选用各种薄膜式或真空度较高的蒸发浓缩器。

2. 结垢性

有些溶液在受热后，会在加热面上形成积垢，从而增加热阻，降低传热系数，严重影响蒸发效能，甚至因此而停产。故对容易形成积垢的物料应采取有效的防垢措施，如采用管内流速很大的升膜式蒸发设备或其他强制循环的蒸发设备，用高流速来防止积垢生成，或采用电磁防垢、化学防垢等，也可采用方便清洗加热室积垢的蒸发设备。

3. 发泡性

有些溶液在浓缩过程中，会产生大量气泡。这些气泡易被二次蒸汽带走进入冷凝器，一方面造成溶液的损失，增加产品的损耗；另一方面污染其他设备，严重时会造成不能操作。所以，发泡性溶液蒸发时，要降低蒸发器内二次蒸汽的流速，以防止发泡现象的发生，或在蒸发器的结构上考虑消除发泡的可能性。同时要设法分离回收泡沫，一般采用管内流速很大的升膜式蒸发器或强制循环式蒸发器，用高流速的气体来冲破泡沫。

4. 结晶性

有些溶液在浓度增加时，会有晶粒析出，大量结晶沉积则会妨碍加热面的热传导，严重时会堵塞加热管。要使有结晶的溶液正常蒸发，则要选择带搅拌的或强制循环的蒸发器，用外力使结晶保持悬浮状态。

5. 黏滞性

有些料液浓度增大时，黏度也随着增大，而使流速降低，传热系数也随之减小，生产能力下降。故对黏度较高或经加热后黏度会增大的料液，不宜选用自然循环型，而应选用强制循环型、刮板式或降膜式浓缩器。

6. 腐蚀性

蒸发腐蚀性较强的料液时，设备应选用防腐蚀的材料或是结构上采用更换方便的形式，使腐蚀部分易于定期更换，如柠檬酸液的浓缩器采用石墨加热管或耐酸搪瓷夹层蒸发器等。

以上是根据溶液的特性作为选择、设计蒸发浓缩设备的依据，选择时要全面衡量，还应满足以下要求：

①满足工艺要求，如料液的浓缩比，浓缩后的收得率，保持溶液的特性。

②传热效果好，热能利用率高，即传热系数高且有效温度差大。

③结构合理紧凑，操作清洗方便，安全可靠。

④动力消耗要小，如搅拌动力或真空动力消耗等。

⑤易于加工制造，维修方便，既要节省材料、耐腐蚀，又要保证足够的机械强度。

三、蒸发浓缩设备的分类

蒸发设备通常是指创造蒸发必要条件的设备组合，而蒸发过程的必要条件是：供应足够的热能，以维持溶液的沸腾温度和补充因溶剂汽化所带走的热量；促使溶剂蒸气迅速排除。蒸发设备由蒸发器(具有加热界面和蒸发表面)、冷凝器和抽气泵等部分组成。由于各种溶液的性质不同，蒸发要求的条件差别很大，因此蒸发浓缩设备的形式很多，按不同的分类方法可以分成不同的类型。按蒸发面上的压力可分为以下几类：

1.常压浓缩设备

溶剂汽化后直接排入大气，蒸发面上为常压，如麦芽汁煮沸锅和常压熬糖锅等。设备结构简单、投资少、维修方便，但蒸发速率低。

2.真空浓缩设备

根据加热蒸汽被利用的次数分类，分为单效浓缩设备；双效浓缩设备；多效浓缩设备；带有热泵的浓缩设备。蒸汽循环次数越多，热能的利用率越高，但设备的投资费用也越高。

根据料液的流程分类，分为循环式(有自然循环式与强制循环式)和单程式。一般来说，循环式比单程式热利用率高。

根据加热器结构形式分类，分为非膜式和薄膜式。

①非膜式：料液在蒸发器内聚集在一起，只是翻滚或在管中流动形成大蒸发面。非膜式蒸发器又可分为：盘管式浓缩器；中央循环管式浓缩器。

②薄膜式：料液在蒸发时被分散成薄膜状。薄膜式蒸发器又可分为：升膜式、降膜式、片式、刮板式、离心式薄膜蒸发器等。

本章主要以真空浓缩设备为例作以介绍。

第二节　单效浓缩设备

一、单效升膜式浓缩设备

膜式浓缩设备是使料液在管壁或器壁上分散成液膜的形式流动，从而使蒸发面积大大增加，提高蒸发浓缩效率。液膜式蒸发器按照液膜形成的方式可以分为自然循环液膜式蒸发器和强制循环液膜式蒸发器。按液膜的运动方向又可分为升膜式、降膜式和升降膜式蒸发器。

（一）工作原理

图9-1所示为升膜式蒸发器，料液由加热管底部进入，加热蒸汽在管外将热量传给管内

料液。

该设备工作时，料液自加热器的底部进入加热管，在加热管内的液位仅占全部管长的 1/5～1/4，加热蒸汽在管束间对料液进行加热沸腾，并迅速汽化，产生大量二次蒸汽，在管内高速(100～160 m/s)上升，将料液挤向管壁。二次蒸汽的数量沿加热管长度方向由下而上逐渐增多，从而使料液不断地形成薄膜，液膜上升速度约20 m/s。在二次蒸汽的诱导及分离器高真空的吸力下，被浓缩的料液及二次蒸汽以较高的速度沿切线方向进入分离器。

在离心力的作用下，料液沿分离器周壁高速旋转，并均匀地分布于周壁及锥底上，使料液表面积增加，加速了水分的进一步汽化；二次蒸汽及其夹带的料液液滴，经雾沫分离器进一步分离后，二次蒸汽导入水力喷射器冷凝，分离得到的浓缩液则由于重力及位差作用，沿循环管下降，回入加热器底部，与新进入的料液自行混匀后，一

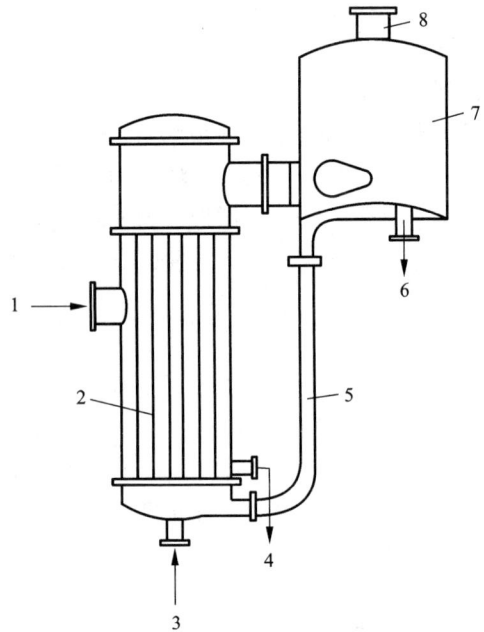

图9－1　升膜式蒸发器

1—蒸汽进口；2—加热管；3—料液进口；4—冷凝水出口；
5—下导管；6—浓缩液出口；7—分离器；8—二次蒸汽出口

并进入加热管内，再次受热蒸发，如此反复。经数分钟后，料液被浓缩后的浓度即可达到要求。此时，一部分达到浓缩浓度的浓缩液在循环管处由出料泵连续不断地抽出，另一部分未达到浓缩浓度的浓缩液则仍回入加热器底部继续与新进入的料液混合，再度加热蒸发。

出料后，其进料量必须与出料量及蒸发量相平衡，正常操作时，由分离器沿循环管下降的浓缩液的浓度应始终达到预定的工艺要求，否则排出的浓缩液浓度将不符合工艺要求，这主要靠调整出料量的大小加以控制。

（二）设备结构

单效升膜式浓缩设备属外加热式自然循环的液膜式浓缩设备。主要由加热器、分离器、雾沫捕集器、水力喷射器、循环管等部分组成。加热器为一垂直竖立的长形容器，内有许多垂直长管(如图9－1中2)。对于加热管的直径和长度的选择要适当，管径不宜过大，一般在35～80 mm之间，管长与管径之比恰当，一般为100～150∶1。这样才能使加热面供应足够成膜的气体流速。事实上，由于蒸发流量和流速是沿加热管上升而增加，故爬膜工作状况也是逐步形成的。因此，管径越大，则管子需要越长。但是长管加热器的结构较复杂，壳体的设计应考虑热胀冷缩的应力对结构的影响，需采用浮头管板，或在加热器壳体加膨胀圈，故加热管的长径比应有所控制。

（三）注意事项

当料液自加热器的底部进入后，由于真空及料液自蒸发(超过沸点进料时)的作用，料液自分离器的切线入口处喷出，一经料液喷出后，即开启加热蒸汽，于是料液循环加剧，并相应减少进料量，待操作正常后，重新调整进料量及加热蒸汽的压力，一般经5～10 min 的浓

缩，达到浓缩浓度要求后就可以出料。

操作时，要很好地控制进料量，一般经过一次浓缩的蒸发水分量，不能大于进料量的80%。如果进料量过多，加热蒸汽不足，则管的下部积液过多，会形成液柱上升而不能形成液膜从而失去液膜蒸发的特点，使传热效果大大降低；如果进料量过少，则会发生管壁结焦现象。料液最好预热到接近沸点状态时再进入加热器，这样会增加液膜在管内的比例，从而提高沸腾和传热系数。

（四）特点

①结构简单，占地面积小，设备投资少。

②生产能力大，传热系数可高达 1745 $W/(m^2 \cdot K)$。

③热能利用率较盘管式浓缩设备高，而蒸汽消耗量低。

④可连续出料，相应地缩短了料液的受热时间，有利于提高产品的质量。

⑤设备内基本上无料液，由物料静压强引起的浓缩液的沸点升高几乎为零，从而提高了热媒与料液间的温度差，增加了传热量，加快了蒸发速率。

⑥生产需要连续进行，应尽量避免中途停车，否则易使加热管内表面结垢，甚至结焦。

⑦高速的二次蒸汽（常压时为 20～30 m/s，减压时 80～200 m/s）具有良好的破沫作用，尤其适用于易起泡沫的料液。

⑧二次蒸汽在管内高速螺旋式上升，将料液贴管内壁拉成薄膜状，薄膜料液的上升必须克服其重力与管壁的摩擦阻力，故不适用黏度较大的溶液，在食品工业中主要用于果汁及乳制品的浓缩。

⑨升膜式蒸发器管内的静液面较低，因而由静压头而产生的沸点升高很小；蒸发时间短，仅几秒到十余秒，适用于浓缩热敏性溶液。

⑩该设备检修方便，但管子较长，清洗较不方便。

二、单效降膜式浓缩设备

（一）设备结构

降膜式浓缩设备与升膜式浓缩设备一样，都属于自然循环的液膜式浓缩设备。结构与升膜式蒸发器大致相同，如图 9 - 2 所示，只是料液自蒸发器顶部加入，其顶部有料液分布器，使料液均匀地分布在每根加热管中。二次蒸汽与浓缩液一起并流而下，料液沿管内壁下流时因受二次蒸汽的作用使之呈膜状。由于加热蒸汽与料液的温差较大，所以传热效果好。汽液进入蒸发室后进行分离，二次蒸汽由顶部排出，浓缩液则由底部抽出。

为了使料液能均匀分布于各管道，沿管内壁流下，管的顶部或管内安装有降膜分配器，其结构形式有多种：

（1）多孔板

呈多孔平板结构，各孔处于加热管之间的位置，孔板与管口高度方向留有间隙，料液通过孔后，沿加热管壁成液膜状流下。形成的液膜不均

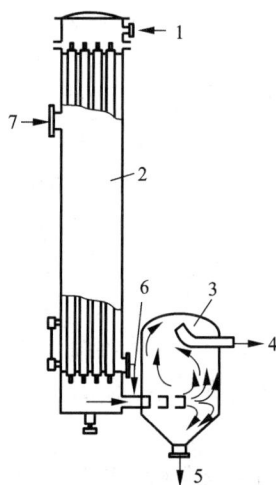

图 9 - 2 降膜式蒸发器

1—料液入口；2—蒸发室；3—分离室；
4—二次蒸汽；5—浓缩液；
6—冷却水；7—蒸汽入口

匀，适宜于黏度较大的料液使用。

（2）齿形溢流口

管口周边呈锯齿形结构，液流被均匀分割成数个小液流，然后在表面张力作用下形成均匀的环形液膜。结构简单，各方向溢流量均匀，但液膜沿管长的均匀性对于进料液面高度敏感，形成的液膜不均匀。

（3）锥形导流杆

锥形导流杆是一种呈圆锥面结构的导流棒，底面内凹，能够防止沿锥体流下的液体再度聚集，在每根加热管的上端管口插入后，其下部锥底外圆与管壁间设有一定的均匀间距，料液通过后在加热管内壁形成薄膜下降，成膜稳定，但料液中的固体颗粒易造成堵塞。

（4）螺纹导流杆

呈圆柱形结构，表面开有数条螺旋形沟槽，插入管口使用。料液通过沟槽后沿管壁周边旋转流下，不同沟槽内的液流混合成厚度均匀的管形薄膜下降，并且因流动速度高，可部分破除边界层。料液通过沟槽的流动阻力较大，要求通过速度较高，因此适宜于黏度较低的料液。

（5）旋流导流器

呈圆筒形结构，进液口沿其切线方向开设。料液由进料口进入后，在离心力作用下，沿内壁旋转流下而形成薄膜，料液通过阻力较小。

降膜分配器对提高其传热效果有很大作用，但也增加了清洗管子的困难。

要使降膜蒸发器高效地操作，最关键的问题是能使料液均匀地分布于各加热管，不使之产生偏流。料液分布器的作用原理可分为三类：一是利用导流管（板）；二是利用筛板或喷嘴；三是利用旋液喷头。

（二）工作原理

降膜式浓缩器工作时，料液自加热器的顶部进入，在降膜分配器的作用下，均匀地进入加热管中，液膜受生成的二次蒸汽的快速流动的诱导，以及本身的重力作用下，沿管内壁成液膜状向下流动，由于向下加速，克服加速压头比升膜式小，沸点升高小，加热蒸汽与料液温差大，所以传热效果更好。已浓缩的料液沉降于器身底部，其中一部分由出料泵抽出，另一部分由泵送至器身顶部重新加热蒸发，随二次蒸汽一起进入分离器。一部分二次蒸汽经热泵压缩、升温后作为热源，其余部分则导入置于设备周围的冷凝器。

（三）操作要求

基本上与升膜式浓缩器相似，具体操作过程如下：

①开启真空泵及冷凝水排出泵，并输入冷却水。

②开启进料泵，使料液自加热器顶部加入，当分离器切线口有料喷出时，即可开启热蒸汽。

③当蒸发起始或操作正常后，开启热压泵，待浓度达到要求后，即可开始加料。

④调整出料量，使其达到平衡，并调整生蒸气的流量、冷却水的流量及温度等，使参数均达到工艺要求。

（四）特点

1. 优点

①物料的受热时间仅 2 min 左右，故适合于热敏性物料的浓缩；

②传热系数高，可避免泡沫的形成，受热均匀；

③采用热泵，热能经济，冷却水消耗减少，但生蒸汽稳定压力需要较高。

2. 缺点

①每根加热管上端进口处，虽安有分配器，但由于液位的变化，影响薄膜的形成及厚度的变化，甚至会使加热管内表面暴露而结焦；

②利用二次蒸汽作为热源，由于其夹带微量的料液液滴，加热管外表面易生成污垢，影响传热；

③加热管较长，若产生结焦，则清洗困难，不适于高浓度或黏稠性物料的浓缩；

④生产过程中，不能随意中断生产，否则易结垢或结焦。

三、中央循环管式浓缩器

中央循环管式浓缩器是单效真空浓缩设备，由一台蒸发浓缩锅、冷凝器及抽真空装置组合而成。料液进入浓缩锅后，加热蒸汽对溶液进行加热浓缩，二次蒸汽进入冷凝器冷凝，不凝气体由真空装置抽出，使整个装置处于真空状态。其构造如图9-3所示。

食品料液经过由沸腾管及中央循环管所组成的竖式加热管面进行加热，由于传热产生重度差，形成了自然循环，液面上的水汽向上部负压空间迅速蒸发，从而达到浓缩的目的。

（一）加热器体

它由沸腾加热管及中央循环管和上下管板所组成，如图9-3所示。中央循环管的截面积，一般为加热管束总截面积的40%~100%，沸腾加热管多采用直径25~75 mm的管子，长度一般为0.6~2 m，材料为不锈钢或其他耐腐蚀材料。

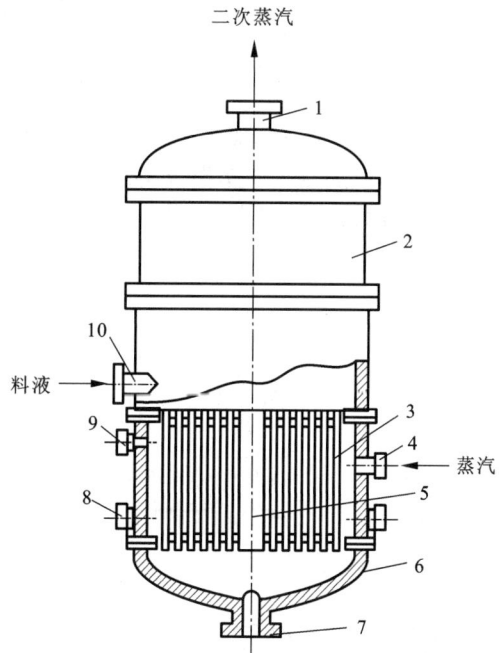

图9-3 中央循环管式浓缩器

1—二次蒸汽出口；2—蒸发室；3—加热室；4—加热蒸汽入口；
5—中央循环管；6—锅底；7—料液出口；
8—冷凝水出口；9—不凝气出口；10—料液入口

（二）蒸发室

蒸发室是指料液面上部的圆筒空间。料液经加热后汽化，必须具有一定高度和空间，使汽液进行分离，二次蒸汽上升，溶液经中央循环管下降，如此保证料液不断循环和浓缩。蒸发室高度，主要根据防止料液被二次蒸汽夹带的上升速度所决定，同时考虑清洗、维修加热管的方便，一般为加热管长度的1.1~1.5倍。

在蒸发室外壁有视镜、人孔、洗水、照明、仪表、取样等装置。在顶部有捕集器，使一次蒸汽夹带的汁液进行分离，保证二次蒸汽的洁净，减少料液的损失，且提高传热效果，二次蒸汽排出管位于锅体顶部。

该浓缩锅结构紧凑、制造方便、操作可靠，有"标准蒸发器"之称。但由于结构上的限制，其循环速度较低(一般在0.5 m/s以下)；而且由于溶液在加热管内不断循环，使其浓度始终接近完成液的浓度，因而溶液的沸点高、有效温度差减小；同时，设备的清洗和检修也不够方便。

四、盘管式浓缩设备

(一)结构

该设备主要由盘管加热器、蒸发室、冷凝器、抽真空装置、泡沫捕集器、进出料阀及各种控制仪表所组成，结构如图9-4所示。

该设备的锅体为立式圆筒密闭结构，两端为半圆形封头，锅体上部空间为蒸发室，下部空间为加热室，加热室底部装有3~5组加热盘管，分层排列，每盘1~3圈，各组盘管分别装有蒸汽进口及冷凝水出口，可单独操作。盘管的进出口排列有两种，如图9-5所示。泡沫捕集器为离心式，安装于浓缩锅的上部外侧，用蒸汽管与分离器连接。分离器中心装有立管与水力喷射泵。水力喷射泵配有水力喷射器及水泵，具有抽真空和冷凝两种作用。水力喷射器由喷嘴、吸气室、混合室，扩散管等组成。工作时借泵的动力，将水压入喷嘴，由于喷嘴面积缩小，在喷嘴出口处形成真空，吸入的二次蒸汽与冷水混合一起排出。泡沫捕集器中心立管与真空系统连接。因管段较短，盘管中的温度也较均匀，冷凝水能及时排除，所以传热面的利用率较高。

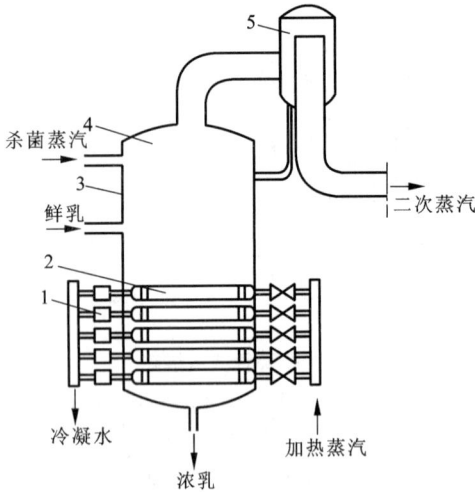

图9-4 盘管式浓缩设备

1—分汽阀；2—加热盘管；3—锅体；
4—汽液分离室；5—泡沫捕集器

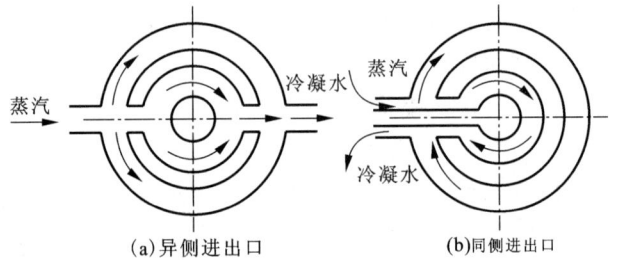

图9-5 盘管的进出口布置

(二)盘管式浓缩设备的工作原理

设备工作时，物料自切线进料管进入锅内。加热蒸汽在盘管内对管外物料进行加热，物料受热后体积膨胀，密度减小，因浮力而上升，当到达液面时汽化，使其浓度提高，密度增大。但浓缩盘管中心处的物料，相对来说距加热管较远，与同一液位物料相比，密度较大，呈下降趋势，故受热蒸发的那部分物料不但密度大，而且液位又高，必向盘管中心处下落，从而形成了物料自锅壁及盘管处上升，又沿盘管中心向下的反复循环状态。蒸发产生的二次蒸汽,从浓缩锅上部中央以切线方向进入分离器,产生旋涡,在离心力作用下,物料微粒撞击在分离器的壁上积聚在一起流回锅中,物料微粒遂与蒸汽分离,蒸汽则盘旋上升,经立管辗转向下,进入冷凝器,经冷凝器冷凝成水而排除。

当浓缩锅内的物料浓度经检测达到要求时,即可停止加热,打开锅底出料阀出料。该设备是连续进料、间歇出料的。

操作过程中,不得向露出液面的盘管内通蒸汽,只有液料淹没后才能通蒸汽。由于盘管结构尺寸较大,加热蒸汽压力不宜过高,一般为 0.7~1.0 MPa。

(三)盘管式浓缩设备的特点

①结构简单,制造方便,操作稳定,易于控制。

②由于加热管较短,管壁温度均匀,冷凝水能及时排除,传热面利用率较高,蒸发速率快,一般蒸发量为 1200 L/h 的浓缩设备其实际蒸发量可达 1500 L/h。

③可根据物料的数量或锅内浓缩物料液位的高低,任意开启多排盘管中的某几排的加热蒸汽,并调整蒸汽压力的高低,以满足生产或操作的需要。

④浓缩物料在锅内混合均匀,其质量均匀一致,并且盘管为扁圆形截面,液料流动阻力小,通道大,特别适用于黏稠性物料的浓缩。

⑤该设备间歇出料,浓缩料的受热时间较长,在一定程度上对产品质量有影响。

⑥设备体积较大,相对传热面积较小,料液循环较差,清洗比较困难,尤其是结焦后清洗更为麻烦。

五、带搅拌的夹套式真空浓缩锅

(一)结构

如图 9-6 所示,该浓缩设备由上锅体和下锅体组成,下锅体的底部为夹套,内通蒸汽加热,锅内装有犁刀式搅拌器,以强化物料循环,不断更新加热面外的料液。上锅体设有料孔、视镜、照明、仪表及汽液分离器等装置。产生的二次蒸汽由水力喷射器或其他真空装置抽出。

(二)工作原理

操作开始时,先通入加热蒸汽于锅内赶出空气,然后开动抽真空系统,造成锅内真空,当稀料液被吸入锅内,达到容量要求后,随即开启蒸汽阀门和搅拌器。经过检验,达到所需浓度时,解除真空即可出料。

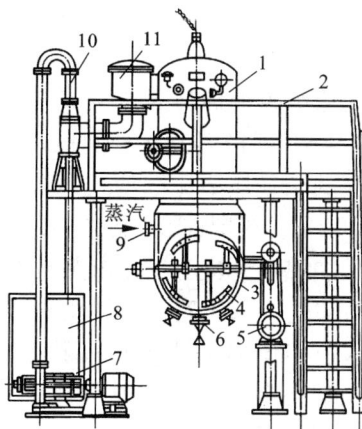

图 9-6 带搅拌的夹套式真空浓缩器

1—上锅体;2—支架;3—下锅体;4—搅拌器;
5—减速箱;6—进出料口;7—多级离心泵;8—水箱;
9—蒸汽入口;10—抽真空装置;11—汽液分离器

(三)特点

这种浓缩锅的主要优点是结构简单,操作控制容易。缺点是传热面积小,受热时间较长,生产能力低,不能连续生产。适宜于浓料液和黏度大的料液增浓,如果酱,牛奶等。

六、活动刮板式薄膜蒸发器

活动式刮板是指可双向活动的刮板。它借助于旋转轴所产生的离心力，将刮板紧贴于筒内壁，因而其液膜厚小于固定式刮板的液膜厚，加之不断地搅拌使液膜表面不断更新，并使筒内壁保持不结晶、难积垢，因而其传热系数比不刮壁的要高。刮壁的刮板材料有聚四氟乙烯、层压板、石墨、木材等。活动式刮板一般分数段，因它是靠离心力紧贴于壁，故对筒体圆度及安装垂直度等要求不严格。其末端的圆周速度较低，一般为 1.5~5 m/s。图 9-7 所示为常见的几种活动式刮板。

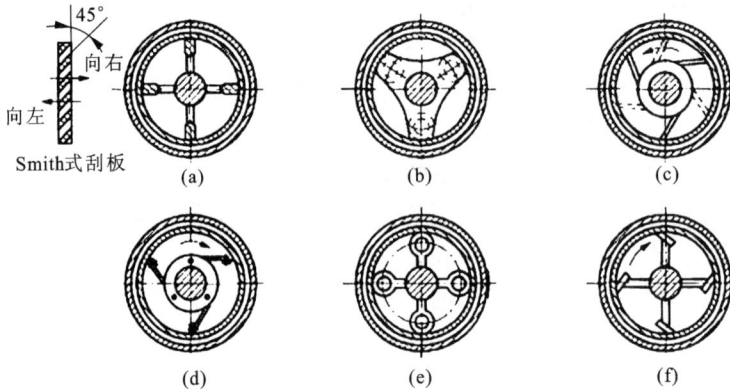

图 9-7 常见的几种活动式刮板

刮板式浓缩器的筒体对于立式一般为圆柱形，其长径比为 3~6。同样料液在相同操作条件下，固定式刮板浓缩器的长径比要比活动式的大一些。对于卧式浓缩器，一般筒体为圆锥形，锥体的顶角为 10°~60°。

筒体的加热室为夹套，务求蒸汽在夹套内流动均匀，防止局部过热和短路。转轴由电机及变速调节器控制。轴应有足够的机械强度和刚度，且多采用空心轴。转轴两端装有良好的机械密封，一般采用不透性石墨与不锈钢的端面轴封。

活动刮板式薄膜蒸发器结构如图 9-8 所示。主要由转轴、料液分配盘、刮板、轴承、轴封、蒸发室和夹套加热室等组成。

料液由进料口沿切线方向进入蒸发器内，或经固定在旋转轴上的料液分配盘，将料液均布内壁四周。由于重力和刮板离心力的作用，料液在内壁形成螺旋下降或上升的薄膜或螺旋向前的薄膜。

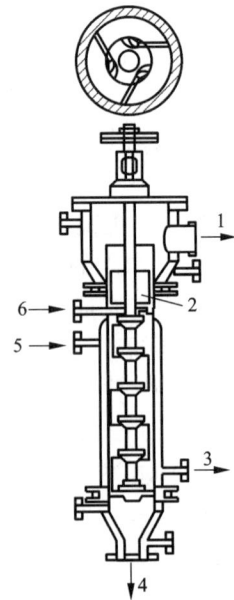

图 9-8 活动刮板式薄膜蒸发器

1—二次蒸汽；2—液滴分离器；
3—冷凝水出口；4—浓缩液出口；
5—蒸汽入口；6—料液入口

第三节　多效浓缩设备

一、多效蒸发的效数

多效蒸发中所采用的效数是受到限制的，其原因如下：

①实际耗汽量大于理论值。

②设备费用增加，多效蒸发虽可节约蒸汽，但蒸发设备及其附属设备的费用却随着效数的增加而成倍的增加，当增加至不能弥补所节约的燃料费用时，效数就达到了极限。

③蒸发器有效传热温差有极限，随着效数不断增加，每效分配到的有效温差逐渐减小。

二、多效蒸发的工作原理

生产中往往为了降低蒸汽的消耗量，充分利用二次蒸汽的热量来完成单效蒸发达不到浓缩的目的，因而采用多效蒸发。实施多效蒸发的条件是各效蒸发器中的加热蒸汽的温度或压强要高于该效蒸发器中的二次蒸汽的温度和压力，也就是说，两者有温度差存在，才能使引入的加热蒸汽起加热作用。

在多效蒸发操作中，蒸发温度是逐效降低的。其多效的操作压力是自动分配的，且逐效降低。因此对真空蒸发来说，整个系统中的压力的递减分配取决于末效真空度的保持，在多效操作中，第一效的压力高于大气压。但在多数食品蒸发中，第一效加热蒸汽的压力为大气压或略高于大气压。

三、多效真空浓缩的流程

由几个蒸发器相连接，以生蒸汽加热的蒸发器为第一效，利用第一效产生的二次蒸汽加热的蒸发器为第二效，依此类推，这种装有多个蒸发器及附属装置的，称为多效真空浓缩设备。根据原料的加入方法的不同，多效蒸发操作的流程大致可分为以下几种：即顺流、逆流、平流、混流和有额外蒸汽引出的操作流程。

（一）顺流

顺流又称并流，其流程如图 9-9 所示，这种流程为工业上常用的一种多效流程，其料液与蒸汽的流向始终相同。这种流程的优点是溶液在各效间的流动不需要用泵来输送；其次，由于前一效溶液的沸点比后一效高，因此当前一效料液进入后一效时，便呈过热状态而立即蒸发，产生更多的二次蒸汽，增加了蒸发器的蒸发量。这种流程的缺点是料液的浓度依效序递增，而加热蒸汽的温度依效序递减，故当溶液黏度增加较大时，传热总系数减小，而影响蒸发器的传热速率，给末效蒸发增加了困难，但它对浓缩热敏性食品有利。

（二）逆流

逆流的流程是料液和蒸汽流动的方向相反，如图 9-10 所示。即料液由最后一效进入，依次用泵送入前效，最后的浓缩液由第一效放出。而蒸汽仍为由第一效依次至末效。这种流程的优点是溶液浓度升高时，溶液的温度也增高，因此各效黏度相差不大，可提高传热系数，改善循环条件。但须注意高温加热面上浓溶液的局部过热有引起结焦和营养物质破坏的危险。其缺点是效间料液流动是用泵，使能量消耗增大。与顺流相比，水分蒸发量稍减，热量

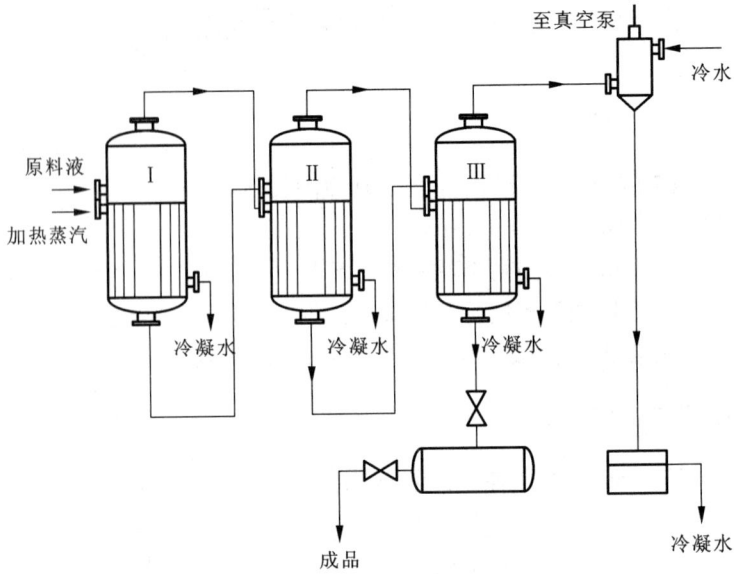

图9-9　顺流多效流程简图

消耗多。另外，料液在高温操作的蒸发器内的停留时间较顺流为长，对热敏性食品不利。该法适于溶液黏度随着浓度的增高而剧烈增加的溶液，但不适于增高温度而易分解的溶液。

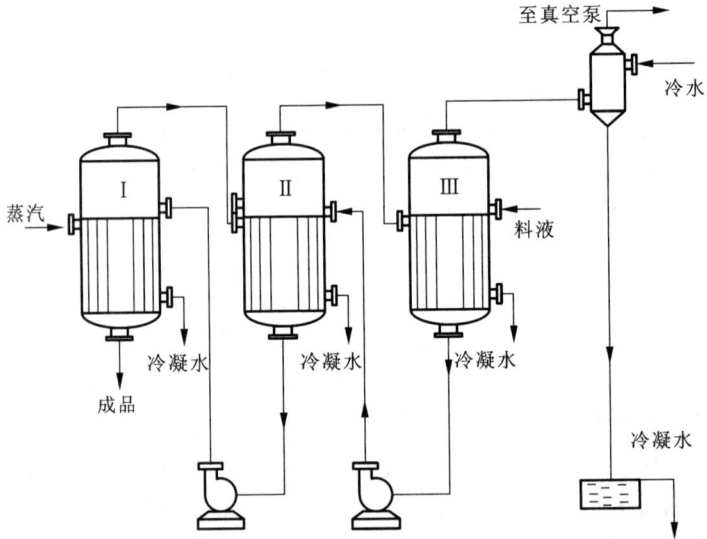

图9-10　逆流多效流程简图

（三）平流

该流程是各效都加入料液和放出浓缩液，蒸汽仍由第一效至末效依次流动，如图9-11所示。此法只用于在蒸发操作进行的同时有晶体析出的场合，例如食盐溶液的浓缩。该法对结晶操作较易控制，并省掉了黏稠晶体悬浮液的效间泵送。

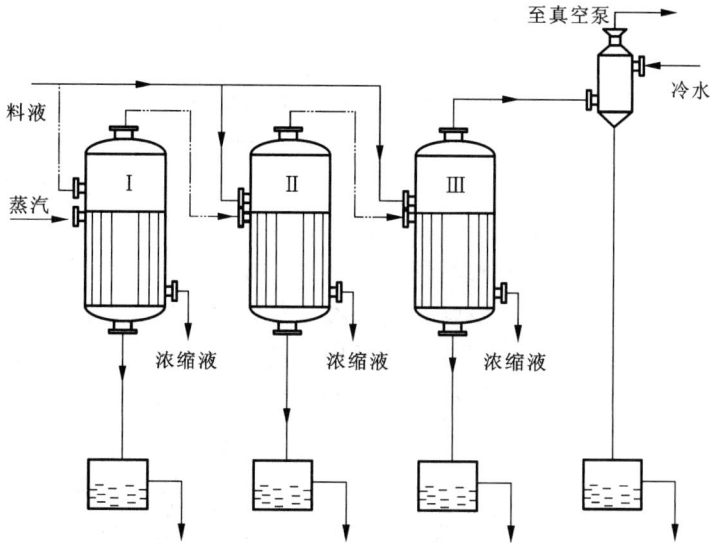

图9-11 平流多效流程简图

（四）混流

对于效数多的蒸发可采用顺流与逆流并用，有些效间用顺流，有些效间用逆流。在料液黏度随浓度而显著增加的场合下，可采用混流。

（五）额外蒸汽运用

根据生产情况，有时在多效蒸汽流程中，将某一效的二次蒸汽引出一部分用作预热蒸发器的进料，或其他与蒸发无关的加热过程，其余部分仍进入一效作为加热蒸汽。这种中间抽出的二次蒸汽，称为额外蒸汽，如图9-12所示，这种方法能够提高热能的利用率。

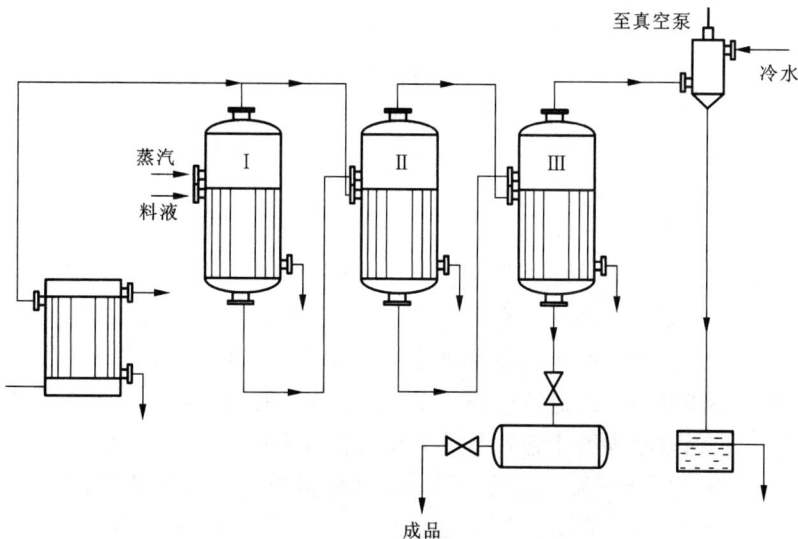

图9-12 有额外蒸汽的多效流程简图

四、双效升膜式浓缩设备

(一)结构

双效升膜式浓缩设备又分为单程式和循环式两种形式。单程式结构基本上与单效升膜浓缩设备相类似,仅多配置了一台热泵,加热管长度较单效长。物料自第一效加热器底部进入,受热蒸发,经第一效分离器分离后,便自行进入第二效,经蒸发达到预定浓度时便可出料。一效的二次蒸汽,一部分经热泵升温后作第一效热源;另一部分直接进入二效作为热源。在该设备中,物料只经过加热管表面一次,不进行循环。

循环式结构如图9-13所示。该设备主要由一效和二效的加热器、一效和二效的分离器、混合式冷凝器、中间冷凝器、热泵、蒸汽喷射泵及各种液体输送系统组成。其加热器由一定数量直径较小的加热管及直径较大的循环管所组成。

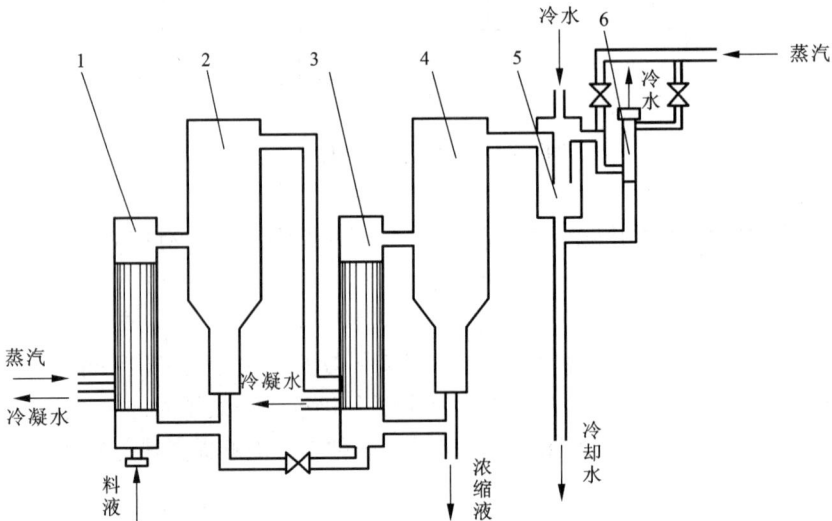

图9-13　双效升膜式浓缩设备

1—第一效加热器;2—第一效分离器;3—第二效加热器;
4—第二效分离器;5—混合式冷凝器;6—中间冷凝器

(二)工作原理

该设备工作时,物料自一效加热器的下部进入蒸发管中,由于管外蒸汽的加热及真空的诱导作用,使物料沿加热管上升,并在上部空间加热汽化、蒸发,被二次蒸汽挟带的料液滴经分离器分离后,由回流管仍回入一效加热器的底部,当一效的物料达到预定的浓度时,可部分进入二效加热器的底部,再进行循环蒸发,当达到出料浓度时,即可连续不断地将其抽出。正常操作后,进料量必须等于各效蒸发量及出料量之和。

一效的二次蒸汽除部分作为二效的热源外,其余将通过两台热泵升温后作一效的热源,二效的二次蒸汽则由混合式冷凝器冷凝。抽真空系统可采用双级蒸汽喷射装置,也可以改用常用的抽真空装置。

五、双效降膜式浓缩设备

(一)结构

该设备属单程式设备,其结构如图9-14所示,主要由一效及二效的加热器和分离器、预热器、杀菌器、混合式冷凝器、中间冷凝器、热泵、各级蒸汽喷射泵及料泵、水泵等部分组成。

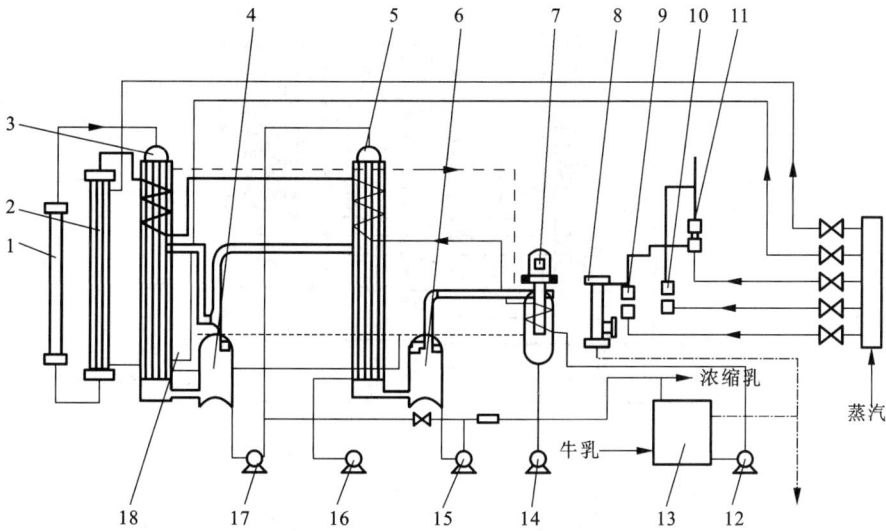

图9-14 双效降膜式浓缩设备

1—保温管;2—杀菌器;3—第一效加热器;4—第一效分离器;5—第二效加热器;6—第二效分离器;
7—冷凝器;8—中间冷凝器;9—一级气泵;10—二级气泵;11—起动蒸汽泵;
12—进料泵;13—平衡槽;14—冷却水泵;15—出料泵;16—冷凝水泵;17—物料泵;18—热压泵

(二)工作原理

设备工作时,料液自平衡槽经进料泵,送至位于混合式冷凝器内的螺旋管预热,再经置于一效及二效加热器蒸汽夹层内的螺旋管再次预热,然后进入列管式杀菌器杀菌和保温管进行保温。随后自顶部进入一效加热器,经蒸发达到预定浓度后,由强制循环的物料泵送至二效加热器的顶部,再进行受热蒸发,达到浓度后可由出料泵自二效分离器的底部连续不断地抽出,若浓度不符合要求,则由出料泵送回至二效加热器顶部,继续蒸发。

该设备适用于牛奶、果汁等热敏料液的浓缩,效果好,质量高,蒸汽与冷却水的消耗量较低,并配有就地清洗装置,使用操作方便。

六、三效降膜式浓缩设备

全套设备包括第一、二、三效蒸发器、第一、二、三效分离器、直接式冷凝器、液料平衡槽、热压泵、液料泵、水泵和双级水环式真空泵等部分,如图9-15所示,工作流程是液料自平衡槽14,靠进料泵13、经预热器10先进入第一效蒸发器9,通过受热降膜蒸发,引入第一效分离器12,被初步浓缩的液料,由第一效分离器底部排出,经循环泵送入第三效蒸发器7,再被浓缩并经第三效分离器5分离后,通过出料泵送入第二效蒸发器,最后经第二效分离器和出料泵排出浓缩成品。蒸汽先进入第一效蒸发器,对管内液料加热后,经预热器10再对未进蒸发器的液料进行预热，然后成为冷凝水由水泵排出；第一效分离器所产生的二次蒸汽除部分引入第二效蒸发器作为第二效蒸发水分的热源外，其余部分利用热压泵 11 增压后，再作为第一效蒸发器的热源；第二效分离器所产生的二次蒸汽，引入第三效蒸发器作为蒸发水分的热源；第三效分离器产生的二次蒸汽则导入冷凝器 4，冷凝后由水泵 2 排出。各效蒸发器中所产生的不凝结气体均进入冷凝器，由水环式真空泵 1 排出。

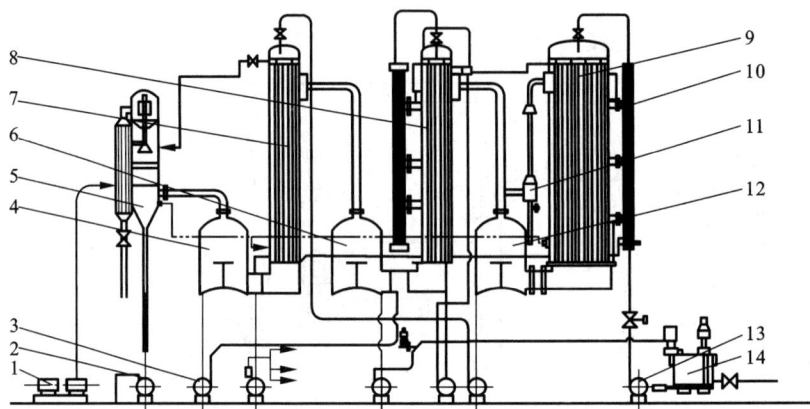

图 9 – 15　三效真空降膜浓缩设备

1—双级水环式真空泵；2—水泵；3—液料泵；4—冷凝器；5—第三效分离器；
6—第二效分离器；7—第三效蒸发器；8—第二效蒸发器；9—第一效蒸发器；10—预热器；
11—热压泵；12—第一效分离器；13—液料进料泵；14—料液平衡槽

　　该套设备适用于牛奶等热敏性料液的浓缩，料液受热时间短，蒸发温度低，处理量大，处理鲜奶 3600～4000 kg/h，蒸汽消耗量低，每蒸发 1 kg 水仅需要 0.267 kg 生蒸汽，比单效蒸发节约生蒸汽，比双效蒸发节约 46% 的能源消耗。

第四节　冷冻浓缩设备

一、冷冻浓缩的原理与特点

　　冷冻浓缩是利用冰与水溶液之间固－液相平衡原理的一种浓缩方法。先将稀溶液中作为溶剂的水冻结，然后将冰晶分离出去，从而溶剂减少使溶液浓度增加。

　　该方法对热敏性食品的浓缩特别有利。由于溶液中水分的去除不是用加热蒸发的方法，而是靠从溶液到冰晶的相际传递，所以可避免芳香物质因加热所造成的挥发损失，为了更好地使操作时所形成的冰晶不混有溶质，分离时又不致使冰晶夹带溶质，防止造成过多的溶质损失，结晶操作要尽量避免局部过冷，分离操作要很好加以控制。在这种情况下，冷冻浓缩就可以充分显示出它独特的优越性。对于含挥发性芳香物质的食品采用冷冻浓缩，其品质将优于蒸发法和膜浓缩法。

　　主要缺点：①加工后还需冷冻或加热等方法处理，以便保藏；②此法不仅受到溶液浓度的限制,而且还取决于冰晶与浓缩液的分离程度;③浓缩过程中会造成不可避免的损失,且成本较高。

冷冻浓缩由于在加工过程中不使物料受热,因此得到的制品在色、香、味方面均得到最大限度的保留,就产品品质而言,可以说是最佳的。但由于浓缩极限的限制及操作成本较高等缺陷,使得其应用受到一定限制。目前主要用于高档饮品、生物制品、药物、调味品等的浓缩,浓缩的制品或直接作为成品,或作为冷冻干燥过程中的半成品。

二、冷冻浓缩装置系统

冷冻浓缩装置系统主要由结晶设备和分离设备两部分构成。结晶设备包括管式、板式、搅拌夹套式、刮板式等热交换器,以及真空结晶器、内冷转鼓式结晶器、带式冷却结晶器等设备。

冷冻浓缩用的结晶器有直接冷却式和间接冷却式两种。直接冷却式可利用部分蒸发的水分,也可利用辅助冷媒(如丁烷)蒸发的方法。间接冷却式是利用间壁将冷媒与被加工料液隔开的方法。食品工业上所用的间接冷却式设备又可分为内冷式和外冷式两种。

分离设备有压滤机、过滤式离心机、洗涤塔,以及由这些设备组成的分离装置等。通常采用的压榨机有水力活塞压榨机和螺旋压榨机。压榨机只适用于浓缩比接近于1的场合。

对于不同的原料,可采用不同的冷冻浓缩装置系统及操作条件,冷冻浓缩装置大致可分为两类,一类是单级冷冻浓缩,另一类是多级冷冻浓缩,后者在制品品质及回收率方面优于前者。

(一)单级冷冻浓缩装置系统

图9-16所示为采用洗涤塔分离方式的单级冷冻浓缩装置系统示意图。它主要由刮板式结晶器、混合罐、洗涤塔、融冰装置、贮罐、泵等组成。操作时,料液由7进入旋转刮板式结晶器,冷却至冰晶出现并达到要求后进入带搅拌器的混合罐2,在混合罐中,冰晶可继续成长,然后大部分浓缩液作为成品从成品罐6中排出,部分与来自贮罐5的料液混合后再进入旋转刮板式结晶器1进行再循环,混合的目的是使进入结晶器的料液浓度均匀一致。从混合罐2中出来的冰晶夹带部分

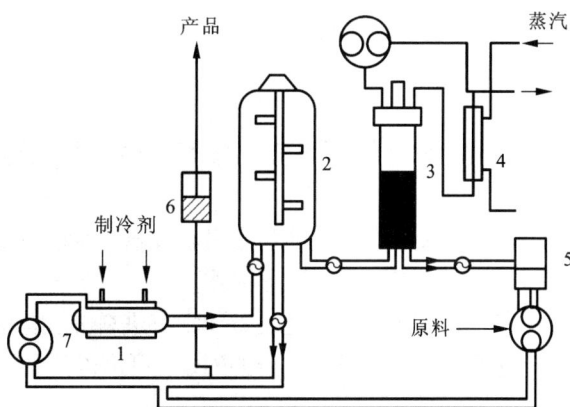

图9-16 单级冷冻浓缩装置系统示意图
1—旋转刮板式结晶器;2—混合罐;3—洗涤塔;
4—融冰装置;5—贮罐;6—成品罐;7—泵

浓缩液,经洗涤塔3洗涤,洗下来的一定浓度的洗液进入贮罐5,与原料液混合后再进入结晶器,如此循环。洗涤塔的洗涤水是利用熔冰装置(通常在洗涤塔顶部),将冰晶熔化后再使用,多余的水被排走。

采用单级冷冻浓缩设置可以将浓度为8~14°Bx的果汁原料浓缩为40~60°Bx的浓缩果汁。

(二)多级冷冻浓缩装置系统

该系统是指将上一级浓缩液作为下级原料进行再浓缩的一种冷冻浓缩操作。图9-17所示为咖啡的二级冷冻浓缩装置流程示意图。

咖啡料液(浓度26%)经管6进入贮料罐1,被泵送至一级结晶器8,然后冰晶和一次浓缩液的混合液进入一级分离机9离心分离,浓缩液(浓度<30%)由管进入贮料罐7,再由泵12送入二级结晶器2,经二级结晶后的冰晶和浓缩液的混合液进入二级分离机3进行离心分离,浓缩液(浓度>37%)作为产品从成品管排出。为了减少冰晶夹带浓缩液的损失,离心分离机3、9内的冰晶需洗涤,若采用熔冰水(沿管进入)洗涤,洗涤下来的稀咖啡液分别通过管,进入贮料罐1,所以贮料罐1中的料液浓度实际上低于最初进料液浓度(<24%)。为了控制冰晶量,结晶器8中的进料浓度需维持一定值(高于来自管15的),这可利用浓缩液的分支管路16,用调节阀13控制流量进行调节,也可以通过管路17和泵10来调节。但通过管路17与浓缩液分支管16的调节应该是平衡控制的,以使结晶器8中的冰晶含量在20%~30%(质量分数)之间。实践表明,当冰晶占26%~30%时,分离后的咖啡损失小于1%。

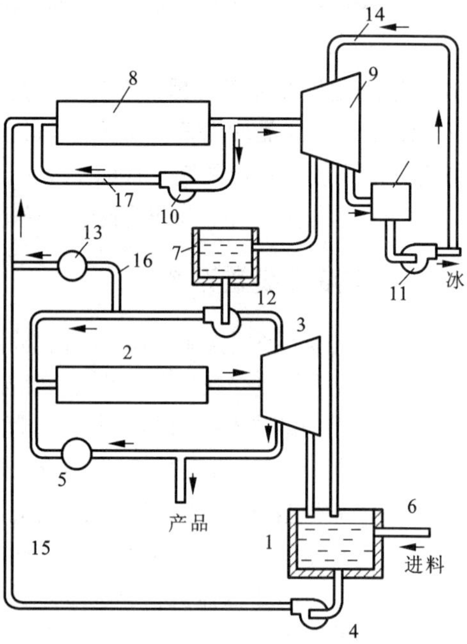

图9-17 二级冷冻浓缩装置流程示意图

1、7—贮料罐 2、8—结晶器；3、9—分离机；4、10、11、12—泵；
5、13—调节阀；6—进料管；14—熔冰水进料管；
15、17—管路；16—浓缩液分支

第五节 真空蒸发浓缩系统的辅助设备

真空蒸发浓缩系统的主要设备是蒸发器,但它必须与适当的附属设备配合,才能在真空状态下对料液进行正常的蒸发浓缩操作。

真空蒸发浓缩系统的辅助设备通常有进料缸、物料泵、冷凝器、真空泵、蒸汽再压缩泵等。蒸发器与这些辅助设备进行适当的配合,可以得到不同形式的真空蒸发浓缩系统。

一、进料缸

进料缸用于稀料液的缓冲暂存。稀料液通过进料管进入缸体。缸内的液位由浮球阀控制维持相对稳定。系统浓缩液的输出一般装有支路,当浓度达不到要求时由此支路管回流到进料缸,重新与稀料液混合后再进行蒸发浓缩。另外当浓缩操作结束,进料缸通入清水后也可作为就地清洗的清水缸用。进料缸与蒸发器之间一般利用管路连接就可进料,前提是必须克服料液流动阻力,否则需加泵,例如对于升膜式蒸发器,系统的真空度不足使料液引入到蒸发器的顶部,因此必须由泵提供动力。

加工过程简单的生产线,尤其是产量不大的间歇式生产线,不一定设进料缸,可直接将前道工序的料罐作为进料缸用。

二、泵

真空蒸发系统中所用的泵有三类：物料泵、冷凝水排放泵和真空泵。

（一）物料泵

真空蒸发浓缩系统处于负压状态，因此，连续蒸发操作时，浓缩液的出料一般要用泵抽吸完成。所用的泵可以用离心泵，但多用正位移泵。除了强制循环式蒸发器中的循环泵以外，多效蒸发系统中，上一效蒸发器出来的浓缩液进入下一效蒸发器，一般也须用泵输送。

（二）冷凝水排放泵

真空蒸发系统中还有一类泵，用于排除负压状态加热器中加热蒸汽产生的冷凝水。当蒸发器的加热器与真空系统相连，进入加热器的蒸汽（生蒸汽、二次蒸汽或两者的混合物）均可通过适当形式的调节控制，成为负压状态（负压状态的蒸汽对应的温度低于100℃）。此时加热器的冷凝水也为负压，必须通过离心泵抽吸才能排出加热器。

（三）真空泵

真空泵为蒸发系统提供所需的真空度。通常采用的真空泵形式有往复式真空泵、水环式真空泵、蒸汽喷射泵和水力喷射泵等。除了水力喷射泵以外，其它形式的真空泵一般接在冷凝器后面。

真空泵的另一个作用是排除系统中产生的不凝性气体。系统的不凝性气体主要来自二次蒸汽，直接式冷凝器用的冷却水也夹带不凝性气体。因此，除了与冷凝器相连接以外，真空泵还与再利用二次蒸汽作加热剂的加热器相连。

三、冷凝器

冷凝器在真空蒸发浓缩系统中的作用是将其所产生的二次蒸汽进行冷凝，同时使其中的不凝结气体分离，以减轻后面真空系统的负荷，维持系统所要求的真空度。冷凝器一般以水为冷却介质，对于以水为溶剂的料液，真空蒸发系统中多采用直接式（混合式）冷凝器。而对于需要回收芳香成分的料液，则需要采用间接式冷凝器。对于含有机溶剂的料液（如乙醇提取液），为了回收有机溶剂，也需要采用间接式冷凝器。

如上所述，无论是间接式还是直接式冷凝器，均有不凝性气体排出口与真空泵相连。

在真空度要求不高的蒸发系统中，可用水力喷射泵来对二次蒸汽进行冷凝，同时将系统的不凝性气体抽走。

四、间接式换热器

有些真空蒸发系统，除了蒸发器对物料加热蒸发、冷凝器对二次蒸汽进行冷凝以外，还结合间接式热交换器对物料进行杀菌或预热。这种热交换器可由生蒸汽也可以用二次蒸汽加热。这些换热器可以为单程列管式换热器，单独用生蒸汽加热，或与蒸发器的列管式换热器并联，用相同的负压蒸汽进行加热。

本章小结

本章主要学习了浓缩机械与设备的类型及其工作原理，以及浓缩机械与设备的附属装置的基本结构和原理等，要求掌握单效浓缩和多效浓缩机械与设备的工作原理和工作过程。

思考题

1. 如何根据物料的特性选择蒸发器的种类和形式？
2. 简述单效升膜式浓缩设备适用范围与工作原理。
3. 简述单效降膜式蒸发器工作原理。
4. 简述盘管式浓缩设备的工作原理。
5. 简述多效蒸发的工作原理与多效蒸发操作流程。
6. 简述双效升膜式浓缩设备适用范围与工作原理。
7. 简述双效降膜式浓缩设备适用范围与工作原理。
8. 简述冷冻浓缩的原理。

第十章

干燥机械与设备

本章学习目的与要求

掌握各种食品干燥基本技术方法的基本原理与特点；了解各种干燥机械的基本结构组成及工作原理；能够根据被干燥物料特性合理选用包装设备。

第一节　厢式干燥机

厢式干燥机是一种间歇式对流干燥机，整体呈封闭的箱体结构，又称为烘箱，可单机操作，也可多台串成隧道式干燥机，适合批量不大的水果、蔬菜等多种食品物料的干燥。

一、厢式干燥机的结构

如图 10 – 1 所示，厢式干燥机主要由箱体、料盘、保温层、加热器、风机等组成。箱体采用轻金属材料制作，内壁为耐腐蚀的不锈钢，中间为用耐火、耐潮的石棉等材料填充的绝热保温层。内置多层框架的料盘推车。加热器通常采用电加热、热风炉加热以及翅片式水蒸气排管等，利用风机实现空气对流。根据气流流动方式分为平流厢式干燥机和穿流厢式干燥机。

如图 10 – 1(a)所示的横流式厢式干燥机中，热空气在物料上方掠过，与物料进行湿交换和热交换。箱内风速为 0.5 ~ 3 m/s，物料厚度 20 ~ 50 mm。因热空气只在物料表面流过，传热系数较低，热利用率较差，物料干燥不均匀。

若框架层数较多，可分成若干组，空气每流经一组料盘之后，便流过加热器再次提高温度，如图 10 – 1(b)所示，即为具有中间加热装置的横流式干燥器。

穿流厢式干燥机的整体结构与平流干燥机基本相同，如图 10 – 1(c)所示，粒状、纤维状等物料在框架的网板上铺成一薄层，空气以 0.3 ~ 1.2 m/s 的速度垂直流过物料层，可获得较大的干燥速率，但动力消耗较大，使用时应避免物料的飞散。

厢式干燥机的废气可再循环使用，适量补充新鲜空气用以维持热风在干燥物料时的足够除

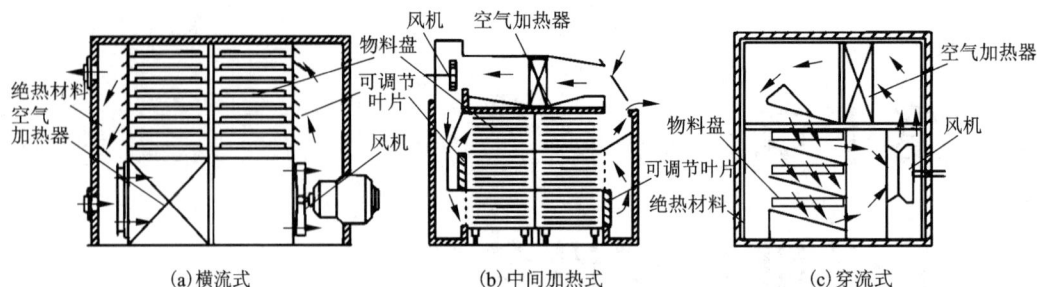

(a)横流式　　　　　　　(b)中间加热式　　　　　　(c)穿流式

图 10 - 1　箱式干燥机

湿能力。

为提高利用率,盛装物料的料盘通常摆放在推车上,整车进出。根据被干燥物料的外形和干燥介质的循环方向,推车呈不同结构,如用于松散物料的浅盘推车、用于砖形物摆放的平板推车、物料悬挂推车、托盘推车等,箱底设有导轨,方便小车进出。

二、厢式干燥机的特点

其优点为制造和维修方便,使用灵活性大。食品工业上常用在需长时间干燥的物料、数量不多的物料以及需要特殊干燥条件的物料,如水果、蔬菜、香料等。缺点主要是干燥不均匀,不易抑制微生物活动,装卸劳动强度大,热能利用不经济(每汽化 1 kg 水分,约需 2.5 kg 以上的蒸汽)。

三、厢式干燥机性能主要影响因素

①热风速率:为了提高干燥速率,需要有较大的传热系数,为此应加大热风的循环速率,同时风速应小于物料临界风速,以防止物料带出。

②物料层的间距:在干燥机内,多层框架上料盘之间形成了空气流动的通道。空气通道的大小与框架层数有关,它对干燥介质的流速、流动方向和分布有影响。

③物料层的厚度:为了保证干燥物料的质量,除采取降低厢内循环热风温度外,减小物料层厚度也是一个措施。物料层厚度由实验确定,通常为 10 ~ 100 mm。

④风机的风量:风机的风量根据计算所得的理论值(空气量)和干燥器内泄漏量等因素确定。为了使气流不出现死角,风机应安装在合适的位置,同时安装整流板以控制风向,使热风分布均匀。

第二节　热泵干燥机

热泵从低温热源吸取热量,使低品位热能转化为高品位热能,可以从自然环境或余热资源吸热从而获得比输入热能更多的输出热能。热泵干燥系统由两个子系统组成:制冷剂回路和干燥介质回路。

热泵干燥系统原理如图 10 - 2 所示。制冷剂回路由蒸发器、冷凝器、压缩机和膨胀阀组成。

系统工作时，热泵压缩机做功并利用蒸发器回收低品位热能，在冷凝器中则使之升高为高品位热能。热泵介质在蒸发器内吸收干燥室排出的热空气中的部分余热，蒸发变成蒸气，经压缩机压缩后，进入冷凝器中冷凝，并将热量传给空气。由冷凝器出来的热空气再进入干燥室，对湿物料进行干燥。出自干燥室的湿空气再经蒸发器将部分显热和潜热传给介质，达到回收余热的目的；同时，湿空气的温度降至露点析出冷凝水，达到除湿的目的。干燥介质回路主要有干燥室与风机。

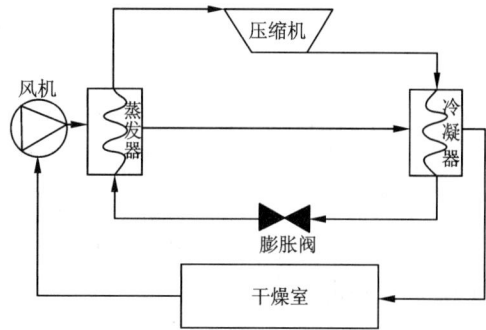

图 10 - 2　热泵干燥系统

大多数的传统干燥机采用热空气循环完成干燥操作，干燥过程操作简单，成本低，但不适用于具有较高商业价值物料的干燥。这类物料所能允许的干燥温度较低（30 ~ 45℃），高温干燥会破坏物料的营养成分和组织特性。而且，如果循环空气的湿度较高，仅仅通过循环空气的温度并不能将物料干燥至要求的水分含量。因而，在干燥系统中增加热空气去湿循环，即热泵干燥，逐步发展起来。采用热泵辅助干燥，不仅可以加快干燥过程，实现低温干燥从而保持物料的品质，而且也有效地利用干燥的能量。热泵干燥凝结干燥室湿空气中的水蒸气，吸收水蒸气凝结放出的显热和潜热，加热干燥空气，向干燥室输送热空气，实现能量的循环使用。除湿后的干燥空气蒸汽压降低，使得物料水分蒸发的动力增加。

图 10 - 3 所示热泵干燥系统主要由热泵系统和干燥系统两部分组成。热泵系统主要由压缩机、蒸发器、冷凝器、工作介质、毛细管以及铜管等组成。干燥系统主要由风机、电辅助加热、干燥室、网状托盘、内循环风道以及风门等组成。工作时，空气在干燥箱里循环利用，反复的将水蒸气冷凝出来，整机可在较低的温度下工作而不影响干燥效率，因此整机的热损失极小，另外由于干燥温度低，产品品质较普通热风干燥有明显提高。

节约能源是热泵最初应用的出发点，也是主要的优点。干燥大米的适宜温度为 35 ~ 50℃，温度虽低，但是

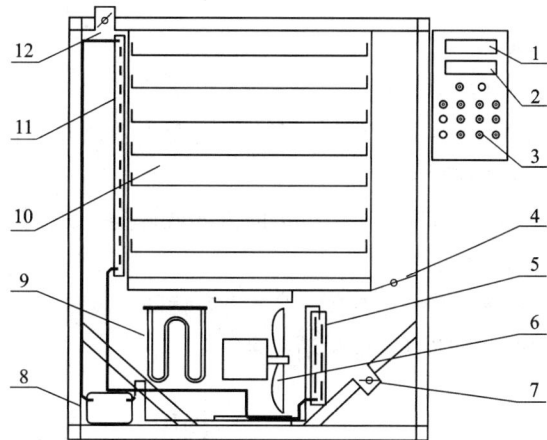

图 10 - 3　热泵热风联合干燥机示意图

1—干球温度计；2—湿球温度计；3—控制箱；4—风速调节阀板；
5—蒸发器；6—风机；7—进风门；8—压缩机；9—电辅助加热；
10—网状托盘；11—冷凝器；12—排湿风门

需要大量的热。传统干燥器的效率只有 3% ~ 5%，而用热泵干燥效率将明显提高。近年来各国学者研究表明，热泵干燥技术应用在蔬菜脱水中节能高达 90%。近年来，越来越多的研究人员也证实了热泵干燥机组的节能特性。

第三节　隧道式干燥机

如图 10 - 4 所示，有一段长度为 20～40 m 的洞道，湿物料在料盘中散布成均匀料层，料盘堆放在小车上，料盘与料盘之间留有间隙供热风通过。洞道式干燥机的进料和卸料为半连续式，即当一车湿料从洞道的一端进入时，从另一端同时卸出另一车干料。洞道中的轨道通常带有 1/200 的斜度，可以由人工或绞车等机械装置来操纵小车的移动。洞道的门只有在进料和卸料时才开启，其余时间都是密闭的。

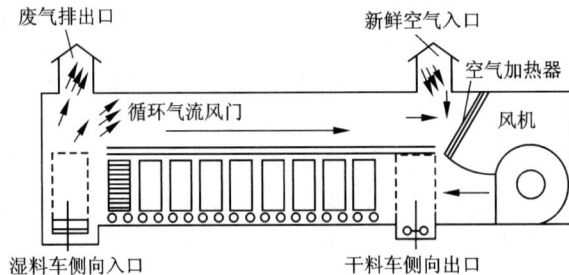

图 10 - 4　隧道式干燥机

空气由风机推动流经预热器，然后依次在各小车的料盘之间掠过，同时伴随轻微的穿流现象。空气的流速为 2.5～6.0 m/s，不小于 1.0 m/s。热风可沿物流纵向流动，分为并流、逆流和混流三种。

其优点为：

①具有非常灵活的控制条件，可使食品处于几乎所要求的温度 - 湿度 - 速度条件的气流之下，因此特别适用于实验工作；

②料车每前进一步，气流的方向就转换一次，制品的水分含量更均匀。

其缺点为：

①结构复杂，密封要求高，需要特殊的装置；

②压力损失大，能量消耗多。

第四节　带式干燥机

带式干燥机是一种将物料置于输送带上，在随带运动通过隧道过程中与热风接触而干燥的设备。带式干燥机由若干个独立的单元段组成。每个单元段包括循环风机、加热装置、单独或公用的新鲜空气抽入系统和尾气排出系统。对干燥介质数量、温度、湿度和尾气循环量操作参数，可进行独立控制，从而保证带干机工作的可靠性和操作条件的优化。带干机操作灵活，湿物进料，干燥过程在完全密封的箱体内进行，劳动条件较好，免除了粉尘的外泄。

物料由加料器均匀地铺在网带上，网带采用 12～60 目不锈钢的钢丝网。由传动装置拖动在干燥机内移动。干燥机由若干单元组成，每一单元热风独立循环，部分尾气由专门排湿风机排出，废气由调节阀控制，热气由下往上或由上往下穿过铺在网带上的物料，加热干燥并带走水分。网带缓慢移动，运行速度可根据物料温度自由调节，干燥后的成品连续落入收料器中。上下循环单元根据用户需要可灵活配备，单元数量可根据需要选取。

一、单级带式干燥机

如图 10-5 所示，单级带式干燥机一般由一个循环输送带、两个以上空气加热器、多台风机和传动变速装置等组成。循环输送带用不锈钢丝网或多孔的不锈钢板制成，由电动机经变速箱带动，转速可调。物料在干燥器内均布于运动前移的网带上，气流经加热器加热，由循环风机进入热风分配器，成喷射状吹向网带上的物料，与物料接触，进行传热传质。大部分气体循环，一部分温度低，含湿量较大的气体作为废气由排湿风机排出。

干燥机内几个单元可以独立控制运行参数，优化操作。若干燥介质以垂直方向向上或向下穿过物料层进行干燥时，称为穿流式带式干燥机，干燥效果较好，在食品工业中应用广泛，如可用于蔬菜脱水、水果蜜饯烘干、茶叶干燥等。若干燥介质在物料上方作水平流动，称为平流带式干燥机，一般用于处理不带黏性的物料，使用较少。

这种干燥机的优点为网带透气性能好，热空气易与物料接触，停留时间可任意调节。物料无剧烈运动，不易破碎。每个单元可利用循环回路，控制蒸发强度。若采用红外加热，可一起干燥、杀菌，一机多用。但其缺点是占地面积大，如果物料干燥的时间较长，则从设备的单位的面积生产能力上看不很经济，另外设备的进出料口密封不严，易产生漏气现象。

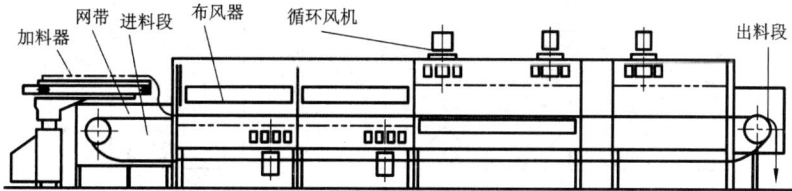

图 10-5　单级带式干燥机

二、多级带式干燥机

这种干燥机的结构和工作过程与单级带式干燥机基本相同。由于单级带式干燥机受干燥时间等限制，难以达到干燥目的，故可以采用数台(多至 4 台)串联组成多级带式干燥机。多级带式干燥机亦称复合型带式干燥机，如图 10-6 所示。整个干燥机分成两个干燥段和一个吹风冷却段，第一段分前、后两个温区，物料经第一、二段干燥后，从第一输送带的末端自动落入第二个输送带的首端，期间物料受到拨料器的作用而翻动，然后通过冷却段，最后由终端卸出产品。

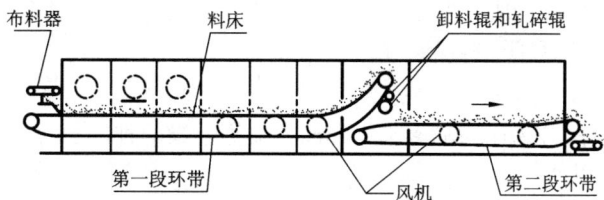

图 10-6　二段式带式干燥机

多级带式干燥机的优点是物料在带间转移时得以松动、翻转，物料的蒸发面积增大，改善了透气性和干燥均匀性；不同输送带的速度可独立控制，且多个干燥区的热风流量及温度和湿度均可单独控制，便于优化物料干燥工艺。

三、多层带式干燥机

如图10-7所示，基本构成部件与单层式的类似。输送带为多层(输送带层数可达15层，但以3~5层最为常用)，上下相叠，架设在上下相通的干燥室内。层间有隔板控制干燥介质定向流动，使物料干燥均匀。各输送带的速度独立可调，一般最后一层或几层的速度较低而料层较厚，这样可使大部分干燥介质与不同干燥阶段的物料得到合理的接触分配。从而提高总的干燥速率。层间有隔板控制干燥介质定向流动，使物料干燥均匀。工作时湿物料从进料口进至输送带上，随输送带运动至末端，通过翻板落至下一输送带移动送料，依次自上而下，最后由卸料口排出。外界空气经风机和加热器形成热风，通过分层进风柜调节风量送入干燥室，使物料干燥。排出的废气可对物料进行预热。

多层带式干燥机结构简单，常用于干燥速度低、干燥时间长的场合，广泛用于谷物类物料的干燥，由于操作中多次翻料，因此不适于黏性物料及易碎物料的干燥。

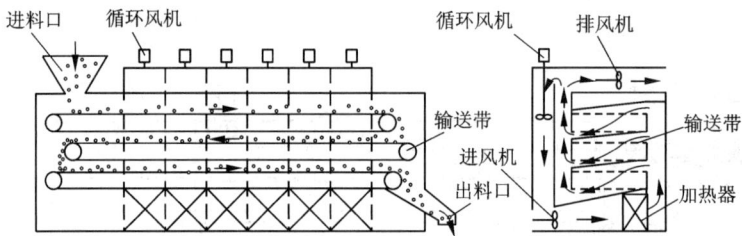

图10-7　三层穿流带式干燥机

第五节　喷雾干燥机

一、喷雾干燥的原理、分类及基本流程

喷雾干燥始于1920年，用于乳品等食品工业部门。

1.喷雾干燥原理

将被干燥物料，通过喷雾装置形成细微雾滴后，射入干燥室与热空气接触，蒸发物料中水分，使物料干燥成粉状制品。其干燥过程分为预热、恒速和降速三个阶段。国内外广泛应用于蛋类、奶类、咖啡、果品和豆类等食品生产中。

2.喷雾干燥方法的分类

喷雾干燥按粒化方法分为压力喷雾干燥和离心喷雾干燥两种。

(1)压力喷雾干燥原理

是采用高压泵，以70~200 atm，将浓缩料液通过雾化器喷枪，从直径为0.5~1.5 mm的喷孔中喷出，由于压力大，喷孔小，料液很快雾化成直径10~200 μm的雾状微粒喷入干燥室，通过与热空气直接接触,进行热交换和水分传递,其表面水分迅速蒸发,在很短时间内即被干燥成球状颗粒,沉降于室底。此法在乳品工业中应用最为广泛。

(2)离心喷雾干燥原理

是通过水平方向作高速旋转圆盘,带动被干燥液料作高速旋转运动,在离心力作用下,由盘中心甩到盘边缘,形成薄膜细丝或液滴,然后由盘边缘沿切线方向抛出,又受到周围空气的摩擦、阻碍与撕裂,分散成很微小的雾滴,与热风充分接触后,蒸发干燥成粒状,沉降下落。因喷洒出的微粒大小不同,故飞行的距离不等,所以干燥后落下的微粒形成一个以转轴为中心且对称的圆柱体。

3. 基本流程

图 10 - 8 为一个典型的喷雾干燥系统流程图。如图所示,原料液由贮料罐 1 经

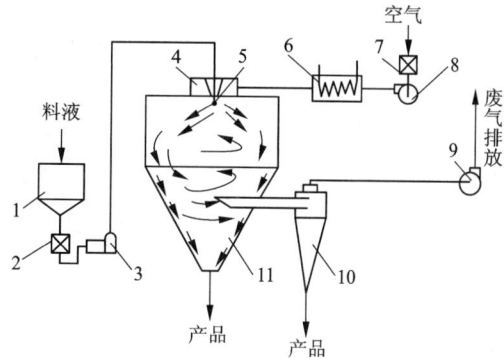

图 10 - 8   喷雾干燥系统流程图

1—贮料罐;2—料液过滤器;3—输料泵;4—空气分布器;
5—雾化器;6—空气加热器;7—空气过滤器;8—鼓风机;
9—引风机;10—旋风分离器;11—喷雾干燥器

过滤器 2 由泵 3 输送到喷雾干燥器 11 顶部的雾化器 5 雾化为雾滴。新鲜空气由鼓风机 8 经过滤器 7、空气加热器 6 及空气分布器 4 送入喷雾干燥器 11 的顶部,与雾滴接触、混合,进行传热与传质,即进行干燥。干燥后的产品由塔底引出。夹带细粉尘的废气经旋风分离器 10 由引风机 9 排入大气。

二、喷雾干燥的过程阶段

(1)料液的雾化

料液雾化为雾滴和雾滴与热空气的接触、混合是喷雾干燥独有的特征。雾化的目的在于将料液分散为微细的雾滴,具有很大的表面积,当其与热空气接触时,雾滴中水分迅速汽化而干燥成粉末或颗粒状产品。雾滴的大小和均匀程度对产品质量和技术经济指标影响很大,特别是对热敏性物料的干燥尤为重要。如果喷出的雾滴大小很不均匀,就会出现大颗粒还没达到干燥要求,而小颗粒却已干燥过度而变质。因此,料液雾化所用的雾化器是喷雾干燥的关键部件。

(2)雾滴和空气的接触(混合、流动、干燥)

雾滴和空气的接触、混合及流动是同时进行的传热传质过程,即干燥过程。此过程在干燥塔内进行。雾滴和空气的接触方式,混合与流动状态决定于热风分布器的结构形式、雾化器在塔内的安装位置及废气排出方式等。在干燥塔内,雾滴和空气的流向有并流、逆流及混合流。雾滴与空气的接触方式不同,对干燥塔内的温度分布、雾滴(或颗粒)的运动轨迹、颗粒在干燥塔中的停留时间及产品性质等均有很大影响。雾滴的干燥过程也经历着恒速和降速阶段。

(3)干燥产品与空气分离

喷雾干燥的产品大多数都采用塔底出料,部分细粉夹带在排放的废气中,这些细粉在排放前必须收集下来,以提高产品收率,降低生产成本;排放的废气必须符合环境保护的排放标准,以防止环境污染。

三、喷雾干燥的优缺点

1. 优点

①干燥速度快。

②产品质量好。松脆空心颗粒产品具有良好的流动性、分散性和溶解性，并能很好地保持食品原有的色、香、味。

③营养损失少。快速干燥大大减少了营养物质的损失，如牛乳粉加工中热敏性维生素 C 只损失 5% 左右。因此，特别适合于易分解、变性的热敏性食品加工。

④产品纯度高。喷雾干燥是在封闭的干燥室中进行，既保证了卫生条件，又避免了粉尘飞扬，从而提高了产品纯度。

⑤工艺较简单。料液经喷雾干燥后，可直接获得粉末状或微细的颗粒状产品。

⑥生产率高。便于实现机械化、自动化生产，操作控制方便，适于连续化大规模生产，且操作人员少，劳动强度低。

2. 缺点

①由于一般干燥室的水分蒸发强度仅能达到 $2.5 \sim 4.0 \ kg/(m^3 \cdot h)$，需配置较复杂的雾化器、粉尘回收以及清洗系统等装置，才能提高蒸发强度，导致设备体积庞大，初期投资大。

②能耗大，热效率不高。一般情况下，热效率为 $30\% \sim 40\%$，若要提高热效率，可在不影响产品质量的前提下，尽量提高进风温度以及利用排风的余热来预热进风。另外，因废气中湿含量较高，为降低产品中的水分含量，需耗用较多的空气量，从而增加了鼓风机的电能消耗与粉尘回收装置的负担。

四、喷雾干燥机的组成

根据不同的物料或不同产品的要求，所设计出的喷雾干燥系统也有差别，但构成喷雾干燥系统的几个主要基本单元不变，图 10 - 9 为喷雾干燥机的主要配置，其中的几个主要系统是不可缺少的。

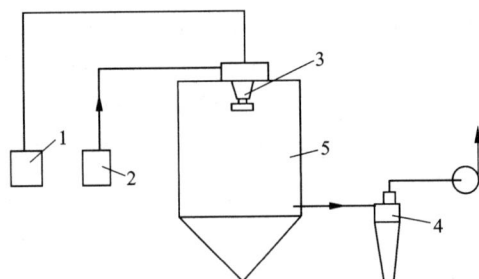

图 10 - 9　喷雾干燥机的配置
1—供料系统；2—供热系统；3—雾化系统；
4—气固分离系统；5—干燥器

1. 供料系统

供料系统是将料液顺利输送到雾化器中，并能保证其正常雾化，根据所采用雾化器形式和物料性质不同，供料的方式也不同，常用的供料泵有螺杆泵、计量泵、隔膜泵等，对于气流式雾化器，在供料的同时还要提供压缩空气以满足料液雾化所需要的能量，除供料泵外还要配备空气压缩机。

2. 供热系统

供热系统是给干燥提供足够的热量，以空气为载热体输送到干燥器内，供热系统形式的选定也与多方面因素有关，其中最主要因素还是料液的性质和产品的需要，供热设备主要有直接供热和间接换热两种形式。风机也是这个系统的一部分。

3. 雾化系统

雾化系统是整个干燥系统的核心，雾化系统中的雾化器是干燥专家们从理论到结构研究最多的主要配件之一，目前常用的主要有三种基本形式：

离心式——以机械高速旋转产生的离心力为主要的雾化动力；

压力式——以供料泵产生的高压为主要雾化动力，由压力能转变成动能；

气流式——以高速气流产生的动能为主要雾化动力，三种雾化器对料液的适应性不同，产品的粒度也有一定的差异。

4. 干燥系统

干燥系统中的干燥器形式多样，干燥器的形式在一定程度上取决于雾化器的形式，也是喷雾干燥设计中的主要内容。

5. 气固分离系统

雾滴被干燥除去水分(应该说是绝大部分水分)后形成了粉粒状产品，有一部分在干燥塔底部与气体分离排出干燥器(塔底出料式)，另有一部分随尾气进入气固分离系统需要进一步分离，气固分离主要有干式分离和湿式分离两类。

五、雾化器

1. 压力式雾化器

压力式雾化器实际上是一种喷雾头，装在一段直管上便构成所谓的喷枪。喷雾头(喷枪)需要与高压泵配合才能工作，一般使用的高压泵为三柱塞泵。压力式雾化器的工作原理是高压泵使料液获得高压(7~20 MPa)，从喷雾头出来时，由于压力大，喷孔小(0.5~1.5 mm)，很快雾化成雾滴。料液的雾化分散度取决于喷嘴的结构、料液的流出速度和压力、料液的物理性质(表面张力、黏度、密度等)。由于单个压力式喷雾头的流量(生产能力)有限，因此，大型压力式喷雾干燥机通常由多支喷枪一起并联工作。

2. 离心式雾化器

离心式雾化器如图 10-10 所示。浓乳在高速旋转的离心盘上雾化时，受到两种力的作用，一种是离心盘旋转产生的离心力，另一种是与周围空气摩擦产生的摩擦力。浓乳在排到热空气之前被离心力作用加速到很高速度。从离心盘的边缘甩出时呈薄膜状。与周围空气接触受摩擦力作用即分散成为微细的乳滴，达到雾化的目的。液滴随转盘旋转而产生的切线速度与离心力作用而产生的径向速度被甩出，其运动轨迹是螺旋形。

其传动系统由一级皮带传动和一级涡轮蜗杆传动组成，从 V 形皮带轮到喷雾离心盘传动比为 1:10，使离心盘的最高转速可达 15000 r/min。

离心喷雾对液滴大小的影响规律为：转速增大，液滴变小；反之转速降低，液滴变大；在旋转速度一定的情况下，液滴大小与供料量成正比；物料浓度与液滴大小成正比。

3. 气流式雾化器

气流式雾化器是依靠高速气流工作的雾化器。雾化原理是利用料液在喷嘴出口处与高速运动(一般为 200~300 m/s)的空气相遇，由于料液速度小，而气流速度大，两者存在相当大速度差，从而液膜被拉成丝状，然后分裂成细小的雾滴。雾滴大小取决于两相速度差和料液黏度，

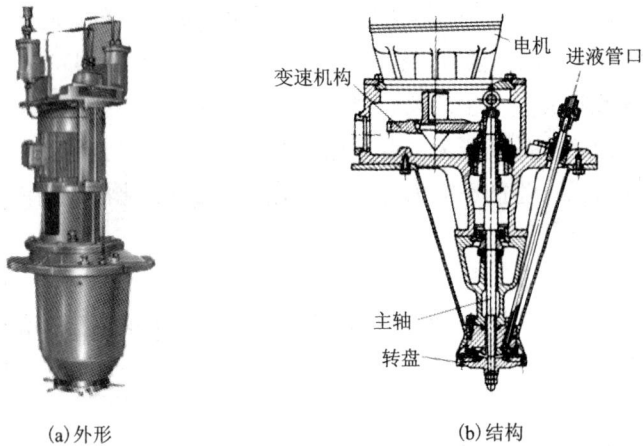

(a)外形　　　　　　　　　　　　(b)结构

图 10 - 10　离心式雾化器

相对速度差越大,料液黏度越小,则雾滴越细。料液的分散度取决于气体的喷射速度、料液和气体的物理性质、雾化器的几何尺寸以及气料流量之比。

气流式雾化器的结构有多种,常见的有二流式、三流式、四流式和旋转式,其结构如图10 - 11所示。

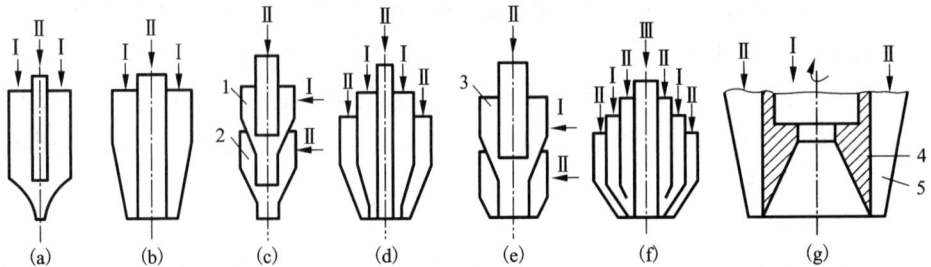

图 10 - 11　气流式雾化器形式

(a)二流内混合式;(b)二流外混合式;(c)三流内混合式;(d)三流外混合式;
(e)三流内外混合式;(f)四流式;(g)旋转式
Ⅰ—压缩空气;Ⅱ—料液;Ⅲ—加热空气
1—第一混合室;2—第二混合室;3—内混合室;4—旋转杯;5—气体通道

以上三类雾化器各有特点,见表10 - 1。在选型时,需考虑生产要求、待处理物料的性质及工厂等诸方面具体情况。国内外食品工业大规模生产时都采用压力喷雾和离心喷雾。

目前国内以压力喷雾占多数,如在乳粉和蛋粉生产中,压力喷雾占76%,离心喷雾占24%。国外在欧洲以离心喷雾为主,而在美国、新西兰、澳大利亚、日本等国则以压力喷雾为主。气流式由于动力消耗大,适用于小型设备,在食品工业中很少在大规模生产中应用。

表 10 - 1　三种雾化器的比较

参数	压力式	离心式	气流式
处理量的调节	范围小,可用多喷嘴	范围大	范围小
供料速度≤3 m³/h	适合	适合	适合
供料速率≥3 m³/h	要有条件	适合	要有条件
干燥室形式	立式、卧式	立式	立式
干燥塔高度	高	低	较低
干燥塔直径	小	大	小
产品粒度	粗粒	微粒	微粒
产品均匀性	较均匀	均匀	不均匀
粘壁现象	可防止	易粘附	小直径时易粘附
功率消耗	最小	小	最大
保养	喷嘴易磨损,高压泵需维护保养	动平衡要求高,相应的保养要求高	容易
价格	便宜	高	便宜

六、干燥室

喷雾干燥室分为厢式和塔式两大类,每类干燥室由于处理物料、受热温度、热风进入和出料方式等的不同,结构形式又有多种。

干燥室是喷雾干燥的主体设备,雾化后的液滴在干燥室内与干燥介质相互接触进行传热传质而达到干制品的水分要求。其内部装有雾化器、热风分配器及出料装置等,并开有进气口、排气口、出料口及人孔、视孔、灯孔等。

为了节能和防止(带有雾滴和粉末的)热湿空气在器壁结露,也出于节能考虑,喷雾干燥室壁均由双层结构夹保温层构成,并且内层一般为不锈钢板制成。另外,为了尽量避免粉末黏附于器壁,一般干燥室的壳体上还安装有使黏粉抖落的振动装置。

1. 箱式干燥室

又称卧式干燥室,用于水平方向的压力喷雾干燥。这种干燥室有平底和斜底两种形式。前者在处理量不大时,可在干燥结束后由人工打开干燥室侧门对器底进行清扫排粉,规模较大的也可安装扫粉器。后者底部安装有一个供出粉用的螺旋输送器。

厢式干燥室用于食品干燥时应内衬不锈钢板,室底一般采用瓷砖或不锈钢板。干燥室的室底应有良好的保温层,以免干粉积露回潮。干燥室壳壁也必须用绝热材料来保温。通常厢式干燥室的后段有净化尾气用的布袋过滤器,并将引风机安装在袋滤器的上方。

由于气流方向与重力方向垂直,雾滴在干燥室内行程较短,接触时间也短,且不均一,所以产品的水分含量不均匀;此外,从卧式干燥室底部卸料也较困难,所以新型喷雾干燥设备几乎都采用塔式结构。

2. 塔式干燥室

常称为干燥塔,新型喷雾干燥设备几乎都用塔式结构。干燥塔的底部有锥形底、平底和斜底三种,食品工业中常采用前者。对于吸湿性较强且有热塑性的物料,往往会造成干粉黏壁成团的现象,且不易回收,必须具有塔壁冷却措施。

3. 热气流与雾滴流向

喷雾干燥室内热气流与雾滴的流动方向，直接关系到产品质量以及粉末回收装置的负荷等问题。各型喷雾干燥设备中，热气流与雾滴的流动方向有并流、逆流及混流三类。

(1)并流操作

由于热空气与雾滴以相同的方向运动，与干粉接触时的温度最低，因而目前在食品工业中，如乳粉、蛋粉、果汁粉等的生产，大多数均采用并流操作，其它两种操作则较少采用。

并流式可分为水平、垂直下降和垂直上升式三种，其中水平并流式和垂直上升并流式仅适用于压力喷雾。垂直下降并流适用于压力喷雾[图10-12(a)]，也适用于离心喷雾[图10-12(b)]，热风与料液均自干燥室顶部进入，粉末沉降于底部，而废气则夹带粉末从靠近底部的排风管一起排至集粉装置。这种设计有利于微粒的干燥及制品的卸出，缺点是加重了回收装置的负担。

(2)混流操作

如图10-12(c)、(d)所示，这种流向的优点是综合了并流和逆流的优点，削弱了两者明显的弊端，且有搅动作用，所以脱水效率较高。

(3)逆流操作

如图10-12(e)所示，热风自干燥室的底部上升，料液从顶部喷洒而下。在这种操作中，已干制品与高温气体相接触，因而不可能用于热敏性物料的干燥。由于废气由顶部排出，为了减少未干雾滴被废气带走，必须控制气体速度保持在较低的水平。这样，对于给定的生产能力，干燥机的直径就很大。但这种操作由于传热、传质的推动力都较大，所以热能利用率较高。

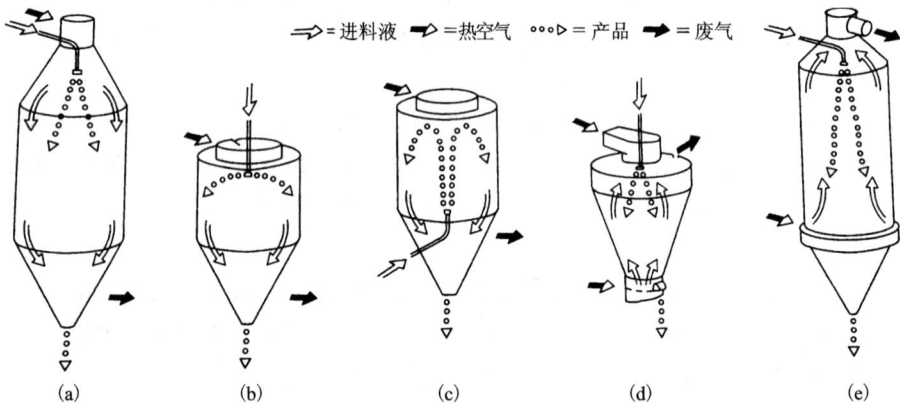

图10-12　干燥室的液滴与空气流向

(a)并流；(b)并流；(c)混流；(d)结合流化床的混流；(e)逆流

七、附属装置

1. 空气减湿器

它的作用是用于对进入冷却沸腾床的低湿冷空气减湿。减湿器壳内安装有管道，壳腔直接与空气滤清器连接，进来的新鲜空气，在壳腔内与通入冷水或冷盐水的换热管道进行热交换，空气降温，使所含湿气凝结。

2. 冷却沸腾床

它的作用是在干燥后的操作中和空气减湿器配合，代替气流输送，减少细粉生成量，减轻分离机负荷，能连续出粉分筛，尤其是能及时冷却连续包装。

3. 换热器

常采用的是翅片式散热器，是利用蒸气加热空气，具有良好的散热性能，耐腐蚀。一般流体的流程为错流，散热器下面装有泄水阀和管边，以便排出冷凝水。是由多块蒸汽散热排管组成，管外套以翅片，可达 $150 \sim 170℃$。

4. 燃油燃烧炉

燃油经加热和雾化，喷至炉内燃烧，将空气加热管内的空气加热。

5. 空气震荡器

其安装在喷雾室外壁的加强板，集料箱或旋风分离器上。其作用是利用压缩空气推动柱塞产生敲击振荡粘附在壁上的粉末，防止排料口堵塞。主要由压盖、热板、柱塞和壳体组成，柱塞和壳体之间留有排气孔，当通入压缩空气时，柱塞即发生上下运动，敲击垫板和壳体底板。所用的压力应控制在 $3 \sim 6$ atm 范围内。

6. 电磁空气震荡器

安装在塔体底部、喷雾室外壁的加强板、集料箱或旋风分离器上，用于定时振荡和清理粘附在壁上及塔底锥部沉积粉末，及时将其送到出粉口。

7. 空气滤清器

它的作用是除去空气中的杂质，保证空气洁净。一般系用油浸式过滤层，滤层用不锈钢丝铜丝、纤维丝等形成绒团，喷以轻质定子油或真空泵油，制成每块 50×50 厘米，厚约 $5 \sim 12$ cm 的单体，当空气进入时，空气中的杂质被阻挡而粘附在滤层中，每隔一段时期拆下，用碱水清洗干燥后喷油重新安装，继续使用，过滤阻力一般不超过 $15 \sim 20$ mmH$_2$O。

清洗方法：碱水加热清洗，热水冲洗，焙干后浸油。

8. 均风板

它的作用是调节改变干燥设备内的热风气流状态，满足不同干燥形式对热风气流的要求。

①利用均风板使热风形成均匀的直线气流，热风从侧面进入，利用垂直和水平两块均风板将热风均布，板为多孔板，开孔比为 23%。

②热风通过 3 块水平的均风板将热风均布，多孔板开孔比为 $A = 40\%$，$B = 40\%$，$C = 23\%$。

③在卧式压力喷雾干燥调和中的均风板，通常将气流成螺旋形状，以增加热风与料液的接触时间。气流的旋转幅度是借调节叶片实现的，叶片的倾斜角度越大，气流旋转越激烈。使用时必须根据粉末粘壁情况，调节叶片角度，叶片的数量可按进风导管大小增减。

八、典型喷雾干燥系统

1. 压力喷雾干燥机系统

图 10－13 为单级立式并流型锥塔喷雾干燥设备，主要由空气过滤器、进风机、空气加热器、热风分配器、压力喷雾器、干燥塔、布袋过滤器和排风机等组成。进风机、空气加热器和排风机安排在一个层面。空气由过滤器 7，经通风机 8 抽入空气加热室 6，使温度上升到 $130 \sim 160℃$，然后进入塔顶热空气分配室 4。经杀菌浓缩后的浓奶由高压泵经高压管路 5 进入干燥室顶部喷嘴 3，与热风并流自上而下喷雾，液滴吸热雾化后，粗颗粒落入鼓风阀 9 连续出料，被气

流带走的粉末由侧壁风管进入布袋过滤室 2 过滤，然后由螺旋输送器 10 送回干燥室锥底，由鼓风阀 9 排出，废气则由排风机 1 排出。

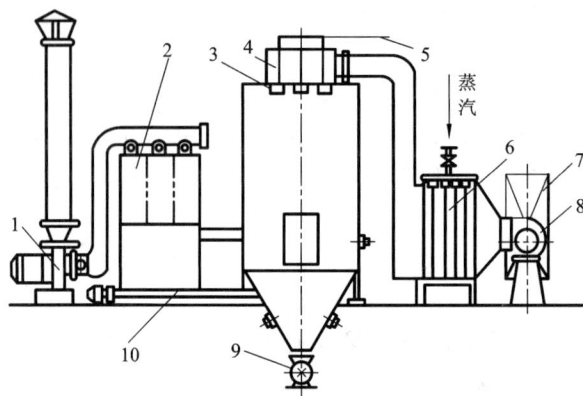

图 10 - 13 单级立式并流型锥塔喷雾干燥设备

1—排风机；2—布袋过滤室；3—喷嘴；4—热空气分配室；5—高压泵管路；
6—空气加热室；7—空气过滤器；8—通风机；9—鼓风阀；10—螺旋输送器

2. 离心喷雾干燥机系统

图 10 - 14 为尼罗式(双级)离心喷雾干燥设备工艺流程。共包括进料至出粉、进风至排风、冷动沸腾床的进风至排风、细粉回收和电气开关控制五个系统，下面分别从五个系统说明其工作原理：

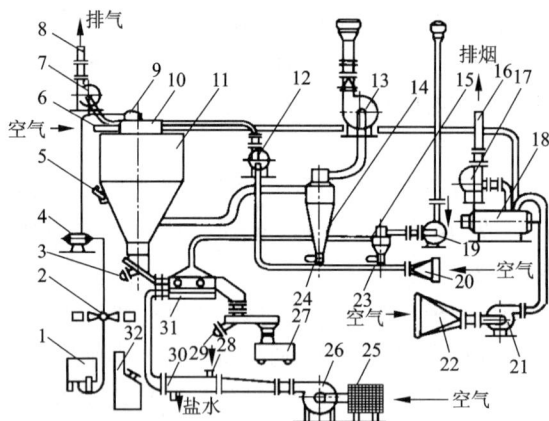

图 10 - 14 离心喷雾干燥设备工艺流程

1—物料贮槽；2—五通阀双联过滤器；3—激振器；4—螺杆泵；5—振荡器；6—冷却风圈进风；7—冷却风圈排风机；
8—冷却风圈排风管；9—离心喷雾机；10—蜗壳式进风盘；11—立式塔体；12、26—通风机；13—排风机；
14—主旋风分离器；15—细粉回收旋风分离器；16—排烟管；17 燃油炉排风机；18—燃油热风炉；19—排风机；
20、25—空气过滤器；21—燃油热风炉进风机；22—空气过滤器；23、24—鼓形阀；27—集粉箱；28—冷盐水管；
29—出粉振动装置；30—减湿冷却器；31—冷却沸腾床；32—仪表控制台

(1)进料与出粉系统

料液由贮槽 1，经互通阀双联过滤器 2，除去机械杂质，由螺杆泵 4 泵入喷雾塔顶的离心喷雾机 9，借助离心力的高速旋转，将物料喷成雾状与热风进行充分地热交换，干燥成粉，落入塔底圆锥体部分，在激振器 3 的作用下，将干粉输送至冷却沸腾床 31，在出粉振动装置 29 的振动下进行沸腾干燥和冷却，破碎粉块，最后输送到集粉箱 27 后去包装。

（2）进风与排风系统

新鲜的冷空气经空气过滤器 22 过滤后，被进风机 21 送入燃油热风炉 18 加热到 220℃ 左右，经蜗壳式进风盘 10 螺旋式地吹入立式塔体 11 内，与离心机喷出来的雾状物料进行热交换，蒸发出来的水蒸汽和热交换后热风及部分粉尘经排风管道，进入旋风分离器 14，粉尘被旋风分离器回收，废气由排风机 13 排出室外。

（3）冷动沸腾床的进风与排风系统

新鲜空气经过滤器 25 过滤后，由通风机 26 把空气吹入减湿冷却器 30 内，进行降温和除湿，然后进入冷却沸腾床 31，冷却从喷雾塔中输送来的干粉。经过热交换的冷空气经冷却沸腾床的排风口，送到旋风分离器 15，将细粉回收。废气则由排风机 19 排出室外。

（4）细粉回收系统

经旋风分离器 14、15 回收的细粉，分别在鼓形阀 23、24 的作用下，进入到细粉回收管道，而新鲜空气通过空气过滤器 20 在细粉回收通风机 12 的作用下，带着细粉一起进入蜗壳式进风盘 10，吹入喷雾塔，与离心机喷出来的雾滴混合，重新干燥。对奶粉生产来说，可使奶粉颗粒增大，从而提高了奶粉的速溶性和容量。

（5）电气开关控制系统

流程中如螺杆泵的无级变速调节、离心机、鼓风机、激振器、鼓型阀等，都集中安装在仪表控制台 32 上，以便控制生产过程。

第六节　流化床干燥设备

流化床干燥是指粉状或颗粒状物料呈沸腾状态被通入的气流干燥。这种沸腾料层称为流化床，而采用这种方法干燥物料的设备，称为流化床干燥器，又称沸腾床干燥器。当采用热空气作为流化介质干燥湿物料时，热空气起流化介质和干燥介质双重作用。被干燥的物料在气流中被吹起、翻滚、互相混合和摩擦碰撞的同时，通过传热和传质达到干燥的目的。流化床在食品工业上用于干燥果汁型饮料、速溶乳粉、砂糖、葡萄糖、汤料粉等。

一、流化床干燥器的特点

其优点为设备小、生产能力大、物料逗留时间可任意调节、装置结构简单、占地面积小、设备费用低、物料易流动。设备的机械部分简单，除一些附属部件如风机、加料器等外，无其它活动部分，因而维修费用低。与气流干燥相比，因沸腾干燥的气流速度较低，所以物料颗粒的粉碎和设备的磨损也相对较小。主要缺点是操作控制比较复杂。

二、流化床干燥器适宜条件

适宜于处理粉状且不易结块的物料，物料粒度通常为 30 μm ~ 6 mm。物料颗粒直径小于 30 μm 时，气流通过多孔分布板后极易产生局部沟流。颗粒直径大于 6 mm 时，需要较高的流化速度，动力消耗及物料磨损随之增大。

适用于处于降速干燥阶段的物料。对于粉状物料和颗粒物料,适宜的含水范围分别在 2% ~5% 和 10% ~15% 之间。气流干燥或喷雾干燥得到物料,若仍含有需要经过较长时间降速干燥方能去除的结合水分,则更适于采用流化床干燥。

三、流化过程

1. 固定床

湿物料进入干燥器,落在干燥室底部的多孔金属板上,因气流速度较低,使物料与孔板间不发生相对位移,称为固定床状态,是流化过程的第一阶段。

2. 流化床

增大通入的气流速度,物料颗粒被吹起而悬浮在气流中,此为流化过程第二阶段——流化床。

3. 气流输送

当气流速度继续增大,大于固体颗粒的沉降速度时,固体颗粒则被气流带走,这为流化过程第三阶段——气流输送。

四、典型流化床干燥器

流化床干燥器按结构形式分为立式和卧式及单层型、多层型和多室型等,按附加装置分为有带振动器型和间接加热型。

1. 立式流化床干燥机

在立式流化床干燥机中,物料的通过方向主要为自上而下,与重力方向相同,可利用物料的自重,易通过和流化。

(1)单层流化床干燥器

这是最为简单的流化床干燥器,图 10 – 15 为其流程示意图。湿物料由胶带输送机送到加料斗,再经抛料机送入干燥器内。空气经过过滤器由鼓风机送入空气加热器加热,热空气进入流化床底后由分布板控制流向,进行湿物料干燥。物料在分布板上方形成流化床。干燥后的物料经溢口由卸料管排出,夹带粉尘的空气经旋风除尘器分离后由抽风机排出。这种干燥器操作方便、生产能力大、在食品工业上应用广泛,适

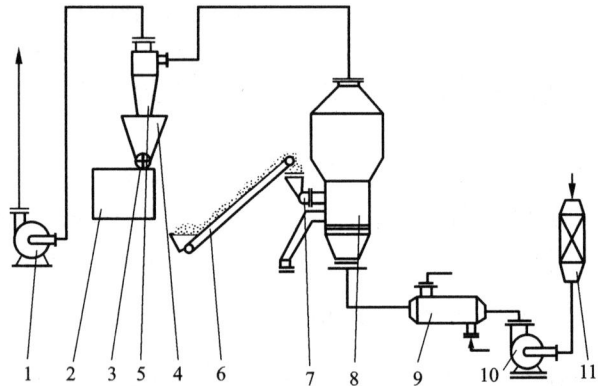

图 10 – 15 单层流化床干燥流程图
1—抽风机;2—料仓;3—星形卸料器;4—集灰斗;
5—旋风分离器;6—皮带输送机;7—抛料机;8—流化床;
9—换热器;10—鼓风机;11—空气过滤器

用于床层颗粒静止高度低(300 ~400 mm)且容易干燥或要求不严的湿物料,但干燥产品含水量不均匀。

(2)多层流化床干燥器

整体为塔形结构,内设多层孔板。图 10 – 16 为一多层溢流管式流化床干燥器流程图,干

燥物料由料斗经气流输送到干燥器的顶部，由上而下流动，通过溢流管由上一层落至下一层上，最后由卸料管排出。干燥过程中物料的流化是在热风作用下实现的，所需气流速度较高。空气经过滤器、鼓风机送到加热器后，由干燥器底部进入，将湿物料流化干燥，为了提高热利用率，部分气体循环使用。

溢流管式多层流化床干燥器的关键是溢流管的设计和操作。如果设计不当，或操作不妥，很容易产生堵塞或气体穿孔，从而造成下料不稳定，破坏流化现象。因此，一般溢流管下面均装有调节装置，如图 10-17 所示。该装置采用一菱形堵头(a)或翼阀(b)，调节其上下位置可改变下料口截面积，从而控制下料量。

图 10-16　多层溢流管式流化床干燥器流程图

1—空气过滤器；2—鼓风机；3—加热器；
4—料斗；5—干燥器；6—卸料管

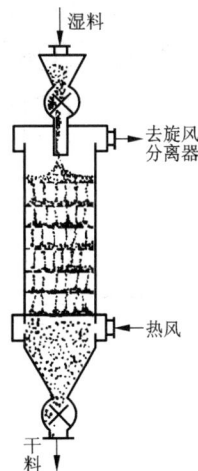

(3)穿流板式流化床干燥器(图 10-18)

干燥时，物料直接从筛板孔自上而下分散流动，气体则通过筛孔自下而上流动，在每块板上形成流化床，故结构简单，生产能力强，但控制操作要求较高。为使物料能通过筛板孔流下，筛板孔径应为物料粒径的 5~30 倍，筛板开孔率 30%~40%。物料的流化形式为非自由下落，主要依靠自重作用，气流起阻止下落速度过快的作用，所需气流速度较低，大多数情况下，气体的空塔气速与颗粒夹带速度之比为1.2~2，颗粒粒径为 0.5~5 mm。

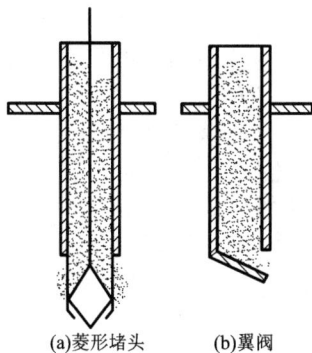

图 10-17　溢流管流量控制装置

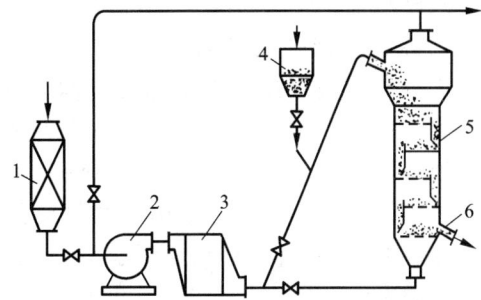

图 10-18　穿流板式多层流化床干燥机

(4)脉冲式流化床干燥器

脉冲流化床是流化床技术的一种改型，其流化气体是按周期性方式输入。在一大的矩形床内，脉冲流化区可以随着气流的周期性易位而在某有利条件范围内进行变化，虽然气体"易位"用来消除细颗粒流化床中沟流的想法起源于30年以前，但它始终未得到广泛的应用。

图 10-19 中表示的是周期性地改换气流位置的脉冲流化床干燥的工作原理，热空气流

过旋转阀分布器,而分布器周期性地遮断空气流并引导它流向强制送风室的各个区段,送风室是位于常规流化床支承网的下面。在"活化"室内的空气流化了位于活化室上的床层段。当气体朝着下一个室时,床层流化段几乎变成停滞状态。实际上,由于气体的压缩性和床层的惯性,整个床层在活化区还能进行很好的流化。

如与常规流化床干燥器相比,脉冲流化床具有如下优点:

异向性的大颗粒(例如直径为 20 ~ 30 mm,厚度为 1.5 ~ 3.5 mm 的蔬菜)也能良好流化;压降降低(为 7% ~ 12%);最小流化速度减小

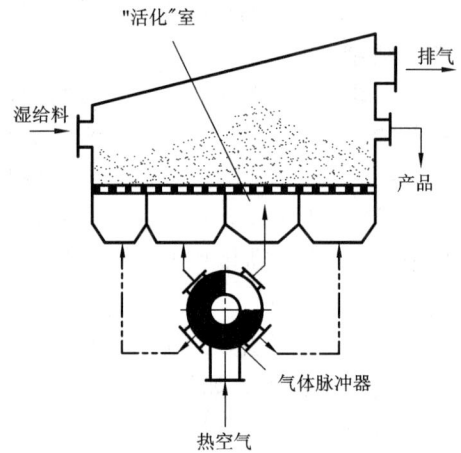

图 10 - 19　周期性变换气流位置的脉冲流化床干燥器

(为 8% ~ 25%);改善床层结构(无沟流,较好的粒子混合);浅床层操作;能量节省最高达 50%。

2. 卧式流化床干燥机

卧式流化床干燥机中物料通过方向与重力方面垂直,物料的通过完全依靠外界动力,因而易于控制。

卧式多室流化床干燥器的开发克服了多层流化床干燥器的结构复杂、床层阻力大、操作不易控制等缺点,以及保证干燥后产品的质量。这种设备结构简单、操作方便,适用于干燥各种难于干燥的粒状物料和热敏性物料,并逐渐推广到粉状、片状等物料的干燥领域。图 10 - 20 所示为卧式多室流化床干燥器。

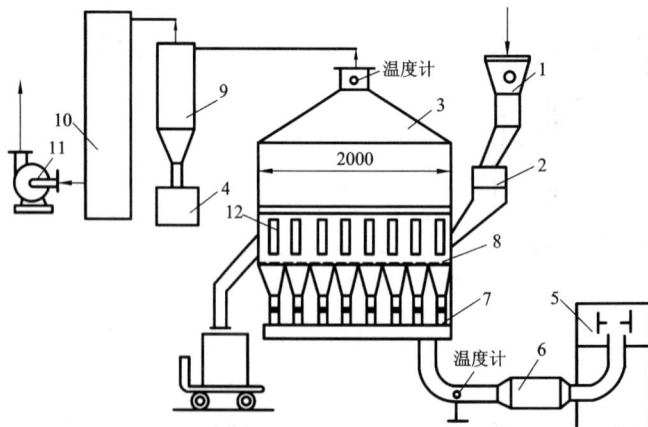

图 10 - 20　卧式多室流化床干燥器

1—摇摆颗粒机;2—加料斗;3—流化干燥室;4—干品贮槽;5—空气过滤器;6—翅片加热器;7—进气支管;8—多孔板;9—旋风分离器;10—袋式过滤器;11—抽风机;12—视镜

干燥器为一矩形箱式流化床,底部为多孔筛板,其开孔率一般为 4% ~ 13%,孔径一般为 1.5 ~ 2.0 mm。筛板上方有竖向挡板,将流化床分隔成 8 个小室。每块挡板均可上下移动,

以调节其与筛板之间的距离。每一小室下部有一进气支管，支管上有调节气体流量的阀门。湿料由摇摆颗粒机连续加入干燥器的第一室，由于物料处于流化状态，所以可自由地由第一室移向第八室。干燥后的物料则由第八室的卸料口卸出。

空气经过滤器 5，经加热器 6 加热后，由 8 个支管分别送入 8 个室的底部，通过多孔筛板进入干燥室，使多孔板上的物料进行流化干燥，废气由干燥室顶部出来，经旋风分离器 9，袋式过滤器 10 后，由抽风机 11 排出。

卧式多室流化床干燥器所干燥的物料，大部分是经造粒机预制成 4 ~ 14 目的散粒状物料，其初始湿含量一般为 10% ~ 30%，终了湿含量为 0.2% ~ 0.3%，由于物料在流化床中摩擦碰撞的结果，干燥后物料粒度变小。当物料的粒度分布在 80 ~ 100 目或更细小时，干燥器上部需设置扩大段，以减少细粉的夹带损失。同时，分布板的孔径及开孔率也应缩小，以改善其流化质量。

卧式多室流化床干燥器的优缺点如下：

优点：结构简单，制造方便，没有任何运动部件；占地面积小，卸料方便，容易操作；干燥速度快，处理量幅度宽；对热敏性物料，可使用较低温度进行干燥，颗粒不会被破坏。

缺点：热效率与其他类型流化床干燥器相比较低；对于多品种小产量物料的适应性较差。

3. 振动流化床干燥器

如图 10 - 21 所示，干燥器由振动喂料器、振动流化床、风机、空气加热器、空气过滤器和集尘器等组成。流化床的机壳安装在弹簧上，由振动电机驱动，分配段和筛选段下面均通有热空气。物料干燥时，从喂料器进入流化床分配段。在平板振动和气流作用下，物料被均匀地供到沸腾段，在沸腾段进行干燥后进入分选段，筛选段分别安装不同规格的筛网，进行制

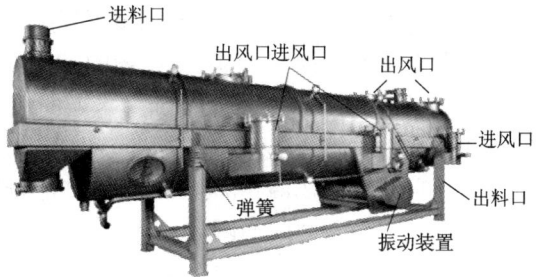

图 10 - 21 振动流化床干燥器

品筛选及冷却，而后卸出产品。带粉尘的气体经集尘器回收细粉后排出。

振动流化床干燥器适合于干燥颗粒过粗或过细、易粘结、不易流化的物料及对产品质量有特殊要求的物料。如砂糖干燥要求晶形完整、晶体光亮、颗粒大小均匀等。采用振动流化床干燥时，含水量 4% ~ 6% 的湿砂糖在流化床的沸腾段停留约十几秒就可干燥到含水率 0.02% ~ 0.04%，并筛选出合格的产品。

第七节　气流式干燥设备

一、气流干燥设备简介

气流干燥的基本流程如图 10 - 22 所示。湿物料自螺旋加料器进入干燥管，空气由鼓风机鼓入，经加热器加热后与物料汇合，在干燥管内达到干燥目的。干燥后的物料在旋风除尘

器和袋式除尘器得到回收，废气经抽风机由排气管排出。

气流干燥是对流干燥的一种干燥形式，湿物料的干燥是由传热和传质两个过程所组成。当湿物料与热空气相接触时，干燥介质(热空气)将热能传递至湿物料表面，由表面传递至物料的内部，这是一个热量传递过程。与此同时，湿物料中的水分从物料内部以液态或气态扩散到物料表面，由物料表面通过气膜扩散到热空气中去，这是一个传质过程。

气流干燥机适用于在潮湿状态仍能在气体中自由流动的颗粒物料的干燥，

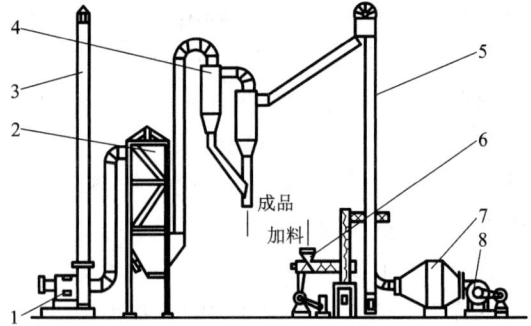

图 10 - 22 气流干燥基本流程图

1—抽风机；2—袋式除尘器；3—排气管；4—旋风除尘器；
5—干燥管；6—螺旋加料器；7—加热器；8—鼓风机

如面粉、谷物、葡萄糖、食盐、味精、离子交换树脂、切成粒状或小块状的马铃薯、肉丁及各种粒状食品等均可用采用气流干燥法干燥。

二、气流干燥设备特点

①干燥强度大。气流干燥由于气流速度高，粒子在气相中分散良好，可以把粒子的全部表面积作为干燥的有效面积，因此，干燥的有效面积大大增加。同时，由于干燥时的分散和搅动作用，使气化表面不断更新，因此，干燥的传热、传质过程强度较大。例如，旋风式气流干燥器的干燥强度可达 $2.69 \ kg/(m^2 \cdot h)$。

②干燥时间短。气固两相的接触时间极短，干燥时间一般在 $0.5 \sim 2 \ s$，最长为 $5 \ s$。物料的热变性一般是温度和时间的函数，因此，对于热敏性或低熔点物料不会造成过热或分解而影响其质量。

③热效率高。气流干燥采用气固相并流操作，而且，在表面气化阶段，物料始终处于与其接触的气体的湿球温度，一般不超过 $60 \sim 65℃$，在干燥末期物料温度上升的阶段，气体温度已大大降低，产品温度不会超过 $70 \sim 90℃$，因此，可以使用高温气体。

一般如保温良好，热气体温度在 $450℃$ 以上时，热效率在 $60\% \sim 75\%$ 之间。若采用间接蒸汽加热空气的系统，其热效率较低，仅为 30% 左右。

④设备简单。气流干燥器设备简单，占地小，投资省。与回转干燥器相比，占地面积减少 60%，投资约省 80%。同时，可以将干燥、粉碎、筛分、输送等单元过程联合操作，不但流程简化，而且操作易于自动控制。

⑤应用范围广。气流干燥可使用于各种粉粒状物料。在气流干燥管直接加料情况下，粒径可达 $10 \ mm$，湿含量可在 $10\% \sim 40\%$ 之间。

三、直管式气流干燥机

至今，直管式气流干燥机应用最普遍。如图 10 - 23 所示，被干燥物料经预热器加热后送入干燥管的底部，然后被从加热器送来的热空气吹起。气体与固体物料在流动过程中因剧烈的相对运动而充分接触，进行传热和传质，达到干燥的目的。干燥后的产品由干燥机顶部送出，废气由分离器回收夹带的粉末后，经排风机排入大气。

1. 直管式气流干燥机的优点

①干燥强度大。由于物料在热风中呈悬浮状态，能最大限度地与热空气接触，且由于气速较高（达 20 ~ 40 m/s），空气涡流的高速搅动，使气 – 固边界层的气膜不断受冲刷，减小了传热和传质的阻力，容积传热系数可达 2300 ~ 7000 W/(m³·K)，这比转筒干燥机大 20 ~ 30 倍。

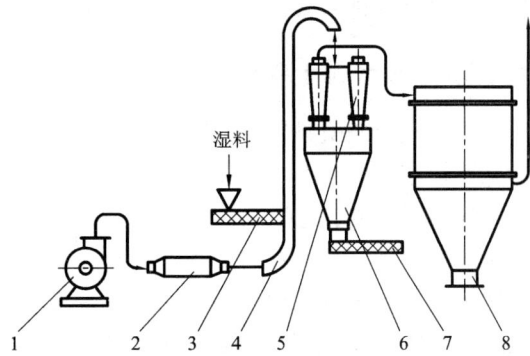

图 10 – 23　直管式气流干燥机
1—鼓风机；2—翅片加热器；3—螺旋加料器；4—干燥管；
5—旋风除尘器；6—贮料斗；7—螺旋出料器；8—袋式除尘器

②干燥时间短。对于大多数的物料只需 0.5 ~ 2 s，最长不超过 5 s，因为是并流操作，所以特别适宜于热敏性物料的干燥。

③占地面积小。由于气流干燥机具有很大的容积传热系数，所以所需的干燥机体积可大为减小，即能实现小设备大生产的目标。

④热效率高。由于干燥机散热面积小，所以热损失小，最多不超过 5%，因而干燥非结合水时热效率可达 60% 左右。干燥结合水时可达 20% 左右。

⑤无专用的输送装置。气流干燥机的活动部件少，结构简单，易建造，易维修，成本低。

⑥操作连续稳定。可以一次性完成干燥、粉碎、输送、包装等工序，整个过程可在密闭条件下进行，减少物料飞扬，防止杂质污染，既改善了产品质量又提高了回收率。

⑦适用性广。可应用于各种粉状物料，粒径最大可达 100 mm，湿含量可达 10% ~ 40%。

2. 直管式气流干燥机的缺点

①全部产品由气流带出，因而分离器的负荷大。

②气速较高，对物料颗粒有一定的磨损，所以不适用于对晶形有一定要求的物料，也不适宜用于需要在临界湿含量以下干燥的物料以及对管壁黏附性强的物料。

③由于气速大，全系统阻力大，因而动力消耗大。

④干燥管较长，一般在 10 m 或 10 m 以上。

四、多级气流干燥机

目前国内较多采用的是二级或三级气流干燥机，多用于含水量较高的物料，如口服葡萄糖、硬脂酸盐等。图 10 – 24 所示即为两级气流干燥机，它既降低了干燥管的高度，第一段的扩张部分还可以起到对物料颗粒的分级作用。小颗粒物料随气流移动，大颗粒物料则由旁路

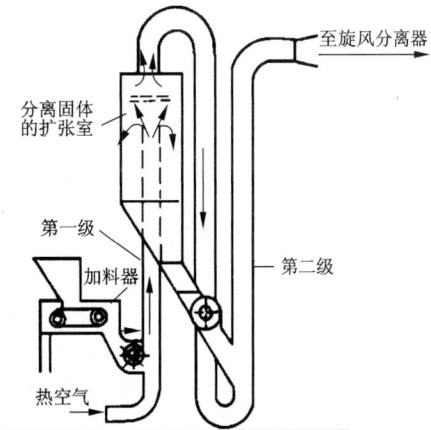

图 10 – 24　两级气流干燥机

通过星形加料器再进入第二段,以免沉积在底部转弯处将管道堵塞。

五、脉冲式气流干燥机

脉冲式气流干燥机是原有的直管被直径交替缩小与扩大的脉冲管代替,如图 10 – 25 所示。物料首先进入管径较小的干燥管内,此处气体以较高的速度流过,使颗粒产生加速运动。当颗粒的加速运动终了时,干燥管直径突然扩大。由于颗粒运动的惯性,在该段内颗粒的速度大于气流的速度,颗粒在运动过程中因气流阻力而不断减速。在减速终了时,干燥管直径再度突然缩小,颗粒又被加速。管径重复交替地缩小与扩大,使颗粒的运动速度也在加速和减速之间不断地变化,没有等速运动阶段,从而强化了传热和传质速率。

六、套管式气流干燥机

套管式气流干燥机如图 10 – 26 所示。套管式气流干燥机的特点是具有一个套管式气流干燥管,物料和空气同时由内管下部进入,然后由顶部进入内外管的环隙内,并从环隙底部排出。由于采用套管,可以减低干燥管高度和提高热效率。气流干燥管由内管和外管组成,物料和气流同时由内管的下部进入。颗粒在管内加速运动至终了时,由顶部导入内外管间的环隙内,以较小的速度下降并排出。这种形式可以节约热量。

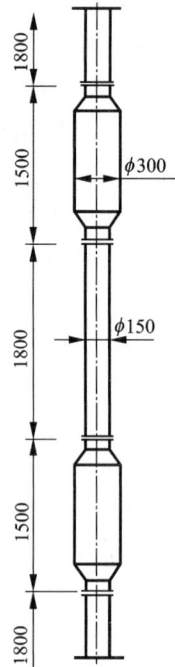

图 10 – 25　脉冲式气流干燥机干燥管

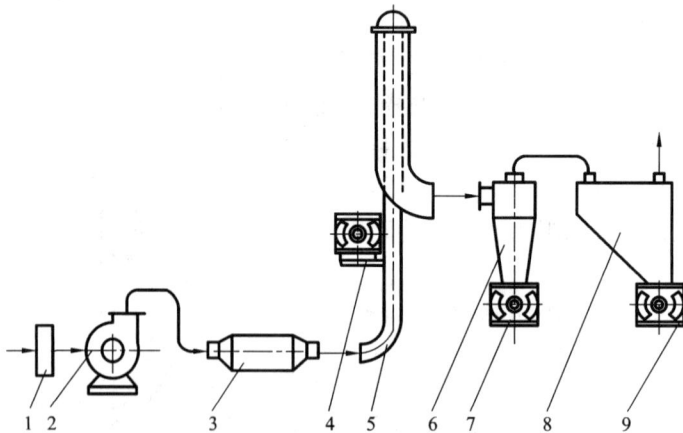

图 10 – 26　套管式气流干燥机

1—空气过滤器;2—风机;3—空气加热器;4—螺旋送料器;5—干燥管;
6—旋风分离器;7—出料器;8—布袋除尘器;9—出料器

七、旋风式气流干燥机

旋风式气流干燥机干燥原理同直管式气流干燥机。在旋风干燥器内气流夹带物料从切线方向进入，沿着内壁形成螺旋线运动，物料在气流中均匀分布与旋转运动，因此，即使在雷诺数较低的情况下，也能使粒子周围的气体边界层处呈高度湍流状态，增大气体和粒子间的相对速度。同时，由于旋转运动使粒子受到粉碎，增大了传热面积，这样，就强化了干燥过程。凡是能用气流干燥的物料旋风式气流干燥机均能适应，特别对憎水性、粒子小、不怕粉碎和热敏性物料尤为适用，其流程图如图 10 - 27 所示。

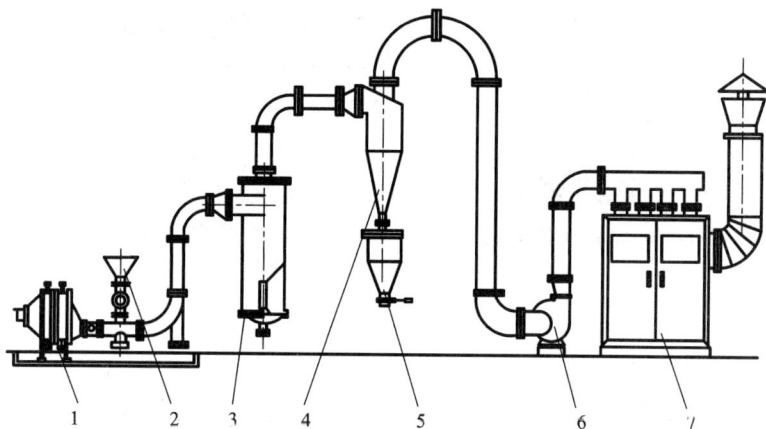

图 10 - 27　旋风式气流干燥机流程图
1—空气预热器；2—加料器；3—旋风式干燥器；4—旋风除尘器；5—贮料斗；6—鼓风机；7—袋式除尘器

除了前面提到加热干燥方法以外，食品工业还可利用红外线、微波、电阻加热等原理对食品进行加热干燥处理。其中远红外加热的应用最广，它的主要设备形式是用于焙烤行业的烤炉。目前，微波加热设备应用最多的是家用微波炉，但由于其独特的介电加热优点，工业化规模的微波设备具有良好的发展前景。

第八节　电磁辐射干燥机

一、微波加热原理

高频干燥的热源主要是依靠每秒钟变化几万次、几百万次、甚至几亿次的电磁场对物料进行作用来产生的。由于电磁场变化很快，所以称作高频电磁场。高频加热可根据不同的特点分为高频感应加热、高频介质加热、高频等离子加热和微波加热。

高频干燥所使用的频率一般在 150 MHz 以下，采用三极管作振荡源。微波干燥所用的频率一般在 300 MHz 以上，需采用特殊结构形式的微波管，如磁控管、速调管或正交场器件如泊管等。高频介质加热干燥是在电容器电场中进行的；而微波介质干燥是在波导、谐振腔，或者在微波天线的辐射场照射下进行的。高频加热与微波加热都属于介电加热的范畴。

在外加电场的作用下，无极分子的正负电荷中心的距离将发生相对位移，形成沿着外电场作用方向取向的偶极子，因此电介质的表面将感应极性相反的束缚电荷，宏观上称这种现象为电介质的极化。随着外加电场越强，极化程度也就越高。图 10-28 为无极分子极化示意图。对于有极分子来说，在外电场的作用之下，每个分子的正负电荷都要受到电场力的作用，使偶极子转动并趋向于外电场作用方向。随着外加电场愈强，偶极子排列愈整齐，宏观上电介质表面出现的束缚电荷越多，极化的强度越高。图 10-29 为有极分子极化示意图。

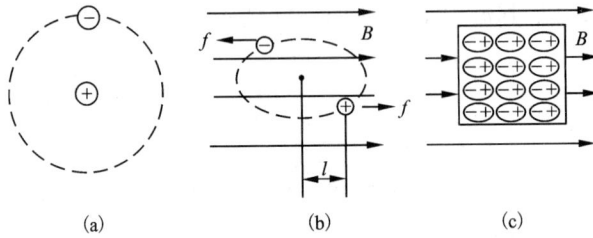

图 10-28　无极性分子极化示意图

(a)没有电场时,无极分子呈电中性;(b)有外电场时,分子极化形成偶极子;
(c)有外电场时,物质宏观上感应出束缚电荷

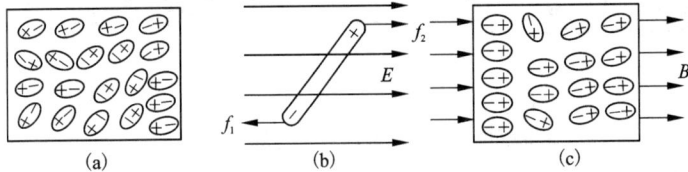

图 10-29　有极分子极化示意图

(a)没有外电场时,分子热运动使其排列杂乱无章;(b)有外电场时,偶极子受到电场作用力 $f_1 = f_2$ 的作用取向;
(c)有外电场时,物质宏观上感应出束缚电荷

如果把介质物料外加电场变为交变电场，则无论是有极分子电介质或是无极分子电介质都被反复极化，随着外加电场变化频率越高，偶极子反复极化的运动越剧烈。反复极化越剧烈从电磁场所得到的能量越多。同时，偶极子在反复极化的剧烈运动中又在相互作用，从而使分子间摩擦也变得越剧烈，这样就把它从电磁场中所吸收的能量变成了热能，从而达到使电介质升温的目的。从物料表面蒸发水分时，物体内部形成一定的温度梯度和湿度梯度，加速了水分自然料由内部向表面移动，达到干燥的目的。由此可见，高频或微波干燥时，物料加热使物料内相变速度超过蒸汽传质速度。

二、微波干燥器

微波干燥设备主要由直流电源、微波管、传输线或波导、微波炉及冷却系统等几个部分所组成。微波管由直流电源提供高压并转换成微波能量。目前用于加热干燥的微波管主要为磁控管。表 10-2 是国产磁控管的常见功率与效率。

微波能量通过连续波导传输到微波炉对被干燥物料进行加热干燥。冷却系统用于对微波管的腔体及阴极部分进行冷却。冷却方式可为风冷和水冷。图 10-30 为微波干燥设备组成示意图。微波干燥器有箱型、腔型、波导型、辐射型等几种形式，表 10 - 3 为各类微波干燥器的性能比较。

表 10 - 2　国产连续波磁控管

中心频率/MHz	功率/kW	效率/%
2450	0.2　0.6　0.8　3.0　5.0　10.0	>70
915	5　10　20　30　60　100	>80

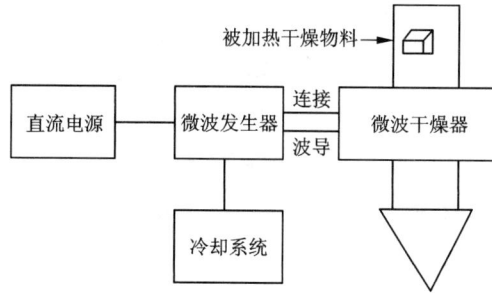

图 10 - 30　微波干燥设备组成示意图

表 10 - 3　各类微波加热干燥器性能

型　式	微波功率分布	功率密度	适用加热干燥物料	对磁控管的负载性能	适用干燥方　式
箱型	分散	弱	人件、块状	差	分批或连续
腔型	集中	强	线状	差	连续
波导型	集中	强	粉状、片状、板状	好	连续
辐射型	集中	强	块状、颗粒状	较好	分批或连续

微波箱（又称微波炉）是利用驻波场的微波干燥器。它的结构由矩形谐振腔、输入波导、反射板和搅拌器等组成（图 10 - 31）。谐振腔腔体为矩形，其空间每边长度都大于 $1/2\lambda$ 时，从不同的方向都有波的反射，被干燥的物料（介质）在谐振腔内各个方面都可受热干燥。微波能在箱壁上的损失极小，物料没有吸收掉的能量在谐振箱内穿透介质到达箱壁后，由于反射又重新折射到物料。这样，就能使微波能全部用于物料的干燥。同时，由于微波腔体是密闭的，微波能的泄漏很少，不会危及操作人员的安全。箱壁通常采用铝或不锈钢制成，并有排湿孔，采用大的通风量，或送入经过预热的空气，以免水蒸汽在壁上凝聚成水滴。在波导入口处装有反射板和搅拌器。反射板把电磁波反射到搅拌器上，搅拌器上有叶片，叶片用金属板制成并弯成一定的弧度，每分钟旋转几十到百余次，以不断改变腔内场的分布，达到均匀干燥的目的。此外，为了保证干燥均匀，可以使被干燥物料在加热器内连续移动。图 10 - 32 所示为两种连续式干燥器，被干燥物料由传送带输送。

由于腔体两侧的入口和出口将造成微波能的泄漏，因此在传送带上安装了金属挡板，或在腔体两侧开口处的波导里安上许多金属链条，以形成局部短路，防止微波的辐射。

图 10 - 33 为连续式多谐振腔干燥器，这种干燥器可以得到大的功率容量，在炉体的进口和出口，设有吸收功率的水负载，以防止微波的辐射。

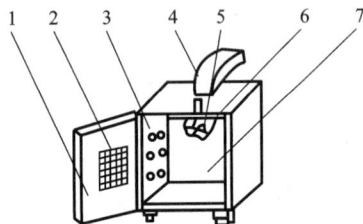

图 10 - 31　微波箱干燥器结构示意图

1—门；2—观察窗；3—排湿孔；4—波导；
5—搅拌器；6—反射板；7—腔体

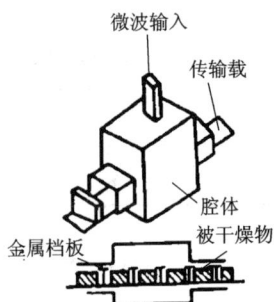

(a)非金属挡板传送带

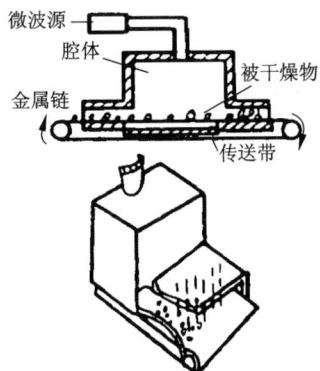

(b)无挡板传送带

图 10 - 32　连续式谐振腔干燥器

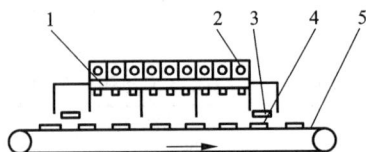

图 10 - 33　连续式多谐振腔干燥器

1—辐射器；2—磁控管振荡源；3—吸收水负载；4—被干燥物料；5—传送带

三、微波干燥器的选择

微波干燥器的选择主要是选定微波干燥器的形式和工作频率。

1. 干燥器形式的选定

干燥器形式主要由被干燥物料的特性形状，加工数量及要求，结合各类微波干燥器的性能而定。

对于薄片材料，一般可以采用开槽波导或慢波结构的干燥器。被干燥物料是流水线连续生产时，可用传送带式。而小型谐振腔式干燥器则适用于批量小、不连续生产的干燥作业。

2. 工作频率的决定

由于频率直接影响到微波干燥的效率效果及干燥设备的尺寸，所以须根据下面 3 个方面来选择工作频率。

(1)被干燥物料的体积及厚度

电磁波穿透到介质中后，部分能量被消耗转为热能，所以其场强将按一定的规律衰减。通常定义微波能量减少到原来最大值的 $1/e^2 = 13.6\%$ 时，离表面的距离为穿透深度。其关系式为：

$$D = \lambda_o / (\pi \varepsilon^{-1/2} \tan\delta)$$

式中：D 为介质的深度；λ_o 为自由空间波长；ε 为介电常数；δ 为介电损耗角。

可以看出，介质的穿透深度与波长在同一数量级，所以除了较大物体外，一般都能用微波干燥。但若频率过高，由于波长很短，穿透深度就很小了。因此，当被干燥物料在915 MHz 及 2450 MHz 时的介电常数及介质损耗相差不大时，选用 915 MHz 可以获得较大的穿透深度，也就是可以干燥较厚、体积较大的物料。

（2）物料的含水量及介质损耗

一般情况下，加工物料的含水量越大，其介质损耗也越大，当频率越高时，其相应的介质损耗也越大。因此，含水分量大的物料可以用 915 MHz，当含水量很低时，物料对 915 MHz 的微波就较难吸收，而应当选择 2450 MHz。但有些物料如含 0.1 g 分子的盐水，915 MHz 时介质损耗反而比 2450 MHz 高一倍。因此，最好通过试验来确定。

（3）总生产量及成本

微波管可能获得的功率与频率有关，频率低（91 MHz）的磁控管单管获得的功率大，且效率高。而频率高（2450 MHz）的磁控管单管获得的功率小，且效率低。因此选用频率低的磁控管能提高工作效率，降低总的成本。

四、远红外加热干燥设备

远红外加热原理是当被加热物体中的固有振动频率和射入该物体的远红外线频率（波长在 5.6 μm 附近）一致时，就会产生强烈的共振，使物体中的分子运动加剧，因而温度迅速升高。多数食品物料，尤其是其中的水分具有良好的吸收远红外线的能力。

目前，红外线加热设备主要应用于烘烤工艺，此外也可用于干燥、杀菌和解冻等操作。由于食品物料的形态各异，且加热要求也不同，因此，远红外加热设备也有不同形式。总体上，远红外加热设备可分为两大类，即箱式的远红外烤炉和隧道式远红外炉。不论是箱式的还是隧道式的加热设备，其关键部件是远红外发热元件。

五、远红外辐射元件

远红外辐射体是受到加热后放出远红外射线的物体。远红外加热元件加上定向辐射等装置后称为远红外加热器或远红外辐射器。其结构主要由发热元件、远红外辐射体、紧固件或反射装置等构成。食品远红外烤炉中常用的远红外辐射体按形状分有板状与管状两种；按辐射体材料分主要有以金属为依附的红外涂料、碳化硅元件和 SHQ 元件等。

1. 碳化硅红外加热元件

碳化硅是一种良好的远红外辐射材料。碳化硅的辐射光谱特性曲线如图 10-34 所示。在远红外波段及中红外波段，碳化硅具有很高的辐射率。碳化硅的远红外辐射特性和糕点的主要成分（如面粉、糖、食用油、水等）的远红外吸收光谱特性相匹配，加热效果好。

如图 10-35 所示，碳化硅材料的红外辐射元件可以做成管状。主要由电热丝及接线件、碳化硅管基体及辐射涂层等构成。因碳化硅不导电，因此不需充填绝缘介质。

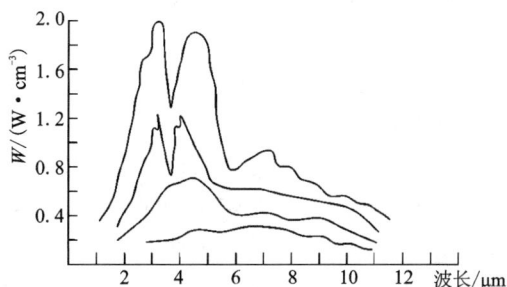

图 10-34　碳化硅辐射光谱特性曲线

碳化硅红外元件也可以做成板状,如图10－36所示。其基体为碳化硅,表面涂以远红外辐射涂料。

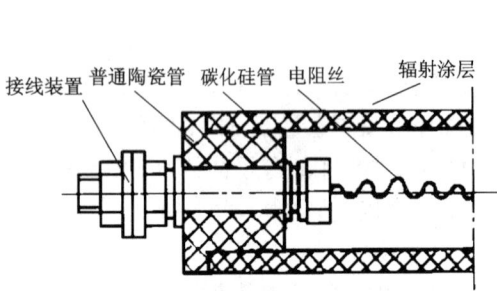

图10－35　碳化硅管远红外辐射原件结构

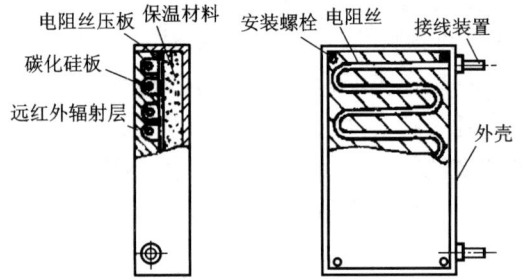

图10－36　碳化硅板式辐射器

2. 金属管状红外加热元件

这种远红外加热元件的基体为钢管,管壁外涂覆一层远红外加热辐射涂料。不同远红外辐射涂料的光谱不同,可以根据需要选择不同的涂料,或选择由某种涂料涂覆的管状元件。管子可以有不同的直径和长度,直径较小的管子可以弯曲成不同形状。

图10－37所示为金属氧化镁远红外辐射管,其机械强度高,使用寿命长,密封性好。这种结构的元件可在烤炉外抽出更换。

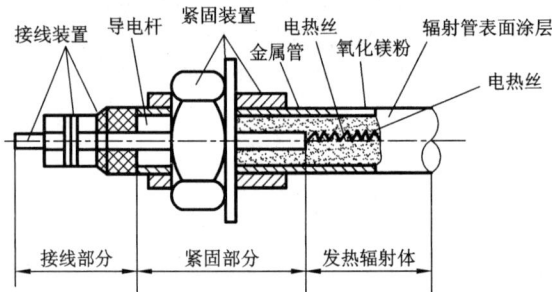

图10－37　金属氧化镁远红外辐射管结构

3. SHQ 乳白石英远红外加热元件

SHQ元件由发热丝、乳白石英玻璃管及引出端组成。乳白石英玻璃管直径通常为18～25 mm,同时起辐射、支承和绝缘作用。SHQ元件常与反射罩配套使用,反射罩通常为抛物线状的抛光铝板罩。

SHQ元件光谱辐射率高,且稳定,波长在3～8 μm和11～25 μm之间,其$\varepsilon_\lambda = 0.92$;热惯性小,从通电到温度平衡所需时间2～4 min;电能－辐射能转换率高($\eta > 60\%$)。由于不需要涂覆远红外涂料。所以没有涂层脱落问题,符合食品加工卫生要求。

这种远红外加热元件可在150～850℃下长期使用,能满足300～700℃的加热场合,因此可用于焙烤、杀菌和干燥等的作业。

第九节　真空干燥机

一、真空干燥技术概述

真空干燥就是通过降低干燥室的压力以降低湿分的沸点，达到在低温下干燥的目的。工业干燥器按其加热方式可分为传导式和对流式两大类。真空干燥器属于传导式干燥，即将冷凝器、真空泵与传导式干燥器配套，形成真空干燥装置。大部分传导式干燥器添加真空系统后可设计成真空干燥装置。事实上真空冷冻干燥技术也属于真空干燥范畴，但由于其除水方式是依靠升华作用，故在干燥机理上与利用蒸发方式的普通真空干燥具有较大差别，将在下一节中详细介绍。真空干燥在生物制品、药品、饮品以及热敏性物料、氧敏性物料、溶剂回收待干燥中起到独特作用。

真空干燥具有以下特征：

①物料在干燥过程中的温度低、避免过热。水分容易蒸发，干燥时间短，同时可使物料形成多孔状组织，产品的溶解性、复水性、色泽和口感较好；

②能将物料干燥到很低的水分；

③可用较少的热能。得到较高的干燥速率，热量利用经济；

④适应性强，对不同性质、不同状态的物料，均能适应；

⑤与热风干燥相比，设备投资和动力消耗较大，产量较低。

真空干燥主要用于热敏性强，要求产品的速溶性和品质较好的食品干燥作业。如果汁型固体饮料、脱水蔬菜和豆、肉、乳各类干制品。现国内用于麦乳晶、豆乳晶等加工。真空干燥的类型很多，其主要形式有箱型、转筒型、带式连续型、喷雾薄膜型等。下面仅介绍应用最普遍的带式真空干燥机。

二、带式真空干燥机

带式真空干燥机干燥时间短，为 5 ~ 25 min，能形成多孔状制品，物料在干燥过程中能避免混入异物，防止污染，可以直接干燥高浓度、高黏度的物料，并可简化工序，节约热量。

图 10 - 38 为一单层带式真空干燥机示意图，由一连续的不锈钢带、加热滚筒、冷却滚筒、辐射元件、真空系统和加料装置等组成。供料口位于钢带下方，由一供料滚筒不断将浆料涂布在钢带的表面。涂在钢带上的浆料随钢带前移进入干燥器下方的红外线加热区。受热的料层因内部产生的水蒸气而膨松成多孔状态，与加热滚筒接触前已具有膨松骨架。

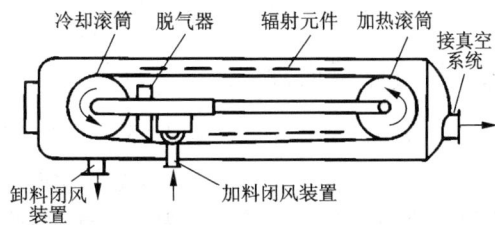

图 10 - 38　单层带式真空干燥机

料层随后经过滚筒加热，再进入干燥上方的红外线区进行干燥。干燥至符合水分含量要求的物料在绕过冷却滚筒时受到骤冷作用，料层变脆，再由刮刀刮下排出。

第十节 冷冻干燥设备

一、冷冻干燥技术概述

冷冻干燥技术发明于1811年，最早应用于生物材料、生物器官及细菌的干燥。20世纪初用于医药界，如卫生棉纸、药品、微生物产品的保存，40年代才开始应用于食品加工。丹麦阿特拉斯公司制造的第一代冷冻干燥设备采用了蒸气喷射泵系统。60年代采用干式冷凝器取代了蒸气喷射。此后随着间歇式冷冻干燥设备的完善，又开发了连续式冷冻干燥设备。

宜冷冻干燥的食品有：

①饮品：咖啡、茶、速溶果汁等。

②蔬菜类：小葱、香菇、菠菜、香菜、胡萝卜、山药、辣椒、大蒜、姜、洋葱、番茄汁、南瓜、辣根、牛蒡等。

③水果类：切片香蕉、草莓、桃、杏、荔枝、龙眼、柠檬、果冻、果汁、梨片等。

④水产类：对虾、贝类、银鱼、甲鱼、鱼片、蟹肉、金枪鱼等。

⑤肉类：牛肉丁、猪肉丁、羊肉丁、鹿肉丁、兔肉丁、牛肉粉等。

⑥禽蛋类：蛋粉、鸡肉丁、鹅肉粉、鸭肉丁、蛋白粉、蛋黄粉等。

采用冷冻干燥方法制成的冻干食品具有如下优点：

①可再生性能好，复水速度快，无论冷水或热水均可使食品迅速复水，即通过脱水过程的可逆循环使产品恢复到初始状态，为其他任何干燥方法所不及。

②在冷冻干燥过程中食品不会因较强的水表面张力而干缩，亦不会由于水的移动造成盐的集聚或浓缩而使其变性，故食品表面无开裂、硬化等现象。

③由于食品是在低温、低氧的状态下进行干燥，因而最大限度保持了食品的色、香、味，其内部组织结构、成分均不被破坏。

④冻干食品的含水率约3%左右，对微生物、生物化学和化学变化保持相对稳定，所以在无冷藏条件下可以长期贮藏。

⑤食品始终处于低温、低氧和密闭状态下，可以避免交叉污染、吸潮和氧化。

⑥在冷冻干燥过程中，食品产生大量气孔呈皱缩状，重量减少70%~90%，既节省包装和包装材料，又利于运输，特别适于空运。

二、冷冻干燥原理

冷冻干燥亦称升华干燥、真空冷冻干燥，即首先将被干燥物快速冻结至温度中心点为-18~-30℃，使其内部水分固定在最初位置上并形成均匀细小的冰结晶，然后在选定的真空度和加热条件下使冰直接升华为水蒸气除去物料内部水分从而获得优质干燥物的方法。

三、食品冷冻干燥过程

食品冷冻干燥是一个复杂的传质传热过程。在全部干燥过程中，食品表层的冰结晶因低压受热首先升华成水蒸气被抽走，然后冰界面（升华界面）逐渐向食品核心推进。水蒸气沿干燥层通道逸出，直至食品含水率达到3%时，才完成了真空冷冻干燥全过程。

严格地讲，食品冷冻干燥过程应分为三个阶段：

1. 第一阶段，表层升华干燥

即食品表层干燥。此阶段形成的干燥层呈海棉状开放结构，表面无任何变化，水蒸气的逸出也不会引起食品成分变化和组织结构位移，因而为第二阶段干燥水蒸气的逸出提供了良好通道。而热风干燥水分通过毛细管作用迁移到食品表面蒸发，溶于水的盐分、糖分等被带至食品表面，食品特征发生变化，收缩变形。

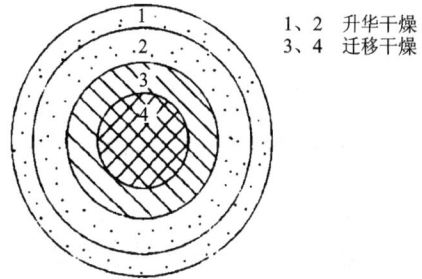

图 10 - 39　球状食品冻干过程示意图

此阶段的干燥时间约占总干燥时间的 30%，升华的冰晶量占总冰晶量的 65%。食品的实际温度应低于食品所能允许的最高温度，加热温度不可以使食品过热而受损。

冰界面(冰线、升华界面)推进速度约 1 mm/h，如图 10 - 39 所示第 1 层、第 2 层。

2. 第二阶段，深层迁移干燥

如图 10 - 39 所示第 3 层、第 4 层。即冰结晶升华成的水蒸气通过已干层(第 1、2 层)枝状孔隙逸出。

此阶段，由于已干层的包裹，使第 3、4 层冰界面冰晶升华变得越来越慢，其主要原因在于供热通过已干层到达冰界面，传热热阻增加，以及第 3 层冰界面冰晶升华成水蒸气通过已干层孔隙迁移至食品表面阻力增大。

在迁移干燥过程中，由于水蒸气迁移阻力增大，升华速度减慢，耗热量减少，此时如供热过剩，食品将融化或产生变性、烧损等，使冷冻干燥失败，这种现象对液态或固态食品称崩解现象。发生崩解时的温度叫崩解温度，因此必须严格控制加热温度，避免损失。

迁移干燥阶段约占总干燥时间的 30%，升华冰晶量占总冰晶量的 30%。

3. 第三阶段，解吸附干燥

又称二次干燥。这是全部冷冻干燥过程最后阶段的干燥。当冰界面到达食品中心位置时，以游离水结成的冰结晶，即游离水已升成水蒸气，使 1、2、3、4 层得以干燥，而未被冻结或已经冻结的部分则是解吸附干燥阶段开始。

按照快速冻结原理，食品中的自由水(也叫游离水)，即食品的汁液和细胞中含有的水分，其冻结点在冰点温度以下，极易冻结。而另一部分水是胶体结合水，即构成胶粒周围水膜的水。这部分水被规整地吸附着，其冰点比自由水低得多，极难冻结。例如青豌豆，在温度中心点为 -22℃ 时全部水分的 95% 已冻结。肉类食品的冻结率 -10℃ 时为 84%，-20℃ 时为 90%，-30℃ 时为 92%，-60℃ 时为 100%。

当冻结温度未能达到使食品全部水分冻结的状态时，胶体结合水就存在于食品层中，冷冻干燥的最后阶段就必须排除这部分水分，以保证食品规定的含水量，延长其贮存期，这就是解吸附干燥之目的。

在升华干燥和迁移干燥阶段中，加热温度必须低于食品低共熔点温度，以保证冰结晶不融化。而在解吸附干燥阶段，由于胶体结合水被规整地吸附着，具有较高能量，因此必须提供足够的热量，才能使这部分水从吸附层中解析出来。其加热温度应控制在不使食品过热变性的范围内。当冻结完全达到使食品全部水分冻结的状态时，胶体结合水生成化学结合水，这部分水以冰晶形式升华成水蒸气逸出，其升华干燥速率提高。显然降低食品的冻结温度有利于升华干燥。

解吸附干燥过程中，必须尽快提高水蒸气分压力差，即高真空，以促使食品深层的水蒸气尽快逸出。解吸附干燥阶段约占总干燥时间的35%，排出的水分约占含水量的2%～3%。

四、食品冷冻干燥过程中的加热

加热方式有直接加热和间接加热两种。直接加热采用电源产生辐射热对食品加热，如红外线、电热管、电热板、微波等。间接加热采用载热剂对加热板加热，加热板通过导热和辐射再对食品加热。常用的载热剂有硅油、乙二醇、水、水蒸气等。

目前国产食品真空冷冻干燥装置常用的加热方法如图10-40所示。这种加热方法采取热传导换热和辐射换热两种方式，即加热板3产生的辐射热对放有食品的托盘4加热。每一层的上加热板辐射热直接对食品加热，热量通过已干层向升华界面（冰界面、冰线）传导。下加热板辐射热却对托盘4加热，然后热量由金属层以热传导方式通过食品已干层传递给升华界面（冰界面、冰线）。

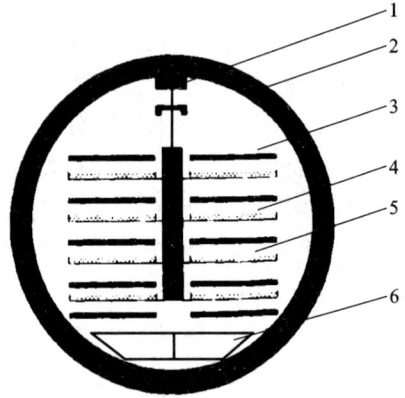

图10-40 冻干常用加热方式示意图
1—吊架；2—真空罐体；3—加热板；
4—托盘；5—食品；6—捕水器

五、冷冻干燥系统

现代食品真空冷冻干燥装置将该系统设计成一体化结构，即加热板和捕水器全部组装在干燥仓内。各种形式的冷冻干燥装置系统均由预冻、供热、蒸汽和不凝结气体排除系统及干燥室等部分构成，如图10-41所示。这些系统一般以冷冻干燥室为核心联系在一起，有些部分直接装在冷冻干燥室内，如供热的加热板、供冷的制冷板和水汽凝结器等。预冻过程可以独立于冷冻干燥机完成，此时冷冻干燥仓内不设冷冻板。

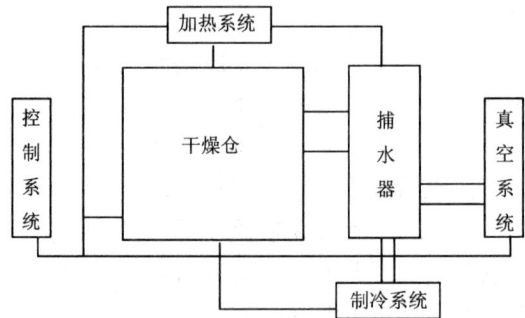

图10-41 冻干系统组成

1. 干燥仓

干燥仓又称干燥罐、真空罐、真空室等，其作用是为食品冷冻干燥提供一个良好的真空密封空间。根据使用要求干燥仓设计成圆筒形或矩形。需要指出的是，矩形干燥仓用于食品冷冻干燥，具有空间大、加热板容易布置、操作方便等特点，但制造麻烦、耗钢材量大、强度低，需加设计加强筋。

2. 加热系统

加热板是干燥仓内的主要部件之一，主要用于对冻结食品进行加热。最常用的加热形式是载热剂由机械泵送入加热板内并沿流道流动，同时将热量以对流换热和热传导换热方式传递给加热板。随着加热板的温度升高，加热板产生的辐射热传递到食品表面和食品底部托盘，然后食品的冰晶体开始升华，直到食品完全干燥，加热板停止加热。

加热板的另一作用是对干燥仓降温，以保证干燥结束后，进行下一次入料时，尽可能保持较低温度使冻结食品不融化。图 10 – 42 所示为加热板载热剂流程。图 10 – 43 所示为利用压缩机的排气作为搁板加热热源的冻干系统，压缩机在热泵运行方式和制冷运行方式间切换，可节省能耗。

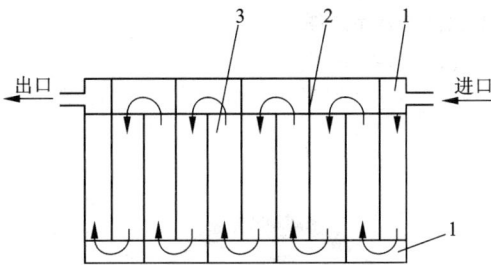

图 10 – 42　加热板载热剂流程示意图
1—集管；2—流通隔板；3—加热板

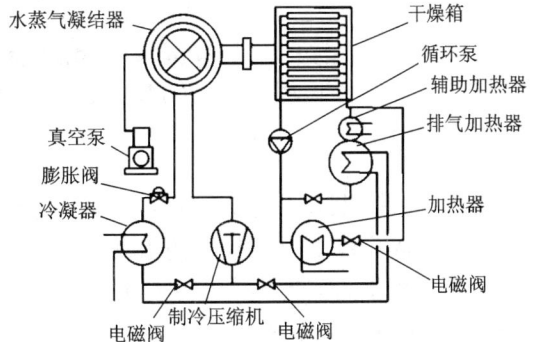

图 10 – 43　具有热回收系统的冻干机示意图

3. 捕水器

干燥过程中升华的水分必须连续快速地排除。在 13.3Pa 的压力下，1 kg 冰升华可产生 100 m^3 的蒸汽，若直接采用真空泵抽吸，则需要极大容量的抽气机才能维持所需的真空度，因此必须有脱水装置。捕水器（冷阱）正是实现在低温条件下除去大量水分的装置。

捕水器安装在干燥室与系统的真空泵之间。由于冷阱温度低于物料的温度，即物料冻结层表面的蒸汽压大于冷阱内的蒸汽分压，因而从物料中升华出的蒸汽，在通过冷阱时大部分以结霜的方式凝结下来，剩下的一小部分蒸汽和不凝结气体则由真空泵抽去。

以往生产的食品真空冷冻干燥装置捕水器一般都单独设置，即与干燥仓分置，自身带有真空罐和冷却排管。而现代食品真空冷冻干燥装置捕水冷却排管则全部置于干燥仓内，与干燥仓壳体、加热板等组成一体，统称为冻干系统。

置于加热板组下部或两侧的捕水器是由两组独立的冷却排管组成。冷却排管通常采用无缝钢管、不锈钢管或不锈铝合金管制造。由于铝合金管具有重量轻、耐腐蚀、传热效率高、造价便宜，并适用于各种制冷剂而被普通采用。图 10 – 44 为捕水器冷却排管置于不同部位的示意图。

为了保证食品冷冻干燥工况的连续性，提高和强化升华速率，避免干燥工况恶化，节省能耗，当前大多数冻干机采用了先进的连续融冰凝结运行工况新技术，如图 10 – 45 所示。捕水器 1 开始工作，自动控制阀 6 处于关闭状态，活动隔板 11 从捕水器 1 自动切换到捕水器 2，并将捕水器 2 密闭。真空排气关闭，自动控制阀 15 自动打开，蒸汽发生器 7 内的压力降低，水的沸点也随之降低，温度为 15℃ 的蒸汽进入捕水器 2 对冷却排管加热，冰层逐渐融化。当完全融化后，自动控制阀 15 关闭，制冷系统开始对捕水器工作，使之降温，真空控制阀启

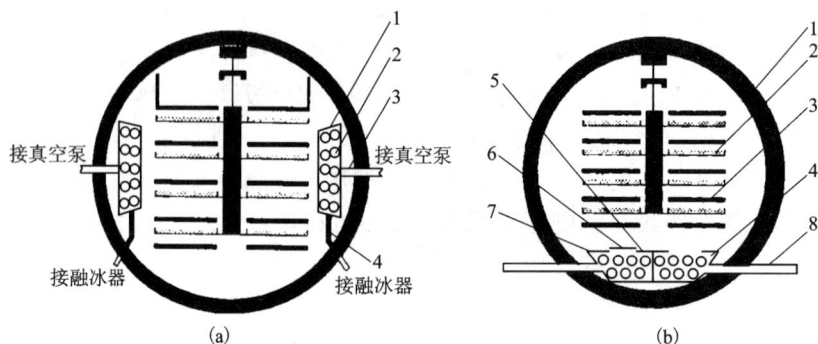

图 10 - 44 捕水器冷却排管位置结构示意图

(a)1—活动隔板；2—冷却排管；3—真空排汽管；4—泄水管

(b)1—干燥仓壳体；2—托盘；3—加热板；4—捕水器1；5—冷却排管；6—活动隔板；7—捕水器2；8—真空排气管

动。此时，捕水器冷却排管冰层厚度为 2～3 mm，活动隔板 11 自动切换至捕水器 1，捕水器 1 开始融冰，而捕水器 2 转入正常工作，这样反复切换，连续融冰捕水。每切换一次的运行时间为 30～60 min。

4. 真空系统

真空系统是食品冷冻干燥装置的主要设备，其作用是维持干燥仓处于低压真空状态，在加热的同时使冻结食品的冰晶体迅速升华成水蒸气，而不凝性气体被真空泵抽走达到干燥之目的。真空系统主要由真空泵组、真空计、真空阀门、管道及真空元件等组成。

大部分果蔬类食品、肉类食品、水产类食品的冷冻干燥是在绝对压力 105 Pa、升华温度为 -20℃、最高容许加热温度 60℃的工况下进行的，因此干燥期间内真空系统必须保证干燥仓达到 100 Pa 或更低的压力，空载

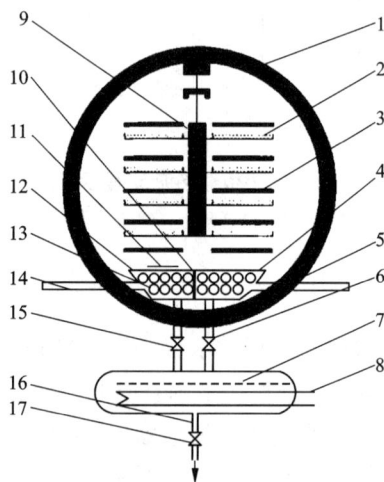

图 10 - 45 连续融冰凝结系统（交替运行工况）

1—干燥仓壳体；2—托盘；3—加热板；4—捕水器1；
5—真空排气管；6—自动控制阀；7—蒸汽发生器；
8—加热板；9—吊架；10—隔板；11—活动隔板；
12—捕水器2；13—冷却排管；14—真空排气管；
15—自动控制阀；16—排水管；17—排水自动控制阀

极限压力达到 30 Pa 以下。此外，真空系统必须在 10 min 内使干燥仓压力达到 100 Pa 或更低，以保证冷冻干燥开始前食品表面不融化。

真空系统最大容许漏率为 0.03 Pa·m³/s。这个值在正常抽气情况下可以使干燥仓达到所需要的真空度，满足食品冷冻干燥的需要。大于这个值时，可以认为漏率高，系统密封性能差，则必须进行检漏。

选择食品冷冻干燥装置真空系统应遵循下列原则：

①依据所设定的干燥仓空载极限压力值确定主泵。主泵的极限压力应低于设定的空载极限压力。例如干燥仓空载极限压力设定值为 30 Pa，则主泵的极限压力选择范围应为 0.3～3

Pa。因此选择旋片泵、滑阀泵、罗茨泵、油增压泵比较适宜。

②依据干燥仓干燥期间设定的需要压力选择主泵。主泵的最佳工作压力范围必须满足干燥期间干燥仓设定的需要压力。最佳工作压力范围蒸气喷射泵为 $10^2 \sim 10^5 Pa$，油封机械泵为 $10 \sim 10^5 Pa$，罗茨泵为 $10 \sim 1^2 Pa$，油增压泵为 $0.1 \sim 1 Pa$，油扩散泵为 $10^{-2} \sim 10^{-4} Pa$。

③前级泵造成的预真空条件必须满足主泵的真空条件。

④不同的主泵所选配的前级泵也不同，但总的原则是前级泵的抽速必须大于主泵所排出的最大气体量，实际经验表明选用的前级泵实际抽速为计算抽速的 $1.5 \sim 3$ 倍。对于罗茨泵作主泵，前级泵的实际抽速为罗茨泵抽速的 $1/5 \sim 1/10$ 为宜。

5. 制冷系统

制冷系统除了对干燥仓捕水器冷却排管供冷外，还对速冻装置、冻结间、低温装料间及冷藏库供冷，因此制冷系统的装机功率约占总装机功率的80%以上。对于食品冷冻干燥装置而言，制冷系统必须满足以下条件：

①蒸发温度低于 $-40℃$；

②超量供液（机械泵循环系统）；

③降温速度 $1 \sim 1.5℃/min$；

④出现任何故障时，食品冷冻干燥装置必须不间断运行；

⑤采用通用和低价制冷剂，如R717等；

⑥系统应自动控制，以满足冻干装置变工况要求。

六、常见冷冻干燥机

1. 间歇式冷冻干燥机

间歇式冷冻干燥装置有许多适合食品生产的特点，因此绝大多数的食品冷冻干燥装置均采用这类装置。其优点为：适应多品种小批量的生产，特别是季节性强的食品生产；单机操作，一台设备发生故障，不会影响其它设备的正常运行；便于设备的加工制造和维修保养；便于在不同的阶段按照冷冻干燥的工艺要求控制加热温度和真空度。其缺点为：由于装料、卸料、启动等预备操作占用的时间长，设备利用率低；若要满足一定的产量要求，往往需要多台单机，并要配备相应的附属系统，导致设备的投资费用增加。

间歇式冷冻干燥装置中的干燥箱与一般的真空干燥箱相似，属盘架式。干燥箱有各种形状，多数为圆筒形。盘架可以是固定式，也可做成小车出入干燥箱，料盘置于各层加热板上。如采用辐射加热方式，则料盘置于辐射加热板之间，物料可于箱外预冻后装入箱内，或在箱内直接进行预冻。若为直接预冻，干燥箱必须与制冷系统相连接，见图10-46。

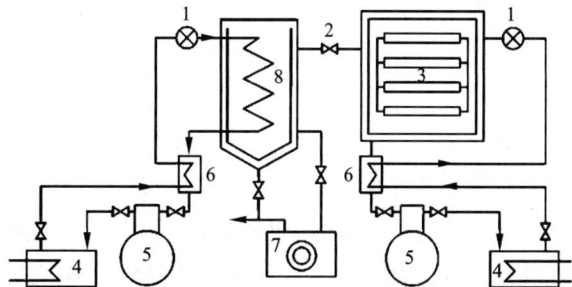

图10-46 间歇式冷冻干燥装置
1—膨胀阀；2—冷阱进口阀；3—干燥箱；4—冷凝器；
5—制冷压缩机；6—热交换器；7—真空泵；8—冷阱

2. 半连续式冷冻干燥机

半连续式冷冻干燥机示意图如图 10-47 所示。升华干燥过程是在大型隧道式真空箱内进行的，料盘以间歇方式通过隧道一端的大型真空密封门进入箱内，以同样的方式从另一端卸出。这样，隧道式干燥机就具有设备利用率高的优点，但不能同时生产不同的品种，且转换生产另一品种的灵活性小。

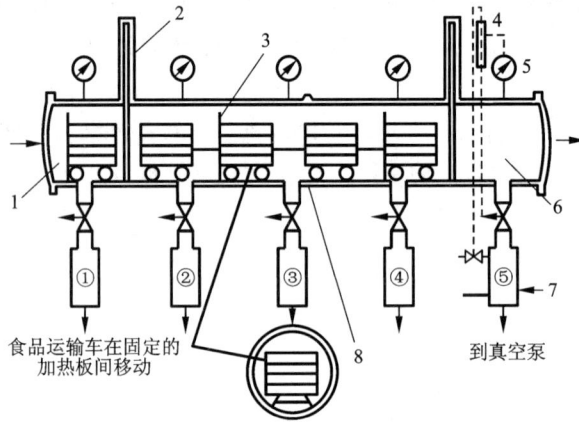

图 10-47　半连续冷冻干燥机

1—前级真空锁气室；2—闸阀；3—蒸汽压缩板；4—电子控制器；5—真空表；

6—后级真空锁气室；7—冷凝室(5 个)；8—真空连接(管道部分)

3. 连续式冷冻干燥机

连续式冷冻干燥机流程如图 10-48 所示，装有适当厚度预冻制品的料盘从预冻间被送至干燥机入口，通过空气锁进入干燥室内的料盘升降器，每进入一盘，料盘就向上提升一层。等进入的料盘填满升降器盘架后，由水平向推送机构将新装入料盘一次性向前移动一个盘位。这些料盘同时又推动加热板间的其它料盘向前移动，干燥室内另一端的料盘就被推出到出口端升降器。出口端升降器以类似方式逐一将料盘下降，再通过出口空气锁送出室外。

室外的料盘也是连续输送的。装有干燥产品的料盘由输送链送至卸料机，卸料后的空盘再通过水平和垂直输送装置送到装料工位。如此周而复始，实现连续生产。

在室外单体冻结的小颗粒状物料，可以利用闭风阀，送入冻干室。物料进入冻干室后在输送器传送过程中得到升华干燥，最后干燥产品也通过闭风阀出料。连续式冻干室内的物料输送装置可以是水平向输送的钢带输送机，也可以是上下输送的转盘式输送装置。

加热板元件应根据具体的输送装置而设置，以使物料得到均匀的加热。

连续式冷冻干燥装置的关键是在不影响干燥室工作环境条件下连续地进出物料，根据物料状态不同可有多种实现冻干箱连续进出物料的方式。

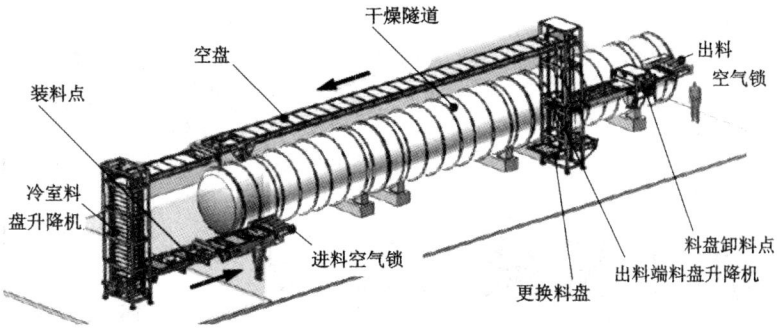

图 10 - 48　连续式冷冻干燥机

本章小结

本章主要学习了各种干燥脱水机械与设备的类型及其工作原理,以及主要部件的基本结构等,要求掌握食品干燥机械的选用和使用要点。

思考题

1. 请举 3 例对流式干燥机在食品工业中应用的例子?
2. 高黏度浆状物料可用哪些类型的设备干燥?
3. 喷雾干燥设备的雾化形式有哪些?
4. 气流干燥机有哪些优缺点?
5. 冷冻干燥的原理是什么?
6. 试分析间歇式冷冻干燥机可采用的进料方式。
7. 微波加热干燥的原理是什么?

第十一章

挤压加工机械与设备

本章学习目的与要求

了解食品挤压加工技术的特点；掌握挤压加工机械的主要类型及其工作原理；了解各种主要挤压加工机械的基本结构；掌握挤压加工机械的基本性能特点。

第一节　挤压加工技术

一、挤压加工技术的概念

挤压加工技术是借助挤压机螺杆的推动力，将物料向前挤压，物料受到混合、搅拌和摩擦以及高剪切力作用而获得和积累能量达到高温高压状态，并使物料膨化的过程。挤压加工技术可以分为挤压膨化、挤压蒸煮和挤压组织化三种。

1. 挤压膨化技术

物料被送入挤压膨化机中，在螺杆、螺旋的推动作用下，物料向前成轴向移动；同时，物料被强烈地挤压、搅拌、剪切，在物料与螺旋、物料与机筒以及物料内部的相互摩擦的作用下，使物料进一步细化、混匀；随着机腔内部压力的逐渐增大，温度相应的不断升高，在高温、高压、高剪切力的条件下，物料物性发生变化，由粉状或粒状变成糊状，淀粉发生糊化、裂解，蛋白质发生变性、重组，纤维发生部分降解、细化，微生物被杀死，酶及其他生物活性物质失活。当糊状物料由模孔喷出的瞬间，在强大压力差的作用下，水分急骤汽化，物料被膨化，形成结构疏松、多孔、酥脆的膨化产品，从而达到挤压膨化的目的。

2. 挤压蒸煮技术

物料在螺杆的推进作用下由进料端向模具端输送，在此过程中，加热蒸煮与挤压成型两种作用方式有机结合起来，使得物料经过挤压后，成为具有一定形状的熟化或半熟化产品。

3. 挤压组织化作用

挤压组织化主要是指植物蛋白的组织化。蛋白质含量较高的原料(50%以上)，在挤压机内，由于受到剪切力和摩擦力的双重作用，使维持蛋白质三级、四级结构的氢键、范德华力、离子键和二硫键被破坏。随着蛋白质高级结构的破坏，形成了相对呈线性的蛋白质分子链，这些分子链在一定温度和水分含量条件下，受定向前进推动力的作用发生定向排列，产生分子间的重组，形成了一种类似于肉类组织结构的产品——组织化蛋白。

二、挤压加工技术的特点

挤压加工技术是一种集混合、搅拌、破碎、加热、蒸煮、杀菌、灭酶、膨化及成形于一体的技术，其在食品领域的应用也已有 100 多年的历史。随着挤压膨化技术研究的深入，挤压膨化理论日趋完善，挤压膨化工艺和装备不断改进，其在食品领域的应用越来越广阔。被称为 21 世纪食品加工领域的高新技术之一。

挤压加工过程与通常食品加工的蒸煮、熟化过程不同。在挤压过程中，剪切应力是引起高分子聚合物在分子水平上发生物化反应的根本原因。利用挤压技术可以在一台挤压机内将若干个食品加工操作单元连续在一起，并减小营养损失。总括起来，挤压加工技术具有以下几个特点：

1. 产品多样化

食品挤压加工物料混合均匀。可在同一挤压机上依靠改变物料品种、配方和加工条件而得到多种多样的食品。挤压机的螺杆元件和模头结构具有多样性，可以根据具体食品加工的要求自由组合。生产挤压加工食品时，利用同一台挤压机，只需改变原料配比及模具，就可生产出形状各异的加工产品。

2. 营养成分的保存率和消化率高

与食品加工的其他方法相比，挤压加工热处理速度快，因此在淀粉降解和蛋白质变性的高温快速挤出过程中，提高了食品的可消化性并且营养成分损失少；同时高温短时处理也能破坏原料中的抗营养因子，消除其他对人体不利的酶。所以挤压加工技术不仅改变了原料的外形，也改变了原料内部的分子结构，有利于营养成分的保存和消化吸收。如维生素 B_1、维生素 B_6 的含量明显高于蒸煮后的食品；大米蒸煮后蛋白质消化率为 75.3%，而挤压膨化后可提高到 83.8%。

3. 改善食品原料的品质结构

谷物中含有较多的纤维素、半纤维素等，这些对人体极为有益，但口感较差。谷物经挤压加工后，在挤压机中受到高温、高压、剪切和摩擦等作用，以及在挤压机挤出模具口的瞬间膨化作用，使得这些成分微粒化，并且产生了部分分子的降解和结构变化，使其水溶性增强，从而改善了口感。经膨化处理后，产生了一系列的质构变化而使其体轻、松酥、具有独特的焦香味道。膨化后的制品其质地是多孔的海绵状结构，吸水力强，容易复水，因此不管是直接食用还是冲调食用均较方便。

4. 不易老化，易于贮存

通常主食加工的方法是采用蒸煮的方法，如刚做好的米饭软而可口，但放置一段时间后即变硬而不好吃，即所谓"回生或老化"。该现象的产生主要是糊化后的淀粉在保存放置期间慢慢失水，淀粉分子之间重新形成氢键而相互结合在一起，由糊化后无序的分子排布状态重新变为有序的分子排布状态，即 α - 淀粉 β 化。利用挤压技术加工，由于加工过程中的高强度的挤压、剪切、摩擦和受热作用，淀粉颗粒在水分含量较低的情况下，充分溶胀、糊化和部分降解，再加上物料挤出模具后，因其处于高温、高压状态突变到常压状态下，便发生瞬间的"闪蒸"，这就使糊化之后的 α - 淀粉不易恢复其 β - 生淀粉结构，而仍保持其 α - 淀粉分子结构，故不易产生"老化"现象。

5. 原料适用性广

挤压加工技术加工的原料品种多，不仅可以对谷物、薯类、豆类等粮食进行深加工，使粗粮细作，生产精美的小吃食品，而且还能加工果品蔬菜、香料及一些动物性蛋白。在酿酒、酒精、油脂浸出、淀粉糖浆等生产应用方面，处理加工食品的原料，提高了产品出品率。

6. 生产设备简单、占地面积小、耗能低、生产效率高

用于挤压膨化食品加工的设备结构简单，设计独特，可以较简便和快速地组合或更换零部件而成为一个多用途挤压膨化加工系统；加工单位质量产品的设备所需占地面积很小；可节省电、汽、水的消耗；由于挤压加工集供料、输送、加热和成型为一体，避免了串联多台单功能机种，极大地提高了能源的利用率，又是连续生产，生产效率是传统生产方法的60% ~ 80%。所以，与传统的蒸煮方法相比，采用现代挤压技术加工产品，生产成本低。

7. 原料利用率高，无污染

挤压加工是在密闭容器内进行的，在生产过程中，除了开机和停机时需投入少许原料作头料和尾料，使设备操作过渡到稳定生产状态和顺利停机外，一般无原料浪费现象（头、尾料可进行综合利用），也不会向环境排放废气和废水而造成污染。

三、挤压机类型及特点

在现代食品工业中，挤压机是特指一种具有阿基米德螺旋特征（即一种紧密缠绕在主轴上传送流动物质的旋转螺杆），能连续加工某种产品的机械。挤压机可以用于研磨、混合、均化、蒸煮、冷却、减压、切割、充填等操作。用于食品加工的挤压机的种类很多，分类方法各异，通常有以下的分类方法。

1. 按挤压过程的剪切力分类

（1）冷成型挤压机

其特点是低剪切、机筒内壁光滑、深螺纹、低转速。它用于湿粗粒粉的挤压成型，湿面粉在挤压时几乎不发生蒸煮作用。这类挤压机常作为连续混合成型装置，用于加工生面团、饼干、预处理肉和某些糖果。

（2）高压成型挤压机

低剪切、筒壁开槽、压榨型螺杆。这种挤压机专用于谷物等面团的预糊化。原料穿过模板成型后，再干燥膨化或煎炸（物料应保持较低的温度以避免不必要的膨胀），常用此法生产各种谷物点心或煎炸食品。

（3）低剪切蒸煮挤压机

中等剪切、高压缩比、筒壁开槽，从而增强混合效果。配合加热机筒或螺杆，以完成对物料的蒸煮（消毒灭菌、钝化酶、蛋白变性、淀粉糊化）。该机型可用于挤压生产软湿食品和仿肉休闲食品，如仿牛肉干。常使用其他设备使物料预糊化，从而具有较高的接近面团的密度。

（4）苟奈（Collet）挤压机

高剪切力，筒体开槽，浅螺槽。该机型已应用于脱脂谷物的膨化休闲食品生产中。当干燥的物料(12%的水分含量)加温至175℃以上时,淀粉便糊化和部分凝胶化,结果导致物料严重失水;在挤出模孔时迅速膨化成圈状或颗粒状。早期的该种机型螺杆极短($L/D = 3:1$),目前,一种高长径比($L/D = 10:1$)的机型已用于生产(Collet)产品,这种设备主要依靠摩擦加热。

（5）高剪切蒸煮挤压机

具有可变螺纹深度或螺距直径比,其高剪切力能获得高温、高压缩比和不同程度的膨化。长机筒[$L/D = (15 \sim 25):1$]的挤压机始用于塑料工业,但通过设计改造,已用于食品加工。这类挤压机配有各种各样的螺杆和内部构造相异的机筒,且冷却或加热可自由选择,现在有些具有调质区的挤压机还可对物料进行预调湿和预加热。由于在挤压过程中热能和压力能使物料流动,所以这种挤压蒸煮工艺亦被称为"热塑挤压工艺"。

高剪切蒸煮挤压机也广泛用于生产"一步法"食品,如谷物快餐食品、休闲食品、糖果、面包干、预蒸煮食品原料(包括预糊化谷物粗粒)、干粉汤料、速溶饮料粉、油炸面包碎块、面包屑、薄脆饼干、薄酥饼、仿核仁食品、饥饿缓解剂、灭酶的谷物和油料、早餐谷类食品等。

2. 按照挤压机的受热方式分类

（1）自热式挤压机

自热式挤压机在挤压过程中所需的热量来自物料与螺杆之间、物料与机筒之间的摩擦,挤压温度受生产能力、水分含量、物料黏度、环境温度、螺杆转速等多方面因素的影响,故温度不易控制,偏差较大。该设备一般具有较高的转速,转速可达500~800r/min,产生的剪切力也比较大,自热式挤压机要求物料在低水分条件下(8%~14%)工作。自热式挤压机可用于小吃食品的生产,但产品质量不易保持稳定,操作灵活性小,控制较困难。

（2）外热式挤压机

外热式挤压机是靠外部加热的方式提高挤压机筒和物料的温度。加热方式很多,有采用蒸汽加热、电磁加热、电热丝加热、油加热等方式。根据挤压过程各阶段对温度参数要求的不同,可设计成等温式挤压机和变温式挤压机。等温式挤压机的筒体温度全部一致,变温式挤压机的筒体分为几段,分别进行加热或冷却,分别进行温度控制。外热式挤压机可以是高剪切力的,也可以是低剪切力的。外热式挤压机的原料和产品较多,设备灵活性大,操作控制容易,产品质量易保持稳定。

3. 按照螺杆的根数分类

这是一种最为常用的分类方法,可将挤压机分为单螺杆挤压机、双螺杆挤压机和多螺杆挤压机。其中以单螺杆和双螺杆最为常见。

（1）单螺杆挤压机

挤压机配置一根挤压螺杆,是一种最为普通的螺杆挤压机。它是靠螺杆和机筒对物料的摩擦来输送物料和形成一定压力的。一般情况,物料与机筒之间的摩擦系数大于物料与螺杆之间的摩擦系数。否则,物料将包裹在螺杆上一起转动而起不到向前推进的作用。

（2）双螺杆挤压机

挤压机配置有两根螺杆,挤压作业由两者配合完成,是由单螺杆挤压机发展而来,双螺杆挤压机的机筒横截面是"∞"型,在机筒中并排安放两根螺杆。

第二节 单螺杆挤压熟化机

一、单螺杆挤压机的构成

图 11-1 是典型单螺杆挤压机系统的示意图，该挤压机由喂料、预调质、传动、挤压、加热与冷却、成型、切割、控制等八部分组成。

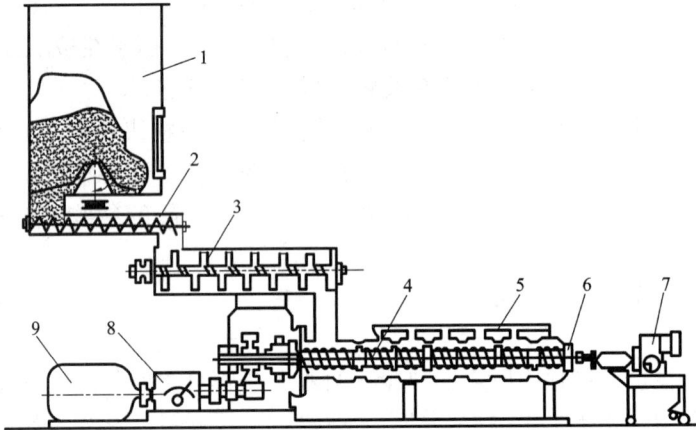

图 11-1 典型单螺杆挤压机系统

1—料仓；2—螺旋式喂料器；3—预调质器；4—螺杆挤压装置；5—蒸汽注入口；
6—挤出模具；7—切割装置；8—减速器；9—电机

1. 喂料装置

喂料装置用于将贮存于料斗的原料定量、均匀、连续地喂入机器，确保挤压机稳定地操作。常用的喂料装置有振动喂料器、螺旋喂料器和液体计量泵等，喂料量连续可调。

2. 预调质装置

预调质装置用于将原料与水、蒸汽或其他液体连续混合，提高其含水量和温度及其均匀程度，然后输送到挤压装置的进口处。预调质装置为半封闭容腔，内部安装有配螺旋带或搅拌桨的搅拌轴。

3. 传动装置

传动装置用于驱动挤压螺杆，保证其在工作过程中所需要的扭矩和转速。可选用可控硅整流的直流电机、变频调速器控制的交流电机、液压马达、机械式变速器等来控制螺杆转速。

4. 挤压装置

挤压装置由螺杆和机筒组成，是直接进行挤压加工的部件，是整个挤压熟化机的核心部分。

5. 加热与冷却装置

加热与冷却是挤压熟化过程顺利进行的必要条件，依工艺要求用于控制挤压室内物料的温度。通常采用电阻或电感应加热和水冷却装置来不断调节机筒或螺杆的温度。

6. 成型装置

成型装置又称挤压成型模头，模头上设有一些使物料从挤压机挤出时成型的模孔。模孔横断面有圆、圆环、十字、窄槽等各种形状，决定着产品的横断面形状。为了改进所挤压产品的均匀性，模孔进料端通常加工成流线形开口。

7. 切割装置

挤压熟化机中常用的切割装置为盘刀式切割器，刀具刃口旋转平面与模板端面平行。通过调整切割刀具的旋转速度和产品挤出速度间的关系来获得所需挤压产品的长度。根据切割器驱动电机位置和割刀长度的不同又分为偏心和中心两种结构形式。飞速切割器的电机装在模板中心轴线外面，割刀臂较长，以很高的线速度旋转。中心切割器的刀片较短，并绕模板装置的中心轴线旋转。

8. 控制装置

挤压熟化机控制装置主要由微电脑、电器、传感器、显示器、仪表和执行机构等组成，其主要作用是控制各电机转速并保证各部分运行协调，控制操作温度与压力以保证产品质量。

二、单螺杆挤压原理

单螺杆挤压机主要工作构件如图 11-2 所示，机筒及机筒中旋转的螺杆构成挤压室。在单螺杆挤压室内，物料的移动依靠物料与机筒、物料与螺杆及物料自身间的摩擦力完成。螺杆上螺旋的作用是推动可塑性物料向前运动，由于螺杆或机筒结构的变化以及由于出料模孔截面比机筒和螺杆之间空隙横截面小得多，物料在出口模具的背后受阻形成压力，加上螺杆的旋转和摩擦生热及外部加热，使物料在机筒内受到了高温高压和剪切力的作用，最后通过模孔挤出，并在切割刀具的作用下，形成一定形状的产品。

挤压熟化机是应用最广的挤压加工设备。如图 11-3 所示，当疏松的食品原料从加料斗进入机筒内后，随着螺杆的旋转，沿着螺槽方向被向前输送，这段螺杆称为加料输送段。再向前输送，物料就会受到模头的阻力作用，以及螺杆与机筒间形成的强烈挤压与剪切作用，产生压缩变形、剪切变形、搅拌效应和升温，并被来自机筒外部热源进一步加热，物料温度升高直至全部熔融，这段螺杆称为压缩熔融段。

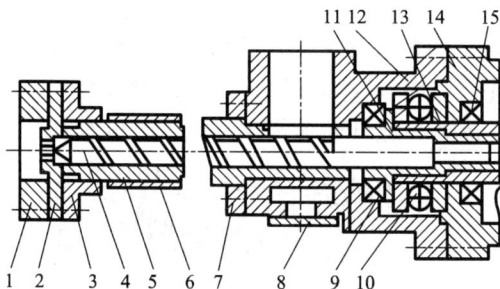

图 11-2 单螺杆挤压机构件图

1—膜板固定套；2—挤出模板；3、6—机筒座；
4—螺杆；5—机筒；7—连接法兰；
8—盖板；9—向心轴承；10—推力轴承；
11—止口；12—机座；13—驱动轴；
14—减速器箱体；15—向心轴承

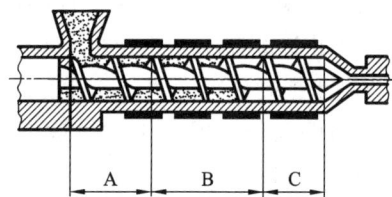

图 11-3 挤压加工过程示意图

A—加料输送段；B—压缩熔融段；C—计量均化段

物料接着向前输送，由于螺槽逐渐变浅，挤压及剪切作用增强，物料继续升温而被蒸煮，出现淀粉糊化，脂肪、蛋白质变性等一系列复杂的生化反应，组织进一步均匀化，最后定量、定压地由模孔均匀挤出，这段螺杆称为计量均化段。

食品物料熔融体受螺旋作用前进至成型模头前的高温高压区内，物料已完全流态化，当被挤出模孔后，物料因所受到的压力骤然降至常压而迅速膨化。对于不需要膨化或高膨化率的产品，可通过冷却控制机筒内物料的温度不至于过热(一般不超过100℃)来实现。

三、单螺杆挤压机主要工作部件

（一）螺杆

螺杆是挤压机的核心部件，是挤压机性能的决定性部件，其结构形式多种多样，一般情况下可按总体结构分为普通螺杆和特种螺杆。

1.普通螺杆

普通螺杆的整个长度布满螺纹，依据螺纹旋向、螺距、螺槽深度等又具体分为：

(1)等距变深螺杆

如图11-4(a)所示，所有螺槽的螺距不变，而螺槽深度则逐渐变浅。计量均化段较浅的螺槽有利于加强剪切混合，同时物料与机筒的接触面积较大，易从外部吸收热量，但受到螺杆强度的限制，不能用于压缩比较大的小直径螺杆。

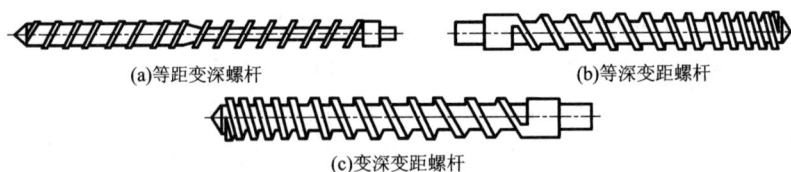

(a)等距变深螺杆　　　　(b)等深变距螺杆

(c)变深变距螺杆

图 11-4　普通螺杆

(2)等深变距螺杆

如图11-4(b)所示，该种螺杆的螺槽深度不变，而螺距则从螺杆的第一个螺槽开始至计量段末端为止逐渐变小。该种螺杆由于螺杆深度不变，加料段的齿根直径与计量段齿根直径相同，有利于提高加料段螺杆的深度，有利于提高转矩和螺杆转速。由于变距，也有利于设计大压缩比的设备。但由于计量段的螺槽深度也较大，故与等距变深螺杆相比，它对物料在排出前的剪切混合作用要差一些。

(3)变深变距螺杆

如图11-4(c)所示，在螺槽深度逐渐变浅的同时，螺距逐渐变小，具有前两者的优点，可得到较大的压缩比，但制造困难。

(4)带反向螺纹的螺杆

如图11-5所示，该种螺杆的特点是在压缩段或计量段加设了反向螺纹，使物料产生倒流的

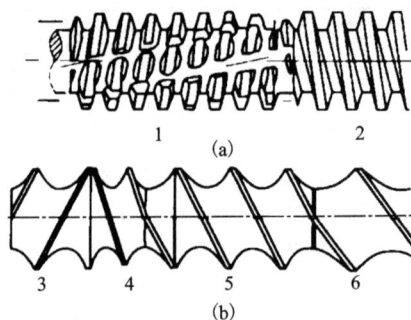

图 11-5　带反向螺纹的螺杆

1、3—反向螺杆；2、4、5、6—正向螺杆

趋势，这样可进一步提高压力和剪切力，提高混合效果。为了更便于物料混合，通常在反向螺杆上开设沟槽。通常这种螺杆是在前述三种螺杆的基础上进行改组装配而成。

2. 特种螺杆

现有的大多数挤压机的螺杆一般均采用普通螺杆。在生产实际中，发现普通螺杆存在某些不足之处。例如在进料段，理想的条件是应有较好输送效率，但实际上进料段的输送区段的输送效率一般只有 20% ~ 40%，并且随转速的提高而下降，从而压力的形成迟缓。同时，输送效率不稳定，也易产生挤压机内压力形成的不均匀，容易造成螺杆偏心而与机筒发生摩擦。普通型螺杆有时不能完全满足固体颗粒熔融和物料均匀混合的要求，会影响到产品的质地和组织化程度，也影响到挤压过程的均一性和压力波动，从而影响产品质量。由于普通螺杆有如此一系列不足，人们就在生产过程中对它不断进行改进，并从理论上进行研究和探索，以适应不同的生产需要。目前有以下几种特种螺杆，其中有的已用于生产。

（1）分离型螺杆

如图 11 - 6 所示，分离型螺杆的基本结构是，它的进料段与普通螺杆的结构相似，不同的是在加料段末端设置一条起屏障作用的附加螺纹，后者简称副螺纹，副螺纹的外径小于主螺纹，其始端与主螺纹相交，但其导程与主螺纹不同。

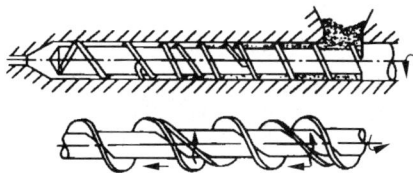

图 11 - 6　分离型螺杆

该种螺纹有利于加强物料进入压缩段后的剪切作用，因副螺纹与机筒间隙只允许熔融料通过，便于物料进入压缩段后熔融成为可塑性面团，并且提高熔融的均匀性，从而可以改善挤出物质地的均匀性，提高生产能力，降低单耗。

（2）屏障型螺杆

屏障型螺杆是从分离型螺杆变化而来的一种新型螺杆。它是在普通螺杆的某一位置上设置屏障段，以达到提高剪切力和摩擦力的目的，使物料经压缩段后，尚存的固体物料彻底地熔融和均化。在大多数情况下，屏障段都设置在螺杆的头部，因此也称为屏障头。

如图 11 - 7 所示，屏障螺杆是在外径等于螺杆直径的同柱上交替开出的数量相等的进出料沟槽。沿螺杆转动的方向，进料槽前的凸棱与螺杆外圆等高，而出料槽前的凸棱低于螺杆外圆，与筒体形成一较大的径向间隙，称之为屏障间隙。未熔融的颗粒在通过屏障间隙时受到强烈的剪切作用而升温熔融，因螺杆的旋转，物料通过屏蔽间隙进入出料槽后形成涡流，有利于物料的进一步均匀化，产品质地更为均匀，同时挤出温度较低。

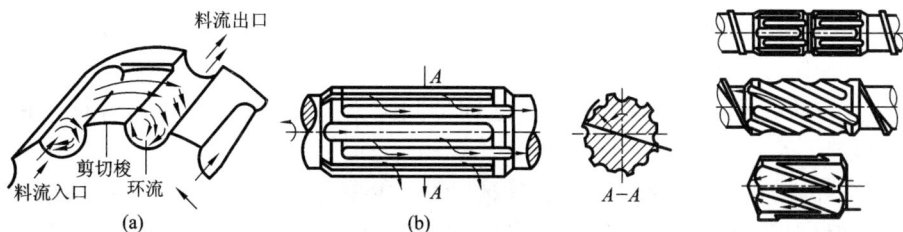

图 11 - 7　屏障型螺杆

（3）分流型螺杆

分流型螺杆是在普通型螺杆上设置分流螺杆的一种新型螺杆，它与分离型和屏障型螺杆的工作原理有所不同。它是利用设置在螺杆上的销钉或利用螺杆上所开的通孔将含有固体颗粒的熔融物料流分成许多小流股，然后又混合在一起，经过如此反复出现的过程，以达到均化物料，提高剪切力的作用。

目前常见的分流型螺杆是销钉型，它是在压缩段或计量段的一定位置上设置一些销钉。物料流经销钉时，含有固体颗粒的未彻底熔融的物料被分成许多细小的料流，如图 11 -8 所示。

经过多次分流、合流、分流、再合流的过程，在挤压剪切作用下，使大的未熔颗粒变小，最后达到彻底熔融和均质，从而得到质地均一的挤出物。

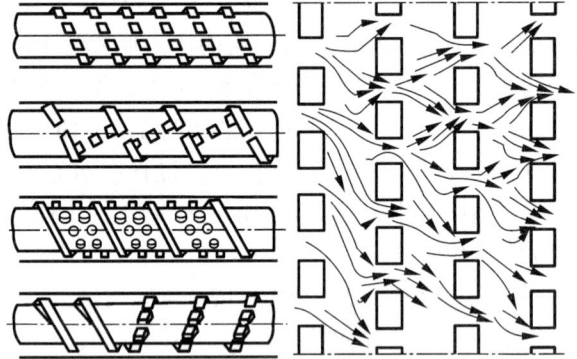

图 11 -8　分流型螺杆

（4）波状螺杆

波状螺杆是在普通型螺杆的基础上研制而成的，它通常设置在压缩段的后半部分或设置在计量段。其螺杆外径不变，而是螺槽底圆的圆心按一定规律偏离螺杆轴线，使得螺槽深度呈周期性变化。螺槽最深处称为波谷，最浅处称为波峰。如图 11 -9 所示，物料经过波峰的时间虽然很短，但因间隙很小而使固体颗粒受到强烈的挤压及剪切作用。在经过波谷时，因螺槽较深，容积较大，挤压及剪切强度低，停留时间长，可实现物料的分布性混合和热量的均化，料温不会升得很高。对于双波结构螺杆，则允许熔融料在低剪切作用区域通过，不易产生过热现象，同时增强了两槽内熔融料的对流混合。

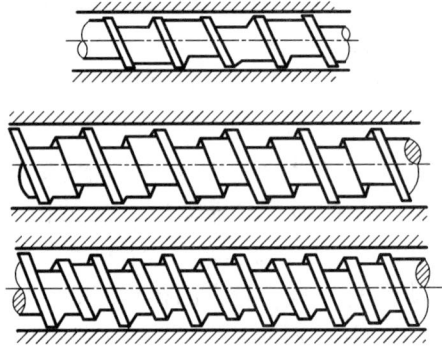

图 11 -9　波状螺杆

长径比是螺杆的重要结构参数，它显示了物料在螺杆中停留时间的长短。较大的长径比可保证物料有充分的熔融时间，但对热敏性物料，过大的长径比易因其停留时间过长而造成热分解。同时，长径比过大，能耗相应增大，且制造困难，容易造成螺杆在端部与机筒之间的间隙不匀，甚至在转动时螺杆与机筒摩擦，降低使用寿命。

除了以上几种特种螺杆之外，还有其他的一些螺杆，如通孔型分流螺杆（简称 DIS 螺杆）。这些特种螺杆的设计和使用的主要目的在于提高混合效果，稳定挤压过程，以便生产出质地均匀、组织化程度高、质量好的产品。在这些螺杆中，有的以剪切作用为主，混合作用为辅；有的以混合作用为主，剪切作用为辅。螺杆的设计总体上力求简单，易于机械加工和安装，使用寿命长，有利于产品质量的改善，生产能力的提高和能耗的降低。

（二）机筒

挤压机的机筒是与旋转着的挤压螺杆紧密配合的圆筒形构件。在挤压系统中，它是仅次于螺杆的重要零部件。它与螺杆共同组成了挤压机的挤压系统，完成对物料的输送、加压、剪切、混合等功能。机筒的结构形式关系到热量传递的特性和稳定性，影响到物料的输送效率，对压力的形成和压力的稳定性也有很大影响。

根据设备的性能和生产能力的不同，不同的挤压设备具有不同的机筒内径（D）和长径比（L/D）。现在，用于生产的大多数挤压机的套筒内径一般在 45 ~ 300 mm，长径比一般为（1:1) ~ (20:1)。根据机筒的结构可以将机筒分为普通机筒和特种机筒。

1. 普通机筒

（1）整体机筒

图 11 - 10 为整体式机筒的结构形式之一。该机筒的特点是：装配简单；加工精度和装配精度容易得到保证；螺杆与机筒易达到较高的同心度，在一定程度上会减少螺杆与螺杆之间、螺杆与机筒之间的摩擦。另外，在机筒上设置外热器不易受到限制，机筒受热容易均匀。但是，机筒的加工设备要求较高，加工技术和精度要求也较高，套筒内表面一旦出现磨损，就需将整个机筒更换。

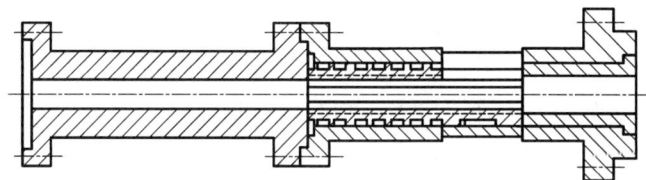

图 11 - 10　整体式机筒结构简图

（2）分段式机筒

图 11 - 11 所示为一分段式机筒的结构形式。该机筒是将整个机筒分成几段加工，然后用一定的连接方式将各段连接起来，形成一个完整机筒。

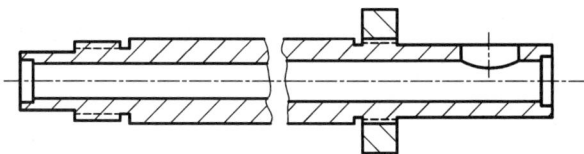

图 11 - 11　分段式机筒结构简图

这种形式的机筒比整体式机筒容易加工，在实际生产时，可根据生产的不同需要，拆卸掉一段或几段机筒和几段螺杆，从而比较方便地改善机器的长径比。因此，实验室用挤压机多采用分段式机筒。但是，这种形式的机筒在连接时较难保证各段准确地对准。由于螺杆与机筒的间隙很小，一旦对准有偏差，就会产生较大磨损，影响机筒加热的均匀性。

分段式机筒的连接方式常见的有如图 11 - 12 所示。

（3）双金属机筒

双金属机筒是由两种不同的金属所组成。机筒内表面的一层金属为耐腐蚀、硬度高、耐

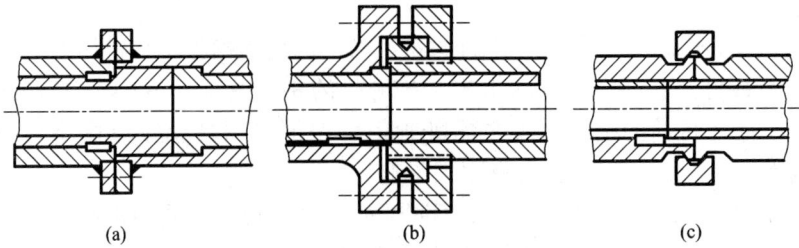

图 11 – 12　分段式机筒的连接方式

(a)法兰连接,使用较广,但拆卸较麻烦;(b)带中间螺母的法兰连接,通过中间螺母容易将两段衬套,
但结构庞大,影响传热的均匀性;(c)部分夹头连接,拆卸方便,适用于中小型挤压机

磨损的优质金属。它主要有两种结构形式:一种是衬套式、一种是浇铸式。

图 11 – 13 所示为衬套式机筒。该机筒的内表面是可更换的合金钢衬套,外表面是一般的碳素钢或铸钢材料。它可以做成分段式,也可以是整体式。这种结构形式的机筒在满足抗磨损、抗腐蚀的要求下,节省了贵重金属材料,衬套磨损后可更换,提高了整个机筒的

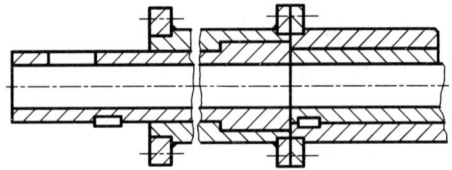

图 11 – 13　衬套式机筒

使用寿命,但其制造较复杂。制造时应考虑到两种材料性质的不同,两种材料的热传递及两种材料之间会产生的相对位移。

如图所示两种材料间隙十分小,配合十分紧密。除了拆装衬套十分困难外,还会产生较大的装配应力。另外,两种材料性质不一样,膨胀系数也不一样,挤压过程中就会产生内应力,严重时会使机筒变形。若两者之间的间隙较大,虽然可以免除以上不足,但两机筒间易在生产时产生相对位移,影响设备性能和正常工作状态,同时也不利于热量的传递,据此必须选择合适的配合间隙。

浇铸式机筒是在机筒内壁上浇铸一层大约 2 mm 厚的合金层,通常采用离心浇铸法,然后将此层研磨到所需要的机筒内径尺寸和光洁度。浇铸时,浇铸量要控制准确,既要保证浇铸均匀,又使浇铸后的研磨工作量降到最低限度。

这种机筒的特点是合金层与机筒基体的结合较好,沿机筒轴向上的结合较均匀,既没有剥落的倾向,也不会开裂,还有极好的滑动性能。由于合金层耐磨性好,该机筒的使用寿命较长。

以上几种形式的机筒,其内表面都是光滑的圆筒面,容易制造,目前绝大多数的机筒都采用此种形式。但挤压机理论与实践表明,此形式机筒的输送效率较低,一般只有 20% ~ 40%。为了进一步提高生产能力和压力,经常使用一些特种机筒。

2.特种机筒

(1)轴向开槽机筒

图 11 – 14 所示为轴向开槽机筒的几种形式。它有普通轴向开槽机筒和锥形轴向开槽机筒之分。这种形式的挤压机机筒是在机筒的内表面上开有小凹槽,以防止物料在机筒内壁上滑动。小凹槽一般开在机筒的进料段位置。该机筒有利于提高物料输送效率,使物料在机筒内较早地形成稳定压力,缩短输送段的距离,以利于产品质量的稳定和提高。

（2）带排气孔的机筒

一般的挤压机在高温高压物料挤出模具后，便立刻突然降压，所含水分便闪蒸，所含气体便排出，完成挤压的全过程。所谓带排气孔的机筒指的是在机筒的某一位置开设了泄气的阀门或孔口的机筒，它与特殊设计的螺杆相配合，达到预先排除部分气体的目的。

该挤压机与一般挤压机相比有以下特点：

①根据不同的需要，配置相应的螺杆，以满足不同产品的加工要求。例如，为了提高混合效果和组织化效果，往往需要高剪切、高压、高温的条件，但是在该条件下，复杂形状的产品的成型率较低，若采用机筒带排气孔的挤压机，则可以在一定程度上解决这个问题。可以将机筒排气孔位置之前的相应螺杆设计成满足高压、高剪切、高温条件，排气孔位置之后的相应螺杆设计成只需满足挤压成形条件。因此机筒加了排气孔的挤压机实际上相当于两台不同特性挤压机的串联。

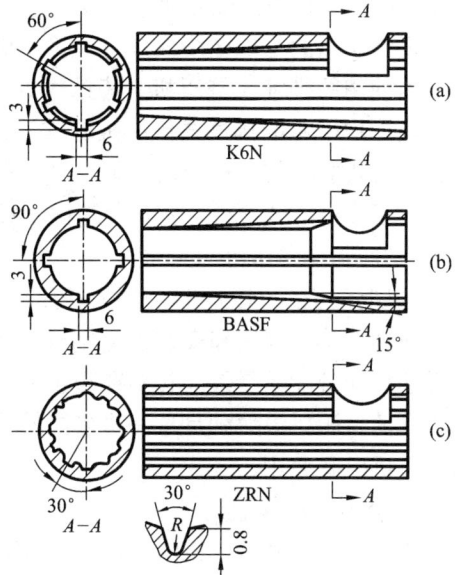

图 11-14　轴向开槽机筒的几种形式

②有时原料中含有的空气会不同程度地影响产品质量，如产生高温下的氧化现象，使产品的色泽和风味受到影响，以及由于空气含量太高，影响热传递的均匀性和产品质地的均一性等。采用机筒带排气孔的挤压机，可以在排气孔之间进行了低强度的挤压蒸煮，在排气孔处进行高强度蒸煮排除大部分气体，在排气孔后面再进行高强度的挤压。如此可避免上述的不足，尤其对空气含量高的原料和含易氧化成分的物料效果尤为明显。

③带排气孔的挤压机能更好地控制产品的膨化度和糊化度等。

带有排气孔的前后两段式单螺杆挤压机的一般结构及其压力分布如图11-15所示。

这种挤压机在工作时，原料从进料口加到第一区段螺杆上，经过第一区段螺杆的压缩、混合均化后，达到一定的熔融状态。螺杆的压缩比可以根据不同的产品要求进行设计。然后混合后的物料便进入减压段。在减压段，螺杆的螺槽逐渐变深或螺距逐渐变大，到达机筒带有排气孔的前后两区段式单螺杆挤压机排气孔时，螺杆的特征与输送段螺杆基本相同。此时，螺杆对物料不再起加压作用，只起输送作用，防止了物料从气孔排出，同时让汽化的水分和空气从排气孔排掉。之后，物料即进入第二区段螺杆，经压缩及二次混合均化后挤出模具，完成挤压全过程。

根据开设的排气孔的多

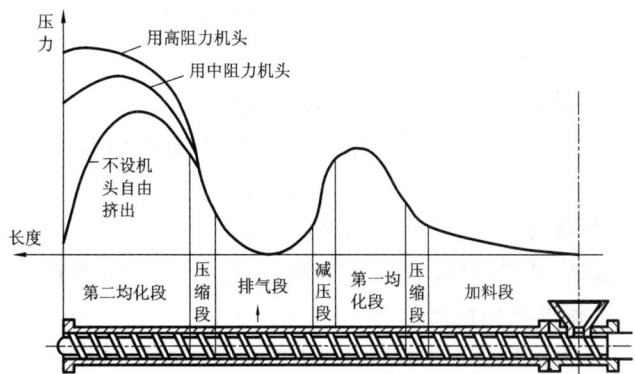

图 11-15　带有排气孔的前后两区段式单螺杆挤压机

少，可以将排气式挤压机分为二区段式排气式挤压机(具有一个排气孔)和多区段式排气挤压机。最常采用的是二区段式排气式挤压机。

目前使用的排气式挤压机，其排气方法不尽相同，最经常使用的方法是直接排气或抽气。前面图中所示的排气式挤压机的排气方法即为直接排气式，它的特点是机筒、螺杆的加工较其他形式的排气方法方便，加工适用的物料范围广，机筒上可比较方便地安装加热冷却装置。除了该种方式之外，还有旁路排气式、中空排气式及尾部排气式。

毫无疑问，在相同的生产能力下，排气式挤压机的长径比普通挤压机的大，其长径比一般在24以上，有的可以达43。因为挤压机的机筒和螺杆大多采用悬壁式，故长径比越大，越易产生弯曲变形，制造和安装也越困难，越易产生螺杆和机筒间的摩擦损伤，除此之外，整个设备还需配备能承受较大转矩和防止推力的传动系统及相应较大功率的电机。因此，使用带排气孔的挤压机虽然满足了一机多能的特点，但由于以上不足，有些时候生产厂家宁可选用两台单机串联使用。

(三)挤压机模头结构

模头结构是食品挤压机限制出料、确定产品形状、保证产量、使机器正常运行的一个系统。设计制造一个高质量的模头系统并不是一件容易的事情，正确而合理地使用和拆装模头，也是食品生产中应该给予足够重视的问题。食品产品不同，则模头的结构也不同。

1. 模头的主要结构

模头的主要结构如图 11 –16。

(1)多孔板

顾名思义，多孔板就是在一个有一定强度的平板上加工出许多圆孔，其孔的分布视挤出机形式与产品的需要而定，不都是均匀分布。它的作用是使挤出机出口处的不均匀物料在通过多孔板后，在截面上的压力、流向和流速基本达到均匀，起到均压、均速作用。

(2)导流板

根据模孔出口的形状(圆形、方形、环形等)和在截面上分布的位置及数量，加工出不同形状的导流板，将物流从多孔板出口截面引向各模孔的入口，达到各孔中的流速流量均匀。所以，导流板的几何形状是很复杂的，形线是按物流流线设计的，加工制造不容易。

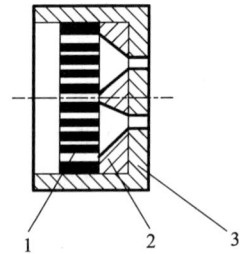

图 11 –16 模头系统的基本结构

1—多孔板；2—导流板；3—模孔板

(3)模孔板

模孔板就是根据最终产品的形状加工出各种形状(圆形、方形、环等)的通孔后的平板，再根据生产能力确定其孔的数量，同时考虑与挤出机的连接形式。模孔板应拆装方便，密封性能好。

2. 模板的形式

根据模孔出料形式的不同，可将其分为以下几种形式，如图 11 –17 所示。

(1)锥面出口模板

即从导流板出口到模板出口用锥形面引导。其特点是机械损失小，压力损失小，挤压食品产品的表面整齐。

(2)突变式出料模板

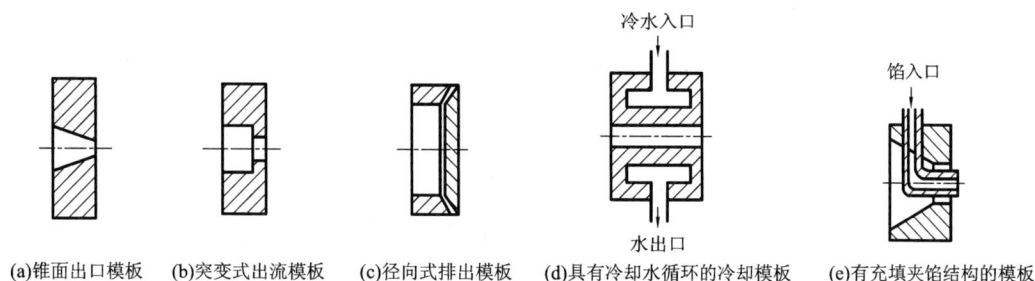

(a)锥面出口模板　(b)突变式出流模板　(c)径向式排出模板　(d)具有冷却水循环的冷却模板　(e)有充填夹馅结构的模板

图 11 - 17　模孔板的几种形式

即物流到达出口处孔径才突然变小。这种模板的特点是制造简单，压力损失大，挤压食品产品表面易受损伤、不光滑，一般球状产品可用。

（3）径向式排出模板

这种模板的特点是径向排出产品的间隙在生产中可调，挤出食品的纤维性保持的好，产品强度高。注意与这种模头相配合的切割装置的切刀形式与其他的不同。

（4）具有冷却水循环的冷却模板

对一些产品在成形之前可先冷却后使用，如肉类加工。

（5）有充填夹馅结构的模板

用这种模板在一些挤压食品中间可充填巧克力、豆沙、果酱等馅料。共挤香肠的模板也和这种形式一样，这种模板的出口与切割装置之间还要有一个整形工作台。

（四）挤压机控温结构

由挤压过程可知，温度是挤压过程得以进行的必要条件之一，挤压机的加热冷却系统就是为了保证这一必要条件而设置的。如前所述，物料在挤压过程中得到的热量来源有两个：一个是料筒外部加热器供给的热量；另一个是物料与机筒内壁，物料与螺杆以及物料之间相对运动所产生的摩擦剪切热。前一部分热量由加热器的电能转化而来，后一部分热量由电动机输给螺杆的机械能转化而来。这两部分热量所占比例的大小与螺杆、机筒的结构形式、工艺条件、物料性质等有关，也与挤压过程的阶段（如启动阶段，稳定运转阶段）有关。另外，这两部分热量所占比例在挤压过程的不同区段也是不同的：在加料段，由于螺槽较深，物料尚未压实，摩擦热是很少的，热量多来自加热器。而在均化段，物料已熔融，温度较高，螺槽较浅，摩擦剪切产生的热量较多，有时非但不需要加热器供热，还需冷却器进行冷却。在压缩段物料受热是上述两种情况的过渡状态，也就是由摩擦剪切产生的热量比加料段多，而比均化段少。摩擦剪切产生热量的速度会随着物料的向前移动而渐渐增快，这说明了为什么挤压机的加热冷却系统多是分段设置的。

从能量的观点来分析，挤压过程有一个热平衡问题。加热器供给的热和因摩擦剪切而产生的摩擦热一部分用于使物料产生状态的变化，另一部分损失了。损失的这部分包括机筒机头和周围介质的热交换，冷却介质带走的热量，以及加热元件本身的热损失和产品带走的热量。尽管影响这一平衡的因素很多，但在稳定挤压的条件下，这一平衡总是应当保持的。

1.挤压机的加热方法

目前挤压机的加热方法有：载热体加热、电阻加热和电感应加热等。

（1）载热体加热

利用载热体(如蒸汽、油等)作为加热介质的加热方法称为载热体加热。由于采用的载热体的不同，又可分为液体加热和蒸汽加热。液体加热所使用的加热介质，在低于 200℃ 时用矿物油，高于 200℃ 时，一般都采用有机溶剂或其混合物。蒸汽加热所使用的介质为蒸汽。

液体加热的优点是：加热温度较高，效率也高，加热均匀而且能够准确地控制温度。其缺点是：要求加热系统密封良好，以免因液体的渗漏而影响到产品的质量。同时还需要配备一套加热循环装置，这就提高了设备的成本；所用的载热体(如有机溶剂)因受热分解往往带有毒性和腐蚀性，另外装置的维修也不方便，故目前很少采用。蒸汽加热因其压力很难维持定值，且波动也较大，其温度亦难达到工艺要求，而且还需配备一套专门的蒸汽设备，这对于许多工厂来说是很难做到的，因此也很少采用。

（2）电阻加热

电阻加热是用得最广泛的加热方式，其装置具有外形尺寸小、质量轻、装设方便等优点。由于电阻加热器是采用电阻丝加热机筒后再把热传到物料上，而机筒又是一个具有一定厚度的筒体，因此在机筒的径向方向上便形成较大的温度梯度，如图 11 - 18(a)所示。另外，用它来加热也需要较长的时间。以 SJ - 65 为例，用电阻丝来加热时，预热升温时间约需 45 min。由于要使用大量的云母片作绝缘材料，加热器的成本也较高。同时，使用云母片作绝缘材料的电阻加热器其电阻丝易氧化受潮等，也会使其寿命缩短。

近年来，在许多挤出机上采用了所谓铸铝加热器，其结构如图 11 - 19 所示。它是将电阻丝装于金属管中，并填进氧化镁粉之类的绝缘材料，然后将此金属管铸于铝合金中。实际上它是一种改进了的电阻加热器。它与旧式的电阻加热器相比较，既保持了原来电阻加热器的体积小、装设方便及加热温度较高的优点，又由于省去了云母片而降低了加热器的成本。此外，由于电阻丝是装于加热金属管的密实的氧化镁粉中，使得它有防氧化、防潮、防震和防爆等性能，因而提高了加热器的使用寿命，传热效果也比旧式加热器好。

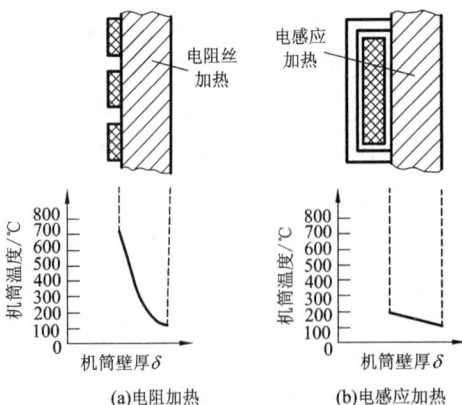

(a)电阻加热　　(b)电感应加热

图 11 - 18 电阻加热器和感应加热器加热机筒时的温度梯度

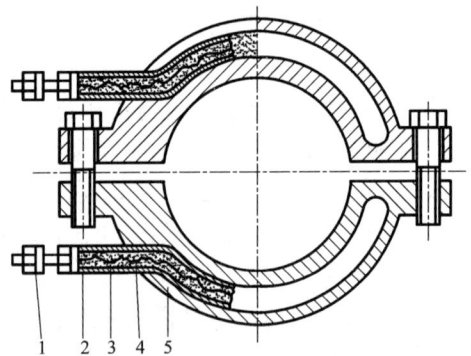

图 11 - 19 铸铝加热器

1—接线柱；2—钢管；3—电阻丝；
4—氧化镁粉；5—铸铝

铸铝加热器的最大加热温度一般为 350 ~ 370℃ ，如要求有更高的加热温度，则可采用铸铁或铸铜加热器，以提高加热装置的耐久性。

（3）电感应加热

电感应加热是通过电磁感应在机筒内产生电的涡流而使机筒发热的一种加热方法。图 11 – 20 所示为一种电感应加热器的原理结构图。

这种加热器是在机筒的外壁上隔一定的间距装上若干组外面包以主线圈 5 的硅钢片 1。当将交流电源通入主线圈时，硅钢片和机筒之间形成了一个封闭的磁环。由于硅钢片具有很高的导磁率，因此磁力线能以最小的阻力通过。而作为封闭回路一部分的机筒其磁阻要大得多。磁力线在封闭回路中具有与交流电源相同的频率，当磁通发生变化时，就会在封闭回路中产生感应电动势，从而引起二次感应电压及感应电流，即图中所示的环形电流，亦叫电的涡流。涡流在机筒中遇到阻力就产生热量。

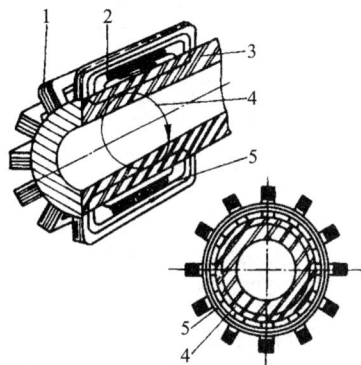

图 11 – 20　电感应加热器的原理结构图
1—硅钢片；2—冷却剂（水或空气）；
3—机筒；4—电流；5—线圈

电感应加热与电阻加热相比具有如下特点：

①它是由机筒直接加热物料的，因此预热升温的时间较短（大约 7 min）。在机筒的径向方向上的温度梯度较小，如图 11 – 18（b）所示。

②由于以上特点，采用此加热器时对温度调节的反应较电阻加热灵敏，从而有较大的温度稳定性，对产品的质量很有利。

③由于感应线圈的温度不会超过机筒的温度等原因，它比电阻加热器可节省电能。

④在正确的冷却和使用的情况下，感应加热器的寿命比较长。

电感应加热器也有不足之处，如加热温度会受感应线包绝缘性能的限制，这对成型加工温度要求较高的物料不适合。其次是它的径向尺寸大，用在大型挤压机上会使机器的体积庞大，而且需要大量的硅钢片等材料。另外，它在形状复杂的机头上安装也不方便。

2. 挤压机的冷却装置

由于螺杆转速的提高，物料在机筒内所受的剪切和摩擦会加剧，由这产生的热量有时会大大超过物料塑化所需的程度，为了避免物料在这种情况下因过热而变质，因此在挤压机上设置良好的冷却装置则更成了一个很重要的问题。现代挤压机一般对机筒与螺杆两个部件进行冷却。

（1）机筒的冷却

挤压机的冷却一般采用水冷却，水冷却往往是采用自来水，因此它所用的附属装置较为简单。水冷却速度较快，但易造成急冷，而且因水一般未经过软化处理，水管易出现结垢和锈蚀现象而使水管降低冷却效果或被堵塞、损坏等。

通常采用的水冷却装置的结构如图 11 – 21 所示。图中的（a）种形式是目前常用的结构，它是在机筒的表面车出螺旋沟，然后缠上冷却水管（一般是紫铜管）。其最大的缺点是水管易被水垢堵塞，而且盘管较麻烦，拆卸亦不方便。另外水管与机筒的接触也不易做到良好接触状态。（b）种形式是将加热棒和冷却水管同时铸入同一块铸铝加热器中。这种结构的特点是冷却水管也制成为剖分式的，拆卸方便，冷冲击相对于（a）种结构来说较小。但铸铝加热器的制造变得较为复杂，一旦冷却水管被堵死或出现损坏时，则整个加热器就得换掉。（c）种形式是在感应加热器内侧设有水冷却套，这种装置装拆很不方便，冷冲击也较严重。

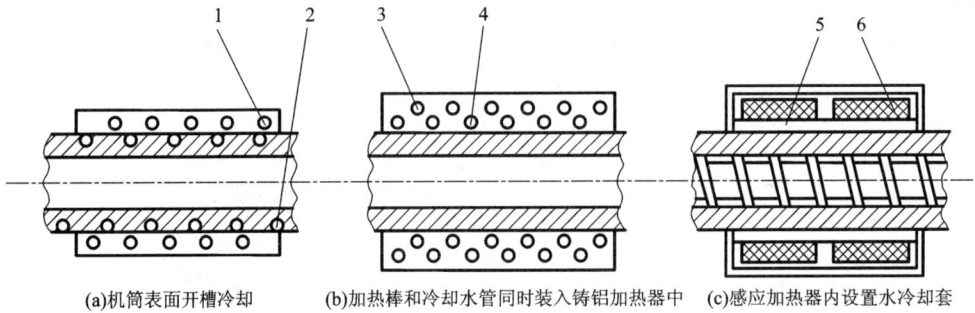

(a)机筒表面开槽冷却　　　(b)加热棒和冷却水管同时装入铸铝加热器中　　　(c)感应加热器内设置水冷却套

图 11 – 21　几种常用的水冷却装置结构图

1—铸铝加热器；2—冷却水管；3—加热棒；4—冷却水管；5—冷却水套；6—感应加热器

（2）螺杆的冷却

螺杆冷却的目的主要是为了有利于加料段物料的输送，同时也可以防止物料过热，有利于物料中所含的气体能从加料段的冷混料中返回并从料斗中排出。当螺杆的均化段受到冷却时，在螺槽的底部可形成一层温度较低的料在其上面。

通入螺杆中的冷却介质可以是水，也可以是空气。在最近生产的一些挤出机上，其螺杆的冷却长度是可以调整的，它可以根据不同物料的不同加工工艺要求，靠调整伸进螺杆的冷却水管的插入长度等来实现，这样就提高了机器的适应性。

螺杆的冷却装置如图 11 – 22 所示，图 11 – 23 所示为可调整螺杆冷却长度的冷却水管头部的结构形式。

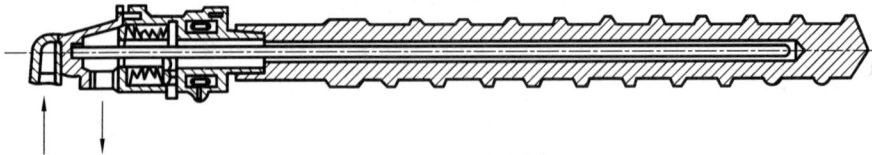

图 11 – 22　螺杆的冷却系

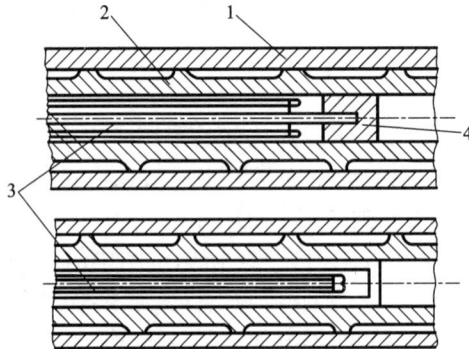

图 11 – 23　可调螺杆冷却长度的冷却水管头部结构

1—机筒；2—螺杆；3—冷却水管；4—调节件

第三节 双螺杆挤压机

近几年，由于人们对高质量新产品的需求增加，单螺杆挤压机不再能良好地适应加工需要，而双螺杆挤压机则能适应更多的工艺要求。双螺杆挤压机有许多不同的类型，这些机械具有明显不同的工艺、机械性能和生产能力。在挤压机发展过程中，许多先进技术已融合到现代双螺杆挤压机中。图 11 - 24 是一典型双单螺杆挤压机系统示意图。

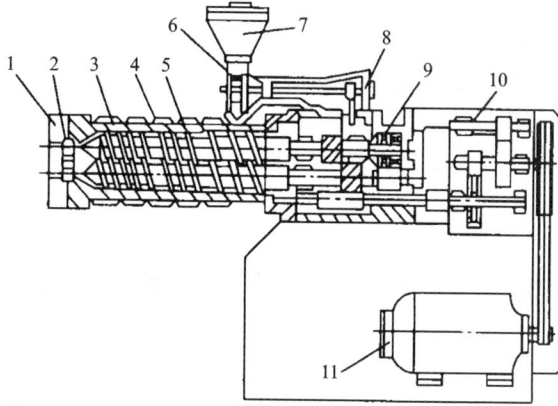

图 11 - 24 典型双螺杆挤压机结构

1—机头连接器；2—模板；3—机筒；4—预热器；5—螺杆；6—下料管；
7—料斗；8—进料传动装置；9—止推轴承；10—减速器；11—电动机

一、双螺杆挤压机分类及特性

根据两螺杆间的配合关系可将双螺杆挤压机分为全啮合型、部分啮合型和非啮合型（图 11 - 25）；根据螺杆转动方向，双螺杆挤压机可分为同向旋转型和异向旋转型两大类（图 11 - 26）。

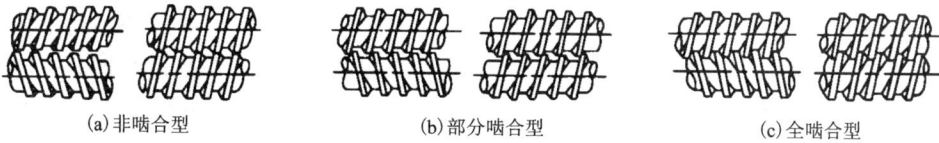

(a)非啮合型　　　(b)部分啮合型　　　(c)全啮合型

图 11 - 25 双螺杆啮合形式

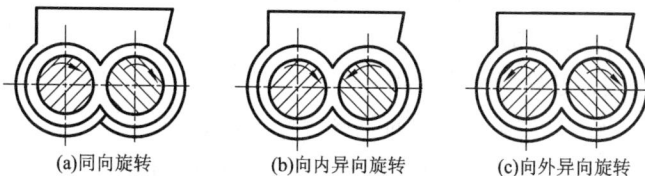

(a)同向旋转　　　(b)向内异向旋转　　　(c)向外异向旋转

图 11 - 26 双螺杆的旋转方向

（一）根据两螺杆的啮合情况分类

1. 非啮合型双螺杆挤压机

又称为外径接触式或相切式双螺杆挤压机，两螺杆轴距至少等于两螺杆外半径之和。在一定程度上可视为相互影响的两台单螺杆挤压机，其工作原理与单螺杆挤压机基本相同，物料的摩擦特性是控制输送的主要因素，这类挤压机在食品加工中应用较少。

2. 啮合型双螺杆挤压机

两根螺杆的轴距小于两螺杆外半径之和，一根螺杆的螺棱伸入另一根螺杆的螺槽。根据啮合程度不同，又分为全啮合型和部分啮合型。全啮合型是指在一根螺杆的螺棱顶部与另一根螺杆的螺槽根部不设计任何间隙。部分啮合型是指在一根螺杆的螺棱顶部与另一根螺杆的螺槽根部设计留有间隙，作为物料的流动通道。

（二）根据开放情况分类

对于啮合型，根据啮合区螺槽是否设计留有沿着螺槽或横过螺槽的可能通道，划分为纵向开放或封闭，横向开放或封闭。

1. 纵向开放或封闭

如果物料可由一根螺杆的螺槽流到另一根螺杆的螺槽，则称之为纵向开放；反之称为纵向封闭。

2. 横向开放或封闭

在两根螺杆的啮合区，若物料可通过螺棱进入同一根螺杆的相邻螺槽，或一根螺杆螺槽中的物料可以流进另一根螺杆的相邻两螺槽，则称之为横向开放。横向开放必然也纵向开放。

（三）根据螺杆转向分类

1. 同向旋转

两根螺杆旋转方向相同。

2. 异向旋转

两根螺杆的旋转方向相反，包括向内旋转和向外旋转两种情况。向内异向旋转时，进料口处物料易在啮合区上方形成堆积，加料性能差，影响输送效率，甚至出现起拱架空现象。向外异向旋转时，物料可在两根螺杆的带动下，很快向两边分开，充满螺槽，迅速与机筒接触吸收热量，有利于物料的加热、熔融。

非啮合型双螺杆挤压机可充当两个并肩排列的单螺杆挤压机，但进料和卸料不均衡。在美国，自洁式同向啮合型使用非常普遍；然而，在加工的物料要求高启动力时，反向啮合型更为适用，与反向啮合型相比，在 V 形敞开的机筒内，同向啮合型可以运输 4~5 倍的物料。

（四）根据螺杆装配形式分类

1. 整体式螺杆

所谓整体式螺杆，即是把螺杆形状的各要素都加工制造在一根轴上，不可拆卸。如图 11-27 所示，双螺杆挤压机中的两根螺杆的形线是一样的，螺距、螺槽深、升角等参数都不能有大的误差，否则在运转时就会干涉。

整体式螺杆的优点是强度高，使用时安装方便，但它除了上述在制造过程中的缺点外，还有就是在使用过程中，一旦发生磨损，虽然只是一小部分的损坏，但却导致整根轴不能使用。整体式螺杆最大的不足是两根很昂贵的螺杆，由于其上的螺距变化规律、剪切处位置和数量都固定不变，因而在食品工厂使用时，只能适应较少的品种和原料，若想要增加生产品种，就要增加新的挤压机或者更换整根螺杆，这既不经济、也不方便。目前食品加工用的双螺杆挤压机的螺杆采用整体式螺杆较少，多采用积木式结构。

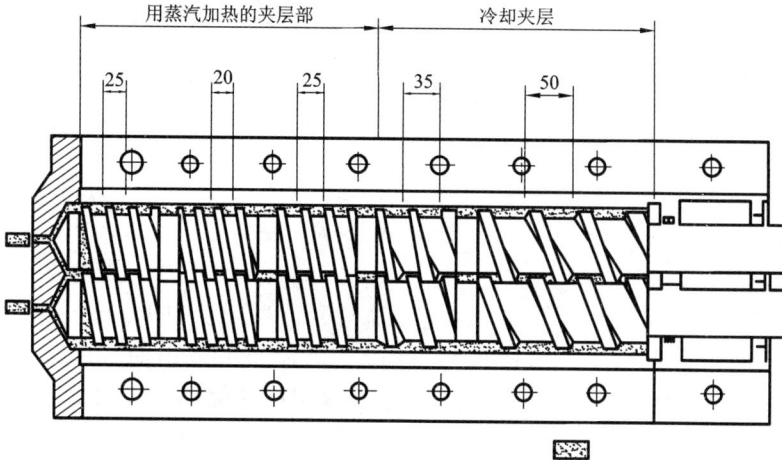

图11-27 双螺杆挤压机螺杆在机筒内的装配图

2. 积木式螺杆

为了克服整体式螺杆的缺点，近几年人们设计制造出了积木式螺杆，就是将一根螺杆分成芯轴、螺套和紧固螺钉三大主要部分，组装而成，如图11-28所示。

积木式螺杆挤压机的芯轴和螺套靠花键连接和传递扭矩，轴向靠紧固螺母或紧固螺钉压紧螺套，保证各元件在螺杆上的轴向位置。轴一般采用刚性和强度均优的材料，经热处理；螺套则根据螺纹各要素的变化分成多段标准件，其长度不一定相等，但要求各螺套前后互换位置而形成的螺纹线是光滑的；另外，剪切块也可制成单片或几片为一组，在轴上任意位置安装，其数量也可按要求增减。

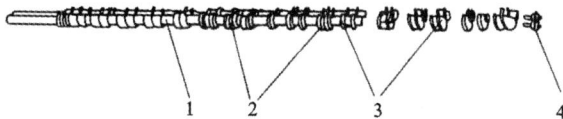

图11-28 积木式螺杆组成部件

1—芯轴；2—剪切块；3—螺套；4—紧固螺钉

螺杆采用积木式结构以后，就可以根据不同食品的工艺要求确定螺套的大小和数量，剪切块的位置不同可实现不同的压缩比和不同的剪切要求，组装出所需要的螺杆。在使用过程中，如某个螺套被磨损失去作用时，只需把该螺套更换就可以恢复使用，这样就相当于延长了整个螺杆的寿命，使这样的组合经济适用。

二、双螺杆挤压机挤压过程

双螺杆挤压机虽然和单螺杆挤压机十分相似，但在工作原理上，它们之间存在较大的差

异。不同的双螺杆挤压机,其工作原理也不完全相同。与单螺杆挤压机相比,双螺杆挤压机挤压过程如下:

(一)强制输送

单螺杆挤压机对物料的输送是基于物料与螺杆和物料与机筒之间的摩擦系数不同,假如物料与机筒间的摩擦系数太小,则物料将抱住螺杆一起转动,螺杆上的螺旋就难以发挥其推进作用,物料也不能够向前输送,更谈不上形成压力和剪切力。双螺杆挤压机的两根螺杆可以设计成不同程度地相互啮合,而机筒呈如图 11 - 29 所示形状。在

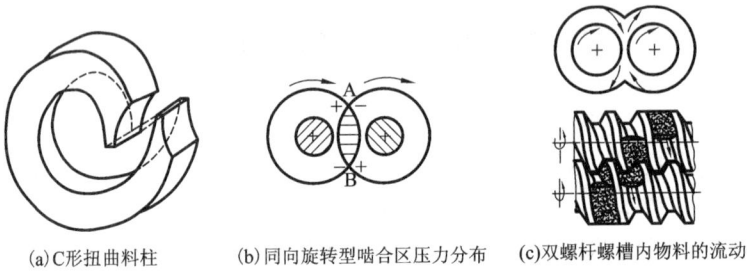

图 11 - 29 双螺杆挤压机机筒示意图

螺杆的啮合处,螺杆之一的螺纹部分或全部插入另一螺杆的螺槽中,使连续的螺槽被分成相互间隔的"C"形小室[见图 11 - 30(a)所示]。螺杆旋转时,随着啮合部位的轴向向前移动,"C"形小室也做轴向向前移动。螺杆每转一圈,"C"形小室就向前移动一个导程的距离。"C"形小室中的物料,由于受啮合螺纹的推力,使物料抱住螺杆旋转的趋势受到阻碍,从而被螺纹推向前进。

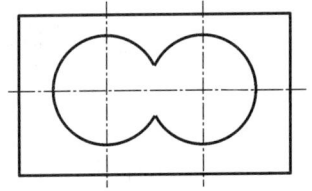

(a)C形扭曲料柱   (b)同向旋转型啮合区压力分布   (c)双螺杆螺槽内物料的流动

图 11 - 30 双螺杆挤压机双螺杆同向旋转挤压过程图

根据双螺杆的旋转方向、啮合程度和螺纹的参数不同,"C"形小室可以是相通的,也可以是完全封闭的,输送的过程一般不会产生倒流或滞流,因此具有很大程度的强制输送性。

由于双螺杆具有强制输送的特点,不论其螺槽是否填满,输送强度基本保持不变,不易产生局部积料、焦料和堵机等现象。对于机筒具备排气孔的挤出机,也不易产生排气孔堵塞等问题。同时,螺杆啮合处对物料的剪切作用,使物料表层不断得到更新,增加排气效果。

(二)混合作用

双螺杆的横断面可以看成是两个相交的圆。相交处为双螺杆的啮合处,如图 11 - 30(b)所示。

对于反向旋转的螺杆,啮合处,螺纹与螺槽的旋转速度虽相同,但仍存在相对速度差。因此被螺纹带入啮合处的物料会受到螺纹和螺槽间的挤压、剪切和研磨作用,使物料得到混合。

对于同向旋转的螺杆,啮合处螺纹和螺槽间的旋转方向相反,因此,被螺纹带入啮合间隙的物料也会受到螺杆和螺槽间的挤压、剪切、研磨作用。同时由于相对速度比反向旋转的大,啮合处物料所受的剪切力也大,更加提高了物料的混合、混炼效果。

由于同向旋转的螺杆在啮合处的旋转方向相反,两根螺杆对物料所起的作用也不相同。一根螺杆要把物料拉入啮合间隙,而另一根螺杆则要把物料从间隙中推出,结果使物料由一

根螺杆转移到另一根螺杆，物料呈如图11-30(c)所示方向前进，运动方向改变了一次，轴向移动前进了一个导程。料流方向的改变，更有助于物料相互间的均匀混合。

双螺杆挤压机中的"C"形小室，在一定程度上影响到物料在挤压机中的混合均匀性。但是，物料在挤压前，一般经过了预混合处理过程，因此，挤压机中的物料混合只起补充作用。确切地讲，物料在挤压机中发生的混合作用应称为"混炼"，其主要作用是物料之间水分的转移，不同物料之间的细微混合，以及不同物料之间不同成分的重新组织化等作用。混炼的效果直接关系到产品的质地、组织状态。没有好的混合也就谈不上均匀的混炼。虽然混合在挤压前的预处理中就开始进行，但是为了提高混合效果，设计螺杆螺纹时，应使"C"形小室之间留出通道，使"C"形小室中的物料能够经过通道相互混合。混合的效果与通道的大小、物料的压差、螺杆的转向、物料密度、螺杆转速、物料和机筒间的摩擦系数有关。由于剪切力的作用，"C"形小室中的物料能够产生很好的混合效果。相邻"C"形小室中的物料，由于产生倒混、滞流等原因，也会产生一定程度的混合。

同向旋转的螺杆挤压机的输送作用不如反向旋转型的输送作用强，但混合效果好，同时漏流使螺杆与料筒间摩擦减小，所以挤压机转速可高达500 r/min。可通过提高转速来弥补产量的不足。为了加强对物料的剪切作用，在压缩段的螺杆上通常安装有1~3段反向螺杆和混捏元件。混捏元件一般为薄片状椭圆或三角形捏和块(图11-31、图11-32)，可对物料进行混合和搅动。

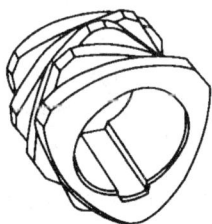

图 11 – 31　捏和元件

图 11 – 32　安装有捏和元件的双螺杆

由于同向旋转型挤压机的混合特性好、磨损小、剪切率高、产量大以及更灵活，所以这类挤压机为食品挤压熟化普遍采用。

(三)自洁作用

黏附在螺杆螺纹和螺槽上的积料，如果滞留时间太长，将引起物料受热时间过长，产生焦料，严重时，会使旋转阻力增大，能量消耗增大，甚至会产生堵机、停机等现象，不利于质地均一产品的稳定正常生产。对于热敏性物料，这个问题尤为突出。若能及时清除黏附的积料，将有助于生产的正常进行与产品质量的提高。

反向旋转的螺杆的啮合处，螺纹和螺槽之间存在速度差，能够产生一定的剪切速度，旋转过程中会相互剥离黏附在螺杆上的物料，使螺杆得到自洁。

同向旋转的双螺杆的啮合处，螺纹和螺槽的旋转方向相反，相对速度很大，产生的剪切力也大，更有助于黏附物料的剥离，自洁效果更好。

图11-33为自洁式同向转动啮合型双螺杆挤压机，图中上部为机筒，下部为螺杆，图中显示了节段式机筒及螺杆不同螺纹的配置，两部的分节是不对称的。

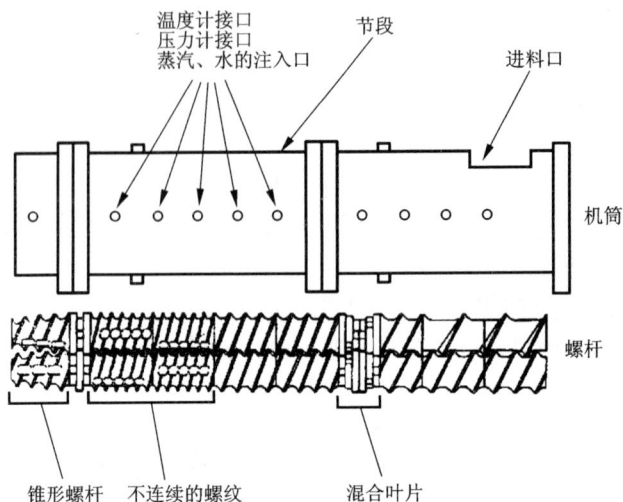

图 11-33 双螺杆挤压机的机筒和螺杆配置图

(四)压延作用

物料进入双螺杆挤压机后,被很快拉入啮合间隙。由于螺纹和螺槽之间存在速度差,所以物料立即受到研磨、挤压的作用,此作用与压延机上的压延作用相似,故称"压延作用",如图 11-34 所示。

对于反向旋转的双螺杆挤压机,物料在啮合间隙受到压延作用的同时,还产生使螺杆向

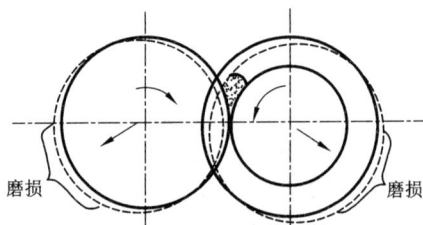

图 11-34 双螺杆挤压机的压延作用

外分离和变形的反压力。该反压力的作用会导致螺杆和机筒间的磨损增大。螺杆转速越高,压延作用越大,磨损就越严重。因此反向旋转挤压机螺杆转速不能太高,一般在 8～50 r/min。

(五)双螺杆挤压过程的停留时间分布

在实际挤压过程中,同时进入挤压机的物料不可能在同一时间离开挤压机。停留时间分布是指物料在挤压室内通过时间的分布状况,可表明挤压机挤压工艺条件的优劣。根据停留时间分布,可以估计混合度、食品颗粒的平均停留时间和转换期间的总应力,了解挤压机作为化学反应器工作的全过程。

在食品挤压加工中,保证挤压产品的均匀性,混合相当重要,特别是对于热敏性物料的加工尤其如此。在挤压熟化过程中,停留时间分布越窄,混合越充分,产品的均匀性也就越好。为了保证完全混合,在挤压实践中,一方面是在进入挤压螺杆之前,将原料的各种成分进行预混合;另一方面就是提高物料在螺杆内部的混合作用,通常是在螺杆的熔融段和挤出段之间增设揉捏盘或切口螺旋等予以改善。

实验表明,在各种不同的工艺条件下,反向旋转型挤压机具有较好的正输送特性和较窄的停留时间分布,而同向旋转型挤压机具有较宽的停留时间分布。

表 11 - 1 所示为单螺杆挤压机与双螺杆挤压机部分性能的比较。

表 11 - 1 单螺杆挤压机与双螺杆挤压机部分性能的比较

项 目	单螺杆	双螺杆
输送原理	物料与螺杆及物料与机筒间两摩擦因数之差	依靠"C"'形小室的轴向移动
输送效率	小	大
热分布	温差较大	温差较小
混合作用	小	大
自洁作用	无	有
压延作用	小	大
制造成本	小	大
磨损情况	不易磨损	较易磨损
转速	可较高	一般小于 300 r/min
排气	难	易

本章小结

食品工业主要采用单螺杆挤压机和双螺杆挤压机对各种食品物料进行挤压加工操作，得到不同类别的挤压食品。

本章主要学习了食品挤压机的类型及其工作原理，以及单螺杆挤压机和双螺杆挤压机的基本结构和基本性能特点等，要求掌握单螺杆挤压机和双螺杆挤压机的选用和使用要点。

思考题

1. 挤压加工技术分为哪几类？
2. 食品挤压加工技术有哪些特点？
3. 简述单螺杆挤压机的工作原理。
4. 简述双螺杆挤压机的工作过程。
5. 简述挤压机的模头分类。
6. 简述单螺杆挤压机的主要工作部件。
7. 叙述单螺杆挤压机和双螺杆挤压机性能有何不同。
8. 单螺杆挤压机的螺杆有哪几种形式？
9. 挤压机的加热方法有哪几种？

第十二章

成型机械与设备

本章学习目的与要求

了解食品成型方法；掌握成型机械的主要类型、成型原理及成型机的组合方式；了解各种主要成型机械的基本结构；掌握其基本性能和应用特点。

在面食类、糖果类加工过程中，通常需经过成型加工，这类食品大致可分成两类。一类是没有包馅的，如呈片状的饼干、呈粒状的糖果、呈筒状的蛋卷、呈块状的面包、糕点等；另一类是需要包馅的，如饺子、馄饨、月饼等。所谓成型，就是将食品物料制成具有一定规格形状或装饰花纹的单个成品或生坯的操作称为食品成型。完成食品成型作业的机器设备称为成型机械。

食品成型机械广泛应用于各种面食，糕点和糖果的制作以及颗粒饲料的加工。其种类繁多，功能各异。根据不同的成型原理，食品成型除第十一章所介绍的挤压成型外，还包括如下方法：

①搓圆成型，如面包、馒头和元宵等的制作，其成型设备有面包面团搓圆机、馒头机和汤圆机等。

②压延成型，如饼干生产中的压片、糖果生产中的拉条、面条和方便面生产中的压片和成型等，其成型设备有面片辊压机和面条机等。

③模压成型，如饼干和桃酥的加工，所用的设备有冲印式饼干成型机、辊印式饼干成型机和辊切式饼干成型机等。

④包馅成型，如豆包、馅饼、饺子、馄饨和春卷等的制作，其加工设备有饺子机，馅饼机，馄饨机和春卷机等。

⑤卷绕成型，如蛋卷和其他卷筒糕点的制作，其加工设备有卷筒式糕点成型机等。辊压切割成型，如饼干坯料压片，面条、方便面和软料糕点的加工等，在本章仅对前4类中几种典型机械的结构、工作原理以及使用等方面的知识进行介绍。

第一节　搓圆成型设备

食品搓圆成型是指物料在与载体接触并随之运动过程中,受载体搓揉作用而逐步变形成球状或圆柱状食品半成品的操作。这种成型方式习惯上也称为"感应成型"。面包、馒头成熟前或糖果在切割前均需经搓圆操作,其作用主要是使面团的外形成球状并使内部气体均匀分散,组织细密,同时通过高速旋转揉捏,使面团形成均匀的表皮,这样可使面团在下一段醒发时所产生的气体不致跑掉,从而使面团内部得到较大的并且很均匀的气孔。

完成食品搓圆操作的机器统称为搓团成型机械。如面包搓圆机、馒头搓圆机、半软糖成型机等。常用搓圆机有 3 种形式,即伞形搓圆机、锥形搓圆机和桶形搓圆机。

一、输送带式搓圆机

输送带式搓圆机的主要搓圆机构是由水平输送带和模板组成(图 12 - 1)。模板 2 内呈凹弧面,通过支架 3 固定在输送带上方,模板与输送带的夹角 α 可调。输送带可与多台切块机的出面口相连组成切块搓圆机。搓圆机工作时,切块机输出的定量面块 1 随输送带前进,当面团进入模板凹弧面后,由于 α 角的存在和模板凹弧面的曲面形状,使面团在输送带摩擦力、面团重力、模板凹弧面正压力和摩擦力作用下被卡在凹弧面导槽内斜向滚动,逐渐搓揉成球状生坯 5。

模板是输送带式搓圆机的关键部件,其长度、安装角度 α 以及凹弧面的几何尺寸直接影响搓圆质量。这种搓圆机具有搓圆和输送生坯双重功能,生产能力较大,但受结构限制,其搓圆效果及生坯表面致密程度不足,占地面积较大,主要适用于搓制糕点生坯。

二、伞形搓圆机

(一)伞形搓圆机结构

伞形搓圆机主要结构包括电机、转体、旋转导板、撒粉装置及传动装置等,如图 12 - 2 所示。

搓圆机的转体和螺旋导板是对面团进行搓圆的执行部件。转体安装在主轴上,螺旋导板通过紧固螺钉与支承板固定安装在机架上,从而

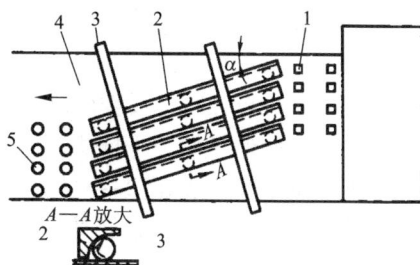

图 12 - 1　输送带式搓圆机
1—定量面块;2—模板;3—支架;
4—输送带;5 -球状生坯

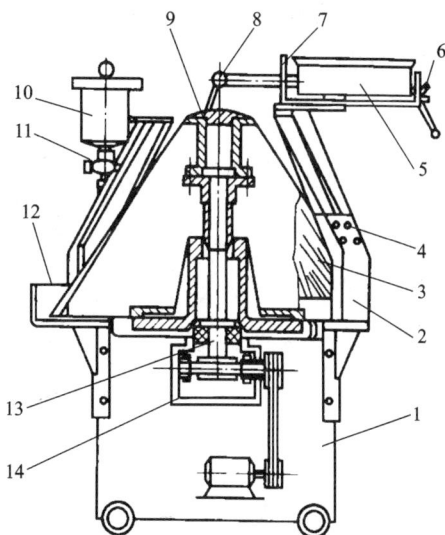

图 12 - 2　伞状搓圆机结构简图
1—主轴支撑架;2—支撑架;3—转体;4—调节螺钉;
5—撒粉盒;6—开放式翼形螺栓;7—控制板;8—拉杆;
9—顶盖;10—贮液桶;11—放液嘴;
12—托盘;13—主轴;14—蜗轮蜗杆减速器

由导板与转体配合形成面块运动的成型导槽。

由于面包面团含水多,质地柔软,因此面包搓圆机装有撒粉装置。在转体顶盖9上设有偏心孔,该偏心孔与拉杆8球面联接,使撒粉盒5的轴心作径向摆动。将盒内的面粉均匀地撒在螺旋形导槽内,防止操作时面团与转体、面团与导板及面团之间粘连。机器停止时,应松开翼形螺栓6,使控制板7封闭出面孔。

伞形搓圆机传动系统较简单,动力由电机经三角皮带及一级蜗轮蜗杆减速后,传至主轴,在旋转主轴的带动下,转体随之转动。

其传动路线表达式如下:

电机→三角皮带→蜗轮蜗杆减速器→主轴→转体

伞形搓圆机,由于具有进口速度快,出口速度慢的特点,有利于面团的成形。

(二)伞形搓圆机的工作原理

来自切块机的面块由转体底部进入螺旋形导槽,由于转体旋转及固定导板的圆弧形状,使导板与面块、面块与转体伞形表面之间产生摩擦力,以及面块在转体旋转时所受的离心力作用,使面块沿螺旋形导槽由下向上运动。其间面块既有公转又有自转,既有滚动又有微量的滑动,从而形成球形,见图12-3(a)。

伞形搓圆机面块的入口设在转体的底部,出口在伞体的上部,由于转体上下直径不同,使得面块从底部进入导槽由下向上的运动速度越来越低,见图12-3(b),因此前后面块的距离越来越小,有时会出现双生面团,即两个面块合为一体一起离开机体。为了避免双生面团进入醒发机,在正常出口上部装有一横档,当双生面团通过时,由于其体积大而出口小不能通过,面团只能继续向前滚动,从大口出来进入回收箱,见图12-3(c)。

搓圆完毕的球形面包生坯由伞形转体的项部离开机体,由输送带送至醒发工序,见图12-3(d)。

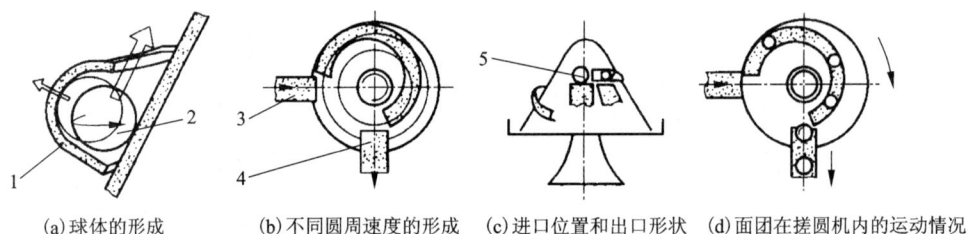

(a)球体的形成　(b)不同圆周速度的形成　(c)进口位置和出口形状　(d)面团在搓圆机内的运动情况

图12-3　伞形搓圆机工作原理

1—导槽;2—面团;3—进口;4—出口;5—双生面团

(三)面团成型机理

面团在螺旋形导槽内的运动比较复杂,决定其运动的主要因素有转体转速、导槽的几何形状、面团自身的物理特性以及干面粉的喷撒状况等。面团运动轨迹为螺旋形线,其运动由圆周运动、平行于伞形转体母线的上升运动以及面团自身的转动合成,主要特点为:既有公转又有自转,既有滚动又有滑动,面团受力作用点随时变化,运动速度的大小和方向随时变化。由于面团的运动特点,面团成型过程中其物理特性发生显著变化,弹性模量增大,变形量减小,内聚力增加,外形逐渐形成球状,内部气体均匀分散,组织致密,团体表面形成均匀光滑表皮,面团在到达下一工序醒发时所产生的气体不易逸出,从而使面团内部形成较大而均匀的气孔。

伞形搓圆机的结构简单,操作方便,产品质量较好,生产能力较大,劳动强度低,是面包、馒头生产中应用广泛的一种设备。

三、锥桶形搓圆机

锥桶形搓圆机与伞形搓圆机大致相同,只是转体倒置,大端在上,小端在下,呈锥桶形状(图12 -4)。转体外同样设有固定导板,固定导板与转体构成的面块成型螺旋导槽。搓圆工作时,来自切块机的面块,由定向输送器送至锥形转体下部2。在离心力和摩擦力的作用下,面块沿螺旋形导槽既公转又自转的由下向上运动,在运动过程中被搓成球形,到达锥体的顶部。搓圆完毕后,面团由帆布输送带送至醒发工序。

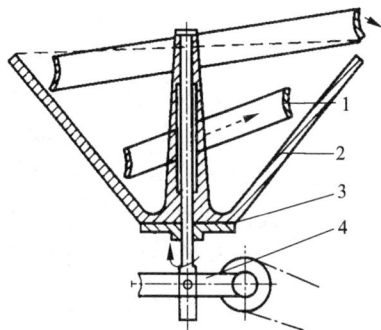

图12-4 锥桶形搓圆机
1—螺旋导槽;2—锥桶转体;
3—主轴;4—蜗轮减速器

由于转体直径下小上大,所以面块的运动速度由小到大,在离开搓圆机时达到最大,前后面块的距离也由小变大。这一点与伞形搓圆机相反,因此,不易像伞形搓圆机那样出现双生面团。但成型效果较差,一般用于生产小型面包。

四、盘式馒头搓圆机

盘式馒头搓圆机由定量切块机构、旋转圆盘搓圆成型机构以及传动系统等组成(图12-5)。导向板固定在机架上,其导向轨道呈阿基米德螺旋线。

搓圆工作时,面斗内的面团由螺旋挤出器2,从出口呈锥形的料筒挤出,由于出口处截面的收缩使面团被挤压成致密的组织结构。挤出的连续面柱被出口处的旋转切刀定量切成面块,其面块大小可通过调节手柄改变出口口径大小或旋转切刀的旋转速度来控制。面块落入固定导向轨道上的螺旋槽后,

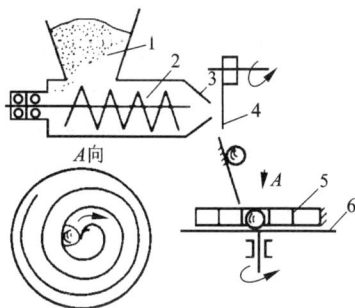

图12-5 盘式馒头搓圆机
1—面斗;2—螺旋挤出器;3—锥形出面嘴;
4—切断刀片;5—导向轨道;6—旋转圆盘

在沿螺旋槽向出口滚动过程中受旋转圆盘的离心力、摩擦力和固定轨道侧壁上的挤压力、摩擦力的作用,逐渐被搓揉成球状面团。

第二节 压延成型设备

压延成型设备是指完成压延操作的机械设备。在食品加工过程中,许多物料都需要经过压延操作,如饼干生产中的压片,糖果生产中的拉条,面条、方便面生产中的压片和成形,巧克力生产中的物料粉碎、研磨等。

压延成型是指由成对压辊相对回转,物料(面团)在摩擦力的作用下被拉入辊隙中挤压延伸。由于辊间隙截面逐渐减小,挤压与剪切作用逐渐加强,使得面料在脱离压辊后延展成厚

度均匀的面片。压延后的面片厚薄均匀、表面光滑、质地细腻、内部气泡被排除、内聚性和塑性适中。

一、卧式压延机

卧式压延机多为间歇式操作，其基本结构如图12-6所示，主要由上、下压辊、辊隙调节机构、传动系统、机架及进料斗和出料输送带组成。上、下压辊安装在机架上，工作转速在0.8~30.0 r/min 范围内。通常在上辊下面装有清除面屑刮刀，以清除粘附在辊筒上面的少量面屑。有些机型为防止面料粘辊，还设有撒粉装置。辊间间隙可通过手轮随时任意调节，以适应辊压过程中压制不同厚度面片的工艺需要，调节范围一般在 0~20 mm 以内。

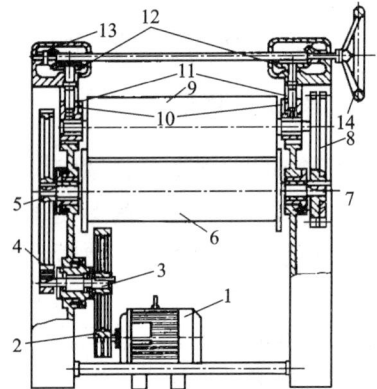

图12-6　卧式压延机

1—电动机；2、3—带轮；4、5、7、8—齿轮；6—下压辊；9—上压辊；10—上压辊轴

压延机的动力由电动机经一级带传动(带轮2、3)和一级齿轮传动(齿轮4、5)减速后，传至下压辊6，再经齿轮7、8带动上压辊作回转运动。主动辊为下压辊，辊间间隙调节时，只能通过调节下压辊来完成。随着辊间间隙的变化，上、下压辊传动齿轮的啮合中心距发生变化，为了保证正确啮合，应选用渐开线长齿形齿轮，它与标准齿高相比，参数变化较大。但目前在食品压延机械中，普遍采用大模数标准齿轮。这种齿轮在调节压辊间隙后，亦可在某种程度上减少啮合齿轮间的冲击。当需要调节的间隙很大时，也可选用不同安装位置的两对齿轮。

卧式压延机工作时，面片的前后移动、折叠、转向均需要人工操作。如果只用以单向辊压，则需多台间歇式压延机组合在一起，中间由输送装置连接，这样便可与其它成型机如饼干成型组成自动生产线。

二、立式压延机

立式压延机与卧式压延机相比，具有占地面积小，压制面带的层次分明，厚度均匀，工艺范围较宽，结构复杂等特点。图12-7为立式压延机结构示意图，它主要由料斗、压辊、计量辊和折叠器等组成。

在立式压延操作中，面带依靠重力作用垂直供料，这样可以免去中间输送带，使机器结构简化，而且辊压的面带层次分明。计量压辊的作用是使压延成型后的面带均匀一致，一般由2~3对等径压辊组成，压辊间距可随面带厚度自动调节。

在生产苏打饼干时，需设有油酥料斗2，以便将油酥夹带入面带中间。折叠器的作用是将经过辊压、计量后的面带折叠，使成型后的制品具有多层结构。

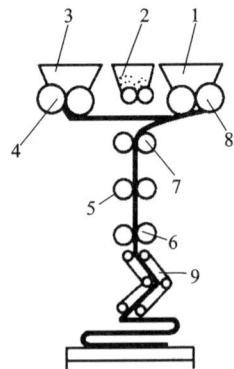

图12-7　立式压延机

1、3—面斗；2—油酥料斗；4、8—喂料压辊；5、6、7—计量压辊；9—折叠器

三、多层压延机

采用对辊式压延机可以顺利地完成单层压延，但对双层或多层夹酥面片压延时，因辊径有限，辊隙间的变形区很短，面片在压辊强烈的剪切与挤压作用下产生急剧变形，易导致面片内部截面紊乱，原有层次结构遭破坏。此外在接触区起点处还易出现严重滞后堆积现象，影响压延效果。对多层次面片采用多层延压机，可克服上述不足，经其压制后的夹酥面片层次多（可达 120 多层左右），而且层次分明，外观质量、口感及风味较佳。

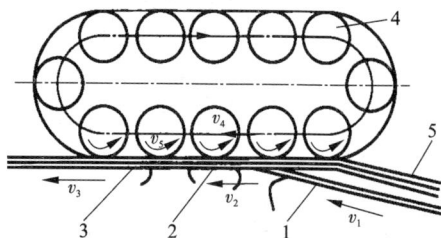

图 12 - 8　多层压延机
1、2、3—输送带；4—环形压辊组；5—多层面片

多层压延机的结构原理如图 12 - 8 所示。主要由环形压辊组 4、三条速度不同的输送带（1、2、3）以及传动系统、支承系统、撒粉系统等组成。输送带速度从面片进料至出料逐渐加快（$v_1 < v_2 < v_3$）。

多层压延机工作时，由斜置进料输送带 1 将压片机送来的多层次厚面片 5 导入由环形压辊组与三条输送带构成的一条狭长楔形通道内，靠压辊组中上压辊既沿面带流向公转，又逆于此向自转，且保证其公切线上的绝对速度接近输送带速度，面片逐渐变薄；另一方面三条下输送带沿面片流向逐渐加快，使整个压延过程中，面片表面与接触件间的相对摩擦很小，面片几乎是在纯拉伸作用下变形。因此面片内部结构层次未受影响，从而保持了物料原有的品质。

多层压延机是一种新型的高效能压延设备，主要用于起酥生产线中。生产苏打饼干时面团不需要经过发酵，面带经过该压延机的连续辊压后，面层可达 120 层以上，且层次分明，酥脆可口，外观及口感良好，能够生产出手工所不及的面点。但其结构复杂，设备成本高，操作、维修技术要求高。

第三节　模压成型机械与设备

模压成型机械是利用模具对食品进行压印成型的机械。常用的模压成型机械有冲印式饼干成型机、辊印式饼干成型机和辊切式饼干成型机。

一、冲印式饼干成型机

冲印饼干机适用于加工韧性饼干、苏（梳）打饼干及一些低油脂酥性饼干。这种成型机的缺点是冲击载荷大，噪声大，不适宜放置在楼层高的厂房内使用；与辊印式和辊切式成型机相比其产量较低。

（一）基本结构

冲印式饼干机主要结构包括压片机构、冲印成型机构、拣分机构、余料回收机构，其它的还有输送带、撒粉装置、摆盘装置、机架及传动系统等，如图 12 - 9 所示。

1. 压片机构

主要有头道辊、二道辊、三道辊及各对辊上的刮刀、压辊间隙调节手轮。

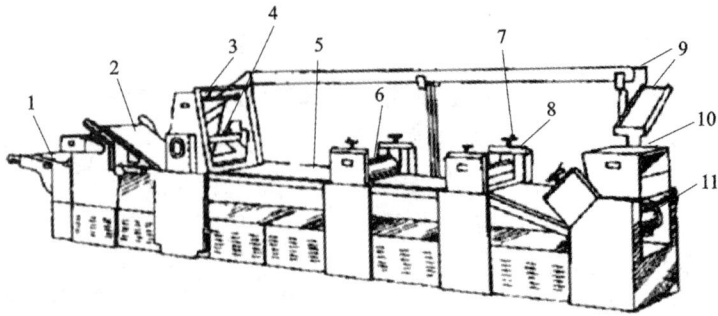

图12-9 冲印饼干成型机外形图

1—饼干生坯输送带；2—拣分机构；3—机架；4—冲印成型机构；5—面带输送带；6—三道辊；
7—压辊间隙调整手轮；8—二道辊；9—回头机；10—面头；11—头道辊

压片是其准备阶段，设置多道辊的目的是达到压出面带保持致密连续、厚度均匀、表面光滑整齐、无残留内应力，且辊径及辊间隙逐渐减少，辊转速依次增大。头道辊直径大的原因在于面团进入辊压时的摩擦角必须大于导入角。有些饼干机在头道辊表面沿轴向开有沟槽，可增加摩擦以减小压辊的直径。为减缓面带由急剧变形而产生的内应力，辊压操作应逐级完成，所以压辊间隙需依次减小。各辊速度匹配要合理，传动比的选择与辊间隙、转速都应协调，否则因流量不等，易出现拉长的皱起现象。

2. 冲印成型机构

完成生坯冲印成型，是保证饼干外观质量，提高饼干机生产率的关键部件。主要包含动作执行机构和冲印模。

(1)连续式动作执行机构

采用摇摆机构，冲印饼干生坯时，印模既作上下冲印运动，又随输送带作往复跟踪运动，即完成同步摇摆冲印动作(图12-10)。该动作执行机构主要由一组曲柄连杆机构($2-3-4-O_2-O_3$)，一组双摇杆机构($5-6-7-O_1-O_2$)及一组五杆机构($1-9-8-7'-O_1-O_3$)组成，由曲柄摇杆机构和双摇杆机构完成印模往复跟踪运动，而五杆机构(曲柄滑块机构)完成印模上下冲印运动。工作时，摇摆曲柄2与冲印曲柄1同时转动，曲柄摇杆机构中的曲柄2借助于连杆3、6及摆杆4、5使摇杆机构中的印模摆杆7摆动。同时五杆机构中的曲柄1通过连杆9将其回转运行转换为冲头滑块8的往复直线运动，因摇杆7与摇杆7'固连，使得冲头滑块8既沿滑槽J做上下滑动完成冲印动作，同时又随摇杆7'左右摆动

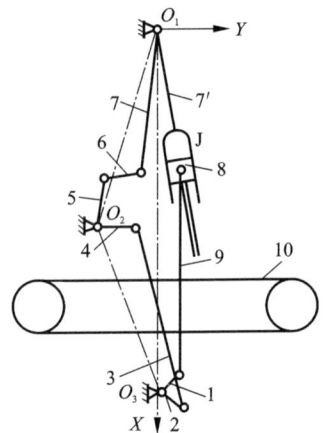

图12-10 摇摆式连续动作执行机构

1—冲印曲柄；2—摇摆曲柄；3、6、9—连杆；
4、5、7、7'—摇杆；8—冲头滑块；
10—面坯输送；J—滑槽

实现与面坯的水平输送。连续式机构运动平稳，生产能力高，其成型质量较好，可与连续式烤炉配套组成饼干生产自动线。

(2)冲印模

冲印模由若干组冲头(印模)、套筒(限位，控制冲印深浅或行程)、切刀、弹簧及余料推板等组成(图12-11)。根据饼干的不同品种，配有两种印模：一种是轻型印模，用于生产凹

花、有针孔韧性饼干,如梳打饼干的加工只有针孔而无花纹,轻型印花模冲头凸起图案较低,弹簧压力较弱,印制花纹较浅,冲印阻力小,操作平稳。另一种是重型印模,用于生产凸花无针孔酥性饼干,重型印模冲头上的凹下图案较深,弹簧压力较强,印制饼坯的花纹清晰,但冲印阻力较大,操作不平稳。

冲印模结构是由饼干面团特性所决定。韧性饼干面团具有一定的弹性,烘烤时易在表面出现气泡,为了减少饼干坯气泡的形成,通常在印模冲头上设有排气针孔。梳打饼干面团弹性较大,冲印后由于其弹性变形的恢复能力,使冲印后的花纹保持能力差,因此其印模冲头仅有针孔及简单的文字图案。低油酥性饼干面团塑性较好,花纹保持能力较强,其印模冲头即使无针孔也不会使成型后的生坯出现气泡。

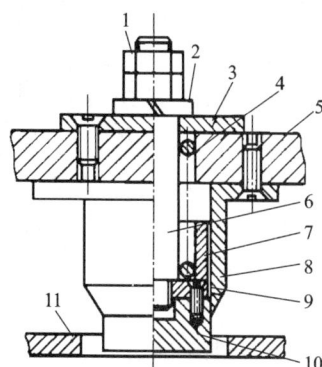

图 12 – 11　冲印模结构

1—螺母；2—垫圈；3—固定垫圈；
4—弹簧；5—印模支架；6—冲头芯杆；
7—限位套筒；8—切刀；9—连接板；
10—印模；11—余料推板

3. 拣分机构

冲印饼干机的拣分是将冲印成型后的饼干生坯与余料在面坯输送带尾端分离出来的操作,通常由余料输送带完成。余料输送带的位置根据不同结构型式的冲印饼干成型机而各有不同,一般拣分机构倾斜布置,其倾角根据饼干面带的特性确定。一般而言,韧性与梳打饼干面带结合力强,拣分操作容易完成,其倾角为 40°；而酥性饼干面带结合力很弱,且余料较窄,极易断裂,其倾角一般为 20°左右。

4. 余料回收装置(回头输送带机构)

余料回收装置的作用是将余料送回到第一道辊再压片。一般由输送带、溜板等组成。根据回料输送带的安装位置,目前常用的有"正回头"余料回收装置和"侧回头"余料回收装置。"正回头"余料回收装置的输送带安装在压延辊和摇摆式冲印机的上方,其结构紧凑,空间利用充分,工作可靠,操作简单,主要用于韧性饼干余料回收,在生产中广泛应用。"侧回头"余料回收装置采用侧置式输送带,主要用于酥性饼干余料回收,这种余料回收装置占用空间大,传动复杂,调节维修量大,通用性较差、造价高。

(二)冲印成型原理

如图 12 – 11 所示,冲印工作时,在执行机构的偏心连杆或冲头滑块带动下,印模组成一起上下往复运动。冲印时,印模支架随动作执行机构下移,支架上的印模冲头 10 首先将图案印在面片表面上,然后冲头不动,切刀 8 下压,把生坯与面片切断。最后,印模支架 5 随连杆回升,切刀首先上提,余料推板 11 将粘在切刀上的余料推下,接着压缩弹簧复原,印模上升与成型饼坯分离,一次冲印操作完成。

(三)冲印饼干机工作过程

冲印饼干机整个工作流程的完成包括四个步骤：压片→冲印成型→拣分→摆盘。

①将配料调制好的面团引入压片机构,经压辊连续压延,得到厚薄均匀质密的面带。

②由面带输送带送入成型部分,通过模具冲印,制成带花纹形状(图案)的饼干与面片余料。

③经过拣分输送部分将生坯与余料分离。

④生坯由输送带排列整齐地送到烤盘或烤炉钢带、网带上进行烘烤,余料(边料和头子)

由余料输送带送回饼干机前端料斗内，与新投入面团一起再次进行压片操作。

（四）主要技术参数

①印模规格：考虑饼干生产工艺的要求，饼干成型机要与后续食品烤炉配套组成饼干生产线。因此饼干机印模的长度与食品烤炉的宽度一致。印模长度有 560 mm、480 mm、360 mm 三个尺寸，宽度常取 125～150 mm 之间。

②冲印速度：大于 120 次／min。

③生产能力：

$$G = 3600 i Z \eta_s / K$$

其中：G——生产能力，kg/h；

i——单位时间冲印次数，次/s；

Z——每次冲印饼干生坯数量；

η_s——冲印饼干机加工生坯成品率，一般取 0.97；

K——每千克成品饼干块数，块/kg。

二、辊印式饼干成型机

辊印式饼干成型机是通过成型脱模机构中辊筒回转，完成印花、成型、脱模及生坯输送等操作，其主要优点是成型连续，运转平稳，振动噪声小，不产生边角余料，并且整机结构简单，操作方便，成本较低。该机主要适合于高油脂酥性饼干的加工制作，采用不同的印模辊，不但可以生产各种图案的饼干，还能加工桃酥类的糕点。

（一）主要结构

辊印式饼干成型机由成型脱模机构、生坯输送带、传动系统及机架等组成（图 12–12）。

辊印成型脱模机构是辊印饼干机的主要部件，它由喂料辊、印模辊、分离刮刀、帆布脱模带及橡胶脱模辊等组成。喂料辊和印模辊由齿轮传动而相对回转，橡胶脱模螺通过紧夹在两辊之间的帆布脱模带产生的摩擦，由印模带动同步回转。

喂料辊 3 常采用 HT200 灰口铸铁管或厚壁管制造后时效处理，使其硬度保持在 HB170～241 之间。印模辊 5 也常采用 HT200 灰口铸铁制作，表

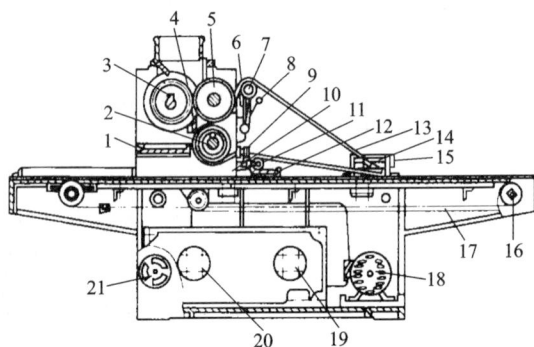

图 12–12 辊印式饼干成型机结构

1—接料盘；2—橡胶脱模辊；3—喂料辊；4—分离刮刀；5—印模辊；
6—间隙调节手轮；7—张紧轮；8—手柄；9—手轮；10—机架；
11—刮刀；12—余料接盘；13—帆布脱模带；14—尾座；
15—调节手轮；16—输送带支承轴；17—生坯输送带；
18—电动机；19—减速器；20—无级变速器；21—调速手轮

面镶嵌由 H62 铜或聚碳酸脂（PC）制成的饼干凹模，表面粗糙度为 Ra1.25，调质硬度为 HB217～255。喂料槽与印模辊尺寸相同，直径一般为 $\phi200～300$ mm，辊长与烤炉匹配。饼干模在印模辊圆周表面的位置应交错分布，使分离刮刀在辊表面轴向方向与其均匀接触，减少辊表面的磨损。

分离刮刀 4 的作用是将凹模外多余面料沿切线方向刮削到面屑斗中，需要其具有良好的

刚度，刃口锋利。帆布脱模带 13 的两侧应保持周长相等，接头缝合处要平整光滑，无厚度突变，避免跑偏或产生阻滞脉动现象。橡胶脱模辊 2 通常由铸铁或厚钢管表面滚花后套铸一层无毒耐油食用橡胶，并经过精车磨光而成，要求表面光滑，防带跳动。

（二）辊印饼干机成型原理

1. 辊印成型原理

如图 12 - 13 所示，饼干机工作时，喂料辊 6 与印模辊 3 在齿轮驱动下相对回转，面斗内的酥性面料依靠自重落到两辊间后，随即被喂料辊挤压进入印模辊表面的饼干生坯凹模中，凹模处多余的面料由分离刮刀 7 刮落至面屑接盘中。印模辊回转，含有生坯的凹模下转开始脱模操作，印模下方的橡胶脱模辊通过自身变形，将粗糙的脱模帆布带紧压在生坯底面上，并随印模辊一同回转，当帆布带与印模辊脱离接触时，帆布带与生坯底面间产生的吸附作用合力超过生坯与凹模光滑表面的接触力，使得成形后的饼干生坯从凹模内脱出，并经脱模带送至烤盘或其它输送带上。

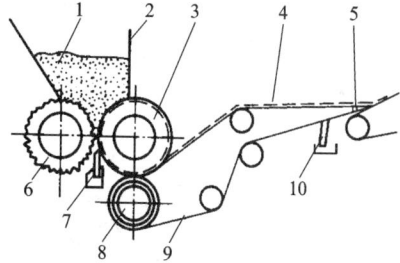

图 12 - 13　成型脱模机构

1—粉料；2—料斗；3—印模辊；4—饼干坯；
5—帆布带楔块；6—喂料辊；7、10—刮刀；
8—橡胶脱模辊；9—帆布脱模带

2. 影响辊印成型的因素

（1）辊间距

喂料辊与印模辊的间隙随被加工物料性质而改变，加工饼干的间隙约在 3 ~ 4 mm 间，加工桃酥类糕点时需要作适当放大，否则易产生反料现象。

（2）分离刮刀位置

由实验得知，分离刮刀与印模辊水平中线的相对位置直接影响饼干生坯的重量。当刮刀刃口偏高时，切除面屑后的生坯底面略高于印模辊表面，使单块饼干生坯重量增加；当刮刀刃口偏低时，又会出现饼干重量减少的现象，这些均会影响饼干的商业销售价值。

（3）橡胶脱模辊对印模辊的压力

橡胶脱模辊对印模辊所施加压力大小对饼干生坯的成型质量有一定的影响，若橡胶辊压力过小，会有粘模现象；若压力过大，生坯厚薄不均，后薄前厚，严重时还可能在生坯后侧边缘产生薄片状面尾。因此，确定橡胶脱模辊的原则是在顺利脱模的前提下，压力尽量减小。

三、辊切式饼干成型机

辊切式饼干成型机主要适用于加工苏打饼干、韧性及低油性酥性饼干。该机结构精度要求较高，生产能力大，工作平稳，振动噪声低，是较有发展前途的高效能饼干生产机型。

（一）基本结构

辊切饼干机综合了冲印与辊印两种机型的优点。其基本结构主要由压片机构、辊切成型机构、余料拣分机构、传动系统及机架等组成（图 12 - 14）。其中压片机械及余料拣分机构

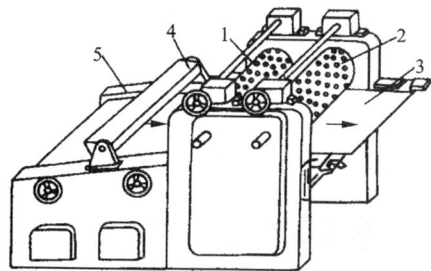

图 12 - 14　辊切式饼干成型机

1—印花辊；2—切块辊；3—帆布脱模带；
4—撒粉器；5—机架

与冲印式饼干成型机大致相似,只是在压片机构末道辊与辊切成型机构间设有一段缓冲输送带;辊切成型机构与辊印式饼干成型机相似。

如图12-15所示,辊切成型机构由印花辊4、辊切辊5、脱模辊6、帆布脱模带3组成。印花辊与辊切辊的尺寸一致,其直径一般在200~230 mm之间,两辊内芯均采用铸铁制成,外层嵌入聚碳酸酯。辊切成型有两种结构:一是将印花与切块两套模具复合嵌在同一压辊上;另一种是把印花模与切块模分别安装在两个压辊上,这样要求与两辊同时接触的橡胶模辊直径较大。

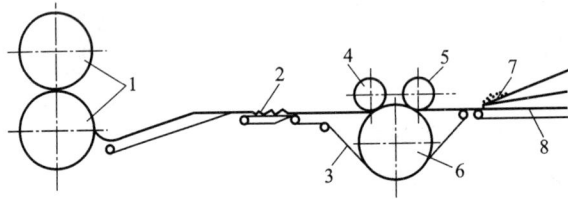

图12-15 辊切成型机构

1—定量辊;2—波纹状面带;3—帆布脱模带;4—印花辊;
5—辊切辊;6—脱模辊;7—余料回收机构;8—饼干生坯

(二)辊切成型原理

辊切式饼干成型机操作时,经压片机构形成的面片通过缓冲输送带进入辊切成形机构。其作用是通过适当的过量输送,造成面片呈皱纹状的均匀堆积,这样可使面带在短期张驰变形的过程中,消除部分残存内应力,以免成形后的韧性饼干生坯收缩变形。辊切成型的印花与切块操作分两步在两辊上完成。即面片先经印花辊,压印出饼干花纹图案,随后再经同步转动的切块辊在原图案上切出饼干生坯。位于两辊之下的大直径橡胶脱模辊借助于帆布脱模带,在印花与切块过程中,起着弹性垫板和脱模的作用。面片离开切块辊后,成形生坯由输送带送至烤炉,余料则经拣分提起后,由余料输送带回送到压片机构前端的料斗内。

辊切成形机构运转时应严格保证印花辊与切块辊的直径与转角相位相同、速度同步,否则切出的生坯外形与图案分布不能吻合。

第四节 包馅成型机械与设备

食品中含馅食品的生产需要包馅成型的方法来完成,如包子、饺子、汤圆、馄饨等食品的生产,完成包馅成型的设备称为包馅成型机。包馅食品一般由外皮和内馅组成,但其结构形式和种类多样且复杂。

一、包馅成型基本方法

包馅成型按其成型的方式不同,可分为转盘式、注入式、共挤式、剪切式和折叠式等几种类型。

1. 转盘式

如图12-16(a)所示,先将面坯制成凹型,再将馅料放入其中,然后由一对半径逐渐增大的圆盘状回转成型器将其搓制、封口、再成型。其成型过程稳定，柔和，通用性好，通过更换回转成型器可制作不同规格的产品。适用于皮料塑性好而馅料质地较硬的球形产品。

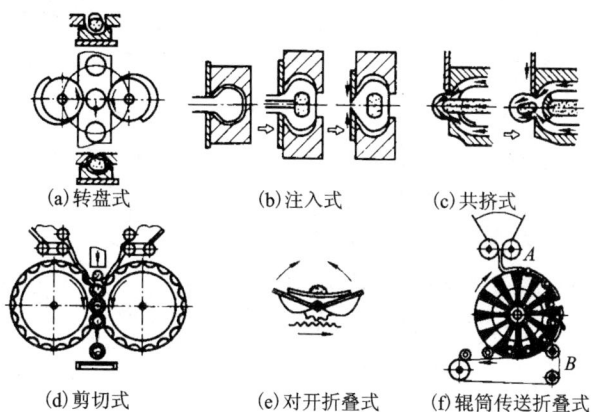

(a)转盘式　　(b)注入式　　(c)共挤式

(d)剪切式　　(e)对开折叠式　　(f)辊筒传送折叠式

图 12 - 16　包馅成型方式

2. 注入式

如图 12 - 16(b)所示，馅料由喷管注入挤出的面坯中，然后被封口、切断。适用于馅料流动性较好、皮料较厚的产品。

3. 共挤式

如图 12 - 16(c)所示，面坯和馅料分别从双层筒中挤出，达到一定长度时被切断，同时封口成型。适用于皮料及馅料塑性流动性相近的产品。

4. 剪切式

如图 12 - 16(d)所示，压延后的面坯从两侧连续供送，进入一对同步相向旋转、表面有凹模的辊式成型器，与此同时，预制成球形的馅料也从中间管道掉落在两层面带之间的凹模对应处，随着转辊的转动，在两辊的挤压下完成封口、切断和成型。适用于馅料塑性低于皮料的产品。

5. 折叠式

如图 12 - 16(e)、(f)所示，其成型方式模仿各种人工折叠裹包，适用于结构和形状较为复杂的产品。根据传动方式，折叠式成型方式分为两种：一种是齿轮齿条传动折叠式包馅成型，又称为对开折叠式。先将压延后的面坯按照规定的形状冲切，然后放入馅料，再折叠、封口、成型，这种成型适宜于有封边的产品。另一种成型为辊筒传送折叠式包馅成型机械。压延后的面带经一对轧辊送到圆辊空穴 A 处时，空穴下方为与真空系统相连的空室，由于真空泵的吸气作用面坯被吸成凹形，随着圆辊的转动，球形的馅料从另一个馅料排料管中排出，并且正好落入 A 点处的面坯凹穴中，然后被固定的刮刀将凹穴周围的面坯刮起，封在开口处形成封口，当转到 B 点时解除真空，包馅后的成品便掉落在输送带上送出。

二、包馅成型机

(一)基本结构

包馅成型机主要由输面机构、输馅机构、成型机构、撒粉机构、传动系统、操作控制系统及机身等组成。如图 12 - 17 所示，输面机构包括一个面料斗 1，两个水平面料输送绞龙 13

及一个垂直面料输送绞龙 12。输馅机构包括
一个馅料斗 3，两个水平馅料输送螺旋 4 和
两个叶片泵 2。面料及馅料输送机构的水平
输送均采用双螺旋结构，可减少采用单螺旋
时的面料和馅料随转和搭桥现象的发生，有
利于提高输送的可靠性。撒粉装置由干面粉
斗 5、粉刷、粉针及布袋盘构成。成型机构主
要包括两个成型盘 11 和托盘 9。传动系统主
要包括电机、皮带无级变速器及双蜗轮蜗杆
减速器和齿轮变速箱等。面、馅螺旋转速可
分别调整，用来控制产品的皮与馅的量及两
者的比例。

　　带馅食品的皮料与馅料呈半流体状态，
其流变特性给输送和成型带来诸多不便。在
食品成型机械中，半流体物料通常采用绞龙
输送，但绞龙的输送能力并不总是随其转速
的增加而增加。当速度达到一定值后，输送
效率反而下降，且速度过高时，物料会摩擦
生热。尤其在出口处，因压力升高使面、馅
升温，高温会引起食品物料变性，影响其口
感和风味。因此不能单纯依靠增加绞龙转速
来提高半流体物料的输送量。为此，包馅机
的输面和输馅机构均采用两只直径较大的平
行绞龙，在不提高转速的情况下改善其输料
能力。此外，水平进给和竖直推进挤压操作
分别由两个机构完成，中间断开，既可降低
输送绞龙出口压力，还可缩短挤压过程和
路线。

　　如图 12 - 18 所示，经捏和机制得的面
团放入面料斗 1 后，水平面料输送绞龙 2 将
其送出，被切刀 3 切割成小块后，由面料压
辊 4 压向垂直面料输送绞龙 9，向下推送到
挤出口前端而凝集构成片状皮料，保证了面

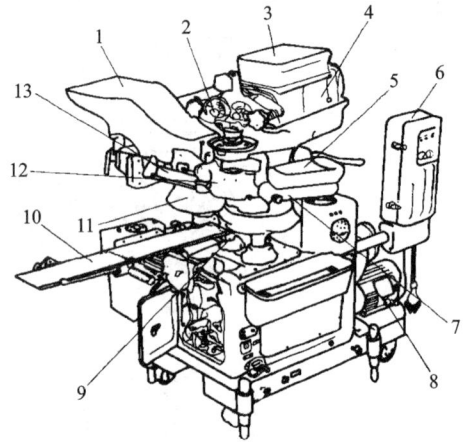

图 12 - 17　包馅成型机
1—面料斗；2—叶片泵；3—馅料斗；4—输馅双绞龙；
5—干面粉斗；6—控制箱；7—撒粉器；8—电机；
9—托盘；10—输送带；11—成型盘；
12—垂直输面绞龙；13—水平输面绞龙

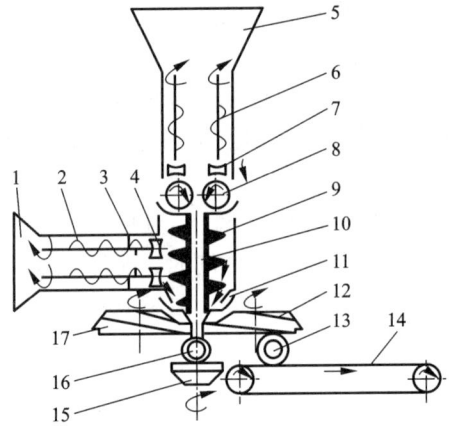

图 12 - 18　包馅成型工作过程
1—面料斗；2—水平面料输送绞龙；3—切刀；
4—面料压辊；5—馅料斗；6—水平馅料输送绞龙；
7—馅料压辊；8—馅料输送叶片泵；9—垂直面料输送绞龙；
10—中间输馅管；11—皮料转嘴；12—右成型盘；
13—已成型产品；14—输送带；15—回转托盘；
16—成型中产品；17—左成型盘

料的均匀，降低了移动阻力，减缓了输送过程中内压上升的趋势。与此同时，馅料由馅料斗
5，顺序通过水平馅料供应绞龙 6、馅料压辊 7 和馅料输送叶片泵 8 被压送到中间输馅管 10
内，并沿输馅管下移，在输送过程中馅料内的空气被排出，馅料被压实成棒状，这样避免了
供馅不准的现象，有利于馅料准确定量。由于中间输馅管套入垂直面料输送绞龙内部，面料
和馅料同时输送过程中形成棒状夹心半成品，这些棒状夹心半成品继续向下行，经两个成型
盘 17 和 12 时封口、成型、切断后掉落在回转托盘 15 上，已成型产品 13 被输送带 14 送出。

包馅机输馅绞龙有两档速度可调，输面绞龙有四档速度可调，在其它速度不变的情况下，可组合调节为八档速度。因此，在不更换任何零部件的情况下，可制造出八种皮馅比例不同的食品。除此以外，该机还可以通过更换零部件来调节回转托盘的升降速度，以适应不同形体食品成型操作时的需要。也可以更换叶片数目不同的绞龙，以适应不同韧性面团成型的需要。

（二）包馅成型原理

成型盘上的螺旋线有一条、两条与三条之分。螺旋线的条数不同，制品的球状半成品大小也不相同。一般说来，螺旋线的条数越多，制出的球状半成品体积越小，单位时间生产的产品个数越多。图 12－19 为包馅成型机成型盘操作过程示意图，可将整个包馅成型的过程分成棒状成型和球状成型两个阶段。

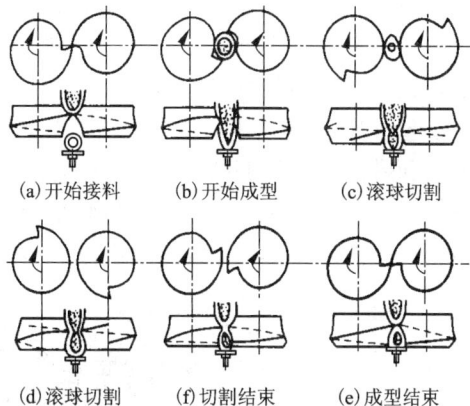

(a)开始接料　　(b)开始成型　　(c)滚球切割

(d)滚球切割　　(f)切割结束　　(e)成型结束

图 12－19　包馅机成型盘操作过程

1. 棒状成型

如图 12－18 所示，进行棒状成型时，面料在双水平面料输送绞龙 2 的推动下，进入垂直面料输送绞龙 9 的螺旋空间，在其推进作用下移向皮料转嘴 11 的出口，且面料被挤压成筒状面管。馅料经双水平输馅绞龙 6 输送至馅料输送叶片泵 8，叶片旋转使馅料转向 90°并向下运动，进入中间输馅管 10。输馅管位于垂直面料输送绞龙 9 的内腔，被从垂直面料输送绞龙 9 外围的面料在行进过程中于皮料转嘴 11 处正好将馅料包裹在里面，形成棒状夹心完成棒状成型。

2. 球状成型

球状成型是由成型盘 12 和 17 的动作来完成的。由棒状成型后得到的半成品经过一对转向相同的回转成型盘的加工后，成为球状包馅食品。

成型盘表面呈螺旋状。成型盘除半径、螺旋状曲线的径向与轴向变化外，其螺旋的升角也有变化，使其成型盘的螺旋面随棒状产品的下降而下降，同时逐渐向中心收口。而且由于螺旋面升角的变化而使与螺旋面接触的面料逐渐向中心推移，并在切断的同时将切口封闭、搓圆，最后制成球状带馅食品生坯。这种成型方法称为"感应成型"，也叫"回转成型"。

"回转成型"是对成型时的运动形式而言。由于成型盘的回转及产品本身的回转运动，使物料和成型盘之间不产生固定的接触，产品在与成型盘数十次回转的相对运动中连续受力，逐渐变形，避免因一次成型产品受力过猛而造成应力集中，致使面皮组织坚实，影响食品的口感风味。

"感应成型"是对成型时力的传递方式而言。由于成型盘升角的变化，使产品的部分物料向着预计的方向逐渐移动。由于局部受力位移，牵连相关的其它部分产生连锁性反应。根据此原理，利用成型盘螺旋面的升角变化，使压力方向逐渐改变，从而把棒状半成品收口切断成一个个球状食品生坯。球状食品生坯再经压扁、印花、装饰、烘烤等操作，制成各种形态的带馅食品。

三、馄饨成型机

（一）基本结构

馄饨成型机主要由制皮机构、供馅机构、折叠成型机构及传动系统等组成（图12－20）。

1. 制皮机构

制皮机构主要由纵切底辊5、纵切辊6、横切底辊7、横切辊8、加速辊10及面带支架等组成。纵切辊上装有3把间距为90 mm圆盘切刀，纵切底辊在与刀对应的位置开设3条凹槽。横切辊上沿轴向装有1把切刀，刃口处圆周长为80 mm。刀片材料采用耐锈蚀工具钢制造，一般选用Cr13不锈钢。切刀需进行热处理和表面不粘处理。各辊表面既要求光滑平整，又要能与面带间产生足够的摩擦，防止输送过程中打滑，其表面粗糙度一般为$Ra1.6 \sim 3.2$。面带支架上安装有两对球面向心滚珠轴承作为面辊的支承，以减少面带输送时的阻力。整个制片机构位置按斜线排列，斜线倾角为30°左右。

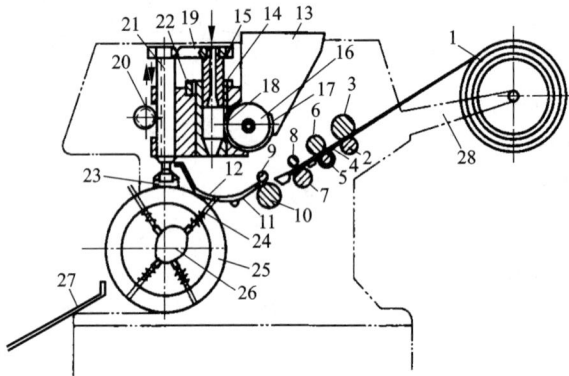

图12－20　馄饨成型机

1—面带；2—下浮动平整辊；3—上浮动平整辊；4—导板；5—纵切底辊；6—纵切辊；7—横切底辊；8—横切辊；
9—浮动压辊；10—加速辊；11—翻板；12—盲型板；13—馅斗；14—馅管；15—下馅冲杆；16—螺旋叶片；
17—刮刀；18—进馅口；19—连接板；20—齿轮；21—齿条；22—调馅齿条；23—浮动导柱；
24—浮动顶杆；25—盲型辊筒；26—凸轮；27—刮板；28—弹簧

2. 供馅机构

供馅机构包括馅斗13、左右对称分布的螺旋叶片16、馅管14、下馅冲杆15、齿轮20、齿条21、调馅齿条22及简易柱塞气泵等部件。连接板19将齿条21和下馅冲杆15连接成一体。馅管14侧表面上开有梯形通槽。通过曲柄连杆机构实现柱塞的往复行程，工作时可根据馅的黏度，通过调节曲柄长度，改变供气量来保证供馅的准确。

3. 折叠成型机构

折叠成型机构包括盲型辊筒25、浮动顶杆24、浮动导柱23、盲型板12、凸轮26及翻板11等部件。凸轮与辊筒安装在同一轴线上。辊筒导槽内的浮动顶杆上装有复位弹簧，翻板11与齿轮20轴固连成一体，并铰接在盲型板进料端上。

（二）成型工作原理

按设计工艺动作的要求，馄饨成型机要完成制皮、冲压、供馅及折叠成型等三项操作。

1. 纵横切割制皮

面带 1 从支架上经过一对间隙为 0.8 mm 的平整辊（下浮动平整辊 2 和上浮动平整辊 3）和导板 4 导入制皮机构，通过纵切底辊 5 和纵切辊 6、横切底辊 7 和横切辊 8，将面带切成两块 80 mm×90 mm 的馄饨面皮，面皮依靠加速辊 10 和浮动压辊 9 的摩擦加速输送，被快速输送到盲型板 12 上定位待用。

加速辊快速送皮的目的是为了在连续制皮与下一步的间歇供馅之间有一段缓冲时间，以避免两者间出现干涉现象。加速辊送皮越快，时间间隔越长，两步之间的生产节拍越容易调整。但面皮输送线速度越快，惯性冲击越大，面皮变形损坏或定位不准的可能性越大，因此加速辊的直径与转速应控制适当。纵横切割成型机构安装时应注意使纵、横切刀的位置及移动轨迹相互垂直，移动速度基本相等，以保证制品的成型质量。

2. 冲压供馅

馅斗 13 内的馅料经螺旋叶片 16，以与制皮机构同步的速度（约 40r/min）推移至进馅口 18，与此同时，刮刀 17 将进馅口处馅料压入馅管 14。馅料压入量的调节通过调馅齿条 22 带动馅管 14 转位，即通过改变进馅口 18 的开口大小来实现。当馅料进入馅管 14 内后，为克服由于馅料的黏滞性所引起的内外粘接现象，由齿轮 20、齿条 21 带动下馅冲杆 15，将定量馅料下压至出馅口处，再由柱塞泵产生的压缩空气瞬时喷入馅管，将馅料吹落在盲型板上的面皮上，至此完成一次间歇供料。

3. 折叠成型馄饨

馄饨成型机折叠成型由定位、一次对折、二次对折、U 形折弯及搭角冲合五个步骤完成。

（1）定位

如图 12-21（a）所示，依靠盲型板中部的折角圆弧限位，将面带 1 前半段稍长部分定位在盲型板 3 上，后半段稍短部分定位在翻板 2 上。

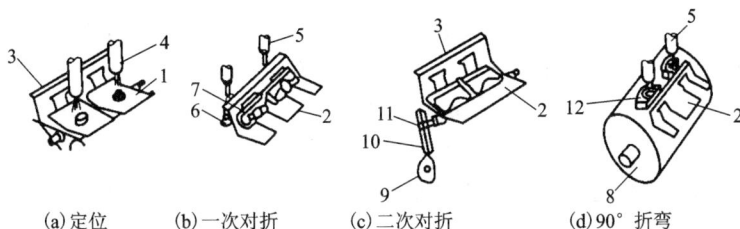

(a)定位　　(b)一次对折　　(c)二次对折　　(d)90° 折弯

图 12-21　折叠成型示意图

1—面带；2—翻板；3—盲型板；4—馅管；5—齿条式搭角冲杆；6—浮动导柱；
7—浮动顶杆；8—盲型辊筒；9—凸轮；10—齿条；11—齿轮；12—馄饨

（2）一次对折

如图 12-21（b）所示，供馅完成后，凸轮 9 转入升程，驱动齿条 10 和齿轮 11，带动翻板 2 逆时针转动，使翻板上的面皮向内翻转折叠到馅料上面。作稍许停顿待面皮被馅料粘住后，翻板顺时针转动复位。翻板的整个行程均由凸轮 9 的圆周曲线控制。

（3）二次对折

如图 12-21（c）所示，一次对折完成后，处在间歇状态的盲型辊筒 8 逆时针转动 90°。浮动顶杆 7 在随辊筒转动的同时，又受辊筒中心固定凸轮曲线的作用而沿其径向外伸，进而推动翻板 2 将上一次对折的夹馅面皮沿盲型板斜面向上翻折，完成第二次对折，使馅料被包在里面，形成条状生坯。

（4）U 形折弯

如图 12 – 21（d）所示，二次对折完成后，条状生坯由浮动顶杆 7 推动继续向前运动。穿过盲型板 3 上的盲型孔时，生坯被初步折弯，而后又被固定在盲型板后的间距为一个馄饨宽的两只浮动导柱 6 进一步折弯，将条状生坯外形折弯成 U 形状。

（5）搭角冲合

折弯结束后，盲型辊筒 8 又进入转位间歇状态。这时，两只 U 形生坯恰好位于齿条式搭角冲杆 5 的下方，冲杆在齿轮 11 的驱动下，在与下馅冲杆进行冲馅的同时，快速向下运动，将 U 形生坯内侧两角搭接冲合成一体。该动作完成后，齿条式搭角冲杆 5 复位，盲型辊筒 8 继续转动 90°，将成型后的馄饨生坯沿刮板送入接料盘中。至此，馄饨成型机完成一对馄饨的成型操作。

本章小结

本章主要内容包括搓圆成型机械与设备、压延成型机械与设备、模压成型机械与设备以及包馅成型机械与设备四个部分。要求了解食品成型的基本方式，掌握搓圆成型、压延成型、模压成型和包馅成型的成型原理、成型特点和所生产的食品种类，掌握典型成型机械设备的结构特点、工作过程和使用要求，掌握影响成型质量的主要因素。

思考题

1. 食品成型方式有哪些？各种成型方式分别适用于哪类食品的生产？
2. 搓圆成型有何特点？常用的搓圆成型机有哪些？
3. 简述输送带式搓圆机、锥桶形搓圆机和盘式馒头搓圆机的结构特点与工作过程。
4. 简述伞形搓圆机的主要组成及搓圆成型机理。
5. 压延成型有何特点？常用的压延成型机有哪些？
6. 卧式压延机、立式压延机和多层压延机在结构上各有何特点？
7. 冲印式饼干成型机的主要机构是什么？
8. 冲印式饼干成型机的印模如何选择？冲印式饼干成型机的压片机构如何布置？
9. 辊印式饼干成型机的成型过程是什么？影响成型的因素是什么？
10. 辊切式饼干成型机的技术关键是什么？
11. 包馅成型的方法有哪些？各适用于哪类物料？
12. 试述包馅机的结构特点及成型工作原理。
13. 试述馄饨成型机的结构特点及成型工作原理。

第十三章

发酵机械与设备

本章学习目的与要求

掌握发酵设备的分类和基本要求；掌握机械搅拌好氧发酵罐和自吸式发酵罐的构成及其工作原理；了解气升式发酵罐的基本结构及其工作原理；了解常见嫌气发酵设备类型与特点。

食品发酵是食品工业中的重要组成部分，是生物技术的必由之路，大多数通过生物技术发展起来的新产品都必须用发酵方法来生产。因此，可以说，食品发酵工程的潜力几乎是无穷的，随着科学技术的进步，发酵工程也必将取得长足的进步。

食品发酵过程复杂，工艺受多种因素的影响。一次成功的发酵主要受到两方面因素的制约：一是生产菌种的遗传特性，二是发酵条件。优良的菌种固然是高产的基础，但发酵条件也同样不可忽视。即使同一菌种，在不同厂家，由于发酵条件的不同，菌种的生产能力也不尽相同，而发酵条件的实现离不开发酵设备的使用。因此，根据具体的条件选择最佳发酵设备尤为重要。传统的发酵设备中发酵罐是关键的设备。和传统的发酵工艺相比，现代发酵工程中除了使用微生物外，还可以用动植物细胞和酶，也可以用人工构建的"工程菌"来进行反应；反应设备也不只是常规的发酵罐，而是增加了以各种各样的生物反应器，自动化与连续化程度高，使发酵水平在原有基础上有所提高和创新。

第一节 发酵设备的类型和基本构成

一、发酵设备的基本要求

为实现发酵生产的目的而设计制造的一系列机械装置统称为发酵设备。发酵设备是发酵工厂中主要的设备，其主要功能是按照食品发酵过程的要求，保证和控制各种发酵条件，主要是适宜微生物生长和形成产物的条件，促进生物体的新陈代谢，使之在低消耗下（包括原料消耗、能量消耗、人工消耗）获得较高的产量。因此发酵设备必须具备以下条件：

①应具有良好的传递性能来传递动量、质量、热量;

②能量消耗低;

③结构应尽可能简单,操作方便,易于控制;

④便于灭菌和清洗,能维持不同程度的无菌度;

⑤能适应特定要求的各种发酵条件,以保证微生物正常地生长代谢。

二、发酵设备的分类

发酵设备种类繁多,分类方法各异。主要有以下几种分类方法:

1. 根据发酵用培养基状况分类

发酵设备分为固体发酵设备(如固体发酵用的缸、池、窖)及液体发酵设备。

2. 根据微生物类型分类

发酵设备又分为好气和嫌气两大类。好氧发酵设备又可分为机械搅拌式、气升式及自吸式等,前两者需要在反应的过程中通入氧气或空气,后者则可自行吸入空气满足反应要求,主要应用于谷氨酸、柠檬酸、酶制剂和抗生素等好气发酵产品的发酵生产;嫌氧发酵设备在发酵过程中不需要通入氧气或空气,有时可能通入二氧化碳或氮气等惰性气体以保持罐内正压,防止杂菌污染,以及提供厌氧控制水平,主要用于酒精、啤酒和丙酮、丁醇溶剂等产品发酵。

3. 根据发酵过程使用的生物体分类

可把设备分为微生物反应器、酶反应器和细胞反应器,其中的微生物反应器为发酵行业的主流设备,但在工业生产中仅应用少数几种形式。以酶为催化剂进行生物催化反应的场所称为酶反应器。根据酶应用形态的不同,酶反应器可分为溶解酶反应器和固定化酶反应器。在工业生产中,酶反应器的应用日益广泛,已开发了具有辅酶的保留、再生与循环使用功能的反应系统及非水系统的酶反应器等新型酶反应器。细胞反应器中的生物体是动植物细胞,目前,利用细胞培养方法大规模生产的产品大致可分为疫苗、干扰素、单克隆抗体和遗传重组产品等四大类。

4. 按照发酵食品生产的工艺环节分类

可将发酵设备分为种子制备设备(如种子罐),主发酵设备(如生物反应器),辅助设备(如空气净化设备和制冷设备),基质或培养基处理设备(如粉碎机、灭菌锅等),产品提取与精致设备及废物回收处理设备(环保设备)等,其核心部分是主发酵设备。

5. 按照操作方式分类

可将发酵设备分为分批发酵和半连续发酵两种,但并不是所有发酵设备都可以同时适用于这两种发酵系统。分批发酵时,发酵工艺条件随营养液的消耗和产物的形成而变化。每批发酵结束,要放罐清洗和重新灭菌,再开始新一轮的发酵。连续发酵时,新鲜营养液连续加入发酵罐内,同时产物连续地流出发酵罐。

三、发酵设备的特性和基本构成

发酵设备大都为反应釜。反应釜之所以能有广泛的适应性,是与它自身所具有的特性分不开的,具体特性如下:

①对于连续操作的反应釜,良好的混合可以产生较低的、易于控制的反应速率,当反应剧烈放热时,反应釜可以消除过热点,而间歇操作时,则可将温度按程序设定为反应时间的函数;

②可按生产需要而进行间歇、半间歇或连续操作;对于容量大和反应时间长的反应,往往更为经济;

③细小的催化剂颗粒能充分悬浮在整个液体反应体系中,从而获得有效的接触;

④在平行反应系统中,连续釜有利于反应级数较低的反应,间歇釜有利于反应级数较高的反应;

⑤在连串反应系统中,连续釜有利于最终产物的生成,间歇釜有利于中间产物的生成。

第二节 通风发酵设备

通风发酵设备是好氧发酵使用的发酵反应器,主要包括酵母发酵罐、单细胞蛋白发酵罐、氨基酸发酵罐、酶制剂发酵罐、抗生素发酵罐等。高效发酵反应器要求设备简单,不易染菌,单位体积的生产能力高,代谢热易排出,操作易控制,易于放大。

目前工业化通风发酵罐在容量大型化的同时,还实现了计算机控制管理,发酵过程自动监测控制技术的检测项目主要有 pH、进出气体中的 O_2、CO_2、RO(溶氧浓度)、还原糖、细胞浓度等。

一、机械搅拌式好氧发酵罐

机械搅拌式好氧发酵罐,又称为标准式发酵罐,在众多类型的发酵设备中,兼具通气又带机械搅拌的标准式发酵罐用途最为普遍,占全部发酵罐的 70% ~80%,广泛使用于氨基酸(如谷氨酸、赖氨酸等)、酶制剂、液体曲、柠檬酸、食用醋和酵母等发酵的各个领域。机械搅拌式发酵罐设计的技术关键在于搅拌技术复杂的气液两相流动问题上。机械搅拌式发酵罐不仅能为食品企业节省可观的投资,还可大大节省能耗等运行费用,同时提高产品产量与收率。

(一)工作原理

机械搅拌式好氧发酵罐利用机械搅拌器,使空气和发酵液充分混合,提高发酵液内的溶氧量。通过机械搅拌使发酵罐中溶解氧增多,体现在三个方面:空气进入使初期大气泡打碎成小气泡,使气液界面面积增大,提高了体积溶氧系数;同时,气泡经搅拌破碎后,上浮速度下降,在搅拌形成的液流影响下,气泡由直线上浮变成曲线上浮,因运动路径的延长增加了气体与液体间接触时间,提高了空气中氧的利用率;在搅拌器作用下产生强烈的液相湍流,使得液膜厚度变薄,传质系数增大,从而获得较大的体积溶氧系数。

(二)机械搅拌通风发酵罐的基本条件

①发酵罐应具有适宜的径高比,发酵罐的高度与直径之比一般为 1.7 ~4,罐身越高,氧的利用率较高。

②发酵罐能承受一定的压力,由于在发酵罐消毒和正常工作时,罐内有一定的压力和温度,因此罐体各部件要有一定的强度,能承受一定的压力。

③发酵罐的好氧搅拌装置要能使气泡分散细碎,气液充分混合,保证发酵液必须的溶解氧,提高氧的利用率。

④发酵罐应具有足够的换热面积,以保证发酵罐在灭菌和冷却的过程中能尽可能快地升温和降温,避免培养基因长时间高温而造成营养流失。

⑤发酵罐内应尽量减少死角,避免藏垢积污,灭菌能彻底,避免染菌。

⑥搅拌器的轴封应严密,防染菌和减少泄漏。

(三)机械搅拌式好氧发酵罐的结构

如图 13-1 和图 13-2 所示,机械搅拌发酵罐属于密封受压设备,主要部件包括罐体、搅拌器、挡板、空气分布装置、消泡器、冷却装置及管路等。

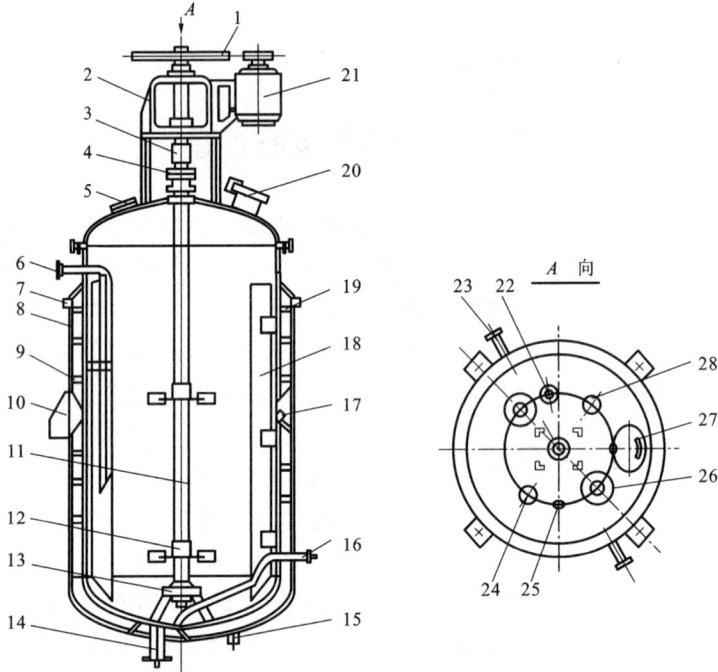

图 13-1　小型发酵罐

1—带轮;2—轴承支撑;3—联轴器;4—轴封;5—视镜;6—取样口;7—冷却水出口;8—夹套;
9—螺旋片;10—温度计接口;11—轴;12—搅拌器;13—底轴承;14—放料口;15—冷水进口;
16—通风管;17—热电偶接口;18—挡板;19—接压力表;20—手孔;21—电机;22—排气管;
23—取样口;24—进料口;25—压力表接口;26—视镜;27—手孔;28—补料口

1. 罐体

发酵罐罐体由圆柱形罐身及椭圆形或碟形封头焊接而成,材料多采用不锈钢,大型发酵罐可用复合不锈钢制成或采用碳钢及内衬不锈钢结构,衬里用不锈钢板,厚度为 2~3 mm。为了满足压力操作的工艺要求,罐体可承受一定压力,如 0.25 MPa 的常规灭菌操作压力。常见的工业生产用发酵罐容积为 20~500 m³。

小型发酵罐的罐顶和罐身用法兰连接,罐顶设有清洗用手孔;大中型发酵罐则设有快开人孔及清洗用的快开手孔。人孔的大小除用于操作人员出入外,还用于罐内部件的装卸。罐顶装有视镜及灯镜,在其里面装有压缩空气或蒸汽的吹管,用以冲洗玻璃。罐顶的接管有进料管、补料管、排气管、接种管和压力表接管。为避免堵塞,排气管靠近封头的中心轴封位置。罐身上有冷却水进出管、进空气管、温度计管和测控仪表接口。取样管位于罐身或罐顶上,操作方便。

2. 搅拌器和挡板

搅拌器的主要作用为混合和传质,即搅拌器将通入的空气破碎,分散成气泡并使之与发酵液充分混合,增大气-液接触面,以获得需要的溶氧速率,并使生物细胞悬浮分散于发酵体系

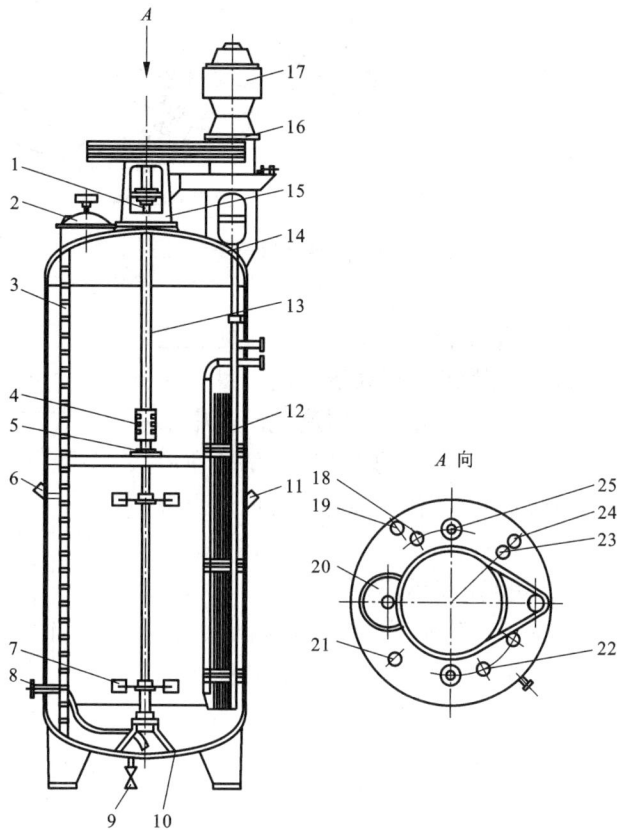

图 13 - 2　大型发酵罐

1—轴封；2—人孔；3—梯子；4—联轴器；5—中间轴承；6—热电偶接口；7—搅拌器；8—通风口；9—放料口；
10—底轴承；11—温度计；12—冷却管；13—轴；14—取样口；15—轴承支座；16—皮带；17—电机；
18—压力表；19—取样口；20—人孔；21—进料口；22—补料口；23—排气口；24—回流口；25—视镜

中，以维持适当的气 – 液 – 固三项的混合与质量传递，同时强化传热过程。罐内的搅拌器一般采用涡轮式结构，搅拌器多为两组，也有三或四组，其叶片结构有平叶式、弯叶式、箭叶式(图 13 - 3)，其中常用的有平叶式和弯叶式圆盘涡轮搅拌器，叶片数量一般为 6 个。除涡轮式搅拌器外还有推进式和莱宁(lightnin)式等结构(图 13 - 4)。搅拌器一般采用不锈钢板制成。为了拆卸方便，大型搅拌器一般做成两半型结构，通过螺栓联成一体。

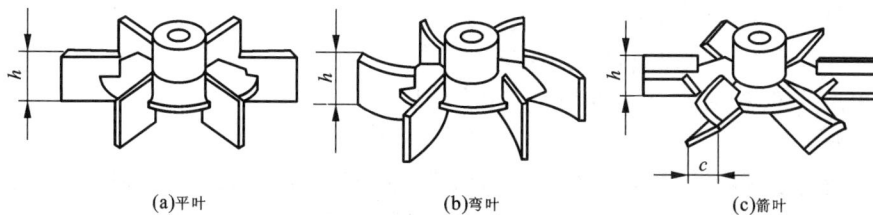

(a)平叶　　　　　　　(b)弯叶　　　　　　　(c)箭叶

图 13 - 3　涡轮式搅拌叶轮类型

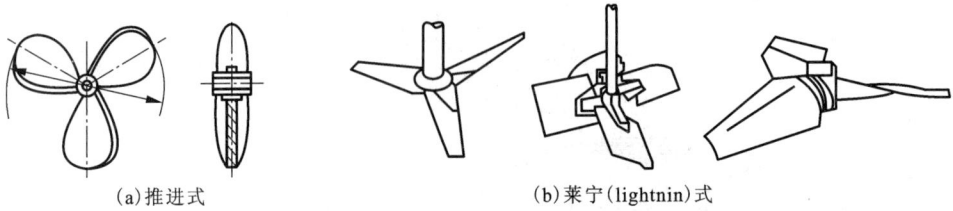

(a)推进式　　　　　　　　　　　　(b)莱宁(lightnin)式

图 13 – 4　新型搅拌叶轮类型

挡板的作用是使液流由径向流型变成轴向流型,防止液面中央产生旋涡,促使液体激烈翻动,提高溶氧量。图 13 – 5 为机械搅拌式发酵罐中有(无)挡板时液体流型。其中不带挡板的搅拌流型中部液面下陷,搅拌功率大部分消耗在形成旋涡上;而带挡板的搅拌流型中流体从搅拌器径向甩出去后受挡板阻碍,形成向上、向下两部分,垂直方向流动,不发生中央下陷的旋涡,有着更高的溶氧速率。挡板的安装,需要满足全挡板条件,即在一定转速下,再增加罐内附件,轴功率仍保持不变。一般安装有 4 ~ 6 块挡板,其宽度通常取 0. 1D ~ 0. 12D(罐直径),其高度自罐底延伸至液面。由于竖立的冷却蛇管、列管、排管也可以起挡板作用,一般有冷却列管或排管的发酵罐内不另设挡板,但冷却管为盘管结构时则需要设置挡板。挡板与罐壁之间的距离一般为 1/5D ~ 1/8D,避免形成死角,防止物料和菌体堆积。

3. 消泡器

在通气发酵生产中有两种消泡方法:一是加入化学消泡剂,二是使用机械消泡装置。通常,把上述两种方法联合使用。机械消泡装置为消泡器,用于打碎泡沫,最常见的有耙式、离心式、刮板式等(图 13 -6)。孔板式的孔径为 10 ~ 20 mm。消泡器的长度约为罐径的 0. 65 倍。

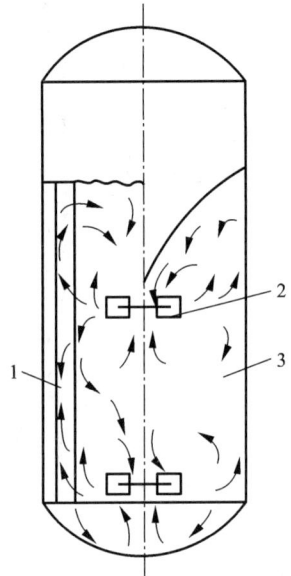

图 13 – 5　机械搅拌式发酵罐中的液体流型

1—有挡板时的液体流型;

2—搅拌器;3—无挡板时的液体流型

4. 空气分布装置

其作用是引导无菌空气均匀吹入,有单管及环管等结构形式。常用的分布装置是单管式,管口末端在距罐底一定高度处朝下正对罐底中央位置,空气分散效果较好。空气由分布管喷出上浮时,被搅拌器打碎成小气泡,并与醪液充分混合,加快气液传质。管内空气流速一般为 20 m/s。为防止气流直接冲击罐底,罐底中央安装有分散器,以延长罐底的寿命。环管式因效果不及单管式,且气孔易堵,已很少使用。

5. 冷却装置

冷却装置用于排出发酵热,通常有冷却夹套或排管两种冷却装置。根据排管的分布形式又可分为竖式蛇管和竖式列管。各种冷却装置的适用范围及其优缺点如表 13 -1。

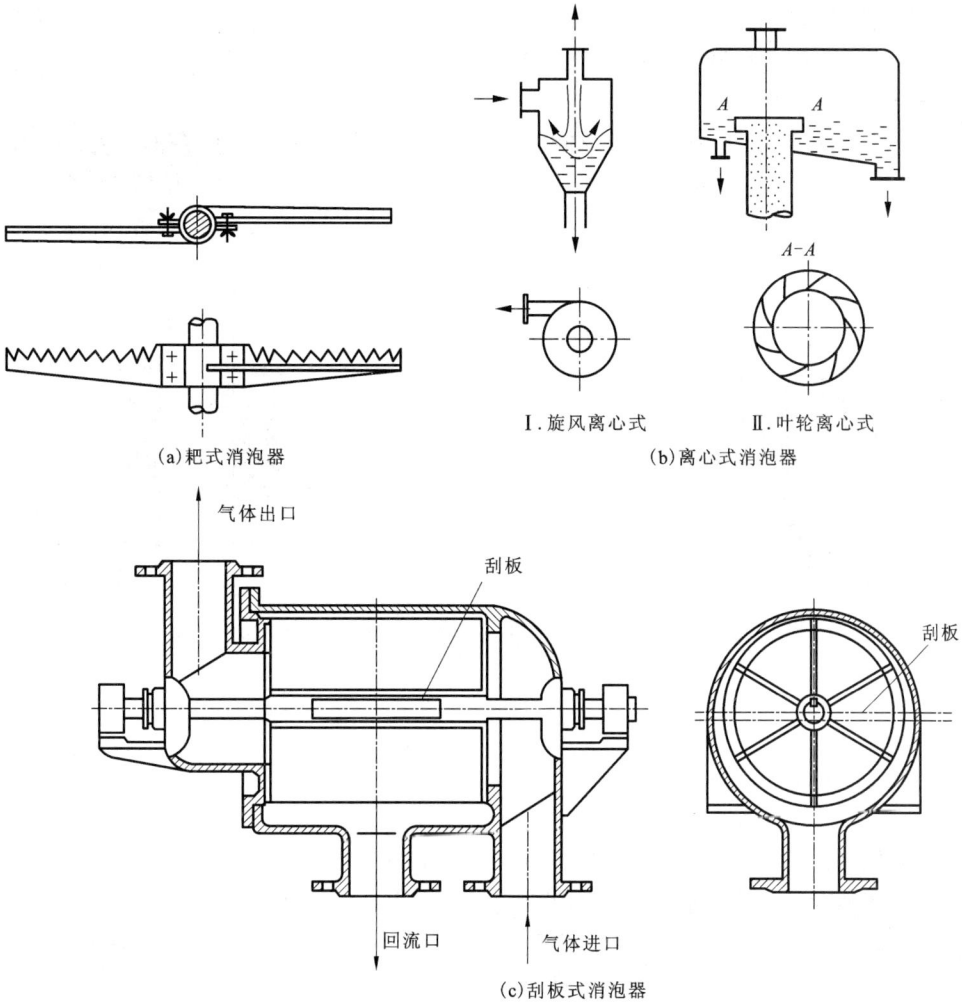

(a)耙式消泡器　　　　Ⅰ.旋风离心式　　Ⅱ.叶轮离心式
　　　　　　　　　　　　　　(b)离心式消泡器

气体出口　　　　　刮板

刮板

回流口　　气体进口

(c)刮板式消泡器

图 13 - 6　消泡器类型

表 13 - 1　机械搅拌式好氧发酵罐冷却装置适用范围及优缺点

	夹套式	竖式蛇管	竖式列管
适用范围	用于小型发酵罐,夹套的高度比静止液面高度稍高即可,无需进行冷却面积的设定	用于容积 5 m³ 以上的发酵罐,蛇管分组安装于罐内,四组、六组或八组不等,适用于冷却用水温度较低的地区,用水量少	适用于气温较高,水源充足的地方
优点	结构简单,加工容易,罐内无冷却设备,死角少,易清洁灭菌	冷却水在管内的流速大,传热系数高。	加工方便
缺点	传热壁较厚,冷却水流速低,发酵时降温效果差	不适用于气温高的地区,弯曲位置容易蚀穿	传热系数较蛇管低,用水量较大

6.联轴器及轴承

联轴器用于搅拌轴的连接,小型发酵罐可采用法兰连接,大型发酵罐搅拌轴较长,常分为二三段,需采用联轴器连接。联轴器有鼓形及夹壳形两种。为减少因搅拌轴工作时产生的挠性变形所引起的振动,中型发酵罐一般在罐内装有底轴承,而大型发酵罐还装有中间轴承,其水平位置可调。在轴上增加轴套可防止轴颈磨损。

7. 轴封

发酵罐的搅拌轴与不运动的罐体之间的密封很重要,它是确保不泄漏和不污染杂菌的关键部件之一。轴封用于罐顶或罐底与搅拌轴之间缝隙的密封。为防止泄漏和污染杂菌,发酵罐对于轴封的要求较高,通常采用密封性能良好的填料涵和端面轴封如图13-7和13-8。

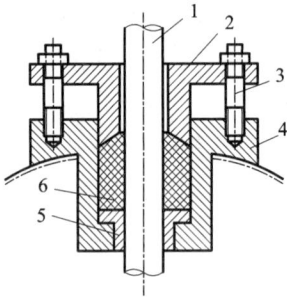

图 13-7　填料涵
1—转轴;2—填料压盖;3—压紧螺栓;
4—填料箱体;5—铜环;6—填料

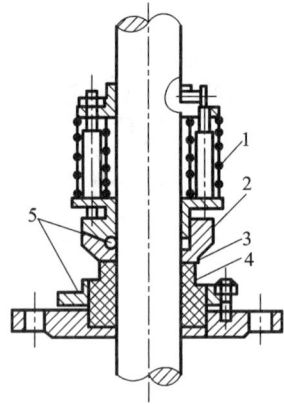

图 13-8　端面轴封
1—弹簧;2—动环;3—硬质合金;
4—静环;5—形环

端面轴封又称机械轴封。密封作用是靠弹性元件(弹簧和波纹管等的压力管等)使垂直于轴线的动环和静环光滑表面紧密地相互贴合,并作相对转动而达到密封。端面轴封具有清洁,密封可靠,使用寿命长,不泄漏,无死角,染菌泄漏少,性能稳定,维修次数少,摩擦功率损耗少,轴或轴套不磨损,对轴的震动不敏感等优点。

8. 空气除菌装置

空气过滤除菌装置是采用定期灭菌的介质来阻截流过的空气所含的微生物,而取得无菌空气,常用的过滤介质为玻璃纤维。空气除菌装置过滤除菌原理为微生物微粒在随气流通过滤层时,在改变运动速度和运动方向,绕过纤维前进的过程中,将因滤层行为产生惯性冲击、阻拦、重力沉降、布朗扩散、静电吸引等作用而把微粒滞留在纤维表面。在典型的空气过滤除菌流程中,环境污染比较严重的地方要改变吸风的条件,以降低过滤器的负荷,提高空气的无菌程度。温暖潮湿的地方要加强除水措施以确保和发挥过滤器的最大除菌效率;在压缩机耗油严重的设备流程中,则要强调消除油雾的污染等。比较完善的空气除菌流程能充分分离油水,使空气达到低的相对湿度后进入过滤器,提高过滤效率,可适应各种气候条件,尤其适用于潮湿的南方地区。

(四)机械搅拌发酵罐的特点

综上结构组成不难发现在使用中,机械搅拌式发酵罐具有以下特点:

①机械搅拌作用获得的溶氧系数较高,一般体积溶氧系数为100~1000 L/h,适合于各种发酵的溶氧要求。

②罐内液体和空气的混合效果较好,不易产生沉淀,可适应有固形物存在的场合,因此

又叫全混式发酵罐。

③搅拌作用形成的液体流型使氧气的利用率较高，所需要的通风量较小。

④既有通风，又有搅拌，投资成本较大。

⑤单位溶氧功耗较大，操作费用高。

⑥结构复杂，清洗及维修不便。

二、自吸式发酵罐

自吸式发酵罐是一种在搅拌过程中自行吸入空气的发酵罐，它与前两种通气发酵设备的主要区别是：①有一个特殊的搅拌器，搅拌器由转子和定子组成；②没有通气管。自吸式发酵罐自20世纪60年代开始欧洲和美国展开研究开发，然后在国际和国内的酵母及单细胞蛋白生产、醋酸发酵及维生素生产等中获得应用。

（一）工作原理及特点

1. 工作原理

自吸式发酵罐搅拌器由罐底向上伸入的主轴带动，叶轮旋转时叶片不断排开周围的液体使其背侧形成真空，由导气管吸入罐外空气。吸入的空气与发酵液充分混合后在叶轮末端排出，并立即通过导轮向罐壁分散，经挡板折流涌向液面，均匀分布。

2. 特点

（1）优点

①不必配备空气压缩机及其附属设备，节约设备投资，减少厂房面积。

②溶氧速率高，溶氧效率高、能耗低。

③用于酵母生产和醋酸发酵具有生产效率高、经济效益高的优点。

（2）缺点

①由于自吸式发酵罐罐压较低，对某些产品生产容易造成染菌。

②自吸式发酵罐必须配备低阻力损失的高效空气过滤系统。

为克服上述缺点，可采用自吸气与鼓风相结合的鼓风自吸式发酵系统，即在过滤器前加装一台鼓风机，适当维持无菌空气的正压，这不仅可减少染菌机会，而且可增大通风量，提高溶氧系数。

（二）自吸式发酵罐类型

自吸式发酵罐主要有机械搅拌自吸式发酵罐、喷射自吸式发酵罐和溢流自吸式发酵罐三种类型。

1. 机械搅拌自吸式发酵罐

机械搅拌自吸式发酵罐主要构件为吸气搅拌叶轮和导轮，也称为转子和定子。转子由箱底向上升入的主轴带动，当转子转动时空气则由导气管吸入。转子的形式有九叶轮、六叶轮、三叶轮、十字形叶轮等，叶轮均为空心形（图13-9）。图13-10所示为机械搅拌自吸式发酵罐的构造。

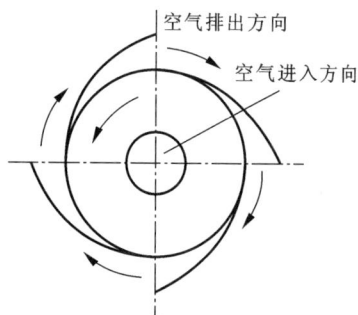

图13-9 十字形转子

转子在启动前，需要先用液体将其浸没，在电机驱动高速旋转时，液体因离心力而被甩向叶轮边缘，并在转子中心处形成负压。在负压作用下，空气自动从转子中心处被吸入，通过导向叶轮内腔甩出，而液体因转子外阔叶片被吸入并均匀甩出，在转子外圆处被剪切成细微的气泡并与循环的发酵液相遇，在湍流状态下混合、翻腾、扩散，在搅拌的同时完成了充气。转子转速越高，所形成的负压也越大。吸气量也越大，流体的动能也越大，流体离开转子时由动能变成压力能也愈大，从而排出的风量也愈大。

机械搅拌自吸式发酵罐作为一种新型设备目前已广泛应用，因机械搅拌自吸式发酵罐具有以下优点：

①节省了空气压缩机和其辅助设备，占地面积大为减少。

②溶氧系数高。

③设备投资可以减少约30%，容易实现自动化、连续化生产，降低劳动强度，节约劳动力。

④动力消耗相对较小。

机械搅拌式发酵罐也有其自身的局限性，如吸程低，空气在负压条件下进罐，增加了染菌的机会，不适用于味精生产等无菌要求高的场合；气液流量调整无法兼顾，因此更适合于连续发酵；搅拌器末端线速度相当高，剪切作用强，有可能使菌丝被搅拌器切断，使正常生长受到影响，从而不适合于丝状菌发酵；罐压较低，装料系数约为40%；搅拌轴为下伸式，其轴封要求更苛刻，多采用双端面轴封，加工精度要求较高，安装、维修较繁琐。

2.喷射自吸式发酵罐

喷射自吸式发酵罐是应用文氏管喷射吸气装置或液体喷射吸气装置进行混合通气的，既不用空压机，又不用机械搅拌吸气转子。

（1）文氏管发酵罐

文氏管发酵罐(图13-11)的吸气原理是用泵将发酵液压入文氏管(图13-12)，由于文氏管的收缩段中液体的流速增加，形成负压将无菌空气吸入，并被高速流动的液体打碎，与液体均匀混合，提高发酵液中的溶解氧，同时由于上升管中发酵液与气体混合后，比重较罐内发酵液轻，再加上泵的提升作用，使发酵液在上升管内上升。当发酵液从上升管进入发酵罐后，微生物耗氧，同时将代谢产生的二氧化碳和其它气体不断地从发酵液中分离并排出，发酵液的比重变大，向发酵罐底部循环，待发酵液中的溶解氧即将耗

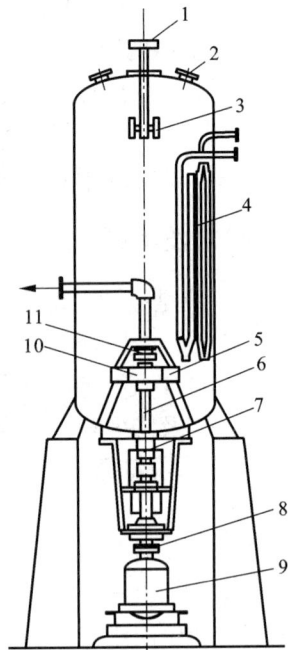

图 13 - 10　自吸式发酵罐

1—皮带轮；2—排气管；3—消泡器；4—冷却排管；
5—定子；6—轴；7—双端面轴封；8—联轴器；
9—电机；10—转子；11—端面轴封

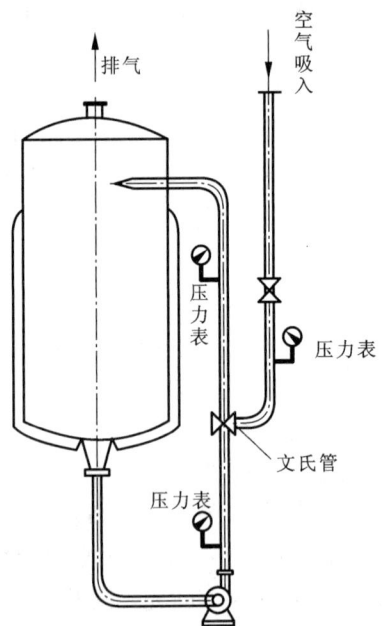

图 13 - 11　文氏管发酵罐

竭时,发酵液又从发酵罐底部被泵打入上升管,开始下一个循环。

经验表明,当文氏管收缩段液体流动雷诺数 $Re > 6 \times 10^4$ 时,吸气量及溶氧速率较高。

文氏管发酵罐的优点是吸氧的效率高,气、液、固三相均匀混合,设备简单,无须空气压缩机及搅拌器,动力消耗省;

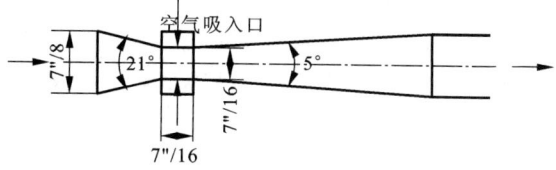

图 13-12　文氏管

缺点为气体吸入量与液体循环量之比较低,对于好氧量较大的微生物发酵不适宜。

(2)液体喷射自吸式发酵罐

液体喷射自吸式发酵罐的关键装置为液体喷射自吸装置,由梁世中、高孔荣教授研究确定的结构示意图见图 13-13所示。

3.溢流自吸式发酵罐

液体溢流时形成抛射流,由于液体的表面层与其相邻气体的动量传递,使边界层的气体有一定的速率,从而带动气体的流动形成自吸作用。

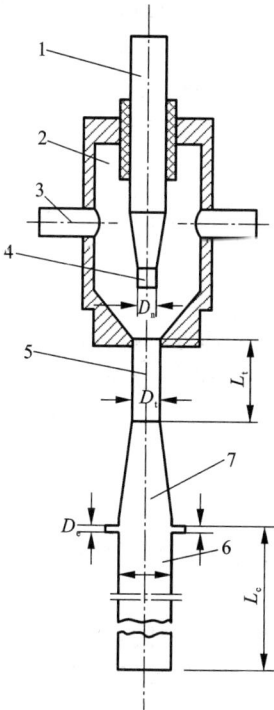

图 13-13　液体喷射自吸装置

1—进风管;2—吸气室;3—进风管;4—喷嘴;
5—收缩段;6—导流尾管;7—扩散段

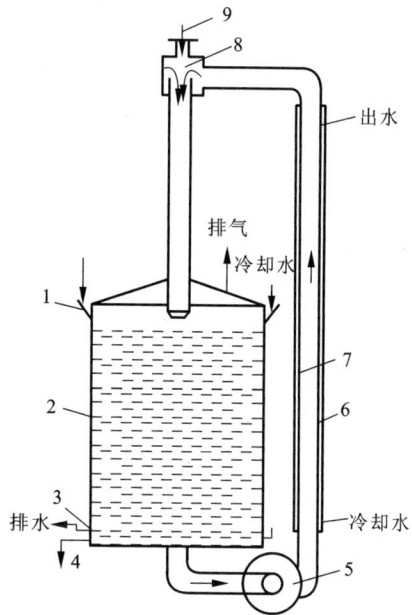

图 13-14　单层溢流喷射自吸式发酵罐

1—冷却水分配槽;2—罐体;3—排水槽;4—放料口;5—循环泵;
6—冷却夹套;7—循环管;8—溢流喷射器;9—进风口

工作原理:溢流喷射自吸式发酵罐(图 13-14)的通气是依靠溢流喷射器。用泵将发酵液从发酵罐的底部提升到罐顶的溢流口,液体由于自重通过溢流管向发酵罐跌落,形成抛射流,由于液体表面层作用,使靠近流体表面的无菌空气气体边界层具有一定的速率,从而形成气体的流动和自吸作用，并被高速流动的液体打碎、分散，与液体均匀混合，使氧溶解在发酵液中，这是溶氧阶段。发酵液进入发酵罐后，微生物耗氧，同时将代谢产生的二氧化碳和其它气体不断地从发酵液中分离并排出，发酵液的比重变大并向发酵罐底部循环，待发酵液中的溶解氧即将耗竭时，发酵液又从发酵罐底部被泵打入循环管，开始下一个循环。

喷射自吸式和溢流喷射自吸式发酵罐均为新型发酵罐，其优点为：气、液、固三相混合与分散良好，溶氧速率高，能耗低，传热效能高，省去复杂的空压机及其附属设备，设备发展迅速，类型较多，有文氏管发酵罐、喷射环流发酵罐、喷射管式环流发酵罐、溢流单层自吸式和溢流双层自吸式发酵罐等。

三、气升式发酵罐

机械搅拌发酵罐其通风原理是罐内通风，靠机械搅拌作用使气泡分割细碎，与培养基充分混合，密切接触，以提高氧的吸收系数，设备构造比较复杂，动能消耗较大。采用气升式发酵罐可以克服上述的缺点。气升式发酵罐（ALR）是近几十年来发展起来的新型发酵罐。空气由罐底进入后，通过罐内底部安装的分散元件（如多孔板）分散成小气泡，在向上移动过程中与培养液混合进行供氧，最后经液面与二氧化碳等一起释出。在液体密度差异而产生压力差的推动下，培养液呈湍流状态在罐内循环。

气升式发酵罐具有无机械搅拌传动设备，节省动力，节省钢材，减少机械剪切力，对长菌丝的各种真菌尤为适宜，且结构简单，冷却面积小，操作时无噪音，料液装料系数达80%～90%，不需加消泡剂，维修、操作及清洗简便，减少杂菌污染等优点，可广泛用于氨基酸、酶制剂、维生素、有机酸等好氧性发酵过程。目前常用的类型有带升式、塔式、气升环流式、气升及外循环式等。

（一）带升式发酵罐

带升式发酵罐又称气流搅拌式发酵罐，如图13－15所示。在发酵过程中，空气用喷嘴以250～300 m/s高速喷入上升管。由于喷嘴的作用空气泡被分割细碎，而与上升管的发酵液密切接触。因气体含量多、密度小，加上压缩空气的高速向上喷流动能，上升管内液体上升。同时，罐内液体下降进入上升管下端，形成反复循环。在循环过程中，发酵液不断地与空气气泡接触，供给发酵所耗的溶解氧，使发酵正常进行。

外循环带升式发酵罐，其上升管安装于罐外，上升管两端与罐底及罐上部相连接，构成一个循环系统，下部装有空气喷嘴。

内循环式的循环管可通过采用多层套管结构，延长气液接触时间。并列设置多个上升管，降低罐体高度及所需空气压力。外循环式罐外置的上升管外侧可增加冷却夹套，在循环的同时对发酵液进行冷却。

带升式发酵罐的性能指标主要有循环周期（发酵液体积/循环速度）、空气提升能力（发酵液循环流量/通入空气量）和通风比（通入空气量/发酵液体积）。

带升式发酵罐的主体内无空气，只在循环管内循环，装料系数较高，可达80%～90%，故应用广泛。但对于黏度较大的发酵液，体积溶氧系数较低，一般小于140 L/h，为了提高体积溶氧系数，可以加大循环管的直径，同时在循环管内增设多孔板；对于外循环设备，可在循环管上增设液泵来增大循环速度，形成机械循环式反应器；还可采用多根循环管来提高循环速度。

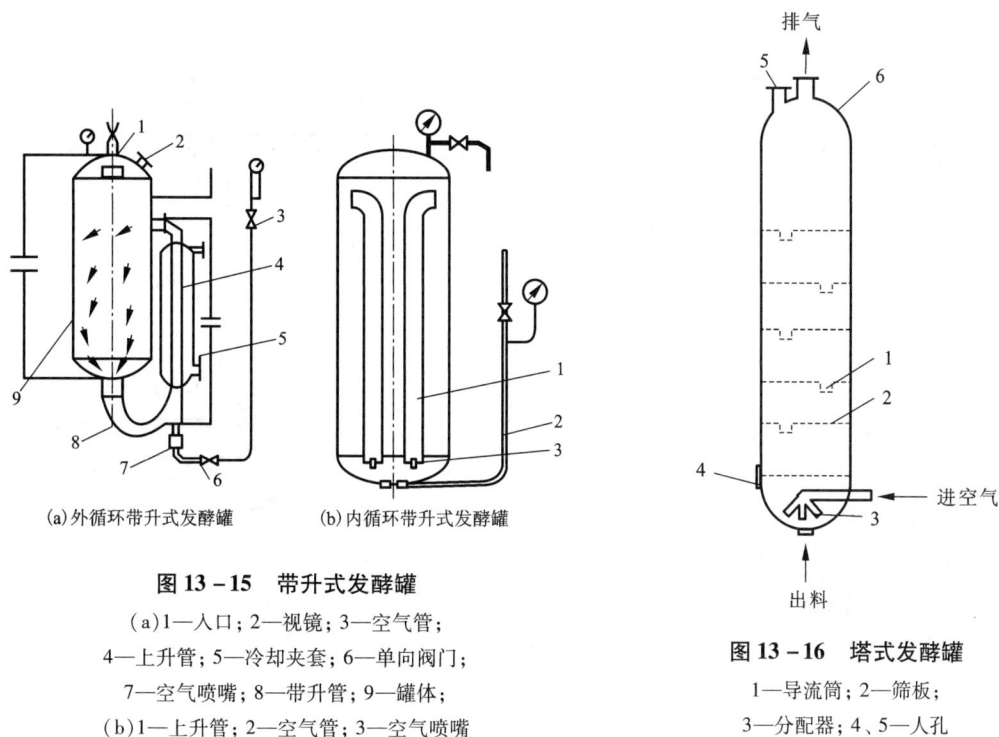

图 13 – 15 带升式发酵罐

(a)1—入口；2—视镜；3—空气管；
4—上升管；5—冷却夹套；6—单向阀门；
7—空气喷嘴；8—带升管；9—罐体；
(b)1—上升管；2—空气管；3—空气喷嘴

图 13 – 16 塔式发酵罐

1—导流筒；2—筛板；
3—分配器；4、5—人孔

(二)塔式发酵罐

塔式发酵罐又称为空气搅拌高位发酵罐，如图 13 – 16 所示，罐体的高度比较大，罐内安装有多层用于空气分布的水平多孔筛板，下部装有空气分配器。空气从空气分配器进入后，经多孔筛板多次分割，不断形成新的气液界面，使空气泡一直能保持细小，液膜阻力下降，液相氧的传递系数增大，提高了体积溶氧系数。另外，多孔筛板减缓了气泡的上升速度，延长空气与液体的接触时间，从而提高了空气的利用率。在气升式发酵罐中，塔式发酵罐的溶氧效果最好，适用于多级连续发酵，主要用于微生物的培养及水杨酸的生产。

塔式发酵罐的高径比较大，占地面积小，装料系数较大；通风比和溶氧系数的值范围较广，几乎可满足所有发酵的要求；液位高，空气的利用率高。但由于塔体较高，塔顶和塔底料液不易混合均匀，往往采用多点调节和补料。多孔筛板的存在不适宜固体颗粒较多的场合，否则固体颗粒大多沉积在下面，导致发酵不均匀；如果微生物是丝状菌，清洗有困难。

我国 40 t 土霉素生产用塔式发酵罐的技术特性为：塔总高 14 m，直径 2 m，筛板距离 1.5 m，筛孔直径 10 mm，最下层筛孔面积 0.16 m^2，其余各层筛孔面积为 0.5 m^2，约占筛板面积的 20%；导流筒直径为 450 mm，长 200 mm。

(三)气升环流式发酵罐

气升环流式发酵罐的形式较多，常用的有高位、低位及压力发酵罐。

对于培养植物或动物细胞，既要求设备对培养基应能充分搅拌均匀，使气体均匀分散，又要求没有伤害细胞的强烈剪切力，因此细胞培养多采用气升环流式发酵罐，如图 13 – 17 所示。罐内设置一旋转推进器。气体从推进器转轴的上部进入，由底部的环形气体分布器喷出，与培养液均匀接触后由上部排出。培养液与气泡充分混合后由推进器上部的液体出口排出，然后向下流动到底部，被旋转的推进器吸入，形成环流。设备的特点为低转速高溶氧，一般用于小型发酵罐。

通常气升环流式发酵罐性能以循环周期、气液比及环流管的高度衡量。其中，循环周期是指培养液在环流管内循环一次所需的时间，可用公式(13 - 1)表示。

$$\tau = \frac{V_L}{Q_C} = \frac{V_L}{\frac{\pi}{4}d^2\omega} \qquad (13 - 1)$$

式中，τ——循环周期，s；

V_L——培养液体积，m^3；

Q_C——培养液环流量，m^3/s；

ω——培养液在环流管内流速，m/s；

d——环流管内径，m。

气液比是指培养液的环流量 Q_C 与通风量 Q 之比，可用公式(13 - 2)表示。

$$A = \frac{Q_C}{Q} \qquad (13 - 2)$$

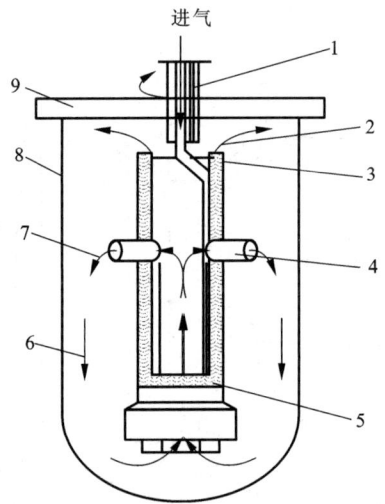

图 13 – 17　细胞培养气升环流式发酵罐

1—转轴；2—消泡室；3—排气；
4—推进口；5—吹泡管；6—流液方向；
7—推进口；8—器体；9—盖

式中，Q 的单位取 m^3/s。

环流管的高度应大于 4 m，罐内发酵液液面不能低于环流管出口。低于环流管出口，发酵液的循环量及循环效率将明显下降；发酵液面与环流管出口相平时，发酵液的环流量及环流效率达到最大值；罐内发酵液超过环流管出口过多，造成不利影响，有可能出现罐内液体旋转混合不均匀的"循环短路"现象，使罐内的溶解氧分布不均匀而使传氧效率下降。

第三节　厌气发酵设备

根据对氧需求的不同，微生物有厌气和好气之分，因此发酵设备也有厌气发酵设备和好气发酵设备之分。酒精、白酒、乳酸、丙酮丁醇及啤酒等的发酵，均需要在厌气发酵设备中进行。本节仅就酒精发酵罐和啤酒发酵罐做简要介绍。

一、间歇式发酵罐

间歇式发酵是指生长缓慢期、加速期、平衡期和衰落期四个阶段的微生物培养过程全部在一个罐内完成。

（一）间歇式酒精发酵设备

1. 基本要求

利用酵母将糖转化为酒精时，要获得较高的转化率，除满足酵母生长和代谢的必要工艺条件外，还需要一定的生化反应时间，并移走在生化反应过程中释放出的生物热，否则将影响酵母的生长和代谢产物的转化率。酒精发酵罐的结构必须首先满足上述工艺要求，还应有利于发酵液的排出、设备清洗、维修以及设备制造安装方便。

2. 酒精发酵罐的基本结构

间歇式酒精发酵罐(图 13 - 18)的筒体为圆柱形，底盖和顶盖均为碟形或锥形。为了回收发酵过程中产生的二氧化碳气体及其所带出的部分酒精，发酵罐一般采用密闭式结构。罐顶装有人孔、视镜及二氧化碳回收管、进料管、接种管、压力表和测量仪表接口管等。罐底装有排料口和排污口，罐身上下部装有取样口和温度计接口。对于大型罐，为了便于清洗和维修，接近罐底处设置有人孔。

对于发酵罐的冷却，中小型多采用罐顶喷水装置，而大型的采用罐内冷却蛇管或罐内蛇管和罐外喷洒联合冷却装置。有些采用罐外列管式冷却的方法，冷却均匀、效率高。

酒精发酵罐的洗涤多采用水力洗涤器，如图 13 - 19，主要为一根两端装有喷嘴的

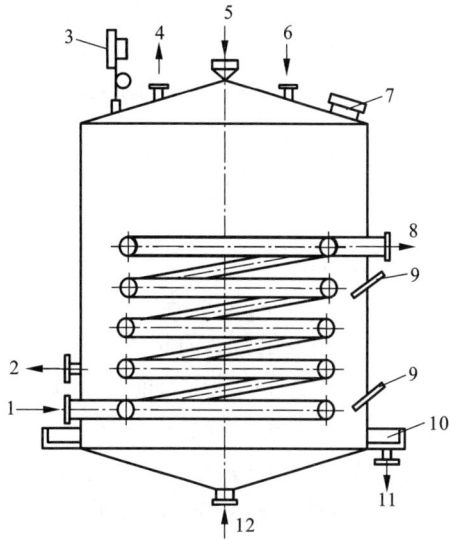

图 13 - 18　间歇式酒精发酵罐

1—冷却水入口；2—取样口；3—压力表；4—CO_2气体出口；
5—喷淋水入口；6—料液和酒母入口；7—人孔；8—冷却水出口；
9—温度计；10—喷淋水收集槽；
11—喷淋水出口；12—发酵液和污水排出口

洒水管，呈水平安装，管壁上均匀地开有一定数量的小孔，两端有弯曲段，通过活络接头与固定供水管相连。工作时，喷水管借助于两头喷嘴处，以一定的速度喷出而形成的反作用力自定旋转，在旋转过程中，洗涤水由喷水孔排出均匀喷洒在罐壁、罐顶、罐底上进行罐的洗涤。这种水力喷射洗涤装置在水压不大时洗涤不彻底，对大型罐尤其明显。

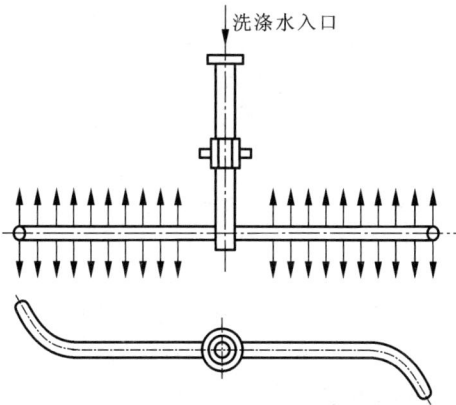

图 13 - 19　发酵罐水力洗涤装置

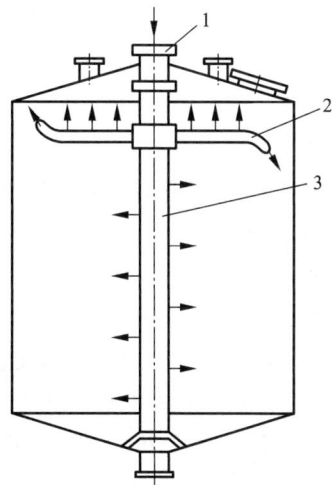

图 13 - 20　发酵罐高压水力喷射洗涤装置

1—洗涤剂进口；2—水平喷水管；3—垂直喷水管

与水力洗涤器相比,高压水力喷射洗涤装置(图 13 - 20)在水平分配管道基础上增加了一直立分配管,洗涤用水压力较高,一般为 0.6 ~ 0.8 MPa。直立分配管安装于罐的中央,其上面开出的喷水孔与水平面呈 20°夹角。水流喷出时可使喷水管以 48 ~ 56 r/min 的速度自动旋转,并高速喷射到罐体四壁和罐底,垂直的分配管以同样的水流速度喷射到罐体四壁和罐底,一次洗涤过程约需 5 min。

间歇式酒精发酵罐内的环境和发酵过程易于控制,使得其目前在工业生产应用中仍然占据主要地位。

(二)间歇式啤酒发酵设备

圆筒体锥形底啤酒发酵罐,如图 13 - 21 所示,属于一种大型发酵罐,简称锥形罐,已广泛用于发酵啤酒生产,可单独用于前发酵或后发酵,还可以用于前、后发酵合并的一罐法工艺。

该罐一般置于室外使用。罐身为圆筒结构,外部围护有 2 ~ 4 段冷却夹套,用以维持适宜的发酵温度,在发酵最旺盛时,冷却夹套全部投入使用,其中冷媒多采用乙二醇或酒精溶液。罐体外设有良好的保温层,以减少冷量损耗。因在啤酒后发酵过程中需有饱和 CO_2,罐底安装有净化的 CO_2 充气管,经小孔吹入发酵液中。同时,为便于在罐中收集并回收 CO_2,罐内需要保持一定程度的正压状态,并且在罐顶安装有压力表和安全阀。已灭菌的新鲜麦芽汁及酵母由底部进口泵入罐内。发酵完成后最终沉积于锥体部分的酵母可通过底部阀门排出,部分可留作下次使用。

圆筒体锥形底啤酒发酵罐发酵最大特点在于大型化,容积从 100 ~ 600 m^3(国内也有 60 m^3 小型的)。

1.设备的外型特点

外筒体蝶形或拱形盖,锥形体底,罐筒体壁和锥底有各种形式的冷却夹套。

筒体直径(D)和筒体高度(H)是主要特性参数。对单酿罐一般是 $D:H = 1:(1 ~ 2)$。对两罐法的发酵罐 $D:H = 1:(3 ~ 4)$,对两罐法的贮酒罐 $D:H = 1:(1 ~ 2)$,也有采用直径为 3 ~ 4 m 的卧式圆筒体罐作贮酒罐。增加 H 有利于加速发酵,降低 H 有利于啤酒的自然澄清。

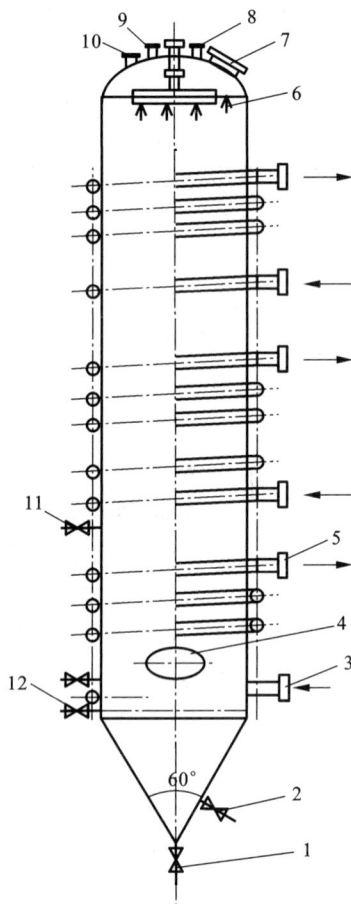

图 13 - 21　圆筒体锥形底啤酒发酵罐
1—麦汁与酵母进口;2—啤酒出口;3—冷媒进口;
4—人口门;5—冷媒出口;6—洗涤器;
7—人口;8—安全阀;9—排气阀;
10—压力表;11—取样口;12—CO_2入口

发酵罐锥底角,考虑到发酵中酵母自然沉降最有利,取排出角为 73° ~ 75°(一定体积沉降酵母在锥底中占有最小比表面积时摩接力最小),对于贮酒罐,因沉淀物很少,主要考虑材料利用率,常取锥角为 120° ~ 150°。

2. 罐材料

大型圆筒体锥形底啤酒发酵罐均采用碳钢加涂料或不锈钢两种材料制成。啤酒是酸性液体，能造成铁的电化学腐蚀，啤酒发酵时产生的 H_2S、SO_2 等会对铁材料造成氧化还原腐蚀。

不锈钢是一种含铬较多的合金，它之所以能够抗腐蚀，原因在于其表面能形成铬含量高、化学性质稳定的氧化层。铬钢中常加入镍、铝、钛、锰等元素，可以改善耐腐蚀性和工艺性能。啤酒厂（包括发酵罐）常用的是 8Cr18Ni 的不锈钢。提高铬、镍、钼含量可增加抗腐蚀性。

3. 冷却夹套

先进的圆筒体锥形底啤酒发酵罐均采用换热片式（爆炸成型）一次性冷媒直接蒸发式换热，一次性冷媒（如氨蒸发温度为 −3~4℃）蒸发后的压力在 1.0~1.2 MPa，也就是说换热片需耐高压，制作困难。国内大多用低温低压（−3℃、0.03 MPa）液态冷媒在半圆管、弧形管的夹套，或米勒板式夹套内流动换热。

冷却夹套的发酵罐或单酿罐内一般分成三段，上段距发酵液面 15 cm 向下排列，中段在筒体的下部距支撑裙座 15 cm 向上排列，锥底段尽可能接近排酵母口，向上排列。

啤酒冰点温度可按如经验式（13−3）计算：

$$T_{冰点} = -(A \times 0.42 + P \times 0.04 + 0.2)（℃）\tag{13−3}$$

式中，A——啤酒中酒精质量分数，%；

P——发酵前原麦汁浓度，°P。

如 12°PLager beer，酒精含量为 4.1%，其 $T_{冰点} = -(4.1 \times 0.42 + 12 \times 0.04 + 0.2) = -2.4$。

由于啤酒冰点温度为 −2.0~−2.7℃。为了防止啤酒在罐内局部结冰，冷媒温度应在 −3℃ 左右。国内常用 20%~30% 酒精水溶液，国内更多用 20% 丙二醇水溶液为二次冷媒。一次冷媒常用 NH_3。

罐体冷却面积由复杂传热计算求得。冷媒移走热量由三部分组成，即发酵罐环境（露天）太阳的辐射热和环境传导热；啤酒发酵时的有氧呼吸和厌氧发酵热；啤酒降温（0.4℃/h）放热。

啤酒发酵最大放热量为 0.15g 糖/h 产生的热量。啤酒冷却（从 5℃ 冷却至 0℃）最大放热（0.3℃/h）并不重叠，而且由于降温放热大，实际计算是由第一部分和第三部分组成。

4. 隔热层和防护层

绝热层材料应具有导热系数低、体积质量低、吸水小、不易燃等特性。啤酒圆筒体锥形底啤酒发酵罐常用如下材料：绝热材料聚酰氨树脂，可现场喷涂发泡，施工方便，价格中等，但易燃。自熄式聚苯乙烯泡沫塑料是最佳绝热材料，但价格贵。采用上述两种绝热材料只需厚度 150~200 mm。膨胀珍珠岩粉和矿渣棉价格低，因吸水性大需增加厚度 200~250 mm。

外防护层一般采用 0.7~1.5 mm 厚的合金铝板或 0.5~0.7 mm 的不锈钢板，特别是瓦楞型板更受欢迎。

5. 罐主要附件

大型圆筒体锥形底啤酒发酵罐还安装便于观察发酵情况、出酒、收集酵母及清洗设备等的附件，主要附件包括温度传感器、视镜、灯镜、出酒管、蝶阀及排酵母管等。啤酒发酵罐底部结构如图 13−22 所示。

大型圆筒体锥形底啤酒发酵罐的上中下三段冷却介质进口位置下装智能型铂温度传感

器。在圆筒形下部装可清洗取样阀。温度传感器和取样管均需深入罐中 300 mm。罐顶部应有安全阀、真空破坏阀，CIP 执行机构应装在液面上 150 mm。还应装上视镜、灯镜、空气和二氧化碳排出管等装置。

锥底有直径 500 mm 的快开入孔。如做单酿罐应具有深入锥底 800 ~ 1200 mm 的出酒管和排酵母底阀及四通视镜。

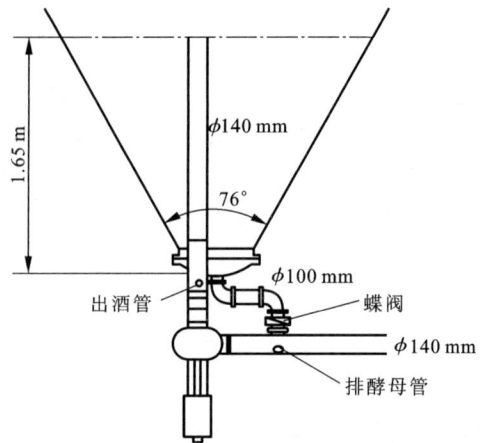

图 13 – 22　大型圆筒体锥形底啤酒发酵罐底部结构

二、连续酒精发酵设备

由于前后两个微生物非旺盛生长期延续时间相当长，采用间歇发酵时发酵周期长，发酵罐数多，设备利用率低。通过在发酵罐内连续加入培养液和取出发酵液，可使发酵罐中的微生物一直维持在生长加速期，同时降低代谢产物的积累，培养液浓度和代谢产品含量相对稳定，微生物在整个发酵过程中即可始终维持在稳定状态，细胞处于均质状态，这即为连续发酵技术。

与间歇式发酵相比，连续发酵具有产品产量和质量稳定、发酵周期短、设备利用率高、易对过程进行优化等优点，但也存在着一些明显的缺点，如技术要求较高、容易造成杂菌污染、易发生微生物变异、发酵液分布与流动不均匀等。目前虽已对连续发酵的动力学和无菌技术进行了广泛的研究，但还不能根据连续发酵的理论来完全控制和指导生产。因此，在实际发酵工业生产中，连续发酵目前还无法全部代替传统的间歇发酵。

连续发酵的特点是微生物在整个发酵过程中始终维持在稳定状态，细胞处于均质状态。在此前提下，可用数学公式和实验公式来表达连续发酵在稳定状态下，微生物生长速度、代谢产物、底物浓度和流加速度之间的关系。

思考题

1. 厌气发酵罐有几种？其共同特点是什么？
2. 机械搅拌通风发酵罐的基本要求有哪些？其换热装置有几种？各有何优缺点？
3. 绘出机械搅拌通风发酵罐的结构简图，并简要说明之。
4. 搅拌器、挡板、消泡器各有何作用？
5. 轴封有何作用？
6. 自吸式发酵罐的原理、结构特点？

第十四章
包装机械与设备

本章学习目的与要求

掌握各种食品包装基本技术方法的基本原理、包装特点及其所实用的包装对象；了解各种包装机械的基本结构组成及基本工作原理；能够根据被包装物料特性合理选用包装设备。

包装机械在现代工业生产中起着非常重要的作用：可以大幅度地提高生产效率；减低劳动强度，改善劳动条件；保护环境，节约原材料，降低产品成本；有利于被包装产品的卫生，提高产品质量，增强市场销售的竞争力等。因此采用合理的包装技术方法，设置正确的包装工艺路线及机械设备，确定一系列必要的包装技术措施，已成为现代规模化食品生产过程中保证包装食品品质和质量、提高商品价值和市场竞争力的关键。

第一节 食品包装技术与包装机械分类

一、食品包装技术

食品包装技术（food packaging technology）是指为实现食品包装的要求，以及适应食品仓储、流通、销售等条件而采用的包装方法、机械设备等各种操作手段及其包装操作应遵循的工艺措施、监测控制手段、质量保证等技术措施的总称。

食品种类繁多，包装材料、容器各异，包装形成方法也多种多样，但要形成一个食品独立包装件的基本工艺过程和步骤是一致的，把形成一个食品独立包装件的基本技术和方法称为食品包装基本技术。主要包括：食品充填、灌装技术和方法，裹包与袋装技术与方法，装盒与装箱技术，热成型和热收缩包装技术，封口、贴标和捆扎技术与方法。

为进一步提高包装食品质量和延长包装食品的贮存期，在食品包装的基本技术基础上又逐渐形成了食品包装的专用技术，如真空包装、充气包装、防潮包装、无菌包装、辐射包装、吸塑包装、可食性包装等。

二、包装机械分类

现代食品包装必须由食品包装机械来完成。包装机械（packaging machinery）广义地讲，包含包装行业的所有机械设备，一般可分为两大类：用于加工包装材料或容器的机械和用于完成包装过程的机械。从狭义和习惯上讲，通常仅限于后者。国家标准《包装术语·机械》（GB/T 4122.2—2010）中的定义为："完成全部或部分包装过程的机器"。

各类食品包装工艺操作过程及要求各不相同，需要配有相应的包装机械来完成，因此包装机械种类很多。

1. 按包装机械的自动化程度分类

①全自动包装机：全自动包装机是自动供送包装材料和内装物，并能自动完成其他包装工序的机器。

②半自动包装机：半自动包装机是由人工供送包装材料和内装物，但能自动完成其他包装工序的机器。

2. 按完成包装产品的类别分类

①专用包装机：专用包装机是专门用于包装某一种产品的机器。

②多用包装机：多用包装机是通过调整或更换有关工作部件，可以包装两种或两种以上产品的机器。

③通用包装机：通用包装机是在指定范围内适用于包装两种或两种以上的不同类型产品的机器。

3. 按包装机械的功能分类

包装机械的功能不同，可分为：充填机械、灌装机械、裹包机械、封口机械、贴标机械、打印机械、集装机械、清洗机械、多功能包装机械等。

现代高新技术如计算机、数控、光电等技术广泛应用到食品包装机械设备中，使食品包装朝高速化、成套化、自动化、智能化方向发展。

第二节　液体灌装机

灌装（canning）是指将液体（或半流体）灌入容器内的操作，容器可以是玻璃瓶、塑料瓶、金属罐及塑料软管、塑料袋等。

一、液体灌装工艺及方法

液体灌装的整个工作过程包括空瓶的平移输送、上下升降及定量灌装等，并由其执行机构来完成。影响灌装精度和速度的主要因素是黏度，其次为是否含有气体、起泡性、微小固体物含量等。因此，在选用灌装方法和灌装设备时，首先要考虑液体的黏度。

按液体灌装方法可分为：常压灌机装、等压灌装机、负压（真空）灌装机和压力灌装机等。

按液体计量方式可分为：液位灌装和容积灌装。

二、常压灌装机

常压灌装是一种最简单、最直接的灌装形式，也是应用最广泛的灌装方式之一。常压灌装机主要由包装容器的供送装置、料液的供送装置、灌装阀、升降瓶装置、高度调节装置等构成。其特点是设备结构简单，操作方便，易于保养，灌装的液面高度一致，显得整齐好看，广泛应用于低黏度非起泡性的液体，如牛奶、矿泉水、酱油、醋等。

(一)常压灌装原理

常压灌装又称自重灌装或液面控制定量灌装，液料箱和计量装置处于高位，包装容器置于下方，在大气压力下，依靠液体的自重产生流动而灌入容器内，其整个灌装系统处于敞开状态下工作。灌装速度只取决于进液管的流通截面积及灌装缸的液位高度。

如图 14-1 所示，液体从贮液槽 1 流经灌装阀 4 进入容器。灌装时升降机构将容器向上托起，容器口部和灌装阀下部的密封盖 5 接触并将容器密封，然后使容器再上升顶开弹簧而开启灌装阀，液体靠重力作用流入容器中，当液体上升至排气口上部时，即停止流动。

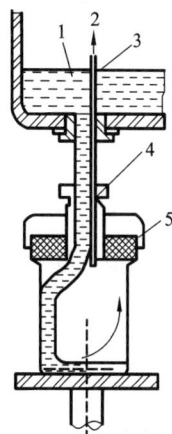

图 14-1 常压灌装

1—贮液槽；2—空气出口；
3—排气管；4—灌装阀；5—密封盖

(二)主要部件及执行机构

1. 滑阀式灌装阀结构

在常压式灌装机中，较常用的灌装机构为滑阀式灌装阀，如图 14-2 所示。灌装阀主要由固定套筒 8、滑动套筒 10、排气管 1 和注液头 14 等组成。

灌装前，灌装机构在弹簧 9 的作用下，滑动套筒 10 的下部管体和注液头 14 压合，使阀门处于关闭状态，如图 14-2(a)所示。

灌装时，由升降机构驱动升降台，推动装料瓶上升，使瓶口端部与橡胶环 13 接触。瓶子继续升高，顶升环套 12 通过定位套 11，迫使滑动套筒 10 压缩弹簧 9 并沿固定套筒 8 的内孔向上滑升。这时，滑动套筒 10 的下部管体脱离注液头 14 的下端部，使注液头的左侧孔道和右侧凹槽露出。于是，液料由储液箱经套筒内孔再沿注液头右侧凹槽流入瓶中，而瓶内空气则进入注液头左侧孔道并沿排气管 1 排出储液箱的液面空间，如图 14-2(b)所示。

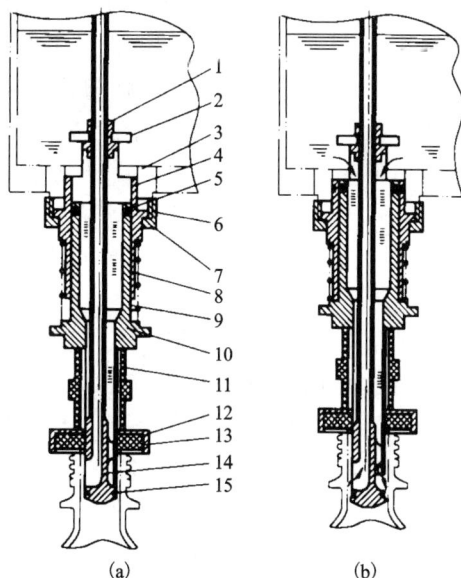

图 14-2 滑阀式常压灌装阀

1—排气管；2—卡环；3—安装座；4、5、7—密封圈；6—锁母；
8—固定套筒；9—弹簧；10—滑动套筒；11—定位套；
12—环套；13—橡胶环；14—注液头；15—密封圈

当流入瓶内的液体浸没了注液头的下端出口时，即形成液封，瓶内颈部的残留气体将无法排出，但此时液料仍继续流入瓶内，使瓶内残留空气压缩。因此，当液面稍微超过注液头出口后，就不能再升高。因连通管作用，形成液封后料液将进入排气管 1 并上升，直到与储液箱相同液位为止，达到平衡状态，才停止进液。

随后，瓶子随升降装置下降，弹簧 9 迫使滑动套筒 10 向下压合注液头 14，关闭阀门，切断储液箱与瓶间的液流通道和排气管道，而排气管内的液体则被封存，留待下一次灌装注液。最后，瓶子与灌装机构完全脱离，完成灌装工作。

只要调整注液头插入瓶中的深度，即更换不同高度的定位套 11，就可方便地改变装瓶的液位高度，当然这和储液箱的液位高度也有关。这种结构比较简单方便，以待装容器的容积来定量，因此灌装精度与待装容器的计量精度有直接关系。

2. 升降瓶机构

在一般旋转型灌装机中，由拨瓶轮送来的瓶子必须根据灌装工作过程的需要，先将瓶子升到规定的位置，然后再进行灌装。灌装完后瓶子下降到规定的位置，再由拨瓶轮将其送到传送链带上送走，这一动作过程由瓶的升降机构来完成。常用的有机械式、气动式、气动与机械组合式三种。

(1) 机械式

图 14-3 为机械式升降瓶机构，瓶托的上滑筒 3 和下滑筒 6 通过拉杆 5 与弹簧 2 组成一个弹性筒，在下滑筒的支承销上装有轴承 7，使瓶托台可沿着凸轮导轨的曲线升降。由于上、下滑筒间可产生相对运动，这不仅保证了瓶口灌装时的密封，同时又保证了有一定高度误差瓶子仍可正常灌装。滑座 4 用螺母固定在下转盘周边的圆孔中，并随转盘一起绕立轴旋转，这种机械式升降瓶机构实际上是由圆柱凸轮-直动从动杆机构完成的，不同的是圆柱凸轮不动，而直动从动杆绕圆柱凸轮的中心轴线旋转，因此，它们之间的相对运动是一致的。

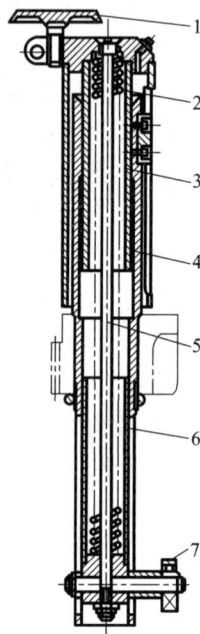

图 14-3　机械式升降瓶机构
1—瓶托台；2—弹簧；3—上滑筒；4—滑座；
5—拉杆；6—下滑筒；7—轴承

这种升瓶机构的结构比较简单，但可靠性较差，若灌装机运转过程中出现故障，瓶子沿着滑道上升，很容易将瓶子挤坏，对瓶子质量要求很高，特别是瓶颈不能弯曲，瓶子被推上瓶托时，要求位置准确，在工作中，缓冲弹簧也容易失效，需要经常更换。另外在降瓶和无瓶区段有较大的弹簧力，这会增加凸轮磨损，并易折断滚子销轴。因此，这种结构适用于小型半自动化不含气体的液料灌装机中。

(2) 气动式

图 14-4 为气动式瓶的升降机构，升降动力为压缩空气，其压力通常为 $2.5 \sim 4 \ \text{kgf/cm}^2$ ($1 \ \text{kgf/cm}^2 = 0.098 \ \text{MPa}$)。从图中可以看到当控制碰块使阀门 6 关闭、排气阀门 8 开启时，压缩空气将自下部进气管 5 进入到汽缸 1 中，活塞 2 受到下端压力气体的作用向上运动，托瓶台 4 及其所承托的瓶子上升，在此过程中灌装嘴插入瓶内，以便进行灌装。灌装完毕后，

控制机构关闭排气阀门 8，开启阀门 6，压力气体自活塞 2 上端引入汽缸 1 中，由于活塞上、下气压相等，托瓶台 4 及已装物料的瓶子等在自重的作用下下降，当托瓶台降到与灌装机转盘水平面等高时，排卸装置将装料瓶自灌装机转盘上排卸出去封口。阀门 6 与排气阀门 8 通常用凸轮式碰块及转柄进行控制，在灌装机工作运转中，凸轮碰块作开、关的控制操纵。这种升降机构，克服了机械式升降机构的缺点，因为它采用气体传动，有吸震能力，当发生故障时，瓶子被卡住，压

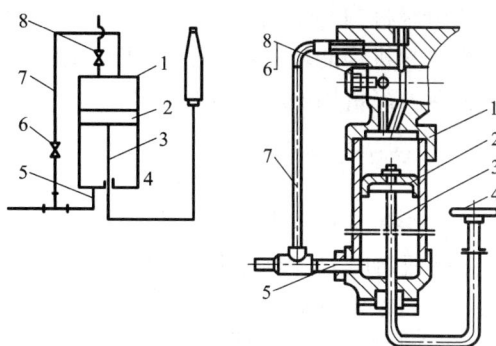

图 14 - 4　气动式瓶的升降机构
1—汽缸；2—活塞；3—连杆；4—托瓶台；
5—下部进气管；6—阀门；7—上部进气管；8—排气阀门

缩空气好比弹簧一样被压缩，这时瓶子不再上升，故不会挤坏。但活塞的运动速度受到空气压力的影响，若压缩空气压力下降，则瓶的上升速度减慢，以致不能保证瓶嘴与灌装阀的密封；若压缩空气压力增加，则瓶的上升速度快，导致瓶不易与进液管对中，又使瓶子下降时冲击力增大，如若灌装含气性气体，则容易使液料中的二氧化碳逸出。

（3）气动与机械组合式

图 14 - 5 为气动与机械组合式升瓶机构。柱塞杆 4 为空气套筒结构，上端装有密封塞 3、下端固定装有封头 7，组成活塞部件。封头 7 上固联着压缩空气输送管道和减压排气阀。托瓶台安装在汽缸 2 的上端，缸体下部安装着滚轮 6，它们组成汽缸部件。活塞部件置于汽缸内，是固定不动的；汽缸部件则是托瓶升降的运动部件，当作托瓶升降工作运行时，压缩空气自封头 7 进入，经柱塞杆 4、密封塞 3 内的中心孔进入到活塞上部空间，驱使汽缸部件以活塞部件为导柱向上托瓶升起，并维持到完成灌装为止。此时滚轮 6 已到达使装料瓶作下降运动的凸轮 5 廓形部分，随着灌装机继续运转；滚轮 6 受凸轮 5 下降廓形的约束，带动汽缸部件作下降运动。为减少其动力消耗，此时应停止压缩空气的供给，且视凸轮结构形式的不同，即凸轮下降廓形与滚轮间的接触约束方式的不同，设置减压排气阀，达到托瓶下降平稳，节省辅助工作时间，且减少动力消耗的目的。为此，应根据灌装的工作程序，设置压缩空气的开关控制器。

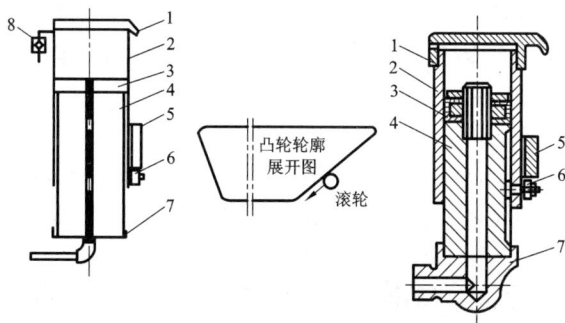

图 14 - 5　气动与机械组合式升瓶机构
1—托瓶台；2—汽缸；3—密封塞；4—柱塞杆；5—凸轮；6—滚轮；7—封头；8—减压阀

这种升级机构利用气动机构托瓶升起具有自缓冲功能,托升平稳,且节约时间。同时又利用凸轮推杆机构能较好获得平稳的运动控制的特点,使托瓶升降运动得到快而好的工作质量。但此种升降机构的结构较为复杂。

三、等压灌装机

等压灌装机又称压力重力灌装,它是在高于大气压力的条件下进行灌装,即先对空瓶进行充气,使瓶内压力与贮液箱(或计量筒)内的压力相等,故简称充气等压,然后靠被罐装液料的自重进入包装容器内。

(一)等压灌装工作原理

含气液体饮料如啤酒,必须采用等压罐装。首先通过灌装阀中的气阀向容器内充气,待容器内的压力与灌装机储液箱上腔的背压相等时(背压为储液箱上腔充入的高于二氧化碳混合压力的二氧化碳气体压力),灌装阀中的进液阀打开,饮料靠其自重流入容器内。在这个过程中,溶入饮料中的二氧化碳的压力基本没有发生变化,可有效地防止饮料中二氧化碳的外逸,保证了灌装的顺利进行。图14-6所示为旋塞阀等压灌装机的灌装过程示意图。

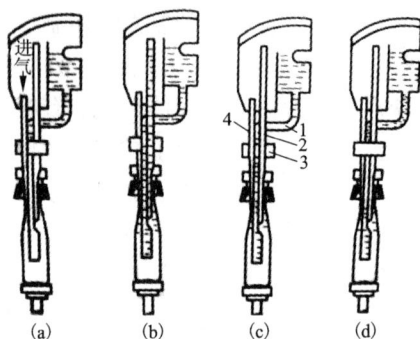

图14-6 等压灌装过程

1—进液管;2—排气管;3—旋塞;4—进气管

1. 容器密封

空包装容器被输送到与灌装机等速转动的容器托上,容器托上升或灌装阀下降,使容器与灌装阀的密封圈紧密封合。

2. 充气等压

如图14-6(a)所示,进液管1关闭,进气管4向包装容器内充气,直到容器内气体压力与储液箱内的背压相等(背压指储液箱内充入的二氧化碳气体压力,高于液料中二氧化碳的溶解压力)。

3. 进液回气

如图14-6(b)所示,进气管4关闭,进液管1和排气管2接通,储液箱内液料靠自重流入包装容器内,容器内的气体经排气管2排入储液箱;当容器内液面上升到排气管口时,继续流进容器的液体使容器内气体体积减小、压力增大,因此容器内液体会沿排气管2上升,直到与储液箱液面齐平,液流停止。

4. 排气卸压

如图14-6(c)所示,进液管1关闭,进气管4打开,排气管2内的液料流回容器中,直到与容器内液面相平,相应地容器内气体沿进气管4排回储液箱内。

5. 排除余液

如图14-6(d)所示,进液管1、排气管2和进气管4都关闭,当容器下降离开灌装阀时,旋塞3下部进液管1内的液体及排气管内余液都流入容器中,灌装结束。

等压灌装特别适用于啤酒、碳酸饮料及其他含气饮料(如富氧水)的包装,加压的目的是使液体中气体含量保持不变,压力可取0.1~0.9 MPa。

（二）等压灌装阀结构

灌装阀在工作时，根据工艺要求，依次切换储液箱、气室与待灌容器的流体通道，以实现自动灌装。在等压式灌装机中，所采用的灌装阀有多种结构形式，主要有旋转阀和多移阀。

旋转阀阀体中的可动构件相对于不动构件在开闭阀时作旋转或摆动，利用流道孔眼对准和错开来完成流体通路的开闭。图14-7为一种锥式旋转阀结构简图，其可动部分旋塞的圆柱面（或圆锥）上开有一定夹角的孔眼，它们分别与不动部分阀座的孔眼相对应。在旋塞9的不同方位开有三个通孔，凸轮转柄1控制灌装阀按灌装程序动作。当瓶子上升到与密封圈14接触后，凸轮转柄1受到碰块作用，进气管4与瓶内通气（A—A），贮液箱上部的压力气体进入瓶内完成等压过程；当凸轮转柄1转到另外的角度，旋塞关闭进气管4，接通液道6和10（B—B）及排气孔11（C—C），贮液箱中的液料在重力作用下流入瓶内，瓶内气体通过排气孔11和排气孔5排回到贮液箱上部；当瓶内液料上升到规定高度时，凸轮转柄1受到碰块作用，旋塞切断液体通道和排气通道，这时阀体下部的排气孔11和进气孔通过旋塞锥体表面纵向通道与大气接通，降低瓶内残留气体的压力；最后凸轮转柄转动关闭所有通道，并切断与大气的通路。此种阀虽简单，但无瓶时也灌装，影响灌装质量。

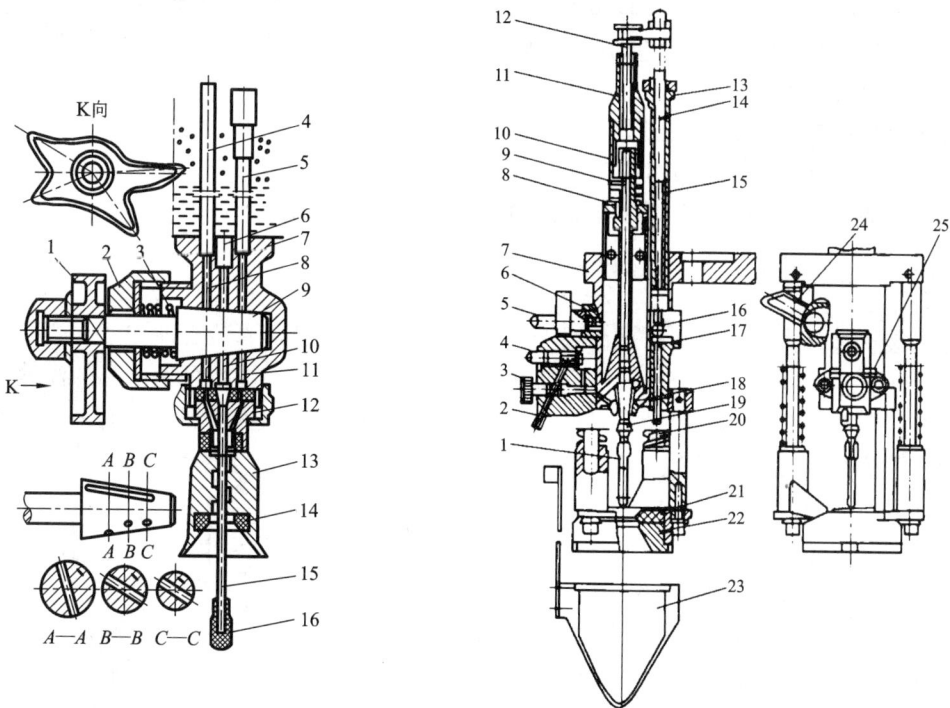

图14-7 锥式旋转阀结构

1—凸轮转柄；2—螺母；3—弹簧；4—进气管；5—排气管；6、10—液道；7—阀体；8—进气孔；9—旋塞；11—排气孔；12—接套；13—定位罩；14—密封圈；15—液管；16—灌装头

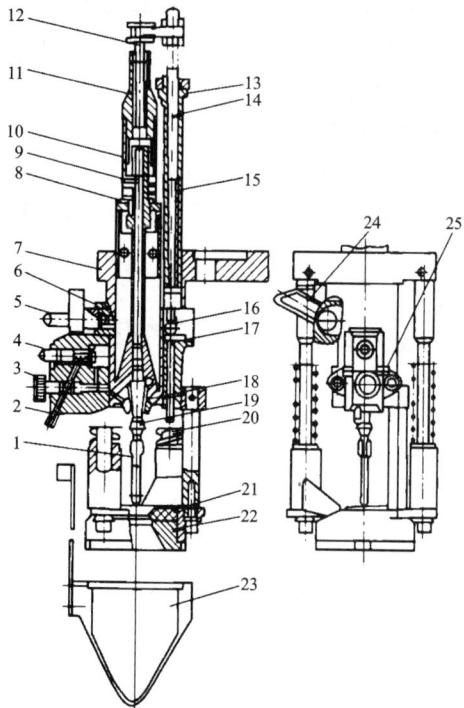

图14-8 气动式多移阀结构

1—气管；2—排气嘴；3—针阀；4—排气阀；5—关阀按钮；6—弹簧；7—阀座；8—液阀套；9—液阀；10—液阀弹簧；11—气阀套；12—气阀；13—推杆套；14—上推杆；15—气阀弹簧；16—跳珠；17—下推杆；18—阀座胶垫；19—分流圈；20—升瓶导杆；21—瓶口胶垫；22—对中罩；23—清洗护罩；24—拨爪；25—凸销

　　"多移式"灌装阀的特点是在启闭阀时，阀体中有若干个可动构件相对于不动构件作多次往复移动。图 14-8 为气动式多移阀结构简图，其工作原理为：瓶托气缸将瓶子提起，使灌装阀下面的对中罩 22 与瓶口对中，空瓶继续上升，瓶口胶垫 21 与阀座胶垫 18 密封，对中罩顶起下推杆 17，通过跳珠 16 和上推杆 14 将气阀打开，使贮液箱内气室的无菌压缩气体经气阀周围上的 3 个凹槽通入，经灌装阀中心孔道和回气管相通，进入空瓶内，使贮液箱气压与瓶内气压达到平衡，完成充气等压过程。贮液箱和空瓶气压达到平衡后，气阀 12 上升，解除气阀套 11 向下的压力，同时瓶内的气压增加了液阀 9 下端向上的压力，液阀弹簧 10 克服液阀自重和上面液体的压力，将液阀打开，贮液箱内液体从气管 1 外部的环形道及分流圈 19 沿着瓶子内壁流下；同时瓶内气体从气管中心孔道及上部气门返回贮液箱气室，完成进液回气过程。当瓶内液面超过气管管口一定高度时，便停止进液。这时固定在贮液箱外圈支架上的控制凸轮(图中未画)碰撞关阀按钮 5，使装在按钮末端上的跳珠 16 向左移动，上推杆 14 下降，同时关闭气阀和液阀完成灌装。灌装结束后，在瓶子送至压盖机前，须将瓶内气压缓慢减低，以免卸压时产生大量气泡，损失酒液而使定量不足。固定在贮液箱外围支架上的控制凸轮打开排气阀 4，使瓶颈部分残留的压缩气体从排气嘴 2 排出，完成排气卸压过程。当瓶子随降瓶机构下降时，气管 1 中心孔道残留的余液全部流入瓶内。当下推杆降至下限位置时，由于关阀按钮 5 脱离固定凸轮的作用，使跳珠 16 在弹簧的作用下向左移位，使灌装阀恢复到初始位置，整个灌装过程结束。

　　这种阀能较好的满足含气饮料等压灌装的工艺要求，特别是采用沿壁灌装和压力释放的措施，使灌装更为稳定。但阀的结构较为复杂，增加了制造装配和调整的困难，特别是弹簧的设计和制造质量必须保证，否则很难达到预定的灌装工艺要求。

四、负压灌装机

　　负压灌装机又称真空灌装，它是在低于大气压力的条件下进行灌装。即先建立容器内的真空，然后靠液体的自重或靠液料箱与容器间的压力差进行灌装。压差可使产品的流速高于等压法灌装。对于小口容器、黏性产品或大容量容器特别有利，但是负压法灌装系统需要一个溢流收集和产品再循环的装置，快速灌装产生的泡沫必须通过溢流系统排出。

　　(一)负压灌装基本原理

　　负压灌装因其真空产生的形式不同，可分为两种：一是包装容器和储液箱处于同一真空度，液料实际是在真空等压状态下以重力流动方式完成灌装，称为重力真空灌装；二是包装容器和储液箱真空度不相同，前者真空度较大，液料在压差状态下完成灌装，称为真空压差灌装。

　　1. 重力真空灌装

　　贮液箱处于真空，对包装容器抽气形成真空，随后料液靠自重流入包装容器内。采用较低真空度，可消除纯真空罐装法所产生的溢流和回流现象。

　　如图 14-9 所示，位于顶部的贮液槽是封闭的，供液管 1 从槽顶伸入并浸没在液体下部，由浮子 2 控制液面，

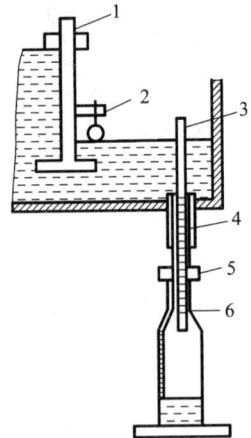

图 14-9　重力真空灌装

1—供液管；2—浮子；3—排气管；
4—灌装阀；5—密封盖；6—灌装液位

其上部空间保持低真空,当容器输送到灌装阀4下方时,升降机构将它托起,与密封盖5吻合,将容器密封,继续上升将阀开启。由于容器经阀中的排气管3与贮液箱上部连通形成低真空,因而液体经阀中的套管靠重力灌入容器内。与重力灌装一样,当排气口被上升的液体封闭时,容器的液面就不再上升。灌装完毕,容器下降,灌装阀由弹簧自动关闭。

这种灌装系统尤其适用于白酒和葡萄酒的灌装,因为灌装过程中,挥发性气体的逸散量最小,不会改变酒精浓度,使包装产品不失醇香。

2. 真空压差灌装

图14-10所示为一典型的真空压差灌装示意图。灌装系统内的压力应低于大气压力。灌装阀密封块抵住容器的同时开启阀门,由于与真空室相通的容器内处于真空,液体可被迅速抽进容器中,直至灌装到预定液位。通常最后会有相当量的液体被抽到排出管中,进入溢流槽后被回收再循环。

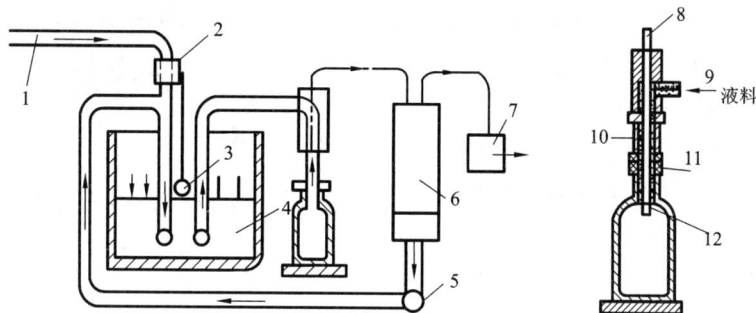

图14-10 真空压差灌装

1—供液管;2—供液阀;3—浮子;4—贮液槽;5—供液泵;6—真空室;7—真空泵;
8—真空管;9—液料;10—灌装阀;11—密封盖;12—灌装液位

负压法可提高灌装速度,减少产品与空气的接触,有利于延长产品的保存期,其全封闭状态还限制了产品中有效成分的逸散。

负压式自动灌装机应用范围很广,适用于灌装黏度稍大的液体,如油类、糖浆类,还适用于不宜多暴露于空气中的含维生素的液料,如蔬菜汁、果汁以及各类罐头的加注糖水、盐水、清汤等。

(二)负压法供料装置

负压法灌装方式分为重力真空灌装和真空压差灌装,相应的负压法灌装机的供料装置按其真空室与储液箱的配置状况可分为单室、双室和多室等结构形式。

1. 单室负压灌装

单室负压法灌装是将真空室与贮液箱合为一体的中小型供料装置。图14-11为单室负压法灌装

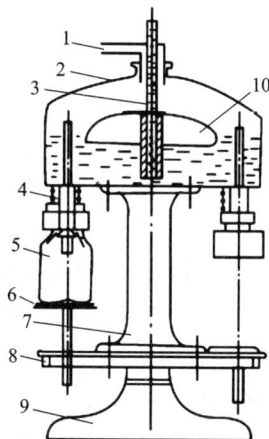

图14-11 单室负压灌装

1—抽气管;2—贮液箱;3—进液管;4—罐装阀;
5—瓶;6—瓶托;7—立柱;8—齿轮;
9—机座;10—浮子液位控制器

示意图,料液经进料管3进入贮液箱2内,箱内液面依靠浮子液位控制器10控制在规定范围

内。贮液箱 2 上部的气体被真空泵抽走形成真空室。罐装时，瓶子 5 上升推压罐装阀 4 时，罐装阀的气管接通瓶 5 和贮液箱 2 上空的气室，瓶内空气被抽走形成一定的真空度，料液在自重的作用下流入瓶内。当瓶内液面上升到灌装阀吸气管口时，液体停止下流，完成灌装。当瓶子下降时，灌装阀 4 的下液管自动关闭，吸气管吸入的料液被吸回到贮液箱中。该装置结构简单，但是贮液箱液面成为扩散面，故不宜灌装具有芳香味的液料。

单室式灌装适用于中小型负压灌装机，其优点是结构简单，清洗容易，对破损瓶子（由于无法抽气）不会造成误灌装。但由于储液箱兼做真空室，使液料挥发面增大，对需要保持芳香气味的液料（果蔬原汁）会造成不良影响。

2. 双室负压灌装

图 14－12 为双室负压法灌装示意图，该机的真空室和贮液箱是分开的，真空气缸的真空度较低，所以称双室低真空灌装机。液料经进液管 10 进入贮液箱 5 中，液箱内液位高度由液位控制浮桶 6 控制，使液位保持在规定的范围内。灌装机设有真空泵，真空泵将真空气室 1 内的空气抽走，使其达到一定的真空度（500 mm 水柱）；贮液箱通过两根真空度指示管 2 与真空气室相通，指示管 2 内液面的升高值表示了真

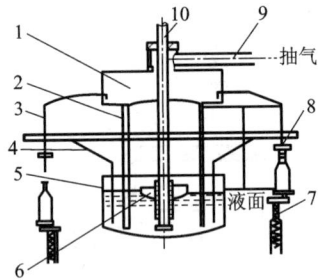

图 14－12　室负压灌装

1—真空室；2—真空度指示管；3—吸气管；4—吸液管；
5—贮液箱；6—液位控制浮桶；7—瓶托机构；
8—罐装头；9—真空度调节板；10—进液管

空气室 1 的真空度。每个灌装头 8 都有一个吸气管 3 和吸液管 4 分别通向真空气室 1 和贮液箱 5，这样就组成了供液系统。

双室式负压灌装机利用压差形式灌装，因此速度较快。当提高真空度时，灌装速度随之提高，但同时会增加回流管的液面高度以及抽气管的余液量，从而增加液料的挥发量和机身高度。一般情况下，应根据不同的物料，慎重选择真空度，最好取回流管的液面略低于它的上部管口。

双室式负压灌装机比单室式的灌装速度要快，而且液料挥发量较少，但其结构较单室式要复杂，清洗也没有单室式方便。

3. 多室负压灌装

图 14－13 所示为多室负压法灌装系统。由图可见，这种结构不仅使贮液箱与负压室分开，而且另外增设一个液位控制箱，负压室也不止一个。在正常工作过程中，液料由高位槽 1 流入液位控制箱 3（其液位由浮子 13 控制），并与储液箱 6 接通。液位控制箱 3 的上方安置两个真空室 11 和 12。它们之间互有管路（附控制阀门）相通，上室 11 与主真空室 10 也有管路相通。灌装时，瓶内的空气和余液分别被吸进主真空室和上室进行分离。当破气阀 4 转至上下两室相通（如图中 A－A 剖面所示）的位置时，下室也随之处于负压状态，致使上室通往下室的阀门自动打开，料料即流入下室。当破气阀转至下室与大气相通的位置时，下室则处于常压状态，致使上室通往下室的阀门自动关闭，从而上室得以维持应有的真空度，同时下室通往液位控制箱的阀门被打开并排出存液，这样，余液对贮液箱液位波动的影响甚微。多室较之双室操作更为稳定，密封性能良好，物料挥发也大为减少，但结构较为复杂。多室较之双室操作更为稳定，密封性能良好，物料挥发也大为减少，但结构较为复杂。

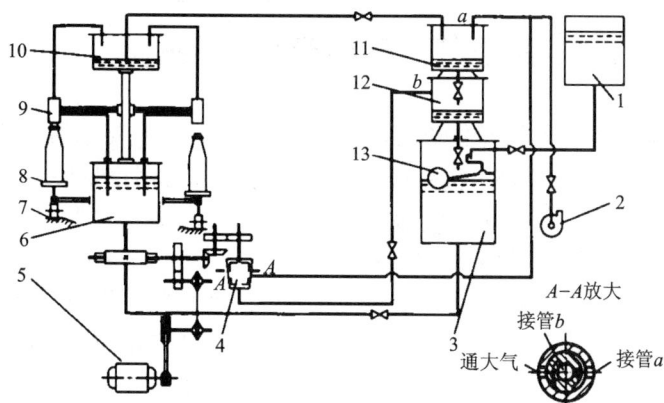

图 14 - 13　多室负压法灌装系统

1—高位槽；2—真空泵；3—液位控制箱；4—破气阀；5—电动机；6—储液箱；7—升瓶滑道；
8—托瓶台；9—灌装阀；10—主真空室；11、12—真空室（上室与下室）；13—浮子

五、压力灌装机

压力灌装机利用机械压力如液泵、活塞泵等直接把产品泵送到灌装阀或是在料槽上部预留空间加压等办法将被灌装液料压入包装容器内，实现灌装。主要适用于黏度较大的黏稠性物料（如果酱类食品）的灌装。

压力灌装最常用的形式是：产品被加压，并且溢流槽与大气相通，如图 14 - 14 所示。压力灌装机不需要瓶托，没有灌装缸，采用卡瓶颈定位灌装，在灌装转台上有一个分配器，分配器的一段连接到安装在储液罐中的水泵，另一端用软管连接到各个灌装阀。灌装转台上安装有环形定位圈，定位圈上有与灌装阀数量相等的弧形定位槽，定位槽的中心线与阀的中心线重合。当 PET 瓶被输送到灌装转台，并被拨盘以瓶颈定位到弧形定位槽内，挂了了灌装转台的环形定位圈上，此时瓶口中心即与灌装阀的中心重合。灌装阀在随灌装转台的回转中沿凸轮下降，与 PET 瓶口密封并随之顶开灌装阀进液。设备之外储液罐中的水泵通过灌装机上的分配器向瓶里供液，灌装至瓶满口；瓶内气体以及灌

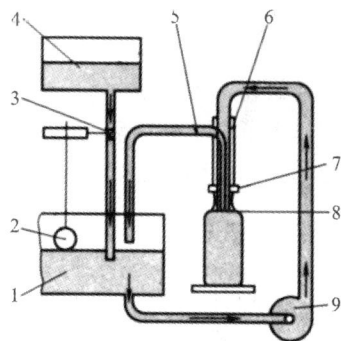

图 14 - 14　压力法灌装

1—储液槽；2—浮子；3—产品供应阀；
4—料液；5—溢流管；6—灌装阀；7—封口；
8—灌装液位；9—液泵

装满口后的余液将由回气（液）管返回储液槽。液体在灌装容器内的液面高度可以调节，由伸入瓶口内阀管的体积决定。

压力灌装机主要用于不含气饮料（矿泉水和纯净水）、调味品、农药及一些低黏度液体的塑料瓶包装。由于采用满口灌装法，即由伸入瓶口的阀管的体积来控制液位，其液面精度较高；压力灌装机输瓶、冲瓶、灌装及封口均采用卡瓶颈作业，不受容器大小或容器形状限制，即对瓶子的质量（尤其是瓶壁的薄厚）要求不高且灌装速度较快，所以很适合大型水、饮料生产。

第三节　散体充填包装机

将一定量的食品装入容器的操作过程叫做充填(filling)，主要包括计量和充入。由于产品的种类繁多、形态各异(如液体、粉粒状和块状等)，包装容器也是形式繁多、用材各异(如袋、盒、箱、杯、盘、瓶、罐等)，因此，就形成了充填技术的复杂性和应用的广泛性。

充填机械种类虽多，但一般都由物料供送装置、计量装置、下料装置等组成。按充填物料的物理状态可分为粉料充填机、颗粒物料充填机、块状物料充填机、膏状物料充填机、液体灌装机；按充填机所采用的计量原理不同，可分为容积式充填机、称重式充填机、计数式充填机三种类型。

一、容积式充填机

容积式充填机是将物料按预定容量充填至包装容器内的充填机，要求被充填物料的一定体积的重量稳定，否则会产生较大的计量误差，精度一般为 ±(1.0%~2.0%)，比称重充填要低。在进行充填时采用振动、搅拌、抽真空等方法使被充填物料压实而保持稳定的一定体积的重量。

容积充填的方法很多，但从计量原理上可分为两类：一是控制充填物料的流量和时间；二是利用一定规格的计量筒来计量充填。容积式充填机每次计量的质量取决于每次充填的体积与充填物料的表观密度，常用的充填计量装置有量杯式、螺杆式、柱塞式等不同的类型。

1. 量杯式充填机

充填时，物料靠自重落入量杯，刮板将量杯上多余的物料刮去，然后再将量杯中的物料在自重作用下充填到包装容器中。图14-15为固定量杯式充填装置，物料由料斗1靠重力自由落到转盘7的表面积聚；转盘7上装有定量杯3和对应的活门底盖4；当转轴8带动转盘7旋转时，物料刮板10将物料推入定量杯3内，并且高出定量杯3上平面的多余物料被随转盘转动的刮板10刮掉。当量杯转到充填工位时，顶杆打开定量杯底部的活门。物料便落入正下方的容器，完成计量充填工作。

该机械采用的量杯容量固定，不能调整，若要改变容积量，则要更换量杯。图14-16所

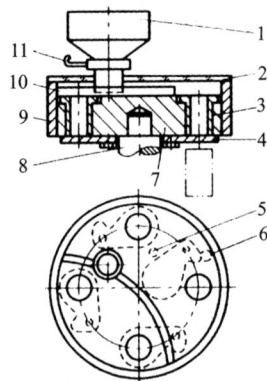

图14-15　杯式定量充填装置

1—料斗；2—外罩；3—定量杯；4—活门底盖；
5—闭合圆销；6—开启圆销；7—转盘；8—转盘主轴；
9—壳体；10—刮板；11—下料闸门

示为可调量杯式计量装置。它的定量容杯由两个相配合的套筒(称为上量杯和下量杯)组成，调节容杯调节结构8可以让下量杯在垂直轴上作上下升降运动，从而沿轴向改变两个套筒(量杯)的相对位置就能调节定量杯的容积大小。也可以自动调整两套筒的相对位置，调整精度可达 ±(2%~3%)。

量杯式充填机适用流动性能良好的粉末状、颗粒状、碎片状等物料的充填，计量范围一般在200 mL以下为宜。

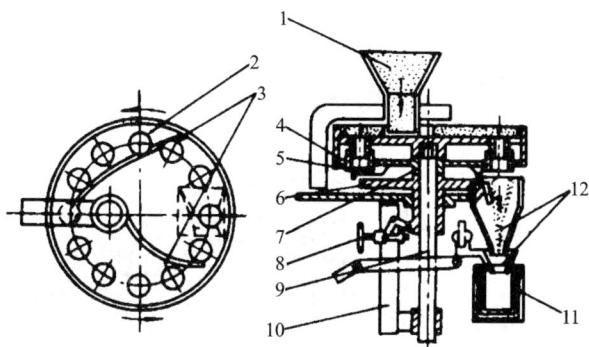

图 14 –16 可调量杯式定量充填装置

1—料斗；2—转盘；3—刮板；4—量杯；
5—底盖；6—导轨；7—托盘；8—量杯调节机构；
9—转轴；10—支杆；11—瓶罐；12—漏斗

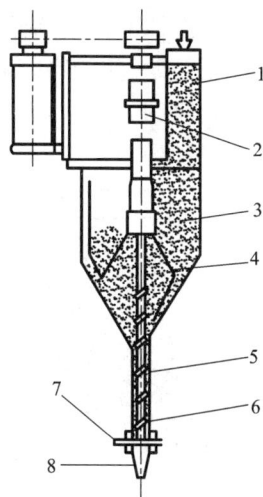

图 14 –17 螺杆式定量充填装置

1—腔管；2—离合器；3—料斗；
4—搅拌器；5—导管；6—螺杆；
7—控制阀门；8—料嘴

（二）螺杆式充填机

螺杆式充填机是通过控制螺杆旋转的转数或时间来量取产品，并将其充填到包装容器内的机器。图 14 –17 所示为螺杆式定量充填装置示意图，当送料螺杆 6 旋转时，贮料斗内搅拌器 4 将物料搅拌均匀，螺旋面将物料挤实到要求的密度，每转一周就能输出一定量的物料，由离合器 2 控制旋转圈数或旋转时间，就能获得较为精确的计量值。阀门 7 可以控制出料闸口的开放度。

螺杆式充填机结构紧凑、无粉尘飞扬并可通过改变螺杆参数来扩大计量范围，应用范围较广，主要用于流动性较好的粉料或小颗粒状物料或在出料口容易结块而不易落下的物料的计量充填，如面粉、咖啡等，不适用于充填易碎颗粒物料或密度变化较大的物料。

（三）计量泵式充填机

计量泵充填机是利用计量泵中转子的转数计量物料，并将其充填到包装容器内的机器。通常采用齿轮泵、柱塞泵和螺杆泵等。

图 14 –18 所示为计量泵式充填机示意图。当转鼓 3 的计量容腔经过料斗 1 的出料口时，存于料斗 1 中的物料靠重力自由落在转鼓 3 的计量腔，然后随转鼓 3 转到排料口 4 时，又靠重力自由充填入包装容器中，完成物料的计量充填。适宜于充填黏性物料和粉末物料，如精盐、茶叶末等小定量值的包装计量。计量腔的容积可调，但调节量有限。有时为了使物料迅速的流入容器，要加以振动。

（四）柱塞式充填机

柱塞式充填机是通过柱塞泵计量物料，并将其充填到包装容器内的机器，调节柱塞行程可改变物料的计量。图 14 –19 为柱塞式充填机结构示意图。当柱塞推杆 7 向上移动时，由于物料的自重或黏滞阻力，使活门 5 向下压缩弹簧 6，物料从活门 5 与活塞顶盘 3 的坏隙进入活塞下部缸体 2 的内腔，当活塞向下移动时，活门 5 在弹簧的作用下关闭环隙，活塞 4 下部的物料被活塞压出并充填到容器中去。该装置的计量是通过活塞4的往复运动，在活塞两极限位置之间形成一定的容腔来计量物料。应用较广泛，粉、粒状固体、稠状流体物料均适宜，但工作速度较低。

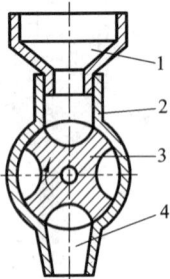

图 14-18　计量泵式充填装置

1—料斗；2—转鼓机壳；
3—转鼓；4—排料口

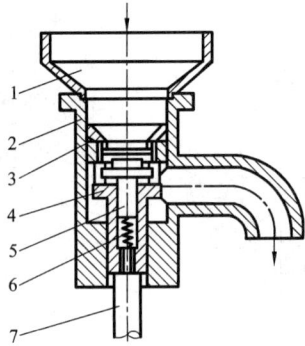

图 14-19　柱塞式充填装置

1—料斗；2—缸体；3—活塞顶盘；4—活塞；
5—活门；6—弹簧；7—柱塞推杆

（五）气流式充填机

气流式充填机是利用真空吸附原理，将包装容器或量杯抽真空，再充填物料。气流式充填装置机构及工作原理如图 14-20 所示。

料斗1下面装有一个带可调容积的计量筒转轮6，计量筒沿转轮径向均匀分布，并通过孔道与转轮中心连接。转轮中心有一个圆环真空 - 空气总管，用来抽真空和进空气。工作时，转轮6作匀速间歇转动。当转轮中的计量筒与料斗结合时，配气阀与真空管接通，使容器保持真空而使物料被吸入计量筒。

图 14-20　气流式充填机

1—料斗；2—抽气座；3—密封垫；
4—容器；5—托瓶台；6—转轮

当计量筒转到包装容器上方时，计量筒中的物料被经过配气阀输送来的压缩空气吹入包装容器中。计量筒中有可调节的物料吸附隔离塞，通过调节隔离塞顶部与转轮圆柱面的距离（即孔深）就可调节物料充填量。

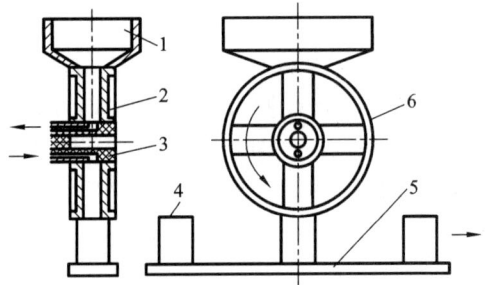

气流式充填机主要用于医药行业、化工行业粉料的计量，其主要优点是计量精度高，可减少物料的氧化，延长物料的保存期，还可防止物料粉尘弥散到大气中。

二、称重式充填机

称重式充填机是将产品按预定质量充填到包装容器内的机器，适用于对计量精度要求较高的物料或是一些流动性差、密度变化幅度较大或是易受潮结块使颗粒大小不均的物料。

（一）净重式充填机和毛重式充填机

1. 净重式充填机

净重式充填机是指对物料称出预定质量后再充填入包装容器的机器，其称量结果不受容器质量的影响，因此是最精确的称量充填机。净重式充填机如图 14-21 所示。充填过程是用一个加料器2把物料从料斗1运送到计量斗3中，由称量机构4连续称量，当计量斗中物料达到规定重量时即通过落料斗5排出，进入包装容器。可用旋转进料器、皮带、螺旋推料器或其他方式完成，并用机械秤或电子秤控制称量，达到规定的质量。

为了达到较高充填计量精度，可采用分级进料方法，即大部分物料高速进入计量斗，剩余小部分物料通过微量进料装置缓慢进入计量斗。在采用电脑控制的情况下，对粗加料和精加料可分别称量、记录、控制，做到差多少补多少。由于净重式充填称量结果不受容器皮重变化的影响，因此称量精度较高，如500 g物料其精度可达±0.5 g，所以，净重称重广泛地应用于要求高度精确计量的自由流动固体物料，如奶粉等。

2.毛重式充填机

图14－22所示为毛重式充填装置示意图，与净重充填法的区别在于没有计量斗。工作时将包装容器放在秤上充填，物料和包装容器一起称重，达到规定质量时停止进料。毛重式充填机结构简单，价格较低。包装容器本身的重量直接影响充填物料的规定重量。它不适于包装容器重量变化较大，物料重量占整个重量百分比很小的情况；适用于价格较低的自由流动的物料及黏性物料的充填包装。

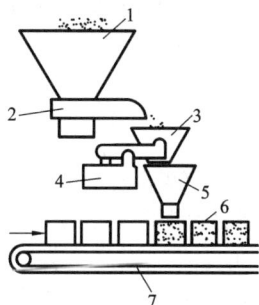

图14 – 21　净重式充填装置

1—料斗；2—加料器；3—计量斗；4—称量机构；
5—落料斗；6—包装容器；7—传动带

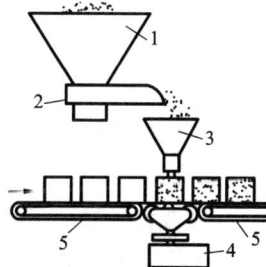

图14 – 22　毛重式充填装置

1—料斗；2—加料器；3—漏斗；4—秤；5—传动带

(二)间歇式充填机和连续式充填机

1.间歇式充填计量装置

主要用机械秤或电子秤进行计量的方法。称重精度高，灵敏度好，但效率低。图14－23所示为单台秤间歇式称重计量装置，采用电振给料机、杠杆天平式秤和两级光电检测及控制装置等，第一级光电装置控制粗加料，使供料机往秤斗加料到定量要求值的80%～90%，而后由第二级光电装置控制细加料，达到定量要求值时停止给料，并发出排料信号，由开启机构排料。称重器排净物料后，进行下一个称量工作循环。

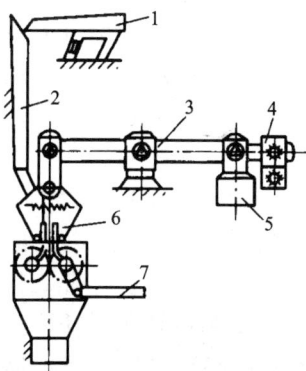

图14 – 23　单台秤间歇式称重计量装置

1—电振给料机；2—导管；3—天平杠杆；4—光电检测装置；
5—配重砝码；6—料斗；7—开启机构

2.连续式充填计量装置

通过控制物料流量及流动时间间隔来计量物料的质量。当物料密度变化时，要采用闭环控制回路，及时调节物料截面积或移动速度来达到流量的稳定。适用于高速称重充填。图14－24所示为连续式称重计量装置，称重时物料在秤盘上没有停顿时间，称量速度很快，是一个动态称重。工作时物料由料斗1流到传送带上，当物料经过皮带下方的秤架4时即可测出该段物料的实际重量。若物料密度发生变化，秤架将会产生上下位移，并由传感器6转换成电信号反馈给称重调节器3，使闸门2的开启得到微调，达到维持物料流量的目的。

为提高秤体的工作速度，可采用比较平衡法。即使秤架和物料的总质量与外加配重相平衡。先设

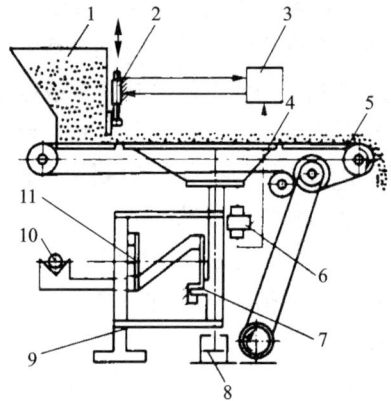

图14－24 连续式称重计量装置

1—料斗；2—闸门；3—称重调节器；4—秤架；
5—输送带；6—传感器；7—限位器；8—阻尼器；
9—平行板簧；10—配重；11—弹性支点

定使平行板簧9呈水平状态的基准值，当物重偏离基准值时，平行板簧则因受力变形。若是线性弹簧，则位移量与质量偏差成正比，由此推算物料的实际质量。

三、计数式充填机

计数充填指被包装物料按个数进行计量和包装的方法。从计数的量来分，有单件计数（如方便面、面包等）、多件计数（如饼干等）。根据被包物料的排列是否规则分为两大类：第一类是被包装物品具有一定规则的整齐排列，其中包括预先就具有规则而整齐的排列和经过整理的排列，然后再对这些排列进行计数；第二类是从混乱的被包装物品的集合体中直接取出一定个数。常用的计数充填装置有转盘计数、转鼓计数、光电式计数、长度计数、履带计数、容积式计数、堆积式计数等方法。

（一）转盘计数充填装置

如图14－25所示，卸料盘4和料筒1由支架夹板2固定在底盘上。物料装在料筒1内，装料筒底盘3是一个转动的定量盘。定量盘3上每隔120°的位置上设有若干数量的小圆孔带，共分三组。

定量盘上的孔径比物料直径稍大0.5～1 mm，定量盘厚度比物料直径稍大，以确保计量孔只能容纳1粒产品。定量盘下装有带卸料槽的卸料盘4，在计量过程中，卸料盘4承托住充填在计数定量盘中的物料，只有当定量盘带有物料的一组孔转到卸料槽时，才使已定量的物料自由落入卸料槽5并进入包装容器中。当定量盘的一组孔

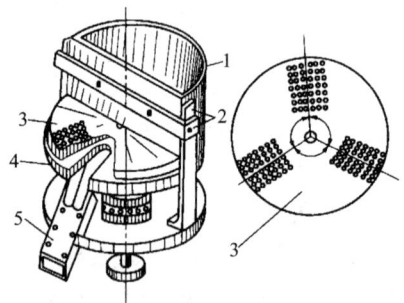

图14－25 转盘计数充填装置

1—料筒；2—支架夹板；3—装料筒底盘；
4—卸料盘；5—卸料槽

带卸料时，其他两组孔带进行上料。这种装置适用于药片、药丸、糖球等规则物料的计数定量包装。

（二）转鼓计数充填装置

转鼓式计量装置的原理与转盘式基本相似，如图14-26所示，当转鼓转动时，各组计量孔眼在料斗中搓动，物料靠自重填入孔眼。当充满物料的孔眼转到出料口时，物料又靠自重跌落出去，充填至包装容器。这类计数机构主要用于小颗粒物料的计数。

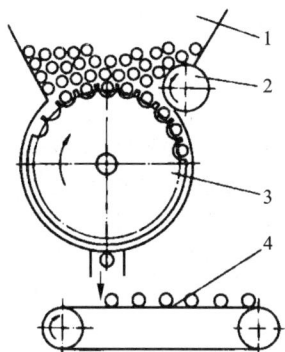

图14-26　转鼓式计数机构示意图

1—料斗；2—拨轮；3—计数转鼓；4—输送带

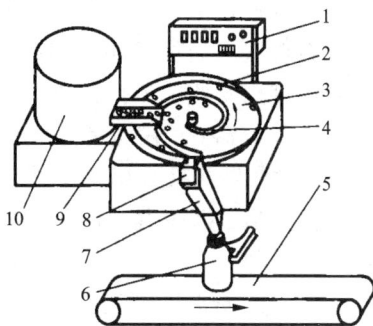

图14-27　光电片剂计数充填机

1—控制器面板；2—围墙；3—旋转盘；4—回形拨杆；
5—输送带；6—容器；7—物料滑道；
8—光电传感器；9—下料滑板；10—料斗

（三）光电式计数充填装置

如图14-27所示，为光电片剂计数充填机工作示意图。它是利用一个旋转盘，片剂物料抛向转盘周边，在周边围墙开缺口处物料将被抛出转盘。物料由转盘滑入滑道7时，滑道上设有光电传感器8，通过光电系统将信号放大并转换成脉冲电信号，输入到具有"预先设定"及"比较"功能的控制器内。当输入的脉冲个数等于预选的数目时，控制器向磁铁发出脉冲电压信号，磁铁动作，将通道上的翻板翻转，物料通过并充填到容器6内。

对于光电计数装置，根据光电系统的精度要求，只要物料尺寸足够大，反射的光通量足以启动信号，转换器就可以工作。这种装置的计数范围远大于模板式计数装置，在预先设定中，根据计量充填数量要求任意设定，不需要更换机器零件，即可完成不同充填量的调整。

物料呈杂乱堆积而需要计数包装时，可采用以上计数充填机构，如颗粒状的巧克力、药片等，它们都有一定的重量和形状，但难以排列，包装时常以计数方式进行。

（四）长度计数充填装置

如图14-28所示，计数时排列有序的物料经输送机构送到计量机构中，当行进物料的前端触到计量腔的挡板1上的触点开关2时，触点开关2动作，一定长度的横向推板3将一定数量的物料推送到包装台上进行包装。长度计数机构主要用于长度固定的一些产品的计数充填，如饼干等。

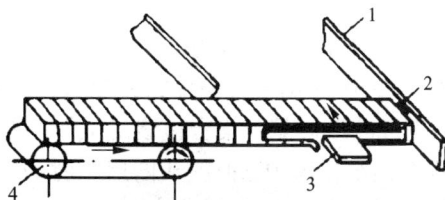

图14-28　长度计数充填装置

1—挡板；2—触点开关；3—横向推板；4—输送带

(五)履带计数充填装置

图 14-29 为履带计数计量装置。该履带由若干组均匀的凹穴和光面的条板 10 组成,依次调节计数值。物料在料仓 2 的底部经筛分器 3 筛分后进入料仓 1,然后靠自重和振动器 9 的作用不断落入板穴中,并由拨料毛刷 4 将板上的多余物料拨去。当物料移至卸料工位,便借转鼓的径向推头 8 使之成排掉下,再经卸料斗槽 7 装入包装容器 6。在履带连续运行过程中,一旦通过探测器 5 检查出条板凹穴有缺料现象,即自动停车。该装置适用于片状、球状等规则物料的计数。

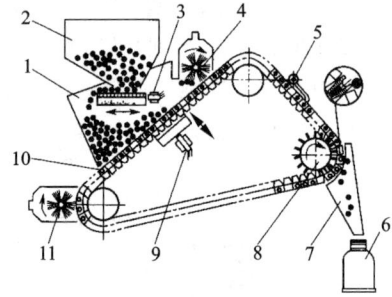

图 14-29 履带计数计量装置

1、2—料仓;3—筛分器;4—拨料毛刷;5—探测器;
6—包装容器;7—卸料斗槽;8—径向推头;
9—振动器;10—条板;11—清屑毛刷

(六)容积式计数充填装置

如图 14-30 所示,物料自料斗 1 下落到计量箱 3 内,形成有规则的排列。当计量箱 3 充满时,即达到了预定的计量数时,料斗 1 与计量箱 3 之间的闸门 2 关闭,同时计量箱 3 底门打开,物料就进入包装容器。包装完毕后,计量箱底门关闭,进料闸门又打开,开始第二次包装。容积计数机构结构简单,但计量精度较差,主要用于低价格及计数允许偏差较大的场合,其选用原则是被包装物品能够形成规则的排列。

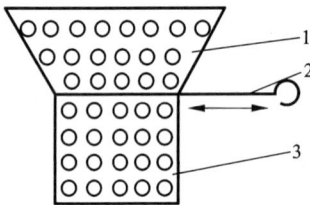

图 14-30 容积计数装置

1—料斗;2—闸门;3—计量箱

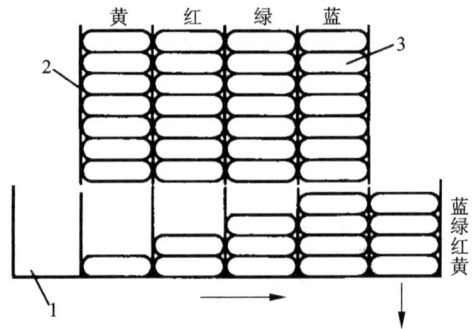

图 14-31 堆积计数充填机构

1—托体;2—料斗;3—被包装物料

(七)堆积式计数充填装置

图 14-31 所示为堆积计数充填机构工作示意图。机构工作时,计量托与上下推头协同动作,完成获取产品及集合包装的工作。开始时,托体 1 作间歇运动,每移动 1 格,从料斗 2 中落送 1 包至托体中,但料斗的启闭时间随着托体的移动均有相应的滞差,故托体移动 4 次后才能完成 1 次集合计数充填工作。

这种机构主要用于几种不同品种的组合包装,每种各取一定数量包装成一个大包,还可用于小包的形状及大小有所差异的物料的计数包装。

第四节　贴标机械

贴标机是将事先印制好的标签粘贴到包装容器的特定部位的机械设备，一般在包装作业的最后进行，其完成的工艺过程包括取标签、送标签、涂胶、贴标签、整平等。贴标机有很多种类型，按自动化程度可分为自动与半自动贴标机；按贴标部件的特征可分为龙门式贴标机、真空转鼓贴标机、多标盒转鼓贴标机、拨杆贴标机、旋转型贴标机；按瓶子的运动方式可分为直线式与转盘式贴标机。

一、直线式贴标机

贴标时容器直接由设置在贴标机上的板式输送链进行输送，在输送过程中接受贴标，容器自送入到完成贴标排出运行所经过的轨迹是一条直线或近似直线者，称为直线式贴标机，直线式贴标机可按标签形式、取标、送标装置及贴标对象物等进行分类。

（一）机器组成与工作原理

图 14-32 所示为单片标签直线式真空转鼓贴标机示意图，其特点是真空转鼓不但能取标，而且还能传送标签去进行打印字码、涂胶、贴标等；另一个特点是搓滚贴标装置与真空转鼓分开而单独设置。

该贴标机由板式输送链 1、进瓶螺杆 2、真空转鼓 3 及搓滚输送皮带 7 与海绵橡胶衬垫 8 之间形成一条小于瓶子直径的瓶子搓滚通道等所组成。瓶子由板式输送链经过近瓶螺杆以一定间隔向逆时针转动的真空转鼓传送；真空转鼓圆柱面上分割为若干个贴标区段，每一段上有一组起取标作用的真空孔眼吸取标签。转鼓外有两个标签盒 6 做摆动和移动，以保证真空转鼓从标签盒中取出标签；当有瓶子时，标签盒向转鼓靠近，标签盒支架上

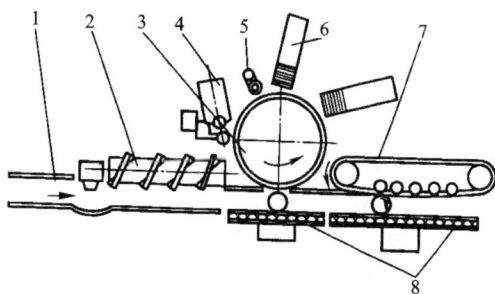

图 14-32　单片标签直线真空转鼓贴标机
1—板式输送链；2—进瓶螺杆；3—真空转鼓；4—涂胶装置；
5—印码装置；6—标签盒；7—搓滚输送皮带；8—海绵橡胶垫

的滚轮触碰真空转鼓的滑阀活门，使其正对着标签盒位置的一组真空眼接通真空，从标签盒吸取一张标签；随后标签盒离开转鼓，转鼓带着标签盒转至印码装置，涂胶装置，分别打印上日期和涂胶。转鼓继续旋转，已涂胶的标签与送来的瓶子相遇，此时真空吸标孔眼被切换成直通大气而使标签失去真空吸力，瓶子与标签相遇时，瓶子已经进入转鼓与海绵橡胶垫之间，通过摩擦带动而自转，标签即被滚贴到瓶身上。瓶子由板式输送链继续向前输送，进入了由错滚输送皮带和第二个海绵橡胶垫构成的通道，瓶子被搓动滚移，标签被滚压而舒展，使其在瓶子上贴牢。这种贴标机还设有"无瓶不取标"和"无标不涂胶"装置。

（二）主要执行机构

1. 供标装置

供标装置指在贴标过程中，能将标签纸按一定的工艺要求进行供送的装置。通常由标盒和推标装置等组成。标盒是贮存标签的装置，可根据要求设计成固定或摆动形式，其结构形式有框架式和盒式两种。盒式标盒使用较多，主要由一块底板和两块侧板组成，两侧板间距

可调，以适应标签的尺寸变化，调整一般采用螺旋装置，标仓标盒的两侧设有挡标爪，以防止标签从标盒中掉落，同时在取标过程中又可把标签逐张分开。标盒中设有推标装置，使前方的标签走后能不断补充。

供标时，一般采用曲柄连杆机构和凸轮机构使标盒产生移动和摆动。图 14－33 为摇摆式标盒示意图。标盒 1 由一块支撑板 5 和两块侧板 6 组成。两侧板之间的距离可用螺杆 4 调整，以适应不同标签的宽度。标盒 1 的前端有挡标爪，挡住标签。推标装置由滑块 13、钢绳 12 及弹簧板 7 组成，在取标过程中把标签不断向前推进，以补充取走的标签。整个标盒固定在座板 2 上，两臂杠杆 9 固定在支柱 3 上，其右臂用螺栓 15 与摇杆 17 连接，摇杆 17 又固定在座板 2 的传动部件上。两臂杠杆的摇动由凸轮 10 和 11 驱动，凸轮 10 固定在轴 8 上，轴 8 由真空转鼓传动系统通过齿轮 14 和 16 带动转动，使标盒完成向前接近真空转鼓和随转鼓方向摇摆运动。当标盒靠近转鼓时，滚子 18 顶推阀门使转鼓相应部分接通真空，吸取标签。

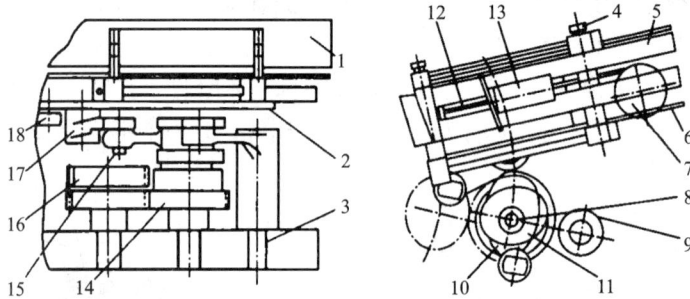

图 14－33　摇摆式标盒

1—标盒；2—座板；3—支柱；4—螺杆；5—支撑板；6—侧板；7—弹簧板；8—轴；9—杠杆；
10、11—摇动凸轮；12—钢绳；13—滑块；14、16—齿轮；15—螺栓；17—摇杆；18—滚子

2. 取标装置

根据取标方式不同，取标机构可分为真空式、摩擦式、尖爪式等形式。真空转鼓式取标装置由鼓体、鼓盖、错气阀座、固定阀盘和转动阀盘等组成。直线式真空转鼓贴标机的取标装置如图 14－34 所示，把有大气通孔 13 和真空槽 9 的固定阀盘 12 与错气阀座 14 一起紧固在工作台 8 上。鼓体 7 与转动阀门 6 一起固定，顶部用鼓盖 2 密封。鼓体 7 上有 6 组相隔的气道 3，每组气道一端与橡皮胶鼓面 5 的 9 个气眼相通，另一端与固定阀盘 12 上的真空槽 9 或大气通孔 13 相接。转鼓轴 11 带动鼓体 7 旋转，在其旋转过程中，不同的气道对准真空槽 9，与真空系统相通，此时真空吸标摆杆把标签递送过来，气眼将此标签吸住。转鼓继续旋转，气道仍接通真空，气眼继续吸住标签，当转过近 180° 时，此气道离开真空而对

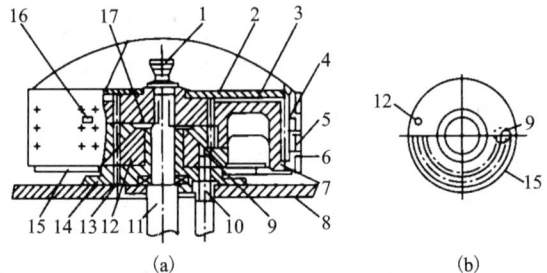

图 14－34　取标装置

1—油杯；2—鼓盖；3—气道；4—气眼；5—橡皮胶鼓面；
6—转动阀门；7—鼓体；8—工作台；9—真空槽；10—真空通道；
11—转鼓轴；12—固定阀盘；13—大气通道；14—错气阀门；
15—凸轮；16—镜片；17—油槽

准固定阀盘 12 的大气通孔，接通大气，标签失去真空吸力而被释放，此时这组气眼刚好处于贴标弯道位置，释放的标签被贴到与其相遇的容器上，旋转中 6 组气道按上述程序工作，取标、传递、贴标过程连续进行。

3. 打印装置

打印装置是在贴标过程中，在标签上打印产品批号、出厂日期、有效期等数码的执行机构。按其打印方式，打印装置可分为滚印式和打击式两种。直线式真空转鼓贴标机的打印装置为滚印式打印装置，其结构如图 14 - 35 所示。打印滚筒 12 上装有号码字粒 16，并用垫片 14 和螺母 15 夹紧。在曲柄轴 1 上套装有套筒轴 2，打印滚筒 12 套装套筒轴 2 的上部，并用导键 3 连接。打印滚筒 12 可沿导键 3 方向上下移动，以适应不同打印高度的需要，工作时用螺钉 10 将其固定。齿轮 5 带动套筒轴 2 旋转，使打印滚筒 12 也作同轴转动。海绵滚轮 21 用来给字粒涂抹印色，通过滚动轴承 20、偏心轴 19 和横臂 17 与曲柄轴 1 连接。调节偏心轴 19 的偏心方向和上下移动偏心轴，可把海绵滚轮 21 调到适当的位置和高度，以保证海绵滚轮 21 与字粒良好接触，调整后用螺钉 18 固定。杠杆 6 用

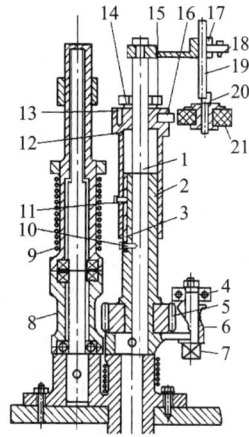

图 14 - 35　滚印式打印装置

1—曲柄轴；2、8—套轴；3—导键；4、20—滚动轴承；
5—齿轮；6—杠杆；7—螺杆；9—弹簧；
10、11、13、18—螺钉；12—打印滚筒；14—垫片；
15—螺母；16—号码字粒；17—横臂；
19—偏心轴；21—海绵滚轮

销子与曲轴 1 连接，当杠杆 6 上的滚动轴承 4 在凸轮机构作用下，使打印滚筒 12 作偏转运动向真空转鼓接近时，在标签上打印数码。

4. 涂胶装置

涂胶装置是将适量的黏合剂涂抹在标签的背面或取标执行机构上，主要包括上胶、涂胶和胶量调节等装置，通常有盘式、辊式、泵式、滚子式等形式。

图 14 - 36 为直线式真空转鼓贴标机的盘式涂胶装置。圆皮带 6 带动带胶盘 5 进行旋转，随着旋转，带胶盘 5 不断带出黏合剂。黏合剂盛放在胶槽 10 中，带出黏合剂的多少，通过调节刮胶刀 11 与带胶盘 5 的间隙来实现。涂胶盘 2 与带胶盘 5 同时转动，并将适量的黏合剂转涂于涂胶盘 2 外圈的涂胶海绵 1 上。当涂胶盘 2 转过某一角度到达真空转鼓的位置时，涂胶海绵 1 把黏合剂涂抹到吸附在真空转鼓上标签的背面。调节螺纹轴 8，可以控制带胶盘 5 与涂胶盘 2 之间的贴靠程度，调整好后用锁紧螺母紧固，以防止在带胶盘转动的过程中产生轴向位移。

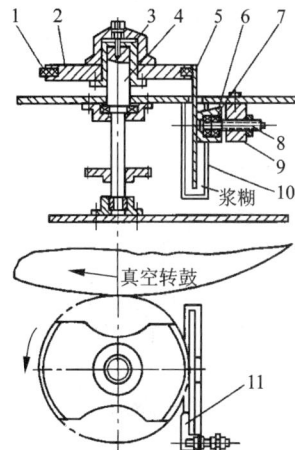

图 14 - 36　盘式涂胶装置

1—涂胶海绵；2—涂胶盘；3—套；4—轴；
5—带胶盘；6—圆皮带；7—轴承；8—螺纹轴；
9—支座；10—胶槽；11—刮胶刀

5.联锁装置

联锁装置是为保证贴标效能和工作可靠性而设置,可实现"无标不打印"和"无标不涂胶",一般分为机械式和电气式两种。直线式真空转鼓贴标机的联锁装置如图 14 - 37 所示,在分配轴 2 上装有上凸轮 4 和下凸轮 3,上凸轮 4 控制摆杆 7 和 19 作摆动,两摆杆滑套固定在不动的立轴 9 和 20 上。在立轴上装有探杆 10 和 17 及定位杆 5 和 15,各立轴上的探杆和定位杆用套筒固连在一起,并与相应的摆杆弹簧作挠性连接。下凸轮控制打印装置中与偏心套 13 相连的滚子 22 作摆动。偏心套 13 可绕固定轴 14 摆动,在偏心外圆上安装打印轮 12,它的旋转由与其固连的齿轮带动,该齿轮(图 14 - 37 中未画出)与主动齿轮 18 啮合,并由其带动旋转。当主动齿轮 18、分配轴 2、真空转鼓 11 按一定传动比旋转时,每当真空转鼓 11 转过一个工位,上凸轮即驱动两摆杆 7 和 19 进行摆动,两探杆 10 和 17 摆向真空转鼓,在鼓面上作一次探测动作。若真空转鼓 11 上没有标签,探杆 10 和摆杆 19 的前端即陷入转鼓面上的槽内,两定位杆 5 和 15 也作摆动,并顶住挡块 1 和 16;挡块 1 与滚子 22 相固连,挡块 16 与涂胶装置的支承板相固接。由于定位杆顶住这两个挡块,使打印装置和涂胶装置都不能作接近真空转鼓的摆动动作,实现"无标不打印"和"无标不涂胶"。

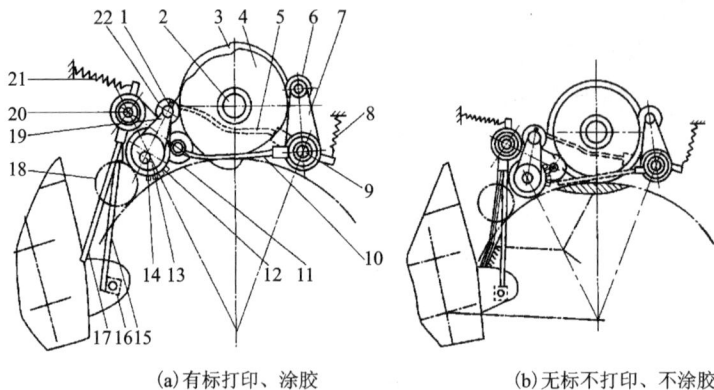

图 14 - 37　联锁装置

1、16—挡块;2—分配轴;3—下凸轮;4—上凸轮;5、15—定位杆;6、22—滚子;7、19—摆杆;

8、21—弹簧;9、20—立轴;10、17—探杆;11—真空转鼓;12—打印轮;13—偏心套;14—固定轴;18—主动齿轮

若真空转鼓 11 吸附了标签,标签使两探杆 10 和 17 无法陷入转鼓 11 的槽内,阻止了两个定位杆 5 和 15 的摆动,定位杆与挡块不相碰,打印装置和涂胶装置能够摆动到贴靠在真空转鼓面上,在标签上印上数码并涂抹黏合剂,实现"有标打印"和"有标涂胶"。

二、回转式贴标机

(一)机器组成与工作原理

回转式贴标机是将容器沿由板式输送链与回转工作台组合形成的运动轨迹,通过相应的贴标工作区段,完成贴标工序。回转式真空转鼓贴标机采用真空转鼓结构部件,自动实现吸标、传输、贴标等多种工序,机器结构简单,具有较高的贴标效率和可靠性,应用较广泛。

回转式真空转鼓贴标机,如图 14 - 38 所示,主要由取标转鼓、涂胶装置、真空转鼓、星形拨轮、供送螺杆、回转工作台、打印装置等组成。搓滚装置与真空转鼓分开独立设置,具有自动取标、送标、打码、涂胶、贴标功能，设有"无瓶不取标"和"无标不涂浆"装置。

工作时，容器先由板式输送链 4 送进，经供送螺杆 6 将容器分隔成要求的间距，再经星形拨轮 7，将容器送到回转工作台 9 的所需工位，同时压瓶装置压住容器顶部，并随回转工作台一起转动。标签放在固定标盒 12 中，取标转鼓 1 上有若干个活动弧形取标板。取标转鼓 1 回转时，先经涂胶装置 2 将取标板涂上黏合剂，转鼓转到固定标盒 12 所在位置时，取标板在凸轮碰块作用下，从固定标盒 12 粘

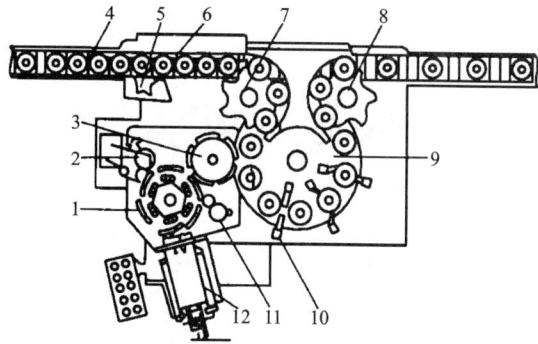

图 14 – 38　回转式真空转鼓贴标机

1—取标转鼓；2—涂胶装置；3—真空转鼓；
4—板式输送链；5—分隔星轮；6—供送螺杆；
7、8—星形拨轮；9—回转工作台；10—理标毛刷；
11—打印装置；12—固定标盒

出一张标签进行传送。打印装置 11 在标签上打印代码。标签在传送到与真空转鼓 3 接触时，真空转鼓 3 洗过标签并作回转传送，当与回转工作台上的容器接触时，真空转鼓 3 失去真空吸力，标签粘贴到容器表面。随后理标毛刷 10 进行梳理，使标签舒展并贴牢，最后定位压瓶装置升起，容器由星形拨轮 8 送到板式输送链 4 输出。

（二）主要执行装置

1. 供标装置

供标装置如图 14 – 39 所示，其结构为弹簧式。推标压力为弹簧弹力，当标签叠层较厚时，推标压力就大，反之则小。弹簧可采用盘形弹簧。补充标签时需停机。

2. 取标装置

胶黏式取标装置如图 14 – 40 所示。工作时，在取

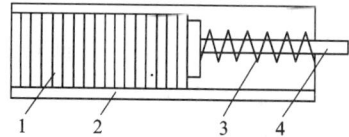

图 14 – 39　供标装置

1—标签；2—标签槽；3—弹簧；4—导柱

标板上先涂上黏合剂，当取标板转至标盒时，粘取一张标签，且在其内表面涂上黏合剂，在以后的旋转过程中，由旋转机械手摘下取标板上已涂胶的标签，在设定工位将标签贴附到容器的指定位置。

取标装置有供身标和颈标取标用的两种取标板，安装在摆动轴 1 的上段。摆动轴 1 共有 8 根，每根摆动轴上有 3 个支承，上端支承在盖板 4 的滑动轴承中，中部通过滚动轴承支承在转动台面 3 的轴承座孔中，下部支承在与转动台面 3 同轴线的驱动齿轮辐板上均布的 8 个轴承孔中。摆动轴的下面有用平键固装的小齿轮 20，它和通过滚动轴承安装在摆轴下端的扇形齿轮 19 啮合。扇形齿轮上设置有滚柱 18，它可在一个固定于机座的凸轮 21 的凹槽中运动。当该装置在主动齿轮带动下，驱动转动台面 3 和盖板 4 带动摆动轴 1 绕主动齿轮旋转时，各扇形轮上的滚柱在凸轮凹槽中运动。在凸轮的控制下，扇形齿轮 19 作有规律的摆动，并通过与它相啮合的后一摆动轴上的小齿轮驱使，摆动轴作相同规律的摆动，实现取标板 2 与涂胶辊间的纯滚动（涂胶位置时）和取标板与标盒间的相对停止（取标位置时）。

机械手转盘上有身标海绵衬垫 9、颈标海绵衬垫 10、夹标摆杆 5 和夹标板 12 等，其作用是传递标签并将其贴到容器的指定位置。夹标摆杆的夹持动作由凸轮 6 和 15 控制和调整，

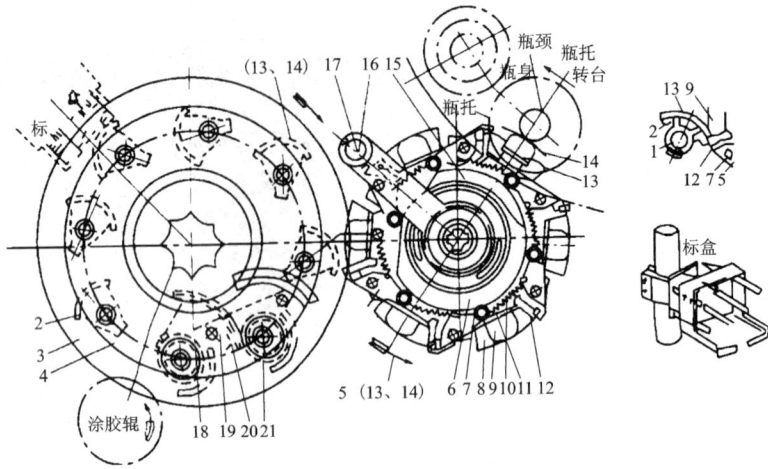

图 14 – 40　旋转涂胶式取标装置

1—摆动轴；2—取标板；3—转动台面；4—盖板；5—夹标摆杆；6、15、21—凸轮；7—螺钉；
8—扇形板；9—身标海绵衬垫；10—颈标海绵衬垫；11—摆动轴；12—夹标板；13、14—海绵垫；
16—固定臂；17—固定轴；18—滚柱；19—扇形齿轮；20—小齿轮

凸轮通过固定臂 16 和固定轴 17 固定在机架上。

左右两个转盘通过齿轮啮合相向旋转，取标板 2 在公转的同时有自身的摆动。当经过涂胶辊时，取标板在摆动过程中被滚涂上一层黏合剂。继续转动至标盒前方时，取标板再次摆动，从标盒上粘取一张标签。在到达右侧机械手转盘位置时，依靠凸轮控制转盘旋转，转盘上夹标摆杆张开的夹爪闭合而夹住标签。由于夹爪与取标板存在速差，在运转过程中便可把标签揭下，传递到容器上。

本章小结

本章主要学习了各种形态物料的计量、充填(灌装)方法，包装机械与设备的类型及其工作原理，以及主要部件的基本结构等，要求掌握食品包装机械的选用和使用要点。

思考题

1.包装机械的定义是什么？包装机械是如何分类的？包装机械的作用是什么？

2.机械式、气动式托瓶机各自的优缺点是什么？

3.含气饮料和不含气饮料灌装时各有何特殊要求？如何保证？

4.灌装过程中如何保证爆瓶后，不会产生大量泄漏？

5.净重充填和毛重充填有何异同？各适合于充填哪类物料？

6.称重计量有哪些结构形式？各有何特点？

7.真空取标转鼓是如何取标的？

8.袋成型 – 充填 – 封口机的产品出现封口不牢固现象的原因是什么？

9.热成型包装有哪些特点？

10.无菌包装的优点有哪些？

第十五章

冷冻机械与设备

本章学习目的与要求

了解蒸汽压缩式制冷系统的制冷原理及基本构成；掌握制冷系统主要设备的作用及工作原理；了解主要制冷剂与载冷剂的种类及适用性；掌握食品速冻设备的类型、基本结构及性能特点；了解食品解冻的常用方法；掌握解冻装置的系统构成及应用特点。

冷冻设备在农产品及食品加工与贮藏方面的应用广泛，可用于食品的冻结、冻藏和冻结运输，食品的冷却、冷藏和冷却运输，食品的冷冻加工，生产车间的空气调节，工艺用冰和食用冰产品的制备等。本章主要介绍制冷系统的构成、工作原理及制冷设备，主要包括食品速冻及解冻装置与设备等。

第一节 概述

公元一千多年前，人类就已经知道利用天然冰水来保存新鲜食物，在夏季也利用温度较低的地下水来防暑降温，随着生活和生产的需要，天然冷源已经不能满足人们的实际需求，于是基于各种原理的人工制冷机械和设备相继产生。

食品工业是人工制冷技术应用最早、最广泛的领域。由于肉类、水产品、禽蛋类、果蔬等易腐食品具有较强的季节性和地域性，为了淡旺调节及运输，冷冻技术在食品工业中起着无可替代的作用。对食品进行冷冻的技术手段，可以极大地缓解食品的腐败，能延长食品的保存期限，减少食品损耗和最大限度地保存食品的营养成分。

目前，冷冻技术在食品工业中主要应用于食品的冷藏、冷冻、冷藏运输、食品速冻及食品冷加工等方面，近年来在以下四个方面取得了重大进展：

1.冷冻食品的形式不断得到改进

最初大多采用整体的大包装形式来保存食品，如猪、牛、羊以半胴体吊挂式冻结，鱼类则以装箱、装盘的方式冻结成块状保藏。为了节约能源，提高冻结质量和冻结速度，将大块的食品改成经过加工分割处理成小型单体保藏是目前较多采用的形式，因此市场上出现了较多的小包装冷冻、冷却食品。

2. 冻结方式的改进

发展了以空气为介质的可连续生产的冻结装置、流态化冻结装置，使工作效率进一步提高。

3. 作为冷源的制冷装置也有新的突破

如采用液氮、液态氟利昂等直接喷洒使物料冻结温度更均匀、生产效率也进一步提高。

4. 对于食品的冷冻、冷藏、运输、销售等各个环节的温度条件有了进一步的认识

如美国学者 Arsdel 根据近十年的研究结果，总结了冻结食品的温度变化与品质保持时间的关系，提出了冻结食品的 T. T. T 概念（时间 time、温度 temperatuer、食品的耐藏性 tolerance），从而为寻求最经济、最实惠的食品冷藏温度提供了理论依据。

第二节　制冷机的工作原理和系统构成

制冷技术是利用某种装置，消耗机械功或其他能量来维持某一物料的温度低于周围自然环境的温度。这种技术是建立在热力学的基础上，是现代食品工程的重要基础技术之一。通常把冷冻分为一般冷冻和深度冷冻两种。一般冷冻温度范围在 -18℃以内，深度冷冻温度范围低于 -120℃。食品工业多采用一般冷冻，温度在 -18℃以内。

一、制冷工作原理

常用的制冷方法有蒸气压缩式制冷、液体蒸发式制冷、吸收式制冷和吸附式制冷等几种。食品冷冻冷藏常用的是蒸气压缩式和液体蒸发式制冷。

（一）蒸气压缩式制冷

蒸气压缩式制冷系统（如图 15-1 所示）由压缩机、冷凝器、膨胀阀和蒸发器组成，用管道将其连成一个密封系统。制冷剂在蒸发器内吸收热量并气化成蒸气，压缩机不断地将蒸气从蒸发器中抽走，并将其压缩后在高压下排出，该过程需要消耗能量。经压缩的高温高压蒸气在冷凝器内被常温冷却介质（水或空气）冷却，凝结成高压低温制冷剂液体。再利用节流装置使高压液体节流，节流后的低压、低温制冷剂进入蒸发器，吸收被冷却对象的热量后再次气化，如此周而复始地完成制冷循环。

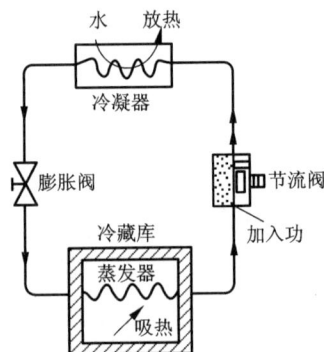

图15-1　蒸气压缩式制冷的循环原理图

（二）液体蒸发式制冷

液体蒸发式制冷属于开式液体气化系统，是将液氮或液态二氧化碳等液体直接喷淋到被冷却物表面，液体吸收被冷却物的热量后气化，或将被冷却物沉浸在液氮内降温。这种方式操作简单，初投资低，但制冷剂不能循环再利用，运行费用较大。

（三）吸收式制冷

吸收式制冷是利用某些物质对制冷剂蒸气有很强的吸收能力这一特性来实现制冷。如水

可以吸收氨蒸气，浓溴化锂溶液可以吸收水蒸气。将一个盛有氨溶液的容器与一个盛有水的容器共置于一个真空的球形罐内，两容器内分别放置温度计测量温度变化，结果发现盛有氨溶液容器的温度不断降低，而盛有水的容器的温度不断升高，这是由于水吸收氨蒸气，使氨溶液不断气化，气化时从剩余的氨溶液中吸取气化潜热所致，同时水吸收氨蒸气是一个放热过程，所以使盛有水的容器温度升高。这里氨是制冷剂，水为吸收剂。利用这一原理工作的制冷机称为吸收式制冷机。

（四）吸附式制冷

吸附式制冷的驱动能源可以是工业废热、太阳能、化学反应热等低温热源。在吸附式制冷机中，制冷剂液体气化吸收潜热制冷，气化后的制冷剂蒸气是由对制冷剂蒸气有很强的吸附能力的吸附材料来吸收的，其工作原理同吸收式。常用的吸附材料有沸石、分子筛、活性碳等，常用的制冷剂主要有水、氨和甲醇等。

二、制冷剂与载冷剂

（一）制冷剂

在直接蒸发式制冷机系统中，不断循环流动、汽化和凝结交替变化进行热量传递的工作流体，称制冷剂或冷冻剂。在循环过程中，制冷剂在低压低温下汽化吸热（实现制冷），在高压高温下凝结放热（蒸汽还原为液体）。各种制冷剂的一个共同特性是它们的临界温度较高，在常温及普通低温下能够液化。

制冷剂的性质将直接影响制冷机的种类、构造、尺寸和运转特性，同时也影响到制冷循环的形式、设备结构及经济技术指标。因此，合理地选择制冷剂是一个很重要的问题，特别是在食品加工中。通常对制冷剂的性能要求从热力学、物理化学、安全性和经济性方面加以考虑。

1. 热力学方面的要求

①沸点要求低是一个必要的条件，这样可以获得较低的蒸发温度。使用活塞式制冷机时，为要达到适宜的低温，制冷剂的正常沸点（在 0.1 MPa 时）一般不应超过 −10℃。

②临界温度要高、凝固温度要低，以保证制冷机在较广的温度范围内安全工作。临界温度高的制冷剂在常温条件下能够液化，即可用普通冷却介质使制冷剂冷凝，同时能使制冷剂在远离临界点下节流而减少损失，提高循环的性能。凝固点低，可使制冷系统安全地制取较低的蒸发温度，使制冷剂在工作温度范围内不发生凝固现象。

③要求制冷剂具有适宜的工作压力，要求蒸发压力接近或略高于大气压力，避免空气窜入制冷机系统中，降低传热系数以及增加压缩机的功率消耗。冷凝器的压力不能过高，尽可能使冷凝压力与蒸发压力的压力比（p_k/p_o）小。

④要求制冷剂的汽化潜热大，在一定的饱和压力下，制冷剂的汽化潜热大，可得到较大的单位制冷量。

⑤对于大型制冷系统，要求制冷剂的单位容积制冷量尽可能地大。在产冷量一定时，可减少制冷剂的循环量，从而缩小制冷机的尺寸和管道的直径。但对于小型制冷系统，要求单位容积制冷量小些，这样可不致于使制冷剂所通过的流道截面太窄而增加制冷剂的流动阻力、降低制冷机效率和增加制造加工的难度。

⑥要求制冷剂的绝热指数小些，可使压缩过程功耗减少，压缩终了时的排气温度不过

高，从而改善运行性能和简化机器结构。

⑦对于离心式制冷压缩机应采用分子量大的制冷剂，因为分子量大其蒸汽密度也大，在同样的旋转速度时可产生较大的离心力，每一级所产生的压力比也就大。采用分子量大的制冷剂，当制冷系统的压力比 p_k/p_o 一定时，所需要的离心式制冷压缩机的级数少。

2. 物理化学方面的要求

①要求制冷剂的黏度尽可能小，黏度小可以减少流动阻力损失。

②要求热导率高，可提高换热设备的传热系数，减少换热设备的换热面积。

③要求制冷剂纯度高。

④要求制冷剂的热化学稳定性好，高温下不易分解。制冷剂与油、水相混合时对金属材料不应有明显的腐蚀作用。对制冷机的密封材料的膨润作用要求尽可能小。

⑤在半封闭和全封闭式制冷机中，电机线圈与制冷剂、润滑油直接接触，因此要求制冷剂应具有良好的电绝缘性。

⑥制冷剂在润滑油中的溶解性可分为完全溶解、微溶解和完全不溶解。一般可认为R717、R13、R14 等是不溶于油的制冷剂；R22、R114 等是微溶于油的；R11、R12、R21、R113 等是完全溶于油的。

制冷剂能溶解于油中这一性能，有优点也有缺点。优点是为压缩机的润滑创造有利条件，此外在蒸发器和冷凝器的外表面，不可能形成阻碍热传导的油层。缺点是从压缩机带出的油量多，且能使蒸发器的温度升高。

微溶于油中的制冷剂的优点是从压缩机气缸中带出的油量少，且蒸发器中的蒸发温度稳定。缺点是清除蒸发器和冷凝器内的润滑油较为困难，因而降低设备的传热系数。制冷剂能与压缩机中的水互溶，可以避免制冷系统中形成冰塞。

3. 安全性方面的要求

①要求制冷剂在工作温度范围内不燃烧、不爆炸。

②要求所选择的制冷剂无毒或低毒，相对安全性好。

制冷剂的毒性、燃烧性和爆炸性都是评价制冷剂安全程度的指标，各国都规定了最低安全程度标准，如英国标准4334—1969；美国国家标准 ANSIBl5—1978 等。

③要求所选择的制冷剂应具有易检漏的特点，以确保运行安全。

④要求万一泄漏的制冷剂与食品接触时，食品不会变色、变味，不会被污染及损伤组织。空调用制冷剂应对人体的健康无损害，无刺激性气味。

4. 经济方面的要求

要求制冷剂的生产工艺简单，以降低制冷剂的生产成本。总之，要求制冷剂"价廉、易得"。

5. 常用的制冷剂

制冷剂有多种，但随着环境保护的需要，有的制冷剂已被禁用或逐渐被淘汰，新型的环保制冷剂正在不断地被研究和开发之中。目前，常用的制冷剂有水、氨、氟利昂以及某些碳氢化合物等。

（1）水

水属于无机物类制冷剂，是所有制冷剂中来源最广、最为安全且便宜的物质。水的标准蒸发温度为100℃，冰点0℃，适用于制取0℃以上的温度。水无毒、无味、不燃、不爆，但水蒸气的比容大,蒸发压力低,使系统处于高真空状态(例如,饱和水蒸气在35℃时,比容为25 m³/kg,压力为5650Pa;5℃时,比容为147 m³/kg,压力为873Pa)。由于这两个特点,水不宜在压缩式制冷机中使用,只适合在空调用的吸收式和蒸汽喷射式制冷机中作制冷剂。

(2)氨

氨作为制冷剂已有100多年的历史,它是我国应用最广泛的制冷剂之一。氨的制冷剂编号为R717,它的正常沸点为-33.4℃,凝固温度为-77.7℃,临界温度为133.3℃,临界压力为11417 kPa。

氨具有较好的热力学性质和物理性质,压力适中,单位容积制冷量大,黏性小,流动阻力小,传热性能好,价格低廉,易于获得,是应用最早而且目前仍广为使用的制冷剂。国内外蒸发温度在-65℃以上的大中型冷库多用氨作为制冷剂。氨的主要缺点是毒性大,易燃、易爆,制冷车间的工作区内规定氨蒸气浓度不得超过0.02 mg/L。氨蒸气对食品有污染和使之变味的不良作用,因此机房和库房应隔开一定的距离。若制冷机系统内部含有空气,有时氨会在制冷装置内部发生爆炸,因此氨制冷系统中必须设空气分离器,及时排除系统内的空气及其他不凝性气体。氨的压缩终了温度较高,因此压缩机气缸要采取冷却措施。

氨是典型的难溶于润滑油的制冷剂,它在润滑油中的溶解度不超过1%,因此,氨制冷机的管道和换热器的表面上会积有油膜,影响传热效果。运行中,润滑油还会积存在冷凝器、贮氨器及蒸发器的下部,这些部位应定期放油。

纯氨不腐蚀铁,但当含有水分时腐蚀锌、铜、青铜及其他铜合金,只有磷青铜例外,因此要求含水量控制在0.2%以内。此外,氨制冷机中不允许使用铜和铜合金,只有那些需要润滑的零件,如活塞销、轴瓦、密封环等,才允许使用高锡磷青铜。

(3)氟利昂

氟利昂是饱和烃的卤素取代物的总称。自1930年出现以后,因其可满足上述对制冷剂的大部分要求,成为广泛应用的一类制冷剂。目前主要用于中、小型活塞式、螺杆式制冷压缩机、空调用离心式制冷压缩机、低温制冷装置及其有特殊要求的制冷装置中。氟利昂制冷剂具有的共性是无刺激性气味,在制冷循环工作温度范围内不燃烧、不爆炸,大部分无毒或低毒(但含氯原子的氟利昂遇明火时能分解出剧毒气体);对金属材料的腐蚀性小,但对橡胶、塑料有腐蚀作用;渗透性强,易泄漏,而且泄漏小不易被发现;传热性能差,相对分子质量大,比重大,流动性差,故在系统中循环时阻力损失较大;绝热指数小,压缩终温低;单位容积制冷量小,制冷剂的循环量较大,价格高。

氟利昂在理化性质上具有一定的规律性。含H原子多的可燃性强;含Cl原子多的,有毒性;含F原子多的,化学稳定性好。对臭氧破坏作用大的是氟利昂中含氯原子的物质,CFC类制冷剂对环境破坏性最强,HCFC次之,HFC因不含氯而无破坏作用。国际环保组织决定,对R11、R12、R13、R115等15种CFC物质,到2010年完全停止使用。对34种HCFC物质,包括R22、R123、R124等,从2020年起开始限制使用。最终作为替代制冷剂的是HFC,这类制冷剂目前已有R134a、R404a和R407a/b/c。其中R134a已替代R12用于制冷设备中,使用R404a和R407c的制冷设备在国内市场上已有新产品。

(4)碳氢化合物

丙烷(R290)是较多采用的碳氢化合物制冷剂。它的标准蒸发温度为-42.2℃,凝固温度为-187.1℃,属中温制冷剂。它广泛存在于石油、天然气中,成本低、易于获得。它与目前广泛使用的矿物油、金属材料相容。对干燥剂、密封材料无特殊要求。汽化潜热大，热导率高，故可减少系统充灌量。流动阻力小，压缩机排气温度低。但它易燃易爆，空气中可燃极限为体积分数 2% ~10%，故对电子元件和电气部件均应采用防爆措施。如果在 R290 中混入少量阻燃剂（例如 R22），则可有效地提高空气中的可燃极限。R290 化学性质很不活泼，难溶于水。大气环境特性优良（ODP = O，GWP = 0.03），是目前被研究的替代物质之一。

除丙烷外，通常用作制冷剂的碳氢化合物还有乙烷（R170）、丙烯（R1270）、乙烯（R1150）。这些制冷剂的优点是易于获得、价格低廉、凝固点低、对金属不腐蚀、对大气臭氧层无破坏作用。但它们的最大缺点是易燃、易爆，因此使用这类制冷剂时，系统内应保持正压，以防空气漏入系统而引起爆炸。它们均能与润滑油溶解，使润滑油黏度降低，因此需选用黏度较大的润滑油。

（二）载冷剂

在间接式制冷系统中，被冷却物体中的热量是通过中间介质传给制冷剂的，这种中间介质在制冷工程中称为载冷剂。

1. 载冷剂的一般要求

①载冷剂应始终呈液态，沸点要高，凝固点要低，且均应远离工作温度。

②载冷剂在循环中能耗要低，即要求载冷剂比热大，密度小，黏度低。

③安全可靠，化学稳定性要好，不燃烧，不爆炸，对管道及设备不腐蚀，对人体无毒害。

④价格低廉，易于获得。

2. 常用载冷剂

在食品工业中，常用的载冷剂有水、盐水溶液和有机物溶液。水只能用于 0℃ 以上；一般盐水和有机物溶液可用于 -20℃ 至 -50℃；若要达到更低的温度，则要使用特殊的有机物溶液，如聚二甲基硅醚和右旋柠檬碱。

三、单级压缩制冷循环

单级压缩是指制冷剂经过蒸发、压缩、冷凝、节流四个基本过程完成一个制冷循环的过程，如图 15 - 1 所示，单级压缩制冷系统原理见图 15 - 2。制冷剂的低温低压蒸汽，在压缩机气缸内被压缩成高温高压制冷剂蒸汽，经过油分离器分油后，进入冷凝器冷却、冷凝成低温高压制冷剂液，把热量传递给水；此制冷剂液从贮氨器经总调节站，通过膨胀阀节流降压而成为低温低压液体，经制冷剂液分离器分离后而进入冷排（蒸发器）达到其蒸发条件从而沸腾蒸发，吸收周围热量，发生冷效应，使冷库内的空气及物料温度下降；从蒸发器出来的低温低压制冷剂蒸气，经制冷剂液分离器分离以后，再进入压缩机压缩而进行下一次循环。

压缩机把蒸发器内产生的低压蒸气压缩成高温高压蒸气，送往冷凝器为制冷剂蒸气液化提供压力条件。冷凝器用来对压缩机压入的高温高压蒸气进行冷却，使其放热，在一定压力和温度下把高温高压的蒸气液化成为高压常温的液体。

节流阀是高压区和低压区的一个交界点，节流阀至压缩机吸气口的设备和管道为低压区，压缩机排气口到节流阀前的设备和管道为高压区。其作用在于将高压液体减压，节流膨胀，并控制液态制冷剂的流量。

单级压缩制冷系统的优点是设备结构相对简单，在中温下（ -20 ~ -40℃）蒸发温度，要求压缩机压缩比大。但压缩比大会出现一些问题，如冷却系数下降；压缩机的排气温度很

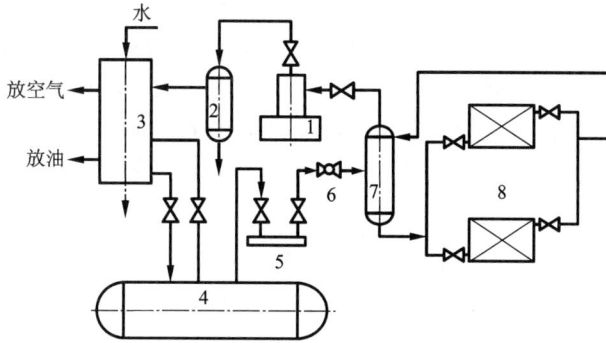

图 15-2 单级压缩制冷循环图

1—压缩机；2—分油器；3—冷凝器；4—贮氨器；5—总调节站；6—膨胀阀；7—氨液分离器；8—蒸发器

高，使润滑油变稀，润滑条件变坏；液态制冷剂节流时的损失增加，单位制冷量大幅下降。因此单级压缩制冷循环所能达到的蒸发温度有限，一般来说，单级氨制冷压缩机的最大压缩比不超过 8，氟利昂制冷机不超过 10。

四、双级压缩制冷循环

双级压缩制冷循环是在单级压缩制冷循环的基础上发展起来的，其出发点是为了获得比较低的蒸发温度，同时又使压缩机的压缩比控制在一个合适的范围内。

双级压缩制冷循环的压缩过程分两阶段进行，即来自蒸发器的制冷剂压力为 p 的蒸气，先过入低压级汽缸压缩机压缩到中间压力 p_m，经过中间冷却后再进入高压组气缸，压缩到冷凝压力 p_1，再排入冷凝器，两个阶段的压缩比都在 10 以内。

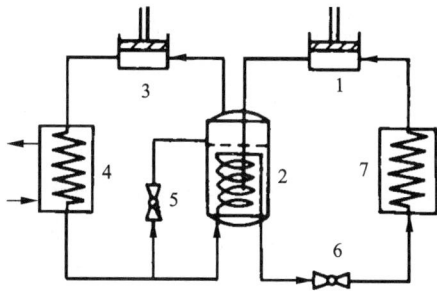

图 15-3 双级压缩制冷循环图

1—低压压缩机；2—中间冷却器；3—高压压缩机；
4—冷凝器；5—膨胀阀Ⅰ；6—膨胀阀Ⅱ；
7—蒸发器

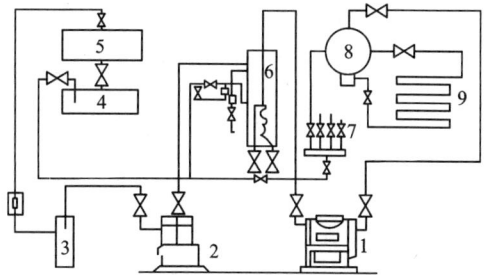

图 15-4 双级压缩制冷系统原理图

1—低压级压缩机；2—高压级压缩机；3—油分离器；
4—贮液器；5—冷凝器；6—中间冷却器；
7—分配站；8—氨液分离器；9—蒸发器

双级压缩制冷系统可以由两台压缩机组成的双机双级系统，也可以由一台压缩机组成的单机双级系统。

双级氨压缩制冷循环，是指来自蒸发器的氨蒸气要经过两次压缩后，才进入冷凝器，在两次压缩中间过程设置中间冷却器，用中压氨液的蒸发吸热来冷却第一次压缩的过热蒸汽。

双级压缩制冷循环，制冷剂在各状态点的各种参数(压力、温度、焓、熵等)均要变化。

双级压缩制冷循环原理如图 15 - 3 所示，在蒸发器中形成的低压低温制冷剂蒸汽被低压压缩机吸入，经压缩后形成中间压力的热蒸汽，进入同一压力的中间冷却器，被冷却至干饱和蒸汽；接着，高压压缩机吸入此干饱和蒸汽而被压缩成过热蒸汽，在冷凝器中冷却、冷凝成制冷剂液体。然后分成两路：一路经膨胀阀 Ⅱ 节流降压后的制冷剂，进入中间冷却器，并保持其液位高度；一路在中间冷却器的盘管内过冷，过冷后的制冷剂再经过膨胀阀 1 节流降压，节流降压后制冷剂液体进入蒸发器，蒸发吸热而发生冷效应。

两级压缩制冷循环，就是把压缩分成两个阶段进行，即将来自蒸发器的氨蒸气，经过两次压缩，才进入冷凝器，经膨胀阀降压，形成低压，低温氨液，才进入蒸发器发生冷效应，在两级压缩的高压与低压间，没有中间冷却器，这样每一级的压力比减小，克服了单级压缩低温制冷的缺点。两级压缩制冷循环由于节流级数与中间冷却方式不同而有不同的形式，一种一次节流中间完全循环和一次节流中间不完全冷却循环式。

双级压缩循环的中间冷却方式决定于制冷剂的种类，氨制冷剂由于回热循环不利，采用的是中间完全冷却的方式，其系统原理如图 15 - 3 所示。而氟利昂类制冷剂，如 R12、R512 等，因回热循环较好，可采用中间不完全冷却的循环方式。双级压缩循环一级节流中间不完全冷却循环原理如图 15 - 4 所示。至于双级压缩循环特有的中间压力或温度，则使用计算或采用模拟法来确定。

双级压缩制冷循环的优点是可以获得较低的蒸发温度(- 40 ~ - 70℃)，但缺点是设备投资比单级压缩制冷循环大，操作也复杂。一般压缩比大于 8 时，采用双级压缩较为经济合理。对于氨压缩机来说，当蒸发温度在 - 25℃ 以下或冷凝压力大于 1.2 MPa 时，宜采用双级压缩制冷。

五、复叠式制冷循环

随着食品新产品的不断开发，当食品物料的冷冻工艺或技术要求更低温度时，如要求对食品物料冷冻温度达到 - 120℃ ~ - 70℃ 时，上述的单、双级压缩制冷循环因受制冷剂的蒸发压力或凝固点的限制而难以胜任。为此，出现了应用两种制冷形式的复叠式制冷循环技术。

复叠式制冷循环系统通常由高温部分和低温部分组成，高温部分使用中温制冷剂，低温部分使用低温制冷剂，每一部分都有一个完整的制冷循环。高温部分制冷剂蒸发时吸热使低温部分制冷剂冷凝，而低温部分制冷剂在蒸发时吸热制冷。系统中的高温部分和低温部分用一个蒸发冷凝器联系起来，它既是高温部分的蒸发器，又是低温部分的冷凝器，这样，低温部分制冷剂吸收的热量就可以通过蒸发冷凝器传递给高温部分的制冷剂，而高温部分的制冷剂再通过冷凝器将热量释放给水或空气等环境介质。图 15 - 5 是复叠式制冷循环的系统示意图。

图 15 - 6 为系统原理图。图 15 - 6 中的 R22 压缩机为高压部分，制冷剂经 R22 压缩为高压蒸气后通过油分离器进入冷凝器，经冷却进入膨胀阀，经节流后成低压液体进入蒸发冷凝器，在蒸发冷凝器气化吸热，吸收低压部分压缩机排出的制冷剂蒸气的热量，气化后的蒸气被压缩机吸收再循环；低压部分的液态制冷剂在蒸发器中吸收了低温箱内的热量而气化，经 R13 压缩机压缩后，在水冷却器中预冷，进入蒸发冷凝器，凝结成液体，经干燥器、回热器和

膨胀阀，节流降压后进入蒸发器气化吸收热，如此循环。

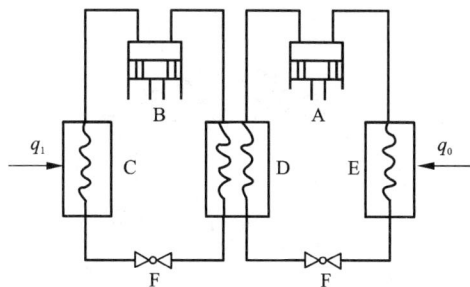

图 15-5　复叠式制冷循环的系统示意图

A、B—低、高温部分压缩机；C—冷凝器；
D—蒸发冷凝器；E—蒸发器；F—节流阀

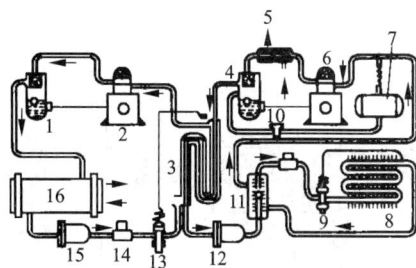

图 15-6　复叠式制冷循环系统原理图

1、4—油分离器；2—R22 压缩机；3—蒸发冷凝器；
5—预冷器；6—R13 压缩机；7—膨胀容器；8—蒸发器；
9、13—膨胀阀；10—单向阀；11—回热器；
12、15—过滤器；14—电磁阀；16—冷凝器

回热器的作用是防止停机后低温部分的制冷剂压力过高，在开机启动时平衡压缩机的排出压力。

复叠式制冷循环的优点是：在相同的蒸发温度时，制冷压缩机的尺寸比双级压缩循环制冷机要小；系统内保持正压，空气不会漏入；运行稳定；高、低压部分可采用不同的制冷形式。

第三节　制冷系统主要设备

在食品加工中使用最多的是蒸气压缩式制冷的方式，所以本节主要介绍蒸气压缩式制冷系统的主要设备。

一、压缩机

制冷压缩机是制冷循环的心脏，其功用是将低温低压制冷剂蒸气压缩成高温高压过热蒸气，推动制冷剂在系统中循环流动，达到制冷的目的。制冷压缩机的种类和形式很多，根据压缩部件的形式和运转方式不同，分为活塞式、螺杆式、滚动转子式和旋涡式等。

（一）活塞式制冷压缩机

活塞式制冷压缩机是利用曲柄连杆机带动活塞做往复运动，并通过吸、排气阀片的配合，实现吸气、压缩、排气、膨胀四个过程。

活塞式制冷压缩机的基本结构如图 15-7 所示，主要构件有曲轴箱、气缸、活塞、气阀、活塞环、曲轴连杆装置以及润滑装置等。气缸的前、后端分别装有吸、排气管。低压蒸气从吸气管经滤网进入吸气腔，再经吸气阀进入气缸。压缩后的制冷剂蒸气通过排气阀进入排气腔，从气缸盖处排出。吸气腔和排气总管之间设有安全阀，当排气压力因故障超过规定值时，安全阀被顶开，高压蒸气将流回吸气腔，保证制冷压缩机的安全运行。

活塞材料采用铸铁或铝合金，所用活塞环有两道气环、一道油环。气环用于活塞与气缸

壁之间的密封,避免制冷剂蒸气从高压侧窜入低压侧,以保证所需的压缩性能,同时防止活塞与气缸壁直接摩擦,保护活塞。油环用于刮去气缸壁上多余的润滑油。

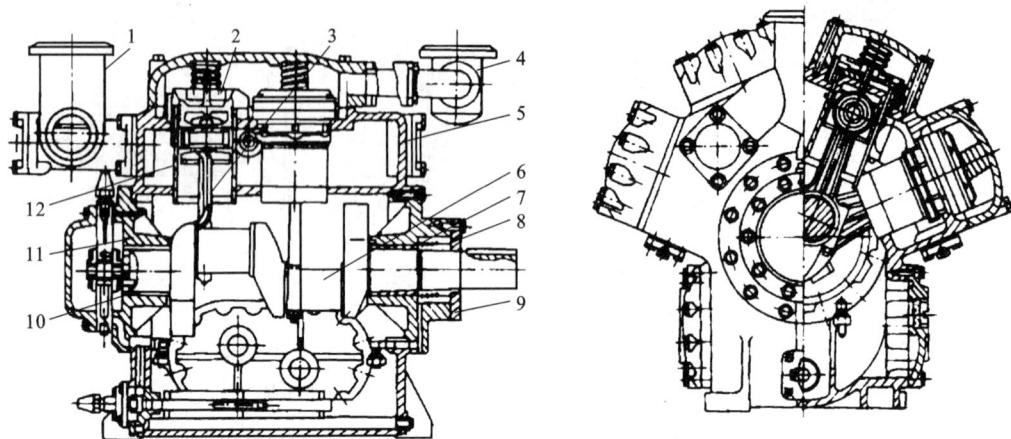

图 15 - 7　8FS10 型制冷压缩机总体结构

1—吸气管;2—假盖;3—连杆;4—排气管;5—气缸体;6—曲轴;7—前轴承;
8—轴封;9—前轴承盖;10—后轴承;11—后轴承盖;12—活塞

(二)螺杆式制冷压缩机

螺杆式制冷压缩机属于容积式回转型压缩机。它是利用一对螺杆(即阴、阳转子)的回转运动,造成螺旋状齿形空间的容积变化,实现对气体的压缩。阴转子的齿沟相当于气缸,阳转子的齿相当于活塞,由阳转子带动阴转子做回转运动,使两者相互啮合的空间容积不断变化,将制冷剂蒸气吸入,压缩至一定压力后排出。

螺杆式制冷压缩机的特点是:

①没有余隙容积,不存在剩余气体的再膨胀过程,容积效率高,工作温度范围广。

②没有吸、排气阀,结构简单,易损件少,寿命长,而且没有阀片的阻力损失。

③采用滑阀调节机构,制冷量可在 10% ~100% 范围内实现无级调节,低负荷运行时经济性好。

④采用喷油冷却,排气温度低,但润滑系统比较复杂,油分离器体积较大。

⑤转子加工精度要求高,而且运行时噪声较大。

目前,在中等制冷量范围(580~2300 kW)内用螺杆式制冷压缩较多。

下面利用图 15 - 8 说明螺杆式制冷压缩机的工作过程。

1. 吸气

如图 15 -8(a)所示。阳转子有四个齿,阴转子有六条齿沟。当阳转子及阴转子回转时,其啮合部分在吸入口侧逐渐脱开,齿与齿沟形成的基元容积逐步就变大,由于该基元容积经吸入口与吸气管相通,所以随着基元容积的变大进行压缩机的吸气过程,当这个基元容积增至最大时(即阳转子的齿和阴转子的齿沟完全脱开)。转子虽继续回转,基元容积也不变化,当基元容积绕过吸入口后,被端座封闭,与吸气管隔开,成为一封闭容积,从而完成吸气过程。

2. 压缩

如图 15 - 8（b）（c）所示。转子继续回转，脱开了的阳转子齿和阴转子齿沟在排出口侧又开始了一个新的啮合过程，因其啮合点（密封线）沿着轴向逐渐向排气口处移动，使基元容积愈来愈小，而将制冷剂气体加以压缩。

3. 排气

如图 15 - 8（d）所示。由于转子继续回转，使基元容积继续减小，气体的压力不断增加，当阳转子齿与阴转子齿沟及机体上的排气口相通（即基元容积与排气口相通）时，即排出高压气体，排出过程一直进行到完全排出气体为止。

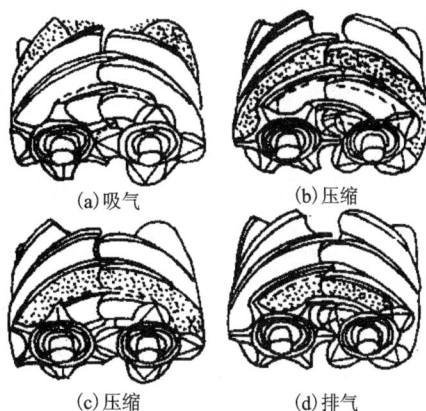

(a)吸气   (b)压缩

(c)压缩   (d)排气

图 15 - 8　螺杆式制冷压缩机的工作过程

制冷剂蒸气在螺杆制冷压缩机中吸入和排出是在转子的两端进行的，一般设计成吸气过程在转子的上半部分进行，压缩和排气是在转子的下半部分进行。

二、冷凝器

制冷过程中，冷凝器起到输出热量并使高温高压制冷剂蒸气冷凝的作用。从制冷压缩机排出的高温高压蒸气进入冷凝器后，将其在工作过程中吸收的热量传递给周围介质（水或空气），重新冷凝为常温高压的液体。根据冷却介质和冷却方式的不同，冷凝器可分为水冷式、空冷式和蒸发式三种。

（一）水冷式冷凝器

在水冷式冷凝器中，制冷剂放出的热量被冷却水带走。冷却水一般用冷却塔冷却后循环使用。水冷式冷凝器有立式列管式、卧式列管式和套管式等几种。其中，列管式冷凝器与一般的列管式换热没有太大的区别。因此，这里主要介绍套管式冷凝器。

图 15 - 9 所示是氟利昂套管式冷凝器，由两种直径不同的无缝钢管和紫铜管套在一起，呈盘管状。氟利昂蒸气在套管空间内冷凝，冷凝液从下面流出。冷却水在管中自下而上流动，与氟利昂蒸气的流向相反，冷却水流速在 1 ~ 2 m/s 之间。由于水管内流程较长，因而进出口温差较大，在 8 ~ 10℃ 之间。

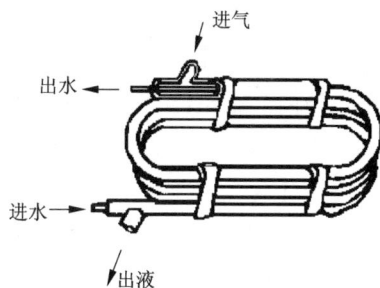

图 15 - 9　套管式冷凝器

套管式冷凝器结构紧凑，制造简单，缺点是流动阻力较大，清除水垢比较困难，要求冷却水的水质好。这种冷凝器一般用于制冷量小于 40 kW 的小型制冷装置。

（二）空冷式冷凝器

空冷式冷凝器（见图 15 - 10）的冷却介质是空气，制冷剂放出的热量由空气带走。空冷式冷凝器可以分为空气强制运动和自由运动两种形式。前者主要用于制冷量小于 60 kW 的中小型氟利昂机组，后

图 15 - 10　空冷式冷凝器

者主要用于冰箱的冷凝器。近年来对于缺水地区，有的大容量制冷压缩机组也有采用空冷式冷凝器的。

空气强制运动的空冷式冷凝器又称为风冷式冷凝器，氟利昂在管内冷凝，冷却空气在风机作用下，横向流过翅片管，迎面风速 2.5 ~ 3.5 m/s。翅片管由外径 10 ~ 16 mm 的铜管外套铝片构成，管组通常由直管或 U 形管组成。

（三）蒸发式冷凝器

蒸发式冷凝器主要利用水在蒸发时吸收热量而使管内的制冷剂蒸气冷凝成液体，结构见图 15 – 11。

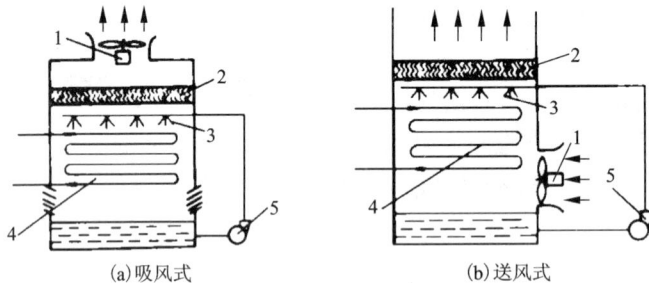

图 15 – 11　蒸发式冷凝器
1—风机；2—挡水板；3—喷嘴；4—蛇形换热管；5—水泵

制冷剂蒸气由上部进入蛇形盘管，冷凝后的液体从盘管下部流出。冷却水贮于箱底部水池中，用浮球阀保持一定的水位。水池中的冷却水用水泵送到喷水管，经喷嘴喷淋在传热管的外表面上，形成一层水膜，水膜中部分水吸热后蒸发为水蒸气，带走热量，未蒸发的水仍滴回水池内。在箱体上方装有挡水栅，用来阻挡空气中夹带的水滴，以减少水的损失。水池中的水由于水的蒸发而不断减少，同时水中含盐浓度也不断增加，故需要经常补充经过软化处理的冷却水。

为了强化盘管的放热效果，在冷凝器的侧面或顶面装有风机，使空气强制流经蛇形盘管，把产生的水蒸气带走，以提高冷却效果。蒸发式冷凝器的钢制传热管，外表面需镀锌防腐。

三、膨胀阀

膨胀阀又称节流阀，是制冷系统的四大基本设备之一，在制冷系统中起节流降压和控制流量这两个作用。高压液体通过膨胀阀时，因节流而降压，使制冷剂液体的压力由冷凝压力降低到系统所要求的蒸发压力；与此同时，少量制冷剂液体因降压而沸腾蒸发，吸收其余制冷剂液体的热量，使流经膨胀阀的液态制冷剂的温度降到蒸发温度。

常用的膨胀阀有手动膨胀阀、热力膨胀阀、电子膨胀阀和毛细管膨胀阀等类型。

（一）手动膨胀阀

手动膨胀阀的外形及其内部结构均与普通节流阀相似，见图 15 – 12。阀芯采用针形或 V 形两种结构。阀杆上的调节螺纹采用细牙螺纹，便于比较精确地调节膨胀阀的开度，实现比较理想的节流降压和调节制冷剂流量的目的，操作时，一般开启度为 1/8 ~ 1/4 周，不超过一周,否则失去节流的作用。

（二）热力膨胀阀

热力膨胀阀是氟利昂制冷系统使用最广泛的节流机构,它能根据流出蒸发器的制冷剂温度和压力信号自动调节进入蒸发器的氟利昂流量。根据其接收信号的不同,可分为内平衡和外平衡两种形式。图 15 – 13 是热力膨胀阀结构图,主要由阀体、阀针、调节杆座、调节杆、弹簧、过滤器、传动杆、感温包、毛细管、气箱盖、感应薄膜等零部件组成。

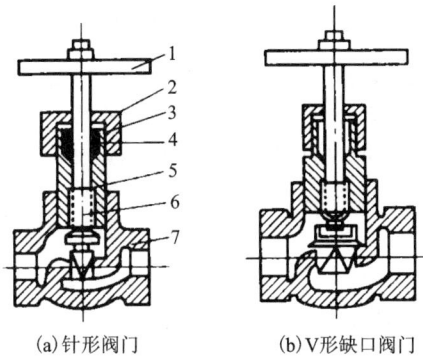

(a)针形阀门　　　(b)V形缺口阀门

图 15 – 12　手动膨胀阀

1—手轮；2—螺母；3—套筒；4—填料；

5—铁盖；6—阀杆；7—外壳

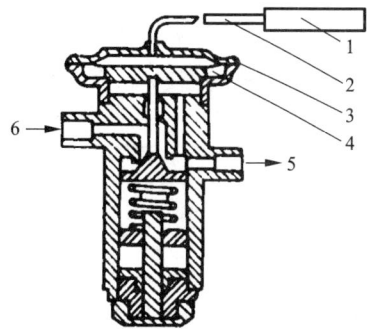

图 15 – 13　热力膨胀阀

1—感温包；2—毛细管；3—气箱盖；

4—薄膜；5—制冷剂出口；6—制冷剂入口

感温包、毛细管、感应薄膜构成一个密闭的感温机构。感温包安装在蒸发器的出口处,内注一定量的制冷剂,用于感受蒸发器出口处的温度变化;毛细管在感温系统内起传递压力的作用;感应薄膜是由一块很薄的合金片冲压而成,断面呈波浪形,具有良好的弹性,工作时膜片将根据膜片上下两面的压力变化而上下移动或保持稳定,控制膨胀阀保持一定的开度。

（三）电子膨胀阀

电子膨胀阀的控制精度较高,调节范围大,并为制冷装置的智能化提供了条件。电子膨胀阀是通过调节和控制施加于膨胀阀上的电压或电流,进而控制阀针的运动,达到调节目的。电子膨胀阀分为电磁式和电动式两类。

1.电磁式电子膨胀阀

电磁式电子膨胀阀是将被调参数先转化为电压,施加在膨胀阀的电磁线圈上。电压愈高,开度愈小,流经膨胀阀的制冷剂流量也愈小。该膨胀阀结构简单,对信号变化的响应快。但在制冷系统工作时,需要一直向它提供控制电压。电磁式电子膨胀阀结构如图 15 – 14 所示。

2.电动式电子膨胀阀

电动式电子膨胀阀的阀针由脉冲电动机驱动。电动式电子膨胀阀可分为直动型和减速型两种。直动型电动式电子膨胀阀用脉冲电动机直接驱动阀针,适用于较小冷量的节流;减速型电动式电子膨胀阀的阀内装有减速齿轮组,脉冲电机通过减速齿轮组将其磁力矩传递给阀针,适用于较大冷量的节流。电动式电子膨胀阀结构如图 15 – 15 所示。

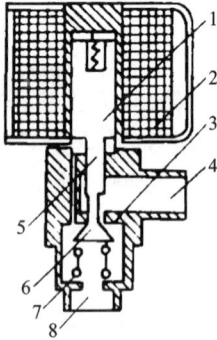

图 15-14 电磁式电子膨胀阀

1—柱塞；2—线圈；3—阀座；4—入口；
5—阀杆；6—阀针；7—弹簧；8—出口

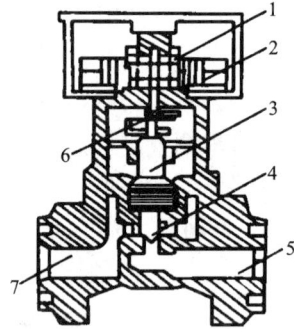

图 15-15 电动式电子膨胀阀(减速型)

1—转子；2—线圈；3—阀杆；4—阀针；
5—出口；6—减速齿轮组；7—入口

四、蒸发器

蒸发器是将被冷却介质的热量传递给制冷剂的热交换器，经过节流后的液态制冷剂在蒸发器气化吸热，使周围物体或空气被冷却。

根据被冷却介质不同，可以将蒸发器分为两大类，即冷却液体(淡水、盐水或溶液)的蒸发器和冷却空气的蒸发器。

(一)冷却液体的蒸发器

1. 立管式蒸发器

立管式蒸发器见图 15-16。立管式蒸发器装在矩形水箱内。箱中充满盐水或淡水，箱内装有蒸发盘管，盘管内液态制冷剂吸收盐水或淡水的热量后蒸发为气体，然后流至气液分离器和集气管被制冷压缩机抽吸。这种蒸发器多半用来冷却淡水，由于搅拌器的作用，水箱内水的流速一般为 $0.5 \sim 0.7$ m/s，传热系数在 $520 \sim 580$ W/($m^2 \cdot$ K)之间。传热温差 5℃ 左右。

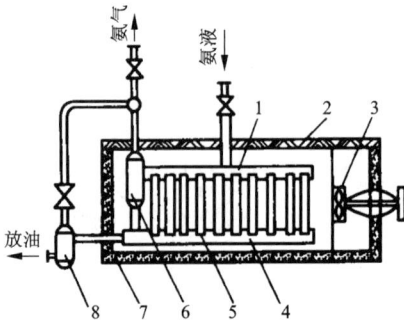

图 15-16 立管式蒸发器

1—上总管；2—木板盖；3—搅拌器；4—下总管；
5—直立短管；6—氨液分离器；7—软木；8—集油器

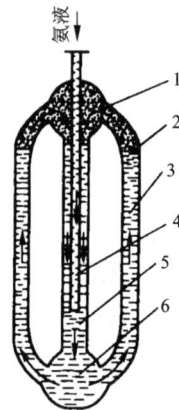

图 15-17 立管中制冷剂循环路线

1—上总管；2—液面；3—直立细管；
4—导液管；5—直立粗管；6—下总管

工作时,制冷剂液体从几乎伸至下总管处的中间管进入,如图 15-17 所示,这种结构形式,使制冷剂进入蒸发器后自下总管通过直立细管流至上总管,再沿直立细管返回下总管,这样,制冷剂很快地充满蒸发器并在循环过程中产生强烈的沸腾,沸腾时产生的蒸气上升到上总管,经液体分离后排出,而被分离出的液滴则再次返回下总管进行再一次的循环。蒸发器的润滑油则沉积在集油器中,定期放出。

2. 螺旋管式蒸发器

螺旋管式蒸发器的结构与立管式蒸发器基本相同,主要区别在于它以螺旋管代替两集管之间的立管。因此,当传热面积相同时,其外形尺寸比立管式小,结构紧凑,并可减少焊接工作量。

(二)冷却空气的蒸发器

常用冷却空气的蒸发器有表面式蒸发器和盘管式蒸发器。

1. 表面式蒸发器

表面式蒸发器又称直接蒸发式空气冷却器,见图 15-18。适用于空气调节和冷藏库的冷风机,表面式蒸发器采用翅片管式,管内通以氟利昂液体蒸发吸热,管外通以被冷却的空气。翅片管由紫铜管外套铝片(有时绕以铜片)制成。氟利昂通过分液器(又称莲蓬头)分成多路进液,使蒸发器中各路的液体分布均匀,为此分液器应尽量靠近热力膨胀阀。不论蒸发器采用垂直、水平或倾斜安装位置,分液器都必须垂直安装。

图 15-18 表面式蒸发器

这种蒸发器的主要优点是结构紧凑,占用面积小,冷量损失小。缺点是气密性要求高,制冷量调节比较困难。

2. 排管式蒸发器

排管式蒸发器(又称为冷却盘管)主要用于冷库中,其结构形式有五管式、水平管式及蛇形管式等多种形式。

图 15-19 是一种立管式冷却排管,由 $\phi 57$ mm × 3.5 mm 或 $\phi 38$ mm × 3.0 mm 无缝钢管制成,沿墙壁安装,氨液由下横管进入,氨气由上横管引出,这种排管的优点是排气、排油方便,缺点是存氨量较多,由于氨液液柱高度的影响使排管下部的氨液蒸发温度较高,传热温差较少,所以这种排管不宜使用于 $-40℃$ 以下的冷库。

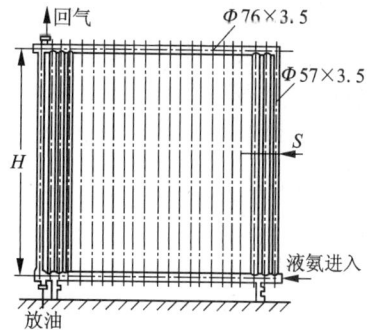

图 15-19 立管式冷却排管

蛇管式冷却排管(见图 15-20)分为光管和翅片管两种。光管采用 $\phi 57$ mm × 3.5 mm 或 $\phi 38$ mm × 3.0 mm 的无缝钢管或 $\phi 6$ mm × 1.0 mm 的紫铜管制成。它可用氨或氟利昂作为制冷剂,其优点是存液量少,仅为管内容积的 40% 左右;主要缺点是制冷剂的流动阻力

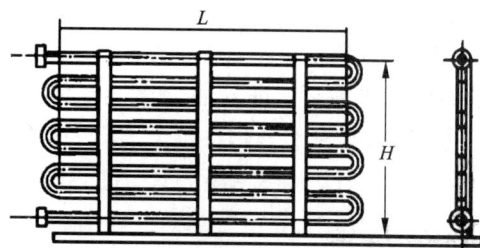

图 15-20 蛇管式冷却排管

较大。

冷却排管是靠自然对流和辐射对流传热的，因此排管不可太靠近墙壁和顶部。在排管外面装一挡板，可以略微提高空气自然对流的强度和传热系数。

沿墙壁安装的冷却排管，氟利昂制冷剂可以从下部供液，也可以从上部供液，但蒸发管的最后一排墙排管应设计成上部供液方式，以利于回油。

五、制冷机附属设备

为了保证氨液均匀地进入蒸发器，而氨气又能及时的被压缩机抽走。在制冷循环过程中，制冷剂要经过物质的变化（气态到液态），还要经过压力、速度、密度、温度等物理参数的变化；同时，在压缩后，高压氨气又不可避免地要从压缩机中带出一些润滑油，整个闭合制冷系统中，也会因结合处不够严密，而渗入一些空气。氨及润滑油在高压高温下，也会有少量的分解。为改善制冷机工作条件，保证良好的制冷效果，延长制冷机使用寿命，制冷机除四大主件外，还必须有其他的装置和设备，这些装置和设备统称为制冷机的附属设备。附属设备一般随制冷系统要求的不同而不同，如自动化程度要求高的制冷系统，其附属设备则会增多，它们的种类和形式也较多，目前常用的有以下几种：

（一）油分离器

油分离器亦称分油器，作用是分离压缩后制冷剂气体中所带出的润滑油，保证油不进入冷凝器。否则，冷凝器壁面被油污染，降低传热系数。

油分离器有多种形式，图 15 – 21 所示为洗涤式（亦称翻泡式）油分离器，用于氨制冷系统。它由钢制圆柱壳体封头焊接而成，其上有氨气进出口、放油口和氨液进口。进氨气管通到液面下，上部有氨气出口，工作时筒内必须保持一定的氨液位高度。氨气中润滑油的分离是依靠降低气流流速、改变运动方向以及降低温度来实现的。在突然改变流动速度和方向时，因油滴和氨气的相对密度不同，油的密度大，氨气的密度小，油便下落到油分离器的底部，洗涤降温（降至冷凝温度）后的氨气经伞形挡板由出气口排出。

这种油分离器通常安装在压缩机的排气管边上，以靠近冷凝器为佳。当制冷剂在压缩机中受压缩变成过热蒸汽时，部分润滑油变为气体状态，被制冷剂带出，如果分离器离压缩机愈近，进入油分离器气体状态的油量愈多，则其分离效果愈差。这种油分离器一般能将氨气中95％以上的润滑油分离出来。除上述洗涤式以外，还有填料式、离心式、过滤式等油分离器。

图 15 – 21　洗涤式油分离器

（二）贮液器

贮液器的作用是贮存和供应液体制冷剂到制冷系统内各部分，是保证压缩机和制冷系统正常运行的必需设备；在检修制冷系统时，可将制冷系统中的制冷剂收集在贮液器中，以避免将制冷剂排入大气造成环境污染和浪费。贮液器通常与冷凝器安装在一起，贮存从冷凝器过来的高压液体。小型制冷系统一般不装贮液器，而是利用冷凝器来调节和贮存制冷剂。

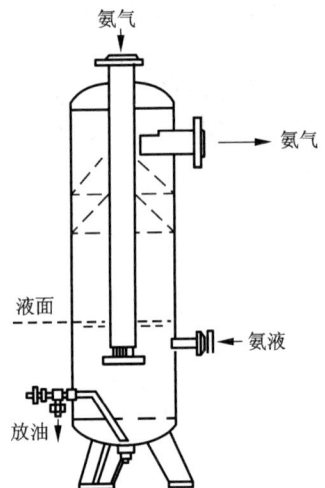

贮液器的结构比较简单，氨制冷系统常用的卧式贮液器，其主体是由钢板卷焊而成的圆柱体，两端有封头。其上有氨液进出口、均压管、安全阀、放空阀、放油阀及液位指示计等。

为防止温度变化而产生的热膨胀对贮液器安全性的影响，贮液器的最大贮液量不能超过其容积的70%（氨）和80%（氟利昂），最大工作压力为2 MPa。

（三）排液桶

霜对制冷系统排管的传热系数K的影响很大。当库房排管需要冲刷时，必需将排管中的氨液排出。排液桶的作用就是贮存由排管内排出来的氨液以便库房排管冲霜。排液桶的容积，应当是能容纳要冲霜各库房中最大一间的氨液量。

（四）气液分离器

在制冷机供液系统中，气液分离器的作用一是用于分离自蒸发器进入压缩机的制冷剂蒸气，保证压缩机工作是干冲程，即进入压缩机的是干饱和蒸气，防止制冷剂中的液体进入压缩机产生液压冲击造成事故；二是用于分离自膨胀阀进入蒸发器的制冷剂中的气体，使进入蒸发器的液体中无气体存在，以提高蒸发器的传热效果；三是向蒸发器提供重力或循环输送制冷液。

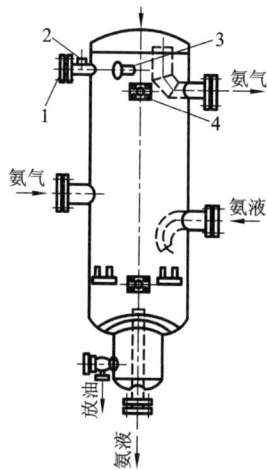

图 15 – 22　立式氨液分离器

1—平衡管；2—压力表；
3—安全阀；4—远距离液面指示器

气液分离器分立式和卧式两种，图15－22所示为应用较为广泛的立式氨液分离器。其基本结构是一个由钢板卷焊而成的圆筒，两端有封头。上有氨气进出口，氨液进出口，远距离液面指示器，安全阀和压力表等接头。氨液分离器需要安装在库房最高处，最好高出最高的冷却排管1~2 m。这样分离出来的氨液才能克服管路阻力，顺利地由分离器注入冷却排管内。氨液分离器的工作原理是通过降低气体流速和改变运动方向来达到分离的目的。气体在冷却排管至氨液分离器内的运动速度为8~12 m/s。而气体在氨液分离器内的运动速度不得超过0.8 m/s，一般采用0.5 m/s。

（五）空气分离器

制冷循环系统虽然是密闭的。但在首次加氨前，虽经抽空，但不可能将整个系统内部空气完全抽出，因而还有部分空气留在设备中。在正常工作时，系统不够严密等，也可能渗入一部分空气。另外，在压缩机排气温度过高时，常有部分润滑油或者氨分解成不能在冷凝器中液化的气体等。这些不易液化的气体往往聚集在冷凝器，降低冷凝器的传热系数，引起冷凝器压力升高，增加压缩机工作的耗油量。为保证制冷系统的正常运转，在大中型的特别是以氨为制冷剂的制冷系统中，以设置空气分离器的方式，分离排除冷凝器中的不凝气体。

以氨为制冷剂的制冷系统中，常用的空气分离器有以下几种：

1. 二套管式空气分离器

二套管式空气分离器分为立式和卧式两种，图15－23(a)所示为二套管立式空气分离器的结构示意图。这种分离器的壳体由无缝钢管制成，外部用绝热材料保温。在两端封闭的壳体中有一组冷却盘管，其下端与进液管相连，上端与氨气出口管相连，盘管由于氨气的蒸发而成为一个蒸发器。壳体的中部侧面分别焊接了混合气体入口管和放空气管。在操作过程中由氨气和不凝性气体构成的混合气体进入外层管与盘管表面进行热交换，氨气受冷而凝结，从底部排出，经节流阀后从进液管进入盘管，分离下来的不凝气体从上部放空气口放出。

为了保持车间空气清洁,应将放出的气体经过水浴洗涤后排出。洗涤时不凝气体形成气泡上升,水温不升高;排出气体含有氨气时,既有气泡,水温亦升高,故可根据此情况进行调节操作。

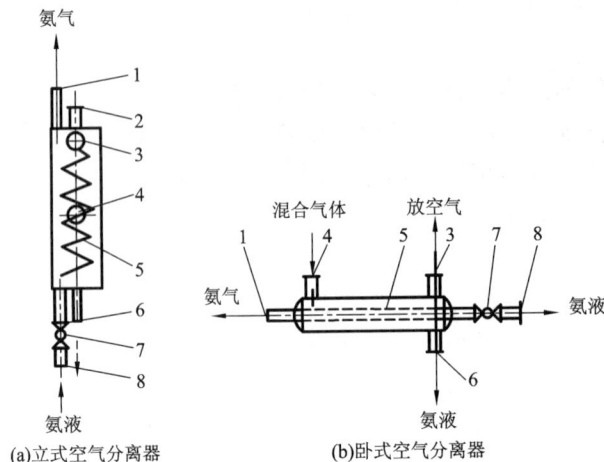

图 15 – 23   二套管式空气分离器

1—氨气出口 2—温度计插座;3—放空气;4—混合气体进口;
5—冷却盘管;6—冷氨液出口;7—膨胀阀;8—氨液出口

二套管卧式空气分离器的结构如图 15 – 23(b)所示。其工作过程为:氨液经节流阀节流后进入内管,在内管中吸收混合气体的热量而蒸发。蒸发后的氨气和不凝气体一并进入分离器的外层管,氨气进一步被冷却而凝固,冷凝液由底部排出,经水浴后排入大气中。

2.四重管式空气分离器

四重管式空气分离器由 4 个同心套管焊接而成,其结构如图 15 – 24 所示。从内向外数,第一管与第三管,第二管与第四管分别接通;第四管与第一管间接相通,其间装有流阀。

工作过程为:氨液经节流阀节流后先后进入第一管、第三管,吸收混合气体的热量而蒸发汽化,

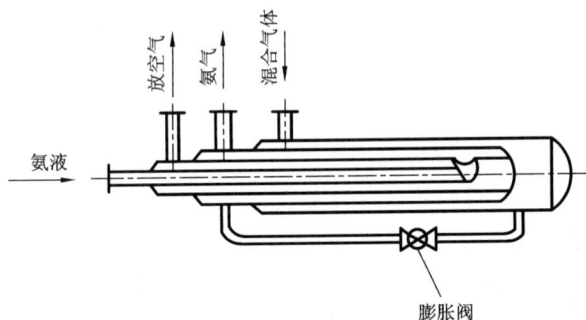

图 15 – 24   四重管式空气分离器

氨气由第三管上的出口被压缩机抽走;来自冷凝器与高压贮氨器的混合气体先后进入第四管、第二管,其中氨气因受冷凝结为液体,由第四管下部经节流阀再回收到第一管中蒸发,分离出来的不凝结气体由第二管引出,进入存水的容器中,从水中气泡多少和大小可以判断系统中的空气是否已放尽,水温升高时,说明有氨气放出,应停止放气操作。

(六)中间冷却器

中间冷却器应用于双级或多级的压缩制冷系统中,由于氨的绝热指数较大,因而排气温度比较高,它的低压级排气一般采用完全冷却的方式,利用中间冷却器内呈中间温度的氨液

的洗涤作用，使低压级排气冷却为饱和气体后被高压级吸入，以保证压缩机的正常工作。同时氨液亦吸收了低压排气的热量而蒸发。

常用的中间冷却器如图 15 - 25 所示，它由一立式带蛇形盘管的钢制壳体和上下封头焊接而成，外部用绝热材料保温。在冷却器的上端，一直管自封头伸入冷却器内，一直伸至正常氨液面下 150 ~ 200 mm 处，其作用是保证低压排气被充分洗涤冷却。进气口下端周围开口并焊有底板，作用是避免进入的气体直接冲击冷却器的底部，将润滑油冲起。冷却器的上部设置了两块多孔伞型挡板，作用是将氨蒸气中的液滴分离出来。进气管液面以上的管壁上开有一个压力平衡孔，作用是避免停机时氨液进入氨气管道。冷却器的下部设有一组盘管，作用是获得过冷氨液。另外，中间冷却器还装有液面指示器、压力表、安全阀等设施。

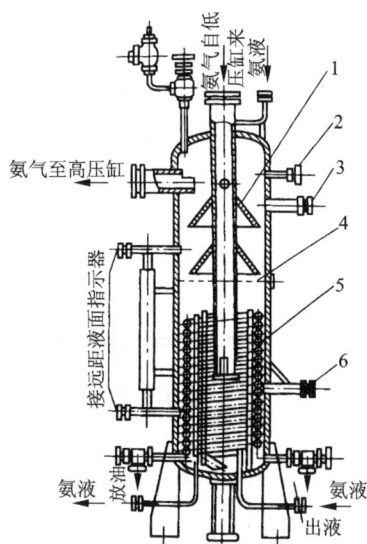

图 15 - 25　中间冷却器
1—伞形挡板；2—压力表接口；3—气体平衡管；
4—液面；5—盘管；6—液体平衡管

中间冷却器的工作过程为：来自低压压缩机的中压过热氨气由直管进入液面以下，经过氨液的洗涤而迅速被冷却，氨气上升遇伞形挡板，将其夹带的润滑油及氨液分离出来后，进入高压压缩机。用于洗涤的氨液从中间冷却器顶部输入，底部排出，液面的高低由浮球阀维持。

中间冷却器下部的冷却盘管内的氨液来源于高压贮氨器。由于盘管浸没在中压氨液中，中压氨液蒸发吸热，使盘管内的高压氨液过冷。而过冷氨液节流后液体成分增加，氨气成分减少，使循环中氨的单位制冷量增大，提高了制冷效果。

在中间冷却器中冷热介质的热交换过程：中压氨气降温放热，高压氨液降温放热，而经（膨胀阀 2）减压的氨气液混合物吸收上述两部分热量，而蒸发形成干饱和蒸汽，与降温的中压氨气一起通向高压压缩机。

中间冷却器的最高工作压力为：盘管内 2 MPa，盘管外 1.6 MPa。

（七）冷却水设备

制冷系统的凉水主要用于冷凝器的冷却，其次为压缩机的夹套冷却。冷却水的来源有江、河、湖水、自来水、地下水等，在使用上都受到很多限制，如江、河、湖水受地区与季节的限制，自来水有水位高低的限制，地下水在工业集中的大城市是禁止或限制使用的。另外，考虑到用水的价格和水源困难的地区，必须将冷凝器排出的热水加以冷却，循环使用。这一循环冷却过程多是在冷却水设备中进行的，其原理是将水与不饱和空气在适当条件下接触，靠水与空气的温度差进行对流传热，以及靠部分水分蒸发而使水温下降，下降到接近空气的湿球温度，所以该法仅适用于空气的湿球温度低于水温的情况。

常用的冷却水设备形式有两种：一种是喷水池，一种是冷却塔。喷水池中设有许多喷嘴，将水喷入空中蒸发冷却。喷水池结构很简单，如图 15 - 26 所示，但冷却效果欠佳，且占地面积大。一般 1 m² 水池面积可冷却的水量为 0.3 ~ 1.2 t/h。当空气的湿度大时，蒸发水量较少，则冷却效果较差。喷水池适用于气候比较干燥的地区和小型制冷场合。

工业用的大型制冷系统的冷却水多采用冷却塔降温。冷却塔有自然通风和机械通风式两类，常用的为机械通风冷却塔。目前，国内生产的定型机械通风式冷却塔大多采用玻璃钢作外壳，故又称为玻璃钢冷却塔。按冷却的温差分，可分为低温差(5℃左右)和中温差(10℃左右)两种，蒸汽压缩式制冷系统中用低温差冷却塔已足够了。图 15 - 27 为冷却塔结构示意图。为增大气、液接触面积，塔内充满塑料制的填料层。水通过分布均匀的喷嘴喷淋在填料层上，空气由下部进入冷却塔，在填料层中与逆流而下的水充分接触，提高了水的蒸发速率。这种冷却塔结构紧凑，冷却效率高。

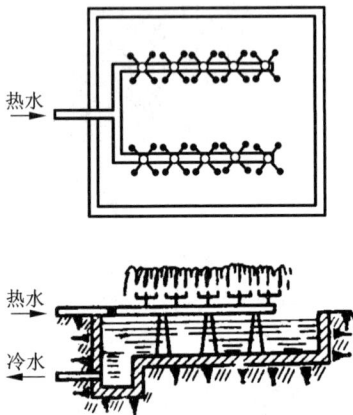

图 15 - 26 喷水池

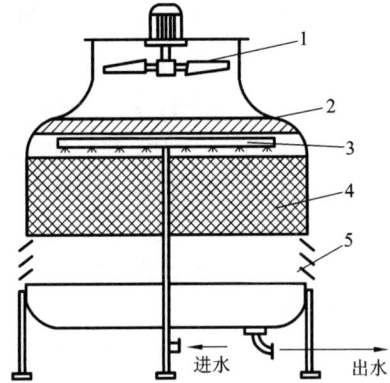

图 15 - 27 玻璃钢冷却塔

1—风机；2—挡水填料；3—水分布器；
4—淋水填料；5—空气入口

(八)除霜设备及其系统

空气冷却用的蒸发器，当蒸发表面低于0℃，且空气湿度大时，表面就会结霜。霜层导热性差，影响传热，当霜层逐步加厚时将堵塞通道，无法进行正常的制冷。所以，需要定期对蒸发器进行除霜。啤酒厂或某些食品厂需要制造大量的4℃以下的"冰水"，采用的是壳管式蒸发器，蒸发温度在 -5 ~ -4℃，若操作失误，就可能使列管冻结，无法工作，在这些场合都需要设计除霜的装置。蒸发器除霜的办法很多，对空气冷却用的蒸发器可采用人工扫霜、中止制冷循环除霜、水冲霜、电热除霜等办法。

对于大型的壳管式蒸发器，霜冻发生在管内，因此，不能采用上述办法，而应选用热氨除霜法。所谓热氨除霜法即利用压缩机排出的高压高温气体引入蒸发器内，提高蒸发器内的温度，以达到使冰融化的目的。图 15 - 28 为重

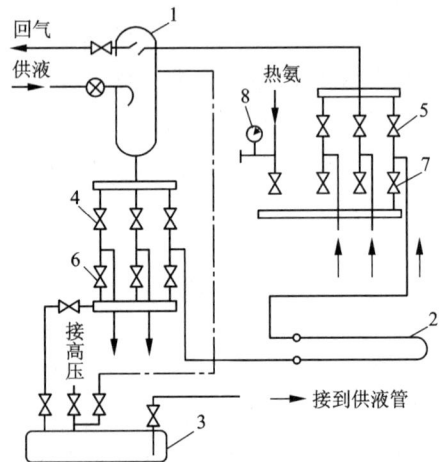

图 15 - 28 热氨除霜系统

1—氨液分离器；2—蒸发器；3—贮氨器；4—供氨阀；
5—回气阀；6—排液阀；7—热氨阀；8—压力表

力供氨制冷系统中的热氨除霜系统。正常工作时，凡有可能使热氨进入系统的阀门处于关闭状态，如阀6、阀7。当需要除霜时，原正常供氨的阀门（如阀4、阀5）关闭，开启阀6、阀7，使热氨气经阀7到蒸发器，由于热氨压力高，靠压差将液氨经阀6流回贮氨罐。

操作时应注意，对壳管式蒸发器除霜时，以提高系统温度，脱离冷媒的冰点即可，不可过度通入热氨气，否则压力可能过高，超出容器允许的承压值，不安全。

第四节　食品速冻设备

速冻是指使食品尽快通过其最大冰晶生成区，并使平均温度尽快达到 – 18℃ 而迅速冻结的方法。这一概念从两方面保证了速冻食品的品质优良，首先尽快越过最大冰晶生成区意味着大部分的可冻结水分会很快成为冰晶体，因而水分在食品内没有什么迁移的机会，且形成的冰晶小而均匀，不会在细胞间生成过大的冰晶体，细胞内水分析出少，减少了解冻时汁液的流失；其次，使食品的平均温度迅速达到 – 18℃，也意味着食品在短时间内能整体冻结，避免了冻藏期间的缓慢冻结效应，细胞组织内部浓缩溶质和食品组织、胶体以及各种成分相互接触时间显著缩短，浓缩的危害程度下降到最低。

大多数食品在温度降低到 –1℃ 时开始冻结，最大冰晶生成区在 –1 ~ –4℃，速冻要求此阶段的冻结时间尽量缩短，并以最快速度排除这部分冰晶生成所产生的热量。所以快速冻结和缓慢冻结在温度时间曲线中是明显不同的，如图 15 – 29 所示。

食品速冻方法和设备，随食品的形状、大小与性质的不同而不同。冻结过程中需要防止过大冰晶的形成，因此要求冻结时间必须短，同时还要求操作方便，可以实现机械化的连续生产。

图 15 – 29　快速冻结与缓慢冻结的冻结曲线

根据速冻设备的结构特征和热交换方式，速冻设备通常分为以下几种类型：平板式冻结装置、隧道式连续速冻机、喷淋式液氮冻结装置及螺旋式冻结机等。

一、平板式冻结装置

平板式冻结装置是间接接触式冻结装置中应用较广泛的一种。间接接触式冻结装置的特点是被冻的食品与冻结装置中蒸发器（或冷却器）的壁面直接接触，主要以传导的方式进行热交换。设备紧凑，消耗的金属材料少，占地面积小，安装方便，投产快，但耗冷量大。

平板式冻结装置的主要构件是一组作为蒸发器的空心平板，平板与制冷剂管道接通，被冻的食品压在两相邻的平板间。由于食品与平板间接触密实，故其传热系数高。要求接触压力为 7 ~ 30 kPa，传热系数可达 93 ~ 120 W/(m^2 · K)。

平板式冻结装置适于冻结肉类、水产以及耐压的小包装食品，其特点是：对厚度小于50 mm 的食品，冻结快、干耗小，冻品质量高；在相同的冻结温度下，它的蒸发温度可比冷风机式冻结装置的蒸发温度提高 5 ~ 8℃，而且不用配风机，故电耗可减少 30% ~ 50%；可在常温条件下操作；占地面积少，投产快。其缺点是应用范围有一定的限制，不能冻结大块食品

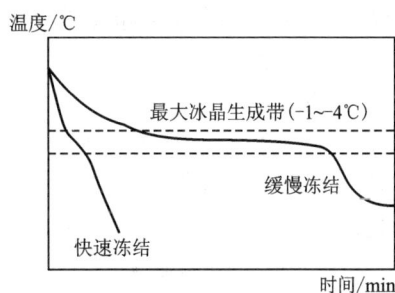

和不耐压的食品。根据平板的工作位置有卧式、立式两类。

1.卧式平板冻结装置

卧式平板冻结装置的冻结平板系水平安装,一般有6~16块平板。平板之间的间距由液压装置调节。被冻食品装盘放入两相邻平板之间以后,启动液压油缸,使被冻食品与冻结平板紧密接触进行冻结。为了防止压坏食品,二相邻平板间均装有限位块,如图15-30(a),(b)所示。

2.立式平板冻结装置

立式平板冻结装置的结构原理与卧式平板冻结装置相似,冻结平板垂直位置平行排列,如图15-30(c)所示。待冻食品不需用冻盘或包装,可直接散装倒入平板间进行冻结,操作方便,适用于小杂鱼和肉类副产品的冻结。冻结结束后,冻品脱离平板的方式有多种。分上进下出、上进上出和上进旁出等。平板的移动,冻块的升降和推出等动作,均由液压系统驱动和控制。

冻结平板的两面与食品接触,要求平直,内腔为制冷剂的通道,有以下几种形式:

(1)异形管拼装平板

异形管的内腔为矩形,外侧一边为燕尾形凹槽,另一边为燕尾形凸棒,若干根异形管凹凸拼装,组成平板。

(2)焊接平板

首先将槽钢在一块钢板上定位、焊接,然后在另一块钢板上沿槽钢中心线钻孔;钻孔钢板覆在槽钢上并找正、定位,最后根据钻孔填焊。焊接平板必须根据规范进行水压和气压试验。

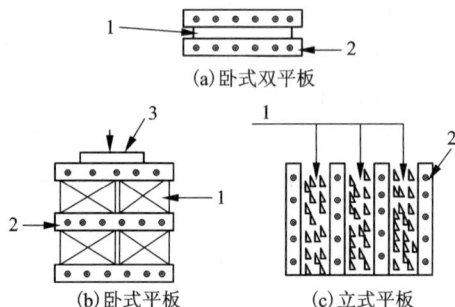

图 15 - 30　平板冻结装置
1—物料;2—平板;3—液压装置

(3)矩形无缝管焊接平板

用矩形无缝钢管拼焊成的冻结平板,工艺简单、方便。焊接平板焊接后校平、试压,然后镀锌。

(4)挤压成型的铝合金板

由铝合金挤压成型。由于铝材的导热率高,所以铝板的冻结时间比钢板可缩短约30%。

这种速冻器在鱼类速冻中应用较多,其冻结时间视冻品的厚度而定。例如当氨的蒸发温度为-30℃时,则装在盒中的50 mm厚的肉块,其冻结时间约为1.5 h。

平板式冻结装置的特点:间歇操作,操作周期长,冷损耗大。生产能力比较小,因此,往往要采用多个速冻器,并增加不少操作人员。人工劳动繁重。食品与蒸发板接触处,如接触不良,则热阻增大,使速冻器生产能力急剧下降。

二、隧道式连续速冻机

隧道式连续速冻机是一种冷空气在隧道中循环,食品在通过隧道时不断被冻结的连续速冻机械。根据食品通过隧道的方式,可分为吊篮式、推盘式、传送带式等几种。

（一）吊篮式连续冻结隧道

吊篮式连续冻结隧道主要用于冻结家禽等食品，其结构见图 15 - 31。家禽经宰杀并晾干后，用塑料袋包装，装入吊篮中，然后吊篮上链，由进料口 9 被传送链输送到冻结间内。在冻结间内先用冷风吹约 10 min，使家禽表面快速冷却，达到色泽定型的效果。然后吊篮被传输到喷淋间 2 内，用 -24℃ 左右、浓度约 40% ~50% 的乙醇溶液喷淋 5 ~6 min，使家禽表面层快速冻结。离开

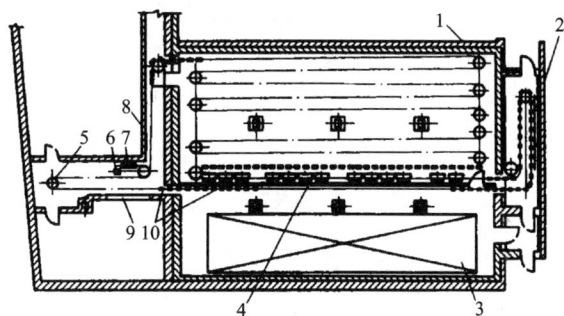

图 15 - 31　吊篮式连续冻结隧道

1—横向轮；2—乙醇喷淋系统；3—蒸发器；4—轴流风机；5—张紧轮；
6—驱动电机；7—减速装置；8—卸料口；9—进料口；10—链盘

喷淋间后，吊篮进入冻结间，在连续运行过程中，从不同角度吹风，使家禽各处温度均匀下降。最后吊篮随传送带到达卸料口，冻结过程结束。乙醇溶液喷淋装置的蒸发器用镀锌翅片管制作，乙醇溶液用离心泵送往喷嘴喷淋。冷风由落地式冷风机组供给，冷风机组的蒸发器为干式翅片排管，配轴流风机若干台。输送链采用可拆链，链速由冻品的冻结时间和生产能力确定，一般为 0.4 ~1.2 m/min。只使用强制吹风而不用乙醇喷淋时，链速为 1.2 m/min，经过 3 h 冻结，可使禽体中心温度降至 -16℃。如采用乙醇喷淋时，冻结时间可以缩短，同时传送链速度必须提高。

吊篮式连续冻结隧道的特点是机械化程度高，减轻了劳动强度，提高了生产效率；冻结速度快、冻品各部位降温均匀，色泽好，质量高。但该装置结构不紧凑、占地面积较大，风机耗能高，经济指标差。

（二）推盘式连续冻结隧道

推盘式连续冻结隧道如图 15 - 32 所示，由隔热隧道室、冷风机、液压传动机构、货盘推进和提升设备构成。该设备主要用于冻结果蔬、虾、肉类副食品和小包装食品等。

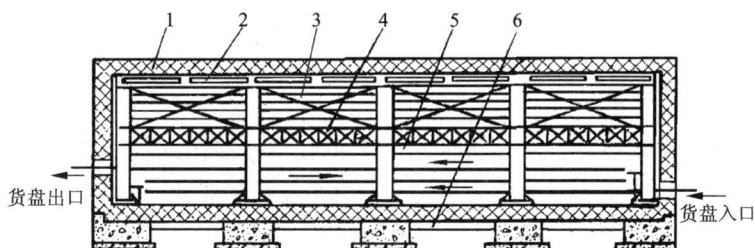

图 15 - 32　推盘式连续冻结隧道

1—绝热层；2—冲霜淋水管；3—翅片蒸发排管；4—鼓风机；5—集水箱；6—水泥空心板

食品装入货盘后，在货盘入口由液压推盘机构推入隧道，每次同时进盘两只，货盘到达第一轨道的末端后，被提升装置提升到第二层轨道，如此往复经过三层，在此过程，冻品被冷风机强烈吹风冷却，不断地降温冻结，最后经出口推出，每次出盘也是两只。

冻结时间是通过改变货盘传送速度进行调整，可调范围为 40~60 min。这种冻结装置可以根据具体情况做成多层或多排输送结构。冷风机放在旁侧吹风，效果也较好。

这种装置的特点是连续生产，冻结速度较快；构造简单、造价低；设备紧凑，隧道空间利用较充分。

三、喷淋式液氮冻结装置

喷淋式液氮冻结装置是使用液氮的超快速冻结设备，其结构示意图如 15-33 所示。氮是一种无色无臭的惰性气体，液氮是无色液体，与其他物质不起化学作用。常压下，其沸点为 -195.8℃。液氮冻结的主要优点是速度极快，而且质量好。在大多数情况下，只要把被冻结物和液氮作相反方向移动，

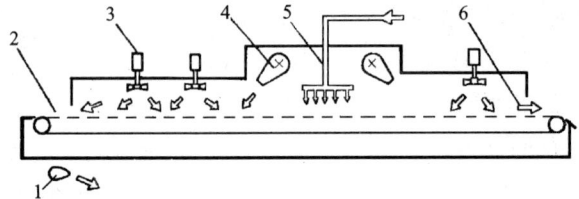

图 15-33　液态氮速冻装置
1—排散风机排风口；2—进料口；3—搅拌风机；
4—风机；5—液态氮喷雾器；6—出料口

使被冻结物先和低温气态氮接触，进行预冷，再向被冻结物喷淋液氮，就可达到有效的冻结效果。当液氮喷淋到食品后，以200℃左右的温差进行强烈的热交换，冻结时间可比氨压缩制冷系统快20~30倍。由于温度极低，热交换强度大，在细胞内和细胞间隙中的水分，能同时冻结成细小的冰晶体，这种细小冰晶体对细胞几乎无破坏作用，食品解冻后，仍能回复到原来的新鲜状态，保鲜程度很高，冻结食品质量优良。另外，这种方法不需要压缩机等机械设备，应用上比较简单，所以除用于速冻器外，还应用在冷藏车、船上。

液氮是空气液化分离工厂制造液态氧气的副产品，随着工业的发展，价格逐渐便宜。除液氮外，液态二氧化碳也可用于喷淋式速冷器。常压下，液态二氧化碳的沸点是 -78.5℃，采用和喷淋氮相似的方式喷淋于被冻结物上，进行冻结。目前，对于液态二氧化碳的回收利用问题已基本解决，但液氮的回收问题，尚未完全解决。喷淋式速冻器是将被冻结物，直接和温度很低的液化气体或液态制冷剂接触，从而实现快速冻结，这种冻结方法所获得的产品质量比通常的冻结方法好，所以被广泛采用。

四、螺旋式冷冻装置

螺旋式冷冻装置是隧道式速冻装置的另一种形式。主要由转筒、蒸发器、风机、传送带及一些附属设备等组成，其主体部分为一转筒，均布在传送带上的冻品，随传送带作螺旋运动。具有挠性的传送带，绕在转筒上，缠绕的圈数由冻结时间和产量确定；传送带的螺旋升角约2°，由于转筒的直径大，所以传送带接近于水平。转筒靠摩擦力带动传送带运动。单转筒的冻结装置结构如图 15-34 所示，其工作原理如图 15-35 所示。

螺旋式速冻器的特点：生产连续化，结构紧凑，占地面积小，食品在移动中，受风均匀，冻结速度快，效率高，干耗重量损失小，但不锈钢材料消耗大，投资大。适用于处理体积小、而数量多的食品，如饺子、肉丸、贝类、水果、蔬菜、肉片、鱼片、冰淇淋和冷点心等多种食品加工。

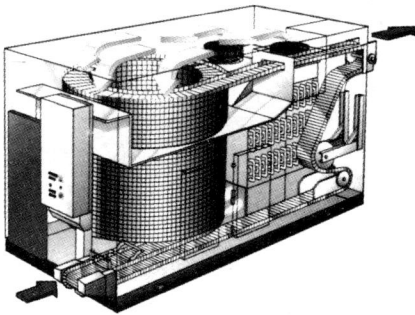

图15-34 螺旋式冻结装置结构

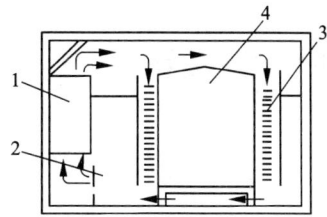

图15-35 螺旋式冻结装置工作原理

1—蒸发器；2—风机；3—传送带；4—转筒

螺旋式速冻装置的形式有多种，但主要区别在输送带的结构、冷气流的运动方式上，图15-36所示为其中两种输送方式，图15-37为螺旋速冻机传送链条循环传动示意图。

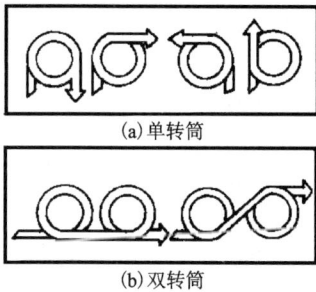

(a)单转筒

(b)双转筒

图15-36 螺旋式冻结装置传送带的布置形式

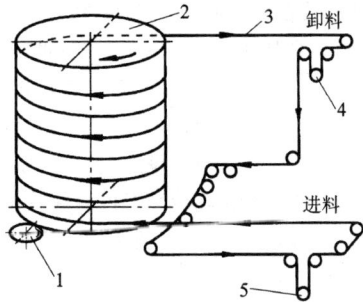

图15-37 螺旋速冻机传送链条循环传动示意图

1—驱动轮；2—转筒；3—传送链条；
4—重力张紧器；5—电动张紧

思考题

1. 简述机械式制冷的制冷原理。

2. 简述单级蒸气压缩式制冷系统的组成及其主要设备的作用。

3. 简述制冷系统中各种主要辅助设备的工作原理。简述一级节流中间完全冷却的工作原理。

4. 简述速冻过程与原理。

5. 如何能够实现快速冻结并分析其原因。

6. 简述螺旋式冻结装置的结构与工作过程。

7. 简述冷冻浓缩中分离装置的主要工作原理。

参考文献

[1] 许学勤. 食品工厂机械与设备. 北京：中国轻工业出版社，2008

[2] 高福成. 食品工程全书(第一卷). 北京：中国轻工业出版社，2004

[3] 冯骉. 食品工程原理. 北京：中国轻工业出版社，2005

[4] 陆振曦，陆守道. 食品机械原理与设计. 北京：中国轻工业出版社，1995

[5] 崔建云. 食品加工机械与设备(第一版). 北京：中国轻工业出版社，2004

[6] 张裕中. 食品加工技术装备(第一版). 北京：中国轻工业出版社，2003

[7] 胡继强. 食品机械与设备(第一版). 北京：中国轻工业出版社，1999

[8] 沈再春. 农产品加工机械与设备(第一版). 北京：中国农业出版社，1997

[9] 陆振曦. 食品机械原理与设计(第一版). 北京：中国轻工业出版社，1999

[10] 崔建云. 食品加工机械(第一版). 北京：化学工业出版社，2007

[11] 马海乐. 食品机械与设备(第二版). 北京：中国农业出版社，2011

[12] 刘成梅. 食品加工机械与设备(第一版). 北京：机械工业出版社，2003

[13] 陈斌. 食品加工机械与设备. 北京：机械工业出版社(第二版). 2008

[14] 许占林. 中国食品与包装工程装备手册. 北京：中国轻工业出版社，2000

[15] 刘协肪，郑晓，丁应生，罗陈，等. 食品机械. 武汉：湖北科学技术出版社，2002

[16] 张裕中. 食品加工技术装备(第二版). 北京：中国轻工业出版社，2007

[17] 王凯，冯连芳. 混合设备设计. 北京：机械工业出版社，2000

[18] 章建浩. 食品包装大全. 北京：中国轻工业出版社，2000

[19] 牟增荣. 家庭水果小食品制作. 北京：农村读物出版社，2000

[20] 刘一. 食品加工机械. 北京：中国农业出版社，2006

[21] 余锦春. 芒果加工. 北京：中国轻工业出版社，1996

[22] 苏爱华，谢方平，吴明亮. 山区水稻生产机械化技术与装备. 北京：中国农业科学技术出版社，2006

[23] 顾鹏程，胡永源. 谷物加工技术. 北京：化学工业出版社，2008

[24] 阮竞兰，武文斌. 粮食机械原理及应用技术. 北京：中国轻工业出版社，2006

[25] 国家粮食局人事司组织编写. 制米工 初级、中级、高级. 北京：中国轻工业出版社，2007

[26] 胡永源. 粮油加工技术. 北京：化学工业出版社，2006

[27] 朱永义. 谷物加工工艺与设备. 北京：科学出版社，2002

[28] 贾成祥. 农产品加工机械使用与维修. 合肥：安徽科学技术出版社，2004

[29] 张国治. 食品加工机械与设备. 北京：中国轻工业出版社，2011

[30] 邱礼平. 食品机械设备维修与保养. 北京：化学工业出版社，2011

[31] 李书国. 食品加工机械与设备手册. 北京：科技文献出版社，2006

[32] 张裕中. 食品加工技术装备. 北京：中国轻工业出版社，2000

[33] 邵泽波. 化工机械与设备. 北京：化学工业出版社，2000.

[34] 无锡轻工学院，天津轻工业学院编. 食品工厂机械与设备. 北京：中国轻工业出版社，1991

[35] 蒋迪青，唐伟强. 食品通用机械与设备. 广州：华南理工大学出版社，1996

[36] 高福成. 食品分离重组工程技术. 北京：中国轻工业出版社, 2000

[37] 泽波. 化工机械及设备. 北京：化学工业出版社, 2000

[38] 姚汝华, 赵继伦. 酒精发酵工艺学. 广州：华南理工大学出版社, 1999

[39] 胡富强, 赵寒涛, 牛晓明, 等. 腔式共振超声波发生器. 机械工程师, 2000(7)：45-46

[40] 胡富强, 赵寒涛, 牛晓明. 喷射式超声波发生器及应用. 机械工程师, 2000(1)：45-46

[41] 孙凤兰. 包装机械概论. 北京：印刷工业出版社, 2004

[42] 张佰清. 食品机械与设备. 郑州：郑州大学出版社, 2012

[43] 陈从贵. 食品机械与设备. 南京：东南大学出版社, 2009

[44] 殷涌光. 食品机械与设备. 北京：中国轻工业出版社, 2009

[45] 潘永康. 现代干燥技术(第二版). 化学工业出版社. 2007

[46] 朱文学. 食品干燥原理与技术. 科学出版社. 2009

[47] 汪政富. 农产品干燥技术. 中国农业科学技术出版社. 2011

[48] 华泽钊. 冷冻干燥新技术. 科学出版社. 2006

[49] 许敦复. 冷冻干燥技术与冻干机. 化学工业出版社. 2005

[50] 高福成, 郑建仙. 食品工程高新技术. 北京：中国轻工业出版社, 2009

[51] 金征宇. 挤压食品. 北京：中国轻工业出版社, 2005

[52] 尚永彪, 唐浩国. 膨化食品加工技术. 北京：化学工业出版社, 2007

[53] 武杰, 何宏. 膨化食品加工工艺与配方. 北京：科学技术文献出版社, 2001

[54] 刘大印, 陈存社. 挤压膨化食品生产工艺与配方. 北京：中国轻工业出版社, 1999

[55] 袁巧霞, 任奕林. 食品机械使用维护与故障诊断. 北京：机械工业出版社, 2009

[56] 许学勤. 食品工厂机械与设备. 北京：中国轻工业出版社, 2011

[57] 胡继强. 食品机械与设备. 北京：中国轻工业出版社, 1997

[58] 高孔荣. 发酵设备. 北京：中国轻工业出版社, 1991

[59] 何国庆. 食品发酵与酿造工艺学. 北京：中国农业出版社, 2001

[60] 章建浩. 食品包装学(第三版). 中国农业出版社. 2009

[61] 尹章伟. 包装机械. 化学工业出版社. 2006

[62] 尹章伟. 包装概论. 化学工业出版社. 2006

[63] 刘筱霞. 包装机械. 化学工业出版社. 2007

[64] 孙智慧. 包装机械概论. 印刷工业出版社. 2012

[65] 高福成. 现代食品工程高新技术. 北京：中国轻工业出版社, 1997

[66] 石一兵. 食品机械与设备. 北京：中国商业出版社, 1993

[67] 程凌敏. 食品加工机械. 北京：中国食品出版社, 1988

[68] 张国治. 食品工厂机械与设备. 郑州：河南工业大学内部教材, 2005

[69] 李建华, 王春. 冷库设计. 北京：机械工业出版社, 2003

[70] 贺俊杰. 制冷技术. 北京：机械工业出版社, 2003

[71] 金国砥. 制冷设备技术. 北京：电子工业出版社, 2003

[72] 余华明. 冷库及冷藏技术. 北京：人民邮电出版社, 2003

[73] 岳孝方, 陈汝东. 制冷装备技术与应用. 上海：同济大学出版社, 1992

[74] CLIVE V. J. DELLINO. 冷藏和冻藏工程技术. 张嫄, 郁延军, 陶谦译. 北京：中国轻工业出版社, 2000

图书在版编目（CIP）数据

食品机械与设备/吕长鑫主编. —长沙:中南大学出版社,2015.11
(2021.1 重印)

ISBN 978-7-5487-2037-9

Ⅰ.食…　Ⅱ.吕…　Ⅲ.食品加工设备－高等学校－教材

Ⅳ.TS203

中国版本图书馆 CIP 数据核字(2015)第 271099 号

食品机械与设备

吕长鑫　主编

□责任编辑	韩　雪	
□责任印制	周　颖	
□出版发行	中南大学出版社	
	社址：长沙市麓山南路	邮编：410083
	发行科电话：0731-88876770	传真：0731-88710482
□印　　装	长沙印通印刷有限公司	

□开　　本	787 mm×1092 mm　1/16　□印张 25　□字数 622 千字	
□版　　次	2015 年 11 月第 1 版　　□印次　2021 年 1 月第 2 次印刷	
□书　　号	ISBN 978-7-5487-2037-9	
□定　　价	56.00 元	